이공학도를 위한

수치해석

Matlab 활용

An Introduction to Numerical Methods A MATLAB® Approach

THIRD EDITION

이공학도를 위한

수치해석

Matlab 활용

An Introduction to Numerical Methods A MATLAB® Approach

Abdelwahab Kharab
Ronald B. Guenther 지음

백태현 · 리광훈 · 박시현 · 박태선
우경식 · 유은종 · 이주성 · 최덕기 옮김

CD-ROM

CRC Press
Taylor & Francis Group
an informa business

도서출판 학산미디어

대표역자	**백태현**	국립군산대학교	기계공학부
번 역 진	**리광훈**	서울시립대학교	기계정보공학과
	박시현	영남대학교	전자공학과
	박태선	국립경북대학교	기계공학부
	우경식	국립충북대학교	토목공학부
	유은종	한양대학교	건축공학과
	이주성	울산대학교	선박해양공학과
	최덕기	단국대학교	기계공학과

이공학도를 위한

수치해석 Matlab 활용

발 행 일 | 2013년 8월 20일
2020년 2월 20일
저　　자 | Abdelwahab Kharab, Ronald B. Guenther
역　　자 | 백태현 리광훈 박시현 박태선 우경식 유은종 이주성 최덕기
발 행 인 | 문정임
발 행 처 | 학산미디어
기　　획 | 이덕선
주　　소 | 서울시 노원구 상계동 1256 은빛아파트 202-401
전　　화 | 02-935-0670 / 010-3223-7340
팩　　스 | 02-932-0670
이 메 일 | sorgento2000@hanmail.net
등록번호 | 제 25100-2011-000001호
편　　집 | 우일미디어디지텍

ISBN 978-89-966211-8-8 93410

정가 30,000원

이 도서의 국립중앙도서관 출판시도서목록(CIP)은
CIP 홈페이지(http://seoji.nl.go.kr)와
국가자료공동목록시스템(http://www.nl.go.kr/kolisnet)에서
이용하실 수 있습니다.(CIP제어번호: 2013015187)

머리말

이 교재는 수치 계산법을 위한 입문서이다. 이 교재는 주로 마이크로 컴퓨터로 수치문제를 해결하기 위해 가장 일반적으로 사용되는 계산 방법에 관한 이론과 응용 프로그램에 대한 내용이 포함되어 있다. 이 수치해석 교재는 미적분학 입문과정을 마친 수학, 과학, 그리고 공학을 전공하는 학생들이 공부할 수 있도록 쓰여졌다. 또한, 구조화 프로그래밍 과목(structured programming course)을 이수한 학생들을 대상으로 하였다. 이 교재의 주안점은 과학이나 공학에 흔히 나타나는 수치계산 문제들을 학생들이 쉽게 접근할 수 있도록 하였다. 이 책에 수록된 내용은 기존에 발행된 수치해석 입문과정과 적합한 수준이 되도록 하였다. 학생들은 짧은 시간 이내에 MATLAB®[1]을 이용하여 수치문제를 검토하고 해결할 수 있을 것이다.

컴퓨터 기술과 소프트웨어 개발의 빠른 발전으로 인하여, 이 책의 모든 장에 걸쳐 컴퓨팅 환경으로 MATLAB을 사용하였다. 이 책에서 다루는 각 수치 계산법은 MATLAB을 통해 입증하였다. MATLAB은 사용하기 쉬우며 다음과 같은 여러 특징을 갖고 있다.

1. 강력한 행렬 구조
2. 2-차원 및 3-차원 그래프 기능
3. 여러 가지 많은 수의 강력한 내장함수
4. FORTRAN 및 BASIC 언어와 비슷한 MATLAB의 구조 프로그래밍 스타일

---

1 M ATLAB®은 MathWorks사의 등록상표임.
제품정보에 대해서는 아래 주소로 연락:
The MathWorks, Inc.
3 Apple Hill Drive
Natick, MA 01760-2098 USA
Tel: 508-647-7000 Fax: 508-647-7001
E-mail: info@mathworks.com Web: www.mathworks.com

세 번째 개정판 목표는 이전 판과 동일하다. 이 책을 통해 학생들이 넓은 범위에 걸쳐 유용하고 중요한 알고리듬을 알 수 있도록 하였다. 계산결과를 상세히 설명하였으며, 각 수치계산법 알고리듬 주요 단계는 구체적으로 이해할 수 있도록 해석하였다.

이러한 이유로, 학생들이 MATLAB을 사용할 수 있도록 이 책의 뒤 표지에 프로그램이 포함된 보조 CD-ROM을 제공하였다. CD-ROM의 프로그램에서는 이 책에서 사용된 주요한 MATLAB 함수가 있으며, 각 수치계산법 알고리듬의 메커니즘 내용을 명확히 단계별로 이해할 수 있도록 하였다. 특히, 수치 계산법이 어떻게 이루어 지는가에 대해 강조하였다. 이러한 MATLAB 함수는 학생들이 알고리듬 이해에 필요한 계산을 통해 알 수 있도록 하였다. 이 교재의 주요 특징은 컴퓨팅 환경으로 MATLAB을 사용하여, 쉽고 직접적이며 간단한 스타일이다. 이 특징들로 인하여 학생들이 주제 요소를 습득할 수 있는 능력과 자신감을 향상시킬 수 있을 것이다.

이 책은 표준 구성 방식에 따라 체계적으로 쓰여있다. 이론적으로 그리고 계산이 간단한 주제는 앞에 배치하였다. 예를 들면, 방정식의 근은 3장에서 다루었다. 2장에서는 컴퓨터의 이동 소수점 연산, 오차, 그리고 구간연산에 관한 내용이 포함되어 있다.

4장에서는 선형시스템을 풀기 위한 직접법 및 반복법 모두를 소개하였다.

보간법, 스플라인 함수, 최소자승 데이터 맞춤, 그리고 수치 최적화에 대한 개념은 5장, 6장, 7장, 그리고 8장에서 다루었다. 보간법은 대부분 수치해석법의 이론적인 기초를 이룬다.

9장과 10장에서는 수치 미분법과 적분법에 대해 할애하였다. 여러 가지 효율적인 적분법이 포함되어 있다.

11장과 12장에서는 선형 적분방정식과 상미분방정식의 해법에 대해 기술하였다. 경계값 문제를 풀기 위한 기초내용은 13장에서 소개하였다. 14장에서는 행렬의 고유벡터와 고유값 계산을 위한 몇몇 수치기법을 다루었다.

마지막으로 15장에서는 편미분 방정식을 풀기 위한 수치 해석법 기초 내용을 소개 하였다.

각 장의 모든 절에서는 예제에 대해 풀이를 명확히 하였고, 각 절 마지막에 이 예제들과 관련된 연습문제들이 있으며, 선택된 문제에 대해서는 교재의 마지막에 답을 제시하였다.

이 책은 개인용 컴퓨터(PC)로 다양하고 중요한 수치기법을 실행하고 또한 학생들이 MATLAB을 사용하여 각 방법에 관한 알고리듬 그리고 마이크로 컴퓨터와 손쉽게 인터랙트(interact), 즉 상호 대화할 수 있는 목적으로 쓰여 졌다.

이 교재는 대학에서 수치 해석법 교과목 강의에 가장 적합한 내용들이 포함되어 있다. 또한 자습용으로도 적절하다.

3판에서는 전문가가 검토한 모든 제안 사항을 반영하였다. 모든 분들께 진심으로 감사를 드린다.

3판의 특징

몇몇 절에서 약간의 내용이 변경되었다. 주요한 새로운 내용은 다음과 같다.

- 적분 방정식 수치 해법에 관한 새로운 장 추가.
- 비선형 미분방정식의 새로운 내용에 관한 절을 15장에 추가.
- 교재전반에 걸쳐 MATLAB GUI에 관한 사항 포함.

감사의 글

이 교재가 출판되도록 도움을 준 많은 분들께 감사를 드린다. 또한, 이 저서의 발행 계획에 격려를 해준 다음 분들께 고마움을 표시한다.

R. Baker Kearfoot, University of Southwestern Louisiana
Rachid Kharab, University of Rouen
A. Laradji, King Fahd University of Petroleum & Minerals
A.R. Kashani, Sahand University of Technology
Z. Khiari of King Fahd, University of Petroleum & Minerals
H. Cheded, King Fahd University of Petroleum & Minerals

특별히 MATLAB GUI의 사용법에 대해 열정적으로 관심을 갖고 제안을 해 준 Semnan University의 B. Khoshandam박사에게 감사를 드린다. Khoshandam박사는 매우 상세한 사항에 대해서도 도움을 주었다.

또한 3판에서 익명으로 여러 유용한 사항을 검토한 분들께도 감사를 드린다.

저자들은 출판 단계에서 유용하고 여러 도움을 준 Chapman & Hall/CRC의 편집진과 제작진에게 깊은 사의를 표한다. 특히 편집 책임자인 Sarah Morris는 3판의 최종 버전을 준비하는 동안 우리와 여러 사항을 검토하였으며, 수학 및 통계 발행인인 Sunil Nair의 도움과 격려를 해 주었다.

마지막으로 재정 및 시설 지원을 해준 H. Hassnaoui (General Director of the GFP in Muscat) 에게도 감사를 드린다.

이 책의 내용을 개선하기 위한 조언을 언제나 환영하며, 이메일 주소 awkharab@yahoo.com 로 연락하기 바란다.

Abdelwahab Kharab
Ronald B. Guenther

역자 머리말

최근 컴퓨터의 급속한 발달과 보급이 확산됨에 따라 컴퓨터를 이용한 수치계산 문제의 해결 방법을 익히는 과정이 필수 불가결하게 되었다. 수치해석은 공학을 비롯하여 수학, 전산학, 물리학을 포함한 자연과학, 상경계열과 통계관련 등 전학문 분야에서 문제점을 해결하려는 노력이 가중되면서 수치해석 강의가 매우 중요한 비중을 차지하게 되었다.

이 교재는 A. Kharab와 R. B. Guenther의 매트랩을 이용한 수치해석, 3판(An Introduction to Numerical Methods, A MATLAB Approach, 3rd Ed, CRC Press, 2012)을 번역한 책이다.

지금까지 수치해석에 관한 책들이 국내 · 외에서 다수 출판되었으나 수치해석 입문교재는 그리 많지 않다. 본서는 대학에서 강의되고 있는 여러 교재 내용 중, 학부 생들이 이해하기 쉽고 실제의 문제점을 수치해석적으로 해결하기 위한 내용으로 구성되어 출판사의 요청에 의해 역자들이 기꺼이 번역하게 되었다. 이 책에서는 이론적 해석보다는 기초적인 예제를 통해 수치해석 이론을 이해하고 응용할 수 있도록 하였으며, MATLAB(Matrix Laboratory)을 통하여 해당되는 프로그램으로 연습할 수 있도록 하였다.

이 책을 공부하기 위한 선 이수 과목은 미적분학과 미분방정식, 그리고 선형 대수와 행렬 등 수학의 기초개념과 프로그램 언어 정도이다. 이와 같은 내용에 익숙해 있지 않더라도 본문에 필요한 내용이 서술되어 있으므로 이 책을 공부하는 데 큰 어려움은 없으리라 생각한다. 특히 해법을 이해하기 위해 실질적인 문제를 연습하도록 알고리듬이 포함되어 있으므로 학생들이 쉽게 프로그래밍을 할 수 있을 것이다. 특히, 최근 단일 통합시스템으로 개발되어 상용화된 MATLAB은 공학자와 과학자가 기술계산용으로 많이 사용하고 있으며, 이 교재의 특징으로 전 과정에 MATLAB 을 사용한 점을 들 수 있다. 이 책의 서론에 MATLAB에 관한 기초사항이 포함되어 있으므로, Fortran, Basic 또는 C언어 등 기초 프로그램 언어에 익숙한 학생들은 MATLAB을 쉽게 배워 사용할 수 있을 것으로 생각한다.

역자들은 공과대학에서 다년간 수치해석 분야를 강의하면서 학생들에게 수치계산 이론과 알고리듬을 쉽게 이해시킬 수 있도록 저술된 이 교재를 택하여 원저의 내용을 정확하고 알맞게 번역하고자 노력하였다. 원문 번역시 수치해석 교재에서 일반적으로 사용되는 용어 또는 온라인상의 과학기술용어나 수학용어에 따랐으나, 우리말로 번역하기에 어려운 경우는 번역문 뒤 괄호에 원문을 병기하였다. 번역 과정에서 경우에 따라 원문을 직역하기 보다는 학생들의 이해를 돕도록 원문의 내용을 전달하는데 충실한 번역이 되도록 하였다. 그러나 저자가 바라던 바에 뜻하지 않은 오류도 있을 수 있고 미숙한 표현도 많으리라 생각한다. 잘못된 곳을 지적해주시면 기꺼이 수정/보완할 예정이다.

끝으로 이 책을 출판하기 위하여 판권을 계약하고 여러 가지 도움을 주신 학산 미디어의 이덕선 이사님과 제작진 여러분들께 진심으로 감사 드린다.

2013년 8월
역자대표 백태현

차례

CHAPTER 1

서론

테일러급수는 수치해석 분야에서 가장 중요한 도구 중 하나이다. 이 급수는 수치해석 방법의 이론적인 근거를 제공하고, 본 교재에서도 많은 부분에서 활용될 것이다. 테일러급수를 이용하여 많은 수치기법들에 대한 오차평가와 공식들을 유도할 수 있다. 1장에서는 테일러급수에 대해 살펴보고 MATLAB에 대한 간략한 소개를 하고자 한다.

1.1 MATLAB과 MATLAB GUI (Graphical User Interface)

MATLAB (MATrix LABoratory)은 과학 및 공학 분야의 행렬계산을 위한 많은 형태의 수치계산과 가시화 방법을 가진 강력한 대화식 프로그램이다. MATLAB언어는 제어명령, 함수, 데이터구조, 입력/출력, 객체지향프로그래밍을 가진 고급 행렬/배열 언어이다. 강의실이나 연구실에서 이 프로그램의 계산능력들을 적절히 이용할 수 있도록 하기 위하여 이 교재는 다양한 현대적인 수치해석 방법들에 대한 MATLAB의 활용을 소개하고 있다.

MATLAB은 여러 장점을 가지고 있다. 많은 분야에 활용되고 있는 것에 대한 3가지 주요 요인은 다음과 같다. 첫째, 데이터 입력이 용이하기 때문에 사용이 쉽다. 표의 형태로 데이터 입력이 가능하여 짧은 시간동안 많은 문제에 대한 해석을 수행할 수 있다. 둘째, 2차원 및 3차원 데이터 가시화를 위한 고급수준의 명령어와 그래픽스를 가지고 있다. 데이터 가시화를 위한 그리기는 명령모드에서 간단하게 수행할 수 있다. 셋째, MATLAB의 가장 강력한 능력으로서 계산속도가 우수하여 효과적으로 명령을 수행한다. 이러한 우수성 때문에 MATLAB과 MAPLE, Mathematica등과 같은 프로그램들은 많은 대학 연구실에서 사용되어지고 있다.

본 교재의 주목적중의 하나는 학생들에게 각 수치해석 방법에 대한 해석 알고리듬에 대한 설명을 단계적으로 제공하는데 있다. 이러한 목적을 달성하기 위하여 책의 부록 CD-ROM에 포함되어 있는 MATLAB M-function이 개발되었다. 파일들은 본 교재에 포함되어 있는 모든 수치해석 방법의 설명 또는 적용에 사용될 수 있다. 각각의 M-function은 학생들이 데이터를 입력하고 실행함으로써 문제를 풀 수 있도록 한다.

컴퓨터 프로그래밍을 배우는 최선의 방법은 컴퓨터프로그램을 작성하는 것이라 알려져 있다. 그러므로 학생들은 각각의 수치해석 방법과 알고리듬에 관한 기초 이론을 이해하고 자기 자신의 프로그램을 C 또는 FORTRAN과 같은 고급언어로 작성하기 위한 필요한 도구를 가지게 될 것이다.

또한 MATLAB은 그래픽사용자인터페이스(GUI)를 제공한다. 그것은 학생들에게 작업을 하기 위한 익숙한 환경을 제공하는 그림 인터페이스(pictorial interface)이다. 이 환경은 누름버튼, 토글버튼, 목록, 메뉴, 문자 창 등을 포함하여 역학보다는 활용에 집중할 수 있도록 한다. MATLAB함수를 실행하기 위하여 명령어를 타이핑하지 않는다. 이런 이유로 그래픽사용자인터페이스(GUI)를 도입하였고 그것은 학생들이 M-function을 실행하는데 쉽게 한다. NMETH 디렉토리에 포함된 “SUN Package readme” 파일은 GUI를 이용하여 MATLAB함수를 실행하는 방법을 설명한다. 부록 D에서는 몇몇 예제에 대한 GUI사용을 나타내고 있다.

1.2 MATLAB 기초

이 절에서는 독자에게 MATLAB 사용에 대한 간략한 안내를 제공한다. 추가적인 정보를 얻기 위해서는 MATLAB 사용자 안내서와 참고문헌을 살펴볼 것을 추천한다.

1.2.1 행렬과 행렬계산

MATLAB은 모든 변수를 행렬로 처리한다. 변수들은 등호표시에 의해서 값이 할당되고 변수들의 이름은 대문자와 소문자가 구분되어 사용된다. 예를 들면,

```
>> A = [4 -2 5; 6 1 7; -1 0 6]
A =
     4   -2   5
     6    1   7
    -1    0   6
```

새로운 행은 새로운 라인이나 세미콜론에 의해서 나타내어진다. 열벡터는 다음과 같이 주어질 수 있다.

```
>> x = [2; 8; 9] or x = [2 8 9]'
x =
     2
     8
     9
```

행렬의 요소는 다음과 같이 수나 표현일 수 있다.

```
>> x = [2  1+2  12/4  2^3]
x =
   2  3  3  8
```

다음의 명령어를 이용하여 특별한 구조를 가진 배열을 정의할 수 있다.

```
x = a : step : b
```

예를 들면,

```
>> y = [0: 0.2 : 1]
y =
     0  0.2000  0.4000  0.6000  0.8000  1.0000

>> y = [0: pi/3 : pi]
y =
     0  1.0472  2.0944  3.1416

>> y = [20: -5 : 2]
y =
     20  15  10  5
```

MATLAB은 내장함수에 의해서 생성될 수 있는 많은 특별한 행렬을 가지고 있다.

```
>> ones(2)
ans =
     1   1
     1   1
```

모든 요소가 1인 행렬

```
>> zeros(2,4)
ans =
     0  0  0  0
     0  0  0  0
```

모든 요소가 0인 2×4 행렬

```
>> rand(2,4)
ans =
     0.9501  0.6068  0.8913  0.4565
     0.2311  0.4860  0.7621  0.0185
```

난수 요소들을 가진 2×4 행렬

```
>> eyes(3)
ans =
        1  0  0
        0  1  0
        0  0  1
```

3×3 단위행렬

diag함수는 특별한 값의 대각요소를 가진 행렬을 생성하거나 대각요소를 추출한다. 예를 들어,

```
>> v = [3 2 5];
>> D=diag(v)
D =
        3  0  0
        0  2  0
        0  0  5
```

대각요소에 v의 값을 가진 3×3 대각행렬

기존 행렬의 대각요소를 추출하기 위하여 diag함수가 사용된다.

```
>> C=[2 -4 7; 3 1 8; -1 5 6];
>> u=diag(C)
u =
    2
    1
    6
```

linspace함수는 동일한 간격으로 행렬요소들이 떨어져 있는 행벡터를 생성한다. 함수의 형태는 다음과 같다.

```
linspace(firstValue, lastValue, numValues)
```

firstValue와 lastValue는 연속적인 행렬요소들 중에서 시작 값과 마지막 값을 의미하고, NumValues는 생성되는 요소의 숫자를 나타낸다. 예를 들면,

```
>> evens = linspace(0,10,6)
evens =
        0  2  4  6  8  10
```

가장 많이 사용되는 행렬함수는 다음이다.

eig	고윳값과 고유벡터
inv	역함수
lu	LU 분해
qr	QR 인수분해
rank	계수

같은 차원을 가진 두 벡터들의 요소들 사이의 덧셈은 다음과 같다.

```
>> x = [1 5 8];
>> y = [2 4 3];
>> x + y


ans =
      3    9    11
```

임의의 벡터 또는 행렬에 스칼라의 곱은 벡터 또는 행렬요소들에 스칼라 값을 곱하여서 얻는다.

```
>> C = 2*[1 3;4 2]
C =
        2   6
        8   4
>> v = 3*[1   4   -5   7]
v =
      3   12   -15   21
```

두 벡터 x와 y의 요소들 사이의 곱셈은 다음과 같다.

```
>> x. * y
ans =
      2     20     24
```

두 벡터 들간의 내적은 스칼라이고 행벡터와 열벡터의 곱에 의해서 얻을 수 있다. 예를 들면,

```
>> u=[5 7 -1 2]; v=[2; 3; 10; 5];
>> u*v
ans =
      31
```

행렬이나 벡터의 전치는 프라임(prime)기호로 나타낸다.

```
>> x'
ans =
        1
        5
        8
```

곱셈, 누승, 나눗셈의 행렬연산은 다음과 같다.

```
>> B = [1  3; 4  2];

>> A = [2  5; 0  6];

>> A*B

ans =
        22      16
        24      12

>> A^2
ans =
        4       40
        0       36

>> A/B
ans =
        1.6000       0.1000
        2.4000      -0.6000

>> A.*B
ans =
        2       15
        0       12
```

곱셈, 누승, 나눗셈에서 마침표(period)기호가 표시된 경우 같은 위치의 행렬요소들 간에 연산이 행해진다.

1.2.2 다항식

MATLAB은 다항식을 다루기 위하여 다양한 내장함수를 제공한다. 다항식의 계수들은 벡터항목으로 나타낸다. 예를 들어, 다항식 $p(x) = 2x^3 - 5x^2 + 8$은 [2 −5 0 8]로 표현한다. 주어진 x에서 다항식을 평가하기 위하여 polyval함수를 사용한다.

```
>> c = [2 -5 0 8];
>> polyval(c,2)
ans =
```

```
4
```

$x = 2$에서 다항식 $p(x) = 2x^3 - 5x^2 + 8$를 계산한다.

roots함수는 n차 다항식의 근 n개를 찾는다. 예를 들면, 다항식 $p(x) = x^3 - 5x^2 - 17x + 21$의 근을 찾기 위하여 다음과 같이 입력한다.

```
>> a = [1 -5 -17 21];
>> roots(a)
ans =
        7.0000
       -3.0000
        1.0000
```

1.2.3 출력 포맷

MATLAB에서 모든 계산은 배정밀도에서 수행되지만 출력포맷은 다음 명령어를 사용하여 조절할 수 있다.

format short	4자리수를 가진 고정점
format long	14자리수를 가진 고정점
format short e	4자리수를 가진 과학표기법
format long e	15자리수를 가진 과학표기법
format rat	작은 정수들의 비율에 의한 근사

한번 선택된 format은 변경할 때 까지 유효하다. disp와 fprintf함수를 이용하여 적절하게 출력하는 것이 가능하다. disp(X)는 변수이름을 인쇄하지 않고 변수 X를 화면에 출력한다. 만약 X가 문자열이라면 텍스트가 화면에 출력된다. 예를 들어,

```
disp( 'The input matrix A is')
```

은 인용부호안에 위치한 텍스트를 출력한다. 함수 disp는 문자열 안에 변수 값을 인쇄할 수 있다. 예를 들어,

```
disp(['Newton's method converges after ',num2str(iter),' iterations'])
```

는 화면에

```
Newton's method converges after 9 iterations.
```

를 출력할 것이다. 여기서 num2str(iter)함수는 임의의 문자열을 숫자로 변환한다.

fprintf 함수는 더욱 자유롭게 사용이 가능하고

fprintf('filename','format',list)

의 형태를 취한다. filename은 선택사항이고 생략되면 화면에 출력된다. format은 변환양식(conversion specification)을 포함하는 포맷제어이다. 변환양식은 출력형태를 제어하는 것으로 다음의 형태가 있다.

%P.Qe	for exponential
%P.Qf	fixed point
%P.Qg	to automatically select the shorter of %P.Qe or %P.Qf

여기서 P와 Q는 출력되는 전체자리수와 소수점이하 자리수를 각각 나타낸다.

list는 콤마에서 구분된 변수들의 목록이고 \n은 새로운 라인을 만든다. 예를 들면 다음의 명령문은

```
>> x = pi ; y = 4.679 ; z = 9 ;
>> fprintf('\n x = %8.7f\n y = %4.3f\n z = %1.0f\n',x,y,z)
  x = 3.1415927
  y = 4.679
  z = 9
```

를 화면에 인쇄한다.

1.2.4 평면 그래프

MATLAB에서 그래프를 그리는 방법은 매우 간단하다. 2차원 함수의 그래프는 명령어 plot을 이용하여 그릴 수 있다. 예를 들어 구간 $[-1, 2]$에서 함수 $y = x^2 + 1$을 다음 명령어에 의해서 그릴 수 있다.

```
>> x = [-1: 0.02: 2];
>> y = x.^2 +1;
>> plot(x,y)
```

그림 1.1에 그래프가 나타나있다. 명령어 plot(x, y,'r+:')은 점들에 대해 빨간색 + 로 나타내고 점선으로 그래프를 그릴 것이다. help plot을 이용하면 많은 선택사항을 확인할 수 있다. 구간 $[a, b]$에서 M-파일에 의해서 정의된 f1함수를 그리기 위해서는 다음 명령을 이용한다.

```
>> fplot('f1',[a,b])
```

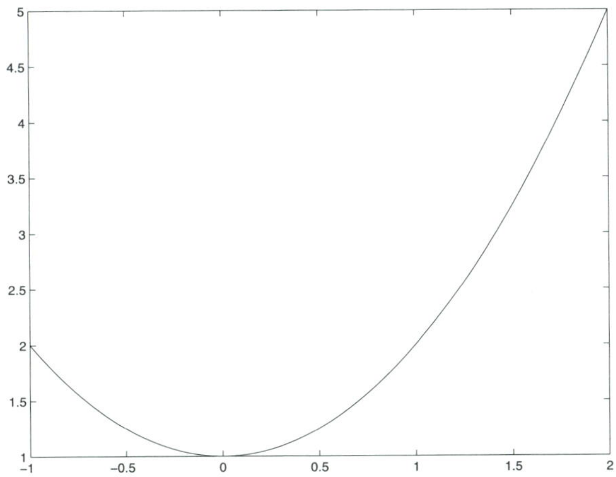

그림 1.1 구간[−1, 2]에서 함수 $f(x) = x^2 + 1$의 그래프

grid, xlabel, ylabel, title 등의 명령어를 사용하여 주어진 그래프를 수정할 수 있다. 예를 들면 명령어 grid on은 그래프에 격자선들을 생성할 것이다. 매개변수에 의해서 정의되는 곡선 또한 다음과 같다.

```
t=[0: 0.01: 4*pi];  x=cos(2*t);  y=sin(3*t);  plot(x,y)
```

하나의 그림에 여러 개의 그래프를 중복에서 다음과 같이 그릴 수 있다.

```
>> x=[0:0.1:2*pi];
>> y1=cos(x); y2=sin(x); y3=cos(2*x);
>> plot(x,y1,x,y2,x,y3)
```

1.2.5 3−D 메쉬 출력

3차원 또는 3-D 메쉬 표면 그림은 함수 mesh를 이용한다. mesh(z) 명령어는 행렬 z의 요소들의 3차원적인 형상을 나타낸다. 다음의 예제는 정방형 구간 $[-4, 4] \times [-4, 4]$에서 함수 $z = e^{-x2-y^2}$의 3차원 그래프를 생성하는 것이고 그림 1.2에 결과를 나타내었다.

```
>> [x y]=meshgrid(-4.0:0.2:4.0,-4.0:0.2:4.0);
>> z=exp(-x.^2-y.^2);
>> mesh(x,y,z)
```

첫 번째 명령은 0.2단위 폭과 0.2단위 높이를 가진 정방형 구간 $-4 \leq x \leq 4$, $-4 \leq y \leq 4$에서 격자점들로 구성되는 행렬을 구성한다.

두 번째 명령어는 각 격자점들에서 함수 $z(x, y)$의 값으로 구성되는 행렬을 생성한다. 세 번째 명령어는 그래프를 그린다. 3-D 그래프와 관계된 다른 명령어는 plot3과 surf가 있다.

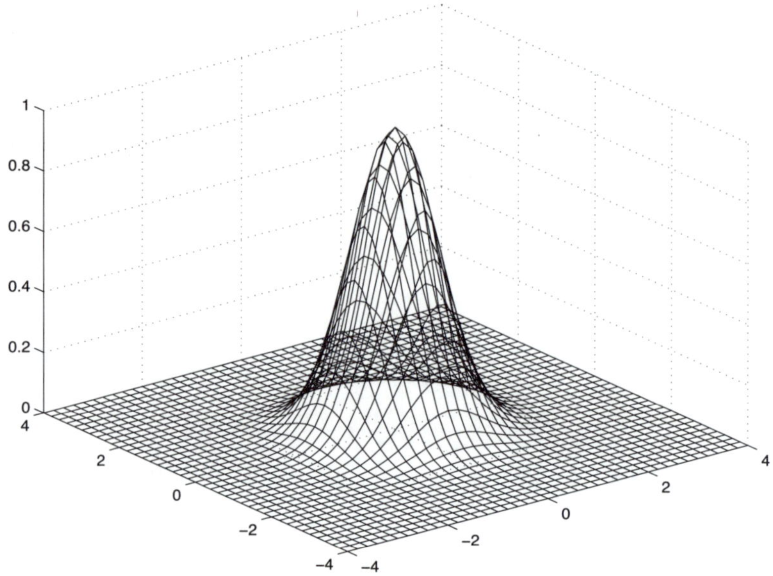

그림 1.2 3차원 표면

1.2.6 함수파일

MATLAB은 사인과 코사인과 같은 기본함수에서 역행렬, 행렬고유값, 고속푸리에 변환과 같은 복잡한 함수까지 광범위한 내장함수를 가지고 있다. 표 1.1은 기본적인 수학함수에 대한 MATLAB 내장함수를 나타낸다. 추가적인 함수목록에 대하여 부록 B에 영역별로 정리되어 있다.

모든 함수 이름은 소문자로 되어있고 한 개 또는 여러 개의 인자를 가질 수 있다. 예를 들면,

```
[U,D]=eig(A)
```

A의 고유벡터인 열을 갖는 행렬 U를 만들고, 대각요소에 A의 고윳값을 갖는 대각행렬 D를

표 1.1 기본적인 수학함수에 대한 MATLAB함수

cos(x)	x의 코사인
sin(x)	x의 사인
tan(x)	x의 탄젠트
sqrt(x)	x의 제곱근
abs(x)	x의 절댓값
exp(x)	x의 지수
log(x)	x의 자연로그
log10(x)	x의 상용로그
cosh(x)	x의 쌍곡 코사인
tanh(x)	x의 쌍곡 탄젠트
asin(x)	x의 역 코사인
expm(A)	행렬 A의 지수

만든다.

1.2.7 함수정의

MATLAB은 사용자가 M-파일 편집기/디버거에서 임의의 M-파일을 만들어서 자기 자신의 함수를 정의할 수 있는 것을 허용한다. 함수의 첫 번째 라인은 다음의 형태를 가진다.

```
function y = function_name(input arguments)
```

예를 들어, 함수 $f1(x) = 2x^3 - 3x + 1$을 m.file로 정의하자. 편집기/디버거나 *emacs* 혹은 *vi*와 같은 임의의 문서편집기를 이용하여 다음을 입력한다.

```
function y=f1(x)
y=2*x.^3-3*x+1;
```

f1.m으로 이 함수를 한번 저장하면 MATLAB 명령 창에서 다음처럼 함수 값을 계산할 수 있다.

```
>> f1(2)
ans =
        11
```

사용자 정의 함수는 입력변수로서의 기능을 가질 수 있으며, 함수 feval을 이용하여 내부적으로 계산될 수 있다. 예를 들어,

```
>> x1=fzero('f1',0)
x1=
     0.3949
```

0근처에서 f1의 해를 준다.

심벌 @를 이용하여 함수 f1.m을 함수 f2.m으로 전달할 수 있다.

```
>> f2(@f1)
```

예를 들어, 내장함수 quad(f, a, b)는 a에서 b까지 함수 $y = f(x)$를 근사적으로 적분한다. $x = -1$에서 $x = 1$까지 $y = \cos(\pi x) + 2$을 근사적으로 적분하는데 이 함수를 이용하기 위해서 다음과 같이 f1.m파일을 우선 작성한다.

```
function y=f1(x)
   y=cos(pi*x)+2;
```

정확한 디렉터리에 있다면 다음을 입력한다.

```
>> quad(@f1,-1,1)
ans =
          4.00000001667477
```

1.2.8 관계연산자 및 루프

대부분의 컴퓨터 언어처럼 MATLAB은 for, while, if와 같은 다양한 흐름제어 명령을 제공한다. 이런 흐름제어 명령들을 관계연산자라 한다.

MATLAB에서 관계연산자는 다음과 같다.

==	같은
<=	작거나 같은
>=	크거나 같은
~=	같지 않은
<	작은
>	큰

관계연산자에서는 "=="가 사용되는 반면에 일반 명령문에서는 "="가 사용된다.

논리연산자

&	그리고
|	또는
~	아닌

if,for,while 제어문

if 제어문의 일반적인 형태는 다음과 같다.

```
if <if _expression>
      <statements>
elseif <if _expression>
      <statements>
            ...
else
      <statements>
end
```

여기서 간단한 예로 $i,\ j = 1, ..., 10$ 이라면

```
if i==j
    A(i,j)=1;
else
    A(i,j)=0;
end
```

대각요소가 1인 대각행렬 A가 얻어질 것이다. for루프에 대한 일반적인 형태는 다음과 같다.

```
for <loop_variable= loop_expression>
    <statements>
end
```

예를 들면,

```
S=0;
for i=1:100
    S=S+1;
end
S
```

결과는 다음과 같다.

```
S =
    100
```

또한, 내포 for문을 이용할 수 있다. 다음 명령은 $m \times n$ 힐버트행렬 H 를 생성한다.

```
for i=1:m
    for j=1:n
        H(i,j)=1/(i+j-1);
    end
end
```

switch명령어는 의사결정에 가장 적합한 명령어로서 다음의 일반적인 형태를 갖는다.

```
switch switch expression
    case case-expression
        commands
....
    otherwise
        commands
end
```

여기에 어떤 달의 날자를 찾아내는 코드를 생각해보자. 문제를 간단하게 하기 위하여 2월의 날자에 대해 윤년의 영향을 무시해서 항상 2월은 28일인 것으로 가정한다. switch명령어는 이런 종류의 코드에 매우 적합하다. 코드의 형태는 다음과 같다.

```
switch month
    case {1,3,5,7,8,10,12}
        days = 31;
    case {4,6,9,11}
        days = 30;
    case 2
        days = 28;
end
```

변수 month는 몇 월인지를 나타내고 그 값에 의존해서 month의 값을 다양한 case값들과 비교함으로서 첫 번째 case와 두 번째 case, 세 번째 case가 실행될 것이다. 같은 결과가 if-structure에 의해서 얻어질 수 있지만, 이 경우 switch명령어가 더욱 간결하고 멋들어진 코드를 만들 수 있다.

마지막으로 MATLAB은 어떤 조건이 참이 되는 명령어를 반복적으로 수행하는 while루프에 대해 고유한 형태를 가지고 있다.

```
while < while _expression >
    < condition statements>
end
```

양의 수 n이 주어졌을 때 다음 명령은 n보다 작은 3의 짝수 거듭제곱을 출력한다.

```
k=0;
while 3^k < n
    if rem(k,2)==0
        3^k
        k=k+1;
  else
        k=k+1;
    end
end
```

1.3 테일러급수

정리 1.1(테일러) 구간 $[a, b]$에서 함수 가 $n+1$차까지 연속적인 미분이 가능할 경우, x, $x_0 \in [a, b]$인 x와 x_0에 대해서 다음을 만족한다.

$$f(x) = \sum_{k=0}^{n} \frac{f^{(k)}(x_0)}{k!}(x-x_0)^k + R_{n+1}(x) \tag{1.1}$$

x_0과 x 사이의 임의의 $\xi = \xi(x)$에 대해

$$R_{n+1}(x) = \frac{f^{(n+1)}(\xi)}{(n+1)!}(x-x_0)^{n+1} \tag{1.2}$$

식 (1.1)는 x_0에 대한 $f(x)$의 **테일러급수** 전개라 하고 $R_{n+1}(x)$는 **나머지** 또는 **절단오차**라 부른다. 테일러급수를 이용한 실제계산에서 유한한 개수의 항으로 수행되기 때문에 무한급수의 합을 유한한 합으로 근사시키는 것에 대한 절단오차라 한다.

예제 1.1 $x_0 = 0$ 근처에서 $f(x) = e^x$에 대한 테일러급수를 유도하라.

$k = 0, 1, \ldots,$ 에 대해 $f^{(k)}(0) = e^0 = 1$이기 때문에 식(1.1)로부터 다음을 얻을 수 있다.

$$\begin{aligned} e^x &= 1 + x + \frac{x^2}{2!} + \frac{x^3}{3!} + \cdots + \frac{x^n}{n!} + \frac{e^\xi}{(n+1)!}x^{n+1} \\ &= \sum_{k=0}^{n} \frac{x^k}{k!} + \frac{e^\xi}{(n+1)!}x^{n+1}. \end{aligned} \tag{1.3}$$

예제 1.2 예제 1.1을 이용하여 $n = 3$일 때 e 근삿값을 계산하여라.

식(1.3)에서 $x = 1$과 $n = 3$으로 놓으면

$$e \approx 1 + \frac{1}{1!} + \frac{1}{2!} + \frac{1}{3!} = 2.66667$$

식(1.2)를 이용하여 다음처럼 절단오차를 계산할 수 있다.

$$R_4 = \frac{e^\xi}{4!}, \text{ 여기서 } \quad 0 < \xi < 1$$

$\left|e^\xi\right| \le e \le 2.8$이기 때문에 오차는 $(1/4!)(2.8) = 0.11667$보다 크지 않다.

만약 식(1.1)에서 $x_0 = 0$로 놓으면 **매클로린**(Maclaurin) **급수**로 불리는 급수를 얻는다.

$$f(x) = \sum_{k=0}^{n} \frac{f^{k}(0)}{k!} x^{k} + \frac{f^{(n+1)}(\xi)}{(n+1)!} x^{n+1} \tag{1.4}$$

여기서 $\xi(x)$는 0과 x사이 이다.

예제 1.3 테일러급수를 이용하여 소수점 3째 자리까지 e 의 근삿값을 계산하여라.

식(1.1)을 이용하여 얼마나 많은 항이 필요한지 다음으로 계산된다.

$$\frac{e^{\xi}}{(n+1)!} < \frac{2.8}{(n+1)!} < 5 \times 10^{-4}$$

위 관계를 만족하는 e값을 소수점 셋째자리까지 근사시키는 가장 작은 n은 $n = 7$일 때이다. 테일러급수 식에 $n = 7$을 대입하면 다음과 같다.

$$e \approx 1 + \frac{1}{1!} + \frac{1}{2!} + \frac{1}{3!} + \frac{1}{4!} + \frac{1}{5!} + \frac{1}{6!} + \frac{1}{7!} = 2.\mathbf{718}253968254$$

계산기로 얻은 $2.\mathbf{718}281828459$이다.

예제 1.4 $f(x) = \sin x$ 에 대한 매클로린급수를 유도하라.

$\sin x$에 대한 미분은 다음의 관계를 만족한다.

$$\begin{aligned} f'(x) &= \cos x, & f'(0) &= 1, \\ f''(x) &= -\sin x, & f''(0) &= 0, \\ f'''(x) &= -\cos x, & f'''(0) &= -1, \\ \cdots &= \cdots & \cdots &= \cdots \end{aligned}$$

그러므로

$$\sin x = \sum_{k=0}^{n} (-1)^{k} \frac{x^{2k+1}}{(2k+1)!} + (-1)^{n} \frac{x^{2n+3}}{(2n+3)!} \cos(\xi)$$

식(1.1)에서 x를 $x + h$로 그리고 x_0을 x로 바꾸어주면 테일러급수의 다른 형태를 얻는다.

$$f(x+h) = \sum_{k=0}^{n} \frac{f^{(k)}(x)}{k!} h^{k} + \frac{f^{(n+1)}(\xi)}{(n+1)!} h^{n+1} \tag{1.5}$$

ξ는 x와 $x + h$사이 이다.

여기서 오차 항에 대한 일반적인 표현을 유도한다. 만약 충분히 작은 h에 대해 $|F(h)| \le C\,|h^n|$을 만족하는 $C > 0$인 실수상수와 양의 정수 n이 존재한다면, $F(h)$는 h^n의 차수라 하고 다음처럼 나타낸다.

$$F(h) = O(h^n)$$

예제 1.5 예제 1.4에서 $n = 2$ 에 대해 다음을 얻는다.

$$\sin x = x - \frac{1}{3!}x^3 + \frac{1}{5!}x^5 - \frac{1}{7!}x^7\cos(\xi), \qquad 0 < \xi < x.$$

$\left|\dfrac{\sin x - x + \frac{1}{3!}x^3 - \frac{1}{5!}x^5}{x^7}\right| = \left|\dfrac{1}{7!}\cos(\xi)\right| \le \dfrac{1}{7!} = C$ 이기 때문에

$\sin x - x + \dfrac{1}{3!}x^3 - \dfrac{1}{5!}x^5 = O(x^7)$ 이다.

다음의 정리는 테일러 정리 $(n = 0)$의 특별한 경우이다.

정리 1.2(평균값 정리) 함수 f 가 구간 $[a, b]$에서 연속이고 미분가능하다면 다음을 만족하는 구간 (a, b)사이에서 c 가 한 개 존재한다(그림 1.3 참조).

$$f(b) - f(a) = f'(c)(b - a)$$

다음 정리는 어떤 문제에 대한 해의 존재를 결정하기위한 중요한 도구로서 많은 교재에서 다루고 있다.

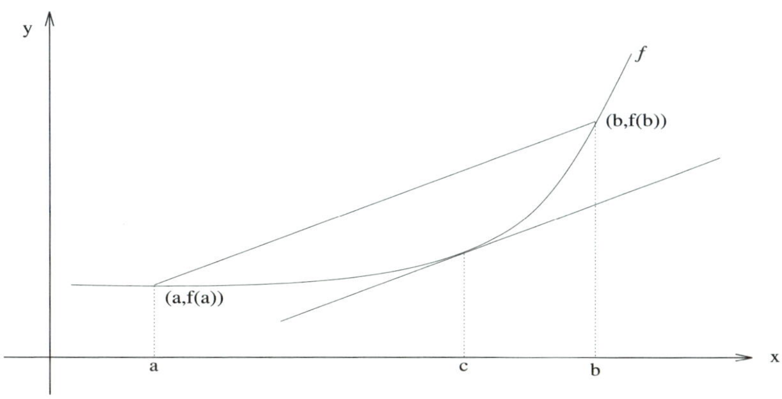

그림 1.3 평균값 정리

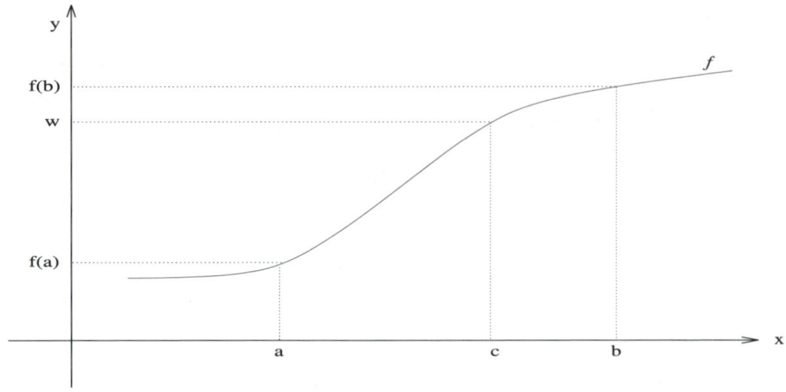

그림 1.4 중간값 정리

정리 1.3(중간값 정리) 함수 f 가 닫힌구간 $[a, b]$에서 연속이라 하자. w가 $f(a)$와 $f(b)$사이의 값이라면 $f(c) = w$인 c가 a와 b사이에서 최소 한 개 존재한다(그림 1.4 참조).

예제 1.6 $x^5 - 5x^4 - 7x^3 - x + 1 = 0$ 이 구간 $[0, 1]$ 에서 한 개의 근이 존재함을 증명하시오.

$f(x) = x^5 - 5x^4 - 7x^3 - x + 1$ 라 하면, $[0,1]$에서 연속이고 $f(0) = 1$, $f(1) = -11$ 의 관계를 쉽게 확인할 수 있다. $f(1) < 0 < f(0)$이기 때문에 중간값정리 (Intermediate Value Theorem: IVT)로부터 $(0,1)$사이에서 다음을 만족하는 x가 존재한다.

$$x^5 - 5x^4 - 7x^3 - x + 1 = 0$$

연습문제 1.3

1. $f(x) = x^2e^x$ 에 대한 매클로린급수를 표현하시오.

2. 다음의 함수들이 평균값 정리를 만족하는지 결정하시오. 만약 만족한다면 평균값 정리를 만족하는 실수 c 를 구하시오.

(a) $f(x) = x^{1/3}$, 구간 $[-1, 2]$

(b) $f(x) = x^{1/3}$, 구간 $[0, 2]$

(c) $f(x) = |x|$, 구간 $[-2, 2]$

3. 다음 함수에 대해 $[1, 3]$에서 평균값 정리를 만족하는 모든 실수 c 를 구하시오.

$$f(x) = 2x + \frac{3}{x}$$

4. 다음 함수에 대해 평균값 정리를 이용하여 특징을 설명하시오.

$$f(x) = \left|x^2 - 1\right| \quad \text{구간 } [0, 2]$$

5. [0, 1]에서 $f(x) = 2e^{2x} + 4x - 3$ 이 최소 한 개의 근을 가짐을 증명하시오.

6. $x_0 = 0$ 에서 $f(x) = e^{-x}$ 의 테일러급수를 구하고 $n = 3$ 일 때 $f(-0.88)$의 근삿값을 구하시오.

7. $x_0 = 0$ 에서 함수 $f(x) = \ln(1 - x)$에 대한 테일러급수를 구하시오.

8. 테일러급수를 이용하여 $x = 0.2$에서 $f(x) = ex \sin x$ 의 근사함수를 구하시오.

9. $x = \pi/3$ 에서 함수 $\cos x$의 테일러급수를 구하시오.

10. x_0에서 함수 $f(x) = \sqrt{x+1}$ 에 대한 3차 테일러 다항식을 구하시오.

11. 테일러 다항식을 이용하여 $\sqrt{e}$ 의 근삿값을 구하시오.

12. 충분히 작은 x에 대해 테일러 정리를 이용하여 다음을 증명하시오.

$$\frac{1 - \cos x}{x} = \frac{1}{2}x + O(x^2)$$

13. 충분히 작은 x에 대해 테일러 정리를 이용하여 다음을 증명하시오.

$$(1 + x)^{-1} = 1 - x + x^2 + O(x^3)$$

14. $x \in [1/2, 1]$인 x에 대해 $x_0 = 3/4$ 에서 $f(x) = 1/x$ 에 대한 5차 테일러 다항식의 오차를 구하시오.

15. 문제 14에서 오차가 10^{-2} 또는 10^{-4} 보다 작아지기 위해서는 얼마나 많은 항이 필요한지 각각의 경우에 대해 항의 수를 결정하시오.

16. 구간 [0,1]에서 오차가 10^{-3} 보다 작아지도록 $x_0 = 0$에서 함수 $f(x) = e^{-x}$ 에 대한 테일러 근사 다항식을 구하고자 한다. 구간 사이의 모든 x_1과 x_2에 대해 $|f(x_1) - f(x_2)| \leq M|x_1 - x_2|$을 만족하는 M의 값을 구하시오.

17. $f(x) = x^3 + x$ 에 대해 $x_0 = 1$근처에서 2차의 테일러 다항식을 구하시오.

18. 다음의 함수들에 대해 해가 존재하는 구간을 결정하시오.

(a) $x - 3^{-x} = 0$

(b) $4x^2 - e^x = 0$

19. 항등식

$$\cos^2(x) = \frac{1 + \cos(2x)}{2}$$

을 이용하여 0 근처에서 $\cos^2(x)$의 테일러급수를 구하시오.

20. 문제 19와 항등식

$$\sin^2(x) = 1 - \cos^2(x)$$

을 이용하여 0 근처에서 $\sin^2(x)$의 테일러급수를 구하시오.

21. 다음의 적분 식을 소수점 밑의 다섯째 자리까지 계산하고 오차를 구하시오.

(a) $\int_0^1 \frac{\sin x}{x} dx$

(b) $\int_0^1 \frac{1-\cos x}{x} dx$

(c) $\int_0^1 \frac{e^x - 1}{x} dx$

(d) $\int_1^2 \frac{e^x}{x} dx$

22. 다음 함수의 길이를 소수점 밑의 넷째 자리까지 계산하시오

(a) 타원 $(\frac{x}{4})^2 + (\frac{y}{2})^2 = 1$

(b) 포물선 $y = x^2$ for $-2 \le x \le 2$

(c) 쌍곡선 $y^2 = x^2 + 1$ for $y > 0$ and $-1 \le x \le 1$

컴퓨터 문제 1.3

1. 코사인 적분을 생각하자

$$Cin(x) = \int_0^x \frac{1 - \cos t}{t} dt$$

(a) $a = 0$에 대하여 나머지 $R(x)$을 가진 $2n$차수 테일러 다항식을 구하시오. x에 대한 함수성을 가진 나머지에 대한 $|R(x)|$을 계산하시오.

(b) 오차를 tol보다 작게 구하기위한 $Cin(X)$에 대한 근사값 ca를 계산하는 MATLAB함수 $Cin(x, tol, ca, n)$을 작성하시오. 프로그램은 ca를 계산하기 위해 n차

테일러 다항식을 이용해야 한다. x와 tol에 의존하는 n은 가능한 작게 결정되어야 한다. ((a)의 결과를 이용하라.)
얻어진 프로그램은 정확한 값 $Cin(1) = 0.239811742$를 이용하여 $x = 1$일 때 $tol = 0.25, 0.06, 10^{-4}$에 대해서 검증계산을 수행하시오. 모든 경우에 대하여 오차 $ca - Cin(x)$와 n을 출력하고 실제오차가 tol보다 작아지는지 확인하시오. $x = 0.5$, $tol = 10^{-4}$ 일 때 ca와 n을 출력하시오.

2. 다음의 MATLAB 알고리듬은 테일러급수를 이용하여 e^{-x} 을 계산한다.

```
s=1;t=1;i=1;
while (abs(t) > eps*abs(s))
        .... stop iterating when adding t to s does not change s
        t=-t*x/i;
        s=s+t;
        i=i+1;
end
result=s
```

x=1:20에 대한 위의 알고리듬을 실행하시오.

CHAPTER 2

숫자 시스템 및 오차

컴퓨터에서 연산이 행해질 때 숫자들을 저장하고 다루는 방법은 우리들이 하는 방법과는 매우 다르다. 우리들은 10진수를 다루지만, 컴퓨터 2진수로 계산을 행한다. 이 장에서는 컴퓨터에서 수를 나타내는 방법과 그 수에 포함된 오차를 살펴보고자 한다.

2.1 부동 소수점 연산

수치 해에 포함된 오차의 주된 원인을 이해하기 위하여 우리는 수가 컴퓨터에 저장되는 방법을 살펴볼 필요가 있다. 컴퓨터에서는 유한한 자리수로 수가 표현되기 때문에 실수를 나타내기 위하여 **부동소수점**이 사용되어진다.

기저 β의 k-부동소수점 수는 다음의 형태를 취한다.

$$x = \pm\,(.b_1 b_2 \ldots b_k) \times \beta^e \tag{2.1}$$

여기서 $\beta, b_1, \ldots, b_k$ 은 $\beta \geq 2$이고 $0 \leq b_i \leq \beta - 1$ 인 정수들이다. $(b_1 b_2 \ldots b_k)$는 **가수부**이고 e는 **지수부**이다. 만약 $b_1 \neq 0$ 또는 $b_1 = b_2 = \cdots = b_k = 0$ 이라면 부동소수점수는 **정규화되었다** 라고 한다.

β 는 컴퓨터마다 변하지만 대부분의 컴퓨터는 2진법($\beta = 2$)을 이용하기 때문에 다음과 같이 정규화된 2진수를 생각할 수 있다.

$$x = \pm\,(.1 b_2 \ldots b_k) \times 2^e \tag{2.2}$$

가수부가 0과 1의 연속적인 배열로 표현된다.

간략하게 줄여서 0과 1의 2자리 2진수를 **비트**라 하고 일정한 개수의 비트를 **컴퓨터워드**라 부른다. 예를 들어, 32비트 컴퓨터에서 부동소수점수를 생각하자. 한 개의 워드의 내부 표현이 그림 2.1에 나타나 있다. 가장 왼쪽의 비트는 가수부의 부호를 위해 사용된다. 비트가 0이면 양의 수를 나타내고 1 이면 음의 수를 나타낸다. 다음의 7개 비트는 부호를 나타내는 첫

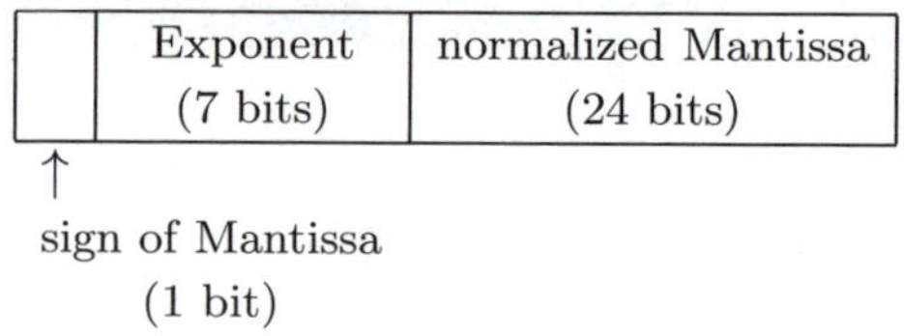

그림 2.1 32비트 컴퓨터에서 수를 표현하는 방법

번째 비트를 가진 지수부를 나타내기 위해 사용된다. 나머지 24비트는 $b_1 = 1$으로 정규화된 가수부를 나타낸다.

예제 2.1 다음의 기계 숫자를 생각하자.

1	0000010	110100000000000000000000

가장 왼쪽의 비트가 1이므로 음의 수이다. 지수는 양이고 다음과 같다.

$$0 \times 2^0 + 1 \times 2^1 + 0 \times 2^2 + 0 \times 2^3 + 0 \times 2^4 + 0 \times 2^5 = (2)_{10}$$

마지막 24비트는 정규화된 가수부

$$1 \times 2^{-1} + 1 \times 2^{-2} + 1 \times 2^{-4} = (0.8125)_{10}$$

을 나타낸다. 이 기계 숫자는 10진수로

$$-0.8125 \times 2^2 = (-3.25)_{10}$$

을 나타낸다.

예제 2.2 10진수 42.78125를 정규화된 이진수로 나타내시오.

$$(42.)_{10} = (101010.)_2 \quad \text{and} \quad (.78125)_{10} = (.110010)_2$$

이기 때문에

$$(42.78125)_{10} = (101010.110010)_2 = (0.101010110010)_2 \times 2^6$$

이 얻어진다.

지수는 $(6)_{10} = (110)_2$이기 때문에 42.78125는 정규화된 이진수로 다음과 같다.

$$(00000110101010110010000000000000)_2$$

가장 큰 정규화된 양의 기계 숫자는

$$0 \quad 0111111 \quad 111111111111111111111111 \quad \approx 2^{63} \approx 10^{18}$$

이다.

저장될 수 있는 수의 범위는 10진수로 10^{-19}에서 거의 10^{18}까지 이다.

계산과정에서 얻어지는 수가 이 범위를 벗어나면 **언더플로** 혹은 **오버플로**라 부른다.

수의 내부표현에 대해 32비트 컴퓨터에서 저장되는 수로 예를 들어 설명하고자 한다. 대부분의 컴퓨터에서 수의 내부표현은 2**진수 부동소수점 연산을 위한** IEEE**표**준을 이용한다. 1배 정밀도 형식은 32비트를 사용한다.

$$\text{Floating-point number} = (-1)^s \times (1.f)_2 \times (2^{c-127})_{10}$$

첫 번째 비트는 부호비트 s이다. $s = 0$은 $+$이고 $s = 1$은 $-$이다. 다음의 8비트는 편중지수 c를 나타낸다. c의 값은 $(0000\ 0000)_2 = (0)_{10}$에서 $(1111\ 1111)_2 = (255)_{10}$까지 범위의 값이다. 마지막으로 남아있는 23비트는 가수부에 이용된다. 가수부중 첫 번째 비트는 항상 1이기 때문에 저장될 필요가 없고 f에 의해서 표시되는 부분만 저장된다. IEEE 32비트 형식이 그림 2.2에 설명되어 있다.

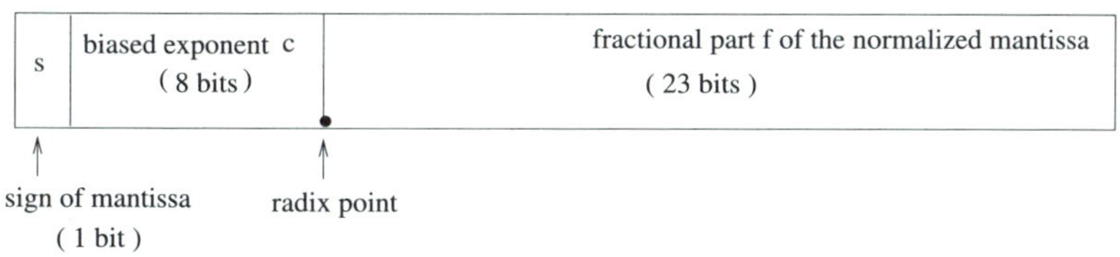

그림 2.2 IEEE 32비트 형식

예제 2.3 10진수 -45.8125에 대한 IEEE 형식을 결정하시오.

$$(-45.)_{10} = (-101101)_2 \quad \text{그리고} \quad (.8125)_{10} = (110100)_2$$

이기 때문에

$$(-45.8125)_{10} = (-101101.110100)_2 = (-1.011011101)_2 \times 2^5$$

이 얻어진다.

c의 값은 $c = 127 + 5 = (132)_{10}$이고 8비트 형식은 $(10000100)_2$이다. 음의 수이기 때문에 $s = 1$이다. 결국 -45.8125의 IEEE 형식은 다음이다.

1	1000 0100	0110 1110 1000 0000 0000 000

IEEE 32비트 형식에서 가장 큰 수는 가수부 $(1.f)$가 각각 비트 위치에 한 개의 1을 가지고 편중지수 $c = (11111110)_2 = (254)_{10}$일 때 얻어진다. 그 수의 값은 $(2-2^{-23})2^{127} \approx 3 \times 10^{38}$이고 가장 작은 양의 수는 $2^{-126} \approx 10^{-38}$이다.

IEEE 2**배 정밀도** 형식은 64비트이다. 편중지수에 11비트 정규화된 가수부의 f에 52비트가 할당되고 제일 앞에 오는 비트는 부호를 나타낸다. 2배 정밀도는 수를 더욱 정확하게 표현할 수 있는 장점이 있지만 1배 정밀도는 메모리를 적게 사용하는 장점을 가지고 있다 (많은 양의 데이터를 저장하고자 할 때 심각한 문제를 발생시킬 수 있음). 하드웨어 상에서 두 정밀도 형식에 대한 속도는 비슷하기 때문에 2배 정밀도가 실제로 더 많이 사용되고 있다. 인텔프로세서는 80비트가 확장된 컴퓨터의 연산장치를 가지고 있지만 프로그래머가 쉽게 이용할 수 있는 것은 아니다.

연습문제 2.1

1. 다음의 10진수들을 정규화된 2진수로 변경하시오.

(a) $(3.4375)_{10}$　　(b) $(12.875)_{10}$

2. 다음의 10진수들을 32비트 컴퓨터의 부동소수점 체계에서 표현하시오.

(a) $(5.25)_{10}$　　(b) $(-3.84375)_{10}$

3. 어떤 컴퓨터에서 부동소수점수가 다음과 같은 방법으로 표현된다.

t	e	u	m

t = 1비트의 지수부 부호
e = 3비트의 지수부분 절댓값
u = 1비트의 가수부 부호
m = 5비트의 가수부
밑은 2이고 가수부는 정규화 되었다.

(a) 표현될 수 있는 가장 큰 수를 구하시오.

(b) 다음 표현에 해당되는 10진수를 결정하시오.

$$(0101010110)_2$$

4. 다음의 10진수들에 대해 IEEE형식으로 나타내시오.

(a) 351.78215,　　(b) -0.5625

5. 다음의 32비트 기계 숫자를 10진수로 변환하시오.

(a) $a =$

1	0001010	11010100000000000000000

(b) $b =$

0	0000110	10001010000000000000000

(c) $c =$

1	0001110	11011000000000000000000

6. IEEE 2배 정밀도 부동소수점 표준형식에서 64비트 (2진수)가 실수를 나타내기 위해 사용되는데 1비트는 부호, 11비트는 지수, 52비트는 가수부이다. 2배 정밀도 정규화된 0이 아닌 수 x는 $1 \leq n \leq 2046$과 $0 \leq d_k \leq 1$ $k = 1, 2, \ldots, 52$ 인 범위에서 표준형식 $x = \pm(1.d_1 d_2 \cdots d_{52})_2 \times 2^{n-1023}$ 으로 표현될 수 있다.

(a) 가장 작은 양의 수는 무엇인가?
(b) 가장 작은 음의 수는 무엇인가?
(c) 위와 같은 체계에서 얼마나 많은 실수가 표현되나?

(식의 형태로 답을 표현하시오)

2.2 반올림오차

실수 x를 부동소수점 기계 숫자로 표현하는 방법은 $fl(x)$로 나타내고 보통 2가지가 사용된다. **반올림**과 **절단**이 있다. 다음과 같은 10진수 형태의 양의 실수 x 를 생각하자.

$$x = (0.b_1 b_2 \ldots b_k b_{k+1} \ldots)_{10} \times 10^e. \tag{2.3}$$

k번째 자리 이후의 수들을 버릴 때 우리는 x가 k자리로 절단되었다고 한다. 즉,

$$fl(x) = (0.b_1 b_2 \ldots b_k)_{10} \times 10^e.$$

을 얻기 위하여 $b_{k+1} b_{k+2} \ldots$ 가 절단되는 것이다. 또한 x에 가장 가까운 $fl(x)$를 선택함으로써 $fl(x)$가 얻어질 때 x 는 k 자리로 반올림된 것이다. 만약 $b_{k+1} \geq 5$ 이면 b_k 자리에 1을 더하고 $b_{k+1} < 5$ 이면 k 자리 이후의 모든 자리수를 절단한다.

예제 2.4 10진수 체계에서 e값을 생각하자.

$$e = 0.2718281828\ldots \times 10^1$$

만약 $k = 7$이고 반올림이 행해진다면,

$$fl(e) = (0.2718281 + 0.0000001) \times 10^1 = 2.718282$$

반면에 절단이 행해진다면,

$$fl(e) = 0.2718281 \times 10^1 = 2.718281$$

임의의 수 x를 부동소수점 형식 $fl(x)$로 표현할 때 발생되는 오차가 **반올림오차**이고, x 와 $fl(x)$의 차이에 해당된다. 반올림오차는 x 에 의존하고 x 의 크기에 대한 최상의 측정값이다.

정의 2.1 만약 $x \neq 0$ 이면, $|x - fl(x)|$ 에 의한 **절대오차**와 $|x - fl(x)|/|x|$ 에 의한 상대오차로 정의한다.

예를 들어, 식 (2.3)에 주어진 기계 숫자 x 에 대해 k 자리로 절단되었을 때 상대오차를 구해보자.

$$\left|\frac{x - fl(x)}{x}\right| = \left|\frac{0.b_1b_2\cdots b_k\cdots \times 10^n - 0.b_1b_2\cdots b_k \times 10^n}{0.b_1b_2\cdots b_k\cdots \times 10^n}\right|$$

$$= \left|\frac{0.b_{k+1}b_{k+2}\cdots}{0.b_1b_2\cdots}\right| \times 10^{-k} \leq \frac{1}{0.1} \times 10^{-k}$$

즉 다음의 상대오차가 얻어진다.

$$\left|\frac{x - fl(x)}{x}\right| \leq 10^{-k+1}$$

비슷한 방법으로 반올림이 사용될 때 상대오차가 얻어진다.

$$\left|\frac{x - fl(x)}{x}\right| \leq 0.5 \times 10^{-k+1}$$

k 자리의 가수부를 가진 2진수 컴퓨터에 대해서 상대오차는 반올림에 대해서 2^{-k}, 절단에 대해서 2^{1-k} 의 오차한계를 가진다.

반올림오차가 너무 커져서 수치해의 정확성이 의심스러운 상황이 존재하게 된다. 고차다항식을 근 근처에서 계산하는 것이 그런 예이다. 이 경우 24비트의 가수부가 충분한 정확성을 제공하지 않는다. 따라서 해의 정확성을 높이는 방법은 **2배 정밀도 연산**을 사용하는 것이다. 이것은 가수부 부분을 확장시켜 주는데 소수 17자리의 정확성을 가진 56비트의 가수부를 제공할 것이다. 2배 정밀도 사용의 결점은 컴퓨터 프로그램에 메모리 크기가 증가되어야 하고 계산시간이 늘어난다는 것이다.

반올림이 정확성을 크게 감소시킬 수 있는 경우를 살펴보기 위하여 두 개의 수를 생각하자.

$$x = 1.23456 \qquad \text{and} \qquad y = 1.22222$$

두 수는 거의 비슷하고 소수 6자리의 정밀도를 가지고 있다. 만약 x 와 y 가 3자리수로 대체된다면 다음과 같다.

$$x - y = 1.23 - 1.22 = 0.01.$$

오차는 두 수 모두 약 1%이다. 그렇지만 두 수의 차이를 계산하면

$$1.23456 - 1.22222 = 0.01234$$

이다. 0.01은 0.01234와 약 20%정도 차이가 난다. 비슷하게 수들이 10^8안에서 거의 비슷할 때 수들의 뺄셈은 실제차이보다 큰 오차를 발생시킨다.

다음의 정의로 이절의 내용을 끝내고자 한다.

정의 2.2 만약 x^*가 x 의 근사값이라면 우리는 x^*는 x 를 k 자리 **유효숫자**로 근사한다라고 할 수 있다. 여기서 상대오차의 정의

$$\left|\frac{x - x^*}{x}\right| < 5 \times 10^{-k}.$$

로부터 k 는 가장 큰 0이 아닌 정수를 나타낸다. 예를 들어, $x = 3.1415$일 때 x^*는 x 를 3자리 유효숫자로 근사시킨다면 다음을 만족한다.

$$\left|\frac{3.1415 - x^*}{3.1415}\right| < 5 \times 10^{-3}.$$

그러므로

$$3.13 < x^* < 3.15.$$

연습문제 2.2

1. 각각에 대하여

(i) 4자리 반올림 연산

(ii) 4자리 절단 연산을 행하시오.

(a) $\frac{1}{3} + \frac{7}{4}$ (b) $\left(\frac{2}{3} - \frac{4}{7}\right) + \left(\frac{8}{5} - \frac{13}{7}\right)$ (c) $\left(\frac{5}{3} \times \frac{2}{7}\right) + \frac{2}{3}$

2. 2차 방정식 $x^2 + 6x + 2 = 0$에 대한 4자리 반올림에 의해서 구하시오.

3. $x = 0.86439868$과 $y = 0.86433221$일 때 5자리 유효숫자와 반올림을 사용하여 조작이 행해진다면 다음 조작들의 상대오차를 계산하시오.

(a) $fl(x) + fl(y)$ (b) $fl(x) \times fl(y)$

4. 만약 x_1과 x_2가 ϵ_1과 ϵ_2의 오차를 가진 X_1과 X_2의 근사값이라면 두수의 곱 $X_1\ X_2$에 대한 상대오차

$$\frac{X_1 X_2 - x_1 x_2}{X_1 X_2}$$

가 대략적으로 $\frac{\epsilon_1}{X_1} + \frac{\epsilon_2}{X_2}$ 임을 증명하시오.

5. 주어진 수

$$a = 0.67323,\ b = 12.751,\ c = 12.687$$

에 대해서 $\frac{a(b+c)}{b^2-c^2}$ 의 몫 $\frac{a}{b-c}$ 을 유도하고 3자리 반올림을 사용하여 계산하시오.

6. 일반적인 원주율은 $\pi = 3.14159265358979....$이다. 우리가 근사값 $\pi = 3.14$을 사용한다면 절대오차는 얼마인가? 5자리 유효숫자를 가진 10진수 부동소수점 표현에 대한 절단연산을 사용하여 답을 나타내시오.

7. 각각의 조작에 3자리 절단을 사용하여 $x = 1.07$일 때 다항식

$$p(x) = 2.75x^3 - 2.95x^2 + 3.16x - 4.67$$

을 계산하시오. 얻어진 결과에 대하여 절대오차와 상대오차를 구하시오.

(a) 왼쪽부터 오른쪽으로 진행

(b) 오른쪽에서 왼쪽으로 진행

8. 상대오차가 10^{-3}보다 작아지도록 $\tilde{p}$ 는 p를 근사해야 한다. 각각의 p값에 대하여 $\tilde{p}$ 가 가능한 범위를 결정하시오.

(a) 150 (b) 1500

9. 다음의 식

$$\sum_{i=1}^{N} \frac{1}{i}$$

을 계산하는데 3자리 절단이 사용된다.

(a) 얻어진 합이 엄밀해가 아닌 경우에 대한 가장 작은 정수 N을 찾으시오.

(b) 위에서 얻은 정수 N인 조건에 대한 절대오차는 얼마인가?

(c) 위에서 얻은 정수 N인 조건에 대한 상대오차는 얼마인가?

10. 자연로그의 밑 e는

$$e = \sum_{n=0}^{\infty} \frac{1}{n!}$$

로 의해서 계산할 수 있다. 3자리 절단연산으로 e에 대한 근사계산을 수행하시오. 그리고 정확한 값으로 $e = 2.7182818$ 을 사용하여 상대오차를 계산하시오.

(a) $S_1 = \sum_{n=0}^{5} \frac{1}{n!}$

(b) $S_2 = \sum_{n=0}^{5} \frac{1}{(5-n!)}$

11. 3자리 10진수 연산을 행한다고 하자. $\epsilon = 0.0001$, $a_1 = 5$ 에 대해 a_0가 1, 2, 3일 때 다음을 계산하시오.

$$a_2 = a_0 + (\frac{1}{\epsilon})a_1$$

12. $0 \le g < 1$에 대해 부동 소수점 표시 $x = 2^e(1 + g)$을 사용하여 x를 $x = 2^{2\bar{e}}$ $(1 + \bar{g})$ 으로 나타내시오. 여기서 $\bar{e} = [e/2]$ (즉, 가장 가까운 정수로 반올림 된 $e/2$)이고 $\bar{g}$는 근사적으로 수정된다. $1 + \bar{g}$ 의 범위는 어떻게 되는가?

컴퓨터 문제 2.2

1. 스털링(Stirling)의 유명한 근사

$$n! \approx n^n e^{-n} \sqrt{2\pi n}$$

에 대하여 정확성을 평가하기 위한 MATLAB프로그램을 작성하시오.
결과표는 다음의 형태를 취해야 한다.

n	$n!$	Stirling's approximation	Absolute error	Relative error

표로부터 판단할 때 n이 증가함에 따라서 정확성이 증가 혹은 감소하는가?

2. 원주율 π를 반복법에 의해서 계산하자. 반지름의 길이가 1인 원에 내접하는 변의 길이가 같은 정다각형의 원주길이는 nL_n이다. 여기서 n은 정다각형변의 수이고 L_n은 각 변의 길이이다. 이 결과는 2π의 근사값이므로 $\pi \approx nLn/2$이다. 삼각법으로부터 같은 원에 내접하는 변의 수가 2배인 다각형의 변의 길이는 다음과 같다.

$$L_{2n} = \sqrt{2 - \sqrt{4 - L_n^2}} \qquad (E1)$$

(a) $n = 6$과 $L_6 = 1$ (정6각형)로 시작하고 n에 대한 (E1)식의 근사값을 반복적으로 계산하는 MATLAB함수를 작성하시오. 계산은 2배 정밀도 부동소수점을 사용할 필요가 있다. $n = 6, 6 \times 2, 6 \times 4, \ldots, 6 \times 2^{20}$ 에 대하여 결과는 다음 형식의 표로 나타내시오.

n	L_n	Absolute error in approximating π

(b) (E1)식의 미분형태를 유도하기 위하여 공식 $b - \sqrt{b^2 - a} = \frac{a}{b+\sqrt{b^2-a}}$ 을 이용하시오.

(c) 새로운 식을 이용하는 MATLAB함수를 작성하고 위의 계산을 반복하시오.

2.3 절단오차

반올림오차는 반올림에 의해서 수의 자리수를 줄이고자 할 때 발생한다. 반대로 **절단오차**는 무한한 항들을 유한한 항으로, 즉 계산이 불가능한 문제를 계산이 가능한 문제로 나타낼 때 포함된 오차이다. 정확하게 살펴보기 위하여, 잘 알려진 무한테일러급수 (1.3절)를 생각하자.

$$\cos x = 1 - \frac{x^2}{2!} + \frac{x^4}{4!} - \frac{x^6}{6!} + \frac{x^8}{8!} - \cdots$$

이식은 라디안 각도x의 코사인을 근사하는데 사용될 수 있다.

예를 들어, 급수의 3개 항만을 고려하면 cos(0.5)는

$$\cos(0.5) \approx 1 - \frac{1}{8} + \frac{1}{384} \approx 0.8776041667 = x^*$$

이다. $|\cos(0.5) - x^*|/|\cos(0.5)| = 2.4619 \times 10^{-5} < 5 \times 10^{-5}$ 이기 때문에 x^*는 cos(0.5)를 5자리 유효숫자로 근사한다.

절단오차의 크기를 얻기 위하여 테일러급수의 나머지 R_{n+1} 표현을 사용할 수 있다. 위의 경우

$$R_6(x) = \frac{f^{(6)}(z)x^6}{6!}.$$

이다. $f^{(6)}(z) = -\cos z$ 이므로 나머지 항은 $-x^6 \cos z/6!$ 이다. 구간 (0,0.5)에서 $|-\cos z| \le 1$ 이기 때문에 나머지는 $(0.5)^6\ (1)\ /6! = 0.217 \times 10^{-4}$ 로 제한된다. 실제 절대 오차는 0.216×10^{-4} 이고 나머지 공식에 의한 오차한계는 0.217×10^{-4} 이다.

예제 2.5 다음의 적분식이 주어져 있다.

$$I = \int_0^{1/4} e^{-x^2} dx = 0.244887887180,$$

절단된 매클로린급수 $p_6(x) = 1 - x^2 + \frac{1}{2}x^4 - \frac{1}{6}x^6$ 을 이용하여 e^{-x^2} 을 근사시키시오.

매클로린급수를 적분 식에 대입하면 다음과 같다.

$$\begin{aligned}\int_0^{1/4} (1 - x^2 + \frac{1}{2}x^4 - \frac{1}{6}x^6)dx &= \left[x - \frac{1}{3}x^3 + \frac{1}{10}x^5 - \frac{1}{42}x^7\right]_0^{1/4} \\ &= \frac{1}{4} - \frac{1}{192} + \frac{1}{10240} - \frac{1}{688130} \\ &= 0.2447999705027 = I^*\end{aligned}$$

$\frac{|I-I^*|}{|I|} = 3.590 \times 10^{-4} < 5 \times 10^{-4}$ 이기 때문에 I^*는 I를 4자리 유효숫자로 근사시킨다.

연습문제 2.3

1. $f(x) = e^x$ 에 대한 매클로린급수를 구하시오. 그 급수의 3개 항을 이용하여 $e^{0.5}$ 에 대한 근사값과 절단오차를 구하시오.

2. 0에서 $\ln(1 - x)$에 대한 테일러급수의 3개 항을 이용하여 ln 0.5 을 근사시키시오.

3. $\cos x$에 대한 테일러급수를 사용하여 10^{-4}의 정확성을 가지도록 cos(1.7)을 근사시키시오.

2.4 구간연산

수치계산이 요구되는 많은 실제문제에서 실험적으로 얻어지고 종종 일정한 범위의 유효숫자로 평가된 근사 측정값을 포함하게 된다. 부정확한 초기데이터로부터 계산된 결과들은 정확성이 제한될 것이다. 그러한 문제를 다루는 방법은 정확한 결과를 포함하는 구간으로 부정확한 초기데이터를 대체하는 것이다. 주된 목적은 그러한 구간으로 범위를 한정하는 것이다. 구간연산은 때때로 근사해 근처에서 수학적으로 정확한 오차범위를 설정하고자 할 때 사용된다. 구간평가가 범위를 제한하는 성질은 다양한 상황에서 유용하다. 이절에서는 구간연산을 소개하고 살펴볼 것이다.

우선 $a_1 < a_2$인 실수 쌍의 구간수 $[a_1, a_2]$을 정의한다. 구간 $[a_1, a_2]$는 또한 $a_1 \le x \le a_2$인 실수 x 들의 집합이다. 그러므로

$$[a_1, a_2] = \{\, x \,|\, a_1 \le x \le a_2 \}$$

으로 쓸 수 있다. $x \in [a_1, a_2]$은 구간 $[a_1, a_2]$에서 x가 하나의 실수임을 의미한다. $[b_1, b_2] \subset [a_1, a_2]$은 구간 $[b_1, b_2]$가 구간 $[a_1, a_2]$에 포함되는 것을 의미하고 $a_1 \le b_1 \le b_2 \le a_2$ 이다.

이 절에서 사용하게 될 기호표기법을 소개하자. 모든 폐쇄된 실구간의 집합을 $I(\Re)$으로 나타내고 $I(\Re)$의 요소들은 $A, B, \ldots, Z$ 로 표기한다. $[a_1, a_1]$ 형식의 구간은 실수 a_1과 동일하다.

정의 2.3 만약 $A = [a_1, a_2]$, $B = [b_1, b_2]$이면,

1. $A = B \quad \Longleftrightarrow \quad a_1 = b_1$ 그리고 $a_2 = b_2$
2. A의 절댓값 혹은 크기는 다음과 같이 정의된다.

$$|A| = \max\{\, |a_1|, |a_2| \}$$

3. A의 폭은 다음과 같이 정의된다.

$$d(A) = a_2 - a_1 \ge 0$$

4. $I(\Re)$의 부분요소들의 순서는 다음으로 정의된다.

$$A < B \quad \Longleftrightarrow \quad a_2 < b_1$$

이제 $I(\Re)$의 요소들에 대한 구간연산을 소개한다.

정의 2.4 *는 연산기호 {+, −, ·, ÷}라 하자. $A, B \in I(\Re)$이면 구간들에 대한 연산조작을 다음과 같이 정의한다.

$$A * B = \{\, x * y \,|\, x \in A,\ y \in B \} \tag{2.4}$$

$0 \in B$이면 A/B가 정의되지 않기 때문에 제외된다.

식 (2.4)에 의해서 주어진 구간연산 조작의 정의는 두 개의 구간에 대한 덧셈, 뺄셈, 곱셈, 나눗셈 등은 두 개의 각 구간에 해당되는 수들의 덧셈, 뺄셈, 곱셈, 나눗셈 등의 집합을 나타낸다.

일반적으로 구간들 $A = [a_1, a_2]$와 $B = [b_1, b_2]$에 대한 연산조작의 결과로 얻어지는 값들의 가능한 범위가 다음과 같이 얻어진다.

$$\begin{aligned} A + B &= [a_1 + b_1, a_2 + b_2], \\ A - B &= [a_1 - b_2, a_2 - b_1], \\ A \cdot B &= [\min\{a_1b_1, a_1b_2, a_2b_1, a_2b_2\}, \max\{a_1b_1, a_1b_2, a_2b_1, a_2b_2\}], \\ A \div B &= [a_1, a_2] \cdot [1/b_2, 1/b_1] \text{ provided that } 0 \notin [b_1, b_2]. \end{aligned} \tag{2.5}$$

예제 2.6 $A = [-1, 2]$와 $B = [1, 3]$에 대해 위에서 언급된 연산조작들을 다음처럼 나타내어진다.

$$\begin{aligned} [-1,2] + [1,3] &= [0,5] \\ [-1,2] - [1,3] &= [-4,1] \\ [-1,2] \cdot [1,3] &= [\min\{-1,-3,2,6\}, \max\{-1,-3,2,6\}] \\ &= [-3,6] \\ [-1,2] \div [1,3] &= [-1,2] \cdot [1/3,1] = [-1,2]. \end{aligned}$$

정의 2.4로부터 구간연산이 실수연산의 확장인 것은 명백하다. 구간 덧셈과 구간 곱셈 모두 교환법칙과 결합법칙이 성립한다. 만약 A, B와 $C \in I(\Re)$이면 다음과 같다.

$$A + B = B + A, \quad A \cdot B = B \cdot A, \qquad \text{(commutativity)}$$

$$(A + B) + C = A + (B + C), \quad (A \cdot B) \cdot C = A \cdot (B \cdot C). \quad \text{(associativity)}$$

구간 덧셈과 곱셈에 대한 0과 1의 동질성을 이용하면 $\mathrm{A} \in I(\Re)$인 임의의 A에 대하여

$$\begin{aligned} 0 + A = A + 0 = A \\ 1 \cdot A = A \cdot 1 = A. \end{aligned}$$

을 만족한다. 일반적으로 분배법칙은 구간연산에 대해서 만족되지 않는다. 예를 들면,

$$[1,3] \cdot ([1,4] - [1,4]) = [1,3] \cdot ([-3,3]) = [-9,9]$$

반면에

$$[1,3]\cdot([1,4]-[1,4]) \neq [1,3]\cdot[1,4]-[1,3]\cdot[1,4]$$
$$\neq [1,12]-[1,12]=[-11,11]$$

그렇지만 임의의 구간 A, B, 그리고 C에 대해 부분분배성(subdistributivity)이 유지된다.

$$A\cdot(B+C)\subset A\cdot B+A\cdot C, \qquad \text{부분분배성}$$

증명:

$$\begin{aligned} A\cdot(B+C) &= \{w = x\,(y+z)\,|\,x\in A,\ y\in B,\ z\in C\} \\ &\subseteq \{v = x\,y+\bar{x}\,z|\,x,\ \bar{x}\in A,\ y\in B,\ z\in C\} \\ &= AB+AC. \end{aligned}$$

실제함수의 범위를 계산하기위하여 구간연산의 적용하고자 한다. 다음과 같은 결과가 얻어진다.

만약 $f(x_1, x_2, \ldots, x_n)$이 각 변수 x_i가 1의 거듭제곱이고 한번 나타나는 어떤 분수 표현이라면, f 에 대한 **구간평가**라고 불리는 구간표현 $F(X_1, X_2, \ldots, X_n)$은 $x_i \in X_i$에 대한 f 값의 실제범위를 계산할 것이다. 여기서 우리는 모든 표현들이 F의 구간연산이 정의되는 많은 조작들로 구성된다고 가정한다.

예제 2.7 $x \in [2,3]$인 x 에 대해 함수 $f(x, a) = 1 - a/x$ 에 관한 두 식을 생각하자.

$$f_1(x,a) = 1-\frac{a}{x}$$
$$f_2(x,a) = \frac{x-a}{x}$$

구간연산을 이용하여 $a \in [0, 1]$일 때 f_1과 f_2에 대한 구간계산은 다음과 같다.

$$F_1([2,3],[0,1]) = 1-\frac{[0,1]}{[2,3]} = \left[\frac{1}{2},1\right]$$
$$F_2([2,3],[0,1]) = \frac{[2,3]-[0,1]}{[2,3]} = \left[\frac{1}{3},\frac{3}{2}\right]$$

$x \in [2, 3]$이고 $a \in [0,1]$일 때 f 값의 모든 범위는 $\left[\frac{1}{2}, 1\right]$이다.

위의 결과로부터 함수 f의 구간평가는 f에 대한 표현의 선택에 의존한다는 것이 명백하다.

이 예제에서, 표현 F_2에 의해서 얻어진 범위는 변수 x가 그 표현에서 2번 나타났기 때문에 함수 f의 실제범위와 다르다. 임의의 실제 변수의 연속함수에 대해 다음의 결론을 얻는다.

f가 실제변수 x의 연속함수라 하고 구간평가 $f(Y)$가 구간 Y에서 정의된다고 하자. $X \subseteq Y$, 에 대해 f의 실제범위는 $f = \{f(x) | x \in X\} \subseteq f(X)$ 이다.

예제 2.8 다음의 함수를 생각하자.

$$f(x) = \frac{x-3}{x+2}, \quad x \neq -2.$$

$x = [2,4]$에 대해서 다음을 얻는다.

$$\{f(x) | x \in [2,4]\} = [-\frac{1}{4}, \frac{1}{6}] \subset f([2,4]) = [-\frac{1}{4}, \frac{1}{4}]$$

구간연산의 또 다른 중요한 적용은 $X \in I(\Re)$과 $A \neq [0,0]$에 대한 방정식

$$AX = B \tag{2.6}$$

의 풀이가능성이다. 그 방정식의 해집합은 다음이다.

$$\{x = b/a | a \in [a_1, a_2], \ b \in [b_1, b_2]\}.$$

예제 2.9 다음 식을 생각하자.

$$[1,3]X = [-1,4].$$

$a \in [1,3]$이고 $b \in [-1,4]$인 방정식 $ax = b$에 대한 해집합은 다음에 의해 주어진다.

$$\{x = b/a | a \in [1,3], \ b \in [-1,4]\} = [-1,4]/[1,3] = [-1,4]$$

방정식 $AX = B$의 유일한 구간해 $X = [-\frac{1}{3}, \frac{4}{3}]$ 와는 다르다. $[-\frac{1}{3}, \frac{4}{3}] \subset [-1,4]$ 임을 알 수 있다. 일반적으로 $X \subseteq B/A$임을 보일 수 있다.

만약 $z \in X$이면 $(az = b \Rightarrow \ z = b/a \in B/A)$인 $a \in A$와 $b \in B$가 존재한다.

구간해석의 적용에 대한 시발점은 모든 반올림오차를 스스로 잡아내서 정확한 오차한계를 계산하고 알고리듬을 수행할 수 있는 수치해석의 희망이었다. 구간연산은 하드웨어의 정확성 시험과 부동소수점 계산을 위한 함수라이브러리를 제공함으로써 과학계산을 정밀하게 할

수 있다. 구간연산에 대한 자세한 내용은 참고문헌 [2]에서 볼 수 있다. 그 참고문헌에는 구간 행렬연산과 구간 방정식의 시스템 등과 같은 내용이 있다.

연습문제 2.4

1. $[2,4]X = [-2,1]$ 에 대해 해집합을 계산하시오.

2. 구간연산을 이용하여 다음 함수의 주어진 범위에 대한 한계를 구하시오.
   (a) $f(x) = x^2 + 2x + 1, \quad 0 \le x \le 1$
   (b) $f(x, y, z) = xy + z, \quad -1 \le x \le 1,\ -1 \le y \le 1,\ 1 \le z \le 2$
   (c) $f(x) = x/(1+x), \quad 0 \le x \le 1$

3. 구간 $A = [a, b]$ 와 $B = [c, d]$ 의 끝점의 부호를 시험함으로써 구간곱셈에 대한 공식을 2개 이상의 곱셈이 요구되는 9가지로 나누시오.

4. 문제3의 결과를 이용해서 다음 구간연산을 수행하시오.
   (a) $[1, 2] \cdot [3, 4]$
   (b) $[-1, 2] \cdot [-4, -3]$

5. 다음의 구간연산을 수행하시오.
   (a) $[0, 2] + [2, 3]$
   (b) $[2.0, 2.2] - [1.0, 1.1]$
   (c) $[-5, -3] \cdot [-7, 4]$
   (d) $[-2, 1] \cdot [-4.4, 2.1]$
   (e) $[-2, 2]/[-3/2, -1]$
   (f) $3 \cdot [-2, 4]$
   (g) $[-1, 0]/[1, 2] + [-2, 3] \cdot [4, 5]$

CHAPTER 3

방정식의 근

이 장에서 우리는 방정식의 근을 찾는 것에 대한 오래된 근사문제 중의 하나에 대하여 살펴볼 것이다. 그것은 응용수학분야의 문제 중에 가장 일반적인 것 중의 하나이다. **근을 찾는 문제**는 주어진 연속함수 f 에 대해

$$f(x) = 0 \tag{3.1}$$

을 만족하는 x를 찾는 것이다. 이 방정식의 해가 f의 **제로**(zero) 혹은 그 방정식의 근(root)이라 불린다. 일반적으로 식 (3.1)의 정확한 답을 구하는 것이 불가능할 경우가 많다. 그러므로 근사 해를 찾기 위한 수치적인 방법에 의존하여야 한다. 이 장에서 살펴볼 방법들은 반복적인 방법들이고 두 가지 형태로 구성된다. 하나는 수렴이 보장되는 것이고, 다른 하나는 수렴이 초기 가정된 값에 의존한다는 것이다.

예제 3.1 떠있는 구

물에 떠있는 구를 생각하자. 아르키메데스원리에 의하면 부력은 배제된 액체의 무게와 같다. 구의 체적이 $V_s = (4/3)\pi r^3$ 이고 구가 부분적으로 잠겨있을 때 배제된 물의 체적을 V_w 라 하자. 정역학적인 평형상태에서 구의 무게는 부력과 평형을 이룬다.

$$\rho_s g V_s = \rho_w g V_w$$

여기서 ρ_s는 구의 밀도, g는 중력가속도, ρ_w는 물의 밀도이다. 구가 깊이 h로 잠겼을 때 배제된 물의 체적은 (그림 3.1 참조)

$$V_h = \frac{\pi}{3}h^2(3r - h).$$

아르키메데스의 원리에 의해서 깊이 h의 함수인 다음의 방정식을 얻는다.

$$h^3 - 3rh^2 + 4\rho r^3 = 0.$$

r과 밀 도비 $\rho = \frac{\rho_s}{\rho_w}$ 는 주어진 값이기 때문에 위의 방정식의 해는 이 장에서 설명할 반복법중의 하나로 얻어질 수 있다.

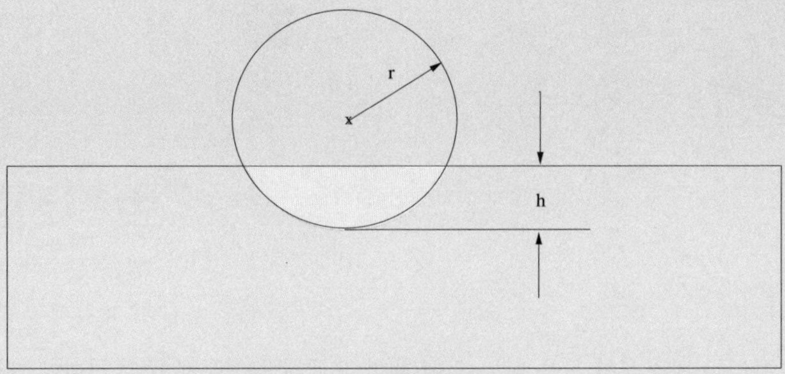

그림 3.1 떠있는 구

예제 3.2 부분 면적

원의 일부분이 호와 현에 의해 둘러싸여 있다 (그림 3.2 참조). 만약 r이 원의 반지름이고 θ가 원의 중심에서 대응되는 각일 때 원의 일부분의 면적은 다음과 같다.

$$A = \frac{1}{2}r^2(\theta - \sin\theta) \tag{3.3}$$

θ는 라디안이고 A와 r이 주어지만 $f(x) = \frac{1}{2}r^2(\theta - \sin\theta) - A$ 를 만족하는 근을 찾음으로써 θ를 결정할 수 있다.

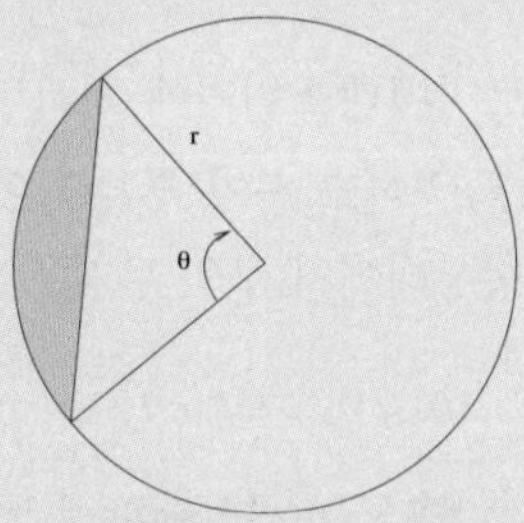

그림 3.2 부분면적

3.1 이분법

구간 [a, b]에서 연속이고

$$f(a)f(b) < 0 \tag{3.4}$$

인 함수$f(x)$가 주어져 있다.

중간값 정리를 이용하면 구간 (a, b)에서 함수 f의 근이 최소 한 개 존재한다. 간단하게 하기 위하여 함수 f는 정확하게 한 근 α 를 갖는 것으로 가정한다. 그러한 함수가 그림 3.3에 나타나 있다.

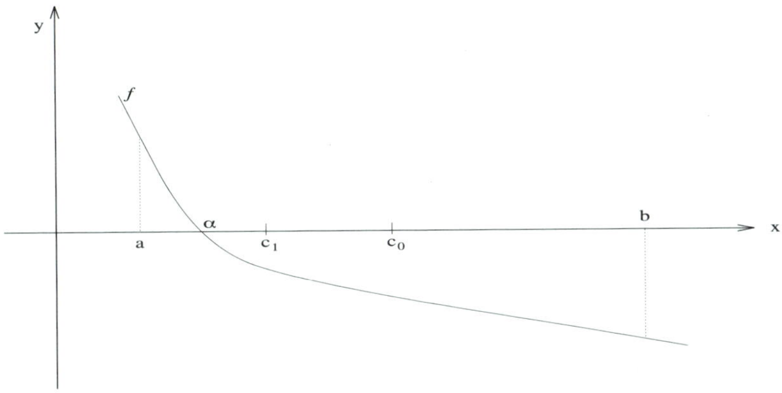

그림 3.3 이분법과 근 α에 대한 처음 두 번의 근사

이분법은 α 가 존재하는 더욱 작은 구간을 결정하기 위하여 구간 $[a, b]$를 절반으로 나누어 가는 방법이다. 적용과정은 다음과 같다. 우선 $[a, b]$의 중간점 $c = (a + b)/2$ 를 결정하고 함수값의 곱 $f(c)f(b)$를 계산한다. 곱이 음이면 근은 $[c, b]$사이에 존재하고, 곱이 양이면 근은 $[a, c]$사이에 존재한다. 즉 근 α 를 포함하는 새로운 구간이 얻어진다. 근이 희망하는 정확도 범위내에서 존재할 때 까지 새로운 구간을 절반으로 줄여가는 과정을 반복한다. 조건은 다음과 같다.

$$|a_n - b_n| < \epsilon \tag{3.5}$$

a_n과 b_n은 n번째 구간 $[a_n, b_n]$의 양끝점이고 ϵ 은 지정된 허용오차이다.

식 (3.5)와 다른 수렴판정 기준을 사용할 수 있다.

$$\frac{|a_n - b_n|}{|a_n|} < \epsilon \tag{3.6}$$

$$|f(a_n)| < \epsilon \tag{3.7}$$

이 방법에 대한 알고리듬 명령어는 아래와 같다.

$f(a)f(b) \le 0$ 으로 가정하고 $a_0 = a$ 이고 $b_0 = b$ 라 하자.

for $n = 0, 1, \ldots, \text{ITMAX}$
$c \leftarrow \frac{a_n + b_n}{2}$
if $f(a_n)f(c) \le 0$, set $a_{n+1} = a_n,\ b_{n+1} = c$
otherwise, set $a_{n+1} = c,\ b_{n+1} = b_n$

예제 3.3 구간 [1, 2]에서 함수 $f(x) = x^3 - x^2 - 1$ 은 한 개의 근을 가지고 있다. 이분법 알고리듬을 이용하여 오차 10^{-4} 의 범위 내에서 함수의 근을 구하시오.

$f(1) = -1 < 0$이고 $f(2) = 3 > 0$ 이기 때문에 식 (3.4)를 만족한다. $a_0 = 1$과 $b_0 = 2$를 초기값으로 시작하면

$$c_0 = \frac{a_0 + b_0}{2} = \frac{1+2}{2} = 1.5 \quad \text{그리고} \quad f(c_0) = 0.125$$

$f(1.5)f(2) > 0$ 이기 때문에 함수는 $[a_0, c_0] = [1, 1.5]$ 에서 부호가 변한다. 계속해서 $a_1 = a_0$과 $b_1 = c_0$라 하면

$$c_1 = \frac{a_1 + b_1}{2} = \frac{1+1.5}{2} = 1.25 \quad \text{그리고} \quad f(c_1) = -0.609375$$

다시 $f(1.25)f(1.5) < 0$ 이기 때문에 함수는 $[c_1, b_1] = [1.25, 1.5]$ 에서 부호가 변한다. 따라서 $a_2 = c_1$과 $b_2 = b_1$라 한다. 이러한 방법을 계속해서 진행하면 $r = 1.465454$로 수렴해가고 표 3.1에서 계산된 중간과정의 값들을 확인할 수 있다. MATLAB함수 bisect를 부르기 전에 우리는 MATLAB함수 f1을 다음과 같이 정의해야 한다.

```
function f=f1(x)
f=x.^3-x.^2-1;
```

함수 bisect에 의한 결과가 표 3.1에 나타나 있다.

MATLAB은 함수 bisect의 계산과정을 단계적으로 보여주는 기능이 있다. 이것은 함수 pause를 pause(s)형태로 이용하면 된다. while루프의 end명령 바로 전에 다음의 라인을 추가하면

```
pause(1);
```

각 출력라인이 실행된 상태로 약 1초정도 유지된다. 또한 MATLAB은 결과를 가시화하기 위하여 다양한 그래픽도구를 제공하고 있다. 예를 들어 다음의 명령어가 함수 bisect.m의 끝에 추가된다면

```
fplot('f1',[a0,b0])
grid
```

표 3.1 이분법을 이용한 구간 [1, 2]에서 함수 $x^3 - x^2 - 1$의 해

```
» bisect('f1',1,2,10^(-4),40)
```

iter	a	b	c	f(c)	|b-a|/2
0	1.0000	2.0000	1.500000	0.125000	0.500000
1	1.0000	1.5000	1.250000	-0.609375	0.250000
2	1.2500	1.5000	1.375000	-0.291016	0.125000
3	1.3750	1.5000	1.437500	-0.095947	0.062500
4	1.4375	1.5000	1.468750	0.011200	0.031250
5	1.4375	1.4688	1.453125	-0.043194	0.015625
6	1.4531	1.4688	1.460938	-0.016203	0.007813
7	1.4609	1.4688	1.464844	-0.002554	0.003906
8	1.4648	1.4688	1.466797	0.004310	0.001953
9	1.4648	1.4668	1.465820	0.000875	0.000977
10	1.4648	1.4658	1.465332	-0.000840	0.000488
11	1.4653	1.4658	1.465576	0.000017	0.000244
12	1.4653	1.4656	1.465454	-0.000411	0.000122

그림 3.4에서 보는바와 같이 구간 $[a, b]$에서 함수 $f(x) = x^3 - x^2 - 1$의 결과와 그래프가 나타날 것이다.

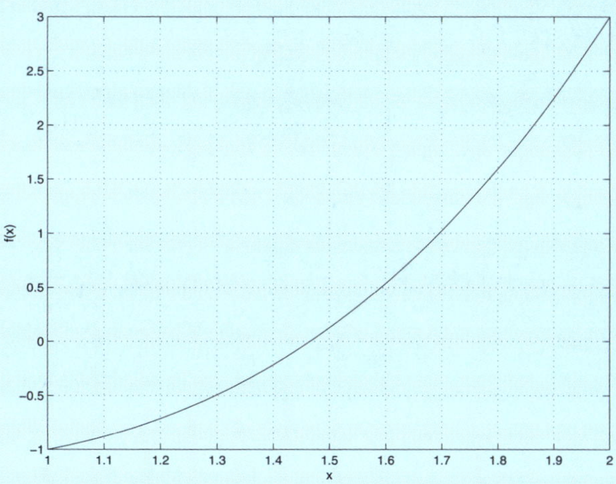

그림 3.4 구간 [1, 2]에서 함수 $f(x) = x^3 - x^2 - 1$의 그래프

이분법은 항상 수렴하고 쉽게 프로그램할 수 있지만, 다른 방법들과 비교해서 수렴속도가 다소 느리다. 수렴특성을 살펴보면 다음과 같다.

정리 3.1 $f(a)f(\mathrm{b}) < 0$ 인 구간 $[a, \mathrm{b}]$에서 f 가 연속함수라 하자. n번째 단계에서 이분법은 $(b - a)/2^{n+1}$ 의 오차로 근을 근사시킨다.

증명: $[a_0, b_0]$가 초기구간이고 f의 한 근 α가 이 구간에 존재한다고 하자. 중간값을 정의한다.

$$c_0 = \frac{b_0 + a_0}{2} \qquad \text{그리고} \qquad \alpha \in [a_0, b_0]$$

이때

$$|\alpha - c_0| < (b_1 - a_1) = \frac{b_0 - a_0}{2}$$

근 α 를 포함하는 새로운 구간의 끝점이 a_1과 b_1이다. 만약 c^n 이 n번째 c값이라면 다음을 얻는다.

$$|\alpha - c_n| < (b_{n+1} - a_{n+1}) = \frac{b_0 - a_0}{2^{n+1}}, \quad n = 0, 1, \ldots.$$

예제 3.4 절대오차가 10^{-6} 이상이 되지 않는 예제 3.3의 $f(x)$의 근을 찾기 위해 요구되는 반복계산 횟수를 결정하시오.

다음을 만족하는 n을 찾고자 한다.

$$|\alpha - c_n| \le \frac{b-a}{2^{n+1}} = \frac{2-1}{2^{n+1}} < 10^{-6}$$

이것은

$$-(n+1)\log(2) < -6 \qquad \text{or} \qquad n > \frac{6}{\log 2} - 1 \approx 19$$

을 의미한다. 즉 10^{-6}의 정확성을 얻기 위하여 19번의 반복계산이 필요함을 나타낸다.

M-function 3.1

다음의 MATLAB함수 **bisect.m**은 이분법을 이용하여 임의의 방정식의 해를 구한다. 입력사항은 ;양쪽 끝점들; 허용오차; 최대반복계산회수 형태의 함수이다. 입력함수는 M-파일로 정의되어야 한다.

```
function bisect(f,a,b,tol,n)
% Bisection method for solving the nonlinear equation f(x)=0.
a0=a; b0=b;
iter=0;
```

```
u=feval(f,a);
v=feval(f,b);
c=(a+b)*0.5;
err=abs(b-a)*0.5;
disp('__________________________________________________________')
disp(' iter        a          b          c           f(c)        |b-a|/2   ')
disp('__________________________________________________________')
fprintf('\n')
if (u*v<=0)
  while (err>tol)&(iter<=n)
    w=feval(f,c);
    fprintf('%2.0f  %10.4f  %10.4f  %12.6f  %10.6f  %10.6f\n', iter,
a, b, c, w, err)
    if (w*u<0)
      b=c;v=w;
    end;
    if (w*u>0)
      a=c;u=w;
    end;
    iter=iter+1;
    c=(a+b)*0.5;
    err=abs(b-a)*0.5;
  end;
  if (iter>n)
    disp('  Method failed to converge')
  end;
else
  disp('   The method cannot be applied f(a)f(b)>0')
end;
% Plot f(x) in the interval [a,b].
fplot(f, [a0 b0])
xlabel('x'); ylabel('f(x)'); grid
```

연습문제 3.1

1. 함수 $f(x) = x^2 \sin x + 2x - 3$ 이 $(0, 2)$사이에서 한 개의 근을 가짐을 증명하시오. 이분법을 이용하여 오차가 10^{-5} 이상이 되지 않도록 그 근을 찾으시오. 근을 찾기 위한 반복계산 횟수를 계산하고 얻어진 결과에 대한 오차와 3.1절의 정리 1에서 주어진 오차공식에 의한 결과를 비교하시오.

2. 이분법을 이용하여 $0 \leq x \leq 7/5$ 사이에서 $f(x) = x^3 + 2x - 3$ 의 한 근을 찾으시오.

3. $f(x) = x^2 - 2.6x - 2.31$ 은 구간 $[3, 4]$에서 한 개의 근을 가진다. 오차가 10^{-5} 이 되지 않는 근을 얻기 위해 얼마나 많은 이분법의 반복계산이 필요한가?

4. $f(x) = x^5 - 3x^3 + 2.5x - 0.6$은 (1, 2)사이에서 한 개의 근을 가진다. 이를 그래프 상에서 증명하고 오차가 10^{-5}보다 크지 않은 근을 찾으시오.

5. $e^{2x} - 7x = 0$ 의 한 근을 찾으시오.

6. 다음의 함수가 주어져 있다.

$$f(x) = x^4 - 5x^3 + \frac{22}{3}x^2 - \frac{116}{27}x + \frac{8}{9}$$

(a) $f(x)$가 0과 1사이에 한 근을 α_1, 그리고 1과 4사이에 다른 근 α_2를 가지는지 확인하시오.

(b) 두 근을 이분법을 이용하여 구하시오.

7. $f(x) = \tan x + \tanh x = 0$ 의 그래프를 그리고 가장 작은 양의 근이 존재하는 구간을 찾으시오. 이분법을 이용하여 소수점 둘째자리까지 정확하게 그 근을 결정하시오.

8. 함수 $f(x) = x^4 - 8.6x^3 - 35.51x^2 + 464.4x - 998.46$ 가 구간 [6, 8]에서 한 개의 근이 있고 구간 [4, 5]에서 중복 근을 가지고 있다. 이분법을 이용하여 근들을 찾으시오.

9. 1과 2사이에 위치하는 $0.1x^2 - x \ln x = 0$ 의 근을 소수점 넷째자리까지 정확하게 결정하시오.

10. 이분법을 이용하여 $x + \cos x = 0$ 의 근을 소수점 둘째자리까지 정확하게 결정하시오.

11. 이분법이 구간 $a = 14$ 에서 $b = 16$ 까지의 사이에서 적용된다면, 표준 IEEE 2배 정밀도의 정확도로 근을 얻기 위해 얼마나 많은 반복계산 횟수가 요구되는가?

12. 구간 $[a, b]$에서 오차가 ϵ보다 작은 근 α를 얻기 위해 요구되는 이분법의 반복계산 횟수를 n이라 하자. n을 ϵ, a 와 b로 표현하시오.

13. 구간 [1, 2]에서 다음의 함수를 생각하자.

$$f(x) = (x-2)^2 - \ln x$$

(a) 이 구간에서 이 방정식의 한 근이 존재하는지 증명하시오.

(b) 이분법을 이용하여 소수점 여섯째자리까지 정확한 근을 구하시오.

(c) 오차가 10^{-4}보다 크지 않은 근을 얻기 위해 얼마나 많은 이분법의 반복계산이 필요한가?

14. 쌍곡선 $y = 1/x$, $x > 0$ 가 곡선 $y = \cot x$ 과 교차하는 점들을 구하시오.

컴퓨터 문제 3.1

1. 귀하가 알고 있는 프로그램 언어로 이분법을 이용하여 구간 $[a, \mathrm{b}]$에서 함수 $f(x)$의 근을 찾는 프로그램을 작성하라. 이 구간에서 단지 단일근만 존재하는 것으로 가정한다. 입력 데이터는 $f(x)$, a, b 그리고 허용오차 ϵ이어야 한다.
작성된 프로그램을 이용하여 구간 $[-2.5, 0]$에서 함수

$$f(x) = 0.25x^4 - 1.5x^3 - x^2 + 3.1x - 3$$

의 근을 찾으시오. 만약 구간이 $[-1, 0]$으로 줄어들었을 다면 프로그램은 어떤 결과를 주고 있는가?

2. 다음 다항식

$$p(x) = (x-1)(x-2)\ldots(x-20) - 10^{-8}x^{19}$$

의 근은 계수의 작은 변화에 매우 민감하게 반응한다.

(a) $[20, 22]$에서 p가 한 근을 가지고 있는 것을 증명하고 MATLAB함수 bisect.m을 이용하여 그 근을 구하시오.

(b) 조건(a)에서 오차가 $< 10^{-3}$인 근을 얻기 위한 반복계산 회수를 찾고 또한 오차 $< 10^{-12}$ 인 조건을 만족시키기 위한 반복계산 횟수를 구하시오.

3. 방정식

$$x + 4\cos x = 0$$

은 3개의 근을 가지고 있다. 각각 적절한 구간을 설정해서 MATLAB함수 bisect.m을 이용하여 근을 구하시오.

4. MATLAB함수 bisect.m을 이용하여 다음 문제들을 해를 구하시오.

(a) MATLAB함수를 시험하기 위하여 π와 같이 익숙한 것을 계산하는 것으로 시작한다. 다음 방정식

$$\sin x = 0$$

을 초기구간 $a = 2$와 $b = 4$를 이용해서 해를 구한다. 소수점 여섯째 자리까지 정확한 π를 계산하는데 요구되는 반복계산 횟수를 결정하시오.

(b) 방정식

$$x + e^x = 0$$

은 $x \approx -0.6$ 근처에서 근을 가지고 있다. 초기구간 $[-1, 0]$을 이용하여 좀 더 정확한 근사해를 찾으시오.

5. MATLAB함수 bisect.m을 이용하여 $f(x) = -e^{-x} + \sin x$ 의 처음의 8개 근을 소수점 셋째 자리까지 정확하게 구하시오. 무한히 많은 근이 존재함을 관찰하시오. 만약 x_n이 n번째 근이라면, $\frac{x_n}{n\pi}$, $n = 1, 2, \ldots$ 을 계산하시오. 이런 계산결과를 토대로

$$\lim_{n\to\infty} \frac{x_n}{n\pi}$$

의 값을 추측하시오.

3.2 가위치법

regula falsi로 알려진 가위치법은 이분법과 비슷하지만 이분법보다 약간 빠르게 수렴하는 이점이 있다. 이분법처럼 함수는 구간 $[x_1, x_2]$에서

$$f(x_1)f(x_2) < 0$$

이고 연속인 것으로 가정한다. 우선 그림 3.5에 나타낸 바와 같이 두 점 $(x_1, f(x_1))$과 $(x_2, f(x_2))$를 연결하는 직선과 x-축과의 교점으로 점 x_3가 선택된다. 할선의 방정식으로부터

$$x_3 = x_2 - f(x_2)\frac{x_2 - x_1}{f(x_2) - f(x_1)} \tag{3.8}$$

이 얻어진다. 알고 있는 x_3로부터 $f(x_3)$를 계산하고 함수의 부호가 변하는 구간에 대해 위의 과정을 반복한다.

여기서 구간의 선택은 만약 $f(x_1)\ f(x_3) < 0$ 이면 $x_2 = x_3$이고 다른 경우는 $x_1 = x_3$로 선택한다. 각 단계에서 가위치법은 함수 f의 근을 포함하는 새로운 구간을 생성한다. 할선으로부

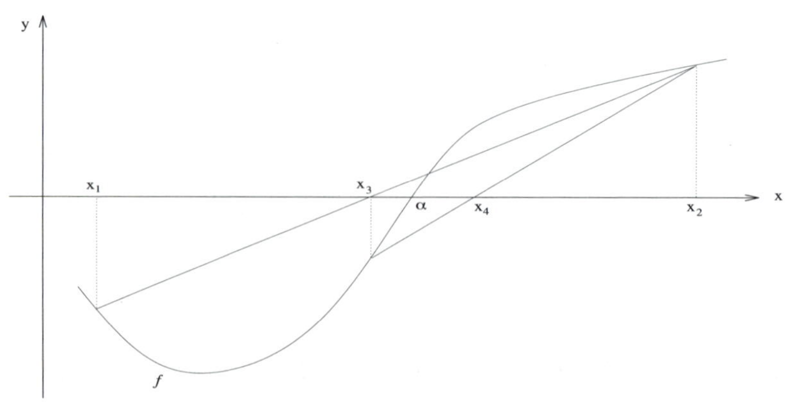

그림 3.5 가위치법과 근 α 에 대한 처음 2개의 근사

터 계속해서 얻어지는 새로운 점들은 그 근에 접근하게 된다. 이러한 가위치법의 알고리듬은 다음과 같다.

$f(a_0)f(b_0) < 0$인 구간 $[a_0, b_0]$에서 주어진 연속함수 $f(x)$에 대해,

for $n = 0, 1, \ldots, \text{ITMAX}$
  $c \leftarrow \frac{f(b_n)a_n - f(a_n)b_n}{f(b_n) - f(a_n)}$

  if $f(a_n)f(c) < 0$, set $a_{n+1} = a_n$, $b_{n+1} = c$
  otherwise, set $a_{n+1} = c$, $b_{n+1} = b_n$.

어떤 경우 근의 근처인 아주 작은 구간에서 가위치법은 해를 안정적으로 찾아가는데 실패할 수 있기 때문에, 만약

$$|f(x_n)| \leq \epsilon$$

혹은

$$|x_n - x_{n-1}| \leq \epsilon$$

이면 반복과정을 멈추도록 한다. 여기서 ϵ 은 미리 지정된 허용오차 값이다.

이 방법의 단점 중 하나는 만약 반복계산이 진행되면서 얻어지는 점들이 한 방향성을 가지게 되면 이 방법은 수렴성이 매우 느리게 된다. 구간 $[a_0, b_0]$에서 함수의 그래프가 아래로 볼록하거나 위로 볼록한 형태일 경우 해당된다 (그림 3.6 참조).

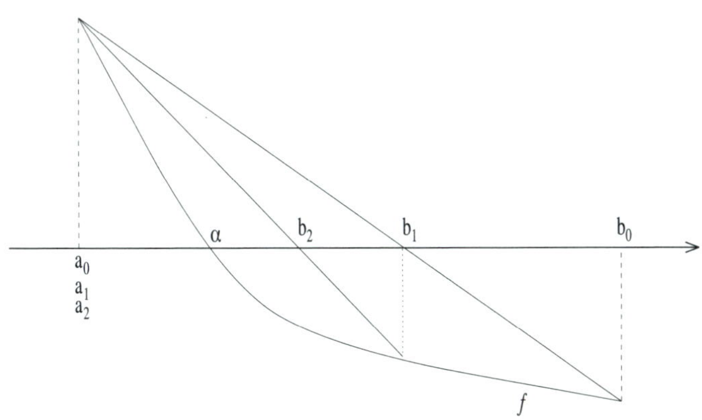

그림 3.6 구간 $[a_0, b_0]$에서 가위치법

예제 3.5 함수 $f(x) = x^3 - x^2 - 1$ 는 구간 [1, 2]에서 한 개의 근을 가지고 있다. 가위치법을 사용해서 오차 10^{-4} 이내에서 f 의 근을 찾으시오.

$f(1) = -1$이고 $f(2) = 3$ 이기 때문에 구간 [1, 2]에서 근이 존재한다. $a_0 = 1$과 $b_0 = 2$ 를 초기값으로 해서 식 (3.8)을 이용하면

$$c_0 = 2 - \frac{3(2-1)}{3-(-1)} = 1.25 \quad \text{그리고} \quad f(c_0) = -0.609375$$

여기서 $f(c_0)$는 $f(a_0)$와 부호가 같다. 그러므로 근은 $[c_0, b_0] = [1.25, 2]$에 존재한다. 다시 다음과정을 위해 $a_1 = c_0$과 $b_1 = b_0$로 하면 다음을 얻는다.

$$c_1 = 2 - \frac{3-(2-1.25)}{3-(-0.609375)} = 1.37662337 \quad \text{그리고} \quad f(c_1) = -0.2862640$$

이제 $f(x)$는 구간 $[c_1, b_1] = [1.37662337, 2]$에서 부호가 변한다. 그러므로 $a_2 = c_1$과 $b_2 = b_1$로 하고 다음과정을 진행한다. 이러한 방법으로 계속해서 반복계산을 진행하면 표 3.2에서 확인할 수 있듯이 $r = 1.465558$ 로 수렴한다.

표 3.2 가위치법을 이용한 구간 [1, 2]에서 $x^3 - x^2 - 1$의 해

```
» falsep('f1',1,2,10^(-4),40)
```

iter	a	b	c	f(c)	|b-a|
0	1	2	1.250000	-0.609375	1.000000
1	1.25	2	1.376623	-0.286264	0.750000
2	1.3766	2	1.430925	-0.117660	0.623377
3	1.4309	2	1.452402	-0.045671	0.569075
4	1.4524	2	1.460613	-0.017331	0.547598
5	1.4606	2	1.463712	-0.006520	0.539387
6	1.4637	2	1.464875	-0.002445	0.536288
7	1.4649	2	1.465310	-0.000916	0.535125
8	1.4653	2	1.465474	-0.000343	0.53469
9	1.4655	2	1.465535	-0.000128	0.534526
10	1.4655	2	1.465558	-0.000048	0.534465

가위치법은 때때로 근 근처에서 진동하는 특성이 나타나기 때문에 할선법에 비해 수렴성이 낮거나 불확실해지는 문제를 가지고 있다. 이러한 특징으로 인하여 비선형 문제를 가위치법으로 해석하는 것이 곤란할 경우가 있다.

M-function 3.2

다음의 MATLAB함수 **falsep.m**은 가위치법을 이용하여 임의의 방정식의 해를 구한다. 입력사항은 함수 f; 양쪽 끝점들 a와 b; 허용오차 tol; 최대반복계산회수 n이다. 이러한 입력함수는 M-파일로 정의되어야 한다.

```
function falsep(f,a,b,tol,n)
% False position method for solving the nonlinear equation f(x)=0.
a0=a; b0=b;
iter=0;
u=feval(f,a);
v=feval(f,b);
c=(v*a-u*b)/(v-u);
w=feval(f,c);
disp('______________________________________________________')
disp(' iter        a         b         c           f(c)         lb-al  ')
disp('______________________________________________________')
fprintf('\n')
if (u*v<=0)
  while (abs(w)>tol)&(abs(b-a)>tol)&(iter<=n)&((v-u)~=0)
    w=feval(f,c);
    fprintf('%2.0f %12.4f %12.4f  %12.6f  %10.6f %10.6f\n', iter, a,
b, c, w, abs(b-a))
    if (w*u<0)
      b=c;v=w;
    end;
    if (w*u>0)
      a=c;u=w;
    end;
    iter=iter+1;
    c=(v*a-u*b)/(v-u);
  end;
  if (iter>n)
    disp('  Method failed to converge')
  end;
  if (v-u==0)
    disp('  Division by zero')
  end;
else
  disp('  The method cannot be applied f(a)f(b)>0')
end;
fplot(f,[a0 b0])
xlabel('x');ylabel('f(x)'); grid
```

연습문제 3.2

1. 구간 (0, 2)에서 함수 $f(x) = x^2 \sin x + 2x - 3$ 이 한 근을 가지고 있음을 증명하시오. 가위치법을 이용하여 오차가 10^{-3} 이상이 되지 않도록 근을 찾으시오.

2. 가위치법을 이용하여 $0 \le x \le 7/5$ 범위에서 $f(x) = x^3 + 2x - 3$ 의 근을 찾으시오.

3. 구간 (1, 2)에서 함수 $f(x) = x^5 - 3x^3 + 2.5x - 0.6$ 은 한근을 가지고 있다. 그 것을 그림으로 증명하고 가위치법을 이용하여 최대오차가 10^{-4} 인 근을 결정하시오.

4. 가위치법에 대한 공식 (3.8)은 대수적으로 다음과 동일함을 증명하시오.

$$c_n = \frac{f(b_n)a_n - f(a_n)b_n}{f(b_n) - f(a_n)}$$

5. $e^{2x} - 7x = 0$ 의 근을 찾으시오.

6. 다음 방정식의 가장 작은 양의 근이 존재하는 구간을 찾으시오

(a) $\tan x + \tanh x = 0$

(b) $x^3 - x - 4 = 0$

가위치법을 이용하여 소수점 셋째자리까지 정확하게 그 근들을 결정하시오.

7. 가위치법을 이용하여 $f(x) = x^3 - 2.56x^2 - 34.6x + 112.5$ 의 실근들을 찾으시오.

8. 함수 $f(x) = x^4 - 8.6x^3 - 35.51x^2 + 464.4x - 998.46$ 은 구간 [6, 8]에서 단일근을 가지고 구간 [4, 5]에서 중복근을 가진다. 가위치법을 이용하여 그 근들을 찾으시오.

9. 쌍곡선 $y = 1/x,\ x > 0$ 이 곡선 $y = \cot x$ 과 교차하는 점들을 찾으시오.

10. 함수 $f(x) = x^2 + 3x - 4$ 이 0과 1사이에 존재하는 한 개의 근을 가지고 있음을 증명하시오. 이분법과 가위치법을 이용하여 소수점 다섯째자리까지 정확하게 그 근을 찾으시오.

11. 함수 $f(x) = \cos sx - 3x^3 + 2x - 5$ 은 구간 [−2, −1]에서 한 개의 근을 가지고 있다. 중간값정리를 이용하여 그것을 증명하고 가위치법을 이용하여 소수점 넷째자리까지 정확하게 그 근을 찾으시오.

컴퓨터문제 3.2

1. 가위치법을 이용해서 구간 $[a, \mathrm{b}]$에서 함수 $f(x)$의 근을 찾기 위한 프로그램을 귀하가 알고 있는 프로그램 언어로 작성하시오. 프로그램에 대한 입력데이터는 $f(x)$, a, b, 허용오차 ϵ, 최대 반복횟수 이다. 각자의 프로그램을 이용하여 다음함수

$$f(x) = 0.1x^8 - 1.9x^6 + 0.2x^5 - 1.2x^3 - 2.5x^2 - 19.6$$

의 근을 구간 $[2.5, 5]$에서 찾으시오.

2. 다항식

$$p(x) = (x-1)(x-2)\ldots(x-20) - 10^{-8}x^{19}$$

의 근들은 계수들의 작은 변화에 매우 민감하다.

(a) 다항식 $p(x)$가 $[20, 22]$에서 한 근을 가짐을 증명하고 MATLAB함수 falsep.m을 이용하여 그 근을 찾으시오.

(b) (a)번에서 오차가 10^{-3}보다 작은 오차를 가진 근을 얻기 위해 필요한 반복계산 횟수를 구하고 또한 10^{-12}보다 오차가 작은 경우에 대한 반복계산 횟수를 구하시오.

3. 다음의 두 문제를 풀기 위하여 MATLAB함수 falsep.m을 이용하시오.

(a) 익숙한 것을 계산함으로써 MATLAB함수를 검증해보자. π는 어떤가? 초기구간 $a = 2$ 와 $b = 4$ 를 이용하여 다음식

$$\sin x = 0$$

의 해를 구하시오.

(b) 방정식

$$x + e^x = 0$$

은 $x \approx -0.6$ 근처에서 근을 가지고 있다. 초기구간 $[-1, 0]$을 이용하여 좀더 정확한 해를 찾으시오.

4. $f(x) = -\mathrm{e}^{-x} + \sin x$ 에 대한 처음 8개근들을 소수점 넷째자리까지 정확하게 MATLAB함수 falsep.m을 이용하여 구하시오. 만약 x_n이 n번째 근이라면 비율 $\frac{x_n}{n\pi}$, $n = 1, 2, \ldots.$를 계산하시오. 이 계산 결과를 근거로 다음식

$$\lim_{n\to\infty} \frac{x_n}{n\pi}$$

의 값을 추측하시오.

3.3 고정점 반복법

이 절에서 다음 식의 해를 구하기 위한 반복법을 다룬다.

$$g(x) = x \tag{3.9}$$

이 방정식의 하나의 해를 g의 **고정점**(fixed point)이라 한다. g의 고정점을 결정하기위해 사용되는 고정점 반복법은 다음의 관계로부터 얻어지는 연속적인 값들 $\{p_n\}$을 결정하기 위해 초기 추측값 p_0에서 시작한다.

$$p_{n+1} = g(p_n), \qquad n = 0, 1, 2, \ldots. \tag{3.10}$$

만약 반복과정이 근 α 로 수렴하고 g가 연속이라면 그때

$$\lim_{n\to\infty} p_n = \alpha$$

이고 식(3.9)의 해가 얻어진다.

기하학적으로 g의 고정점 p는 두 함수 $y = x$와 $y = g(x)$의 교차점으로 간주될 수 있다. 그림 3.7과 3.8에서 각각 수렴과 발산에 대한 과정을 그림으로 나타내고 있다.

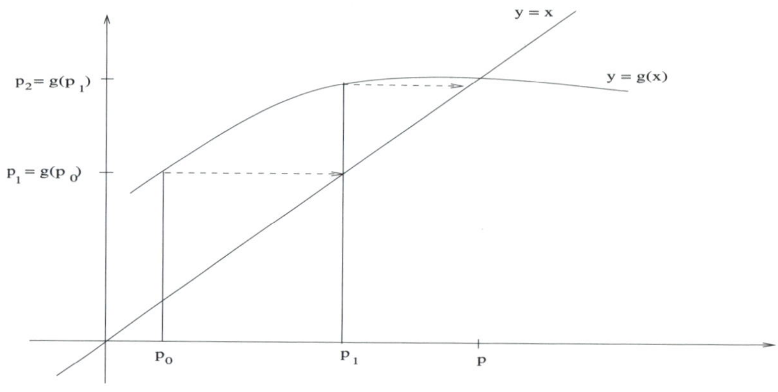

그림 3.7 근 p로 수렴하는 고정점 반복법

예제 3.6 고정점 반복법을 이용하여 $x^0 = 1$ 이고 $g(x)$를 다음과 같이 선택할 때 방정식 $0.4 - 0.1x^2 = 0$ 의 해를 구하시오.

(F1) $g(x) = 0.4 + x - 0.1x^2$

(F2) $g(x) = \frac{4}{x}$

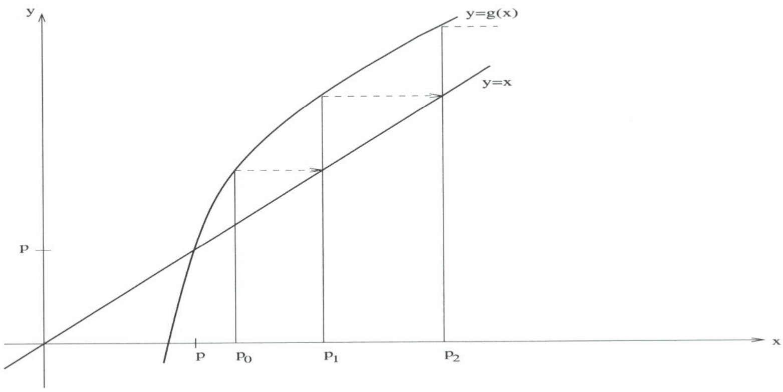

그림 3.8 근 p로부터 발산하는 고정점 반복법

표 3.3은 F1과 F2에 대해 고정점 반복법에 의한 x_n의 변화를 보여준다. 엄밀해는 2.0이다. 표 3.3에 주어진 결과로부터 흥미로운 것은 $g(x)$를 F1으로 하는 경우 수렴하고, F2의 $g(x)$를 선택하면 발산한다는 것이다. 문제는 수렴되는 $g(x)$를 어떻게 선택할 수 있는가 이다. 다음의 정리가 이런 문제에 대한 답을 제공한다.

표 3.3 (F1)과 (F2)에 대한 고정점 반복법

n	F1	F2
0	1.00000000	1
1	1.30000000	4
2	1.53100000	1
3	1.69660390	4
4	1.80875742	1
5	1.88159708	4
6	1.92755632	1
7	1.95600899	4
8	1.97341187	1
9	1.98397643	4
10	1.99036018	1
11	1.99420682	4
12	1.99652073	1
13	1.99791123	4
14	1.99874630	1
15	1.99924762	4
16	1.99954852	1
17	1.99972909	4
18	1.99983745	1

정리 3.2 (고정점 정리) 만약 g가 구간 [a, b]에서 연속이고 [a, b]안의 모든 x에 대하여 $a \le g(x) \le b$ 라면 g는 [a,b]안에 최소한 한 개의 고정점을 가진다. 계속해서 $g'(x)$가 (a, b)에서 연속이고

$$|g'(x)| \le c < 1, \qquad for\ all\ x\ in\ (a,b) \tag{3.11}$$

을 만족하는 양의 상수 c가 존재한다고 하자. 그때 [a, b]안에 g의 유일한 고정점 α가 존재한다. 또한, 다음의 반복계산

$$x_{n+1} = g(x_n) \qquad n \ge 0$$

은 $[a, b]$안에 임의의 x_0를 선택할 경우 α로 수렴해갈 것이다.

증명: 함수 $f(x) = x - g(x)$를 정의하자. 그때 f는 $[a, b]$에서 연속이고, $f(a) \le 0$ 이고 $f(b) \ge 0$이다. 중간값정리에 의해 (a, b)안에 $f(x) = 0$을 만족하는 α가 존재하고 그 α는 g의 고정점이다.

또한, 중간값정리에 의해서 $[a, b]$안의 두 고정점 r과 s에 대해 다음을 만족하는 ξ 가 존재한다는 것을 알 수 있다.

$$|r - s| = |g(r) - g(s)| = |g'(\xi)||r - s| \le c|r - s|$$

따라서

$$|r - s| \le c|r - s| \quad \text{or} \quad (1 - c)|r - s| \le 0$$

$c < 1$이기 때문에 $r = s$ 이어야 한다. 따라서 g는 $[a, b]$안에 유일한 고정점을 가진다. $\xi_n \in (\alpha, x_n)$일 경우 수렴을 위해

$$|\alpha - x_{n+1}| = |g(\alpha) - g(x_n)| = |g'(\xi_n)||\alpha - x_n| \le c|\alpha - x_n|$$

이어야 한다. 결국,

$$|\alpha - x_n| \le c^n|\alpha - x_0| \qquad n \ge 0$$

$n \to \infty$, $c^n \to 0$임에 따라 $x_n \to \alpha$이다.

예제 3.7 고정점 반복법을 이용하여 $x = \pi + 0.5 \sin x$ 을 풀고자 한다. 만약 $g(x) = \pi + 0.5 \sin x$ 라면, 정리 3.2의 가정을 만족하는 구간 $[a, b]$를 찾으시오.

g는 연속이고 $[0, 2\pi]$안의 모든 x에 대해 $0 \le g(x) \le 2\pi$ 이다. 게다가 g' 도 연속이고 $[0, 2\pi]$안에서 $|g'(x)| = |0.5 \cos x| < 1$이다. 그러므로 정리 3.2의 가정을 만족하고 구간 $[0, 2\pi]$안에서 유일한 고정점을 가진다.

예제 3.8 방정식 $x = \frac{5}{x^2} + 2$ 는 구간 [2.5, 3]에서 한 개의 근을 가지고 있다. $x_0 = 2.5$와 $g(x) = 5/x^2 + 2$ 인 고정점반복법을 이용하여 오차가 10^{-4} 보다 작아지게 근을 찾으시오.

g(x)와 g$'(x) = -10/x^3$은 [2.5, 3]에서 연속이다. [2.5, 3]안의 모든 x에 대하여 $|g'(x)| < 1$이고 $2.5 \le g(x) \le 3$을 만족한다. 따라서 g는 [2.5, 3]안에 유일한 고정점을 가지고 있다.

처음부터 세 번째까지의 반복계산 결과는 다음과 같다.

$$p_1 = 5/p_0^2 + 2 = 2.8$$
$$p_2 = 5/p_1^2 + 2 = 2.637755$$
$$p_3 = 5/p_2^2 + 2 = 2.718623$$

표 3.4와 같이 이러한 방법으로 연속해서 얻어진 값들은 $r = 2.69062937$ 로 수렴한다. 표 3.4에서 MATLAB함수 g_1은 다음과 같이 정의된다.

표 3.4 $x_0 = 2.5$인 고정점반복법을 이용한 $x = \frac{5}{x^2} + 2$ 의 해

» fixed('g1',2.5,10^(-4),100)

iter	xn	g(xn)	|xn+1-xn|
0	2.500000	2.800000	
1	2.800000	2.637755	0.30000000
2	2.637755	2.718623	0.16224490
3	2.718623	2.676507	0.08086781
4	2.676507	2.697965	0.04211628
5	2.697965	2.686906	0.02145790
6	2.686906	2.692572	0.01105819
7	2.692572	2.689660	0.00566568
8	2.689660	2.691154	0.00291154
9	2.691154	2.690387	0.00149391
10	2.690387	2.690781	0.00076713
11	2.690781	2.690579	0.00039377
12	2.690579	2.690683	0.00020216
13	2.690683	2.690629	0.00010378
14	2.690629	2.690657	0.00005328

```
function f=g1(x)
    f=5/x.^2+2;
```

M-function 3.3

다음의 MATLAB함수 **fixed.m**은 고정점 반복법을 이용하여 임의의 방정식의 해를 구한다. 입력사항은 함수 g; 초기 근사값 x_0; 허용오차 tol; 최대반복계산회수 n이다. 입력함수는 $g(x)$는 M-파일로 정의되어야 한다.

```
function fixed(g,x0,tol,n)
% The fixed-point iteration method for solving the nonlinear
%  equation f(x)=0.
iter=0;
u=feval(g,x0);
err=abs(u-x0);
disp('_______________________________________________________________')
disp('   iter                x                     g(x)              |xn+1-xn|  ')
disp('_______________________________________________________________')
fprintf('%2.0f  %12.6f  %12.6f\n',iter,x0,u)
while (err>tol)&(iter<=n)
   x1=u;
   err=abs(x1-x0);
   x0=x1;
   u=feval(g,x0);
   iter=iter+1;
   fprintf('%2.0f  %12.6f  %12.6f  %12.8f\n',iter,x0,u,err)
end
if (iter>n)
   disp('  Method failed to converge')
end
```

연습문제 3.3

1. 고정점 반복법을 이용하여 10^{-3}이하의 정확성을 가지는 $\sqrt{2}$ 의 근사값을 찾으시오.

2. 2차 방정식 $x^2 - 2x - 3 = 0$ 은 2개의 근을 가지고 있다. 다음과 같이 재정리된 방정식들 각각에 대해 $x_0 = 4$인 고정점 반복법을 이용하여 근들을 찾으시오.

(a) $x = \sqrt{2x+3}$

(b) $x = 3/(x-2)$

(c) $x = (x^2-3)/2$

3. 고정점 반복법을 이용하여 다음의 방정식의 해를 구하시오.

(a) $x = \sin x + x + 1$, in $[3.5, 5]$

(b) $x = \sqrt{x^2+1} - x + 1$, in $[0, 3]$

(c) $x = \ln x^2 + x - 2$, in $[-4, -2]$

4. 다음 함수 각각에 대하여 고정점 반복법이 수렴되는 구간을 정하시오.

(a) $x = 0.2\sin x + 1$

(b) $x = 1 - x^2/4$

5. 고정점 반복법을 이용하여 다음의 방정식의 해를 구하시오.

(a) $x = x^5 - 0.2$

(b) $x = 2\sin x$

(c) $x = \sqrt{3x+1}$

(d) $x = \frac{2-e^x+x^2}{3}$

6. $g(x) = \frac{x+4}{2}$ 라 하자.

(a) $\alpha = 4$가 $g(x)$의 고정점임을 증명하시오.

(b) $x_0 = 5$일 때 $|\alpha - x_n| = |\alpha - x_0|/2^n$ for $n = 1, 2....$을 증명하시오.

7. x_0가 실수라 하자. 수열 $\{x_n\}_{n=1}^{\infty}$ 이

$$x_{n+1} = \sin x_n, \quad n = 0, 1, 2, \ldots.$$

에 의해서 정의된다. 모든 $x \neq 0$에 대해 $|\sin x| < |x|$인 사실을 이용하여 x_n은 함수 $g(x) = \sin x$의 고정점 $x = 0$으로 수렴함을 증명하시오.

8. 함수 $f(x) = t^3 + t - 9$ 의 근을 이분법을 이용하여 소수점 첫째자리까지 정확하게 결정하시오. 고정점 반복법의 정의에 의해 다음의 식이 주어진다.

$$s_{n+1} = s_n + \lambda(s_n^3 + s_n - 9)$$

2 근처의 고정점으로 수렴하기 위한 상수 λ 값의 근사범위를 정하시오.

9. 방정식 $2x - \tan x = 0$ 의 해를 구하기 위해 주어진 고정점 반복법 각각에 대하여 수렴거동을 설명하시오.

(a) $x_{n+1} = \frac{1}{2}\tan x_n$

(b) $x_{n+1} = \arctan(2x_n)$

10. 고정점 반복법 $x_{n+1} = 1 + e^{-x_n}$이 주어져 있다. 이 식이 $x_0 \in [1, 2]$인 임의의 x_0에 대하여 수렴함을 증명하시오. 10^{-6}의 정확도를 얻기 위해 얼마나 많은 반복계산이 필요한지 결정하시오.

11. 다음의 반복계산들이 $x = 4$의 고정점을 가짐을 증명하시오.

(a) $x_{n+1} = \frac{1}{4}(8x_n - x_n^2)$

(b) $x_{n+1} = \frac{1}{3}(x_n^2 - 4)$

(c) $x_{n+1} = \sqrt{3x_n + 4}$

각각에 대해 시작값으로 x_0를 선택하고 몇 번의 반복계산을 수행하시오. 근 $x = 4$에 가까운 시작값을 선택할 경우 이 방법들이 수렴하는지 결정하시오. 어떤 방법이 가장 빠르게 수렴하는가?

12. 열린구간 $0 < x < 1$에서 고정점 문제

$$x = \frac{1}{2}\tan\pi\frac{x}{2}$$

을 생각하자. $x_0 \in (0, 1)$ 이고 $x_0 \neq 1/2$ 인 시작값을 가진 고정점 반복법 $x_n + 1 = (1/2)\tan(\pi x_n/2)$, $n = 0, 1, 2, \ldots$이 구간 $(0, 1)$안의 유일한 고정점 $s = 1/2$로 수렴하지 않는 이유를 해석과정과 그래프를 통해 설명하시오.

13. $f(x) = x_2 + 3x - 4$ 가 0과 1사이에서 한 근을 가지고 있음을 증명하시오.

$$x = \frac{4}{x^2 + 3} = g(x)$$

고정점 반복법을 이용하여 소수점 다섯째자리까지 정확하게 그 근을 결정하시오.

14. $x \geq 0$에 대해 $g(x) = 2(x-1)^{1/2}$의 식이 이용되는 고정점 반복법 $p_n + 1 = g(p_n)$을 생각하자. 함수와 $y = x$의 그램을 함께 그리고 얼마나 많은 고정점이 존재하는지 결정하시오. $p_0 = 1.5$와 $p_0 = 2.5$인 경우 반복계산을 수행하시오. 고정점 정리에 근거해서 결과를 설명하시오.

컴퓨터 문제 3.3

1. 고정점 알고리듬의 수렴성을 조사하기 위하여 MATLAB 함수 fixed.m을 이용하시오. 주어진 식 $x_3 = \arctan x$ 에 대해 1근처에 존재하는 근을 찾으시오. 4개의 다른 $g(x)$형태를 이용하여 방정식을 $x = g(x)$형태로 바꾸시오. 선택한 각각의 g가 수렴하는지 수렴하지 않는지 판단하시오. 선택한 g가 수렴할 것인지 미리 알수 있는가?

3.4 할선법

이분법과 가위치법은 매우 느리게 수렴하기 때문에, 수렴이 빠른 방법이 시도되었다. 그런 방법 중의 하나가 할선법이다. 가위치법과 유사하게 함수 f의 그래프에서 두 점들을 연결하는 직선으로 함수를 근사사키는 것을 기반으로 하지만 처음 선택하는 두 점들의 부호가 달라

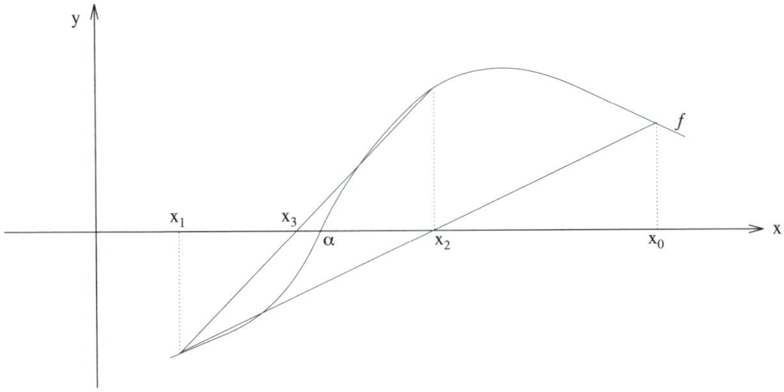

그림 3.9 근 α에 대한 처음 두 번의 근사와 할선법

야 한다는 것을 요구하지 않는다. 그림 3.9에서 이 방법을 설명하고 있다.

이 방법에서 x_2는 처음의 두 점 $(x_0, f(x_0))$와 $(x_1, f(x_1))$을 연결하는 할선과 x-축의 교차점이다. 다음 점 x_3는 $(x_1, f(x_1))$와 $(x_2, f(x_2))$을 연결하는 새로운 할선의 교차점으로 얻어진다. 새로운 점 x_3와 x_2에 의해서 다음 점 x_4가 얻어지고 계속해서 같은 과정이 반복된다.

x_{n+1}에 대한 공식은 $x = x_{n+1}$과 $(x_{n-1}, f(x_{n-1}))$과 $(x_n, f(x_n))$의 할선방정식에서 $y = 0$으로 설정함으로써 얻어진다.

$$x_{n+1} = x_n - f(x_n)\left[\frac{x_n - x_{n-1}}{f(x_n) - f(x_{n-1})}\right]. \tag{3.12}$$

x_{n+1}은 이전의 두 지점에 의존하기 때문에 $x_2, x_3, \ldots.$등을 생성하기 위하여 처음에 x_0와 x_1을 선택하여야 한다.

이런 방법에 대해 알고리듬 명령어를 정리하면 다음과 같다.

처음 두 근사값 x_0와 x_1을 선택한다.

$$\begin{array}{l} \textbf{for } n = 1, 2, \ldots, \text{ITMAX} \\ \lfloor \quad x_{n+1} \leftarrow x_n - f(x_n)\left[\frac{x_n - x_{n-1}}{f(x_n) - f(x_{n-1})}\right] \end{array}$$

적절한 정지조건은

$$|f(x_n)| \le \epsilon, \quad |x_{n+1} - x_n| \le \epsilon \quad \text{또는} \quad \frac{|x_{n+1} - x_n|}{|x_{n+1}|} \le \epsilon$$

ϵ은 지정된 허용오차 값이다.

예제 3.9 오차가 10^{-4} 보다 작게 구간 $x_0 = 1$와 $x_1 = 2$ 사이에서 할선법을 이용하여 $x^3 - x^2 - 1 = 0$의 해를 구하시오.

$x_0 = 1,\ f(x_0) = -1$이고 $x_1 = 2,\ f(x_1) = 3$이므로

$$x_2 = 2 - \frac{(2-1)(3)}{3-(-1)} = 1.25$$

$f(x_2) = f(1.25) = -0.609375$ 이므로 다음 근사값은

$$x_3 = 1.25 - \frac{(1.25-2)(-0.609375)}{-0.609375-3} = 1.3766234$$

이다. 같은 방법으로 계산된 값들을 표 3.5에 나타내었고 $r = 1.4655713$ 으로 수렴한다.

표 3.5 $x_0 = 1$와 $x_1 = 2$을 가진 할선법을 이용한 $x^3 - x_2 - 1 = 0$의 해

» secant('f1',1,2,10^(-4),40)

n	xn	f(xn)	f(xn+1)-f(xn)	| xn+1-xn |
0	1.000000	-1.000000		
1	2.000000	3.000000	4.000000	1.000000
2	1.250000	-0.609375	-3.609375	0.750000
3	1.376623	-0.286264	0.323111	0.126623
4	1.488807	0.083463	0.369727	0.112184
5	1.463482	-0.007322	-0.090786	0.025325
6	1.465525	-0.000163	0.007160	0.002043
7	1.465571	3.20E-07	0.000163	0.000046

M-function 3.4

다음의 MATLAB함수 **secant.m**은 할선법을 이용하여 임의의 방정식의 해를 구한다. 입력사항은 함수 f; 초기 근사값 x_0, x_1; 허용오차 *tol*; 최대반복계산회수 *n*이다. 입력함수는 *f*(*x*)는 M-파일로 정의되어야 한다.

```
function secant(f,x0,x1,tol,n)
% The secant method for solving the nonlinear equation f(x)=0.
iter=0;
u=feval(f,x0);
v=feval(f,x1);
err=abs(x1-x0);
disp('_______________________________________________')
disp(' iter       xn        f(xn)       f(xn+1)-f(xn)       lxn+1-xnl   ')
disp('_______________________________________________')
```

```
fprintf('%2.0f  %12.6f  %12.6f\n',iter,x0,u)
fprintf('%2.0f  %12.6f  %12.6f  %12.6f  %12.6f\n',iter,x1,v,v-u,err)
while (err>tol)&(iter<=n)&((v-u)~=0)
    x=x1-v*(x1-x0)/(v-u);
    x0=x1;
    u=v;
    x1=x;
    v=feval(f,x1);
    err=abs(x1-x0);
    iter=iter+1;
    fprintf('%2.0f  %12.6f  %12.6f  %12.6f  %12.6f\n',iter,x1,v,v-u,
err)
end
if ((v-u)==0)
    disp(' Division by zero')
end
if (iter>n)
    disp(' Method failed to converge')
end
```

연습문제 3.4

1. [1/9, 2/3]사이에서 $e^{-2x} - 7x = 0$ 의 근을 할선법을 이용해서 오차 10^{-6} 안으로 근사시키시오.

2. 함수 $f(x) = x^5 - 3x^3 + 2.5x - 0.6$ 은 구간 [0, 1]에서 두개의 근을 가지고 있다. 다음의 초기값을 가진 할선법을 이용해서 근을 찾으시오.

(a) $x_0 = 0,\ x_1 = 1/2$

(b) $x_0 = 3/4,\ x_1 = 1$

3. 구간 $x_0 = 3$과 $x_1 = 1$ 사이에서 할선법을 이용하여 10^{-4}의 정확도로 $x^3 - 4x^2 + 2x - 8 = 0$ 의 해를 구하시오.

4. 구간 $x_0 = -1$과 $x_1 = 1$ 사이에서 할선법을 이용하여 10^{-5}의 정확도로 $x = x^2 - e^{-x}$ 의 해를 구하시오.

5. 만약 구간 $x_0 = 1$와 $x_1 = 2$ 사이에서 할선법을 이용하여 $f(x) = x^3 - 3x^2 + 2x - 6$ 의 해를 구한다면 x_2의 값은?

6. 구간 [3, 3.5]에서 10^{-10} 의 정확도로 할선법을 이용하여 $x = -e^x \sin x - 5$ 의 해를 근사시키시오.

7. 다음의 방정식이 주어져 있다.

(a) $x^4 - x - 10 = 0$

(b) $x - e^{-x} = 0$

초기 근사값을 선택하고 할선법을 이용하여 소수점 넷째자리까지 정확하게 근을 찾으시오.

8. 할선법에 대한 공식이 대수적으로 다음과 같음을 증명하시오.

$$x_{n+1} = \frac{f(x_n)x_{n-1} - f(x_{n-1})x_n}{f(x_n) - f(x_{n-1})}$$

9. 다음 함수들에 대해 할선법을 이용하여 다음 두 번째 반복 근사값 x_2와 x_3를 계산하시오.

(a) $f(x) = x^2 - 3x - 1$ with $x_0 = 3.0, x_1 = 3.1$

(b) $f(x) = x^3 - x - 1$ with $x_0 = 1.2, x_1 = 1.3$

(c) $f(x) = x^3 - 2x + 1$ with $x_0 = 0.6, x_1 = 0.5$

10. 주어진 방정식 $f(x) = 0$ 에 대해서 분수근사를 이용한 반복법을 얻을 수 있다.

$$f(x) = \frac{x - a_0}{b_0 + b_1 x}$$

여기서 계수 a_0, b_0, c_0는 x_k, x_{k-1}, x_{k-2}에서 $f(x)$를 계산하여 구한다. $x_0 = 0$, $x_1 = 1$, $x_2 = 2$일 때 방정식 $2x^3 - 3x^2 + 2x - 3 = 0$에 대해, 이 방법을 적용하여 두 번의 반복계산을 수행하시오.

컴퓨터 문제 3.4

1. 할선법을 이용하여 함수 $f(x)$의 근을 찾기 위한 프로그램을 귀하가 알고 있는 프로그램 언어로 작성하시오. 프로그램의 입력은 함수 $f(x)$, 근에 대한 2개의 초기 가정값과 허용오차 ϵ이다. $x_0 = 0$이고 $x_1 = 0.25$일 때 다음 함수

$$f(x) = x^4 - 6x^3 + 3x^2 - 2x + \cos(3x)$$

의 근을 찾기 위해 각자의 프로그램을 이용하시오.

2. 펭-로빈슨 (Peng-Robinson) 상태방정식이 다음과 같다.

$$P = \frac{RT}{V - b} - \frac{a}{V(V + b) + b(V - b)}$$

여기서

P = 압력

V = 몰 체적, 가스 또는 액체의 1몰 체적

T = 온도(K)

R = 이상기체상수

$P = 778$ kPa, $T = 350$ K, $a = 365$ m^6 kPa/(kg mole)^2, $b = 0.3$ m^3/(kg mole), $R = 1.618$ 일 때 V를 구하시오. 처음 가정값 $V_0 = 1.0$ 이고 $V_1 = 1.5$ 을 사용하여 할선법으로 구하시오.

3. 다항식

$$p(x) = (x-1)(x-2)\ldots(x-20) - 10^{-8}x^{19}$$

의 근들은 계수의 작은 변화에 매우 민감하다.

(a) p가 [20, 22]에서 한 근을 가짐을 증명하고 MATLAB함수 secant.m을 이용하여 그 근을 찾으시오.

(b) 오차 $< 10^{-3}$인 근을 얻는데 필요한 반복횟수를 구하시오. 또한 오차 $< 10^{-12}$ 인 정확성을 얻는데 필요한 반복횟수를 구하시오.

4. MATLAB함수 secant.m을 이용하여 $f(x) = -e^{-x} + \sin x$ 에 대해 소수점 10번째 자리까지 정확한 처음 8개의 근을 찾으시오. 무한히 많은 근이 존재한다는 것을 확인하시오. 만약 x_n이 n번 째 근이라면 비율 $\frac{x_n}{n\pi}$, $n = 1, 2, \ldots .$를 계산하시오. 이러한 계산에 근거해서

$$\lim_{n\to\infty} \frac{x_n}{n\pi}$$

의 값을 추측하시오.

3.5 뉴턴법

뉴턴법은 방정식의 해를 반복적으로 구하는 가장 보편적인 반복법 중의 하나이다. 할선을 이용하는 방법과 달리 이 방법은 곡선의 접선을 이용한다. 그림 3.10은 뉴턴법을 그림으로 설명하고 있다. 이 방법을 이용하기 위해 근 α 에 충분히 가까운 초기 가정값 x_0로 시작한다. $f(x_0, f(x_0))$에서 f의 접선이 x-축과 교차하는 점에 의해서 근사값 x_1이 얻어진다. 이전값 x_0 보다 x_1이 근 α 에 훨씬 가깝다는 것을 확인할 수 있다. 만약 x_{n+1} 연속적인 반복계산에 의해

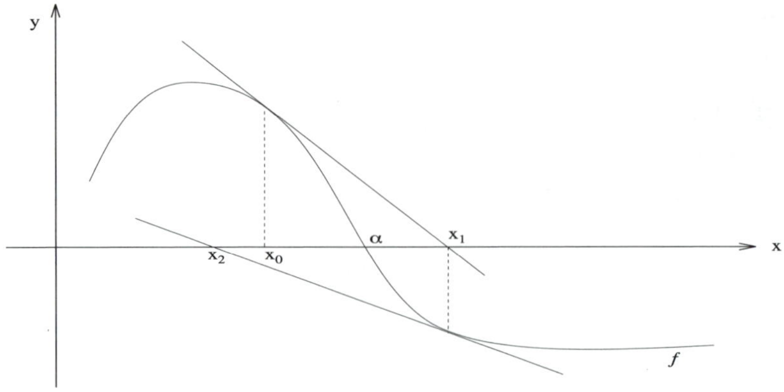

그림 3.10 근 α 에 대한 처음 두 번의 근사와 뉴턴법

서 얻어지는 값이라면 그점은 $f(x_n, f(x_n))$에서 f의 접선이 x-축과 교점이다. x_n과 x_{n+1}에 관계되는 공식이 **뉴턴법** (Newton's method)으로 알려져 있고, $f'(x_n)$이 0이 아닐 경우 공식은 다음과 같다.

$$x_{n+1} = x_n - \frac{f(x_n)}{f'(x_n)}, \qquad n \geq 0 \tag{3.13}$$

식 (3.13)을 유도하기 위하여 $f(x_0, f(x_0))$에서 접선의 방정식을 알아야 한다.

$$y - f(x_0) = f'(x_0)(x - x_0)$$

만약 x_1이 이직선과 x-축의 교점이라면 $x = x_1$ 에서 $y = 0$ 이기 때문에

$$-f(x_0) = f'(x_0)(x_1 - x_0)$$

이다. x_1에 대해서 풀면

$$x_1 = x_0 - \frac{f(x_0)}{f'(x_0)}$$

이다. $f(x_1, f(x_1))$에서 접선을 이용하여 같은 과정을 반복하면 x_2에 대한 식을 얻는다.

$$x_2 = x_1 - \frac{f(x_1)}{f'(x_1)}$$

일반항에 대한 식으로 정리하면 식 (3.13)을 얻는다. 반복계산을 정지하기 위한 적절한 방법은 할선법에서 제안된 정지조건중의 하나가 사용된다.

뉴턴법의 알고리듬 명령어는 아래처럼 주어진다.

미분가능한 함수 f와 초기값 x_0가 주어지면

$$\begin{aligned}&\textbf{for } n = 0, 1, \ldots, \text{ITMAX} \\ &\lfloor \quad x_{n+1} \leftarrow x_n - \tfrac{f(x_n)}{f'(x_n)}\end{aligned}$$

예제 3.10 10^{-4}의 정확도로 뉴턴법을 이용하여 $x^3 - x^2 - 1 = 0$ 의 근을 계산하시오. $x_0 = 1$을 이용하시오.

함수 f의 미분은 $f'(x) = 3x^2 - 2x$ 이다. $x_0 = 1$일 때 $f(1) = -1$이고 $f'(1) = 1$이다. 뉴턴법에 의한 처음계산과정은

$$x_1 = 1 - \frac{-1}{1} = 2 \qquad \text{그리고} \qquad f(2) = 3, \quad f'(2) = 8$$

이다. 다음 과정은

$$x_2 = 2 - \frac{3}{8} = 1.625.$$

이다. 같은 방법으로 계산된 값들을 표 3.6에 나타내었고 $r = 1.465571$으로 수렴한다. 표 3.6에서 MATLAB 함수 df1은 다음과 같이 정의된다.

```
function f=df1(x)
f=3*x.^2-2*x;
```

표 3.6 $x_0 = 1$에 대해 뉴턴법을 이용한 $x^3 - x^2 - 1 = 0$의 해

» newton('f1','df1',1,10^(-4),40)

iter	xn	f(xn)	f'(xn)	|xn+1-xn|
0	1.000000	-1.000000	1.000000	
1	2.000000	3.000000	8.000000	1.000000
2	1.625000	0.650391	4.671875	0.375000
3	1.485786	0.072402	3.651108	0.139214
4	1.465956	0.001352	3.515168	0.019830
5	1.465571	0.000001	3.512556	0.000385
6	1.465571	6.93E-14	3.512555	1.43E-07

만약 $g(x_n) = x_n - \frac{f(x_n)}{f'(x_n)}$ 이라면 식 (3.13)은 $x_n = g(x_n)$과 같이 쓸 수 있다. 즉 $f(x) = 0$의 근을 찾기 위한 뉴턴법은 함수 $g(x)$의 고정점을 찾는 것으로 생각할 수 있다.

뉴턴법은 매우 효과적인 방법이지만 적용에 어려운 점을 가지고 있다. 어려운 점중의 하나는

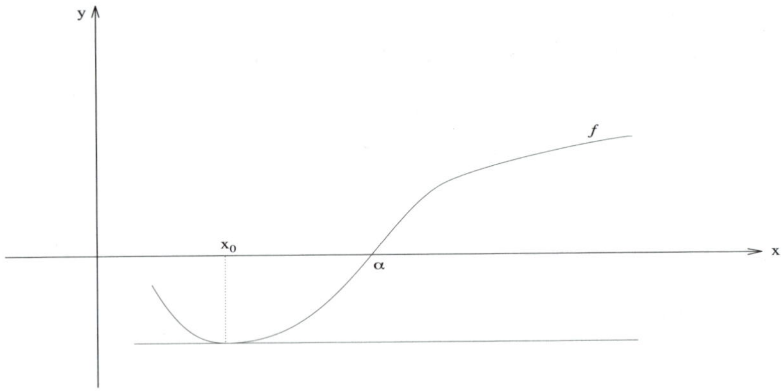

그림 3.11 안 좋은 시작점으로 인한 뉴턴법의 실패

만약 x_0가 근에 충분히 가깝지 않다면 수렴하지 않는다는 것이다. 그림 3.11에 설명하듯이 접선이 거의 수평인, 즉 $f'(x_0)$이 거의 0인 x_0를 선택하지 않아야 한다.

뉴턴법에 대한 다음의 수렴정리는 초기값 x_0 선택의 중요성을 설명한다.

정리 3.3(뉴턴의 정리) $f \in C^2[a, b]$로 가정하자. 만약 $\alpha \in [a, b]$가 $f(\alpha) = 0$ 이고 $f'(\alpha) \neq 0$ 이라면 뉴턴법에 의해서 초기 근사값 $x_0 \in [\alpha - \delta, \alpha + \delta]$에 대해 α로 수렴하는 수열 $\{x_n\}_{n=1}^{\infty}$ 이 얻어지고 $\delta > 0$가 존재한다.

증명: 증명은 고정점 정리 3.2의 가정을 확인하는 것으로 구성된다.

$$g(x) = x - \frac{f(x)}{f'(x)}$$

한번 미분하면

$$g'(x) = 1 - \frac{f'(x)f'(x) - f(x)f''(x)}{[f'(x)]^2} = \frac{f(x)f''(x)}{[f'(x)]^2}$$

이다. 가정 $f(\alpha) = 0$과 $f'(\alpha) \neq 0$에 의해서

$$g'(\alpha) = \frac{f(\alpha)f''(\alpha)}{[f'(\alpha)]^2} = 0$$

이다. $g'(\alpha) = 0$이고 $g(x)$는 연속이기 때문에 구간 $(\alpha - \delta, \alpha + \delta)$에서 $|g'(x)| < 1$인 $\delta > 0$ 이 존재한다. 그러므로 만약

$$\frac{|f(x)f''(x)|}{|f'(x)|^2} < 1 \quad \text{for all} \quad x \in (\alpha - \delta, \alpha + \delta)$$

의 δ 를 선택한다면 $f(x) = 0$의 근에 수렴하기 위한 수열 $\{x_n\}_{n=1}^{\infty}$ 의 충분조건은 $x_0 \in [\alpha - \delta, \alpha + \delta]$ 로 초기값을 선택하는 것이다.

MATLAB 방법

MATLAB은 함수의 근들을 구하기 위해 2종류의 명령어를 가지고 있다. 첫 번째 명령어 **roots**는 다항식의 근을 찾기 위한 것이고 두 번째 fzero는 함수가 x-축과 교차한다면 $f(x)$의 근을 찾아주는 형태이다.

roots

임의의 다항식에서 각 항들의 계수는 매우 중요한 데이터이다. 예를 들어 3차 다항식 $3x^3 - 2x^2 + 4$ 는 계수들이 가장 높은 차수를 시작으로 내림차순의 순서인 행(혹은 열)벡터 [3 −2 0 4]로 입력한다.

이런 3차 다항식의 근들은 다음처럼 얻어진다.

```
>> roots([3 -2 0 4])
ans =
      0.7921 + 0.9088i
      0.7921 - 0.9088i
      -0.9174
```

MATLAB 명령어 **polyval**을 이용하여 x^*에서 다항식을 계산함으로써 근사적인 근 x^*를 구할 수 있다.

fzero

MATLAB의 함수 **fzero**는 다항식의 형태가 아닌 함수들의 근을 계산하는데 사용될 수 있다. 일반적인 방법은

```
>> fzero('fun',initial value)
```

이다. 함수 $f(x)$가 M-파일로 입력된다. 함수 $f(x)$는 문자열로 직접 입력될 수 있다. 예를 들어 $f(x) = x_2 - 3$의 근을 찾기 위한 MATLAB과정은 다음과 같다.

```
>> fzero('x.^2-3', 1)
ans =
          1.7321
```

예제 3.11 예제 3.2에서 주어진 호의 면적을 구하기 위해 함수 fzero를 이용하시오.

이 예제에서 $r = 4$ 이고 $A = 0.3243$ 이 주어졌을 때 θ를 구하기 위한 식 (3.3)을 풀

기 위해 fzero가 이용된다. MATLAB 결과는 다음과 같다.

```
>> format long
>> fzero('0.5*4^2*(x-sin(x))-0.3243',1)
ans =
        0.62834063441724 ≈ π/5
```

예제 3.12 $r = 12$ cm이고 $\rho = 0.64$인 예제 3.1에서 떠있는 구문제를 풀기 위해 함수 roots를 이용하시오.

$r = 12$ cm이고 $\rho = 0.64$일 때 식 (3.1)은 다음과 같이 된다.

$$h^3 - 36h^2 + 4423.68 = 0$$

MATLAB 결과는 다음과 같다.

```
>> roots([1    -36    0    4423.68 ]
ans =

        31.5582
        14.2670
       - 9.8252
```

근 31.5582는 지름보다 크기 때문에 버린다. -9.8252는 음의 수이기 때문에 타당한 해가 아니다. 근 14.2670은 구간 [0, 24]에 있기 때문에 타당한 해이다.

M-function 3.5

다음의 MATLAB함수 **newton.m**은 뉴턴법을 이용하여 임의의 방정식의 해를 구한다. 입력사항은 함수 f와 미분 f'; 초기 근사값 x_0; 허용오차 tol; 최대반복계산회수 n이다. 입력함수는 $f(x)$와 $f'(x)$는 M-파일로 정의되어야 한다.

```
function newton(f,df,x0,tol,n)
% Newton's method for solving the nonlinear equation f(x)=0.
iter=0;
u=feval(f,x0);
v=feval(df,x0);
err=abs(u/v);
disp('______________________________________________')
disp('  iter        x            f(x)        df(x)         lxn+1-xnl       ')
```

```
disp('_____________________________________________________')
fprintf('%2.0f  %12.6f  %12.6f  %12.6f\n', iter, x0, u, v)
while (err>tol)&(iter<=n)&(v~=0)
    x1=x0-u/v;
    err=abs(x1-x0);
    x0=x1;
    u=feval(f,x0);
    v=feval(df,x0);
    iter=iter+1;
    fprintf('%2.0f  %12.6f  %12.6f  %12.6f  %12.6f\n',iter,x0,u,v,err)
end
if (v==0)
  disp('  division by zero')
end
if (iter>n)
  disp('  Method failed to converge')
end
```

연습문제 3.5

1. 다음방정식들에 대해서 뉴턴법을 이용하여 소수점 여섯째자리까지 정확한 해를 구하시오.

(a) $x^5 - 3x^3 - x + 4 = 0,\ x_0 = 0$

(b) $3x^3 - x + 4 = 0,\ x_0 = -1$

(c) $x^3 - x^2 + e^x = 0,\ x_0 = -1$

(d) $e^x + x\sin x = 0,\ x_0 = 0$

2. $x_0 = 5$로 뉴턴법을 이용하여 $\sqrt{5}$에 대한 근사값을 계산하시오.

3. 뉴턴법을 이용하여 10^{-3}의 정확도로 주어진 구간에서 다음 방정식들의 근을 찾으시오.

(a) $x^3 + 3x^2 + x - 4 = 0$, in $[0, 1]$

(b) $x^4 + 2x^3 - 3x^2 - 4x - 2 = 0$, in $[1, 2]$

(c) $x^3 - 3x^2 + 3 = 0$, in $[1, 2]$

4. $x_0 = 1$을 이용하여 10^{-6}의 정확도로 함수

$$f(x) = x^5 - 3x^3 - 5x + 4$$

의 근을 뉴턴법으로 구하시오.

5. 10^{-5}의 정확도로 뉴턴법을 이용하여 구간 $[-1, 1]$에서 $e^{-x} - x^2 - x = 0$ 의 근사해를 찾으시오.

6. 방정식 $e^x + x^3 \cos x + 2 = 0$은 [2, 4]에서 2개의 양의 근을 가지고 있다. 뉴턴법을 이용하여 그 근들을 찾으시오.

7. $x + \sin x - \cos 2x = 0$ 의 근사해를 다음의 방법을 이용하여 구하시오.

(a) $x_0 = 0$으로 뉴턴법 사용

(b) $x_0 = 0$이고 $x_1 = 1$으로 할선법 사용

8. 점 (3, 2)에 가장 가까운 그래프 $y = x^2$상의 점 x값을 $x_0 = 0$으로 뉴턴법을 이용하여 구하시오.

9. 방정식 $x - \cos x = 0$ 은 $x = 0$과 $x = 1$ 근처에서 근을 갖고 있다. 할선법을 이용하여 10^{-4}의 정확도로 근을 구하고, 또한 뉴턴법으로도 그 근을 구하시오.

10. 이차방정식 $x^2 - ax + b = 0$ 의 근사해에 대한 공식

$$x_n = \frac{x_{n-1}^2 - b}{2x_{n-1} - a}$$

을 뉴턴법을 이용하여 유도하시오. 이 공식을 이용하여 $x^2 - 13x - 1 = 0$ 의 양의 근을 구하시오.

11. 함수

$$f(x) = \frac{1}{x} - 5$$

에 대한 뉴턴법을 적용하면 $x_{n+1} = 2x_n - 5x_n^2$ 이 됨을 증명하시오. $x_0 = 1/4$으로 뉴턴법을 이용하여 f의 근을 구하시오.

12. $\sqrt[3]{a}$ 를 뉴턴법으로 근사해를 구할 때 반복계산과정이

$$x_{n+1} = \frac{2x_n^3 + a}{3x_n^2}$$

으로 주어짐을 증명하시오.

13. 반복계산 공식 $x_{n+1} = x_n + ae^{-x_n} - 1$이 어떤 함수 $f(x)$에 대해 뉴턴법을 적용해서 얻어졌다. $f(x)$를 찾으시오. 여기서 a는 양의 상수이다.

14. a 값을 바꾸어가면서

$$x_{n+1} = 2x_n - ax_n^2$$

을 풀기위한 뉴턴법을 시험하고자 한다. 이 방법이 무엇을 계산하는지 추측하시오.

15. 뉴턴법에 의해 $(1 + \ln x)/x=0$에 대한 실근을 찾고자 한다. 결과적으로 식이

$$x_{n+1} = 2x_n + \frac{x_n}{\ln x_n}$$

으로 됨을 증명하시오. $x_1 = 1.21$일 때 방법을 적용하시오. 다시 $x_1 = 1.5$로 계산하시오. 얻어진 결과를 이해하기 위하여 $y = (1 + \ln x)/x$ 의 그래프를 그리시오.

16. 식 $f(x)= -x^4 + x^2 + A$ 에서 A는 상수이다. 초기 근사값이 $x_0 = 1/3$ 이라면 뉴턴법이 $x_1 = -x_0, x_2 = x_0, x_3 = -x_0, \ldots.$이기 위해서 상수 A 값은?

17. $\lambda x = \tan x$ 의 근을 찾고자 한다. 이 식은 일정 두께의 벽을 가진 사각형 상자에서 양자역학입자의 상태를 묘사한다. 이 식은 해석적으로 풀리지 않기 때문에 수치해석 방법을 사용할 필요가 있다. 각자 선택한 3개의 양의 λ값에 대해 해석되어야 한다 ($\lambda a < 1$, $\lambda a = 1$, $\lambda a > 1$).

(a) (해석적) $\lambda \to 1$일 때 근에 어떤 특징이 나타나는가?

(b) λx 와 $\tan x$ 를 같은 그래프에 그리고 근이 존재하는 곳을 근사적으로 찾으시오.

(c) 뉴턴법을 이용하여 x^{n+1} 에 대한 적절한 공식을 찾으시오.

(d) MATLAB함수 Newton.m을 사용하여 $(\pi/2, 3\pi/2)$에서 한 근을 구하시오.

18. 테일러급수의 절단된 차수 2개 항을 이용하여 뉴턴법을 유도하시오.

19. 함수 $f(x) = 1 + x^2 - \tan x$ 가 주어져 있다.

(a) 뉴턴법을 이용하여 첫 번째 양의 근을 구하시오. $x_0 = 0.1$로 시작해서 x^4 까지 계산하시오. x^4 에 대한 오차를 계산하시오.

(b) $x_0 = 1$일 때 (a)과정을 반복하시오.

20. 함수 $e^{x-1} - 5x^3 + 5$ 는 $x = 1$ 근처에서 한 근을 가지고 있다. 뉴턴법을 이용하여 이 근을 구하고 각 반복횟수가 2배가 될 때 정확도는 어떻게 되는가?

21. 근 찾는문제

$$f(x) = x^2 \cos\frac{\pi x}{4} = 0 \qquad \text{(R)}$$

을 생각하자. 뉴턴법을 식 (R)에 적용할 때 임의의 초기 근사값 x_0로 시작해서 근으로 수렴하는가? 타당한 근거를 제시하시오.

22. 쌍곡선 $y = 1/x$, $x > 0$과 코탄젠트 곡선 $y = \cot x$ 가 교차하는 점을 찾으시오.

23. $f(x) = e^{-x^2} - 2x$ 가 0과 1사이에 존재하는 한 근을 가지고 있음을 증명하시오. 이분법, 가위치법, 뉴턴법을 이용하여 소수점 다섯째자리까지 정확한 근을 찾으시오. 얻

어진 결과가 소수점 다섯째 자리까지 정확한지 증명하시오. 각각의 방법으로 해를 얻는데 필요한 반복횟수를 비교하여 가장 효율적인 방법을 결정하시오.

24. 고대 바빌로니아인들이 정수 $N > 1$의 제곱근을 계산하기 위한 방법으로 반복계산과정

$$x_{n+1} = \frac{1}{2}\left(x_n + \frac{N}{x_n}\right)$$

을 이용한다. x_0는 $x^2 < N$인 가장 큰 정수이다. 만약 우연히 $x^2 = N$이라면 수열식은 상수가 된다. 즉 모든 $n = 1, 2, \ldots.$에 대해 $x_n = \sqrt{N}$이다. 수열식은 단지 뉴턴법을 $f(x) = x^2 - N$ 에 적용한 것임을 증명하시오. x_0 =20 을 이용하여 $\sqrt{411}$ 을 셋째자리까지 정확하게 계산하기 위하여 얼마나 많은 반복계산횟수가 필요한가? $\sqrt{3}$과 $\sqrt{5}$에 대해 $x_0 = 1$과 $x_0 = 2$를 이용할 때 셋째자리까지 정확하게 계산하기 위하여 얼마나 많은 반복계산횟수가 필요한가?

컴퓨터문제 3.5

1. 뉴턴법을 이용한 함수 $f(x)$의 근을 찾기 위한 프로그램을 작성하시오. 입력데이터는 함수 $f(x)$와 함수의 미분 $f'(x)$, 초기 근사값 x_0와 허용오차 ϵ 이다.
작성된 프로그램을 이용하여 다음 방정식에 대해 세 개의 근을 구하시오.

$$f(x) = x^5 - 21x^2 - 8x^3 - 4x^4 - 28x + 60$$

2. 함수 $f(x) = 2^x - 2x$ 이 주어져 있다. f가 2개의 실근을 가지고 있음을 증명하시오. 근 각각에 대해 뉴턴법이 수렴하는 초기 근사값을 찾으시오.

3. MATLAB함수 Newton.m을 이용하여 $x_0 = 2$로 시작해서 100의 세제곱근을 소수점 열 번째 자리까지 정확하게 구하시오.

4. MATLAB함수 Newton.m을 이용하여 7의 제곱근을 소수점 열두 번째 자리까지 정확하게 구하시오.

5. 방정식

$$-210.7 + 79.1x - 67.2x^2 + 18.3x^3 - 5.3x^4 + x^5 = 0$$

은 한 개의 실근을 가지고 있다. MATLAB함수 Newton.m을 이용하여 이근을 소수점 여덟 번째 자리까지 정확하게 구하시오.

6. 뉴턴법을 이용하여 [0,3]에서

$$e^{-x^2} - \cos 2x - 1 = 0$$

의 근을 찾으시오. $x_0 = 0$로 시작하면 어떤 현상이 발생하는가?

7. 어떤 충돌이 질량에 가하여 졌을 때 전달되는 힘이 최소가 되도록 설계된 스프링-질량-댐퍼 시스템에서 최적의 감쇄비를 결정하기위하여 다음의 방정식이 해석되어야 한다.

$$\cos[4x\sqrt{1-x^2}] + 8x^4 - 8x^2 + 1 = 0$$

MATLAB함수 Newton.m을 이용하여 이문제의 해를 구하시오.

8. MATLAB함수 Newton.m을 이용하여 $f(x) = -e^{-x} + \sin x$에 대한 처음 8개 근을 소수점 열 번째 자리까지 정확하게 구하시오. 무한히 많은 근이 존재한다는 것을 확인하시오. 만약 x_n이 n번 째 근이라면 비율 $\frac{x_n}{n\pi}$, $n = 1, 2, \ldots$를 계산하시오. 이러한 계산에 근거해서

$$\lim_{n\to\infty} \frac{x_n}{n\pi}$$

의 값을 추측하시오.

9. 1225년에 피사의 레오나르도는 방정식

$$x^3 + 2x^2 + 10x - 20 = 0$$

을 연구해서 해 $x = 1.368808107$을 얻었다. 아무도 레오나르도가 어떤 방법으로 이 값을 얻었는지 모르지만 이 값은 소수점 아홉 번째 자리까지 정확하기 때문에 오늘날에도 매우 훌륭한 결과로 받아들여진다. 이 결과를 얻기 위하여 MATLAB함수 Newton.m을 적용하시오.

3.6 뉴턴법과 할선법의 수렴

뉴턴법과 할선법의 수렴차수를 결정하기 위해 다음의 정의가 필요하다.

정의 3.1 $x_0, x_1, \ldots$이 임의의 수 α로 수렴하는 수열이고 $e_n = \alpha - x_n$이라고 하자. 만약

$$\lim_{n\to\infty} \frac{|e_{n+1}|}{|e_n|^k} = C$$

을 만족하는 임의의 수 k와 양의 상수 C가 존재한다면, 이때 k는 수열의 수렴차수라 불리고 C는 근사오차상수이다.

단일근에 대한 뉴턴법과 할선법의 수렴속도를 조사하도록 하자. 우선 뉴턴법을 살펴보자. 식 (3.13)으로부터

$$e_{n+1} = \alpha - x_{n+1} = \alpha - x_n + \frac{f(x_n)}{f'(x_n)} \tag{3.14}$$

가 얻어진다. 만약 f가 두 번 미분가능하다면, x_n에 대한 f의 테일러급수 확장은

$$f(\alpha) = f(x_n) + (\alpha - x_n) f'(x_n) + \frac{(\alpha - x_n)^2}{2} f''(\xi_n) \tag{3.15}$$

을 준다. 여기서 ξ_n은 x_n과 α사이에 위치한다.

$f(\alpha) = 0$과 $f'(\alpha) \neq 0$이기 때문에, 식 (3.14)와 식 (3.15)로부터

$$\begin{aligned} e_{n+1} &= -(x_n - \alpha)^2 \frac{f''(\xi_n)}{2f'(x_n)} \\ &= -e_n{}^2 \frac{f''(\xi_n)}{2f'(x_n)} \end{aligned} \tag{3.16}$$

이 얻어진다. 그러므로, 만약 α가 단일근이라면 $f'(\alpha) \neq 0$이므로 식 (3.16)은 뉴턴법이 2차 함수적으로 수렴한다는 것을 보여준다. 다시 말해, 단일근에 대해 뉴턴법은 한번의 반복계산에서 정확한 자리수가 2배로 되어가는 형태로 수렴될 것이다.

비슷하게 할선법에 대한 오차는

$$e_{n+1} = \frac{f''(\xi_n)}{2f'(\zeta_n)} e_n e_{n-1} \tag{3.17}$$

을 만족한다. ξ_n과 ζ_n은 α, x_n과 x_{n-1}을 포함하는 구간사이의 값이다. 할선법에 대한 완벽한 오차분석은 매우 복잡하기 때문에 증명을 생략하기로 한다 (자세한 내용은 참고문헌 [11]에서 확인할 수 있다). 오차의 크기는 상수 C에 대해

$$|e_{n+1}| \le C|e_n|^{\lambda}$$

으로 나타낼 수 있다. 여기서

$$\lambda = \lim_{n\to\infty} \frac{\lambda_{n+1}}{\lambda_n} = \frac{1+\sqrt{5}}{2}$$

이다. λ_n은 $\lambda_0 = \lambda_1 = 1$일 때 이전의 두수들을 더함으로써 얻어지는 피보나치수 (1, 1, 2, 3, 5, 8, . . .)이다. $(1+\sqrt{5})/2 \approx 1.62$ 이기 때문에 할선법은 1차 이상의 수렴성을 가지고 있다고 할 수 있다.

연습문제 3.6

1. 함수 $f(x) = x^4 - x^3 - 1$는 [1, 2]안에 한 근을 가지고 있다. 뉴턴법을 이용하여 10^{-5}의 정확도로 그 근을 찾으시오. 오차공식 (3.16)을 증명하기 위하여 $n = 2, 3, 4$에 대하여 $|e_n|$과 $|e_{n+1}|/|e_n^2|$을 계산하시오.

2. $x_0 = 1$과 $x_1 = 2$으로 할선법을 이용하여 10^{-4}의 정확도로 함수 $x^3 - x^2 - 1 = 0$의 양의 실근을 찾으시오. 오차공식 (3.17)을 증명하기 위하여 $n = 2, 3, 4$에 대하여 $|e_n|$과 $|e^{n+1}|/|e_n e_{n-1}|$을 계산하시오.

3. $x^2 + ax + b = 0$ 은 2개의 실근 α와 β를 가지고 있다. 반복법

$$x_{k+1} = -(ax_k + b)/x_k$$

이 만약 $|\alpha| > |\beta|$이면, $x = \alpha$근처에서 수렴한다는 것을 증명하시오. 그리고

$$x_{k+1} = -b/(x_k + a)$$

이 만약 $|\alpha| < |\beta|$이면, $x = \alpha$근처에서 수렴한다는 것을 증명하시오.

4. $c_0 = 3 \qquad c_{n+1} = c_n - \tan c_n, \quad n = 1, 2, \ldots$이 수렴함을 증명하시오. 수렴차수를 찾으시오.

5. 시작점을 $x_0 > \sqrt{3}$로 할 경우, 다음식

$$x_n = \frac{1}{2}x_{n-1} + \frac{3}{2x_{n-1}}, \quad \text{for} \quad n \geq 1$$

에 의해서 정의된 수열이 $\sqrt{3}$으로 수렴함을 증명하시오.

6. 만약 모든 x에 대해 $|f'(x)| \leq 4$이고 $|f'(x)| \geq 2$인 f가 존재하고 뉴턴법의 초기오차가 1/3보다 작다면, 처음 3번의 반복과정에서 각 단계의 오차의 최대값을 구하시오.

7. 구간 [3, 4]에서 $x^3 - 36 = 0$ 이 한 근을 가지고 있음을 증명하시오. 그 근 α를 찾기 위한 2차 함수적로 수렴하는 방법을 구성하시오. 초기값 $x_0 = 3$으로 x_2 값을 구하시오.

8. 수열 $x_n = 1/2^{2^n}$ 이 2차 함수적으로 수렴하는지 혹은 그렇지 않은지 결정하시오.

9. 방정식

$$e^x \sin^2 x - x^2 = 0$$

은 $x = 0$에서 한 근을 가지고 있고 $x = 2.3$ 근처에서 다른 근을 가지고 있다. 시작값을 $x_0 = 1$과 $x_0 = 2$로 하고 뉴턴법을 이용하여 이 근을 각각 구하시오. 각각에 대한 수렴차수를 결정하시오.

10. 때때로 뉴턴법을 이용할 때 $f'(x)$를 계산하는 것이 어렵거나 시간이 많이 소요될 수 있다. 그럴 경우 대신에 근사적인 α 를 이용한다. 0에 충분히 가까운 값으로 시작한다면

$$x_{n+1} = x_n - \frac{f(x_n)}{\alpha}$$

이 f의 근에 거의 선형적으로 수렴할것을 보장하기 위한 α 에 대한 조건을 찾으시오.

3.7 다중근과 수정뉴턴법

만약

$$f(\alpha) = f'(\alpha) = \cdots = f^{(k-1)}(\alpha) = 0, \qquad \text{but} \qquad f^{(k)}(\alpha) \neq 0 \tag{3.18}$$

이라면 α는 다중성 k의 근이라고 한다. 3.5절에서 $f'(\alpha) \neq 0$인 가정하에 뉴턴법이 유도되었다. 즉 α가 단일근으로 가정되었다. 아래의 예제 3.13으로부터 알 수 있듯이 α가 단일근이 아닐 경우 어려움이 발생된다.

예제 3.13 함수 $f(x) = x^3 - 7x^2 + 11x - 5$ 는 $x = 1$에서 이중근을 가지고 있다. $x_0 = 0$ 인 뉴턴법을 이용하여 그 근을 구하시오.

MATLAB으로부터 $f(x)$의 그래프를 그림 3.12에 나타내었다.

정의 3.1과 표 3.7에 주어진 수치결과로부터 뉴턴법은 각단계에서 오차가 이전단계의 오차에 비례하기 때문에 $a = 1$까지 선형적으로 수렴한다고 할 수 있다. 즉

$$|a - x_{n+1}|/|a - x_n| \approx C$$

표 3.7에서 볼 수 있듯이 $C \approx 1/2$이다. 이러한 다중 근의 어려움 때문에 수정된 뉴턴법이 고안되었다.

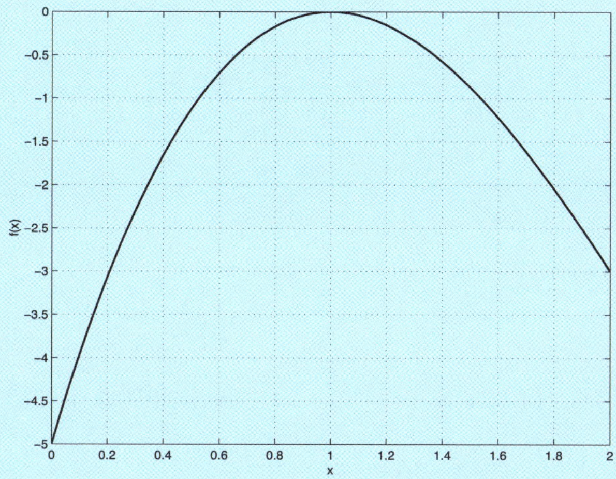

그림 3.12 $x = 1$에서 이중근을 갖는 $f(x) = x^3 - 7x^2 + 11x - 5$의 그래프

표 3.7 $x_0 = 0$으로 뉴턴법을 이용하여 $x^3 - 7x^2 + 11x - 5 = 0$의 해

n	x_n	$\lvert x_{n+1}-x_n \rvert$	$\lvert a-x_n \rvert$	$\lvert e_{n+1} \rvert / \lvert e_n \rvert$
0	0.000000	0.454545	1.000000	0.545455
1	0.454545	0.257290	0.545455	0.528302
2	0.711835	0.139399	0.288165	0.516254
3	0.851234	0.073073	0.148766	0.508807
4	0.924307	0.037498	0.075693	0.504600
5	0.961805	0.019008	0.038195	0.502353
6	0.980813	0.009571	0.019187	0.501191
7	0.990384	0.004802	0.009616	0.500599
8	0.995186	0.002406	0.004814	0.500300
9	0.997592	0.001204	0.002408	0.500150
10	0.998795	0.000602	0.001205	0.500075
11	0.999398	0.000301	0.000602	0.500038
12	0.999699	0.000151	0.000301	0.500019
13	0.999849	0.000075	0.000151	0.500009
14	0.999925	0.000000	0.000075	

전과 같이 함수 f의 근을 찾고자 할 때 함수 f가 다중성 m을 가진 근 α를 가지고 있다고 가정하다. 새로운 함수

$$u(x) = \frac{f(x)}{f'(x)} \tag{3.19}$$

를 정의하자.

식 (3.18)을 이용하여 α에 대한 $f(x)$의 테일러급수전개는

$$f(x) = (x - \alpha)^m h(x) \tag{3.20}$$

이 된다.

$$h(x) = \frac{f^{(m)}(\alpha)}{m!} + \frac{f^{(m+1)}(\alpha)}{(m+1)!}(x-\alpha) + \cdots$$

식 (3.20)을 미분하면

$$\begin{aligned} f'(x) &= (x-\alpha)^m h'(x) + m(x-\alpha)^{m-1} h(x) \\ &= (x-\alpha)^{m-1}\left[(x-\alpha)h'(x) + mh(x)\right] \end{aligned} \tag{3.21}$$

을 얻는다. 식 (3.20)과 식 (3.21)로부터 식 (3.19)는 다음 형태로 정리될 수 있다.

$$u(x) = \frac{(x-\alpha)h(x)}{(x-\alpha)h'(x) + mh(x)} = (x-\alpha)\Psi(x) \tag{3.22}$$

여기서

$$\Psi(x) = \frac{h(x)}{(x-\alpha)h'(x) + mh(x)}$$

이다. $h(\alpha) = \frac{f^{(m)}(\alpha)}{m!}$ 이기 때문에

$$\lim_{x \to \alpha} \Psi(x) = \frac{1}{m} \tag{3.23}$$

이고

$$\lim_{x \to \alpha} u'(x) = \lim_{x \to \alpha} \left[(x-\alpha)\Psi'(x) + \Psi(x)\right] = \frac{1}{m} \tag{3.24}$$

이다.

식 (3.22)와 식 (3.24)으로부터 $u(x)$는 $x = \alpha$에서 단일근을 가지고 있음을 알 수 있다. 뉴턴법을 $u(x)$에 적용하고 식 (3.24)를 이용하면

$$x_{n+1} = x_n - m\frac{f(x_n)}{f'(x_n)} \tag{3.25}$$

가 얻어진다. m은 근 α의 다중성을 나타낸다. 식 (3.25)를 수정뉴턴법이라 한다.

예제 3.14 $x_0 = 0$과 $m = 2$으로 수정뉴턴법을 이용하여 예제 3.13에 주어진 방정식의 이중근 $a=1$에 대한 근사값을 구하시오. 결과로부터 수정뉴턴법이 2차함수적으로 수렴함을 증명하시오.

$m = 2$인 수정뉴턴법을 이용하면

$$x_{n+1} = x_n - 2\frac{x_n^3 - 7x_n^2 + 11x_n - 5}{3x_n^2 - 14x_n + 11}$$

이고, 표 3.8에 결과를 나타내었다. 표 3.8에 주어진 결과로부터 수정뉴턴법은 각단계에서 오차가 이전단계 오차의 제곱에 비례하기 때문에 $a = 1$로 2차함수적으로 수렴하는 것을 알 수 있다. 즉 $C \approx 0.12$인

$$|a - x_{n+1}|/|a - x_n|^2 \approx C$$

이다.

같은 크기의 허용오차에서 **뉴턴법**은 14번의 반복계산이 필요한데 수정뉴턴법은 단지 3번의 반복계산이 필요하다.

표 3.8 $x_0 = 0$과 $m = 2$으로 뉴턴법을 이용한 $x^3 - 7x^2 + 11x - 5 = 0$의 해

n	x_n	$\|x_{n+1}-x_n\|$	$\|a-x_n\|$	$\|e_{n+1}\| / \|e_n\|^2$
0	0.00000000	0.90909091	1.00000000	0.09090909
1	0.90909091	0.08991009	0.09090909	0.12087912
2	0.99900100	0.00099888	0.00099900	0.12495319
3	0.99999988	0.00000012	0.00000012	
4	1.00000000	0.00000000	0.00000000	

예제 3.15 방정식 $x^3 - 4x^2 - 3x + 18 = 0$ 은 $x = 3$에서 이중근을 갖고 있다. $x_0 = 0$과 $m = 2$으로 수정뉴턴법을 이용하여 근을 구하시오.

MATLAB 함수 f3와 그것의 미분 df3를 다음처럼 정의하자.

```
function f=f3(x)
f=x.^3-4*x.^2-3*x+18;

function f=df3(x)
f=3*x.^2-8*x-3;
```

그리고 표 3.9의 결과를 얻기 위하여 함수 newton2를 호출한다.

표 3.9 $x_0 = 0$ 과 $m = 2$ 으로 수정뉴턴법을 이용한 $x^3 - 4x^2 - 3x + 18 = 0$의 해

» newton2('f3','df3',0,2,10^(-12),40)

iter	xn	f(xn)	f '(xn)	| xn+1-xn |
0	0.000000	18.000000	-3.000000	---
1	12.000000	1134.000000	333.000000	12.000000
2	5.189189	34.454544	36.269540	6.810811
3	3.289273	0.442600	3.143766	1.899916
4	3.007700	0.000297	0.077175	0.281573
5	3.000006	1.70E-10	5.90E-05	0.007694
6	3.000000	0	0	5.90E-06
7	3.000000	0	0	0

M-function 3.7

다음의 MATLAB함수 **newton2.m**은 뉴턴법을 이용하여 임의의 방정식의 근사해를 구한다. 입력사항은 함수 f와 미분 f'; 초기 근사값 x_0; 다중성 m; 허용오차 tol; 최대반복계산회수 n이다. 입력함수는 $f(x)$와 $f'(x)$는 M-파일로 정의되어야 한다.

```
function newton2(f,df,x0,m,tol,n)
% Modified Newton's method for solving the nonlinear equation
% f(x)=0.
iter=0;
u=feval(f,x0);
v=feval(df,x0);
err=abs(m*u/v);
disp('______________________________________________________________')
disp(' iter          x            f(x)         df(x)          |xn+1-xn|  ')
disp('______________________________________________________________')
fprintf('%2.0f  %12.6f  %12.6f  %12.6f\n',iter,x0,u,v)
while (err>tol)&(iter<=n)&(v~=0)
  x1=x0-m*u/v;
  err=abs(x1-x0);
  x0=x1;
  u=feval(f,x0);
  v=feval(df,x0);
  iter=iter+1;
  fprintf('%2.0f  %12.6f  %12.6f  %12.6f  %12.7f\n',iter,x0,u,v,err)
  pause(1)
  y(iter)=err;
end
if (v==0)
  disp('  division by zero')
end
```

```
if (iter>n)
   disp('  Method failed to converge')
end
```

연습문제 3.7

1. x_0 =0으로 뉴턴법을 이용하여 $x^2 - 1 = 0$의 해를 구하고자 한다. 그래프를 이용하여 어떤 현상이 발생되는지 설명하시오.

2. 다음 함수는 $x = 1$에서 다중성 2의 근을 가지고 있다.

$$f(x) = x^3 + 2x^2 - 7x + 4$$

$x_0 = 2$으로 뉴턴법을 이용하여 그 근을 찾으시오. 이 경우 뉴턴법은 선형적으로 수렴한다는 것을 증명하시오. 만약 $m = 2$이고 $x_0 = 2$인 수정뉴턴법으로 근을 구한다면 2차함수적으로 수렴한다는 것을 증명하시오.

3. 함수 $f(x) = x^2 - 2e^{-x}x + e^{-2x}$ 는 한 개의 다중근을 가지고 있다. $x_0 = 1$으로 수정뉴턴법을 이용해서 10^{-4} 오차내에서 그 근을 구하시오. 같은 초기값을 가진 뉴턴법으로 그 근을 찾아보고, 같은 정확도를 얻기 위해 필요한 반복계산 횟수를 비교하시오.

4. 함수 $f(x) = x^4 - 8.6x^3 - 35.51x^2 + 464.4x - 998.46$ 은 구간 [4, 5]에서 이중근을 가지고 있다. 수정뉴턴법을 이용하여 그 근을 구하시오.

5. 함수

$$f(x) = (4x - 8) + x^3 - 2x^2 - 4(x^2 - 2x)$$

가 다중성 3의 한 근을 가지고 있음을 증명하시오. $x_0 = 1$로 시작하는 수정뉴턴법을 이용하여 그 근을 찾으시오.

6. 함수 $f(x) = 1 - xe^{1-x}$ 에 대해 수정뉴턴법을 이용하여 근 α =1을 찾으시오. 2차 함수적인 수렴성이 얻어지는가?

7. $x = 0$에서 다중성 3의 한 근을 가지고 있는 방정식

$$e^x \sin^2 x - x^2 = 0$$

을 생각하자. $x_0 = 1$로 시작하는 수정뉴턴법을 이용하여 이 근을 찾으시오. 수렴의 차수를 결정하시오.

컴퓨터문제 3.7

1. 수정뉴턴법을 이용하여 함수 $f(x)$의 근을 찾는 프로그램을 귀하가 알고 있는 언어로 작성하시오. 입력데이터는 함수 $f(x)$, 그 함수의 미분 $f'(x)$, 근에 대한 초기 가정값 x_0 그리고 허용오차 ϵ이다.
작성된 프로그램을 이용하여 함수

$$f(x) = -126.9 + 153.9x - 96.3x^2 + 40.7x^3 - 10x^4 + x^5$$

의 삼중근을 찾으시오.

2. 다음 함수들은 1이상의 다중성을 가진 한 개 또는 여러 개의 근을 가지고 있다. 각각에 대해서 다중성을 결정하고 그 이유를 설명하시오. 근을 구하는데 MATLAB함수 newton2.m을 이용하시오.
(a) $f(x) = e^x - x - 1$
(b) $f(x) = \cos(x + \sqrt{2}) + x(x/2 + \sqrt{2})$
(c) $f(x) = x^3 + 3.3x^2 + 3.63x + 1.331$

3.8 비선형시스템에 대한 뉴턴법

3.5절에서 소개한 한 변수의 비선형 방정식의 근을 찾기 위한 뉴턴법은 여러변수들의 비선형 함수의 근을 찾는 문제로 확장될 수 있다. 그렇지만 비선형 함수의 근을 찾는 문제는 선형문제보다 매우 어렵다. 초기 가정된 해를 시작으로 뉴턴법은 비선형 함수 각각을 접평면에 의해 근사시켜 가면서 해를 구하게 된다. 결과적인 선형방정식의 공통근이 해에 대한 다음 근사값이 된다. 알고리듬을 살펴보기 위하여 우선 2개의 방정식으로 구성된 비선형시스템을 생각해보자.

$$f_1(x_1, x_2) = 0$$
$$f_2(x_1, x_2) = 0$$

$(x_1^{(0)}, x_2^{(0)})$ 이 해에 대한 초기 가정값이라 하자. f는 $\mathbf{x}^{(0)} = (x_1^{(0)}, x_2^{(0)})$ 에서 미분가능하다. $(x_1^{(0)}, x_2^{(0)})$ 에서 함수 $y = f_1(x_1, x_2)$ 에 대한 접평면방정식은

$$y - f_1(x_1^{(0)}, x_2^{(0)}) = \frac{\partial}{\partial x_1}\left[f_1(x_1^{(0)}, x_2^{(0)})\right](x_1 - x_1^{(0)}) + \frac{\partial}{\partial x_2}\left[f_1(x_1^{(0)}, x_2^{(0)})\right](x_2 - x_2^{(0)})$$

이다. 비슷하게 $(x_1^{(0)}, x_2^{(0)})$ 에서 함수 $y = f_2(x_1, x_2)$에 대한 접평면방정식은

$$y - f_2(x_1^{(0)}, x_2^{(0)}) = \frac{\partial}{\partial x_1}\left[f_2(x_1^{(0)}, x_2^{(0)})\right](x_1 - x_1^{(0)}) + \frac{\partial}{\partial x_2}\left[f_2(x_1^{(0)}, x_2^{(0)})\right](x_2 - x_2^{(0)})$$

이다. xy-평면인 두 접평면들의 교차점은 다음 식에 의해 얻는다.

$$\begin{aligned}\frac{\partial}{\partial x_1}\left[f_1(x_1^{(0)}, x_2^{(0)})\right]\Delta x_1^{(0)} + \frac{\partial}{\partial x_2}\left[f_1(x_1^{(0)}, x_2^{(0)})\right]\Delta x_2^{(0)} &= -f_1(x_1^{(0)}, x_2^{(0)})\\ \frac{\partial}{\partial x_1}\left[f_2(x_1^{(0)}, x_2^{(0)})\right]\Delta x_1^{(0)} + \frac{\partial}{\partial x_2}\left[f_2(x_1^{(0)}, x_2^{(0)})\right]\Delta x_2^{(0)} &= -f_2(x_1^{(0)}, x_2^{(0)})\end{aligned} \tag{3.26}$$

여기서 $\Delta x_1^{(0)} = x_1 - x_1^{(0)}$ 이고 $\Delta x_2^{(0)} = x_2 - x_2^{(0)}$ 이다.

식 (3.26)을 가우스소거법(4장 참고)에 의해서 풀고 $(x_1^{(0)}, x_2^{(0)})$ 를 이용하여 새로운 근사값을 얻는다. 즉,

$$\begin{aligned}x_1^{(1)} &= x_1^{(0)} + \Delta x_1^{(0)}\\ x_2^{(1)} &= x_2^{(0)} + \Delta x_2^{(0)}\end{aligned}$$

f_1과 f_2가 0에 가까워지거나 $\|\Delta \mathbf{x}\|_\infty = \max_i\{|\Delta x_i|\}$ 이 주어진 허용오차보다 작아지는 수렴조건이 얻어질 때까지 풀이과정을 반복한다.

근사해 $(x_1^{(i)}, x_2^{(i)})$ 로 시작하면 벡터-행렬 표기법에 의해 풀이과정식이 다음처럼 표현된다.

$$\begin{bmatrix}\partial f_1(x_1^{(i)}, x_2^{(i)})/\partial x_1 & \partial f_1(x_1^{(i)}, x_2^{(i)})/\partial x_2\\ \partial f_2(x_1^{(i)}, x_2^{(i)})/\partial x_1 & \partial f_2(x_1^{(i)}, x_2^{(i)})/\partial x_2\end{bmatrix}\begin{bmatrix}\Delta x_1^{(i)}\\ \Delta x_2^{(i)}\end{bmatrix} = -\begin{bmatrix}f_1(x_1^{(i)}, x_2^{(i)})\\ f_2(x_1^{(i)}, x_2^{(i)})\end{bmatrix} \tag{3.27}$$

이고

$$\begin{bmatrix}x_1^{(i+1)}\\ x_2^{(i+1)}\end{bmatrix} = \begin{bmatrix}x_1^{(i)} + \Delta x_1^{(i)}\\ x_2^{(i)} + \Delta x_2^{(i)}\end{bmatrix}, \quad i = 0, 1, 2, \ldots.$$

이다. n개의 방정식 시스템에 대해 식 (3.27)을 일반화시키는 형태로 뉴턴법을 적용할 수

있다. 일반화된 시스템은

$$\begin{bmatrix} \frac{\partial f_1}{\partial x_1} & \cdots & \frac{\partial f_1}{\partial x_n} \\ \vdots & \cdots & \vdots \\ \frac{\partial f_n}{\partial x_1} & \cdots & \frac{\partial f_n}{\partial x_n} \end{bmatrix} \begin{bmatrix} \Delta x_1^{(i)} \\ \vdots \\ \Delta x_n^{(i)} \end{bmatrix} = - \begin{bmatrix} f_1 \\ \vdots \\ f_n \end{bmatrix} \tag{3.28}$$

에 의해서 주어지고 함수들은 $\mathbf{x}^{(i)} = (x_1^{(i)}, x_2^{(i)}, ..., x_n^{(i)}$에서 계산된다. 이 시스템을 풀고

$$\mathbf{x}^{(i+1)} = \mathbf{x}^{(i)} + \Delta\mathbf{x}^{(i)}, \quad i = 0, 1, 2, \ldots. \tag{3.29}$$

에 의해서 새로운 근사값이 얻어진다.

식 (3.28)에서 계수행렬은 **자코비안 행렬** $\mathbf{J}(x_1^{(i)}, x_2^{(i)}, ..., x_n^{(i)})$으로 불리워지고 있다.

만약 초기 근사값이 충분히 해에 가깝다면 자코비안 행렬이 특이행렬이 아닌 정칙행렬이라면 뉴턴법은 일반적으로 2차 함수적으로 수렴한다.

이제 2×2 시스템에서 방법을 설명하기로 한다.

예제 3.16 비선형 시스템

$$f_1(x_1, x_2) = x_1^3 + 3x_2^2 - 21 = 0$$
$$f_2(x_1, x_2) = x_1^2 + 2x_2 + 2 = 0$$

의 해를 초기 근사값 $x^{(0)} = (1, -1)$을 가지고 뉴턴법에 의해서 구하고자 한다. $\|\Delta\mathbf{x}\|_\infty = \max_i\{|\Delta x_i|\} < 10^{-6}$ 을 만족할 때 까지 반복계산한다.

자코비안 행렬은

$$\mathbf{J}(x_1, x_2) = \begin{bmatrix} 3x_1^2 & 6x_2 \\ 2x_1 & 2 \end{bmatrix}$$

이다. 점 $(1, -1)$에서 함수 벡터와 자코비안 행렬은

$$\mathbf{F}(1, -1) = \begin{bmatrix} -17 \\ 1 \end{bmatrix}, \quad \mathbf{J}(1, -1) = \begin{bmatrix} 3 & -6 \\ 2 & 2 \end{bmatrix}$$

의 값을 가진다. 미소변화량 $\Delta x_1^{(0)}$ 과 $\Delta x_2^{(0)}$ 는 다음 시스템의 해이다.

$$\begin{bmatrix} 3 & -6 \\ 2 & 2 \end{bmatrix} \begin{bmatrix} \Delta x_1^{(0)} \\ \Delta x_2^{(0)} \end{bmatrix} = - \begin{bmatrix} -17 \\ 1 \end{bmatrix}$$

해는

$$\Delta\mathbf{x}^{(0)} = \begin{bmatrix} \Delta x_1^{(0)} \\ \Delta x_2^{(0)} \end{bmatrix} = \begin{bmatrix} 1.555556 \\ -2.055560 \end{bmatrix}$$

이다. 다음 반복을 위한 근사값은

$$\mathbf{x}^{(1)} = \begin{bmatrix} x_1^{(1)} \\ x_2^{(1)} \end{bmatrix} = \begin{bmatrix} 1 \\ -1 \end{bmatrix} + \begin{bmatrix} 1.555556 \\ -2.055556 \end{bmatrix} = \begin{bmatrix} 2.555556 \\ -3.055556 \end{bmatrix}$$

이다. 비슷한 방법으로

$$\mathbf{x}^{(2)} = \begin{bmatrix} 1.865049 \\ -2.500801 \end{bmatrix}, \quad \mathbf{x}^{(3)} = \begin{bmatrix} 1.661337 \\ -2.359271 \end{bmatrix}, \quad \mathbf{x}^{(4)} = \begin{bmatrix} 1.643173 \\ -2.349844 \end{bmatrix}$$

이 얻어진다. 결과가 표 3.10에 요약 정리되어 있다.

표 3.10 예제 3.16에 대한 뉴턴법

Iteration i	$\mathbf{x}^{(i)}$	$\|\Delta\mathbf{x}\|_\infty$
0	$[1, -1]$	
1	$[2.555556, -3.055556]$	2.055556
2	$[1.865049, -2.500801]$	0.690507
3	$[1.661337, -2.359271]$	0.203712
4	$[1.643173, -2.349844]$	0.018164
5	$[1.643038, -2.349787]$	0.000135
6	$[1.643038, -2.349787]$	7.3×10^{-9}

이 예제는 뉴턴법이 해에 충분히 가까운 초기 근사값으로 계산과정이 시작되면 매우 빠르게 수렴할 수 있다는 것을 보여준다. 뉴턴법의 단점은 매 단계에서 식 (3.28)의 선형 시스템에 대한 해석이 필요하다는 것이다.

MATLAB함수 newton_sys를 이용하여 위의 예제의 해를 구하기 위해서는 다음과 같이 M-파일의 형태로 비선형 시스템과 자코비안 행렬을 저장하는 것이 필요하다.

```
function f=f1(X)
x=X(1);y=X(2);
f=[x.^3+3*y.^2-21; x.^2+2*y+2];

function df=df1(X)
x=X(1);y=X(2);
df=[3*x.^2, 6*y; 2*x, 2];
```

함수를 위와 같이 정의한 후, 다음과 같이 표 3.10과 같은 결과들을 얻기 위하여 MATLAB함수를 호출한다.

```
>> newton_sys('f1', 'df1', [1,-1]', 10^(8), 40)
```

M-function 3.8

다음의 MATLAB함수 **newton_sys.m**은 뉴턴법을 이용하여 임의의 비선형방정식의 근사해를 구한다. 입력사항은 (nx1)벡터의 시스템 F; (nxn)행렬인 F의 자코비안 JF; 초기값 벡터 xx0; 허용오차 tol; 최대 반복계산회수 maxit이다. 시스템 F와 자코비안 JF는 M-파일로 정의되어야 한다.

```
function newton_sys(F,JF,xx0,tol,maxit)
% Solve a nonlinear system of equations using Newton's method.
x0=xx0
iter=1;
while(iter<=maxit)
  y=-feval(JF,x0)\feval(F,x0);
  xn=x0+y;
  err= max(abs(xn-x0));
  if (err<=tol)
    x=xn;
    fprintf('  Newton's method converges after %3.0f iterations to
\n', iter)
    x
    return;
  else
    x0=xn;
  end
  iter=iter+1;
end
disp('  Newton's method does not converge')
x=xn;
```

연습문제 3.8

1. 점 $(-1, 4)$에서 다음

$$f_1(x, y) = x^3 - y^2 + y = 0,$$
$$f_2(x, y) = xy + x^2 = 0.$$

함수들에 대해 자코비안 행렬 $J(x, y)$을 구하시오.

2. 다음 비선형시스템에 대한 엄밀해를 구하시오.

$x^2 + y^2 = 4$
$x^2 - y^2 = 1$

3. 비선형 시스템

$$\ln(x^2 + y) - 1 + y = 0$$
$$\sqrt{x} + xy = 0$$

에 대해 $x_0 = 2.4$이고 $y_0 = -0.6$으로 뉴턴법을 이용하여 해를 구하시오.

4. 비선형 시스템

$$10 - x + \sin(x + y) - 1 = 0$$
$$8y - \cos^2(z - y) - 1 = 0$$
$$12z + \sin z - 1 = 0$$

에 대해 $x_0 = 0.1$, $y_0 = 0.25$이고 $z_0 = 0.08$으로 뉴턴법을 이용하여 해를 구하시오.

5. 다음의 비선형시스템에 대하여 뉴턴법을 이용하여 해를 구하시오.

(a) $f_1(x, y) = 3x - y - 3 = 0$
$f_2(x, y) = x - y + 2 = 0$

(b) $f_1(x, y) = x^2 + 4y^2 - 16 = 0$
$f_2(x, y) = x^2 - 2x - y + 1 = 0$

(c) $f_1(x, y, z) = x^2 + y^2 + z^2 - 9 = 0$
$f_2(x, y, z) = xyz - 1 = 0$
$f_3(x, y, z) = x + y - z^2 = 0$

6. 2개의 방정식으로 이루어진 시스템을 생각해보자.

$$f_1(x, y) = x^2 + ay^2 - 1 = 0$$
$$f_2(x, y) = (x - 1)^2 + y^2 - 1 = 0$$

여기서 a는 매개변수이다.

(a) 이런 시스템에 대하여 뉴턴법에 대한 2개의 계산공식을 아래에 작성한다. 첫째, 자코비안 J와 자코비안의 역행렬 J^{-1}이 외재적으로 나타나는

$$\begin{bmatrix} x_{n+1} \\ y_{n+1} \end{bmatrix} = \begin{bmatrix} x_n \\ y_n \end{bmatrix} - J^{-1} \begin{bmatrix} x_n^2 + ay_n^2 - 1 \\ (x_n - 1)^2 + y_n^2 - 1 \end{bmatrix}$$

형태로 계산식을 작성한다. 둘째, 곱셈을 하고 간단히 정리해서 이식을 계산한다.

(b) 위의 공식을 이용하여 이 예제에 대한 뉴턴법을 적용하는 MATLAB 프로그램을 작성하시오. $a = 1$에 대해 계산을 수행하시오.

7. 초기 근사값 $(1/2, 1/2)^T$로 다음 시스템에 대한 뉴턴법을 적용하시오.

$$x^2 + y^3 = 1$$
$$x^3 - y^2 = -1/4$$

8. 다음 시스템에 대해 원점 근방에서 해를 뉴턴법을 이용하여 구하시오.

$$x^2 + x - y^2 = 1$$
$$y - \sin x^2 = 0$$

3장 응용문제

1. 물질내부에 열원이 있는 물질의 내부온도는 방정식

$$e^{-(1/2)t}\cosh^{-1}(e^{(1/2)t}) = \sqrt{k/2}$$

의 해로부터 얻어진다. $k = 0.67$일 때 온도 t를 구하시오.

2. 실제유체의 압축성 인자 c에 대한 관계는

$$c = \frac{1 + x + x^2 - x^3}{(1-x)^3}$$

의 형태를 가지고 있다. 만약 $c = 0.9$라면 구간 $[-0.1, 0]$에서 이분법을 이용하여 x의 값을 구하시오.

3. 밴트헐(L.L. Vant-Hull, *SolarEnergy*, **18**,33 (1976))은 태양에너지 연구에서 기하학적 농도인자 C에 대한 다음 방정식

$$C = \frac{\pi(h/\cos A)^2 F}{0.5\pi D^2(1 + \sin A - 0.5\cos A)}$$

을 유도했다. $h = 290$, $C = 1100$, $F = 0.7$, 그리고 $D = 13$이 주어졌을 때 A의 값은?

4. 6차의 르장드르 (Legendre) 다항식

$$P_6(x) = \frac{1}{48}(693x^6 - 945x^4 + 315x^2 - 15)$$

이 주어져 있다. 뉴턴법을 이용하여 $P_6(x)$의 근을 구하시오. (르 장드로 다항식의 모든 근은 크기가 1 보다 작고 짝수 차수의 다항식이기 때문에 원점에 대해 대칭이다.)

5. 6차의 체비세프 (Chebyshev) 다항식

$$T_6(x) = 32x^6 - 48^4 + 18x^2 - 1.$$

이 주어져 있다. 뉴턴법을 이용하여 $T_6(x)$의 근을 구하시오. (체비세프 다항식의 모든 근은 크기가 1 보다 작다.)

6. 천연가스 저장용기와 관련된 연구에서 콜리어 등 (Collier et al.,*Soc.Petr.Engrs.*, **21**, 5 (1981))은 가스압력과 용기체적의 관계를 지배하는 다음 방정식을 유도하였다.

$$x = y^{-1.5}\left[\frac{y - 1/(1+k)}{1 - 1/(1+k)}\right]^b$$

$b = 1.5\ k/(1 + k)$
x = 무차원화된 체적
y = 무차원화된 압력
$k = 1.06315$

용기는 압력이 경제적이지 않은 값으로 떨어질 때까지 유용할 것이다. 해의 곡선이 절단선 $x = 0.15$와 교차할 때 y의 값을 결정하시오.
단, $y_0 = 1$과 $y_1 = 2$로 할선법을 이용하여 구하시오.

7. 염산에서 수산화마그네슘의 포화용액의 산도가 옥소늄이온 $[H_3O^+]$에 대한 방정식

$$\frac{3.64 \times 10^{-11}}{[H_3O^+]^2} = [H_3O^+] + 3.6 \times 10^{-4}$$

에 의해서 주어져 있다. 만약 $x = 10^4\ [H_3O^+]$라면 이 방정식은

$$x^3 + 3.6x^2 - 36.4 = 0$$

이 된다. x와 $[H_3O^+]$의 값을 결정하시오.

8. 1000 K에서 흑체복사의 에너지 밀도 E에 대한 플랑크법칙은

$$E = E(\lambda) = \frac{k\lambda^{-5}}{e^{c/\lambda} - 1}$$

이다. $k > 0$인 상수이고 $c = 0.00014386$이다. E가 최대일 때 λ는 방정식

$$(5\lambda - c)e^{c/\lambda} - 5\lambda = 0$$

을 만족하여야 한다. 소수점 여덟번째 자리까지 정확한 λ 값을 구하시오.

9. 고정점 반복법이 난류모델에 이용될 수 있다. 각 문제는 λ가 2에서 5까지 점진적으로 증가함에 따라 다음 방정식과 같이 된다.

$$x = \lambda x(1 - x) \qquad (E1)$$

(a) $\lambda = 2.6$일 때 $y = x$와 $y = 2.6x(1 - x)$를 같은 그래프에 그리고 반복계산에 의해 방정식의 해를 구하시오. 대수적으로 방정식의 해를 구하고 수치적으로 구한해와 비교하시오.

(b) $\lambda = 3.1$일 때 $y = x$와 $y = f(x) = 3.1x(1 - x)$를 같은 그래프에 그리고 고정점 반복법에 의해 방정식의 해를 구하시오 (근에서 $|f'(x)| > 1$이다). x_n이 앞뒤로 왔다가는 현상이 나타날 것이지만 점점 인자(attractor)들이라 불리우는 r_1과 r_2의 값으로 가까워진다. 소수점 일곱 번째 자리까지 r_1과 r_2를 구하시오. $f(x) = 3.1x(1 - x)$라 하자. 그래프

$$\begin{aligned} y &= g(x) = f(f(x)) \\ &= 9.61x - 39.401x^2 + 59.582x^3 - 29.79x^4 \end{aligned}$$

을 중첩하여 그리고, $|g'(x)| < 1$인 $x = g(x)$의 두 근이 r_1과 r_2임을 확인하시오.

(c) 계속해서 $\lambda = 3.1$일 때 $f(r_1) = r_2$이고 $f(r_2) = r_1$이다. 이것을 이용해서 $g'(r_1) = g'(r_2)$임을 증명하시오.

(d) $\lambda = 3.5$일 때 반복계산에 의해서 4개의 인자들 s_1, s_2, s_3 그리고 s_4를 구하시오. 인자들이 해가되는 방정식을 추측해 보시오.

(e) $\lambda = 3.56$일 때 반복계산에 의해서 8개의 인자들을 구하시오.

(f) $\lambda = 3.57$일 때 λ를 조금씩 증가시키면 각 단계에서 인자들의 수는 두배가 될 것이고 약 3.57에서 혼돈상태를 얻는다. $\lambda = 3.57$을 넘어서면 다른 기이한 현상이 발생된다.

10. 왁(Wark)과 리처드(Richards) (*Thermodynamics*, 6th ed., 1999, McGraw-Hill. Boston, *Example* 14-2, pp.768-769)는 1기압에서 일산화탄소와 산소가스의 혼합물에 대한 평형조성을 계산하였다. 이때 조성을 결정하는 것은 x에 대해

$$3.06 = \frac{(1-x)(3+x)^{1/2}}{x(1+x)^{1/2}}$$

의 해를 구하는 것이 요구된다. 이 방정식에 대해서 고정점 반복법을 이용하여 해를 구하시오. 만약 수렴하지 않는다면 수렴하는 형태를 찾으시오.

11. 단위길이당 질량 $\rho = 0.5$ kg/m인 $C = 80$ m의 균일한 하이드로케이블이 같은 높이에서 $L = 70$ m로 떨어져 있는 두 개의 지지대로부터 매달려 있다. 가장 낮은 위치에서 케이블의 장력 T는 다음 방정식을 만족하여야 한다.

$$\frac{\rho g C}{T} = e^{\rho g L/(2T)} - e^{-\rho g L/(2T)}$$

$g = 9.81$이다. 만약 $x = \rho\, g/(2T)$ 라면 x는 방정식

$$2Cx = e^{Lx} - e^{-Lx}$$

을 만족하여야 한다. x에 대한 방정식을 풀고 일곱 번째 자리까지 정확하게 T를 구하시오.

12. 마찰계수를 계산하기위한 콜브룩 (Colebrook) 방정식의 형태중 하나는

$$1 + 2\log_{10}\left(\frac{\epsilon/D}{3.7} + \frac{2.51}{Re\sqrt{f}}\right)\sqrt{f} = 0$$

에 의해서 주어진다. 여기서

f는 마찰계수이고 무차원화된 양
ϵ은 절대 거칠기이고 길이의 단위
D는 내부직경이고 길이의 단위
Re는 레이놀즈수이고 무차원화된 양
ϵ/D는 상대거칠기이고 무차원화된 양

이 식은 상대거칠기와 레이놀즈수가 주어졌을 때 f에 대해 해석될 수 있다. ϵ/D와 Re가 다음의 값들로 주어졌을 때 f를 구하시오.

(a) $\epsilon/D = 0.0001,\ Re = 3 \times 10^5$
(b) $\epsilon/D = 0.03,\ Re = 1 \times 10^4$
(c) $\epsilon/D = 0.01,\ Re = 3 \times 10^5$

13. 어떤 비선형 스프링의 복원력이

$$F = c_1 x + c_3 x^3 + c_5 x^5$$

에 의해서 주어진다. F는 Kg force이고 x는 cm이다. 상수값들은

$$c_1 = 5.25 \text{ kg/cm}$$
$$c_3 = 0.60 \text{ kg/cm}$$
$$c_5 = 0.0118 \text{ kg/cm}$$

이다. 만약 12.5 kg 무게가 스프링 위에 놓이면 스프링은 얼마나 압축되겠는가?

14. 가스들의 V, P, 그리고 T들 사이의 관계가 비틀–브리지만 (Beattle-Bridgeman) 상태방정식

$$P = \frac{RT}{V} + \frac{a_1}{V^2} + \frac{a_3}{V^3} + \frac{a_4}{V^4}$$

에 의해서 주어진다. P는 압력, V는 체적, T는 온도이고 $a_1 = -1.06$, $a_2 = 0.057$, $a_3 = -0.0001$, $R = 0.082$ liter-atm/Kg mole이다. 만약 $T = 293$ K이고 $P =$

25 atm이라면 $V_0 = 0.96$인 뉴턴법을 이용하여 V를 구하시오 (Ayyub과 McCuen, 1996 p.91을 참고).

15. 다음의 전압 V-전류 $I = I(V)$의 특징

$$I = I(V) = V^3 - 1.5V^2 + 0.6V$$

을 가지는 터널다이오드가 제조업자에 의해서 공급된다. 터널다이오드는 저항 R과 전원 E에 연결되어 있다. 키르히호프 (Kirchhoff) 전압법칙을 적용해서 다음 방정식

$$I(V) = (E - V)/R$$

을 만족하는 다이오드를 통과하는 전류를 구할 수 있다. 주어진 E과 R에 대해 이 방정식은 $f(V) = 0$의 형태이다. 다음의 E와 R값들에 대해 V를 구하시오.

(a) $E = 1.4$, $R = 19$

(b) $E = 1.8$, $R = 19$

16. 반데르발스 유체는 상태방정식

$$p = \frac{R\theta}{v - b} - \frac{a}{v^2}$$

을 만족한다. 여기서 R, a, b들은 양의 상수이고 p는 압력이고 θ는 절대온도 v는 체적이다. 만약 R

$$P = \frac{27b^2}{a}p, \quad T = \frac{27Rb}{8a}\theta, \quad V = \frac{v}{3b}$$

이라면, 상태방정식은 무차원화된 형태

$$(P + \frac{3}{V^2})(3V - 1) = 8T$$

을 만족함을 증명하시오. 또한, $T > 0$이기 때문에 $V > 1/3$임을 확인하시오.

수치해석 방법을 이용하여 다음 조건들에 대해 다섯째자리까지 정확한 V를 구하시오.

(a) $P = 6$, $T = 2$

(b) $P = 4$, $T = 1$

(c) $P = 5$, $T = 5$

17. 초기속도 v_0로 수직위쪽으로 발사된 질량 m의 물체는 미분방정식

$$m\frac{dv}{dt} = -kv - mg, \quad v(0) = v_0$$

을 만족한다. $g = 9.8\ \mathrm{m/sec^2}$은 중력으로 인한 가속도, $k > 0$은 공기저항으로 인한 상수이고 $v = v(t)$는 속도이다. 해는

$$v(t) = -\frac{mg}{k} + (v_0 + \frac{mg}{k})e^{-kt/m}$$

이다. 만약 $y = y(t)$가 질량이 발사된 위치로부터 수직높이라면 이때 발사된 위치를 0으로 취할 때 시간 t에서 위치는

$$y(t) = -\frac{mgt}{k} + \frac{m}{k}\left(v_0 + \frac{mg}{k}\right)\left(1 - e^{-kt/m}\right)$$

이다. $v_0 = 25$ m/sec라 하자.

(a) $m = 6$ kg, $k = 3$ g/sec라 할 때 높이가 얼마나 되겠는가? 언제 $y = 0$으로 되돌아 오겠는가?

(b) $m = 12$ kg, $k = 3$ kg/sec라 할 때 높이가 얼마나 되겠는가? 언제 $y = 0$으로 되돌아 오겠는가?

(c) $k = 0$일 때 즉 공기저항이 없을 때 운동을 지배하는 방정식

$$\bar{v} = -gt + v_0, \quad \bar{y} = -\frac{gt^2}{2} + v_0 t$$

이다. $\bar{v}$ 와 $\bar{y}$ 는 $k = 0$일 때 속도와 위치의 값이다. $v_0 = 25$ m/sec, $m = 6$ kg이라 하자. k값을 연속해서 $k = 1, 0.1, 0.01, 0.001, 0.0001$로 하고 돌아오는 시간을 계산하시오. 그리고 $k = 0$일 때 돌아오는 시간과 비교하시오. 수치결과는 $k \to 0$임에 따라서 돌아오는 시간은 $k = 0$일 때 값으로 수렴할 것이다.

18. 물이 긴 파이프를 가진 물탱크로부터 배출되고 있다 (그림 3.13을 참고). 물탱크의 수위의 변화를 무시하면 임의의 시간에 파이프를 통해 흘러나오는 물의 순간속도 $v(t)$는

$$v(t) = \sqrt{2gh} \times \tanh\left(\frac{t}{2L}\sqrt{2gh}\right)$$

에 의해서 주어진다. h는 물탱크에서 유체의 높이이고 L은 파이프의 길이 $g = 9.81$ m/sec^{2}는 중력가속도이다. $t = 4$ sec 에서 $v = 4$ m/sec 의 속도를 얻기 위해 필요한 높이 h를 구하시오. 시작값 $h_0 = 0.5$로 시작값인 뉴턴법을 이용하고 해의 상대변화량이 10^{-6}보다 작아질 때 계산을 멈추시오.

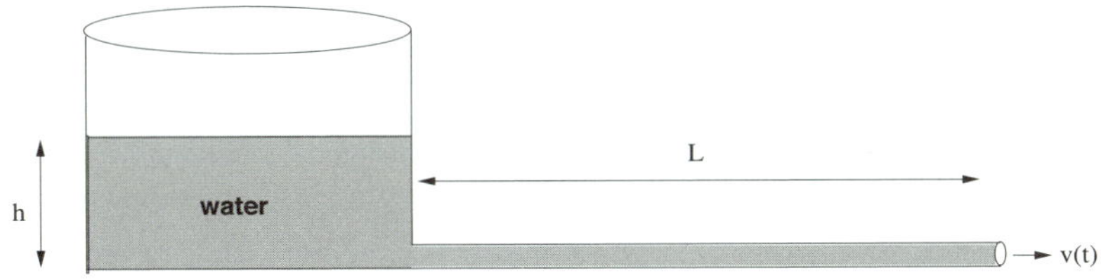

그림 3.13 물 배출

CHAPTER 4

선형방정식 시스템

선형방정식 시스템의 해를 구하는 문제는 수학, 과학 뿐 아니라 공학문제에서 다양하게(예를 들어 경계값 문제 혹은 편미분방정식의 수치해를 구하는 과정에서) 나타난다. 선형방정식 시스템의 해를 구하는 알고리듬은 크게 직접법과 반복법으로 나눌 수 있다. 직접법의 경우 해는 정해진 절차에 따라 구해지며 그 결과는 반올림오차에만 영향을 받으나, 반복법에서는 초기의 가정치로부터 반복계산을 통해 해를 구한다. 이 장에서는 두가지 방법 모두 소개할 것이다. 선형방정식시스템의 일반적인 형태는 다음과 같다.

$$
\begin{array}{ccccccccc}
a_{11}x_1 & + & a_{12}x_2 & + & \cdots & + & a_{1n}x_n & = & b_1 \\
a_{21}x_1 & + & a_{22}x_2 & + & \cdots & + & a_{2n}x_n & = & b_2 \\
\vdots & & \vdots & & \vdots & & \vdots & = & \vdots \\
a_{n1}x_1 & + & a_{n2}x_2 & + & \cdots & + & a_{nn}x_n & = & b_n
\end{array}
\tag{4.1}
$$

여기서, $x_1, x_2, \ldots, x_n$은 미지수이며, 계수 a_{ij}(여기서, $i, j = 1, 2, \ldots, n$)와 상수 b_i(여기서 $i = 1, 2, \ldots, n$)은 주어진 값이다.

예제 4.1 전기회로의 분석

그림 4.1과 같이 저항기를 가진 전기회로의 각 부분의 전류를 구하는 문제를 살펴보자.

회로내의 전류는 키르히호프의 법칙(Kirchhoff's laws)을 사용하여 구할 수 있다. 키르히호프의 제 1법칙은 회로내에서 발생하는 전압강하의 합은 0이어야 한다는 것이며, 제 2법칙은 저항체 하나에 의한 전압강하의 크기는 전류와 저항값의 곱과 같다는 것이다. 그림 4.1의 회로에는 3개의 분리된 루프가 있다. 키르히호프의 제 2법칙을 적용하면 다음과 같은 선형연립방정식을 세울 수 있다.

$$
\begin{aligned}
R_6 i_1 + R_1(i_1 - i_2) + R_2(i_1 - i_3) &= V_1 : \quad \text{Flow around loop I} \\
R_3 i_2 + R_4(i_2 - i_3) + R_1(i_2 - i_1) &= V_2 : \quad \text{Flow around loop II} \\
R_5 i_3 + R_4(i_3 - i_2) + R_2(i_3 - i_1) &= V_3 : \quad \text{Flow around loop III}
\end{aligned}
$$

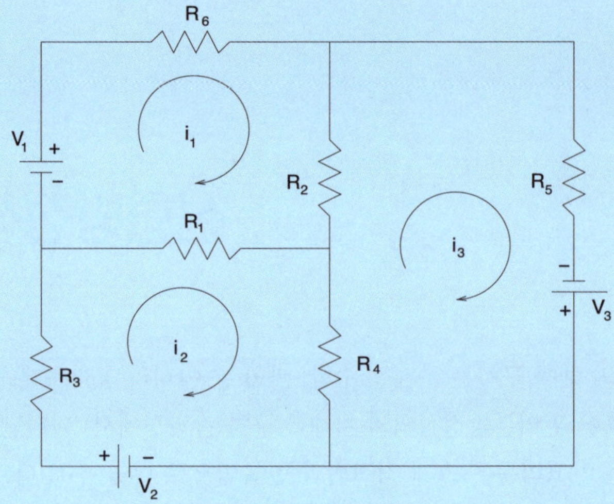

그림 4.1 전기회로

윗 식을 메트릭스 형태로 표시하면 다음과 같다.

$$\begin{bmatrix} R_1 + R_2 + R_6 & -R_1 & -R_2 \\ -R_1 & R_1 + R_3 + R_4 & -R_4 \\ -R_2 & -R_4 & R_2 + R_4 + R_5 \end{bmatrix} \begin{bmatrix} i_1 \\ i_2 \\ i_3 \end{bmatrix} = \begin{bmatrix} V_1 \\ V_2 \\ V_3 \end{bmatrix} \quad (4.2)$$

4.1 행렬과 행렬연산

선형방정식 시스템의 해를 구하는 문제를 다루기 전에, 행렬에 사용되는 여러 연산법칙을 살펴보자.

정의 4.1 실수 혹은 복소수로 이루어진 n 곱하기 m의 행렬은 다음과 같이 표현한다.

$$\mathbf{A} = (a_{ij}) = \begin{bmatrix} a_{11} & a_{12} & \dots & a_{1m} \\ a_{21} & a_{22} & \dots & a_{2m} \\ \vdots & \vdots & & \vdots \\ a_{n1} & a_{n2} & \dots & a_{nm} \end{bmatrix}$$

여기서, a_{ij}는 i번째 행과 j번째 열에 위치한 원소를 의미하며 행렬의 크기는 행의 수 및 열의 수로 나타낸다. 행의 수가 하나인 행렬을 **행벡터**(row vector)라고 하며, 열의 수가 하나인 경우는 **열벡터**(column vector)라고 한다. 행렬은 대문자로 표시하며, 행렬안의 원소는 소문자를 사용하여 나타낸다.

행과 열의 수가 n개인 행렬을 차수가 n인 **정방행렬**이라고 부르며, 정방행렬 A의 원소 a_{11}, $a_{22}, \ldots, a_{nn}$을 A의 주 **대각요소**(main diagonal)라고 한다.

예제 4.2 다음과 같은 행렬 A, B, C가 있다.

$$A = \begin{bmatrix} -1 & 3 & 4 & 0 \\ 5 & -6 & 2 & 7 \\ 3 & 0 & 1 & 2 \end{bmatrix}, \quad B = \begin{bmatrix} 1 & -3 & 4 & 2 \end{bmatrix}, \quad C = \begin{bmatrix} \pi \\ 3 \\ 0 \end{bmatrix}$$

여기서, A는 3 곱하기 4 (3×4라고 표현한다) 행렬이고, B는 하나의 행만을 가지므로 행벡터, C는 하나의 열만을 가지므로 열벡터이다.

행렬에 관한 기본적인 연산법칙은 다음과 같다.

정의 4.1

i) A와 B가 모두 $n \times m$의 크기를 가지는 행렬이라면, A와 B의 합행렬 $C = A + B$는 $n \times m$의 크기를 가지며 그 원소는 다음과 같다.

$$c_{ij} = a_{ij} + b_{ij}$$

ii) A가 $n \times m$의 크기를 가지는 행렬이며 λ가 실수일 경우, λ와 A의 곱 $C = \lambda A$는 $n \times m$행렬 이며, 그 원소는 다음과 같다.

$$c_{ij} = \lambda a_{ij}$$

iii) A와 B가 각각 $n \times m$, $m \times p$의 크기를 가지는 행렬일 경우, A와 B의 곱 $C = AB$는 $n \times p$행렬이며, 그 원소는 다음과 같다.

$$c_{ij} = \sum_{k=1}^{m} a_{ik} b_{kj}$$

iv) A가 $n \times m$의 크기를 가지는 행렬일 경우 A의 전치행렬, $C = A^T$는 $m \times n$행렬이며, 그 원소는 다음과 같다.

$$c_{ij} = a_{ji}$$

예제 4.3 만약

$$A = \begin{bmatrix} 1 & -2 & 4 \\ 3 & 5 & -6 \end{bmatrix}, \quad B = \begin{bmatrix} 0 & 3 & -7 \\ 1 & -3 & 8 \end{bmatrix}$$

이라면,

$$A + B = \begin{bmatrix} 1 & 1 & -3 \\ 4 & 2 & 2 \end{bmatrix}, \quad -3B = \begin{bmatrix} 0 & -9 & 21 \\ -3 & 9 & -24 \end{bmatrix}$$

$$A - B = \begin{bmatrix} 1 & -5 & 11 \\ 2 & 8 & -14 \end{bmatrix}, \quad A^T = \begin{bmatrix} 1 & 3 \\ -2 & 5 \\ 4 & -6 \end{bmatrix}$$

이다. 만약

$$A = \begin{bmatrix} 1 & 3 & -1 \\ 2 & 0 & -1 \\ 4 & 2 & -2 \end{bmatrix}, \quad B = \begin{bmatrix} 2 & 1 \\ -3 & 2 \\ 3 & 0 \end{bmatrix}$$

이라면

$$AB = \begin{bmatrix} -10 & 7 \\ 1 & 2 \\ -4 & 8 \end{bmatrix}, \quad AA = A^2 = \begin{bmatrix} 3 & 1 & -2 \\ -2 & 4 & 0 \\ 0 & 8 & -2 \end{bmatrix}$$

이다.

어떠한 정방행렬은 특별한 성질을 가지고 있다. 예를 들어, 어떤 행렬의 주대각요소의 아랫부분 원소들이 모두 0인 경우 이 행렬은 **상삼각행렬**(upper triangular matrix)이라 부른다.

즉,

$$U = \begin{bmatrix} 1 & -2 & -1 \\ 0 & 3 & 6 \\ 0 & 0 & 2 \end{bmatrix}$$

는 상삼각행렬이다. 반대로 주대각요소 윗부분의 원소들이 모두 0인 정방행렬은 **하삼각행렬**(lower triangular matix)라고 부른다.

또한, 주대각요소를 제외한 모든 원소들이 0인 정방행렬을 **대각행렬**(diagonal matrix)이라고 한다. 대각 성분이 모두 1인 대각행렬, 즉,

$$I_n = \begin{bmatrix} 1 & 0 & \cdots & 0 \\ 0 & 1 & \ddots & \vdots \\ \vdots & \ddots & \ddots & 0 \\ 0 & \cdots & 0 & 1 \end{bmatrix}$$

은 **단위행렬**(identity matrix)이라 한다.

연습문제 4.1

1. 다음과 같은 행렬 A, B, C 가 있다.

$$A = \begin{bmatrix} 3 & 8 & 1 & -6 \\ 1 & 1 & 4 & 0 \\ 3 & 2 & 1 & -4 \end{bmatrix}, \quad B = \begin{bmatrix} -2 & 6 & 2 & -3 \\ 3 & 0 & 0 & -4 \\ -5 & 9 & 4 & -4 \end{bmatrix}, \quad C = \begin{bmatrix} -5 \\ -2 \\ 2 \\ 1 \end{bmatrix}$$

(a) $A + B$, $-4A - 3B$ 를 계산하라

(b) AC, BC 를 구하라

(c) B^T, $(AB)^T$ 를 구하라.

2. 다음과 같은 행렬 A, B 가 있다.

$$A = \begin{bmatrix} -1 & 4 & 6 \\ 4 & -5 & 0 \\ 1 & 1 & -2 \end{bmatrix}, \quad B = \begin{bmatrix} -1 & 3 & 3 & 4 \\ -2 & 0 & -4 & 1 \\ 6 & 2 & 2 & -5 \end{bmatrix}$$

(a) AB, BA 를 계산하라.

(b) A^2, B^2 를 구하라

(c) $B^T A$ 를 구하라.

3. 다음을 만족하는 벡터 u, v 를 구하라

$$Ł = \begin{bmatrix} 1 & 0 \\ 300 & 1 \end{bmatrix} = I + uv^T$$

또한, L^{-1}을 u, v 를 사용하여 표현하라.

4. 다음과 같은 행렬 A, B, C 가 있다.

$$A = \begin{bmatrix} 1 & -2 & 2 \\ 3 & 1 & 1 \\ 2 & 0 & 1 \end{bmatrix}, \quad B = \begin{bmatrix} -1 & -2 & 4 \\ 1 & 3 & -5 \\ 2 & 4 & -7 \end{bmatrix}, \quad C = \begin{bmatrix} 1 & 0 & 2 \\ 4 & 2 & -1 \\ 2 & 3 & 1 \end{bmatrix}$$

(a) $AB = BA = I$ 임을 보여라.

(b) $AI = IA = A$ 임을 보여라

(c) $AC \neq CA$, 또한 $BC \neq CB$ 임을 보여라.

4.2 단순 가우스소거법

식 (4.1)을 행렬형태로 나타내면 다음과 같다.

$$A\mathbf{x} = \mathbf{b}$$

원래의 수식을 $A^{(1)}\mathbf{x} = \mathbf{b}^{(1)}$로 표현하기로 하자. 즉,

$$\begin{bmatrix} a_{11}^{(1)} & a_{12}^{(1)} & \cdots & a_{1n}^{(1)} \\ a_{21}^{(1)} & a_{22}^{(1)} & \cdots & a_{2n}^{(1)} \\ \vdots & \vdots & \vdots & \vdots \\ a_{n1}^{(1)} & a_{n2}^{(1)} & \cdots & a_{nn}^{(1)} \end{bmatrix} \begin{bmatrix} x_1 \\ x_2 \\ \vdots \\ x_n \end{bmatrix} = \begin{bmatrix} b_1^{(1)} \\ b_2^{(1)} \\ \vdots \\ b_n^{(1)} \end{bmatrix} \tag{4.3}$$

가우스소거법은 식 (4.3)을 등가의 행렬 $U\mathbf{x} = \mathbf{d}$ 로 바꾸는 과정으로부터 시작한다. 여기서 U는 상삼각행렬이다. 바뀐 등가의 행렬의 해는 **후방대입**(back substitution)과정을 통해 쉽게 구할 수 있다.

알고리듬:

스텝 1: $a_{11}^{(1)} \neq 0$ 으로 가정하고, 첫 번째 소거에 사용될 행곱수(row multiplier)를 다음과 같이 정한다.

$$m_{i1} = \frac{a_{i1}^{(1)}}{a_{11}^{(1)}}$$

다음과 같이 i번째 행($i = 2, \ldots, n$) 에서 첫 번째 행에 m_{i1}을 곱한 값을 뺀다.

$$\begin{aligned} a_{ij}^{(2)} &= a_{ij}^{(1)} - m_{i1}a_{1j}^{(1)}, \quad j = 2, 3, \cdots, n \\ b_i^{(2)} &= b_i^{(1)} - m_{i1}b_1^{(1)} \end{aligned}$$

따라서 A 행렬과 b 벡터의 첫 번째 행의 값은 바뀌지 않으며, A 행렬 첫 번째 열중 첫 번째 요소 a_{11}아래의 값은 모두 0으로 바뀐다. 변화된 수식은 다음과 같다.

$$\begin{bmatrix} a_{11}^{(1)} & a_{12}^{(1)} & \cdots & a_{1n}^{(1)} \\ 0 & a_{22}^{(2)} & \cdots & a_{2n}^{(2)} \\ \vdots & \vdots & \vdots & \vdots \\ 0 & a_{n2}^{(2)} & \cdots & a_{nn}^{(2)} \end{bmatrix} \begin{bmatrix} x_1 \\ x_2 \\ \vdots \\ x_n \end{bmatrix} = \begin{bmatrix} b_1^{(1)} \\ b_2^{(2)} \\ \vdots \\ b_n^{(2)} \end{bmatrix}$$

다음 행에 대해서도 이를 반복한다.

스텝 k: $a_{kk}^{(k)} \neq 0$ 으로 가정하고, k 번째 소거에 사용될 값을 다음과 같이 정한다

$$m_{ik} = \frac{a_{ik}^{(k)}}{a_{kk}^{(k)}}$$

다음과 같이 i번째 행($i = k + 1, \ldots, n$)에서 첫 번째 행에 m_{ik}을 곱한 값을 뺀다.

$$\begin{aligned} a_{ij}^{(k+1)} &= a_{ij}^{(k)} - m_{ik} a_{kj}^{(k)}, \quad j = k+1, \ldots, n \\ b_i^{(k+1)} &= b_i^{(k)} - m_{ik} b_k^{(k)} \end{aligned}$$

따라서 k번째 열중 대각요소 밑의 원소들은 모두 0으로 바뀌며, 첫 번째 행부터 k번째 행의 값은 변화하지 않는다. k번째 소거이후 변화된 수식은 다음과 같다.

$$\begin{bmatrix} a_{11}^{(1)} & a_{12}^{(1)} & \cdots & a_{1k}^{(1)} & a_{1,k+1}^{(1)} & \cdots & a_{1n}^{(1)} \\ 0 & a_{22}^{(2)} & \cdots & a_{2k}^{(2)} & a_{2,k+1}^{(2)} & \cdots & a_{2n}^{(2)} \\ \vdots & \vdots & & \vdots & \vdots & & \vdots \\ 0 & 0 & \cdots & a_{kk}^{(k)} & a_{k,k+1}^{(k)} & \cdots & a_{kn}^{(k)} \\ 0 & 0 & \cdots & 0 & a_{k+1,k+1}^{(k+1)} & \cdots & a_{k+1,n}^{(k+1)} \\ \vdots & \vdots & & \vdots & \vdots & & \vdots \\ 0 & 0 & \cdots & 0 & a_{n,k+1}^{(k+1)} & \cdots & a_{nn}^{(k+1)} \end{bmatrix} \begin{bmatrix} x_1 \\ x_2 \\ \vdots \\ x_k \\ x_{k+1} \\ \vdots \\ x_n \end{bmatrix} = \begin{bmatrix} b_1^{(1)} \\ b_2^{(2)} \\ \vdots \\ b_k^{(k)} \\ b_{k+1}^{(k+1)} \\ \vdots \\ b_n^{(k+1)} \end{bmatrix}$$

이를 $k = n - 1$일때까지 반복하면 다음과 같은 삼각행렬 시스템을 얻을 수 있다.

$$\begin{aligned} a_{11}^{(1)} x_1 + a_{12}^{(1)} x_2 + \quad \cdots \quad + a_{1n}^{(1)} x_n &= b_1^{(1)} \\ a_{22}^{(2)} x_2 + \quad \cdots \quad + a_{2n}^{(2)} x_n &= b_2^{(2)} \\ \cdots &= \cdots \\ a_{n-1,n-1}^{(n-1)} x_{n-1} + a_{n-1,n}^{(n-1)} x_n &= b_{n-1}^{(n-1)} \\ a_{nn}^{(n)} x_n &= b_n^{(n)} \end{aligned}$$

선형방정식 시스템의 해는 다음과 같이 삼각행렬시스템에서 후방대입을 통해 구할 수 있다.

$$
\begin{aligned}
x_n &= \frac{b_n^{(n)}}{a_{nn}^{(n)}} \\
x_{n-1} &= \frac{b_{n-1}^{(n-1)} - a_{n-1,n}^{(n-1)} x_n}{a_{n-1,n-1}^{(n-1)}} \\
x_i &= \frac{b_i^{(i)} - (a_{i,i+1}^{(i)} x_{i+1} + \cdots + a_{in}^{(i)} x_n)}{a_{ii}^{(i)}} \\
&= \frac{b_i^{(i)} - \sum_{j=i+1}^{n} a_{ij}^{(i)} x_j}{a_{ii}^{(i)}}, \quad i = n-2, n-3, \ldots, 1
\end{aligned}
$$

위의 가우스소거법에서는 행렬을 순서를 바꾸지 않고 주어진 순서대로 사용했으며, 매 스텝마다 피벗요소는 0이 아닐 것, 즉 $a_{kk}^{(k)} \neq 0$을 가정하였다. 하지만 피벗요소가 0일 경우 이 알고리듬은 사용될 수 없다. 피벗요소가 0이 되는 것을 피하기 위해 축척부분 피버팅(scaled partial pivoting) **가우스소거법**이 사용된다. 이 방법은 다음절에서 설명될 것이다.

산술연산의 횟수(operation count). 순수 가우스소거법의 효율성을 측정하는 하나의 방법은 해를 얻기까지 필요한 산술연산의 횟수이다. 일반적으로 컴퓨터는 덧셈과 뺄셈은 아주 빠른 시간안에 수행할 수 있으므로 보통 곱셈과 나눗셈의 횟수를 산술연산 횟수로 산정한다. 위에서 소개한 순수 가우스소거법의 경우 스텝 k까지 수행할 때 필요한 산술연산의 횟수는 다음과 같다.

새로운 a_{ij}를 구하기 위해서 $(n-k)^2 + (n-k)$번

새로운 b_i를 구하기 위해 $(n-k)$번

소거과정은 $k = 1, 2, \ldots, n-1$까지 수행되어야 하므로, 따라서 다음 수식을 이용하면

$$
\sum_{k=1}^{n} k = \frac{n(n+1)}{2}, \quad \sum_{k=1}^{n} k^2 = \frac{n(n+1)(2n+1)}{6}
$$

총 산술연산의 횟수는

A 행렬에서 $\dfrac{n^3 - n}{3}$

$\mathbf{b}$ 벡터에서 $\dfrac{n^2 - n}{2}$

이다.

삼각행렬로부터 i번째 해 x_i를 구하기 위해서는 $(n - i)$번의 곱셈과 한 번의 나눗셈이 필요하다. $i = 1, 2, . . . , n$에 대해 합을 구하면 삼각행렬에서 해를 구하기 위한 산술연산의 총 횟수는

$$\frac{n(n+1)}{2}$$

이다.
따라서 다음과 같은 결과를 얻는다.

Lemma 4.1 순수 가우스소거법을 통해 $n \times n$ 의 크기를 가진 선형시스템의 해를 구하기 위해 필요한 곱셈과 나눗셈의 총횟수는

$$\frac{n^3}{3} + n^2 - \frac{n}{3}$$

이다. 따라서 n의 값이 클 경우 산술연산의 총횟수는 약산하여 $n^3/3$ 으로 볼 수 있다.

예제 4.4 다음의 선형방정식 시스템의 해를 구하라.

$$\begin{bmatrix} 1 & 1 & 1 & 1 \\ 2 & 3 & 1 & 5 \\ -1 & 1 & -5 & 3 \\ 3 & 1 & 7 & -2 \end{bmatrix} \begin{bmatrix} x_1 \\ x_2 \\ x_3 \\ x_4 \end{bmatrix} = \begin{bmatrix} 10 \\ 31 \\ -2 \\ 18 \end{bmatrix}$$

A행렬과 b벡터를 함께 표시한 확장행렬에 피벗요소와 각 행의 행곱수를 표시하면

$$\begin{array}{r} \text{pivotal element} \rightarrow \\ m_{21} = \ \ 2 \\ m_{31} = -1 \\ m_{41} = \ \ 3 \end{array} \left[\begin{array}{rrrr|r} \mathbf{1} & 1 & 1 & 1 & 10 \\ 2 & 3 & 1 & 5 & 31 \\ -1 & 1 & -5 & 3 & -2 \\ 3 & 1 & 7 & -2 & 18 \end{array}\right]$$

첫 번째 행에 각 행곱수를 곱하고 나머지 행에서 이 값을 빼고, 다음 소거를 위한 행곱수를 표시하면,

$$\begin{array}{r} \\ \text{pivotal element} \rightarrow \\ m_{32} = \ \ 2 \\ m_{42} = -2 \end{array} \left[\begin{array}{rrrr|r} 1 & 1 & 1 & 1 & 10 \\ 0 & \mathbf{1} & -1 & 3 & 11 \\ 0 & 2 & -4 & 4 & 8 \\ 0 & -2 & 4 & -5 & -12 \end{array}\right]$$

두 번째 행에 각 행곱수를 곱하고 그 밑의 행에서 이 값을 빼고, 다음 소거를 위한 행곱수를 표시하면,

$$\begin{array}{r} \\ \\ \text{pivotal element} \rightarrow \\ m_{43} = -1 \end{array} \begin{bmatrix} 1 & 1 & 1 & 1 | & 10 \\ 0 & 1 & -1 & 3 | & 11 \\ 0 & 0 & \mathbf{-2} & -2 | & -14 \\ 0 & 0 & 2 & 1 | & 10 \end{bmatrix}$$

세 번째 행에 행곱수를 곱하고 마지막 행에서 이 값을 빼면, 상삼각행렬이 완성된다.

$$\begin{bmatrix} 1 & 1 & 1 & 1 | & 10 \\ 0 & 1 & -1 & 3 | & 11 \\ 0 & 0 & -2 & -2 | & -14 \\ 0 & 0 & 0 & -1 | & -4 \end{bmatrix}$$

상삼각행렬로부터 후방대입을 통해 해를 구하는 과정은 다음과 같다.

표 4.1 예 4.4를 풀기 위한 순수 가우스소거법

```
» A=[1 1 1 1;2 3 1 5;-1 1 -5 3;3 1 7 -2];
» b=[10 31 -2 18]';
» ngaussel(A,b)

    The augmented matrix is

augm =

    1   1   1   1  10
    2   3   1   5  31
   -1   1  -5   3  -2
    3   1   7  -2  18

The transformed upper triangular augmented matrix C is =

C =
    1   1   1   1  10
    0   1  -1   3  11
    0   0  -2  -2 -14
    0   0   0  -1  -4

    The vector solution is =

x =
          1
          2
          3
          4
```

$$x_4 = \frac{-4}{-1} = 4$$

$$x_3 = \frac{-14 + 2x_4}{-2} = \frac{-6}{-2} = 3$$

$$x_2 = 11 + x_3 - 3x_4 = 11 + 3 - 12 = 2$$

$$x_1 = 10 - x_2 - x_3 - x_4 = 10 - 2 - 3 - 4 = 1$$

이 과정을 매트랩코드로 구현하면 표 4.1 및 M-function 4.2와 같다.

M-function 4.2

다음의 MATLAB 함수 **ngaussel.m**은 단순 가우스소거법을 이용하여 선형시스템의 해를 구한다. 입력사항은 $n \times n$ 행렬 A, 그리고 $n \times 1$ 계수 벡터 b이다.

```
function ngaussel(A,b)
% Solve the system Ax=b using naive gaussian elimination
n=length(b);
x=zeros(n,1);
fprintf('\n');
disp('     The augmented matrix is')
augm =[A b]
for k=1:n-1
  for i=k+1:n
    m=A(i,k)/A(k,k);
    for j=k+1:n
      A(i,j)=A(i,j)-m*A(k,j);
    end
    A(i,k)=m;
    b(i)=b(i)-m*b(k);
  end
end
x(n)=b(n)/A(n,n);
for i=n-1:-1:1
  S=b(i);
  for j=i+1:n
    S=S-A(i,j)*x(j);
  end
  x(i)=S/A(i,i);
end
% Print the results
fprintf('\n');
disp(' The transformed upper triangular augmented matrix C is =')
fprintf('\n');
for i=1:n
```

```
  for j=1:n
    if (j<i) A(i,j)=0; end
  end
end
C=[A b]
fprintf('\n');
disp('     The vector solution is =')
x
```

연습문제 4.2

1. 다음의 선형방정식 시스템을 가우스소거법을 사용하여 풀 때 어떠한 현상이 발생하는지 설명하라.

$$\begin{bmatrix} 1 & 1 & 7 & 8 \\ -3 & -3 & -1 & 6 \\ 0 & 2 & 2 & 7 \\ 5 & 1 & 1 & 0 \end{bmatrix} \begin{bmatrix} x_1 \\ x_2 \\ x_3 \\ x_4 \end{bmatrix} = \begin{bmatrix} 4 \\ 1 \\ 2 \\ 1 \end{bmatrix}$$

2. 다음의 삼중대각행렬의 해를 수기계산 혹은 컴퓨터를 사용하여 구하라.

$$\begin{bmatrix} -4 & 1 & & & \\ 1 & -4 & 1 & & 0 \\ & & \ddots & & \\ 0 & & 1 & -4 & 1 \\ & & & 1 & -4 \end{bmatrix} \begin{bmatrix} x_1 \\ x_2 \\ \vdots \\ x_9 \\ x_{10} \end{bmatrix} = \begin{bmatrix} 0.5 \\ 2 \\ \vdots \\ 2 \\ 0.5 \end{bmatrix}$$

3. 다음 선형방정식 시스템의 정해는 $x_1 = 1/3,\ x_2 = 2/3$ 이다.

$$\begin{bmatrix} 3 \cdot 10^{-n} & 3.0 \\ 1.0 & 1.0 \end{bmatrix} \begin{bmatrix} x_1 \\ x_2 \end{bmatrix} = \begin{bmatrix} 2.0 + 10^{-n} \\ 1.0 \end{bmatrix}$$

(a) $n = 4, 8, 12$ 일 경우 수치해를 구하라.

(b) 위에서 사용된 n의 각 경우에 대해 잔차 벡터 $\bar{\mathbf{r}} = A\bar{\mathbf{x}} - \mathbf{b}$ 와 오차벡터 $\bar{\mathbf{e}} = \mathbf{x} - \bar{\mathbf{x}}$ 를 구하라. 여기서 $\bar{\mathbf{x}}$ 와 $\mathbf{x}$ 는 각각 수치해와 정해를 의미한다.

4. n차수의 힐버트 행렬(Hilbert matrix)는 다음과 같이 정의한다.

$$a_{ij} = \frac{1}{i+j-1}, \quad i, j = 1, 2, \ldots, n$$

(a) $n = 5$일 경우 행렬 A를 표시하라.

(b) $\mathbf{b} = [1,0,0,0,0]^T$ 일 경우, 가우스소거법을 사용하여 $\mathrm{A}\mathbf{x} = \mathbf{b}$ 의 해를 구하라.

5. 다음 선형방정식 시스템을 행렬형태로 표시하고 해를 구하라.

(a)
$$\begin{aligned} x + y + 7z + v + 2w &= 1 \\ 2x + 1y + 6z + 6v + 3w &= -2 \\ - y + 2z + 3v + 2w &= -3 \\ 5x - y + 4z + 7v + w &= 3 \\ 2x + 3y + 2z + w &= 4 \end{aligned}$$

(b)
$$\begin{aligned} 3x + 5y - 2z - w &= -12 \\ -2x + y - 9z - 2w &= 1 \\ x + 7y - 6z - 3w &= 10 \\ -3x + y - z - 4w &= 7 \end{aligned}$$

(c)
$$\begin{aligned} 2x + y + z &= 7 \\ 2x + 2y + 3z &= 10 \\ -4x + 4y + 5z &= 14 \end{aligned}$$

컴퓨터 문제 4.2

1. 귀하가 알고 있는 프로그래밍 언어를 사용하여 n차의 선형방정식 시스템의 해를 구하기 위한 단순 가우스소거법 프로그램을 작성하라. 프로그램에 입력데이터는 다음을 포함하여야 한다.

(a) 수식의 수 n

(b) 확장행렬(augmented matrix)

출력데이터는 다음을 포함하여야 한다.

(a) 확장행렬(augmented matrix)

(b) 해 벡터

완성된 프로그램을 다음의 선형방정식 시스템을 사용하여 시험해 보아라.

$$\begin{bmatrix} 1 & -1 & 0 & 5 \\ 3 & -2 & 1 & -1 \\ 1 & 1 & 9 & 4 \\ 1 & -7 & 2 & 3 \end{bmatrix} \begin{bmatrix} x_1 \\ x_2 \\ x_3 \\ x_4 \end{bmatrix} = \begin{bmatrix} 18 \\ 8 \\ 47 \\ 32 \end{bmatrix}$$

2. MATLAB 함수 ngaussel.m을 사용하여 다음의 방정식의 해를 구하라.

$$\begin{bmatrix} 1 & -1 & 2 & 5 & -7 & -8 \\ 3 & -9 & 1 & -1 & 8 & 1 \\ -1 & 1 & 9 & -9 & 2 & 3 \\ 1 & 7 & 2 & -3 & -1 & 4 \\ 7 & 1 & -2 & 4 & 1 & -1 \\ 2 & 3 & -9 & 12 & -2 & 7 \end{bmatrix} \begin{bmatrix} x_1 \\ x_2 \\ x_3 \\ x_4 \\ x_5 \\ x_6 \end{bmatrix} = \begin{bmatrix} -12 \\ 8 \\ 20 \\ 39 \\ 16 \\ 45 \end{bmatrix}$$

3. 주어진 세 점을 통과하는 2차 다항식 $y = a_1x^2 + a_2x + a_3$ 의 계수 a_1, a_2, a_3 를 구하는 선형방정식 시스템의 해를 구하는 MATLAB 함수를 작성하라. 다음의 세 경우에서 각점을 통과하는 2차 다항식을 각각 구하라.

(a) (1, 0), (−2, 21), (0, 1)

(b) (1, 5.0), (−2, 7.1), (3, 6.6)

(c) $(0, \sqrt{2}), (-1, \pi + 1 + \sqrt{2}), (3, 9\pi - 3 + \sqrt{2})$

4.3 축척부분 피버팅에 의한 가우스소거법

단순 가우스소거법의 경우 피벗요소가 0일 경우 해를 구할 수 없다는 것 이외에도, 피벗요소의 절대값이 다른 요소들에 비해 아주 작은 경우 반올림오차에 의해 부정확한 해가 구해질 수 있다는 문제점을 가지고 있다. 반올림오차에 의한 영향을 설명하기 위해 다음과 같은 선형연립방정식의 해를 단순가우스소거법을 적용하여 구할 때 계산과정의 유효자리숫자가 4자리로 제한되는 경우를 가정해보자

$$\begin{aligned} 0.0002x_1 + 1.471x_2 &= 1.473 \\ 0.2346x_1 - 1.317x_2 &= 1.029 \end{aligned}$$

윗식의 정해(exact solution)는 $x_1 = 10.00$, $x_2 = 1.000$ 이다.

4자리의 유효자리숫자를 사용할 경우 순수 가우스소거법의 곱수는

$$m_{21} = \frac{0.2346}{0.0002} = 1173$$

이며, 상삼각행렬은

$$\begin{aligned} 0.0002x_1 + 1.471x_2 &= \quad 1.473 \\ - 1726.x_2 &= -1727 \end{aligned}$$

이므로 해는 다음과 같다. 언급한 바와 같이 각 계산과정에서 유효자리는 4자리로 제한되므로 5째 자리 숫자는 반올림하였다.

$$
\begin{aligned}
x_2 &= \frac{-1727.}{-1726.} \\
&= 1.001 \\
x_1 &= \frac{1.473 - (1.471)(1.001)}{0.0002} \\
&= \frac{1.473 - 1.472}{0.0002} \\
&= 5.000
\end{aligned}
$$

위에서 볼 수 있듯이 x_2는 정해와 거의 비슷하게 구해진다. 하지만, x_1의 상대오차는 50%로 매우 크게 나타난다. 이처럼 부정확한 값이 구해지는 이유는 $|a_{11}|$ = 0.002가 $|a_{12}|$에 비해 매우 작기 때문이다. 가우스소거법에서 피벗요소가 0이거나 아주 작은 값을 가질 때 발생하는 문제점을 해결할 수 있는 효과적인 방법이 축척부분 피버팅(scaled partial pivoting)이다. 이 방법은 식 (4.3)에서 가장 큰 절대값을 가지는 원소가 피벗이 되도록 식의 순서를 조정한다.

부분 피버팅의 기본적인 개념은 피벗이 작은 값을 가지지 못하게 하여 곱수의 크기를 조정하는 것이다. 피벗식으로 사용될 식의 순서는 인덱스 벡터 $\mathbf{d}=[d_1, d_2, \ldots, d_n]$ 를 사용하여 조정한다. 맨 처음 인덱스 벡터의 초기값을 $\mathbf{d}$ = [1, 2, . . . , n]로 정한 후 스케일 벡터 $\mathbf{c}$를 정의한다.

$$\mathbf{c} = [c_1, c_2, \ldots, c_n]$$

여기서,

$$c_i = \max_{1 \le j \le n} |a_{ij}|, \quad i = 1, 2, \ldots, n$$

축척부분 피버팅은 $|a_{i,1}|/c_i$ 의 비가 최대가 되는 피벗을 먼저 선택하는 것이다. 이를 위해 그 비율을 벡터 r로 정의한다. 즉,

$$\mathbf{r} = [r_1, r_2, \ldots, r_n]$$

여기서,

$$r_i = \frac{|a_{i1}|}{c_i}, \quad i = 1, 2, \ldots, n$$

이다. 단, 위의 식에서 처음 구한 c_i값을 변경하지 않고 그대로 사용한다.
만약 r_j가 $\mathbf{r}$ 벡터중 가장 큰 값이라면 인덱스 벡터 $\mathbf{d}$ 중의 d_1 과 d_j의 위치를 바꾼다. 즉,

$$\mathbf{d} = [d_j, d_2, \ldots, d_1, \ldots, d_n]$$

이것은 j번째 행이 스텝 1의 피벗이 됨을 의미한다. 이후 가우스소거법을 사용하여 피벗요소에 해당해는 열의 위와 아래쪽 행에 위치한 원소의 값을 0으로 만든다. 소거과정에서는 인덱스벡터 $\mathbf{d}$의 원소들만 자리가 바뀔 뿐 실제 선형방정식의 위치가 바뀌는 것이 아님을 주의하라.

이러한 과정을 스텝 $(n - 1)$번째까지 계속 반복하면 피벗이 선택된 순서를 나타내는 최종 인덱스벡터가 완성된다. 선형시스템의 해는 인덱스벡터의 끝에서부터 맨 처음 요소까지 반대방향으로 읽어가며 후방소거를 수행하면 구할 수 있다.

이 방법을 다음의 선형방정식 시스템를 통해 설명하면 다음과 같다.

$$\begin{bmatrix} 1 & 3 & -2 & 4 \\ 2 & -3 & 3 & -1 \\ -1 & 7 & -4 & 2 \\ 3 & -1 & 6 & 2 \end{bmatrix} \begin{bmatrix} x_1 \\ x_2 \\ x_3 \\ x_4 \end{bmatrix} = \begin{bmatrix} -11 \\ 6 \\ -9 \\ 15 \end{bmatrix} \tag{4.4}$$

최초의 인덱스 벡터 $d = [1, 2, 3, 4]$ 이다. 스케일 벡터 $\mathbf{c}$는 다음과 같으며

$$\mathbf{c} = [c_1, c_2, c_3, c_4]$$

여기서

$$c_i = \max_{1 \le j \le 4} |a_{ij}|, \quad i = 1, 2, 3, 4$$

이다. 식 (4.4)의 경우 스케일 벡터는

$$\mathbf{c} = [4, 3, 7, 6]$$

이다. 스케일벡터는 변화하지 않음에 주의하라.

인덱스 벡터를 결정하기 위해 비율 벡터 $\mathbf{r}$을 정의한다.

$$\mathbf{r} = [r_1, r_2, r_3, r_4]$$

이 예에서는 $\mathbf{r} = [1/4, 2/3, 1/7, 3/6]$ 이므로

$$\mathbf{r} = \left[\frac{1}{4}, \frac{2}{3}, \frac{1}{7}, \frac{1}{2}\right]$$

이 되며, 2/3 이 가장 큰 값이므로 첫 번째와 두 번째 요소의 위치를 바꾼다. 따라서

스텝 1: $\mathbf{d} = [2, 1, 3, 4]$ 가 되며 이는 두 번째 행이 피벗행이 됨을 의미한.다. 가우스소거를 수행하면

$$\begin{bmatrix} 0 & 9/2 & -7/2 & 9/2 \\ 2 & -3 & 3 & -1 \\ 0 & 11/2 & -5/2 & 3/2 \\ 0 & 7/2 & 3/2 & 7/2 \end{bmatrix} \begin{bmatrix} x_1 \\ x_2 \\ x_3 \\ x_4 \end{bmatrix} = \begin{bmatrix} -14 \\ 6 \\ -6 \\ 6 \end{bmatrix}$$

이 된다. 이 과정을 반복한다.

스텝 2: $c = [9/2,\ 11/2,\ 7/2]$, $\mathbf{r} = \left[\frac{9/2}{4},\ \frac{11/2}{7},\ \frac{7/2}{6}\right]$ 이므로

$$\mathbf{r} = \left[\frac{9}{8}, \frac{11}{14}, \frac{7}{12}\right]$$

9/8 이 $\mathbf{r}$ 벡터중의 가장 큰 원소이므로 인덱스벡터는 변화시킬 필요가 없다. 즉,

$$\mathbf{d} = [2, 1, 3, 4]$$

이며, 이는 첫 번째 행이 피벗행이 됨을 의미한다.

다시 가우스소거법을 적용하면

$$\begin{bmatrix} 0 & 9/2 & -7/2 & 9/2 \\ 2 & -3 & 3 & -1 \\ 0 & 0 & 16/9 & -4 \\ 0 & 0 & 38/9 & 0 \end{bmatrix} \begin{bmatrix} x_1 \\ x_2 \\ x_3 \\ x_4 \end{bmatrix} = \begin{bmatrix} -14 \\ 6 \\ 100/9 \\ 152/9 \end{bmatrix}$$

을 얻는다.

스텝 3: $c = [4,\ 38/9]$, $\mathbf{r} = \left[\frac{16/9}{7},\ \frac{38/9}{6}\right]$ 이므로

$$\mathbf{r} = [\tfrac{36}{63}, \tfrac{38}{54}]$$

위로부터 $(38/54) > (36/63)$ 이므로 세 번째 행과 네 번째 행을 교환하면, 인덱스 벡터 $\mathbf{d}$는

$$\mathbf{d} = [2, 1, 4, 3]$$

가 되고 이는 네 번째 행이 새로운 피벗행이 됨을 의미한다. 가우스소거법을 적용하면

$$\begin{bmatrix} 0 & 9/2 & -7/2 & 9/2 \\ 2 & -3 & 3 & -1 \\ 0 & 0 & 0 & -4 \\ 0 & 0 & 38/9 & 0 \end{bmatrix} \begin{bmatrix} x_1 \\ x_2 \\ x_3 \\ x_4 \end{bmatrix} = \begin{bmatrix} -14 \\ 6 \\ 4 \\ 152/9 \end{bmatrix}$$

을 얻을 수 있다.

마지막으로 후방대입을 통해 해를 구한다. 즉,

$$
\begin{aligned}
x_4 &= \frac{4}{-4} = -1 \\
x_3 &= \frac{1}{38/9}(152/9) = 4 \\
x_2 &= \frac{1}{9/2}[-14 + 4(7/2) - 1(-9/2)] = 1 \\
x_1 &= \frac{1}{1/2}[6 + 3 - 12 - 1] = -2
\end{aligned}
$$

소거과정중 인덱스 벡터의 원소들만 위치를 바뀔뿐 원 선형방정식은 바뀌지 않는다.

예제 4.5 다음의 선형방정식 시스템을 축척부분 피버팅을 사용하는 가우스소거법을 이용하여 풀어라.

$$
\begin{bmatrix} 1 & 3 & -2 & 4 \\ 2 & -3 & 3 & -1 \\ -1 & 7 & -4 & 2 \\ 3 & -1 & 6 & 2 \end{bmatrix}
\begin{bmatrix} x_1 \\ x_2 \\ x_3 \\ x_4 \end{bmatrix}
=
\begin{bmatrix} -11 \\ 6 \\ -9 \\ 15 \end{bmatrix}
$$

계산 결과는 표 4.2와 같다.

예제 4.6 다음의 선형방정식 시스템의 해를 축척부분 피버팅에 의한 가우스소거법을 이용하여 구하라.

$$
\begin{bmatrix} 0.0002 & 1.471 \\ 0.2346 & -1.317 \end{bmatrix}
\begin{bmatrix} x_1 \\ x_2 \end{bmatrix}
=
\begin{bmatrix} 1.473 \\ 1.029 \end{bmatrix}
$$

MATLAB 함수 gaussel.m 을 사용하여 해를 구하면

$$
x_1 = 10 \qquad x_2 = 1
$$

이다.

표 4.2 가우스소거법을 통한 예 4.5의 풀이

```
» A=[1 3 -2 4;2 -3 3 -1;-1 7 -4 2;3 -1 6 2];
» b=[-11 6 -9 15]';
» gaussel(A,b)

   The augmented matrix is =

 augm =

    1   3  -2   4  -11
    2  -3   3  -1    6
   -1   7  -4   2   -9
    3  -1   6   2   15

The scale vector =

 c =
      4   3   7   6

The index vector =

d =
       2   1   4   3

 The transformed upper triangular augmented matrix C is =

C =
            0       4.5       -3.5       4.5       -14
            2        -3          3        -1         6
            0         0          0        -4         4
            0         0       4.22         0     16.89

   The vector solution is =

 x =
           -2
            1
            4
           -1
```

불량조건(ill-conditioning)

계수행렬이 비정칙행렬(singluar matrix)과 가까워질 경우, 즉, 계수값의 작은 변화가 해의 큰 변화를 가져올 경우 그 선형시스템은 **불량조건**(*ill-conditioning*)이다라고 한다. 예를 들어, 다음과 같은 2차 연립방정식을 생각해보자.

$$\begin{bmatrix} 1.00 & 2.00 \\ 0.49 & 0.99 \end{bmatrix} \begin{bmatrix} x_1 \\ x_2 \end{bmatrix} = \begin{bmatrix} 3.00 \\ 1.47 \end{bmatrix}$$

위 행렬의 정해는 $\mathbf{x} = [3\ 0]'$ 이다.
위 행렬에서 a_{21}의 값을 0.49에서 0.48로 변화시킬 경우

$$\begin{bmatrix} 1.00 & 2.00 \\ 0.48 & 0.99 \end{bmatrix} \begin{bmatrix} x_1 \\ x_2 \end{bmatrix} = \begin{bmatrix} 3.00 \\ 1.47 \end{bmatrix}$$

이 새로운 행렬의 해는 $\mathbf{x} = [1\ 1]'$ 로 처음 행렬의 해와는 큰 차이를 보인다. 이것이 불량조건의 예이다. 불량조건에 의해 발생하는 문제점은 단순히 가우스소거법의 과정을 개선한다고 해서 해결되지 않는다. 다루고 있는 수식 $\mathbf{Ax}=\mathbf{b}$가 불량조건인지를 판별하기 위해서는 소위 상태수(*condition number*)를 계산해보아야 한다. 상태수에 관한 자세한 설명은 보통 고급 수치해석 교재에서 찾아볼 수 있다.

MATLAB에서 사용되는 방법

MATLAB에서 선형방정식 시스템 $\mathbf{Ax}=\mathbf{b}$의 해를 구하기 위해서는 백슬래쉬 연산자 "\"(왼쪽 나눗셈)을 사용한다. 다음은 간단한 예제이다.

```
>> A=[4 -1 1; 2 5 2; 1 2 4];
>> b=[8 3 11]';
>> x=A\b
x =
      1.0000
     -1.0000
      3.0000
```

왼쪽 나눗셈 연산자 "\"를 이용하여 선형방정식 시스템 $\mathbf{Ax}=\mathbf{b}$의 해를 구할 때 MATLAB은 $A^{-1}b$ 의 과정을 사용하지 않는다. 대신 행렬의 특성에 따라 적절하고 효율적인 알고리듬을 선택한다. 예를 들어, 행렬 $\mathbf{A}$가 대칭행렬이며 대각성분이 모두 양수일 경우 콜레스키 분해법(Cholesky factorization)을 사용한다.

예제 4.7 예제 4.1의 전기회로 문제의 해를 왼쪽 나눗셈 연산자를 사용하여 구하라. 단. $R_1 = 15$, $R_2 = 20$, $R_3 = 10$, $R_4 = 15$, $R_5 = 30$, $R_6 = 10$, $V_1 = 100$, $V_2 = 0$, $V_3 = 200$ 이다.

선형방정식 시스템은 다음과 같다.

$$\begin{bmatrix} 45 & -15 & -20 \\ -15 & 40 & -15 \\ -20 & -15 & 65 \end{bmatrix} \begin{bmatrix} i_1 \\ i_2 \\ i_3 \end{bmatrix} = \begin{bmatrix} 100 \\ 0 \\ 200 \end{bmatrix}$$

MATLAB을 이용한 풀이과정은 다음과 같다.

```
>> A=[45 -15 -20; -15 40 -15; -20 -15 65];
>> b=[100 0 200]';
>> i=A\b
i =
     6.5799
     4.7955
     6.2082
```

M-function 4.3

다음의 MATLAB 함수 **gaussel.m**은 축척부분 피버팅에 의한 가우스소거법을 이용하여 선형시스템의 해를 구한다. 입력사항은 $n \times n$ 행렬 A 그리고 $n \times 1$ 계수 벡터 b이다.

```
function gaussel(A,b)
% Solve the system Ax=b using Gaussian elimination with scaled
% partial pivoting.
n=length(b);
x=zeros(n,1);
fprintf('\n');
disp('     The augmented matrix is =')
augm =[A b]
for i=1:n
  d(i)=i;
  smax=0;
  for j=1:n
    smax=max(smax,abs(A(i,j)));
  end
  c(i)=smax;
end
for k=1:n-1
  rmax=0;
  for i=k:n
    R=abs(A(d(i),k))/c(d(i));
    if (R>rmax)
      j=i;
      rmax=R;
    end
```

```
  end
  dk=d(j);
  d(j)=d(k);
  d(k)=dk;
  for i=k+1:n
    m=A(d(i),k)/A(dk,k);
    for j=k+1:n
      A(d(i),j)=A(d(i),j)-m*A(dk,j);
    end
    A(d(i),k)=m;
  end
end
% Perform the back substitution.
for k=1:n-1
  for i=k+1:n
     b(d(i))=b(d(i))-b(d(k))*A(d(i),k);
   end
end
x(n)=b(d(n))/A(d(n),n);
for i=n-1:-1:1
  S=b(d(i));
  for j=i+1:n
    S=S-A(d(i),j)*x(j);
  end
  x(i)=S/A(d(i),i);
end
disp('The scale vector =')
c
disp('The index vector =')
d
fprintf('\n');
disp(' The transformed upper triangular augmented matrix C is =')
fprintf('\n');
for i=1:n
  M(i,:)=A(d(i),:);
end
for i=1:n
  for j=1:n
    if (j<i) M(i,j)=0; end
  end
end
C=[M b]
fprintf('\n');
disp('     The vector solution is =')
x
```

연습문제 4.3

1. 다음의 선형방정식 시스템의 해를 축척부분 피버팅에 의한 가우스소거법을 사용하여 구하라.

(a)
$$\begin{aligned} 6x + 4y + 13z &= -23 \\ 2x + y - z &= 4 \\ -3x + 6y - z &= 8 \end{aligned}$$

(b)
$$\begin{bmatrix} -2 & -3 & 1 & 2 \\ 7 & 6 & 0 & -3 \\ 0 & 3 & 1 & 5 \\ 2 & -2 & 6 & 6 \end{bmatrix} \begin{bmatrix} x_1 \\ x_2 \\ x_3 \\ x_4 \end{bmatrix} = \begin{bmatrix} 2 \\ -4 \\ 1 \\ 8 \end{bmatrix}$$

2. 다음의 선형방정식 시스템의 해를 축척부분 피버팅에 의한 가우스소거법을 사용하여 구할 경우, 스케일벡터를 구하라. 또한 두 번째로 사용되는 피벗식은 무엇인가?

$$\begin{bmatrix} 2 & 4 & 29 \\ -1 & 5 & 4 \\ 1 & -1 & 2 \end{bmatrix} \begin{bmatrix} x_1 \\ x_2 \\ x_3 \end{bmatrix} = \begin{bmatrix} 15 \\ -3 \\ 1 \end{bmatrix}$$

3. 다음과 같은 선형방정식 시스템이 있다. 축척부분 피버팅에 의한 가우스소거법을 사용하여 해를 구할 때 발생하는 현상에 대해 설명하라.

$$\begin{bmatrix} 3 & 3 & 7 \\ 1 & 1 & -1 \\ -2 & -2 & 3 \end{bmatrix} \begin{bmatrix} x_1 \\ x_2 \\ x_3 \end{bmatrix} = \begin{bmatrix} 1 \\ 4 \\ 3 \end{bmatrix}$$

4. 다음 행렬의 역행렬 A^{-1}을 계산하라.

$$A = \begin{bmatrix} 2 & 1 & 2 \\ 1 & 2 & 3 \\ 4 & 1 & 2 \end{bmatrix}$$

5. 다음 선형방정식 시스템의 해를 축척부분 피버팅에 의한 가우스소거법을 사용하여 구하라. 각 스텝에서 스케일 벡터와 인덱스 벡터를 구하라.

$$\begin{bmatrix} -1 & 2 & -1 & 0 & 4 \\ 1 & 2 & 0 & 3 & 0 \\ 0 & -3 & 1 & 1 & 2 \\ 1 & 0 & 2 & -1 & 3 \\ 2 & -2 & 2 & -2 & 1 \end{bmatrix} \begin{bmatrix} x_1 \\ x_2 \\ x_3 \\ x_4 \\ x_5 \end{bmatrix} = \begin{bmatrix} 1 \\ 2 \\ 4 \\ 0 \\ 3 \end{bmatrix}$$

6. 축척부분 피버팅에 의한 가우스소거법을 사용하여 해를 구할 때 스케일벡터와 세 번째의 피벗행을 구하라.

$$\begin{bmatrix} -2 & 4 & 5 & -1 \\ -1 & 2 & 9 & 4 \\ 6 & 2 & -9 & -5 \\ 3 & 0 & 3 & -8 \end{bmatrix}$$

7. 유효자리 숫자가 4자리일 때, 순수 가우스소거법과 축척부분 피버팅에 의한 가우스소거법을 사용하여 다음 선형방정식 시스템의 해를 구하라.

$$\begin{aligned} 0.0003x_1 + 1.354x_2 &= 1.357. \\ 0.2322x_1 - 1.544x_2 &= 0.7780 \end{aligned}$$

8. 유효자리 숫자가 2자리일 때 축척부분 피버팅에 의한 가우스소거법을 사용하여 다음 선형방정식 시스템의 해를 구하라.

$$\begin{aligned} 0.0001x_1 + 66.x_2 &= 65 \\ 2.0x_1 - 28.x_2 &= 33 \end{aligned}$$

9. 다음 선형방정식 시스템의 해를 가우스소거법을 사용하여 구하라.

$$\begin{bmatrix} 2.1 & 1.8 \\ 6.2 & 5.3 \end{bmatrix} \begin{bmatrix} x_1 \\ x_2 \end{bmatrix} = \begin{bmatrix} 2.1 \\ 6.2 \end{bmatrix}$$

요소 a_{21}의 값을 6.2에서 6.1로 바꾼 후 해를 다시 구하라. 두 해의 비교로부터 어떠한 결론을 얻을 수 있는가?

10. n차의 힐버트 행렬 A 은 다음과 같이 정의한다.

$$a_{ij} = \frac{1}{i+j-1}, \quad i, j = 1, 2, \ldots, n$$

힐버트 행렬은 전형적인 불량조건행렬의 예이다. 즉, 요소의 값에 작은 변화를 줄 경우 선형시스템 방정식의 해는 큰 변화를 보인다.

(a) 3차의 힐버트 행렬식 $\mathbf{Ax}=[1\ 0\ 0]'$ 의 해를 가우스소거법을 이용하여 구하라

(b) 힐버트 행렬의 계수 값을 유효자리 3자리 숫자로 반올림할 경우 그 행렬은 다음과 같다.

$$\tilde{A} = \begin{bmatrix} 1.0 & 0.5 & 0.333 \\ 0.5 & 0.333 & 0.25 \\ 0.333 & 0.25 & 0.2 \end{bmatrix}$$

이 행렬식 $\tilde{A}\mathbf{x}=[1\ 0\ 0]'$ 의 해를 구하고 (a)의 해와 비교하라.

11. 다음과 같은 선형방정식 시스템 $Ax = b$가 있다.

$$A = \begin{bmatrix} 1 & 1+\varepsilon \\ 1-\varepsilon & 1 \end{bmatrix}, \quad b = \begin{bmatrix} 2-\varepsilon^2 \\ 2-2\varepsilon \end{bmatrix}, \quad x = \begin{bmatrix} 1 \\ 1-\varepsilon \end{bmatrix}$$

행렬 A의 역행렬 A^{-1}는 다음과 같이 주어진다.

$$A^{-1} = \varepsilon^{-2} \begin{bmatrix} 1 & -1-\varepsilon \\ -1+\varepsilon & 1 \end{bmatrix}$$

$\varepsilon = 10^{-1}, \ldots, 10^{-6}$ 일 경우 윗식의 해 x를 다음의 방법을 사용하여 구하라.

(a) 가우스소거법

(b) 역행렬과의 곱 $A^{-1}b$

12. 어떤 희소행렬(*sparse matrix*) $A = (a_{ij})_{1\leq i,j\leq 10}$ 의 요소에 관한 조건은 다음과 같다.

$i = 1$이고 $j = 1, \ldots, 10$ 일 때 $a_{ij} \neq 0$,
$j = 1$이고 $i = 1, \ldots, 10$ 일 때 $a_{ij} \neq 0$,
$i = j, j = 1, \ldots, 10$ 일 때 $a_{ij} \neq 0$,
그 밖의 경우는 $a_{ij} = 0$,

(a) 위의 행렬에서 0이 아닌 요소의 분포를 나타내는 그림을 그려보아라.

(b) 피버팅없이 가우스소거법을 적용할 경우 0인 요소가 0이 아닌 요소로 바뀜을 첫 스텝을 수행하여 나타내라.

(c) 0인 요소가 0이 아닌 요소로 바뀌는 현상을 가우스소거법 수행이전에 행렬 A의 행과 열의 위치를 바꿈으로서 피할 수 있음을 보여라.

13. 다음과 같은 선형방정식 시스템이 있다.

$$\begin{bmatrix} 10^{-6} & 10^{-6} & 1 \\ 10^{-6} & -10^{-6} & 1 \\ 1 & 1 & 2 \end{bmatrix} \begin{bmatrix} x_1 \\ x_2 \\ x_3 \end{bmatrix} = \begin{bmatrix} 2\cdot 10^{-6} \\ -2\cdot 10^{-6} \\ 1 \end{bmatrix}$$

윗식의 정해는 다음과 같다.

$$x_1 = \frac{-1}{1-2\cdot 10^{-6}}, \quad x_2 = 2, \quad x_3 = \frac{10^{-6}}{1-2\cdot 10^{-6}}$$

피버팅을 하지 않고 유효자리 4자리 계산을 통해 윗식의 해를 구하라.

컴퓨터 문제 4.3

1. 귀하가 알고 있는 프로그래밍 언어를 사용하여 n차의 선형방정식 시스템의 해를 구하기 위한 축척부분 피버팅에 의한 가우스소거법 프로그램을 작성하라. 프로그램의 입력데이터는 다음을 포함하여야 한다.

(a) 수식의 수 n

(b) 확장행렬(augmented matrix)

출력데이터는 다음을 포함하여야 한다.

(a) 확장행렬(augmented matrix)

(b) 해 벡터

완성된 프로그램을 사용하여 다음의 선형방정식을 사용하여 테스트하라.

$$\begin{bmatrix} -2 & -3 & 1 & 2 \\ 7 & 6 & 0 & -3 \\ 0 & 3 & 1 & 5 \\ 2 & -2 & 6 & 6 \end{bmatrix} \begin{bmatrix} x_1 \\ x_2 \\ x_3 \\ x_4 \end{bmatrix} = \begin{bmatrix} 2 \\ -4 \\ 1 \\ 8 \end{bmatrix}$$

2. MATLAB 함수 gaussel.m을 사용하여 다음의 선형방정식 시스템의 해를 구하라.

$$\begin{bmatrix} 0.824 & -0.065 & -0.814 & -0.741 \\ -0.979 & -0.764 & 0.216 & 0.663 \\ 0.880 & 0.916 & 0.617 & -0.535 \\ 0.597 & -0.245 & 0.079 & 0.747 \end{bmatrix} \begin{bmatrix} x_1 \\ x_2 \\ x_3 \\ x_4 \end{bmatrix} = \begin{bmatrix} 0.477 \\ -0.535 \\ -0.906 \\ -0.905 \end{bmatrix}$$

3. 아래 선형방정식 시스템의 계수행렬은 윌슨 행렬(Wilson's matrix)이라고 알려진 것으로 아주 불안정한 특성을 가지고 있다.

$$\begin{bmatrix} 10 & 7 & 8 & 7 \\ 7 & 5 & 6 & 5 \\ 8 & 6 & 10 & 9 \\ 7 & 5 & 9 & 10 \end{bmatrix} \begin{bmatrix} x_1 \\ x_2 \\ x_3 \\ x_4 \end{bmatrix} = \begin{bmatrix} 32 \\ 23 \\ 33 \\ 31 \end{bmatrix}$$

MATLAB 함수 gaussel.m을 사용하여 해를 구하고 구해진 값을 정해인 [1 1 1 1]과 비교하라. 또한 벡터b 가 다음과 같이 변화할 경우 해 를 구하라.

(a) [32.1 22.9 32.9 31.1]'

(b) [32.01 22.99 32.99 31.01]'

계산된 결과를 볼 때 어떠한 결론은 내릴 수 있는가?

4. MATLAB 함수 gaussel.m를 사용하여 다음 시스템의 해를 구하라.

$$\begin{bmatrix} -3.481 & 4.701 & -6.085 & -6.867 \\ 7.024 & -1.611 & -2.494 & -4.337 \\ 9.661 & 9.023 & -9.422 & 7.129 \\ 7.614 & -8.928 & -5.643 & -8.261 \end{bmatrix} \begin{bmatrix} x_1 \\ x_2 \\ x_3 \\ x_4 \end{bmatrix} = \begin{bmatrix} 2.511 \\ -4.144 \\ -7.448 \\ -2.143 \end{bmatrix}$$

5. MATLAB 함수 gaussel.m를 사용하여 다음 선형시스템의 해를 구하라.

$$\begin{bmatrix} 1 & -2 & 3 & 1 & 2 \\ 1 & 2 & -1 & -1 & 0 \\ 2 & 1 & -3 & -2 & -1 \\ 1 & -2 & 2 & 1 & 0 \\ 1 & -1 & -3 & -2 & 0 \end{bmatrix} \begin{bmatrix} w_1 \\ w_2 \\ w_3 \\ w_4 \\ w_5 \end{bmatrix} = \begin{bmatrix} 4 \\ 0 \\ -5 \\ 2 \\ -6 \end{bmatrix}$$

6. MATLAB 함수 gaussel.m을 이용하여 주어진 세 점을 통과하는 2차 다항식 $y = a_1 x^2 + a_2 x + a_3$ 의 계수 a_1, a_2, a_3를 나타내는 선형방정식 시스템의 해를 구하라. 다음의 세 경우에서 각점을 통과하는 2차 다항식을 각각 구하라.

(a) $(1, 0)$, $(-2, 21)$, $(0, 1)$,

(b) $(1, 5.0)$, $(-2, 7.1)$, $(3, 6.6)$,

(c) $(0, \sqrt{2})$, $(-1, \pi + 1 + \sqrt{2})$, $(3, 9\pi - 3 + \sqrt{2})$

7. 전기회로가 2개의 전압과 6개의 저항으로 구성되어 있다. 옴법칙(Ohm's law)과 키르히전류법칙을 적용하면 다음 선형시스템 방정식을 얻을 수 있다:

$$\begin{bmatrix} R_1 + R_3 + R_4 & R_3 & R_4 \\ R_3 & R_2 + R_3 + R_5 & -R_5 \\ R_4 & -R_5 & R_4 + R_5 + R_6 \end{bmatrix} \begin{bmatrix} i_1 \\ i_2 \\ i_3 \end{bmatrix} = \begin{bmatrix} V_1 \\ V_2 \\ 0 \end{bmatrix}$$

MATLAB 함수 gaussel.m을 사용하여 다음 조건일 경우 전류 i_1, i_2, 그리고 i_3에 대한 선형시스템을 풀어라.

(a) $R_1 = 1$, $R_2 = 2$, $R_3 = 1$, $R_4 = 2$, $R_4 = 1$, $R_6 = 6$, and $V_1 = 20$, $V_2 = 30$

(b) $R_1 = 1$, $R_2 = 1$, $R_3 = 1$, $R_4 = 2$, $R_4 = 2$, $R_6 = 4$, 그리고 $V_1 = 12.5$, $V_2 = 22.5$

(c) $R_1 = 2$, $R_2 = 2$, $R_3 = 4$, $R_4 = 1$, $R_4 = 4$, $R_6 = 3$, 그리고 $V_1 = 40$, $V_2 = 36$

8. 수식 $\frac{4x^3+4x^2+x-1}{x^2(x+1)^2}$ 을 분해하여 부분분수의 합으로 나타내면 다음과 같다.

$$\frac{4x^3 + 4x^2 + x - 1}{x^2(x+1)^2} = \frac{A_1}{x} + \frac{A_2}{x^2} + \frac{A_3}{x+1} + \frac{A_4}{(x+1)^2}$$

계수 $A_i(i = 1, \ldots, 4)$는 시스템방정식의 해로 계산할 수 있다. 시스템방정식을 행렬 형태로 쓰고 MATLAB 함수 gaussel.m을 사용하여 계속 $A_i(i = 1, \ldots, 4)$를 구하여라.

MATLAB 함수 gaussel.m 을 사용하여 다음 선형시스템을 풀어라.

$$\begin{bmatrix} 0.378 & 0.6321 & 0.0662 & 0.2457 & 0.1281 & 0.4414 \\ 0.6924 & 0.7461 & 0.2286 & 0.8044 & 0.3281 & 0.5646 \\ 0.7920 & 0.2994 & 0.5044 & 0.5787 & 0.0826 & 0.2399 \\ 0.7758 & 0.3962 & 0.4622 & 0.4058 & 0.1713 & 0.3482 \\ 0.9570 & 0.6141 & 0.5165 & 0.4767 & 0.3346 & 0.8807 \\ 0.0432 & 0.8976 & 0.5470 & 0.2036 & 0.8721 & 0.2812 \end{bmatrix} \begin{bmatrix} x_1 \\ x_2 \\ x_3 \\ x_4 \\ x_5 \\ x_6 \end{bmatrix} = \begin{bmatrix} 12.3428 \\ -10.6701 \\ 6.9823 \\ 8.4511 \\ 3.0012 \\ -13.1223 \end{bmatrix}$$

4.4 LU 분해법

다음과 같은 선형방정식 시스템이 있다.

$$A\mathbf{x} = \mathbf{b}$$

LU 분해법은 행렬 A를 하삼각행렬 L과 대각요소가 모두 1인 상삼각행렬 U의 곱으로 변환하는 과정이다.

L과 U 행렬이 구해지면, 선형방정식 시스템 $A\mathbf{x} = \mathbf{b}$ 은 다음과 같이 표현할 수 있다.

$$LU\mathbf{x} = \mathbf{b}$$

여기서

$$U\mathbf{x} = \mathbf{y} \tag{4.5}$$

이며

$$L\mathbf{y} = \mathbf{b} \tag{4.6}$$

이다.

식 (4.5)와 (4.6)은 모두 삼각행렬시스템이므로 그 해를 구하는 과정은 매우 쉽다. 즉, 식 (4.6)에서 전방대입(forward substitution)을 통해 $\mathbf{y}$ 벡터를 구하고, 식 (4.5)에서는 구해진 $\mathbf{y}$ 벡터를 사용하여 후방대입(back substitution)을 통해 $\mathbf{x}$ 벡터를 구할 수 있다. 이 절에서는 두 종류의 분해법이 소개될 것이다. 첫 번째는 크라우트법(Crout's method)과 콜레스키법(Cholesky's method)이고, 두 번째는 가우스소거법을 이용하는 방법이다.

4.4.1 크라우트(Crout)법 및 콜레스키(Cholesky)법

여기서는 4×4 행렬을 사용하여 L과 U 행렬을 찾는 방법을 설명할 것이다. 우리가 찾고자 하는 것은 다음과 같은 조건을 만족하면서 0이 아닌 대각요소를 가진 두 개의 삼각행렬 L과 U를 찾는 것이다.

$$\begin{bmatrix} l_{11} & 0 & 0 & 0 \\ l_{21} & l_{22} & 0 & 0 \\ l_{31} & l_{32} & l_{33} & 0 \\ l_{41} & l_{42} & l_{43} & l_{44} \end{bmatrix} \begin{bmatrix} 1 & u_{12} & u_{13} & u_{14} \\ 0 & 1 & u_{23} & u_{24} \\ 0 & 0 & 1 & u_{34} \\ 0 & 0 & 0 & 1 \end{bmatrix} = \begin{bmatrix} a_{11} & a_{12} & a_{13} & a_{14} \\ a_{21} & a_{22} & a_{23} & a_{24} \\ a_{31} & a_{32} & a_{33} & a_{34} \\ a_{41} & a_{42} & a_{43} & a_{44} \end{bmatrix}$$

L 행렬의 행과 U 행렬의 첫 번째 열을 곱하면

$$l_{i1} = a_{i1}, \quad i = 1, 2, 3, 4$$

따라서, L 행렬의 첫 번째 열은 A 행렬의 첫 번째 열의 값과 같다. 다음으로 U의 열과 L의 첫 번째 행을 곱하면

$$l_{11}u_{1i} = a_{1i}, \quad i = 2, 3, 4$$

따라서, U의 첫 번째 행은 다음과 같이 구해진다.

$$u_{1i} = \frac{a_{1i}}{l_{11}}, \quad i = 2, 3, 4$$

이러한 방법을 통해 L의 열과 U의 행을 하나씩 구할 수 있다.
그 결과는 다음과 같다.

$$\begin{aligned} l_{i2} &= a_{i2} - l_{i1}u_{12} && i = 2, 3, 4 \\ u_{2i} &= \frac{a_{2i} - l_{21}u_{1i}}{l_{22}} && i = 3, 4 \\ l_{i3} &= a_{i3} - l_{i1}u_{13} - l_{i2}u_{23} && i = 3, 4 \\ u_{34} &= \frac{a_{34} - l_{31}u_{14} - l_{32}u_{24}}{l_{33}} \\ l_{44} &= a_{44} - l_{41}u_{14} - l_{42}u_{24} - l_{43}u_{34} \end{aligned}$$

알고리듬의 형태로는 어떤 $n \times n$ 행렬의 분해는 다음과 같이 나타낼 수 있다.

$$l_{ij} = a_{ij} - \sum_{k=1}^{j-1} l_{ik}u_{kj}, \quad j \le i, \ i = 1, 2, \ldots, n \tag{4.7}$$

$$u_{ij} = \frac{a_{ij} - \sum_{k=1}^{i-1} l_{ik}u_{kj}}{l_{ii}}, \quad i \le j, \ j = 2, 3, \ldots, n \tag{4.8}$$

이 알고리듬은 대각요소 l_{ii}, $i = 1, \ldots, n$ 이 0이 아닐 경우 적용될 수 있음을 주의하라.

위에서 설명한 LU 분해법에서는 U 행렬의 대각요소는 모두 1이 되는 경우로 이 방법은 **크라우트법(Crout's method)**으로 알려져 있다. 이와 달리 L 행렬의 대각요소가 모두 1이 되는 분해법은 **두리틀법(Doolittle's method)**이라고 불린다.

크기가 $n \times n$ 인 행렬 A 가 대칭행렬(즉, $A = A^T$)이며 positive definite인 경우 즉, 0이 아닌 n차의 벡터 x에 대해 $\mathbf{x}^T A\mathbf{x} > 0$인 경우, 어떠한 피버팅이나 스케일링없이 분해를 수행할 수 있다. 이러한 분해는 **콜레스키법(Cholesky's method)**이라고 불려진다. 콜레스키법에서 행렬 A는 다음과 같은 형태로 분해된다.

$$A = LL^T$$

여기서 L 은 하삼각행렬이다. L 행렬을 구하는 방법은 크라우트법의 경우와 비슷하다. L과 L^T의 곱이 A 와 같다는 조건으로부터 다음과 같은 수식을 얻을 수 있다.

$$\begin{aligned} l_{ii} &= \left[a_{ii} - \sum_{k=1}^{i-1}(l_{ik})^2\right]^{1/2}, \qquad i = 1, 2, \ldots, n \\ l_{ij} &= \frac{a_{ij} - \sum_{k=1}^{j-1} l_{ik}l_{jk}}{l_{jj}}, \qquad i = j+1, j+2, \ldots, n;\ j = 1, 2, \ldots, n \end{aligned} \tag{4.9}$$

예제 4.8 다음 행렬을 콜레스키법을 사용하여 분해하라

$$A = \begin{bmatrix} 16 & 4 & 4 \\ 4 & 26 & 6 \\ 4 & 6 & 11 \end{bmatrix}$$

식 (4.9)에 의하면

$$\begin{aligned} &l_{11} = \sqrt{16} = 4 \\ &l_{21} = 4/4 = 1, \quad l_{22} = \sqrt{26-1} = 5 \\ &l_{31} = 4/4 = 1, \quad l_{32} = (6-1)/5 = 1, \quad l_{33} = \sqrt{11-1-1} = 3 \end{aligned}$$

따라서

$$L = \begin{bmatrix} 4 & 0 & 0 \\ 1 & 5 & 0 \\ 1 & 1 & 3 \end{bmatrix} \quad \text{and} \quad U = L^T \begin{bmatrix} 4 & 1 & 1 \\ 0 & 5 & 1 \\ 0 & 0 & 3 \end{bmatrix}$$

이다.

LU 분해는 다음과 같이 동일한 계수행렬 A를 사용하는 여러 선형방정식 시스템을 풀 경우 유용하다.

$$A\mathbf{x} = \mathbf{b}_1,\ A\mathbf{x} = \mathbf{b}_2,\ \ldots,\ A\mathbf{x} = \mathbf{b}_n$$

과학과 공학문제에서 이러한 형태의 선형방정식 시스템은 빈번하게 나타나며 이 경우 각각을 가우스소거법을 사용하여 해를 구하는 것보다 LU 분해법을 사용하는 것이 훨씬 효율적이다. 행렬의 저장에 필요한 메모리의 측면에서도 L과 U 행렬의 0, 또한 1의 값을 가지는 대각요소는 저장할 필요가 없으므로 효율적이다. 식 (4.9)에 나타난 것처럼 A 행렬의 요소 a_{ij}는 계산에 한번만 사용되고 그 이후는 필요치 않으므로 A 행렬을 저장한 공간에 L 혹은 U 행렬을 저장할 수 있다. 다시 말하면, L 과 U 행렬은 계산된 이후 A 행렬을 저장하던 메모리에 저장될 수 있다.

예제 4.9 크라우트법을 사용하여 다음 선형방정식 시스템을 분해하라

$$\begin{bmatrix} 1 & 1 & 1 & 1 \\ 2 & 3 & 1 & 5 \\ -1 & 1 & -5 & 3 \\ 3 & 1 & 7 & -2 \end{bmatrix} \begin{bmatrix} x_1 \\ x_2 \\ x_3 \\ x_4 \end{bmatrix} = \begin{bmatrix} 10 \\ 31 \\ -2 \\ 18. \end{bmatrix}$$

A 행렬은 L과 U의 곱과 같다.

$$A = \begin{bmatrix} 1 & 1 & 1 & 1 \\ 2 & 3 & 1 & 5 \\ -1 & 1 & -5 & 3 \\ 3 & 1 & 7 & -2 \end{bmatrix} = \begin{bmatrix} l_{11} & 0 & 0 & 0 \\ l_{21} & l_{22} & 0 & 0 \\ l_{31} & l_{32} & l_{33} & 0 \\ l_{41} & l_{42} & l_{43} & l_{44} \end{bmatrix} \begin{bmatrix} 1 & u_{12} & u_{13} & u_{14} \\ 0 & 1 & u_{23} & u_{24} \\ 0 & 0 & 1 & u_{34} \\ 0 & 0 & 0 & 1 \end{bmatrix}$$

L과 U를 곱하고 이를 A행렬의 값과 비교하면

(i) L 행렬의 첫 번째 행과 U 행렬의 열의 곱으로부터

$$\begin{aligned} &l_{11} = 1 \\ &l_{11}u_{12} = 1 \Longrightarrow u_{12} = 1 \\ &l_{11}u_{13} = 1 \Longrightarrow u_{13} = 1 \\ &l_{11}u_{14} = 1 \Longrightarrow u_{14} = 1 \end{aligned}$$

(ii) L 행렬의 두 번째 행과 U 행렬의 열의 곱으로부터

$$l_{21} = 2$$
$$l_{21}u_{12} + l_{22} = 3 \Longrightarrow l_{22} = 3 - l_{21}u_{12} = 1$$
$$l_{21}u_{13} + l_{22}u_{23} = 1 \Longrightarrow u_{23} = (1 - l_{21}u_{13})/l_{22} = -1$$
$$l_{21}u_{14} + l_{22}u_{24} = 5 \Longrightarrow u_{24} = (5 - l_{21}u_{14})/l_{22} = 3$$

(iii) L 행렬의 세 번째 행과 U 행렬의 열의 곱으로부터

$$l_{31} = -1$$
$$l_{31}u_{12} + l_{32} = 1 \Longrightarrow l_{32} = 1 - l_{31}u_{12} = 2$$
$$l_{31}u_{13} + l_{32}u_{23} + l_{33} = -5 \Longrightarrow l_{33} = -5 - l_{31}u_{13} - l_{32}u_{23} = -2$$
$$l_{31}u_{14} + l_{32}u_{24} + l_{33}u_{34} = 3 \Longrightarrow u_{34} = (3 - l_{31}u_{14} - l_{32}u_{24})/l_{33} = 1$$

(iv) L 행렬의 네 번째 행과 U 행렬의 열의 곱으로부터

$$l_{41} = 3$$
$$l_{41}u_{12} + l_{42} = 1 \Longrightarrow l_{42} = 1 - l_{41}u_{12} = -2$$
$$l_{41}u_{13} + l_{42}u_{23} + l_{43} = 7 \Longrightarrow l_{43} = 7 - l_{41}u_{13} - l_{42}u_{23} = 2$$
$$l_{41}u_{14} + l_{42}u_{24} + l_{43}u_{34} + l_{44} = -2 \Longrightarrow$$
$$l_{44} = -2 - l_{41}u_{14} - l_{42}u_{24} - l_{43}u_{34} = -1$$

따라서,

$$L = \begin{bmatrix} 1 & 0 & 0 & 0 \\ 2 & 1 & 0 & 0 \\ -1 & 2 & -2 & 0 \\ 3 & -2 & 2 & -1 \end{bmatrix} \quad \text{and} \quad U = \begin{bmatrix} 1 & 1 & 1 & 1 \\ 0 & 1 & -1 & 3 \\ 0 & 0 & 1 & 1 \\ 0 & 0 & 0 & 1 \end{bmatrix}$$

L은 하삼각행렬이므로 전진대입를 통해 $L\mathbf{y} = \mathbf{b}$를 풀면

$$y_1 = 10$$
$$y_2 = 31 - 2(10) = 11$$
$$y_3 = [-2 + 10 - 2(11)]/(-2) = 7$$
$$y_4 = -[18 - 3(10) + 2(11) - 2(7)] = 4$$

마지막으로 후방대입을 통해 상삼각행렬 U 가 사용된 선형방정식 시스템의 해를 구하면

$$x_1 = 10 - 4 - 3 - 2 = 1$$
$$x_2 = -[11 - 4 - 3(3)] = 2$$
$$x_3 = 7 - 4 = 3$$
$$x_4 = 4$$

와 같다.

계산 결과는 표 4.3에 나타나있다.

표 4.3 크라우트 법에 의한 예제 4.9의 풀이

```
» A=[1 1 1 1;2 3 1 5;-1 1 -5 3;3 1 7 -2];
» b=[10 31 -2 18]';
» lu(A,b)

L =

    1     0     0     0
    2     1     0     0
   -1     2    -2     0
    3    -2     2    -1

   The forward substitution gives
y =
   10
   11
    7
    4

U =

    1     1     1     1
    0     1    -1     3
    0     0     1     1
    0     0     0     1

   The vector solution is =
x =
    1
    2
    3
    4
```

4.4.2 가우스소거법

이 절에서는 가우스소거법을 통해 L 과 U 행렬을 구하는 방법을 다룬다. 이 방법은 앞에서 소개한 가우스소거법과 완전히 동일한 절차이나 차이점은 각 소거과정에 사용된 곱수를 기록한다는 점이다. 설명을 위해 순수 가우스소거법으로도 선형방정식 시스템 $A\mathbf{x} = \mathbf{b}$의 해를 구할 수 있다고 가정하고 피버팅을 제외하고 분해의 과정만을 다루도록 하자. 또한 분해 시 $\mathbf{b}$ 벡터는 사용되지 않으므로 A 행렬에 b벡터를 추가한 확장행렬을 사용하지 않는다. 4.2절에 소개되었던 순수 가우스소거법에서 k번째 스텝의 곱수는 다음과 같다.

$$m_{ik} = \frac{a_{ik}^{(k)}}{a_{kk}^{(k)}}$$

여기서 $a_{kk}^{(k)} \neq 0$ 이다. 다음과 같은 하삼각행렬에 행렬 A를 곱할 경우 그 결과는 아래와 같다.

$$M_1 = \begin{bmatrix} 1 & & & \\ -m_{21} & 1 & & 0 \\ -m_{31} & 0 & 1 & \\ \vdots & \vdots & & \ddots \\ -m_{n1} & 0 & \cdots & 0 & 1 \end{bmatrix} \qquad M_1A = \begin{bmatrix} a_{11}^{(1)} & a_{12}^{(1)} & \cdots & a_{1n}^{(1)} \\ 0 & a_{22}^{(2)} & \cdots & a_{2n}^{(2)} \\ \vdots & \vdots & \ddots & \vdots \\ 0 & a_{n2}^{(2)} & \cdots & a_{nn}^{(2)} \end{bmatrix}$$

이것은 A행렬의 i번째 행($i = 2, \ldots, n$)에서 A행렬의 첫 번째 행과 행곱수 m_{i1}를 곱한 값을 빼는 것과 동일한 결과이다. $a_{kk}^{(k-1)} \neq 0$ 일 때 $k-1$ 번째 스텝까지 수행하면 그 결과는 다음과 같다.

$$M_{k-1}M_{k-2}\cdots M_1A = \begin{bmatrix} a_{11}^{(1)} & a_{12}^{(1)} & \cdots & a_{1k}^{(1)} & \cdots & a_{1n}^{(1)} \\ 0 & a_{22}^{(2)} & \cdots & a_{2k}^{(2)} & \cdots & a_{2n}^{(2)} \\ \vdots & 0 & \cdots & \vdots & & \vdots \\ 0 & 0 & \cdots & a_{kk}^{(k)} & \cdots & a_{kn}^{(k)} \\ \vdots & \vdots & & \vdots & & \vdots \\ 0 & 0 & \cdots & a_{nk}^{(k)} & \cdots & a_{nn}^{(k)} \end{bmatrix}$$

여기서

$$M_{k-1} = \begin{bmatrix} 1 & & & & \\ & \ddots & & & \\ & & 1 & & 0 \\ & & -m_{k,k-1} & \ddots & \\ & & \vdots & & \\ & & -m_{n,k-1} & & 1 \end{bmatrix}$$

단순 가우스소거법을 $(n-1)$ 번째까지 수행하면 다음과 같이 상삼각행렬 U를 구할 수 있다.

$$M_{n-1}M_{n-2}\cdots M_1A = \begin{bmatrix} a_{11}^{(1)} & a_{12}^{(1)} & \cdots & a_{1n}^{(1)} \\ 0 & a_{22}^{(2)} & \cdots & a_{2n}^{(2)} \\ \vdots & \ddots & \ddots & \vdots \\ 0 & \cdots & 0 & a_{nn}^{(n)} \end{bmatrix} = U \tag{4.10}$$

$i = 1, \ldots, n-1$ 에 대하여 $M_i^{-1}M_i = I$ 이다. 이를 이용하여 식 (4.10)의 왼쪽에 M_{i-1}^{-1}

, M_{i-2}^{-1} 등을 순차적으로 곱하면 다음과 같다.

$$A = M_1^{-1} M_2^{-1} \cdots M_{n-1}^{-1} U$$

M_{k-1} 의 역행렬 M_{k-1}^{-1} 은 다음과 같다

$$M_{k-1}^{-1} = \begin{bmatrix} 1 & & & & \\ & \ddots & & & \\ & & 1 & & 0 \\ & & m_{k,k-1} & \ddots & \\ & & \vdots & & \\ & & m_{n,k-1} & & 1 \end{bmatrix}$$

따라서

$$M_1^{-1} M_2^{-1} \cdots M_{n-1}^{-1} = \begin{bmatrix} 1 & & & & \\ m_{21} & 1 & & 0 & \\ m_{31} & m_{32} & \ddots & & \\ \vdots & \vdots & \ddots & 1 & \\ m_{n1} & m_{n2} & \cdots & m_{n,n-1} & 1 \end{bmatrix} = L \qquad (4.11)$$

M_{i-1}^{-1}, M_{i-2}^{-1} 등의 곱은 하삼각행렬 L이 된다.
결론적으로 다음과 같이 정리할 수 있다.

$$LU = M_1^{-1} M_2^{-1} \cdots M_{n-1}^{-1} M_{n-1} M_{n-2} \cdots M_1 A = A$$

여기서 U 는 식 (4.10)으로 L 은 식 (4.11)로 구할 수 있다.

예제 4.10 가우스소거법을 사용하여 행렬 A의 LU 분해를 수행하라.

$$A = \begin{bmatrix} 1 & 1 & 6 \\ -1 & 2 & 9 \\ 1 & -2 & 3 \end{bmatrix}$$

행렬 A의 왼쪽에 단위행렬을 곱한 수식으로부터 L행렬을 구한다.

$$A = I\,A = \begin{bmatrix} 1 & 0 & 0 \\ 0 & 1 & 0 \\ 0 & 0 & 1 \end{bmatrix} \begin{bmatrix} 1 & 1 & 6 \\ -1 & 2 & 9 \\ 1 & -2 & 3 \end{bmatrix}$$

행곱수 $m_{21} = -1$, $m_{31} = 1$이다. 두 번째 행에서 첫 번째 행에 m_{21}을 곱한 값을 빼고 세 번째 행에서 첫 번째 행에 m_{31}을 곱한 값을 빼면,

$$A = \begin{bmatrix} 1 & 0 & 0 \\ -1 & 1 & 0 \\ 1 & 0 & 1 \end{bmatrix} \begin{bmatrix} 1 & 1 & 6 \\ 0 & 3 & 15 \\ 0 & -3 & -3 \end{bmatrix}$$

곱수 m_{21}과 m_{31}은 왼쪽 행렬의 첫 번째 열의 대각요소 밑에 놓는다. 두 번째 행에 곱해질 곱수 $m_{32} = -1$ 이다. 세 번째 행에서 곱수가 곱해진 두 번째 행을 빼면 LU 분해가 완성된다.

$$A = \begin{bmatrix} 1 & 0 & 0 \\ m_{21} \leftarrow \mathbf{-1} & 1 & 0 \\ m_{31} \leftarrow \ \mathbf{1} \ m_{32} \leftarrow \mathbf{-1} & & 1 \end{bmatrix} \begin{bmatrix} 1 & 1 & 6 \\ 0 & 3 & 15 \\ 0 & 0 & 12 \end{bmatrix} = LU$$

가우스소거법을 사용하여 삼각행렬을 구하기 위해 필요한 연산횟수는 단순 가우스 소거법의 경우와 비슷하게 구할 수 있다. $n \times n$ 행렬을 가우스소거법을 사용하여 삼각행렬로 만들기 위한 곱셈과 나눗셈의 전체 횟수는

$$\frac{n^3 - n}{3}$$

이고 뺄셈의 횟수는

$$\frac{2n^3 - 3n^2 + n}{6}$$

이다.

MATLAB 방법

MATLAB에는 LU 분해를 수행하는 내장함수 lu가 포함되어 있다. 이 함수는 분해시 피버팅을 사용한다. MATLAB 명령어 [L,U,P] = lu(A) 는 **PA**=**LU**의 관계를 만족하는 상삼각행렬 **U**, 하삼각행렬 **L**, 그리고 치환행렬 **P**를 출력한다. **치환행렬**(permutation matrix)은 크기가 $n \times n$이며 행의 순서가 바뀐 단위행렬의 형태를 가지고 있다. 따라서, **PA**는 **A** 행렬의 행의 순서가 재배치된 행렬이다.

```
>> A = [1 2 3; 2 8 11; 3 22 35]; b = [1 1 1]';
>> [L,U,P] = lu(A)
         1.0000         0         0
L =      0.6667    1.0000         0
         0.3333    0.8000    1.0000
U =
    3.0000   22.0000   35.0000
         0   -6.6667   12.3333
         0         0    1.2000
P =
    0   0   1
    0   1   0
    1   0   0
```

선형방정식 시스템 $\mathbf{Ax}=\mathbf{b}$의 해는 다음과 같이 \ 연산자를 사용하여 구할 수 있다.

```
>> y = L\(P*b)
y =
    1.0000
    0.3333
    0.4000
>> x = U\y
x =
     1.3333
    -0.6667
     0.3333
```

$\mathbf{PA}=\mathbf{LU}$를 만족하는지는 $\mathbf{A}=\mathbf{P}^{-1}\mathbf{LU}$를 수행해보면 알 수 있다.

```
>> inv(P)*L*U
ans =
    1    2    3
    2    8   11
    3   22   35
```

M-function 4.4a

다음의 MATLAB 함수 **lufact.m**은 크라우트 LU 분해법을 이용하여 선형시스템의 해를 구한다. 입력사항은 $n \times n$ 행렬 A, 그리고 $n \times 1$ 계수 벡터 b이다.

```
function lufact(A,b)
% Solve the system Ax=b using the LU decomposition.
n=length(b);
y=zeros(n,1);
```

```
x=zeros(n,1);
fprintf('\n');
for i=1:n
  U(i,i)=1;
end
L(1,1)=A(1,1)/U(1,1);
for j=2:n
  L(j,1)=A(j,1)/U(1,1);
  U(1,j)=A(1,j)/L(1,1);
end
for i=2:n-1
  S=0;
  for k=1:i-1
    S=S+U(k,i)*L(i,k);
  end
  L(i,i)=(A(i,i)-S)/U(i,i);
  for j=i+1:n
    S=0;
    for k=1:i-1
      S=S+U(k,i)*L(j,k);
    end
    L(j,i)=(A(j,i)-S)/U(i,i);
    S=0;
    for k=1:i-1
      S=S+U(k,j)*L(i,k);
    end
    U(i,j)=(A(i,j)-S)/L(i,i);
  end
end
S=0;
for k=1:n-1
  S=S+U(k,n)*L(n,k);
end
L(n,n)=(A(n,n)-S)/U(n,n);
% Perform the forward substitution.
y(1)=b(1)/L(1,1);
for i=2:n
  S=b(i);
  for j=1:i-1
    S=S-L(i,j)*y(j);
  end
  y(i)=S/L(i,i);
end
% Perform the back substitution.
x(n)=y(n)/U(n,n);
for i=n-1:-1:1
  S=y(i);
  for j=i+1:n
```

```
    S=S-U(i,j)*x(j);
  end
  x(i)=S/U(i,i);
end
L
disp('        The forward substitution gives')
y
U
disp('        The vector solution is =')
x
```

연습문제 4.4

1. 다음의 행렬 A는 아래와 같은 L, U 행렬로 분해된다.

$$A = \begin{bmatrix} 2 & -1 & 2 \\ 2 & -3 & 3 \\ 6 & -1 & 8 \end{bmatrix} \quad L = \begin{bmatrix} 2 & 0 & 0 \\ 2 & -2 & 0 \\ 6 & 2 & 3 \end{bmatrix} \quad U = \begin{bmatrix} 1 & -\frac{1}{2} & 1 \\ 0 & 1 & -\frac{1}{2} \\ 0 & 0 & 1 \end{bmatrix}$$

분해된 L, U 행렬을 사용하여 $\mathbf{b} = [-2,\ -5,\ 0]^T$ 일 때 $A\mathbf{x} = \mathbf{b}$ 의 해를 구하라.

2. 다음의 각 행렬을 LU 분해하라

$$(a)\ \begin{bmatrix} 4 & -1 & 1 \\ 3 & 3 & 8 \\ 3 & 3 & 2 \end{bmatrix} \qquad (b)\ \begin{bmatrix} 3 & -1.5 & 2 \\ -1 & 0 & 2 \\ 4 & -3.5 & 5 \end{bmatrix}$$

$$(c)\ \begin{bmatrix} 2 & 0 & 0 & 0 \\ 1 & 2 & 0 & 0 \\ 0 & -3 & 1 & 0 \\ 2 & -2 & 1 & 1 \end{bmatrix} \qquad (d)\ \begin{bmatrix} 2.75 & 4.23 & -2.88 & 5.45 \\ -4.45 & 6.00 & 0.00 & 1.19 \\ -1.00 & -5.33 & 1.11 & 0.00 \\ 6.34 & 7.00 & 0.00 & -4.54 \end{bmatrix}$$

3. 선형방정식 시스템 $\mathbf{Ax} = \mathbf{b}$의 행렬 A가 다음과 같은 L, U 로 분해되었다.

$$A = LU$$

$$L = \begin{bmatrix} 1 & 0 & 0 & 0 & 0 \\ -1 & 1 & 0 & 0 & 0 \\ 0 & -1 & 1 & 0 & 0 \\ 0 & 0 & -1 & 1 & 0 \\ 0 & 0 & 0 & -1 & 1 \end{bmatrix}, \quad U = L^T, \quad \mathbf{b} = \begin{bmatrix} 1 \\ 1 \\ 1 \\ 1 \\ 1 \end{bmatrix}$$

$\mathbf{x}$ 벡터를 구하라.

4. 선형방정식 시스템 $A\mathbf{x} = \mathbf{b}$의 행렬 A가 다음과 같은 L, U 로 분해되었다.

$$A = LU$$

$$L = \begin{bmatrix} 1 & 0 & 0 & 0 & 0 \\ -1 & 1 & 0 & 0 & 0 \\ 0 & -1 & 1 & 0 & 0 \\ 0 & 0 & -1 & 1 & 0 \\ -1 & -1 & 0 & -1 & 1 \end{bmatrix}, \; U = \begin{bmatrix} 1 & -1 & 0 & 1 & 0 \\ 0 & 1 & -1 & 0 & 1 \\ 0 & 0 & 1 & -1 & 0 \\ 0 & 0 & 0 & 1 & -1 \\ 0 & 0 & 0 & 0 & 1 \end{bmatrix}$$

$\mathbf{x}$ 벡터를 구하라.

5. LU 분해법을 사용하여 다음 선형방정식 시스템의 해를 구하라.

(a) $\begin{bmatrix} 3 & -2 & 1 & 0 \\ 1 & -4 & 2 & 2 \\ 1 & 0 & 3 & 0 \\ -3 & 7 & 9 & 1 \end{bmatrix} \begin{bmatrix} x_1 \\ x_2 \\ x_3 \\ x_4 \end{bmatrix} = \begin{bmatrix} -3 \\ 6 \\ 5 \\ 5 \end{bmatrix}$

(b) $\begin{bmatrix} 1 & 1 & -2 \\ 4 & -2 & 1 \\ 3 & -1 & 3 \end{bmatrix} \begin{bmatrix} x_1 \\ x_2 \\ x_3 \end{bmatrix} = \begin{bmatrix} 3 \\ 5 \\ 8 \end{bmatrix}$

6. 행렬 A를 콜레스키법을 사용하여 분해하였다. L 행렬이 다음과 같을 경우 행렬 A를 구하라.

$$L = \begin{bmatrix} 1 & 0 & 0 & 0 \\ -3 & 2 & 0 & 0 \\ -3 & -1 & 3 & 0 \\ 4 & 2 & 6 & 4 \end{bmatrix}$$

7. U 행렬이 다음과 같을 경우, 콜레스키 분해 $A = LL^T$ 를 수행하라.

$$A = \begin{bmatrix} 4 & -1 & 0 & 0 \\ -1 & 4 & -1 & 0 \\ 0 & -1 & 4 & -1 \\ 0 & 0 & -1 & 4 \end{bmatrix}$$

8. 다음과 같은 행렬 A가 있다.

$$A = \begin{bmatrix} 2 & -3 & 2 & 5 \\ 1 & -1 & 1 & 2 \\ 3 & 2 & 2 & 1 \\ 1 & 1 & -3 & -1 \end{bmatrix}$$

가우스소거법을 사용하여 $MA = U$ 를 만족하는 단위하삼각행렬 M 과 상삼각행렬 U 를 구하라.

9. 다음 행렬 A의 LU 분해를 수행하라. L행렬의 대각요소는 모두 1이다.

$$A = \begin{bmatrix} 4 & -2 & 0 & 0 \\ -2 & 2 & 2 & 0 \\ 0 & 2 & 8 & -6 \\ 0 & 0 & -6 & 10 \end{bmatrix}$$

LU 분해를 결과를 활용하여 $Ax = [2\ 0\ -8\ 16]^T$ 의 해를 구하라.

컴퓨터 문제 4.4

1. 귀하가 알고 있는 프로그래밍 언어를 사용하여 LU 분해법을 통해 n차의 선형방정식 시스템의 해를 구하는 컴퓨터 프로그램을 작성하라. 프로그램에 입력되는 값은 다음을 포함하여야 한다.

(a) 수식의 수 n

(b) 확장행렬(augmented matrix)

출력은 다음을 포함하여야 한다.

(a) 확장행렬(augmented matrix)

(b) L과 U 행렬

(b) 해 벡터

완성된 프로그램을 연습문제 1(b)를 사용하여 테스트하라.

2. 다음의 8×8 삼중대각행렬은 유한차분법을 이용한 편미분방정식의 풀이로부터 나타난다.

$$\begin{bmatrix} -2 & 1 & & & \\ 1 & -2 & 1 & & \\ & \ddots & \ddots & \ddots & \\ & & 1 & -2 & 1 \\ & & & 1 & -2 \end{bmatrix} \begin{bmatrix} x_1 \\ x_2 \\ \vdots \\ x_7 \\ x_8 \end{bmatrix} = \mathbf{b}$$

MATLAB 함수 lufact를 활용하여 다음의 $\mathbf{b}$ 벡터를 가지는 선형방정식 시스템의 해를 구하라.

(a) $[1 \quad 1 \quad \ldots \quad 1]'$

(b) $[10 \quad 0 \quad \ldots \quad 0 \quad 10]'$

(c) $[0.1 \quad 0.2 \quad \ldots \quad 0.7 \quad 0.8]'$

3. MATLAB 함수 rand를 사용하여 15 × 15 행렬 $\mathbf{A}$을 발생시키고 MATLAB 함수 lufact를 이용하여, 다음의 $\mathbf{b}$ 벡터를 가지는 선형방정식 시스템 $\mathbf{Ax} = \mathbf{b}$의 해를 구하라.

(a) $\mathbf{b} = [1 \quad 1/2 \quad 1/3 \ldots \quad 1/15]'$

(b) $\mathbf{b} = [1 \quad 2 \quad 3 \quad \ldots \quad 15]'$

(c) $\mathbf{b} = [0.1 \quad 0.2 \quad 0.3 \quad \ldots \quad 0.15]'$

계산된 해의 정확도를 잔차벡터 $\mathbf{Ax}-\mathbf{b}$ 를 사용하여 검토하라. 정확도는 요소들이 얼마나 0과 가까운 값을 가지는가에 따라 달라진다.

4. MATLAB 함수 lufact를 이용하여 다음의 행렬을 분해하라.

$$\begin{bmatrix} 6 & 2 & 1 & -1 \\ 2 & 4 & 1 & 0 \\ 1 & 1 & 4 & -1 \\ -1 & 0 & -1 & 3 \end{bmatrix}$$

5. 요소 $a_{ij} \in [-6, 6]$(여기서, $1 \leq i, j \leq 10$)가 불규칙하게 배치된 10 × 10 행렬 A를 MATLAB 함수 randint 을 사용하여 발생시키고, MATLAB 함수 lufact 를 활용하여 다음의 $\mathbf{b}$ 벡터를 가지는 선형방정식 시스템 $\mathbf{Ax}=\mathbf{b}$ 의 해를 구하라.

(a) $\mathbf{b} = [1, 1, ..., 1]'$

(b) $\mathbf{b} = [1, 2, 3, 4, 5, 0.1, 0.2, 0.3, 0.4, 0.5]'$

(c) $\mathbf{b} = [2, 4, 6, 8, 10, 1, 3, 5, 7, 9]'$

4.5 반복법

행렬의 크기가 100,000개 이상으로 큰 선형방정식 시스템을 풀 경우 직접법은 반올림오차 때문에 비효율적일 수 있다. 이렇게 큰 선형방정식 시스템의 예는 편미분 방정식의 풀이에서 볼수 있다. 이 경우 반복법이 더 바람직한 방법이다. 크기가 큰 희소행렬(sparse matrix), 즉 행렬에서 0이 차지하는 부분이 많은 행렬을 풀 때 직접법 대신 반복법을 사용하면 반올림 오차의 영향이 줄어든다는 점뿐 아니라 요구되는 메모리의 크기가 훨씬 작아진다는 장점이 있다. 따라서, 희소행렬의 경우 반복법이 직접법 보다 매력적이다.

반복법을 사용한 선형방정식 시스템의 풀이는 식 (4.1)을 다음과 같은 형태로 바꾸는 것이다.

$$\mathbf{x}^{(k)} = \mathbf{b}' - B\mathbf{x}^{(k-1)}$$

반복법에서는 초기값 $\mathbf{x}^{(0)}$을 선택한 이후 다음과 같이 근사해 벡터 계산을 반복한다.

$$\mathbf{x} = \mathbf{b}' - B\mathbf{x}$$

여기서 $k = 1, 2, 3, \ldots$ 이다.

4.5.1 야코비 반복법

야코비 반복법의 설명을 위해 다음과 같은 3×3 선형방정식 시스템을 예로 들어보자.

$$\begin{aligned} a_{11}x_1 + a_{12}x_2 + a_{13}x_3 &= b_1 \\ a_{21}x_1 + a_{22}x_2 + a_{23}x_3 &= b_2 \\ a_{31}x_1 + a_{32}x_2 + a_{33}x_3 &= b_3 \end{aligned}$$

여기서 모든 대각요소 a_{11}, a_{22}, a_{33}는 0이 아니라고 가정한다. 반복법은 선형방정식 시스템의 각 식을 다음과 같이 가능하면 크기가 제일 큰 계수로 나눈 형태로 바꾸는 것으로부터 시작한다.

$$\begin{aligned} x_1 &= \phantom{u_{21}x_1 +{}} u_{12}x_2 + u_{13}x_3 + c_1 \\ x_2 &= u_{21}x_1 \phantom{{}+ u_{12}x_2} + u_{23}x_3 + c_2 \\ x_3 &= u_{31}x_1 + u_{32}x_2 \phantom{{}+ u_{13}x_3} + c_3 \end{aligned}$$

여기서, $u_{ij} = -\frac{a_{ij}}{a_{ii}}$, $c_i = \frac{b_i}{a_{ii}}$이고, $i = 1, 2, 3$ 이다.

$x_1^{(0)}$, $x_2^{(0)}$, $x_3^{(0)}$을 초기값이라고 하면 $(n + 1)$번째 근사해는 다음과 같이 나타낼 수 있다.

$$\begin{aligned} x_1^{(n+1)} &= \phantom{u_{21}x_1^{(n)} +{}} u_{12}x_2^{(n)} + u_{13}x_3^{(n)} + c_1 \\ x_2^{(n+1)} &= u_{21}x_1^{(n)} \phantom{{}+ u_{12}x_2^{(n)}} + u_{23}x_3^{(n)} + c_2 \\ x_3^{(n+1)} &= u_{31}x_1^{(n)} + u_{32}x_2^{(n)} \phantom{{}+ u_{13}x_3^{(n)}} + c_3 \end{aligned}$$

여기서 $n = 0, 1, 2, \ldots$ 이다.

알고리듬의 형태로 표현하면 야코비 반복법(Jacobi iterative method)은 $n \times n$ 시스템에서 다음과 같이 표현된다. 즉, 식 (4.1)에서 i번째 식을 x_i에 대해 풀면 ($a_{ii} \neq 0$이라고 가정)

$$x_i = \sum_{\substack{j=1 \\ j \neq i}}^{n} \left(-\frac{a_{ij}x_j}{a_{ii}} \right) + \frac{b_i}{a_{ii}}, \quad i = 1, 2, \ldots, n$$

반복횟수 $k \geq 1$ 일 때 $x_i^{(k)}$는

$$x_i^{(k)} = \frac{-\sum_{\substack{j=1 \\ j\neq i}}^{n} (a_{ij}x_j^{(k-1)}) + b_i}{a_{ii}}, \quad i = 1, 2, \ldots, n \tag{4.12}$$

로 표현된다. 반복계산은 수렴조건을 만족하면 종료된다. 흔히 사용되는 수렴조건(혹은 정지조건)은 상대적인 변화량에 근거한 조건으로서 다음 식에 의한 값이 미리 정해진 허용치보다 작아질 때까지 계산을 반복하는 것이다.

$$\frac{|\mathbf{x}^{(k)} - \mathbf{x}^{(k-1)}|}{|\mathbf{x}^{(k)}|}, \qquad \mathbf{x}^{(k)} = \left(x_1^{(k)}, \ldots, x_n^{(k)}\right)^T$$

방정식의 근을 찾는 뉴턴법(Newton's method)과 달리 야코비 반복법에서 해의 수렴 혹은 발산여부는 초기치 가정과 상관없이 오로지 행렬 자체의 특성에 달려있다. 하지만 초기치를 잘 선택할 경우 상대적으로 작은 횟수의 반복계산만으로 수렴에 도달할 수 있다. 이러한 특성은 다음절에서 소개되는 가우스-자이델(Gauss-Seidel) 반복법에서도 마찬가지이다.

예제 4.11 다음 선형방정식 시스템을 야코비 반복법을 사용하여 풀어라. 여기서 $EPS = 10^{-3}$, $ITMAX = 30$ 이며 초기치로 $\mathbf{x}^{(0)} = \mathbf{0}$ 을 사용하여라.

$$\begin{aligned}
7x_1 - 2x_2 + x_3 \phantom{{}-x_4} &= 17 \\
x_1 - 9x_2 + 3x_3 - x_4 &= 13 \\
2x_1 \phantom{{}-9x_2} + 10x_3 + x_4 &= 15 \\
x_1 - x_2 + x_3 + 6x_4 &= 10
\end{aligned}$$

위의 수식을 재배치하면

$$\begin{aligned}
x_1 &= (17 + 2x_2 - x_3)/7 \\
x_2 &= (-13 + x_1 + 3x_3 - x_4)/9 \\
x_3 &= (15 - 2x_1 - x_4)/10 \\
x_4 &= (10 - x_1 + x_2 - x_3)/6
\end{aligned}$$

이며 야코비 반복법은 다음의 수식으로 표현된다.

$$\begin{aligned}
x_1^{(k+1)} &= (17 + 2x_2^{(k)} - x_3^{(k)})/7 \\
x_2^{(k+1)} &= (-13 + x_1^{(k)} + 3x_3^{(k)} - x_4^{(k)})/9 \\
x_3^{(k+1)} &= (15 - 2x_1^{(k)} - x_4^{(k)})/10 \\
x_4^{(k+1)} &= (10 - x_1^{(k)} + x_2^{(k)} - x_3^{(k)})/6
\end{aligned}$$

우변에 $\mathbf{x}^{(0)} = (0, 0, 0, 0)$를 대입하면

$$x_1^{(1)} = (17 + 2(0) - 0)/7 = 2.428\,571\,429$$
$$x_2^{(1)} = (-13 + 0 + 3(0) - 0)/9 = -1.444\,444\,444$$
$$x_3^{(1)} = (15 - 2(0) - 0)/10 = 1.5$$
$$x_4^{(1)} = (10 - 0 + 0 - 0)/6 = 1.666\,666\,667$$

따라서 $\mathbf{x}^{(1)} = (2.428\,571\,429, -1.444\,444\,444, 1.5, 1.666\,666\,667)^T$ 이다.

동일한 방법으로 반복계산을 수행하는 과정은 표 4.4에 나타나 있다. 수렴된 해는 다음과 같다.

$$\mathbf{x}^{(9)} = (2.000127203, -1.000100162, 1.000118096, 1.000162172)^T$$

표 4.4 야코비 법에 의한 예제 4.11의 풀이

```
» A=[7 -2 1 0;1 -9 3 -1;2 0 10 1;1 -1 1 6];
» b=[17 13 15 10]';
» x0=[0 0 0 0]';
» jacobi(A,b,x0,10^(-3),30)

    The augmented matrix is =

Augm =

   7  -2   1   0  17
   1  -9   3  -1  13
   2   0  10   1  15
   1  -1   1   6  10

 The solution vectors are:

iter #      0          1          2          3          4         ...

 x1 =   0.000000   2.428571   1.801587   2.061829   1.977515   2.008259   1.997187   2.001020   1.999639   2.000127
 x2 =   0.000000  -1.444444  -0.859788  -1.047413  -0.981367  -1.006166  -0.997771  -1.000802  -0.999721  -1.000100
 x3 =   0.000000   1.500000   0.847619   1.062566   0.979451   1.007360   0.997320   1.000926   0.999667   1.000118
 x4 =   0.000000   1.666667   0.771164   1.081834   0.971365   1.010278   0.996369   1.001287   0.999542   1.000162

The method converges after 9 iterations to

 x =
              2.0001
             -1.0001
              1.0001
              1.0002
```

4.5.2 가우스-자이델 반복법

가우스-자이델법의 알고리듬은 반복계산에 사용될 x 벡터의 값으로 바로 앞단계 수식에서 구해진 가장 최신의 값이 사용된다는 점을 제외하면 야코비법과 동일하다. 3 3 행렬식을 가우스-자이델법으로 풀 때 n번째 근사치로부터 $(n + 1)$번째 반복계산을 수행하는 수식은 다음과 같이 나타낼 수 있다.

$$\begin{aligned} x_1^{(n+1)} &= & u_{12}x_2^{(n)} &+ u_{13}x_3^{(n)} + c_1 \\ x_2^{(n+1)} &= u_{21}x_1^{(n+1)} & &+ u_{23}x_3^{(n)} + c_2 \\ x_3^{(n+1)} &= u_{31}x_1^{(n+1)} &+ u_{32}x_2^{(n+1)} & \qquad\qquad + c_3 \end{aligned}$$

알고리듬의 형태로 표현하면 반복횟수 $k \geq 1$ 일 때 가우스–자이델 법에 의한 $x_i^{(k)}$는

$$x_i^{(k)} = \frac{-\sum_{j=1}^{i-1}(a_{ij}x_j^{(k)}) - \sum_{j=i+1}^{n}(a_{ij}x_j^{(k-1)}) + b_i}{a_{ii}} \tag{4.13}$$

이다. 여기서 $i = 1, 2, \ldots, n$ 이다.

야코비법에서 언급한 수렴조건(혹은 정지조건) 및 초기치에 대한 사항은 가우스–자이델법에서도 동일하게 적용된다. 가우스–자이델법에서는 $\mathbf{x}$ 벡터중의 어떤 원소가 새롭게 계산되면 따로 저장할 필요없이 즉시 $\mathbf{x}$ 벡터를 갱신하여 사용하므로, $\mathbf{x}$ 벡터를 저장하기 위한 메모리가 야코비법에 비해 반으로 줄어들며 수렴속도도 더 빨라진다.

예제 4.12 다음 시스템의 해를 가우스–자이델법을 사용하여 구하라 $EPS = 10^{-3}$, $ITMAX = 30$이며 $\mathbf{x}^{(0)} = \mathbf{0}$을 초기치로 사용하라.

$$\begin{aligned} 7x_1 - 2x_2 + x_3 \qquad &= 17 \\ x_1 - 9x_2 + 3x_3 - x_4 &= 13 \\ 2x_1 \qquad + 10x_3 + x_4 &= 15 \\ x_1 - x_2 + x_3 + 6x_4 &= 10 \end{aligned}$$

예제 4.11로부터

$$\begin{aligned} x_1 &= (17 + 2x_2 - x_3)/7 \\ x_2 &= (-13 + x_1 + 3x_3 - x_4)/9 \\ x_3 &= (15 - 2x_1 - x_4)/10 \\ x_4 &= (10 - x_1 + x_2 - x_3)/6 \end{aligned}$$

로 나타낼 수 있으며, 가우스–자이델법의 과정은 다음과 같다.

$$\begin{aligned} x_1^{(k+1)} &= (17 + 2x_2^{(k)} - x_3^{(k)})/7 \\ x_2^{(k+1)} &= (-13 + x_1^{(k+1)} + 3x_3^{(k)} - x_4^{(k)})/9 \\ x_3^{(k+1)} &= (15 - 2x_1^{(k+1)} - x_4^{(k)})/10 \\ x_4^{(k+1)} &= (10 - x_1^{(k+1)} + x_2^{(k+1)} - x_3^{(k+1)})/6 \end{aligned}$$

각 식의 우변에 $\mathbf{x}^{(0)} = (0, 0, 0, 0)$을 대입하면

$$
\begin{aligned}
x_1^{(1)} &= (17 + 2(0) - 0)/7 = 2.428\,571\,429 \\
x_2^{(1)} &= (-13 + 2.428\,571\,429 + 3(0) - 0)/9 = -1.1746031746 \\
x_3^{(1)} &= (15 - 2(2.428\,571\,429) - 0)/10 = 1.0142857143 \\
x_4^{(1)} &= (10 - 2.428\,571\,429 - 1.1746031746 - 1.0142857143)/6 \\
&= 0.8970899472
\end{aligned}
$$

따라서,

$$\mathbf{x}^{(1)} = (2.428571429, -1.1746031746, 1.0142857143, 0.8970899472)^T$$

표 4.5와 같이 동일한 과정을 반복하면 수렴된 해를 구할 수 있다.

$$\mathbf{x}^{(5)} = (2.000025, -1.000130, 1.000020, 0.999971)^T$$

표 4.5 가우스-자이델법에 의한 예제 4.12의 풀이

```
» A=[7 -2 1 0;1 -9 3 -1;2 0 10 1;1 -1 1 6];
» b=[17 13 15 10]';
» x0=[0 0 0 0]';
» seidel(A,b,x0,10^(-3),30)

   The augmented matrix is

Augm =

    7  -2   1   0  17
    1  -9   3  -1  13
    2   0  10   1  15
    1  -1   1   6  10

 The solution vectors are:

iter #    0          1          2          3          4          ...

x1 =   0.000000   2.428571   1.948073   2.000025   2.001849   2.000025
x2 =   0.000000  -1.174603  -0.989573  -0.993877  -1.000154  -1.000130
x3 =   0.000000   1.014286   1.020676   0.999300   0.999517   1.000020
x4 =   0.000000   0.897090   1.006946   1.001133   0.999747   0.999971

The method converges after 5 iterations to

 x =
          2.0000
         -1.0001
          1.0000
          1.0000
```

4.5.3 수렴

야코비법과 가우스-자이델 반복법에 의한 과정을 행렬식의 형태로 표현하기 위해 행렬 A를 다음과 같이 대각행렬 D, 상삼각행렬 U, 하삼각행렬 L의 합으로 나타내자.

$$A = D + L + U$$

즉,

$$D = \begin{bmatrix} a_{11} & 0 & \cdots & 0 \\ 0 & \ddots & \ddots & \vdots \\ \vdots & \ddots & \ddots & 0 \\ 0 & \cdots & 0 & a_{nn} \end{bmatrix}, \quad L = \begin{bmatrix} 0 & \cdots & & 0 \\ a_{21} & \ddots & & \vdots \\ \vdots & \ddots & \ddots & \\ a_{n1} & \cdots & a_{n,n-1} & 0 \end{bmatrix}, \quad U = \begin{bmatrix} 0 & a_{12} & \cdots & a_{1n} \\ \vdots & \ddots & \ddots & \vdots \\ & & \ddots & a_{n-1,n} \\ 0 & \cdots & & 0 \end{bmatrix}$$

따라서 식 (4.1)은 다음과 같다.

$$(D + L + U)\,\mathbf{x} = \mathbf{b}$$

야코비법을 행렬식의 형태로 표현하면

$$D\,\mathbf{x}^{(k)} = -(L + U)\,\mathbf{x}^{(k-1)} + \mathbf{b}$$

과 같고 가우스-자이델법은

$$(D + L)\,\mathbf{x}^{(k)} = -U\,\mathbf{x}^{(k-1)} + \mathbf{b}$$

로 표현할 수 있다.

야코비법과 가우스-자이델법의 수렴에 관한 이론을 기술하기 전에 다음과 같이 대각 지배(diagonally dominant)에 관한 정의를 먼저 소개한다.

정의 4.3 $n \times n$ 행렬 A가 다음조건을 만족할 경우 **대각지배(diagonally dominant)** 이다.

$$|a_{ii}| > \sum_{\substack{j=1 \\ j \neq i}}^{n} |a_{ij}|, \quad \mathit{for}\ i = 1, 2, ..., n$$

대각지배는 야코비법과 가우스-자이델법이 수렴하기 위한 충분조건이다.

정리 4.1 (야코비법과 가우스-자이델법의 수렴이론)

행렬 A가 대각지배라면 어떠한 초기치 벡터 $\mathbf{x}^{(0)}$를 선택하더라도 야코비법과 가우스-자이델법은 수렴한다(증명은 고급수치해석 교재를 참고).

예제 4.13 다음과 같은 행렬식이 있다.

$$\begin{bmatrix} 3 & 1 & 1 \\ -2 & 4 & 0 \\ -1 & 2 & -6 \end{bmatrix} \begin{bmatrix} x_1 \\ x_2 \\ x_3 \end{bmatrix} = \begin{bmatrix} 4 \\ 1 \\ 2 \end{bmatrix}$$

계수 행렬은 다음을 성립하므로 대각지배이다.

$$|a_{11}| = |3| = 3 > |1| + |1| = 2$$
$$|a_{22}| = |4| = 4 > |-2| + |0| = 2$$
$$|a_{33}| = |-6| = 6 > |-1| + |2| = 3$$

따라서, 이 식의 풀이를 위해 야코비법이나 가우스-자이델법이 사용된다면 어떠한 초기치 벡터 $\mathbf{x}^{(0)}$을 사용하더라도 수렴할 것이다.

M-function 4.5a

다음의 MATLAB 함수 **jacobi.m**은 야코비 반복법을 이용하여 선형시스템의 해를 구한다. 입력사항은 $n \times n$ 행렬 A; $n \times 1$ 계수 벡터 b; 초기 벡터 x_0; 허용오차 *tol*; 최대 반복 횟수 itmax이다.

```
function jacobi(A,b,x0,tol,itmax)
% Solve the system Ax=b using the Jacobi iteration method.
n=length(b);
x=zeros(n,1);
fprintf('\n');
disp('     The augmented matrix is =')
Augm=[A b]
Y=zeros(n,1);
Y=x0;
for k=1:itmax+1
  for i=1:n
    S=0;
    for j=1:n
      if (j~=i)
        S=S+A(i,j)*x0(j);
      end
    end
```

```
      if(A(i,i)==0)
        break
      end
      x(i)=(-S+b(i))/A(i,i);
    end
    err=abs(norm(x-x0));
    rerr=err/(norm(x)+eps);
    x0=x;
    Y=[Y x];
    if(rerr<tol)
      break
    end
  end
  % Print the results
  if(A(i,i)==0)
   disp('      division by zero')
  elseif (k==itmax+1)
   disp('      No convergence')
  else
   fprintf('\n');
   disp(' The solution vectors are:')
   fprintf('\n');
   disp('iter #     0      1      2      3      4      ...')
   fprintf('\n');
   for i=1:n
     fprintf('x%1.0f =    ',i)
     fprintf('%10.6f',Y(i,[1:k+1]))
     fprintf('\n');
   end
   fprintf('\n');
   disp(['The method converges after ',num2str(k),' iterations to']);
   x
  end
```

M-function 4.5b

다음의 MATLAB 함수 **seidel.m**은 가우스-자이델 반복법을 이용하여 선형시스템의 해를 구한다. 입력사항은 $n \times n$ 행렬 A; $n \times 1$ 계수 벡터 b; 허용오차 tol; 그리고 최대반복 회수 *itmax*이다.

```
function seidel(A,b,x0,tol,itmax)
% Solve the system Ax=b using Gauss-Seidel iteration method.
n=length(b);
x=zeros(n,1);
fprintf('\n');
```

```
disp('      The augmented matrix is =')
Augm=[A b]
Y=zeros(n,1);
Y=x0;
for k=1:itmax+1
  for i=1:n
    S=0;
    for j=1:i-1
      S=S+A(i,j)*x(j);
    end
    for j=i+1:n
      S=S+A(i,j)*x0(j);
    end
    if(A(i,i)==0)
      break
    end
    x(i)=(-S+b(i))/A(i,i);
  end
  err=abs(norm(x-x0));
  rerr=err/(norm(x)+eps);
  x0=x;
  Y=[Y x];
  if(rerr<tol)
    break
  end
end
% Print the results
if(A(i,i)==0)
 disp('       division by zero')
elseif (k==itmax+1)
 disp('       No convergence')
else
 fprintf('\n');
 disp(' The solution vectors are:')
 fprintf('\n');
 disp('iter #      0       1       2       3       4       ...')
 fprintf('\n');
 for i=1:n
  fprintf('x%1.0f =    ',i)
  fprintf('%10.6f',Y(i,[1:k+1]))
  fprintf('\n');
 end
 fprintf('\n');
 disp(['The method converges after ',num2str(k),' iterations to']);
 x
end
```

연습문제 4.5

1. 야코비법을 사용하여 다음 행렬식의 해를 구하라.

$$\begin{bmatrix} 17 & 1 & 4 & 3 & -1 & 2 & 3 & -7 \\ 2 & 10 & -1 & 7 & -2 & 1 & 1 & -4 \\ -1 & 1 & -8 & 2 & -5 & 2 & -1 & 1 \\ 2 & 4 & 1 & -9 & 1 & 3 & 4 & -1 \\ 1 & 3 & 1 & 7 & 15 & 1 & -2 & 4 \\ -2 & 1 & 7 & -1 & 2 & 12 & -1 & 8 \\ 3 & 4 & 5 & 1 & 2 & 8 & -8 & 2 \\ 5 & 1 & 1 & 1 & -1 & 1 & -7 & 10 \end{bmatrix} \begin{bmatrix} x_1 \\ x_2 \\ x_3 \\ x_4 \\ x_5 \\ x_6 \\ x_7 \\ x_8 \end{bmatrix} = \begin{bmatrix} 71 \\ 43 \\ -11 \\ -33 \\ -65 \\ 52 \\ -73 \\ 20 \end{bmatrix}$$

2. 다음 연립방정식의 해는 $x_1 = 0$, $x_2 = 1$ 이다.

$$\begin{aligned} x_1 + 3x_2 &= 3 \\ 4x_1 + x_2 &= 1 \end{aligned}$$

위의 연립방정식에 정해와 유사한 초기치로부터 야코비법과 가우스-자이델법을 적용하라. 어떤 방법이 먼저 발산하는가?

3. 다음 행렬이 양확정(positive definite)임을 보이고

$$A = \begin{bmatrix} 16 & -1 & 4 & 0 \\ 2 & 9 & 1 & 1 \\ 3 & 0 & 11 & 2 \\ 1 & 1 & 0 & 13 \end{bmatrix}$$

아래의 선형방정식 시스템의 해를 가우스-자이델법을 사용하여 구하라.

$$A\mathbf{x} = \mathbf{b} \quad \text{with} \quad \mathbf{b} = [1, -1, 2, 0]^T$$

4. 다음과 같은 선형방정식 시스템이 있다.

$$\begin{bmatrix} 4 & 0 & 1 \\ 1 & 4 & 1 \\ 1 & 0 & 4 \end{bmatrix} \begin{bmatrix} x \\ y \\ z \end{bmatrix} = \begin{bmatrix} 5 \\ 3 \\ -10 \end{bmatrix}$$

(a) 단순 가우스소거법을 사용하여 해를 구하라.

(b) 야코비법을 적용할 경우 수렴여부를 알기 위해 조사되어야 하는 행렬은 무엇인가?

(c) 초기치 벡터 $[1\ 2\ 3]'$ 로부터 가우스-자이델법에 의한 반복계산을 1회 수행하라.

5. 다음과 같은 선형방정식 시스템이 있다.

$$\begin{aligned} x_1 + 4x_2 &= -15 \\ 5x_1 + x_2 &= 1 \end{aligned}$$

위의 식의 순서를 바꾸지 않고 야코비법을 적용할 경우 발산하는지 확인하라. 초기치 벡터는 식의 해인 $\mathbf{x} = [1.01, -4.01]$ 과 유사한 값을 사용하라. 또한 윗식의 위치를 바꾼후 동일한 방법을 적용한 후 수렴하는지 확인하라.

6. 다음과 같은 선형방정식 시스템이 있다.

$$\begin{bmatrix} 4 & 1 \\ 2 & 5 \end{bmatrix} \begin{bmatrix} x \\ y \end{bmatrix} = \begin{bmatrix} 3 \\ 1 \end{bmatrix}$$

(a) 초기치 $x = 3, y = 11$ 으로부터 야코비법으로 반복계산을 2회 수행하라.

(b) 초기치 $x = 3, y = 11$ 으로부터 가우스-자이델법으로 반복계산을 2회 수행하라.

(c) 이 경우 두가지 방법 모두 수렴하게 되는 이유를 설명하라.

7. 가우스-자이델법으로 다음 시스템의 해를 구하라.

(a)
$$\begin{aligned} x - y + 2z - w &= -1 \\ 2x + y - 2z - 2w &= -2 \\ -x + 2y - 4z + w &= 1 \\ 3x \qquad\qquad - 3w &= -3 \end{aligned}$$

(b)
$$\begin{aligned} 5x - y + 3z &= 3 \\ 4x + 7y - 2z &= 2 \\ 6x - 3y + 9z &= 9 \end{aligned}$$

8. 다음과 같은 선형시스템이 있다.

$$\begin{bmatrix} 3 & -5 & 47 & 20 \\ 11 & 16 & 17 & 10 \\ 56 & 22 & 11 & -18 \\ 17 & 66 & -12 & 7 \end{bmatrix} \begin{bmatrix} x_1 \\ x_2 \\ x_3 \\ x_4 \end{bmatrix} = \begin{bmatrix} 18 \\ 26 \\ 34 \\ 82 \end{bmatrix}$$

수식을 재배치하고, 야코비법으로 해를 구하라.

9. 가우스-자이델법으로 다음 시스템의 해를 구하라.

$$\begin{bmatrix} 18 & 1 & 4 & 3 & -1 & 2 & 3 & -7 \\ 2 & 12 & -1 & 7 & -2 & 1 & 1 & -4 \\ -1 & 1 & -9 & 2 & -5 & 2 & -1 & 1 \\ 2 & 4 & 1 & -12 & 1 & 3 & 4 & -1 \\ 1 & 3 & 1 & 7 & -16 & 1 & -2 & 4 \\ -2 & 1 & 7 & -1 & 2 & 13 & -1 & 8 \\ 3 & 4 & 5 & 1 & 2 & 8 & -20 & 2 \\ 5 & 1 & 1 & 1 & -1 & 1 & -7 & 12 \end{bmatrix} \begin{bmatrix} x_1 \\ x_2 \\ \vdots \\ \\ \\ \\ \\ x_8 \end{bmatrix} = \begin{bmatrix} 71 \\ 42 \\ -11 \\ -37 \\ -61 \\ 52 \\ -73 \\ 22 \end{bmatrix}$$

10. 다음 시스템의 근사해는 $x_1 = 3.072,\ x_2 = -5.497,\ x_3 = -2.211,\ x_4 = 4.579$ 이다.

$$\begin{bmatrix} 1.20 & 0.45 & 0.35 & 0.45 \\ 0.89 & 2.59 & -0.33 & -0.22 \\ 0.71 & 0.78 & 4.01 & -0.88 \\ 0.11 & 0.55 & 0.66 & 3.39 \end{bmatrix} \begin{bmatrix} x_1 \\ x_2 \\ x_3 \\ x_4 \end{bmatrix} = \begin{bmatrix} 2.500 \\ -11.781 \\ -15.002 \\ 11.378 \end{bmatrix}$$

가우스-자이델법과 야코비법을 사용하여 윗 시스템의 해를 구하라.

11. 가우스-자이델법과 야코비법을 사용하여 다음 시스템의 해를 구하라.

$$\begin{bmatrix} -4 & 2 & 0 & . & . & . & 0 \\ 2 & -4 & 2 & 0 & . & . & 0 \\ 0 & 2 & -4 & 2 & 0 & . & 0 \\ 0 & 0 & . & . & . & 0 & 0 \\ 0 & . & 0 & . & . & . & 0 \\ 0 & . & . & 0 & 2 & -4 & 2 \\ 0 & . & . & . & 0 & 2 & -4 \end{bmatrix} \mathbf{x} = \begin{bmatrix} 2 \\ 3 \\ . \\ . \\ . \\ . \\ 11 \end{bmatrix}$$

12. 다음과 같은 선형시스템이 있다.

$$\begin{bmatrix} 4 & 0 & 1 \\ 1 & 4 & 1 \\ 1 & 0 & 4 \end{bmatrix} \begin{bmatrix} x \\ y \\ z \end{bmatrix} = \begin{bmatrix} 5 \\ 3 \\ -10 \end{bmatrix}$$

(a) 야코비법을 적용하여 해를 구할 때 수렴여부를 알기 위해 검토해야하는 행렬은 무엇인가?

(b) 초기값 $[1\ 2\ -3]'$ 로부터 가우스-자이델법으로 반복계산을 1회수행하라.

컴퓨터 문제 4.5

1. 귀하가 알고 있는 프로그래밍 언어를 사용하여 다음 방법을 통해 n차의 선형방정식 시스템의 해를 구하기 위한 프로그램을 작성하라.

(a) 야코비 법

(b) 가우스-자이델법

프로그램의 사항은 다음을 포함하여야 한다.

(a) 수식의 수 n.

(b) 확장행렬(augmented matrix)

(c) 초기치 벡터

프로그램의 출력치는 다음을 포함하여야 한다.

(a) 확장행렬

(b) 해 벡터

완성된 프로그램을 사용하여 다음의 선형방정식 시스템을 테스트하라.

$$
\begin{aligned}
x - y + 2z - w &= -1 \\
2x + y - 2z - 2w &= -2 \\
-x + 2y - 4z + w &= 1 \\
3x - 3w &= -3
\end{aligned}
$$

2. 다음과 같은 선형시스템이 있다.

$$
\begin{aligned}
x + z &= 2 \\
x - y &= 0 \\
x + 2y - 3z &= 0
\end{aligned}
$$

MATLAB 함수 seidel과 jacobi를 이용하여 위의 시스템의 해를 구하라. 야코비법은 수렴하는 것에 반하여 가우스-자이델법은 발산하는 것을 확인하라. $TOL = 10^{-3}$ 이고 초기치는 $\mathbf{x}^{(0)} = 0$ 이다.

3. MATLAB 함수 seidel과 jacobi를 이용하여 아래 시스템의 해를 구하라

$$
\begin{bmatrix}
9.235 & 0.781 & 0.421 & 0.341 & 0.881 & 0.444 & 0.365 \\
0.701 & 8.725 & 0.751 & 0.637 & 0.915 & 0.192 & 0.617 \\
0.509 & 0.167 & 7.927 & 0.628 & 0.051 & 0.837 & 0.028 \\
0.013 & 0.436 & 0.721 & 9.222 & 0.519 & 0.915 & 0.835 \\
0.858 & 0.022 & 0.636 & 0.943 & 8.909 & 0.878 & 0.974 \\
0.965 & 0.384 & 0.154 & 0.184 & 0.109 & 9.334 & 0.403 \\
0.239 & 0.516 & 0.817 & 0.844 & 0.385 & 0.476 & 7.861
\end{bmatrix}
\mathbf{x} =
\begin{bmatrix}
29.433 \\ 76.413 \\ -18.564 \\ -44.103 \\ 34.227 \\ -38.622 \\ -80.017
\end{bmatrix}
$$

4. 다음과 같은 선형방정식 시스템 $Ax = b$가 있다.

$$
A = \begin{bmatrix} 1 & k \\ 2k & 1 \end{bmatrix}, \quad k \text{는 실수}
$$

(a) 행렬 A를 대각지배가 될 수있는 k의 값을 구하라

(b) $k = 0.25$일 경우 야코비법을 사용하여 해를 구하라

5. MATLAB 함수 seidel.m을 사용하여 다음의 선형시스템의 해를 구하라. 초기치는 $\mathbf{x}^{(0)} = \mathbf{0}$ 이다.

$$\begin{bmatrix} 2 & -5 & 2 & 5 & 30 & -8 \\ -8 & 36 & -1 & 0 & 1 & 8 \\ 11 & -4 & 25 & 1 & -4 & 4 \\ 1 & 0 & -3 & 19 & 2 & 1 \\ 42 & -2 & -9 & 0 & 3 & 0 \\ -3 & 7 & -7 & 4 & 5 & -32 \end{bmatrix} \begin{bmatrix} x_1 \\ x_2 \\ x_3 \\ x_4 \\ x_5 \\ x_6 \end{bmatrix} = \begin{bmatrix} 27 \\ 36 \\ 42 \\ 18 \\ 54 \\ 60 \end{bmatrix}$$

주어진 행렬은 대각지배가 아니므로 반복법이 적절하지 않은 것으로 보인다. 하지만 식의 순서를 바꿈으로써 대각지배행렬로 만들 수 있다. 초기치 $\mathbf{x}^{(0)} = \mathbf{0}$에서부터 MATLAB 함수 seidel.m을 사용하여 순서를 바꾼 시스템의 해를 구하라. 또한 각 경우 수렴할 때까지 필요한 반복횟수의 수를 비교하라.

6. MATLAB 함수 jacobi.m을 사용하여 위의 문제를 다시 수행하라.

4장 응용문제

1. 다음과 같은 전기회로가 있다.

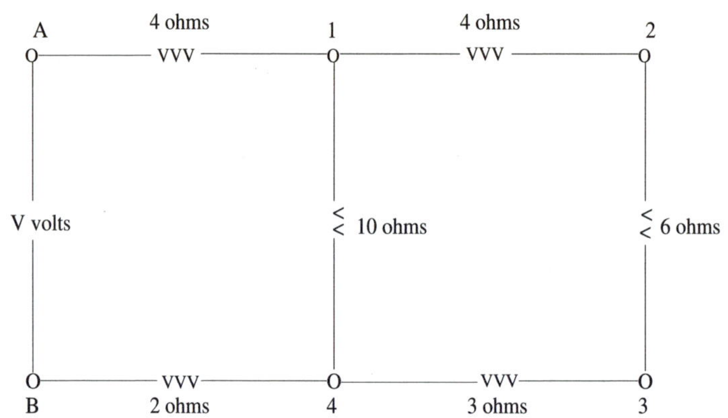

옴의 법칙(Ohm's law)과 키르히호프의 전류법칙(Kirchhoff's current law)을 사용하면 다음과 같은 선형방정식 시스템을 얻을 수 있다.

$$\begin{aligned} 3v_1 - 5v_2 + 2v_3 \qquad\qquad &= 0 \\ -2v_1 + 5v_2 \qquad\qquad + 2v_4 &= -5V \\ v_2 - 3v_3 + 2v_4 &= 0 \\ 3v_1 \qquad + 10v_3 - 28v_4 &= 0 \end{aligned}$$

여기서 $v_1, \ldots, v_4$ 는 전압이고 V는 A점과 B점사이에 가해진 입력전압이다. $V = 40$, 80일 때 위의 시스템의 해를 구하라.

2. 다음은 두 개의 전압입력을 갖는 전기저항회로이다.

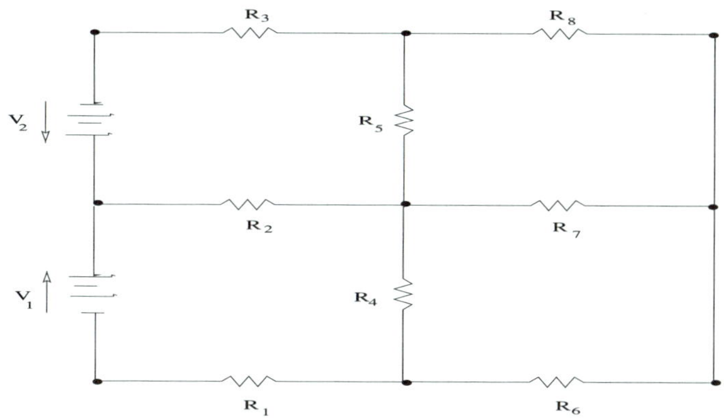

옴의 법칙(Ohm's law)과 키르히호프의 전류법칙(Kirchhoff's current law)을 사용하면 다음과 같은 선형방정식 시스템을 얻을 수 있다.

$$\begin{bmatrix} R_1+R_2+R_4 & -R_2 & 0 & -R_4 \\ -R_2 & R_2+R_3+R_5 & -R_5 & 0 \\ 0 & -R_5 & R_5+R_7+R_8 & -R_7 \\ -R_4 & 0 & -R_7 & R_4+R_6+R_7 \end{bmatrix} \begin{bmatrix} i_1 \\ i_2 \\ i_3 \\ i_4 \end{bmatrix} = \begin{bmatrix} -V_1 \\ V_2 \\ 0 \\ 0 \end{bmatrix}$$

$R_1 = R_2 = R_3 = 100$, $R_4 = R_5 = 150$, $R_6 = R_7 = R_8 = 200$, $V_1 = 10$, 그리고 $V_2 = 12$ 일 때 위의 시스템의 해를 구하라.

참고: 계수행렬은 대각지배이다.

3. 최소자승 다항식(least-square polynomial)은 실험데이터를 가장 잘 나타내는 다항식을 구하는 방법이다. 예를 들어, 주어진 데이터와 가장 부합하는 3차 다항식의 계수는 다음과 같은 선형방정식 시스템을 풀어서 구할 수 있다. (7장 참조)

$$\begin{aligned} a_0 n &+ a_1 \sum x_i + a_2 \sum x_i^2 + a_3 \sum x_i^3 = \sum y_i \\ a_0 \sum x_i &+ a_1 \sum x_i^2 + a_2 \sum x_i^3 + a_3 \sum x_i^4 = \sum y_i x_i \\ a_0 \sum x_i^2 &+ a_1 \sum x_i^3 + a_2 \sum x_i^4 + a_3 \sum x_i^5 = \sum y_i x_i^2 \\ a_0 \sum x_i^3 &+ a_1 \sum x_i^4 + a_2 \sum x_i^5 + a_3 \sum x_i^6 = \sum y_i x_i^3 \end{aligned}$$

다음과 같은 데이터와 가장 잘 부합하는 3차의 최소자승다항식을 구하라.

x	1.0	1.5	2.0	2.5	3.0	3.5	4.0	4.5
y	4.3	6.2	10.1	13.5	19.8	22.6	24.7	29.2

4. 그림 4.2는 하중을 받는 핀접합된 정정트러스 구조물을 나타낸다. 트러스는 7개의 부재와 5개의 절점으로 구성되어 있으며 y축과 평행한 방향으로 R_1, R_2, R_3의 세 개의 하중을 받고 있다.

각 절점에서 수평 및 수직 방향으로 작용하는 모든 하중의 합은 0이라는 조건을 통해 다음과 같은 선형방정식 시스템을 구할 수 있다. 여기서 각 부재에 작용하는 힘 F_i 를 구하라.

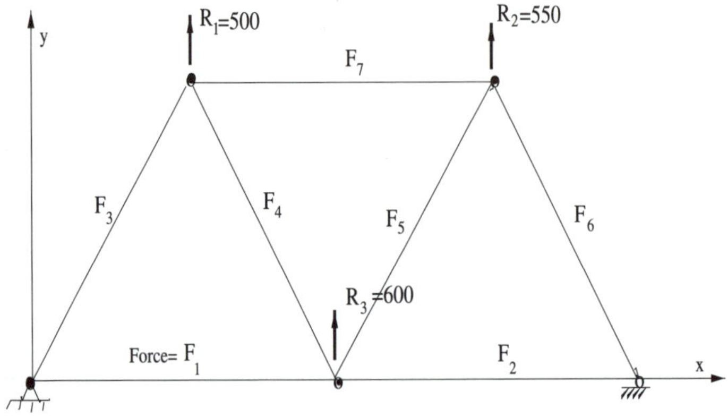

그림 4.2 핀접합된 정정트러스.

$$\begin{bmatrix} 1.0 & -1.0 & 0 & 0.5 & -0.5 & 0 & 0 \\ 0 & 0 & 0 & -8.66 & -8.66 & 0 & 0 \\ 0 & 1.0 & 0 & 0 & 0 & 0.5 & 0 \\ 0 & 0 & 0.5 & -0.5 & 0 & 0 & -1.0 \\ 0 & 0 & 8.66 & 8.66 & 0 & 0 & 0 \\ 0 & 0 & 0 & 0 & 0.5 & -0.5 & 1.0 \\ 0 & 0 & 0 & 0 & 8.66 & 8.66 & 0 \end{bmatrix} \begin{bmatrix} F_1 \\ F_2 \\ F_3 \\ F_4 \\ F_5 \\ F_6 \\ F_7 \end{bmatrix} = \begin{bmatrix} 0 \\ 500 \\ 0 \\ 0 \\ 550 \\ 0 \\ 600 \end{bmatrix}$$

5. 아래 그림과 같은 정사각형이 있다. 왼쪽측면은 100^0C, 그리고 상부면은 500^0C로 유지되고 있으며 나머지 면은 100^0C인 외부에 노출되어 있다. 유한차분법(finite difference method)이라는 수치해석기법을 이용하면 각 절점의 온도를 다음과 같은 선형방정식 시스템으로 나타낼 수 있다.

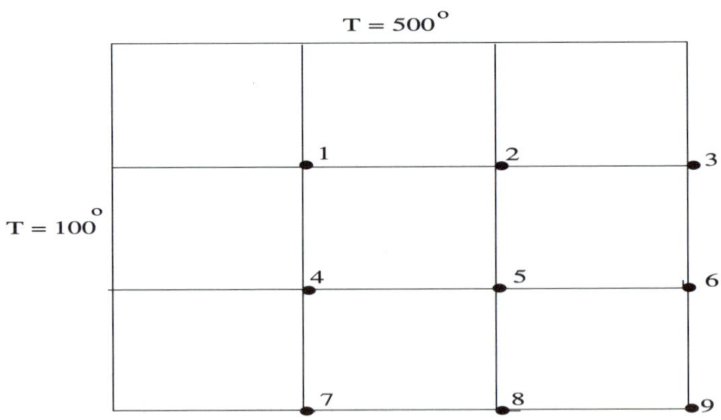

$$\begin{bmatrix} -4 & 1 & 0 & 1 & 0 & 0 & 0 & 0 & 0 \\ 1 & -4 & 1 & 0 & 1 & 0 & 0 & 0 & 0 \\ 0 & 2 & -4.67 & 0 & 0 & 1 & 0 & 0 & 0 \\ 1 & 0 & 0 & -4 & 1 & 0 & 1 & 0 & 0 \\ 0 & 1 & 0 & 1 & -4 & 1 & 0 & 1 & 0 \\ 0 & 0 & 1 & 0 & 2 & -4.67 & 0 & 0 & 1 \\ 0 & 0 & 0 & 2 & 0 & 0 & -4.67 & 1 & 0 \\ 0 & 0 & 0 & 0 & 2 & 0 & 1 & -4.67 & 1 \\ 0 & 0 & 0 & 0 & 0 & 1 & 0 & 1 & -2.67 \end{bmatrix} \begin{bmatrix} T_1 \\ T_2 \\ T_3 \\ T_4 \\ T_5 \\ T_6 \\ T_7 \\ T_8 \\ T_9 \end{bmatrix} = \begin{bmatrix} -600 \\ -500 \\ -567 \\ -100 \\ 0 \\ -67 \\ -167 \\ -67 \\ -67 \end{bmatrix}.$$

각 절점의 온도 T_i(여기서, $i = 1, \ldots, 9$)를 구하라.

참고: 계수행렬은 희소행렬(값이 0인 요소를 많이 포함하고 있음)이며 대각지배이다. 그러므로 반복법이 효율적이다.

6. 전류에 의해 일정한 비율로 열이 발생되는 전선의 열전도문제를 생각해보자. 길이방향을 x라 할 때 전선의 온도분포 $y(x)$는 다음의 미분방정식으로 나타낼 수 있다. 여기서, $0 \le x \le 1$ cm 이다.

$$D\,\frac{\partial^2 y}{\partial x^2} = -S$$

여기서 경계조건 $y(0) = y(1) = 0^0\mathrm{C}$ 이고, 열확산계수 $D = 0.01\ \mathrm{cm}^2/\mathrm{sec}$, 정규화된 열발생 $S = 1^o\mathrm{C}/\mathrm{sec}$ 이다.

이 문제에서 전체구간을 20개의 등간격으로 분할하면 (즉, $x_j = j/20$ 여기서 $j = 0$에서부터 20까지) 각 지점의 온도 y_j는 다음과 같이 근사식으로 표현할 수 있다.

$$D\,\frac{y_{j-1} - 2y_j + y_{j+1}}{h^2} = -S$$

여기서 y_j 는 x_j지점의 온도이고 구간간격 $h = 0.05$ 이다. x_0과 x_{20}지점의 온도는 경계조건을 통해 정해져 있으므로 나머지 19개 지점의 온도간의 관계는 다음과 같이 y_1에서부터 y_{19} 까지 19개의 미지수에 대한 19개의 수식으로 나타낼 수 있다. 이를 $Ay = b$와 같은 행렬형태로 나타내면 다음과 같다.

$$\mathbf{A} = \begin{bmatrix} -2 & 0 & 0\,0 \ldots & 0 & 0 \\ 1 & -2 & 1\,0 \ldots & 0 & 0 \\ 0 & 1 & -2\,0 \ldots & 0 & 0 \\ & & \vdots & & \\ & & \vdots & & \\ 0 & 0 \ldots 0 & 1 & -2 & 1 \\ 0 & 0 \ldots 0 & 0 & 1 & -2 \end{bmatrix}, \quad \mathbf{y} = \begin{bmatrix} y_1 \\ y_2 \\ y_3 \\ \vdots \\ \vdots \\ y_{18} \\ y_{19} \end{bmatrix}, \quad \mathbf{b} = \begin{bmatrix} -0.25 \\ -0.25 \\ -0.25 \\ \vdots \\ \vdots \\ -0.25 \\ -0.25 \end{bmatrix}$$

야코비법과 가우스-자이델법을 각각 사용하여 위의 열평형상태에 관한 문제를 풀어라. 초기치는 $\mathbf{y} = \mathbf{0}$이다.

7. 어떤 대학교가 자연과학, 공학, 컴퓨터과학의 세 개의 단과대학으로 구성되어있다. 이 세 단과대학의 1년 예산은 각각 1600만달러, 500만달러, 800만달러이며 전체 재학생의 수는 각각 4000명, 1000명, 2000이다. 각 단과대학의 강좌는 아래 표와 같은 비율로 타 단과대학의 학생들도 수강하고 있다. 예를 들어, 자연과학대학에서 개설된 전체 강좌의 수강생은 자연과학대학생이 70%, 공과대학학생이 20%, 컴퓨터 과학대학학생이 10%를 차지한다.

소속단과	개설강좌		
	자연과학	공학	컴퓨터과학
자연과학	70%	10%	15%
공과	20%	90%	10%
컴퓨터과학	10%	0%	75%

각 단과대학에서 학생 1인당 소요되는 연간 비용을 구하라.

8. **(물질 균형 모델)** 다음 그림과 같은 분리시스템이 있다. 이 시스템에 인입되는 질량흐름율(mass flow rate, kg/hr)과 전체 인입질량 및 각 흐름별 배출질량을 구성하는 물질의 종류별 비율은 아래 그림과 같다. 그림에서 F_i 흐름 i의 질량흐름율을 나타내며, w_j^i는 흐름 i에서 물질 j의 비율을 나타낸다.

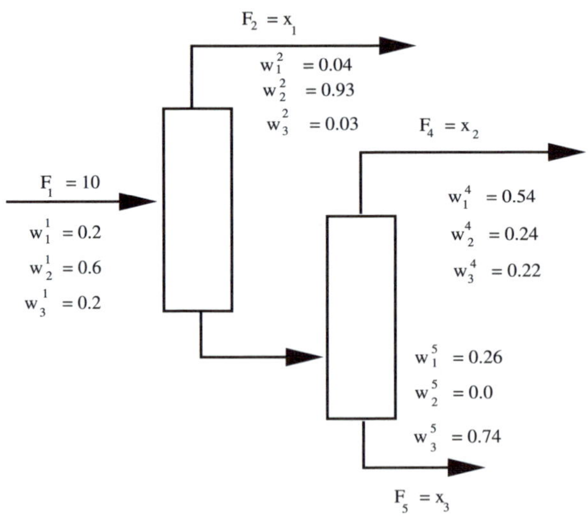

여기서, 각 배출흐름에서 질량흐름율을 구할려고 한다. 따라서 미지수를 다음과 같이 정하고

$$x_1 = F_2,\ x_2 = F_4,\ x_3 = F_5$$

다음에 대하여 질량의 균형을 나타내는 수식을 세웠다.

(a) 전체 질량 흐름율
(b) 종류 1의 질량흐름율,
(c) 종류 2의 질량흐름율.

위의 방법을 사용하여 각 배출흐름에서의 질량흐름율, x_1, x_2, x_3을 구하기 위해 다음과 같은 3개의 선형방정식을 수립하였다.

$$\begin{aligned}10w_1^1 &= x_1w_1^2 + x_2w_1^4 + x_3w_1^5 \\ 10w_2^1 &= x_1w_2^2 + x_2w_2^4 + x_3w_2^5 \\ 10w_3^1 &= x_1w_3^2 + x_2w_3^4 + x_3w_3^5\end{aligned}$$

이 수식을 형렬의 형태로 변환하고, 수기계산으로 부분 피버팅을 이용한 가우스소거법을 사용하여 해를 구하라.

9. 어떤 커피숍은 혼합커피가루를 판매하고 있다. 주인은 A, B, C 세 종류의 원재료를 사용하여 생산한 혼합커피가루를 1파운드에 8.5달러에 팔고 싶어한다. 원재료의 파운드당 가격은 각각 12달러, 9달러, 7달러이고, 원재료 B는 A보다 두배가 사용되어야 한다. 혼합커피가루에 사용되는 각 원재료의 양을 구하기 위한 선형방정식 시스템을 작성하라. 또한 이 문제를 순수 가우스소거법을 사용하여 풀어라.

10. 어떤 회사는 일반의자, 흔들의자, 긴의자 등 3종류의 파티오(patio) 가구를 생산한다. 모든 의자는 나무, 플라스틱, 알루미늄으로 만들어지며 각각의 의자마다 소요되는 재료의 양은 다음의 표와 같다. 회사에는 현재 400 유닛의 나무, 600 유닛의 플라스틱, 1500 유닛의 알루미늄을 보유하고 있는데 마지막 시즌 생산에 이 모든 자재를 모두 소비할려고 한다. 이렇게 할려면 생산되어야하는 일반의자, 흔들의자, 긴의자의 수량은 얼마인가? (힌트: c를 일반의자의 수, r을 흔들의자의 수, l을 긴의자의 수로 놓고 식을 세우라.)

	나무	플라스틱	알루미늄
일반의자	1 유닛	1 유닛	2 유닛
흔들의자	1 유닛	1 유닛	3 유닛
긴의자	1 유닛	2 유닛	4 유닛

11. 어떤 구조물에서 6가닥의 와이어가 3개의 보를 지지하고 있으며 하중이 3곳에서 작용하고 있다. 구조물이 안정상태이고 와이어와 보의 무게는 외부하중에 비해 아주 작다고 가정하자. 정역학적인 평형조건에 의하면 어떠한 절점에 작용하는 힘의 합, 또한 모멘트의 합은 각각 0과 같다. 이 법칙을 3개의 보에 적용하여 다음과 같은 식을 얻었다.

Beam 1
$T_1 + T_2 = T_3 + T_4 + W_1 + T_6$
$-T_3 - 4T_4 - 5W_1 - 6T_6 + 7T_2 = 0$

Beam 2
$T_3 + T_4 = W_2 + T_5$
$-W_2 - 2T_5 + 3T_4 = 0$

Beam 3
$T_5 + T_6 = W_3$
$-W_3 + 3T_6 = 0$

위의 수식을 행렬을 사용하여 나타내고 다음과 같은 하중이 작용할 때 와이어의 인장력 T_i 를 각각의 경우에 대하여 구하라.

(a) $W_1 = W_2 = W_3 = 0\ N$

(b) $W_1 = W_2 = W_3 = 300\ N$

(c) $W_1 = 400\ N, W_2 = 300\ N, W_3 = 200\ N$

보간법

표 5.1과 같은 수치데이터가 있다.

표 5.1 수치데이터

x	x_0	x_1	$\cdots$	x_n
y	y_0	y_1	$\cdots$	y_n

즉, $(n+1)$쌍의 수치데이터가 주어지며 x 벡터의 요소는 서로 다른 값을 가지며 다음을 만족한다고 가정하자.

$$x_0 < x_1 < x_2 < \ldots < x_n$$

여기서 목표는 주어진 지점 (x_i, y_i) (여기서, $i = 0, 1, \ldots, n$이다.) 모두를 통과하는 다항식 곡선 즉, 다음을 만족하는 다항식을 찾는 것이다.

$$p(x_i) = y_i \quad \text{for} \quad i = 0, 1, \ldots, n \tag{5.1}$$

이러한 문제를 **보간**(interpolation)이라고 한다. 다항식 $p(x)$는 표 5.1의 데이터의 보간식이라고 불리며 각 점 x_i는 **절점**(node)라고 한다.

보간식을 구하는 두 종류의 방법이 이 장에서 소개될 것이다. 첫 번째 방법은 분할차분(*divided difference*)을 이용하는 **뉴턴법**(Newton's method)이며, 두 번째 방법은 소위 기본함수(*cardinal function*)를 사용하는 **라그랑주법**(Lagrange method)이다.

예제 5.1 에탄올의 상대 점성계수

점성은 액체의 끈적거림을 나타내는 성질이다. 표 5.2는 무수 용매의 무게 w의 비율에 따른 에탄올의 점성계수 V를 나타낸다. (*Handbook of Chemistry and Physics, CRC Press*, 1982-83 참조). 보간의 기본적인 목적은 주어진 절점이외의 지점에서 V 값을 추정하기 위한 것이다.

표 5.2 에탄올의 상대 점성계수

w	5	10	15	20	30	40
V	1.226	1.498	1.822	2.138	2.662	2.840

5.1 다항식 보간 이론

표 5.1에서 x가 각각 서로 다른 값을 가질 때 주어진 데이터를 보간하는 다항식을 구해보자

$$p(x) = a_0 + a_1 x + a_2 x^2 + \cdots + a_n x^n \tag{5.2}$$

각 절점의 데이터를 식 (5.1)에 대입하면 다음과 같은 수식을 얻을 수 있다.

$$\begin{aligned} a_0 + a_1 x_0 + a_2 x_0^2 + \cdots + a_n x_0^n &= y_0 \\ a_0 + a_1 x_1 + a_2 x_1^2 + \cdots + a_n x_1^n &= y_1 \\ \vdots \quad &= \vdots \\ a_0 + a_1 x_n + a_2 x_n^2 + \cdots + a_n x_n^n &= y_n. \end{aligned} \tag{5.3}$$

윗식은 $(n+1)$개의 식과 $(n+1)$개의 미지수, $a_0, a_1, \ldots, a_n$를 가지는 선형연립방정식이다. 이를 행렬의 형태로 바꾸면

$$\mathbf{X}a = \mathbf{Y}$$

여기서

$$\mathbf{X} = \left[x_i^j\right] \qquad i, j = 0, 1, \ldots, n$$

$$a = [a_0, \ldots, a_n]^T, \qquad \mathbf{Y} = [y_0, \ldots, y_n]^T \tag{5.4}$$

가 된다. 행렬 $\mathbf{X}$를 **반데몬드 행렬**(Vandermonde matrix)이라고 한다.

따라서, 식 (5.3)을 푸는 것은 다항식 보간문제를 푸는 것과 동일하다.

정리 5.1 $n+1$개의 서로 다른 x 값 $(x_0, x_1, \ldots, x_n)$ 과 $n+1$개인 임의의 실수 $y_0, y_1, \ldots, y_n$가 주어지면 이들 데이터를 보간하는 차수가 n이하인 유일한 다항식 p가 존재한다.

증명: 식 (5.4)에서 행렬 $\mathbf{X}$의 행렬식은 다음과 같이 매우 간단히 구할 수 있다. (연습문제

2 참조)

$$\det(\mathbf{X}) = \prod_{0 \le j < i \le n} (x_i - x_j) \tag{5.5}$$

x_i가 서로 다른 값이므로 행렬식의 값은 0이 아니다. 따라서 계수 a_i에 대하여 유일한 해가 존재한다. 즉, 차수가 n이하인 유일한 보간다항식이 존재한다.

예제 5.2 다음 데이터를 보간하는 다항식을 구하라.

x	4.5	6.1
y	7.1	2.3

다항식은 다음과 같은 형태를 가진다.

$$p(x) = a_0 + a_1 x$$

주어진 데이터를 사용하여 식 (5.1)을 적용하면 다음 식을 얻는다.

$$a_0 + 4.5a_1 = 7.1$$
$$a_0 + 6.1a_1 = 2.3$$

이를 풀면

$$a_0 = 20.6, \quad a_1 = -3.0$$

을 구할 수 있으며, 따라서 다항식은

$$p(x) = 20.6 - 3.0x$$

이다.

연습문제 5.1

1. 다음 데이터를 보간하는 차수가 3이하인 다항식을 결정하라.

x	1.2	2.1	3.0	3.6
y	0.7	8.1	27.7	45.1

2. 다음 데이터를 보간하는 2차 다항식을 구하라.

x	0.2	0.4	0.6
y	−.95	−.82	−.65

3. 식 (5.4)에 주어진 반데몬드 행렬의 행렬식은 다음과 같음을 보여라.

$$V_n(x_0, x_1, \ldots, x_n) = \det \begin{bmatrix} 1 & x_0 & x_0^2 & \ldots & x_0^n \\ 1 & x_1 & x_1^2 & \ldots & x_2^n \\ \vdots & \vdots & \vdots & & \vdots \\ 1 & x_n & x_n^2 & \ldots & x_n^n \end{bmatrix} = \prod_{0 \le j < i \le n} (x_i - x_j)\,.$$

4. 다음 데이터의 선형보간을 통해 $f(1.51)$의 값을 추정하라.

x	1.00	1.20	1.40	1.60	1.80	2.00
$f(x)$	1.000000	0.918168	0.887263	0.893515	0.931338	1.000000

5. 다음 데이터의 선형보간을 통해 $f(1.44)$의 값을 추정하라.

x	1.00	1.20	1.40	1.60	1.80	2.00
$f(x)$	1.0000	0.9181	0.8872	0.8935	0.9313	1.0000

6. 다항식 $p(x) = (x - 350)^4$이 있다. 구간 [350, 351]을 균등히 분할하는 n개의 절점에서 이 다항식을 계산한 값의 보간을 통해 또 다른 다항식을 구하려고 한다.

(a) 새롭게 구한 보간다항식이 주어진 다항식과 동일할려면 n에 대해 어떠한 조건이 필요한가?

(b) 다항식 p의 괄호를 풀고 5개의 계수를 구하라. 구간 [350, 351]을 균등히 분할하는 5개 및 10개의 절점에서 평가된 함수값에 대해 반데몬드 행렬을 사용하여 각각 보간을 수행하라. 어떠한 현상이 발생하는가? 결과의 고찰로부터 어떠한 결론을 얻을 수 있는가?

5.2 뉴턴 분할-차분 보간 다항식

이 절에서는 보간식을 구하는 공식을 유도할 것이다. 이 방법은 선형방정식 시스템의 해를 구할 필요가 없어 앞서 소개한 방법보다 효율적이며 편리한 방법이다.

먼저 다음과 같은 형태를 가지는 1차 뉴턴 보간다항식($n = 1$)을 구하자.

$$p_1(x) = a_0 + a_1(x - x_0)$$

직선은 두 점을 지날 수 있으므로

$$p_1(x) = y_0 + \left(\frac{y_1 - y_0}{x_1 - x_0}\right)(x - x_0). \tag{5.6}$$

이제 다음과 같은 표기법을 소개한다.

$$f[x_0, x_1, \ldots, x_n] = \frac{f[x_1, \ldots, x_n] - f[x_0, \ldots, x_{n-1}]}{x_n - x_0} \tag{5.7}$$

여기서

$$y_i = f(x_i) = f[x_i], \qquad i = 0, \ldots, n$$

이다. 이 계수를 함수 f의 n차의 **분할차분**(nth order divided difference)라고 부른다.

식 (5.7)의 표기법을 사용하여, $p_1(x)$는 다음과 같이 표현할 수 있다.

$$p_1(x) = f[x_0] + f[x_0, x_1](x - x_0)$$

혹은

$$p_1(x) = p_0(x) + f[x_0, x_1](x - x_0) \tag{5.8}$$

$p_1(x)$는 $p_0(x)$에 다음과 같은 보정항을 추가하여 구하였음을 참고하라.

$$f[x_0, x_1](x - x_0)$$

이제 2차 보간다항식을 구해보자. 식 (5.8)을 참고하면 $p_2(x)$는 다음과 같은 형태를 가질 것임을 예상할 수 있다.

$$p_2(x) = p_1(x) + a_2(x - x_0)(x - x_1) \tag{5.9}$$

윗 식은 x_0와 x_1점에서 식 (5.1)의 조건을 만족한다. 이는 $p_1(x)$가 식 (5.1)의 조건을 만족하며 $(x - x_0)(x - x_1)$의 값은 0이 되기 때문이다.

$p_2(x_2) = f(x_2)$를 이용하여 $x = x_2$일 때 $p_2(x)$의 값을 계산하면

$$\begin{aligned}
a_2 &= \frac{f(x_2) - p_1(x_2)}{(x_2 - x_0)(x_2 - x_1)} \\
&= \left[\frac{f(x_2) - f(x_0) - f[x_0, x_1](x_2 - x_0)}{(x_2 - x_1)}\right] / (x_2 - x_0) \\
&= \left[\frac{f(x_2) - f(x_1) + f(x_1) - f(x_0) - f[x_0, x_1](x_2 - x_0)}{(x_2 - x_1)}\right] / (x_2 - x_0) \\
&= \left[\frac{f(x_2) - f(x_1)}{(x_2 - x_1)} + \frac{f[x_0, x_1](x_1 - x_0) - f[x_0, x_1](x_2 - x_0)}{(x_2 - x_1)}\right] / (x_2 - x_0)
\end{aligned}$$

가 된다.

위에서 정의한 표기법을 사용하여 다음과 같이 표현을 단순화할 수 있다.

$$\begin{aligned} a_2 &= \frac{f[x_1, x_2] - f[x_0, x_1]}{x_2 - x_0} \\ &= f[x_0, x_1, x_2] \end{aligned}$$

따라서, 식 (5.9)의 2차의 보간다항식은 다음과 같이 나타낼 수 있다.

$$p_2(x) = p_1(x) + f[x_0, x_1, x_2](x - x_0)(x - x_1) \tag{5.10}$$

이러한 과정을 반복하면 p_3, p_4, 그 이상의 고차 보간다항식을 연속적으로 구할 수 있다. 즉, n차의 보간다항식 $p_n(x)$는 다음과 같이 일반화하여 표시할 수 있다.

$$p_n(x) = p_{n-1}(x) + f\left[x_0, \ldots, x_n\right](x - x_0)(x - x_1)\cdots(x - x_{n-1}) \tag{5.11}$$

표 5.3 함수 f 의 값

x	x_0	x_1	$\ldots$	x_n
$f(x)$	$f(x_0)$	$f(x_1)$	$\ldots$	$f(x_n)$

이제 분할차분을 계산에 대해 살펴보자. 표 5.3에 x_0, ... , x_n에 해당하는 함수 f의 값이 제시되어 있다. 여기서, x_0, ... , x_n는 서로 다른 값이라고 가정한다.

식 (5.7)을 사용하면 1차부터 4차까지의 분할차분은 다음식과 같다.

$$\begin{aligned} f[x_0] &= f(x_0) \\ f[x_0, x_1] &= \frac{f[x_1] - f[x_0]}{x_1 - x_0} \\ f[x_0, x_1, x_2] &= \frac{f[x_1, x_2] - f[x_0, x_1]}{x_2 - x_0} \\ f[x_0, x_1, x_2, x_3] &= \frac{f[x_1, x_2, x_3] - f[x_0, x_1, x_2]}{x_3 - x_0} \end{aligned}$$

$f[x_0, x_1, \ldots, x_n]$의 값은 x_0, x_1, ... , x_n의 순서를 바꾸어도 변하지 않는 성질을 가지고 있다. 분할차분에 대한 보다 일반적인 성질은 참고문헌[7]을 참조하라.

분할차분을 구하는 절차는 표 5.4와 같은 형태로 표현할 경우 가장 잘 설명된다.

식 (5.11)을 다시 쓰면 다음과 같다.

$$\begin{aligned} p_n(x) = f[x_0] &+ f[x_0, x_1](x - x_0) + f[x_0, x_1, x_2](x - x_0)(x - x_1) + \cdots \\ &\cdots + f[x_0, x_1, \ldots, x_n](x - x_0)(x - x_1)\cdots(x - x_{n-1}), \end{aligned}$$

표 5.4 $f(x)$ 의 분할차분을 구하는 방법

x_i	$f[x_i]$	$f[x_i, x_{i+1}]$	$f[x_i, x_{i+1}, x_{i+2}]$ ...
x_0	$f[x_0]$		
		$f[x_0, x_1]$	
x_1	$f[x_1]$		$f[x_0, x_1, x_2]$
		$f[x_1, x_2]$	
x_2	$f[x_2]$		$f[x_1, x_2, x_3]$
		$f[x_2, x_3]$	
x_3	$f[x_3]$		$f[x_2, x_3, x_4]$
		$f[x_3, x_4]$	
x_4	$f[x_4]$		$f[x_3, x_4, x_5]$
		$f[x_4, x_5]$	
x_5	$f[x_5]$		
$\vdots$	$\vdots$	$\vdots$	$\vdots$

여기서 볼 수 있듯이 표의 각 열에서 맨 처음 나타나는 분할차분이 뉴튼 보간다항식의 계수로 사용되는 것들이다.

윗식을 다음과 같이 좀 더 간략히 표현할 수 있다.

$$p_n(x) = \sum_{i=0}^{n} \left\{ f\left[x_0, x_1, \ldots, x_i\right] \prod_{j=1}^{i} (x - x_{j-1}) \right\} \tag{5.12}$$

식 (5.12)는 **뉴턴의 전향분할차분공식**(Newton forward divided-difference formula)으로 알려져 있다. 만일 x가 x_n, x_{n-1}, … , x_0와 같이 반대의 순서를 가진다면 윗식과 유사한 **뉴턴의 후향분할차분공식**(Newton backward divided-difference formula)이 얻어진다.

절점 x_0, x_1, … , x_n이 균일한 간격을 가질 경우, 즉,

예제 5.3 다음 데이터를 사용하여 분할차분표를 작성하고 뉴튼의 보간다항식을 구하라.

x	2	4	6	8
y	4	8	14	16

표 5.5의 각 열의 맨처음값을 사용하여 뉴턴의 보간다항식을 구하면 다음식과 같다.

$$\begin{aligned} p_3(x) &= 4 + 2(x-2) + \frac{1}{4}(x-2)(x-4) - \frac{1}{8}(x-2)(x-4)(x-6) \\ &= -\frac{1}{8}x^3 + \frac{7}{4}x^2 - 5x + 8 \end{aligned}$$

표 5.5 분할차분표 (예제 5.3)

x_i	$f[x_i]$	f[,]	f[,,]	f[,,,]
2	4			
		$\frac{8-4}{4-2}=2$		
4	8		$\frac{3-2}{6-2}=\frac{1}{4}$	
		$\frac{14-8}{6-4}=3$		$\frac{-\frac{1}{2}-\frac{1}{4}}{8-2}=-\frac{1}{8}$
6	14		$\frac{1-3}{8-4}=-\frac{1}{2}$	
		$\frac{16-14}{8-6}=1$		
8	16			

절점 $x_0, x_1, \dots, x_n$이 균일한 간격을 가질 경우, 즉,

$$x_k = x_0 + kh, \quad k = 0, 1, \dots, n$$

$$p_n(x) = \sum_{i=0}^{n} \left\{ f\left[x_{n-i}, x_{n-i+1}, \dots, x_n\right] \prod_{j=1}^{i} \left(x - x_{n-j+1}\right) \right\} \tag{5.13}$$

여기서

$$h = \frac{x_n - x_0}{n}$$

일 때 식 (5.12)와 (5.13)은 좀 더 간단히 표현될 수 있다.
절점(node)이 오름차순으로 정렬되어 있다면 다음과 같이 전향차분 Δf_i과

$$\Delta f_i = f_{i+1} - f_i, \quad \text{with } f(x_i) = f_i, \ i = 0, 1, \dots.$$

전향차분의 거듭제곱을 정의할 수 있다.

$$\Delta^n f_i = \Delta\left(\Delta^{n-1} f_i\right), \quad n = 2, 3, \dots.$$

이항계수(binomial-coefficient) 표기법

$$\binom{s}{k} = \frac{s(s-1)\cdots(s-k+1)}{k!}$$

을 활용하면 식 (5.12)는 다음과 같이 표현된다.

$$p_n(x) = \sum_{k=0}^{n} \binom{s}{k} \Delta^k f_0, \qquad s = \frac{x - x_0}{h} \tag{5.14}$$

식 (5.14)는 **뉴턴 전향차분**(Newton forward difference)이라고 불린다. 마찬가지로 식 (5.13)은 다음과 같이 표현될 수 있다.

$$p_n(x) = \sum_{k=0}^{n} (-1)^k \binom{-s}{k} \nabla^k f_n \tag{5.15}$$

예제 5.4 다음 데이터를 사용하여 분할차분표를 작성하고 뉴턴의 보간다항식을 구하라.

x	1	2	3	5	7
y	3	5	9	11	15

MATLAB 함수 newtondd를 사용하면 다항식의 계수를 표 5.6과 같이 구할 수 있다. 이렇게 구한 다항식에 의한 곡선과 데이터를 그림 5.1에 나타내었다. 뉴턴 보간다항식은 다음과 같다.

$$\begin{aligned} p_4(x) &= \mathbf{3} + \mathbf{2}(x-1) + (x-1)(x-2) - \frac{\mathbf{1}}{\mathbf{2}}(x-1)(x-2)(x-3) \\ &\quad + \frac{\mathbf{1}}{\mathbf{8}}(x-1)(x-2)(x-3)(x-5) \\ &= \frac{1}{8}x^4 - \frac{15}{8}x^3 + \frac{73}{8}x^2 - \frac{113}{8}x + \frac{39}{4} \end{aligned}$$

표 5.6 뉴턴의 분할차분 (예제 5.4)

```
» x=[1 2 3 5 7]';
» y=[3 5 9 11 15]';
» newtondd(x,y)

      Newton divided difference
-----------------------------------------------------------
   x        y       f[,]      f[,,]      f[,,,]      ...
-----------------------------------------------------------

 1.00     3.00
                    2.00
 2.00     5.00                1.00
                    4.00                 -0.50
 3.00     9.00               -1.00                 0.125
                    1.00                  0.25
 5.00    11.00                0.25
                    2.00
 7.00    15.00
```

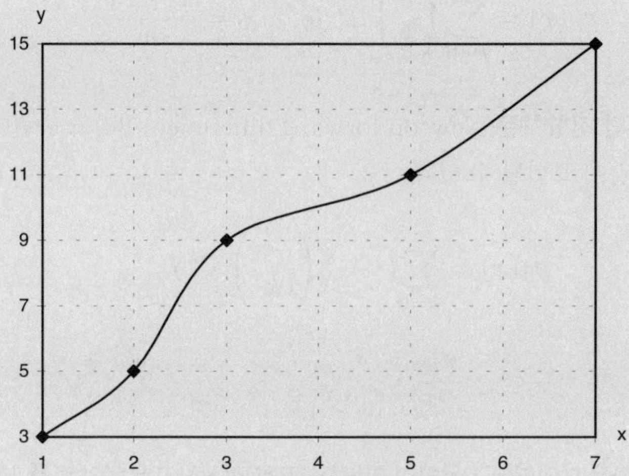

그림 5.1 보간다항식 (예제 5.4)

예제 5.5 다음의 표는 여러 x에 대한 사인함수의 값을 나타낸다. 표 5.7은 이 데이터에 해당하는 분할차분표이다.

x	0.0	0.1	0.3	0.7	0.8	0.9
$\sin x$	0.0	0.099833	0.29552	0.644218	0.717356	0.783327
x	1.3	1.9	2.2	2.7	3.1	
$\sin x$	0.963558	0.94630	0.808496	0.427380	0.041581	

표 5.7 뉴턴의 분할차분 (예제 5.5)

```
» x=[0 0.1 0.3 0.7 0.8 0.9 1.3 1.9 2.2 2.7 3.1]';
» y=sin(x);
» newtondd(x,y)
```

Newton divided difference

x	y	f[,]	f[,,]	f[,,,]	…						
0	0										
		0.99833									
0.1	0.099833		-0.0663167								
		0.978435		-0.1592857							
0.3	0.295520		-0.1778167		0.01533333						
		0.871745		-0.147019		0.00748016					
0.7	0.644218		-0.28073		0.02206548		-0.0009829				
		0.73138		-0.1293667		0.00620238		0.00006			
0.8	0.717356		-0.35835		0.02950833		-0.0008633		-0.00013		
		0.65971		-0.0998583		0.00464836		-0.00022		0.00008	
0.9	0.783327		-0.418265		0.03694571		-0.0013179		0.00008		-0.00003
		0.4505775		-0.0555235		0.00214441		0.00000		-0.00003	
1.3	0.963558		-0.4793408		0.04016233		-0.0013202		0.00001		
		-0.0287633		0.00070377		-0.0004961		0.00001			
1.9	0.946300		-0.4784259		0.03921983		-0.0012855				
		-0.4593467		0.07129947		-0.0034526					
2.2	0.808496		-0.3786067		0.03162401						
		-0.762232		0.12822269							
2.7	0.427380		-0.2247394								
		-0.9644975									
3.1	0.041581										

M-function 5.2

다음의 MATLAB 함수 **newtondd.m**은 뉴턴 보간다항식에 대한 분할차분표를 나타낸다. 입력사항은 벡터 x와 y이다.

```
function newtondd(x,y)
% Newton divided difference
disp('            Newton divided difference')
disp('_______________________________________________________')
disp('   x          y          f[,]          f[,,]          f[,,,]          ... ')
disp('_______________________________________________________')
n=length(x);
for k=1:n-1
 % Compute first divided difference
   d(k,1)=(y(k+1)-y(k))/(x(k+1)-x(k));
end
for i=2:n-1
   for k=1:n-i
  % Compute ith divided difference
      d(k,i)=(d(k+1,i-1)-d(k,i-1))/(x(k+i)-x(k));
   end
end
% print results
if (rem(n,2)==0)
   p=n/2;
   m=n/2;
else
   p=fix(n/2);
   m=fix(n/2)+1;
end
for i=1:p
  fprintf('%8.2f %8.2f',x(i),y(i));
  for k=1:i-1
    fprintf('           %8.5f',d(i-k,2*k));
  end
  fprintf('\n     ')
  for k=1:i
    fprintf('           %8.5f',d(i-k+1,2*k-1));
  end
  fprintf('\n')
end
j=p;
for i=m:-1:1
```

```
    j=j+1;
    fprintf('%8.2f %8.2f',x(j),y(j));
    for k=1:i-1
      fprintf('            %8.5f',d(j-k,2*k));
    end
    fprintf('\n      ')
    for k=1:i-1
      fprintf('            %8.5f',d(j-k+1,2*k-1));
    end
    fprintf('\n')
end
```

여기서, $\nabla f_i = f_i - f_{i-1}$(여기서 $i \geq 1$)이다. 식 (5.15)은 **뉴턴 후향차분**(Newton backward difference)이라고 불린다. 이들 수식을 유도하는 보다 자세한 방법은 참고문헌 [19]를 참조하라.

연습문제 5.2

1. 다음 표는 어떤 다항식에 의한 값을 나타내고 있다. 다항식의 차수 및 최고차항의 계수를 구하라.

x	0	1	2	3	4	5
$f(x)$	-7	-4	5	26	65	128

2. x가 0, 1, 2, 3일 때 $f(x) = 2x^2 - x + 2$의 함수값을 보간하는 차수가 3차 이하인 다항식을 구하라. 구해진 다항식의 차수는 얼마인가?

3. 점 (x_0, y_0)와 (x_1, y_1)를 통과하는 차수가 1차인 뉴턴 보간다항식은 다음과 같이 표현할 수 있음을 나타내라.

$$p_1(x) = \frac{1}{x_1 - x_0}\begin{vmatrix} y_0 & x_0 - x \\ y_1 & x_1 - x \end{vmatrix}$$

4. 다음 데이터를 보간하는 차수가 5이하인 다항식을 뉴턴 분할차분을 사용하여 구하라.

x	1.0	2.0	3.0	4.0	5.0	6.0
$f(x)$	14.5	19.5	30.5	53.5	94.5	159.5

구해진 다항식을 사용하여 $f(4.5)$를 예측하고 정해 $f(4.5) = 71.375$ 와 비교하라.

5. 다음 데이터를 보간하는 뉴튼의 보간다항식을 구하라.

x	−3	−2	−1	0	1
y	−41	−17	−5	1	3

6. 다음의 분할차분표의 빈칸을 채워 넣어라

x_i	$f[.]$	$f[.,.]$	$f[.,.,.]$	$f[.,.,.,.]$
1.1	2.45			
		0.609		
2.2	3.12		—	
		—		—
3.3	3.98		—	
		—		
4.4	5.22			

7. x가 $-1, 0, 1, 2, 3$ 일 때 $f(x) = 2x^3 + 4x^2 + 3x + 5$ 의 함수값을 보간하는 뉴턴 보간함수를 구하라

8. 감자의 수확량 y 와 비료의 사용정도 x 사이의 관계를 조사하기 위해 연구자는 밭을 5개의 균등한 면적으로 구분하고 비료의 양을 다르게 하면서 감자를 재배하는 실험을 수행하였다. 이를 통해 얻어진 데이터는 다음 표와 같다. (단위: 파운드)

x	1	2	3	4	5
y	22	23	25	30	28

(a) 이 데이터를 보간하는 다항식을 구하라.

(b) 보간다항식에 의하면 2.5 파운드의 비료를 사용할 경우 얼마정도의 감자가 수확될 것으로 예측되는가?

9. $\log(1)$ 과 $\log(6) = 1.791759$ 을 선형보간하여 $\log(2)$의 값을 예측하라. $\log(2)$의 정해는 0.6931472 이다.

10. $f(x) = \ln(1 + x)$, $x_0 = 1$, $x_1 = 1.1$ 이다. 선형보간을 통해 $f(1.04)$를 예측하라.

11. $x_0 = 1$, $x_1 = 2$, $x_2 = 4$ 일 때 $f(x) = \log_2 x$ 의 함수값을 보간하는 3차 다항식을 구하라.

12. 다음조건을 만족하는 3차 보간다항식 $p_3(x)$을 구하라.

$$p_3(a) = f(a), \quad p_3(b) = f(b), \quad p_3(c) = f(c)$$

그리고

$$p_3'(c) = f'(c)$$

(a) $p_2(x)$는 절점 $x = a$, $x = b$, 그리고 $x = c$ 에서 보통방법으로 f 를 2차 보간하는 함수라 하자. 같은 절점에서 보통방법으로 f 를 보간하는 다음 식과 같은 3차 다항식을 구하라.

$$q_3(x) = p_2(x) + q(x)$$

(b) 아래의 관계식을 의미하는 q의 특별히 선택된 값을 구하라.

$$q_3'(c) = f'(c)$$

13. $f(1) = 2$, $f(2) = 4$, $f'(2) = 0$ 일 때 보간을 위한 분할차분표를 구하고 뉴턴의 보간다항식을 표시하라.

14. 구간 [0 2]을 균등하게 분할하는 21개의 점에서 주어진 다항식 $p(x) = x^9$ 을 얻고 이들 데이터를 보간하는 수식을 구하라. 이를 통해 알게 된 사항을 설명하라.

15. 뉴턴의 분할차분을 사용하여 다음 데이터를 보간하고 $f(3)$의 값을 예측하라.

x	0	1	2	4	5	6
$f(x)$	1	14	15	5	6	19

16. 다음의 표는 어떠한 다항식을 나타낸 표이다.

x	0	1	2	3	4	5
$f(x)$	−7	−4	5	26	65	128

이 다항식의 차수와 x의 최고차항의 계수를 구하라.

17. 다음 분할차분표에서 각 위치에 해당하는 값을 구하라.

x_i	$f[.]$	$f[.,.]$	$f[.,.,.]$	$f[.,.,.,.]$
-3	y_0			
		Δy_0		
-2	y_1		-22	
		Δy_1		$\Delta^3 y_0$
-1	y_2		17	
		1		$\Delta^3 y_1$
0	y_3		$\Delta^2 y_2$	
		49		$\Delta^3 y_2$
3	y_4		67	
		Δy_4		
4	463			

18. 다음 데이터를 보간하는 다항식을 구하라.

x	0.0	0.50	1.00	1.50	2.00	2.50	3.0
$f(x)$	−0.333	−0.270	−0.200	−0.133	−0.077	−0.033	0.0

구해진 다항식에 의한 값과 $f(x) = (x - 3)/(x_2 - 9)$에 의한 값을 비교하라.

컴퓨터 문제 5.2

1. 귀하가 알고 있는 프로그래밍언어를 사용하여 뉴튼 보간을 수행하는 컴퓨터 프로그램을 작성하라. 입력데이터에는 x값과 개수, x에 해당하는 y값, 또한 구해진 보간다항식 $p(x)$를 사용하여 값을 추정하려고하는 x의 지점 α가 포함되어야 한다. 출력데이터는 분할차분값 및 $p(\alpha)$의 값이다. 완성된 프로그램을 다음에 주어진 실제 열역학데이터로 테스트하라.

x	0	0.2	0.4	0.8	1.0
$f(x)$	1.000	0.916	0.836	0.0741	0.624
x	1.4	1.6	1.8	2.0	1.2
$f(x)$	0.224	0.265	0.291	0.316	0.429

뉴턴 보간 다항식을 사용하여 $f(0.23)$을 추정하라.

2. MATLAB 함수 newtondd.m 을 사용하여 구간 [0, 1]을 균등히 분할하는 11개의 절점 및 각절점에서 함수 e^x 의 함수값을 보간하는 다항식을 구하라. 가운데 지점에서 보간다항식의 값을 e^x 의 값과 비교하라.

3. MATLAB 함수 newtondd.m 을 사용하여 구간 [0, $\pi/4$]을 균등히 분할하는 11개의 절점 및 각절점에서 함수 $\tan x$ 의 함수값을 보간하는 다항식을 구하라.

5.3 보간 다항식의 오차

오차항 $f(x) - p_n(x)$의 크기를 나타내는 수식을 유도해보자. 테이블에 표시되지 않은 값은 일반적으로 절단오차불리는 하는 오차를 가진다. 이 오차항의 형태를 결정하기 위해, $[a, b]$구간에서 $n + 1$차 미분이 연속함수인 어떠한 함수 $f(x)$를 가정하고 오차항을 다음과 같이 표시하자.

$$E_n(x) = f(x) - p_n(x) \tag{5.16}$$

이제 서로 다른 절점 $x_0, x_1, \dots, x_n$를 포함하는 구간 $[a, b]$내에 존재하는 어떠한 값 t에 대해 다음을 만족하는 ζ가 존재함을 증명할 것이다.

$$E_n(t) = \frac{1}{(n+1)!} f^{(n+1)}(\zeta) \prod_{i=0}^{n} (t - x_i) \tag{5.17}$$

t는 고정된 값으로 절점 x_i와 다른 값이다. 표현을 간단하게 하기 위해 다음과 같은 함수를 정의하자.

$$\Psi(x) = \prod_{i=0}^{n} (x - x_i) \tag{5.18}$$

따라서

$$E_n(t) = f^{(n+1)}(\zeta) \frac{\Psi(t)}{(n+1)!}$$

이다. 또한 다음과 같은 함수를 정의하자.

$$e(x) = f(x) - p_n(x) - \Psi(x) \frac{f(t) - p_n(t)}{\Psi(t)}$$

테이블에 포함된 절점 x_i 및 t에서는 $e(x) = 0$임을 알 수 있다. 따라서 $e(x)$는 주어진 구간 내에서 $n + 2$ 개의 지점에서 0의 값을 가진다. 롤의 정리(Rolle's theorem)를 적용하면 $e(x)$의 값이 0인 어떠한 두 점사이에는 $e'(x)$가 0의 값을 가지는 지점이 최소한 하나 존재한다. 따라서 1차 미분함수 $e'(x)$는 최소한 $n + 1$ 개 지점에서 0의 값을 가진다. 마찬가지로 $e''(x)$는 최소한 n개의 지점에서 0의 값을 가진다. 이를 반복하면 $e^{(n+1)}(x)$ 는 최소한 1개 지점에서 0의 값을 가진다. 이 점을 z라고 하자. 그러면

$$e^{(n+1)}(z) = f^{(n+1)}(z) - p_n^{(n+1)}(z) - \Psi^{(n+1)}(z) \frac{f(t) - p_n(t)}{\Psi(t)} = 0$$

이다. 하지만 $p_n(x)$의 차수는 n차 이하이므로 $p_n^{(n+1)}(z) = 0$이다. 또한 $\Psi^{(n+1)}(z) = (n + 1)!$ 이므로 (연습문제 1 참조)

$$f^{(n+1)}(z) - (n+1)! \frac{f(t) - p_n(t)}{\Psi(t)} = 0$$

이다.

마지막으로, $f(t) - p_n(t)$를 풀면 식 (5.17)을 얻을 수 있다.

$$E_n(t) = f(t) - p_n(t) = f^{(n+1)}(z)\frac{\Psi(t)}{(n+1)!}$$

다음은 $f(x)$가 등간격으로 분포된 절점을 포함하는 구간 $[a, b]$에 대해 정의되는 특별한 경우를 다룬다.

$f(x)$가 정의된 구간 $[a, b]$가 등간격으로 분포된 절점 $x_k = x_0 + k_h$(여기서 $k = 0, 1, \ldots, n$)를 포함하고 있으며 $f^{(n+1)}$이 구간 $[a, b]$에서 연속이고 $f^{(n+1)}(x) \leq M$을 만족한다고 가정하자. 그러면 구간 $[a, b]$에서 다음 수식이 성립한다.

$$|f(x) - p_n(x)| \leq \frac{1}{4(n+1)}M\left(\frac{b-a}{n}\right)^{n+1} \tag{5.19}$$

윗 수식의 증명은 이전 수식의 증명과 유사하다. 또한 다음의 관계가 성립한다. (연습문제 5 참조)

$$|\Psi(x)| \leq \frac{1}{4}n!\, h^{n+1}, \quad h = \frac{b-a}{n} \quad \forall x \in [a, b]$$

따라서, 식 (5.17)로부터 다음과 같은 수식을 얻을 수 있다.

$$|f(x) - p_n(x)| \leq \frac{1}{(n+1)!}|f^{(n+1)}(\zeta)|\frac{1}{4}h^{(n+1)}n! \leq \frac{1}{4(n+1)}M\left(\frac{b-a}{n}\right)^{n+1}$$

예제 5.6 구간 [1, 2]사이에서 균등하게 분할하는 11개의 점에서 얻은 $f(x) = \cos x$의 함수값을 보간하는 다항식을 구하였다. 이 다항식의 오차범위를 구하라.

여기서 $n = 10$, $a = 1$, $b = 2$, $f^{(11)}(x) = \sin x f^{(11)}$, $|f^{(11)}(x)| \leq M$ 이므로

$$|p(x) - \cos x| \leq \frac{1}{4(11)}\left(\frac{2-1}{10}\right)^{11} \approx 2.27 \times 10^{-13}$$

식 (5.19)에 따르면 선형함수로 보간되었을 경우 2차 미분값의 상한치가 필요하지만 실제의 경우 이 값을 알기는 힘들다. 하지만 f 함수값 테이블이 있다면 유한차분 근사화를 통해 2차미분값을 추정하여 상한치 값을 구할 수 있고 이를 이용해 오차범위를 구할 수 있다. 9.1절

에 의하면

$$f''(x) \approx \frac{f(x-h) - 2f(x) + f(x+h)}{h^2}$$

이다. 함수값은 간격 h로 균등히 분할된 절점 $x_k = a + k_h$에서 계산되었다고 가정하면 미분값의 상한치는 다음 식으로 추정된다.

$$\max_{x_k \le x \le x_{k+1}} |f''(x)| \approx \max\left\{ \left| \frac{f(x_{k-1}) - 2f(x_k) + f(x_{k+1})}{h^2} \right|, \left| \frac{f(x_k) - 2f(x_{k+1}) + f(x_{k+2})}{h^2} \right| \right\}$$

예제 5.7 다음과 같이 구간 [1.5 2]사이의 감마함수(gamma function)의 함수값 데이터가 있다.

x	1.5	1.6	1.7
$\Gamma(x)$	0.88622693	0.89351535	0.90863873
x	1.8	1.9	2.0
$\Gamma(x)$	0.93138377	0.96176583	1.00000000

선형보간을 통해 $\Gamma(1.625) = 0.8965742800566$ 의 값과 그 오차를 추정하라.

여기서,

$$\begin{aligned}\Gamma(1.625) \approx p_1(1.625) &= \Gamma(1.7) + \frac{\Gamma(1.7) - \Gamma(1.6)}{0.1}(1.625 - 1.7) \\ &\approx 0.90863873 + \frac{0.90863873 - 0.89351535}{0.1}(-0.075) \\ &\approx 0.897296195\end{aligned}$$

이다. 미분값의 최대치는 다음 두 값 중 큰 값이다.

$$|D_1| = \left| \frac{\Gamma(1.5) - 2\Gamma(1.6) + \Gamma(1.7)}{0.01} \right| = 0.783496$$

$$|D_2| = \left| \frac{\Gamma(1.6) - 2\Gamma(1.7) + \Gamma(1.8)}{0.01} \right| = 0.762166$$

따라서, 오차는 다음과 같이 추정된다.

$$|\Gamma(1.625) - p_1(1.625)| \approx \left(\frac{1}{8}\right)(0.1)^2(0.783\,496) = 0.000\,979\,37$$

보간함수의 오차 $f(t) - p_n(t)$를 구하는 또 다른 공식을 다음과 같이 유도할 수 있으며 이 공식은 어려 경우에 유용하게 사용된다.

t를 f 함수의 영역에 속해 있으면서 절점 $x_0, x_1, \ldots, x_n$와는 구별되는 하나의 절점이라고 하자. 다항식 p_{n+1}는 절점 $x_0, x_1, \ldots, x_n$에 해당하는 함수값을 보간하는 보간다항식이다. 뉴튼의 전향분할차분공식에 의해

$$p_{n+1}(x) = p_n(x) + f[x_0, x_1, \ldots, x_n, t]\prod_{i=0}^{n}(x - x_i)$$

이며, 여기서 $p_{n+1}(t) = f(t)$ 이므로 $x = t$ 로 놓으면 다음 수식을 얻을 수 있다.

$$f(t) - p_n(t) = f[x_0, x_1, \ldots, x_n, t]\prod_{i=0}^{n}(t - x_i) \tag{5.20}$$

식 (5.17)과 (5.20)을 비교하면 다음 관계식을 얻을 수 있다.

$$f[x_0, x_1, \ldots, x_n] = \frac{1}{n!}f^{(n)}(\zeta) \tag{5.21}$$

연습문제 5.3

1. 식 (5.18)에 의해 정의되는 함수 $\Psi(x)$의 $(n+1)$차 미분함수는 다음과 같음을 보여라.

$$\Psi^{(n+1)}(x) = (n+1)!$$

2. 함수 f의 3차 분할차분 $f[x_0, x_1, x_2]$의 값은 x_0, x_1, x_2의 순서와 관계없이 일정한 값을 가짐을 보여라.

3. 다음의 수식이 성립함을 보여라.

$$f[x_0, x_1, x_2] = \frac{\begin{vmatrix} 1 & x_0 & f_0 \\ 1 & x_1 & f_1 \\ 1 & x_2 & f_2 \end{vmatrix}}{\begin{vmatrix} 1 & x_0 & x_0^2 \\ 1 & x_1 & x_1^2 \\ 1 & x_2 & x_2^2 \end{vmatrix}}$$

4. 구간 $[a, b]$를 균등히 분할하는 절점의 함수값을 사용한 보간식에서 어떠한 $x \in [a, b]$에 대해 다음이 성립함을 보여라.

5. p_n을 n차의 다항식이라고 할 때, $k > n$이라면 p_n의 k차 분할차분은 0이 됨을 보여라

6. 구간 [0, 1]내의 절점 및 절점에서의 함수 $f(x) = e^x$ 의 값을 사용하여 선형보간을 수행할 때, 오차가 5×10^{-4} 보다 작아지기 위한 절점사이의 구간간격의 크기는 얼마인가? 2차 다항식으로 보간할 경우 주어진 오차범위를 만족하는 최대구간간격은 얼마인가?

7. 구간 [1/2, 1]사이의 자연로그값의 테이블이 있다. 이 테이블의 값으로 선형보간을 수행할 경우 오차가 10^{-3} 이하이기 위해서는 그 테이블에 얼마나 많은 절점이 필요한가?

8. 다음과 같은 함수가 주어질 때, 각 경우 구간 [0, 2]에서 보간된 다항식이 원 함수의 값을 얼마나 잘 추정하는지를 다항식보간의 오차를 나타내는 공식을 사용하여 예측하고자 한다.

(a) $f(x) = e^{-2x}$,

(b) $h(x) = \sin x$,

(c) $g(x) = 1/(x+1)$,

(d) $k(x) = \sqrt{|x-1|}$

(i) 각 함수에서 n차 미분함수를 나타내는 공식을 구하라. 또한 [0 2] 구간내의 어떤 점에서 어떤 차수의 미분함수의 존재여부를 통해 각 함수의 평활도(smoothness)를 평가하라.

(ii) [0 2]구간에서 각 함수의 n차 미분값의 범위를 추정하고 이를 $n!$ 으로 나누어 오차공식을 구하라.

(iii) [0 2] 구간을 주어진 갯수로 균등히 분할하고 보간을 수행하는 경우를 생각해보자. 예를 들어 맨 처음 5개의 절점, 그 다음은 10개의 절점 등.. 이때 오차값의 수렴에 관해 어떻게 생각하는가?

9. 세점 1, 2, 3에서 함수 f를 보간할 경우의 오차를 나타내는 일반식을 표시하라. 이 공식에 의하면 $x = 1.5$ 에서 함수 e^{2x} 를 예측할 때 오차의 추정치는 무엇인가?

10. 로그값의 표를 만들려고 한다. 3차다항식에 의한 보간값이 오차 10^{-6} 이하로 정확해질려고 하면 이 표에서 각 절점의 간격은 얼마이어야 하는가?

5.4 라그랑주 보간 다항식

뉴턴보간법에서 사용한 형태이외에도 $p_n(x)$를 표현하는 다양한 방법이 존재한다. 그중 하나는 이 절에서 소개하는 라그랑주법의 형태이다. 앞서와 마찬가지로 우리는 표 5.3에 주어진

$n+1$ 개의 절점을 통과하는 n차의 다항식을 찾고자 한다. 이를 위해 먼저 다음과 같은 성질을 가지는 함수를 정의하자.

$$L_j(x_i) = \begin{cases} 1 \text{ if } i = j \\ 0 \text{ if } i \neq j \end{cases} \tag{5.22}$$

이러한 함수를 **기본함수**(cardinal function)라고 한다.

n차의 라그랑주 보간다항식을 다음과 같은 형태로 쓸수 있다.

$$p_n(x) = \sum_{i=0}^{n} f(x_i)L_i(x) \tag{5.23}$$

$p_n(x)$가 식 (5.1)의 성질을 만족하는 것은 쉽게 알 수 있다. 따라서 $L_i(x)$가 다음과 같이 정의되었다면

$$\begin{aligned} L_i(x) &= \frac{(x-x_0)(x-x_1)\cdots(x-x_{i-1})(x-x_{i+1})\cdots(x-x_n)}{(x_i-x_0)(x_i-x_1)\cdots(x_i-x_{i-1})(x_i-x_{i+1})\cdots(x_i-x_n)} \\ &= \prod_{\substack{j=0 \\ j\neq i}}^{n} \left[\frac{x-x_j}{x_i-x_j}\right], \quad i=0,1,\ldots,n \end{aligned}$$

모든 $L_i(x)$의 차수가 n차이므로 $p_n(x)$의 차수는 n차 이하이다.

$x = x_i$일 때 식 (5.24)의 분모와 분자는 같아져 $L_i(x) = 1$ 이므로 $L_i(x)$는 식 (5.22)의 성질을 만족함을 알 수 있다. 또한 $x = x_j$ (여기서 $j \neq i$) 일 경우 식 (5.24)의 분자는 0이

예제 5.8 다음 데이터를 보간하는 라그랑주 다항식을 구하라.

x	–1	0	3
$f(x)$	8	–2	4

식 (5.24)로부터

$$\begin{aligned} L_0(x) &= \frac{(x-0)(x-3)}{(-1-0)(-1-3)} = \frac{1}{4}x(x-3) \\ L_1(x) &= \frac{(x+1)(x-3)}{(0+1)(0-3)} = -\frac{1}{3}(x+1)(x-3) \\ L_2(x) &= \frac{(x+1)(x-0)}{(3+1)(3-0)} = \frac{1}{12}x(x+1) \end{aligned}$$

를 구할 수 있으며 식 (5.23)에 의해 라그랑주 보간다항식은

$$p_2(x) = 2x(x-3) + \frac{2}{3}(x+1)(x-3) + \frac{1}{3}x(x+1)$$

이다.

이 예를 통해 볼 수 있듯이 라그랑주 다항식의 단점은 보간식계산을 위해 많은 계산이 필요하며, 만약 테이블에 절점을 추가하거나 제외할 경우 이전 계산결과를 활용할 수 없으므로 처음부터 계산을 다시 해야 한다는 점이다.

예제 5.9 예제 5.8에 사용된 데이터로 라그랑주 보간 다항식을 구할 때 그 계수를 구하고 $x = -0.5$일 때 함수값을 추정하라.

MATLAB 함수 lagrange를 사용하여 표 5.8과 같은 결과를 구할 수 있다.

표 5.8 라그랑주 보간다항식의 계수 (예제 5.9)

```
» x=[-1 0 3]';
» y=[8 -2 4]';
» lagrange(x,y,-0.5)

c =

     2.0000    0.6667    0.3333

     p(a)=   2.250000
```

므로 $L_i(x) = 0$ 이다.

식 (5.23)을 **라그랑주형태**로 표현된 $p_n(x)$라고 부른다.

MATLAB 방법

MATLAB에서 주어진 절점의 데이터를 사용하여 보간다항식을 구할 때는 다음과 같은 형태로 내장함수 polyfit을 사용할 수 있다.

```
p = polyfit(x,y,n)
```

여기서 x와 y는 각각 n + 1개의 벡터이며 n은 보간다항식의 차수이다. 다항식의 계수는 내림차순으로 정렬되어 p 벡터에 출력된다. 예를 들어 예제 5.3에 주어진 4점의 절점을 통과하는 3차 보간다항식의 계수를 구할 경우 다음과 같다.

```
>> x = [2   4   6   8]
x =
     2   4   6   8


>> y = [4   8   14   16]
y =
     4   8   14   16
>> p = polyfit(x,y,3)
p =
     -0.1250   1.7500   -5.0000   8.0000
```

여기서 $x = 7$일 때 함수값은 다음과 같이 구할 수 있다.

```
>> z = polyval(p,7)
z =
     15.8750
```

예제 5.10 MATLAB을 사용하여 예제 5.1에서 $W = 27$일 때 에탄올의 상대점성계수를 예측하라.

주어진 조건에 해당하는 함수값의 예측과정은 다음과 같다.

```
>> w = [5   10   15   20   30   40];
>> V = [1.2260   1.4980   1.8220   2.1380   2.6620   2.8400];
>> format short e
>> p = polyfit(w,V,5)
p =
  -7.1238e-008 7.7790e-006 -3.5319e-004 7.5752e-003 -1.0626e-002 1.1293e+000
>> format long
>> V = polyval(p,27)
V =
     2.47460518400000
```

따라서, $V(27) \approx 2.47460518400000$.

M-function 5.4

다음의 MATLAB 함수 **lagrange.m**은 라그랑주 보간다항식 $p(x)$를 구하고 $p(a)$를 계산한다. 입력사항은 벡터 x와 y, 그리고 a 값이다.

```
function lagrange(x,y,a)
% Coefficients of the Lagrange interpolating polynomial.
n=length(x);
p=0;
for k=1:n
  b(k)=1;
  d(k)=1;
  for j=1:n
    if j~= k
      b(k)=b(k)*(x(k)-x(j));
      d(k)=d(k)*(a-x(j));
    end
  end
  c(k)=y(k)/b(k);
  p=p+c(k)*d(k);
end
c
fprintf('\n   p(a)= %10.6f',p)
fprintf('\n')
```

연습문제 5.4

1. 다음 데이터를 보간하는 라그랑주 다항식을 구하라.

x	0	2	4	6
y	1	-1	3	4

2. 다음 데이터의 보간에 사용되는 기본함수를 구하라.

x	−1	0.5	1
y	3	1	4

3. 다음의 다항식에 적절한 숫자를 대입하여 모든 다항식이 모두 동일한 다항식인 이유를 설명하라.

$$p(x) = 12\frac{(x-1)x(x-2)}{6} - 4\frac{(x-3)x(x-2)}{2} + 0\frac{(x-3)(x-1)(x-2)}{-6} - 2\frac{(x-3)(x-1)x}{-2},$$

$$q(x) = 12 + 8(x-3) + 4(x-3)(x-1) + 1(x-3)(x-1)x,$$

$$r(x) = -2 - 1(x-2) + 3(x-2)x + 1(x-2)x(x-1)$$

4. $p(x)$가 $f(x) = x^3$의 $x = 1, 2, 3$ 에서의 함수값을 보간하는 2차 다항식이라고 하자.

(a) p를 구하기 위한 라그랑주와 뉴턴 공식을 표시하라.

(b) 구간 $1 < x < 3$ 에서 상대오차 $e(x) = |f(x)\ p(x)|/|f(x)|$ 의 범위를 구하라.

(c) 구간 $1.9 < x < 2.1$ 에서 상대오차 $e(x) = |f(x)\ p(x)|/|f(x)|$ 의 범위를 구하라. 여기서 구한 오차범위가 (b)에서 구한 값과 큰 차이를 나타내는 이유를 설명하라.

(d) 구간 $[a, b]$에서 함수 f가 연속일 때 이 구간내의 $n + 1$개의 절점을 보간하는 n차 다항식 p의 오차를 나타내는 일반식을 기술하라. 오차를 3개항의 곱으로 분리할 때 왜 이들 중 2개는 예상할 수 있는 값인지 설명하라.

5. $f(x) = 2x^2e^x + 1$ 이다. $x_0 = 0$, $x_1 = 0.5$, $x_2 = 1$ 에서 $f(x)$의 값을 보간하는 2차 이하의 라그랑주 다항식을 구하고 $f(0.8)$의 값을 추정하라.

6. $\ln(2) = 0.6932$, $\ln(3) = 1.0986$, $\ln(6) = 1.7918$ 일 때, 라그랑주 보간법을 사용하여 $x = 1,2, ..., 10$ 일 때의 값을 예측하라. 보간을 통해 예측된 값과 그 값의 절대오차, 상대오차를 표시하라.

7. 함수 $f(x)$의 함수값이 다음 표와 같이 주어져 있다.

x	0	1	3	4
$f(x)$	2	2	2	14

(a) 모든 점을 통과하는 라그랑주 다항식을 구하라.

(b) $x = 0,1,3$ 점을 통과하는 라그랑주 다항식을 구하라.

(c) $x = 1,3,4$ 점을 통과하는 라그랑주 다항식을 구하라.

(d) 위의 (a), (b), (c)의 각 경우 $f(2)$의 값을 추정하고 오차항를 나타내는 식을 표시하라.($f^{(n)}(\zeta)$를 포함하여도 된다)

8. 주어진 세점 (1, 3), (2, 0), (3, 1)을 2차 다항식으로 보간할 때 기본함수 3개를 표시하라.

컴퓨터 문제 5.4

1. 귀하가 알고 있는 프로그래밍언어를 사용하여 라그랑주 보간을 수행하는 컴퓨터 프로그램을 작성하라. 입력데이터에는 x값과 개수, x에 해당하는 y값, 또한 구해진 보간다항식 $p(x)$를 사용하여 값을 추정하려고하는 x의 지점 α가 포함되어야 한다. 출력데이터는 $p(\alpha)$의 값이다. 완성된 프로그램을 다음의 데이터로 테스트하라.

x	-2	0	-1	1	2
$f(x)$	4	1	-1	1	9

라그랑주 보간 다항식을 사용하여 $f(0.7)$을 추정하라.

2. MATLAB 함수 lagrange.m을 사용하여 구간 [0, 1]을 균등히 분할하는 11개의 절점 및 각절점에서 함수 $f(x) = \sqrt{x}$ 의 함수값을 보간하는 다항식을 구하라. 가운데 지점에서 보간다항식의 값을 $\sqrt{x}$ 의 값과 비교하라.

3. MATLAB 함수 lagrange.m을 사용하여 구간 [0, 10]을 균등히 분할하는 21개의 절점 및 각절점에서 함수 $f(x) = \frac{1+\cos(\pi x)}{1+x}$ 의 함수값을 보간하는 다항식을 구하라.

5장 응용문제

1. 다음의 표는 실험을 통해 온도 T를 변화시킬 때 텅스템의 발광량을 측정한 결과이다. (S.H.P. Chen과 S.C. Saxena, *Ind. Eng. Chem. Fund.*, **12**, 220, 1973)

$T,^0 K$	300	400	500	600	700	800	900	1000	1100
e	0.024	0.035	0.046	0.056	0.067	0.083	0.097	0.111	0.125
$T,^0 K$	1200	1300	1400	1500	1600	1700	1800	1900	2000
e	0.140	0.155	0.170	0.186	0.202	0.219	0.235	0.252	0.269

연구자들은 위의 관계에서 다음의 수식이 유효자리 3자리의 정확성을 가짐을 밝혀내었다.

$$e(T) = 0.02424\left(\frac{T}{303.16}\right)^{1.27591}$$

위의 실험결과를 보간하는 뉴턴 보간다항식 $p(T)$를 구하라. 위의 표에서 각 절점의 가운데값에 대해 $p(T)$와 $e(T)$의 값을 비교하라. 또한 구간 [300, 2000]에서 $p(T)$ $e(T)$와 그래프를 그려라.

2. 다음의 표는 온도 $T(^oF)$에 따른 이산화탄소의 열전도율 k (BTU/hr ft ^oF)과 액체 에틸렌 글리콜의 점성계수 μ (lb/ft hr)를 나타낸 것이다.

T	31	211	391	571	
k	0.0084	0.0132	0.0180	0.0227	
T	0	50	100	150	200
μ	241	82.2	30.3	12.5	5.54

주어진 온도범위내에서 k와 μ를 예측하기 위한 가장 간단한 보간다항식을 각 경우에 대해 구하라.

3. 초기치가 주어진 초기값문제, $dy/dt = f(t, y)$를 수치해석기법을 사용하여 풀 경우, $y(t)$는 주어진 범위내에 있는 각 절점에 해당하는 함수값이다(12장 참조). 어떤 초기값문제를 풀어 다음과 같은 결과를 얻었다.

t	0.0	0.1	0.2	0.3	0.4	0.5
y	-1.0	-0.90	-0.79	-0.67	-0.54	-0.41

위의 해석결과에는 절점이외의 지점에서 y값은 나타나있지 않다. 보간다항식을 이용하여 $t = 0.26, 0.35, 0.43$일 때 y 값을 구하라.

4. 다음과 같은 함수가 있다.

$$f(x) = \frac{1}{1+x^2}$$

(a) 1간격으로 떨어져 있는 절점 $-5, -4, \ldots, 4, 5$ 에서 평가된 함수값을 보간하는 10차 다항식 $p_{10}(x)$를 구하라.

(b) 구간 $[-5, 5]$에서 p와 f 함수를 그래프로 그려라. $p_{10}(x)$의 경우 사용된 구간의 가장자리에서 큰 변동이 나타난다. 이는 고차다항식으로 보간할 때 나타나는 특징이다. $x = 4.2, 4.4, 4.6, 4.8$ 인 각 경우 오차값 $E = |f(x) - p_{10}(x)|$을 계산하라.

5. 어떤 화학실험을 통해 다음과 같은 데이터를 얻었다.

T	0	5	10	15	20	25
C	14.5	12.6	11.3	10.3	9.1	8.5

(a) 위의 데이터를 그래프로 나타내고 보간다항식을 구하라.

(b) 보간다항식을 그래프로 나타내라.

(c) 두 그래프를 비교하라.

6. 온도 $T(^oC)$에 따른 물의 증기압 P (bars)의 변화는 다음과 같다.

T	0	10	20	30	40	60	80	100
P	0.0061	0.0123	0.0234	0.0424	0.0738	0.1992	0.4736	1.0133

보간다항식을 구하고 $P(5)$, $P(45)$, $P(95)$를 추정하라. 구해진 값을 알려진 실제증기압$P(5) = 0.008721$, $\mathrm{P}(45) = 0.095848$, $\mathrm{P}(95) = 0.84528$ 과 비교하라.

7. 다음 표는 온도 T 에 따른 티타늄의 어떤 성질 C 를 나타낸 것이다

T	605	685	725	765	825	855	875
C	0.622	0.655	0.668	0.679	0.730	0.907	1.336

보간다항식을 구하고 $C(645)$, $C(795)$, $C(845)$를 추정하라. 구해진 값을 알려진 실제값 $C(645) = 0.639$, $C(795) = 0.694$, $C(845) = 0.812$ 와 비교하라.

스플라인 함수 보간법

많은 과학적 공학적 현상은 어떠한 물리적 범위에서 다른 범위로 측정범위를 변화시킴에 따라 측정치가 변화한다. 이러한 데이터는 하나의 곡선(함수)보다 구간별로 연속인 함수를 사용할 경우 보다 잘 표현할 수 있다. 다항식보간법을 사용할 때 발생하는 문제점의 하나는 고차다항식을 사용하게 되면 변화가 심한 함수의 특성상 구간내의 각 지점에서 구한 예측값이 매우 큰 차이를 보일 수 있다는 점이다. 이러한 문제를 해결하는 하나의 방법은 전체구간을 여러 개의 세부구간으로 나누고 각 세부구간의 조건을 만족하는 저차의 보간다항식을 만드는 것이다. 이러한 근사화의 방법을 **구간별 다항식 보간법**(piecewise polynomial interpolation)이라고 한다.

구간별 다항식보간법, 혹은 스플라인함수라고 불리는 이 기법은 점점 많은 분야에서 활용되고 있다. 이중 가장 주목을 받는 것은 미분방정식 중 경계값 문제, 편미분방정식의 수치해석을 위한 유한요소법등의 다양한 분야에 쉽게 적용할 수 있는 3차 스플라인 함수이다.

이 장에서는 주어진 데이터를 보간하기 위해 사용되는 여러 형태의 구간별 다항식보간법에 대해 살펴볼 것이다. 가장 간단한 형태는 구간별 선형보간법(piecewise linear interpolation)이고, 가장 많이 사용되는 형태는 3차 스플라인 보간법(cubic spline interpolation)이다.

예제 6.1 혈당치

다음의 표는 아르기닌 부하검사(arginine tolerance test)를 위해 총 80분동안 10분 간격으로 측정된 혈당량 데이터이다.

time (t)	0	10	20	30	40	50	60	70	80
glucose	100	118	125	136	114	105	98	104	92

이들 데이터를 3차 스플라인을 사용하여 보간함으로써 의사는 표에 나타난 측정점이외의 시점에서 혈당량을 예측할 수 있다.

다항식은 데이터의 개수가 많은 데이터를 나타내는데 효과적인 방법은 아니다. 데이터중의 일부가 국부적으로 갑작스러운 변동치를 가진 경우 특히 그러하다.

6.1 구간적 선형 보간

먼저 스플라인 함수의 일반적인 정의부터 살펴보자. f가 어떤 구간 $[a, b]$에서 정의된 실수를 가지는 함수라고 하고 그 데이터가 표 6.1에 주어져있다고 하자. 단순화를 위해

$$a = x_1 < x_2 < \ldots < x_n = b$$

라고 가정하자.

표 6.1 함수 f의 함수값 테이블

x	$a = x_1$	x_2	$\ldots$	$x_n = b$
y	$f(x_1)$	$f(x_2)$	$\ldots$	$f(x_n)$

다음은 앞으로 사용될 용어의 정의이다.

정의 6.1 다음의 조건을 만족할 경우 함수 S는 k차의 스플라인함수이다.

1. S는 구간 $[a, b]$에 걸쳐 정의되어 있다.
2. $0 \leq r \leq k-1$인 r에 대해 $S^{(r)}$은 구간 $[a, b]$에서 연속이다.
3. S는 각 세부구간 $[x_i, x_{i+1}]$ (여기서, $i = 1, 2, \ldots, n-1$)에서 k차 이하의 다항식이다.

다항식보간의 경우와 달리 스플라인함수의 차수는 데이터의 개수가 증가하여도 높아지지 않는다. 즉, 구간별로 스플라인함수의 차수는 일정하며 대신 함수의 개수가 많아진다. 구간별 다항식 근사화의 간단한 예는 구간별 선형보간으로 이 방법은 그림 6.1과 같이 각 점을 연결하는 직선으로 설명될 수 있다.

구간별 선형보간 절차는 다음과 같이 설명할 수 있다. 우선 $f(x)$가 $[a, b]$구간에서 정의되는 실수함수라고 하고 구간별 선형보간함수를 $S(x)$라 하자. 여기서

$$a = x_1 < x_2 < \ldots < x_n = b$$

라고 가정하자. 세부구간 $[x_i, x_{i+1}]$에서의 함수 $S(x)$는 두 점을 잇는 선의 방정식을 사용하여 다음과 같이 나타낼 수 있다.

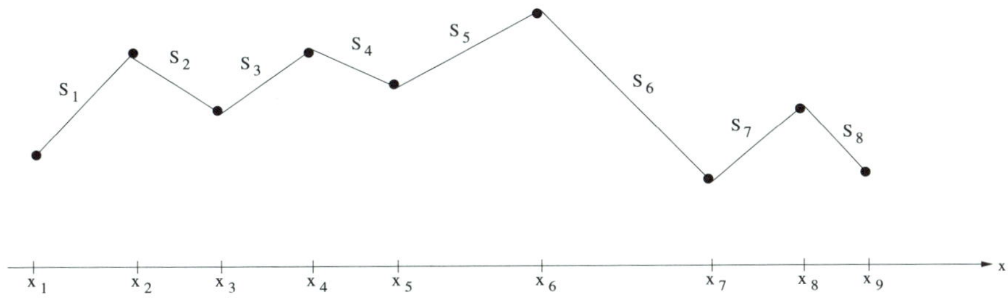

그림 6.1 구간별 선형보간

$$\begin{aligned} S_i(x) &= f(x_i) + \frac{f(x_{i+1}) - f(x_i)}{x_{i+1} - x_i}(x - x_i), \quad i = 1, \ldots, n-1 \\ &= f(x_i) + f[x_{i+1}, x_i](x - x_i) \end{aligned} \tag{6.1}$$

$[a, b]$밖의 구간에서 $S(x)$는 다음과 같이 정의된다.

$$S(x) = \begin{cases} S_1(x) & \text{if } x < a \\ S_{n-1}(x) & \text{if } x > b \end{cases}$$

해당하는 다항식이 변화하는 지점인 $x_2, x_3, \ldots, x_{n-1}$등을 **중단점**(breaking point) 혹은 **절점**(knot)이라고 한다. $S(x)$는 구간 $[a, b]$에서만 연속이므로 **1차 스플라인**이라고 부른다.

예제 6.2 다음 데이터를 보간하는 1차 스플라인 함수를 구하라. 또한 구해진 스플라인 함수를 사용하여 $f(2.2)$를 추정하라.

x	1	1.5	2	2.5	3
$f(x)$	1	3	7	10	15

식 (6.1)로부터,

$$\begin{aligned} S_1(x) &= \frac{f(1.5) - f(1)}{1.5 - 1}(x-1) + f(1) = \frac{3-1}{0.5}(x-1) + 1 = 4x - 3 \\ S_2(x) &= \frac{f(2) - f(1.5)}{2 - 1.5}(x-1.5) + f(1.5) = \frac{7-3}{0.5}(x-1.5) + 3 = 8x - 9 \\ S_3(x) &= \frac{f(2.5) - f(2)}{2.5 - 2}(x-2) + f(2) = \frac{10-7}{0.5}(x-2) + 7 = 6x - 5 \\ S_4(x) &= \frac{f(3) - f(2.5)}{3 - 2.5}(x-2.5) + f(2.5) = \frac{15-10}{0.5}(x-2.5) + 10 \\ &= 10x - 15 \end{aligned}$$

을 구할 수 있고 따라서,

$$S(x) = \begin{cases} 4x - 3 & \text{if } x \in [1, 1.5] \\ 8x - 9 & \text{if } x \in [1.5, 2] \\ 6x - 5 & \text{if } x \in [2, 2.5] \\ 10x - 15 & \text{if } x \in [2.5, 3] \end{cases}$$

이다.

$x = 2.2$는 구간 [2, 2.5]에 속하므로 $f(2.2) \approx 6(2.2) - 5 = 8.2$이다. 표 6.2는 MATLAB 함수 spl1을 사용하여 구한 결과이다.

표 6.2 1차 스플라인 함수(예제 6.2)

```
x=[1 1.5 2 2.5 3]';
» y=[1 3 7 10 15]';
» spl1(x,y,2.2)
                    linear spline
_______________________________________________
     x        y                  c= 2.2
_______________________________________________
     1        1
    1.5       3
     2        7
                              S(c)=  8.200000
    2.5      10
     3       15
```

여기서, 1차 스플라인함수를 사용한 보간이 얼마나 유용한 것인지에 대한 의문을 가질 수 있다. 그 질문에 대한 답은 다음의 정리를 통해 얻을 수 있다.

정리 3.1(1차 스플라인의 정확성) f가 2차 미분가능하며 구간[a, b]에 걸쳐 연속이라고 가정하자. 또한 $p(x)$가 절점 $a = x_1 < x_2 < . . . < x_n = b$에서 f 의 함수값을 보간하는 1차 스플라인함수라면

$$|f(x) - p(x)| \leq \frac{1}{8} M h^2, \quad a \leq x \leq b$$

이다. 여기서

$$h = \max_i (x_{i+1} - x_i)$$

이고 M은 구간 (a, b)에서 $|f''(x)|$의 최대값이다.

증명: 5.3절에서 다음의 수식이 성립함을 보였다.

$$f(x) - p(x) = \frac{1}{n!} f^{(n)}(\xi) \prod_{i=1}^{n} (x - x_i)$$

여기서 n은 절점의 수이다. 구간 $[a, b]$에서 $n = 2$ 이다. 따라서

$$f(x) - p(x) = \frac{1}{2} f''(\xi)(x - a)(x - b)$$

여기서 ξ 는 구간 (a, b)내의 어떤 점이다. (a, b)에서 $|f''(x)| \leq M$ 이고

$$\max_x |x - a|\,|x - b| = \tfrac{(b-a)^2}{4}$$

이므로

$$|f(x) - p(x)| \leq \frac{1}{2} M \frac{(b-a)^2}{4} = \frac{1}{8} M h^2$$

임을 알 수 있다.

이 정리로부터 함수의 2차 미분값이 유한한 값이라는 조건만 만족한다면, 절점의 수를 점점 증가시킴에 따라 보간의 오차는 점점 0으로 근접해 간다는 것을 알 수 있다.

그러나 다항식보간의 오차는 그 함수의 미분값(예를 들어 10개의 절점이 있을 경우 10차 미분값)에 영향을 받는 값이다.

예제 6.3 M을 알고 있다고 가정할 때, 등간격인 n개의 절점에 대한 1차 스플라인함수의 오차가 주어진 허용치 ϵ 보다 작아지게 하는 n의 최소값을 구하라.

$|f''(x)| \leq M$이므로

$$\frac{h^2 M}{8} \leq \epsilon$$

h에 대해 풀면

$$h \leq \sqrt{\frac{8\epsilon}{M}}$$

여기서 $h = (b - a)/(n - 1)$ 이므로

$$(b-a)\sqrt{\frac{M}{8\epsilon}} \leq n-1$$

n에 대해 풀면

$$n = 1 + \lceil (b-a)\sqrt{\frac{M}{8\epsilon}} \rceil$$

이다. 여기서 $\lceil\ \rceil$는 ceiling 함수를 나타낸다. 즉, $\lceil x \rceil$는 x보다 큰 정수중의 최소값이다.

M-function 6.1

다음의 MATLAB 함수 **spl1.m**은 표의 값을 보간하는 1차 스플라인을 구한다. 입력사항은 표의 함수값 x와 y; 그 지점에서 $S(x)$가 근사값으로 주어지는 c의 값이다.

```
function spl1(x,y,c)
% First-degree spline.
n=length(x);
for i=n-1:-1:2
  dis=c-x(i);
  if(dis>=0)
    break
  end
end
if(dis<0)
 i=1;
 dis=c-x(1);
end
m=(y(i+1)-y(i))/(x(i+1)-x(i));
spl1=y(i)+m*dis;
disp('              linear spline')
disp('_______________________________________________')
disp(['          x              y              c = ',num2str(c),'     '])
disp('_______________________________________________')
for j=1:n
  fprintf('%12.6f  %12.6f ',x(j),y(j))
  if (j==i)
    fprintf('\n                          S(c)= %10.6f',spl1)
  end;
  fprintf('\n')
end
```

연습문제 6.1

1. 다음 함수가 1차 스플라인 함수인지 판별하라.

(a) $f(x) = \begin{cases} 2x-1 & \text{if } x \in [-1,1] \\ -x+2 & \text{if } x \in [1,2] \\ 5x & \text{if } x \in [2,3] \end{cases}$

(b) $f(x) = \begin{cases} 3x+5 & \text{if } x \in [0,1] \\ 2x+6 & \text{if } x \in [1,4] \\ x+10 & \text{if } x \in [4,5] \end{cases}$

2. 다음과 같은 데이터가 있다.

x	1	2	3	4	5
$S(x)$	3	4	3	9	1

데이터를 보간하는 1차 스플라인함수를 구하고 $S(2.3)$를 추정하라.

3. 다음 데이터를 보간하는 1차 스플라인 함수를 구하라. $x = 0.4$일 때의 함수값을 추정하고 그 값을 $f(x) = xe^x$ 의 값과 비교하라.

x	0.1	0.3	0.5	0.7
$f(x)$	.110517	.404957	.824360	1.409627

4. 구간 $[0, \pi]$를 균등하게 분할하는 5개의 절점 및 각 절점에서 $f(x) = \sin x$ 의 함수값을 1차 스플라인 함수로 보간할 때 오차범위를 구하라.

5. $x = 0,\ 0.02,\ 0.04$일 때 함수 $f(x) = e^{\frac{2x}{3}}$ 의 함수값을 근사화하는 1차 스플라인 함수를 구하라. $\int_0^{0.04} S(x)dx$ 를 통해 $\int_0^{0.04} e^{\frac{2x}{3}}\, dx$ 의 값을 추정하고 정확한 해 0.04053811 과 비교하라.

6. 다음 데이터를 보간하는 1차 스플라인함수를 구하고 $x = 5$일 때 함수값을 추정하라

x	3.0	4.5	7.0	9.0
$f(x)$	2.5	1.0	2.5	0.5

7. 구간 $[0, 3]$에서 $f(x) = \cos x^2$ 의 함수값을 1차 스플라인 함수를 사용하여 보간할 때 그 오차가 10^{-4} 보다 작아지게 하는 절점의 수를 구하라.

컴퓨터 문제 6.1

1. 귀하가 알고 있는 프로그래밍언어를 사용하여 데이터 (x_i, y_i)를 보간하는 1차 스플라인 함수 $S(x)$를 구하는 프로그램을 작성하시오.
프로그램의 입력데이터에는

(a) 데이터(x_i, y_i)
(b) 구해진 $S(x)$를 사용하여 값을 추정하려고 하는 x의 지점 α

이 포함되어야 하며, 출력데이터는

(a) $x = \alpha$에서 $S(x)$의 값

이어야 한다.
완성된 프로그램을 연습문제 3에 대해 테스트하라.

2. MATLAB 함수 spl1를 사용하여 구간 $[0, \pi]$을 균등히 분할하는 21개의 절점 및 각 절점에서 함수 $f(x) = \sin x$의 함수값을 보간하는 1차 스플라인 함수를 구하라.

3. 다음에 주어진 데이터를 보간하는 1차 스플라인 함수를 구하라.

x	0	$\pi/10$	$\pi/5$	$3\pi/10$	$2\pi/5$	$\pi/2$
$f(x)$	0.0	0.0985	0.3846	0.7760	1.0000	0.6243

또한 $x = \pi/20, \pi/4, 9\pi/20$일 때 함수값을 추정하라. 이 값들을 위의 데이터를 발생시키기 위해 사용되었던 함수 $f(x) = \sin x^2$의 값과 비교하라.

4. 구간 $[0, \pi]$을 균등히 분할하는 11개의 절점 및 각 절점에서 함수 $f(x) = \cos x$의 함수값을 보간하는 1차 스플라인 함수를 구하라. 또한 실제 오차 $|S(x) - f(x)|$와 오차범위 $h^2/8$을 구하라.

6.2 2차 스플라인

선형함수가 아닌 원함수의 함수값을 구간별 선형보간을 통해 추정할 경우 그 결과는 대부분 만족스럽지 못하다. 이 경우 구간별로 고차다항식으로 보간하는 편이 보다 적절하다. 이 절에서는 2차 스플라인이라고 하는 미분가능한 구간별 다항식에 대해 논의할 것이다. 앞서와 마찬가지로 다음과 같은 세부구간을 사용하자.

$$a = x_1 < x_2 < \dots < x_n = b$$

여기서 $x_1, \ldots, x_n$은 표 6.1에 주어져 있다. 구간별 선형보간의 경우 보간을 위해 세부구간 $[x_i, x_{i+1}]$의 두 점 $(x_i, f(x_i))$와 $(x_{i+1}, f(x_{i+1}))$을 잇는 직선을 구하였다. 이 방법을 2차 스플라인을 구하는 절차로 확장시킬 수 있다. 즉, 그림 6.2와 같이 2점을 선택하는 대신 세부구간 $[x_i, x_{i+1}]$내의 3점을 선택하고 이를 잇는 2차 다항식을 구하는 것이다. 이러한 다항식은 단 하나만 존재한다.

2차 스플라인 $Q(x)$를 구하기 위해, 먼저 각 세부구간 $[x_i, x_{i+1}]$내의 2차 다항식을 다음과 같이 정의하자

$$q_i(x) = a_i + b_i(x - x_i) + c_i(x - x_i)^2 \tag{6.2}$$

여기서 a_i, b_i, c_i는 결정되어야할 계수이다.

정의 6.1에 의해, $Q(x)$는 다음과 같은 조건을 만족하여야 한다.

$$Q(x) = q_i(x) \quad \text{on } [x_i, x_{i+1}] \quad \text{for } i = 1, 2, \ldots, n-1 \tag{6.3}$$
$$q_i(x_i) = f(x_i) \tag{6.4}$$
$$q_i(x_{i+1}) = f(x_{i+1}) \tag{6.5}$$

다음 조건을 만족하면 $Q(x)$는 구간 $[a, b]$에서 연속이다.

$$q_i'(x_i) = d_i \quad \text{and} \quad q_i'(x_{i+1}) = d_{i+1} \tag{6.6}$$

여기서 d_i의 값은 나중에 정해진다. 구간 $[x_i, x_{i+1}]$에서 식 (6.4)와 (6.6)의 조건을 만족하는 유일한 함수 $q_i(x)$는 다음과 같이 쉽게 구할 수 있다(아래의 연습문제 1 참조).

$$q_i(x) = f(x_i) + d_i(x - x_i) + \frac{d_{i+1} - d_i}{2(x_{i+1} - x_i)}(x - x_i)^2 \tag{6.7}$$

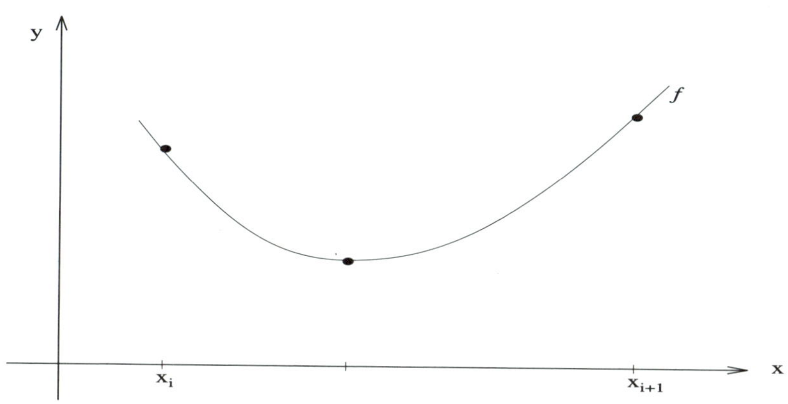

그림 6.2 2차 스플라인

이제 식 (6.5)의 조건을 사용하여 다음과 같이 회귀식의 형태로 d_i의 값을 구할 수 있다.

$$d_{i+1} = -d_i + 2\left[\frac{f(x_{i+1}) - f(x_i)}{x_{i+1} - x_i}\right], \quad i = 1, 2, \ldots, n-1 \tag{6.8}$$

여기서 d_1은 임의의 값이다.

따라서 표 6.1과 같이 주어진 데이터와 임의의 값인 d_1으로부터 식 (6.3), (6.7), (6.8)의 공식을 사용하여 조건을 만족하는 유일한 2차 스플라인함수 $Q(x)$를 구할 수 있다.

예제 6.4 다음 데이터를 보간하는 2차 스플라인 함수를 구하라.

x	-2	-1.5	0	1.5
$f(x)$	5	3	1	2

$d_1 = 0$ 이라고 하면 식 (6.8)로부터

$$d_2 = 2\left[\frac{3-5}{-1.5+2}\right] = -8$$
$$d_3 = 8 + 2\left[\frac{1-3}{0+1.5}\right] = 16/3$$
$$d_4 = -\frac{16}{3} + 2\left[\frac{2-1}{1.5-0}\right] = -4$$

를 구할 수 있으며, 이제 식 (6.7)을 통해 2차 스플라인 함수 $Q(x)$를 다음과 같이 구할 수 있다.

$$q_1(x) = 5 - 8(x+2)^2 \quad \text{in} \quad [-2, -1.5]$$
$$q_2(x) = 3 - 8(x+1.5) + \frac{40}{9}(x+1.5)^2 \quad \text{in} \quad [-1.5, 0]$$
$$q_3(x) = 1 + \frac{16}{3}x - \frac{28}{9}x^2 \quad \text{in} \quad [0, 1.5]$$

M-function 6.2

다음의 MATLAB 함수 **spl2.m**은 표의 값을 보간하는 2차 스플라인을 구한다. 입력사항은 표의 함수값 x와 y; $S(x)$가 근사값으로 주어지는 중간지점 m의 수이다.

```
function spl2(x,y,m)
% Quadratic Spline
n=length(x);
```

```
% arbitary value for d1
d(1)=0;
for i=1:n-1
   d(i+1) = -d(i)+2* ((y(i+1)-y(i)) / (x(i+1)-x(i)) );
   t(i)=(x(i+1)-x(i))/(m+1);
end
disp('              Quadratic Spline          ')
disp('________________________________')
disp('      x              Q(x)                ')
disp('________________________________')
for j=1:n-1
  r=(x(j):t(j):x(j+1)-t(j));
  for k=1:m+1
    r(k);
    spl2=y(j)+ d(j)*(r(k)-x(j))+((d(j+1)-d(j))/(2*(x(j+1)-x(j))))*(r(k)-x(j))^2;
    fprintf('%12.5f %17.5f \n',r(k),spl2);
  end
end
spl2=y(n);
fprintf('%12.5f %17.5f \n',x(n),spl2);
```

연습문제 6.2

1. 다음의 함수는 스플라인 함수임을 보여라.

$$f(x) = \begin{cases} 2x^2 & \text{if } -1 \le x \le 1 \\ x^2 + 2x - 1 & \text{if } 1 \le x \le 3 \\ 8x - 10 & \text{if } 3 \le x \le 4 \end{cases}$$

2. 다음 함수를 2차 스플라인함수로 만들기 위한 계수 a, b의 값을 구하라.

$$f(x) = \begin{cases} -x + 1 & \text{if } 0 \le x \le 1 \\ ax^2 + b & \text{if } 1 \le x \le 2 \end{cases}$$

3. 다음 함수를 2차 스플라인함수로 만들기 위한 계수 a, b, c의 값을 구하라

$$f(x) = \begin{cases} 2x & \text{if } -1 \le x \le 1 \\ ax^2 + bx + c & \text{if } 1 \le x \le 2 \\ -dx & \text{if } 2 \le x \le 4 \end{cases}$$

4. 다음 함수가 2차 스플라인 함수가 되는지 판별하라.

$$f(x) = \begin{cases} 2x^2 - 1 & \text{if} \quad -2 \le x \le -1 \\ x^2 + x + 1 & \text{if} \quad -1 \le x \le 0 \\ 3x + 1 & \text{if} \quad 0 \le x \le 1 \end{cases}$$

5. 어떠한 다항식을 사용하여 다음의 데이터를 발생시켰다.

x	–1	0	1	2
$p(x)$	–4	–1	2	23

이들 데이터를 보간하는 2차 스플라인 함수 $Q(x)$를 구하고 $Q(1.5)$를 추정하라.

6. 식 (6.2), (6.4), (6.6)을 사용하여 식 (6.7)을 유도하라.

컴퓨터 문제 6.2

1. 귀하가 알고 있는 프로그래밍언어를 사용하여 데이터 (x_i, y_i)를 보간하는 2차 스플라인 함수 $Q(x)$를 구하는 프로그램을 작성하시오.
프로그램의 입력데이터는

(a) 데이터 (x_i, y_i)

이 포함되어야 하며, 출력데이터는

(a) $x = \alpha$에서 $S(x)$의 값

이어야 한다.

완성된 프로그램을 다음 표의 데이터를 사용하여 테스트하라. 또한 각 절점의 중간값에서 $Q(x)$를 추정하라.

x	0.0	0.1	0.2	0.3	0.4	0.5	0.6	0.7	0.8	0.9	1.0
$f(x)$	1.0	1.25	1.58	1.99	2.51	3.16	3.93	4.44	4.87	5.12	5.5

2. MATLAB 함수 spl2.m를 사용하여 다음 표의 데이터를 보간하는 2차 스플라인함수를 구하라

x	0	0.1	0.2	0.3	0.4	0.5	0.6	0.7	0.8	0.9	1.0
$f(x)$	0	0.01	0.04	0.10	0.19	0.32	0.52	0.8	1.21	1.82	2.72

구해진 스플라인 함수를 그래프로 나타내라. 위의 표 값을 얻는데 사용된 함수는 $f(x) = x^2e^x$이다. 각 절점의 중간값에서 $|f(x) - Q(x)|$를 계산하라.

6.3 자연 3차 스플라인

3차 스플라인 함수는 매끄러운 보간과 수치미분시 매우 만족스러운 결과를 나타내므로 가장 많이 사용되는 스플라인 함수이다. 2차 스플라인의 문제점은 각 절점에서 곡률이 불연속이라는 점이다. 따라서 평활한 함수를 보간할 경우 3차 스플라인이 좀 더 적합하며 적절한 보간 결과를 얻을 수 있다.

다시 표 6.1에서 시작한다. 6.1절의 정의 6.1의 조건을 만족하는 3차 스플라인 $S(x)$를 유도할 것이다.

각 세부구간 $[x_i, x_{i+1}]$별로 $S(x)$는 다음과 같은 형태를 가진다.

$$\begin{aligned} S_i(x) &= a_i + b_i(x - x_i) + c_i(x - x_i)^2 + d_i(x - x_i)^3 \\ &= S(x), \qquad i = 1, 2, \ldots, n-1 \end{aligned} \tag{6.9}$$

여기서 a_i, b_i, c_i, d_i 는 결정되어야할 계수이다. 편의를 위해 다음 계수를 정의하자.

$$h_i = x_{i+1} - x_i$$

우선 각 절점에서 $S(x)$는 다음조건을 만족하여야 한다.

$$f(x_i) = S(x_i)$$

따라서

$$a_i = f(x_i) \quad i = 1, 2, \ldots, n$$

이다. 또한 $S(x)$가 연속함수이어야 한다는 조건을 적용하면

$$\begin{aligned} S_{i+1}(x_{i+1}) &= S_i(x_{i+1}) \\ f(x_{i+1}) &= a_i + b_i(x_{i+1} - x_i) + c_i(x_{i+1} - x_i)^2 + d_i(x_{i+1} - x_i)^3 \\ a_{i+1} &= a_i + b_i h_i + c_i h_i^2 + d_i h_i^3, \quad i = 1, 2, \ldots, n-1 \end{aligned} \tag{6.10}$$

이다. 식 (6.9)을 미분하면

$$\begin{aligned} S_i'(x) &= b_i + 2c_i(x - x_i) + 3d_i(x - x_i)^2 \\ S_i''(x) &= 2c_i + 6d_i(x - x_i) \end{aligned}$$

이다. 1차 미분함수가 연속이어야 한다는 조건을 적용하면

$$\begin{aligned} S_i'(x_i) &= S_{i-1}'(x_i) \\ b_i &= b_{i-1} + 2c_{i-1}(x_i - x_{i-1}) + 3d_{i-1}(x_i - x_{i-1})^2 \\ &= b_{i-1} + 2c_{i-1}h_{i-1} + 3d_{i-1}h_{i-1}^2, \quad i = 2, 3, \ldots, n \end{aligned} \tag{6.11}$$

이다. 마찬가지로 2차함수가 연속이어야한다는 조건을 적용하면

$$\begin{aligned} S_i''(x_i) &= S_{i-1}''(x_i) \\ 2c_i &= 2c_{i-1} + 6d_{i-1}(x_i - x_{i-1}) \\ c_i &= c_{i-1} + 3d_{i-1}h_{i-1}, \quad i = 2, 3, \ldots, n \end{aligned} \tag{6.12}$$

을 구할 수 있다. i를 하나씩 증가시키면 식 (6.12)은 다음의 형태로 나타낼 수 있다.

$$c_{i+1} = c_i + 3d_ih_i \tag{6.13}$$

여기서 $i = 1, 2, \ldots, n-1$ 이다.

이제 식 (6.13)을 d_i에 대해 풀고 그 값을 식 (6.10)에 대입한 후 정리하면

$$b_i = \frac{1}{h_i}(a_{i+1} - a_i) - \frac{h_i}{3}(c_{i+1} + 2c_i), \quad i = 1, 2, \ldots, n-1 \tag{6.14}$$

혹은

$$b_{i-1} = \frac{1}{h_{i-1}}(a_i - a_{i-1}) - \frac{h_{i-1}}{3}(c_i + 2c_{i-1}), \quad i = 2, 3, \ldots, n \tag{6.15}$$

이다. 또한 식 (6.12)을 d_{i-1}에 대해 풀고 그 값을 식 (6.11)에 대입하면

$$b_i = b_{i-1} + h_{i-1}(c_i + c_{i-1}), \quad i = 2, 3, \ldots, n \tag{6.16}$$

마지막으로 식 (6.14), (6.15), (6.16)을 결합하면

$$h_{i-1}c_{i-1} + u_ic_i + h_ic_{i+1} = v_i, \quad i = 2, 3, \ldots, n-1 \tag{6.17}$$

을 구할 수 있다. 여기서

$$u_i = 2(h_{i-1} + h_i), \quad v_i = 3w_i - 3w_{i-1} \quad \text{and} \quad w_i = \frac{1}{h_i}(a_{i+1} - a_i)$$

이다.

식 (6.17)은 n개의 미지수로 이루어진 $n-2$ 개의 연립방정식이다. 연립방정식의 해를 수치

로 구하기 위해서는 식의 개수와 미지수의 개수는 정확히 일치하여야한다. 따라서 2개의 식이 추가되어야함을 알 수 있다.

구간의 양끝점에서 2차 미분값을 어떤 값으로 가정하면 식이 2개 늘어나 모든 값을 결정할 수 있다. 그 값에 대해서는 여러 가지 선택이 있을 수 있으나 가장 간단한 선택은 다음과 같은 자연경계(natural boundary)조건이다.

$$S''(x_1) = S''(x_n) = 0 \tag{6.18}$$

이를 사용하면 스플라인함수는 길고 유연한 막대기를 각 절점을 통과하도록 휘게 만들 경우 나타나는 곡선과 동일하다.

식 (6.18)의 조건을 $S''(x)$에 적용하면 다음과 같은 새로운 수식이 구해진다.

$$c_1 = 0 \quad \text{그리고} \quad c_n = 0 \tag{6.19}$$

식 (6.19)의 두 조건과 식 (6.17)을 행렬형태로 표현하면 다음과 같은 삼중대각행렬의 형태를 가진 선형방정식 시스템이 된다.

$$A\mathbf{x} = \mathbf{b}$$

여기서

$$A = \begin{bmatrix} 1 & 0 & & & \\ & & & & 0 \\ h_1 & 2(h_1+h_2) & h_2 & & \\ & \ddots & \ddots & \ddots & \\ & & h_{n-2} & 2(h_{n-2}+h_{n-1}) & h_{n-1} \\ 0 & & & & \\ & & & 0 & 1 \end{bmatrix}$$

$$\mathbf{b} = \begin{bmatrix} 0 \\ 3(a_3-a_2)/h_2 - 3(a_2-a_1)/h_1 \\ \vdots \\ 3(a_n-a_{n-1})/h_{n-1} - 3(a_{n-1}-a_{n-2})/h_{n-2} \\ 0 \end{bmatrix}, \quad \mathbf{x} = \begin{bmatrix} c_1 \\ c_2 \\ \vdots \\ c_{n-1} \\ c_n \end{bmatrix}$$

이다.

이 시스템은 대각지배이므로 피버팅없이 소거과정을 통해 해를 구할 수 있다. $\{c_i\}_{i=1}^{n}$ 의 값을 구하였으면 스플라인 함수

$$S_i(x) = a_i + b_i(x - x_i) + c_i(x - x_i)^2 + d_i(x - x_i)^3$$

의 나머지 계수들은 다음 수식을 통해 구할 수 있다.

$$\begin{aligned} a_i &= f(x_i) \\ b_i &= \frac{1}{h_i}(a_{i+1} - a_i) - \frac{h_i}{3}(c_{i+1} + 2c_i) \\ d_i &= \frac{c_{i+1} - c_i}{3h_i} \end{aligned} \tag{6.20}$$

여기서 $i = 1, 2, \ldots\ n - 1$ 이다.

예제 6.5 $x = 0, 0.2, 0.4, 0.6, 0.8, 1.0$와 이때의 함수 $f(x) = x^3 + 2$의 함수값을 사용하여 자연 3차 스플라인함수를 구한 다음 이를 사용하여 $x = 0.1, 0.3, 0.5, 0.7, 0.9$일 때의 값을 추정하라.

주어진 함수를 이용하여 계산한 데이터는 다음 표와 같다.

x	0.0	0.2	0.4	0.6	0.8	1.0
$f(x)$	2.0	2.008	2.064	2.216	2.512	3.0

식 (6.17)로부터

$$\begin{aligned} &u_1 = 0.8,\ u_2 = 0.8,\ u_3 = 0.8,\ u_4 = 0.8 \\ &v_1 = 0.72,\ v_2 = 1.44\ ,\ v_3 = 2.16,\ v_4 = 2.88 \end{aligned}$$

이들 값으로부터 다음과 같은 선형방정식 시스템을 구할 수 있다.

$$\begin{bmatrix} 1 & 0 & 0 & 0 & 0 & 0 \\ 0.2 & 0.8 & 0.2 & 0 & 0 & 0 \\ 0 & 0.2 & 0.8 & 0.2 & 0 & 0 \\ 0 & 0 & 0.2 & 0.8 & 0.2 & 0 \\ 0 & 0 & 0 & 0.2 & 0.8 & 0.2 \\ 0 & 0 & 0 & 0 & 0 & 1 \end{bmatrix} \begin{bmatrix} c_1 \\ c_2 \\ c_3 \\ c_4 \\ c_5 \\ c_6 \end{bmatrix} = \begin{bmatrix} 0 \\ 0.72 \\ 1.44 \\ 2.16 \\ 2.88 \\ 0 \end{bmatrix}$$

위 시스템의 해는

$$\mathbf{c} = [0.0, 0.586, 1.257, 1.585, 3.204, 0.0]^T$$

이며, 식 (6.20)로부터 계수를 구할 수 있다

$$\mathbf{a} = \begin{pmatrix} 2 \\ 2.008 \\ 2.064 \\ 2.216 \\ 2.512 \end{pmatrix}, \quad \mathbf{b} = \begin{pmatrix} 0.001 \\ 0.118 \\ 0.487 \\ 1.055 \\ 2.013 \end{pmatrix}, \quad \mathbf{d} = \begin{pmatrix} 0.976 \\ 1.120 \\ 0.545 \\ 2.699 \\ -5.340 \end{pmatrix}$$

따라서

$$S(x) = \begin{cases} S_1(x),\ x \in [0.0, 0.2] \\ S_2(x),\ x \in [0.2, 0.4] \\ S_3(x),\ x \in [0.4, 0.6] \\ S_4(x),\ x \in [0.6, 0.8] \\ S_5(x),\ x \in [0.8, 1.0] \end{cases}$$

이고, 스플라인함수의 일반식은

$$S_i(x) = a_i + b_i(x - x_i) + c_i(x - x_i)^2 + d_i(x - x_i)^3, \quad i = 1, \ldots, 5$$

이므로

$$S(x) = \begin{cases} 2 + 0.001x + 0.976x^3, & x \in [0.0, 0.2] \\ 2.008 + 0.118(x - 0.2) + 0.586(x - 0.2)^2 + 1.120(x - 0.2)^3, & x \in [0.2, 0.4] \\ 2.064 + 0.487(x - 0.4) + 1.257(x - 0.4)^2 + 0.545(x - 0.4)^3, & x \in [0.4, 0.6] \\ 2.216 + 1.055(x - 0.6) + 1.585(x - 0.6)^2 + 2.699(x - 0.6)^3, & x \in [0.6, 0.8] \\ 2.512 + 2.013(x - 0.8) + 3.204(x - 0.8)^2 - 5.340(x - 0.8)^3, & x \in [0.8, 1.0] \end{cases}$$

이다.

표 6.3 자연 3차 스플라인(예제 6.5)

```
» x=[0:0.2:1]';
» y=x.^3+2;
» spl3(x,y,2)
            cubic spline
```

x	S(x)	Error
0	2	0
0.1	2.00107	0.000072
0.2	2.008	0
0.3	2.02678	0.000215
0.4	2.064	0
0.5	2.12579	0.000789
0.6	2.216	0
0.7	2.34006	0.002943
0.8	2.512	0
0.9	2.73998	0.010981
1	3	0

예를 들어, $x = 0.5$ 는 구간 [0.4, 0.6] 사이에 있으므로 추정값은

$$\begin{aligned}S_3(0.5) &= 2.064 + 0.487(0.5 - 0.4) + 1.257(0.5 - 0.4)^2 + 0.545(0.5 - 0.4)^3 \\ &\approx 2.126\end{aligned}$$

이다.

계산 결과는 표 6.3에 정리되어 있다.

예제 6.6 다음과 같은 데이터를 3차 스플라인으로 보간하고 $x = 17$일 때의 함수값을 추정하라.

x	0	4	6	7	13	15	19	24	26
$f(x)$	0	3	8	12	7	5	2	3	5

이 예제에서 $f(17)$의 값을 추정하기 위해 $n = 3$을 선택하였다. 계산된 값은 표 6.4에 정리되어 있다. 또한 그림 6.3은 스플라인 함수의 그래프이다.

표 6.4 자연 3차 스플라인 (예제 6.6)

```
» x=[0 4 6 7 13 15 19 24 26]';
» y=[0 3 8 12 7 5 2 3 5]';
» spl3(x,y,3)
            cubic spline
```

x	S(x)	x	S(x)
0	0	13.5	6.31667
1	0.38404	14	5.79912
2	0.91446	14.5	5.38201
3	1.73765	15	5
4	3	16	4.18356
4.5	3.85054	17	3.34531
5	4.91942	18	2.58441
5.5	6.27859	19	2
6	8	20.25	1.63444
6.25	9.00626	21.5	1.6874
6.5	10.05343	22.75	2.14665
6.75	11.07389	24	3
7	12	24.5	3.44654
8.5	14.55232	25	3.9389
10	13.25118	25.5	4.46181
11.5	10.07445	26	5
13	7		

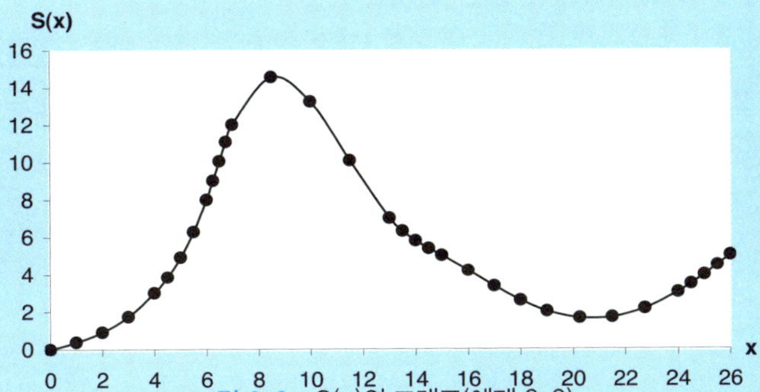

그림 6.3 S(x)의 그래프(예제 6.6)

예제 6.7 다음 함수가 3차 스플라인이 되는지 판별하라.

$$f(x) = \begin{cases} S_1(x) = -x^3 - 3x & \text{if } 0 \le x \le 1 \\ S_2(x) = x^3 - 6x^2 + 3x - 2 & \text{if } 1 \le x \le 2 \end{cases}$$

$S_1(x)$와 $S_2(x)$모두 3차 다항식이므로 검토해야할 조건은 $x = 1$에서 $S(x)$, $S'(x)$, $S''(x)$의 연속성뿐이다.

1. $x = 1$에서 $S(x)$는 연속조건을 만족하여야 한다.
   $S_1(1) = -4 = S_2(1)$

2. $x = 1$에서 $S'(x)$는 연속조건을 만족하여야 한다.
   $S_1'(x) = -3x^2 - 3$ and $S_1'(1) = -6$
   $S_2'(x) = 3x^2 - 12x + 3$ and $S_2'(1) = -6$

3. $x = 1$에서 $S''(x)$는 연속조건을 만족하여야 한다.
   $S_1''(x) = -6x$ and $S_1''(1) = -6$
   $S_2''(x) = 6x - 12$ and $S_2''(1) = -6.$

따라서 $S(x)$는 구간 [0, 2]에서 3차 스플라인 함수이다.

평활성(smoothness)**의 특징**

3차 스플라인의 특징은 절점 내부에서 진동현상(oscillation)을 최소화하였다는 점이다. 그러나 주어진 데이터를 보간하고 구간 $[a, b]$에서 두 번 미분가능한 모든 함수 $f(x)$가 그러한 것은 아니다. 아래의 정리는 이러한 현상에 대한 설명이다.

정리 6.2 f 를 2차 미분한 함수가 구간 $[a\ b]$에서 연속이며 S는 절점 $a = x_1 < x_2 < \dots < x_n = b$ 를 보간하는 자연 3차 스플라인함수이다. 그러면

$$\int_a^b [S''(x)]^2 dx \le \int_a^b [f''(x)]^2 dx$$

이다.

증명: 일련의 부분적분을 통해 위 정리를 증명할 수 있다.

$$e(x) = f(x) - S(x)$$

이라 하면

$$\begin{aligned} \int_a^b [f''(x)]^2 dx &= \int_a^b [S''(x) + e''(x)]^2 dx \\ &= \int_a^b [S''(x)]^2 dx + \int_a^b [e''(x)]^2 dx + 2\int_a^b e''(x)S''(x)\,dx \end{aligned} \tag{6.21}$$

이 된다. 우변의 마지막 항을 부분적분을 통해 적분하면 다음과 같다.

$$\int_a^b e''(x)S''(x)\,dx = S''(x)e'(x)\Big]_a^b - \int_a^b e'(x)S'''(x)\ dx \tag{6.22}$$

$S''(a) = S''(b) = 0$ 이므로

$$S''(x)e'(x)\Big]_a^b = S''(b)e'(b) - S''(a)e'(a) = 0 \tag{6.23}$$

이다. 또한 세부구간 $[x_k, x_{k+1}]$에서 $S'''(x) = 6d_k =$ 상수 이므로

$$\int_{x_k}^{x_{k+1}} e'(x)S'''(x)\,dx = 6d_k \int_{x_k}^{x_{k+1}} e'(x)\,dx = [6d_k e(x)]_{x_k}^{x_{k+1}} = 0$$

이다. 윗식에서 $k = 1, \dots, n$ 일 때 $e(x_k) = f(x_k) - S(x_k) = 0$ 이라는 사실이 사용되었다. 따라서

$$\int_a^b e'(x)S'''(x)\,dx = \sum_{k=1}^{n-1} \int_{x_k}^{x_{k+1}} e'(x)S'''(x)\,dx = 0 \tag{6.24}$$

이다.

마지막으로 식 (6.21), (6.22), (6.23), (6.24)로부터 다음을 얻을 수 있다.

$$\int_a^b [S''(x)]^2 dx \le \int_a^b [S''(x)]^2 dx + \int_a^b [e''(x)]^2 dx = \int_a^b [f''(x)]^2 dx.$$

MATLAB 방법

MATLAB에서 3차 스플라인 보간은 내장함수인 spline을 사용하여 다음과 같은 방법으로 구할 수 있다.

```
>> yy = spline(x,y,xx)
```

여기서 x와 y는 보간될 데이터를 가지고 있는 벡터이다. 만약 xx가 벡터라면 yy는 각각의 xx에 해당하는 보간값을 가진 벡터가 된다. MATLAB은 자연3차 스플라인의 단부조건과 다르게 *not-a-knot*이라는 단부조건을 사용한다. 이 단부조건은 첫 번째 내부절점 즉, x_2과 x_{n-1}에서 $S'''(x)$가 연속이라는 조건을 사용한다. 데이터가 주어졌을 때 MATLAB 함수 spline를 사용하여 스플라인함수를 구하는 방법을 설명하면 다음과 같다.

x	0.0	0.3	0.5	0.8	1.0
y	1.0	1.09	1.25	1.64	2.0

```
>> x = [0.0   0.3   0.5   0.8   1.0];
>> y = [1.0   1.09   1.25   1.64   2.0];
>> xx = 0.0 : 0.1 : 1.0;
>> yy = spline(x,y,xx)
yy =
 1.0000 1.0100 1.0400 1.0900 1.1600 1.2500 1.3600 1.4900 1.6400 1.8100 2.0000
```

여기서 yy는 보간된 값이다. 다음과 같은 MATLAB 명령어를 사용하여 스플라인 곡선을 그래프로 그려볼 수 있다.

```
>> plot(x,y,'o',xx,yy)
>> xlabel('x'), ylabel('y')
```

그림 6.4는 구해진 스플라인 곡선의 그래프이다.

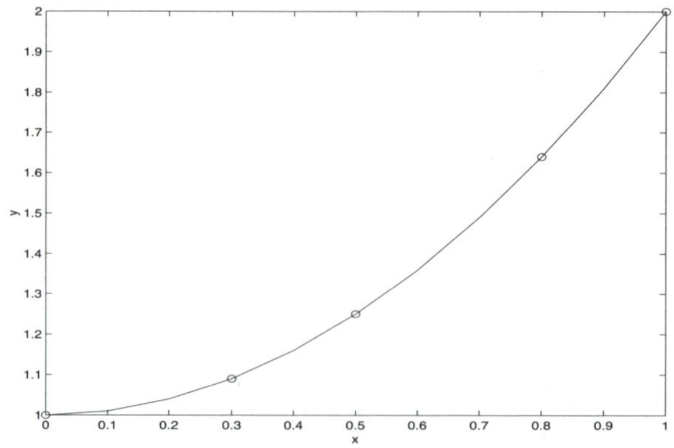

그림 6.4 3차 스플라인 보간

예제 6.8 MATLAB 함수 spline을 사용하여 시간 $t = 0, 1, \ldots, 80$에서의 혈당치를 구하라. (예제 6.1 참조).

```
>> t = [0   10   20   30   40   50   60   70   80];
>> g = [100   118   125   136   114   105   98   104   92];
>> tt = 0 : 1 : 80;
>> gg = spline(t,g,tt);
>> plot(t,g,'o',tt,gg)
```

그림 6.5는 주어진 데이터와 스플라인 곡선을 나타내는 그래프이다.

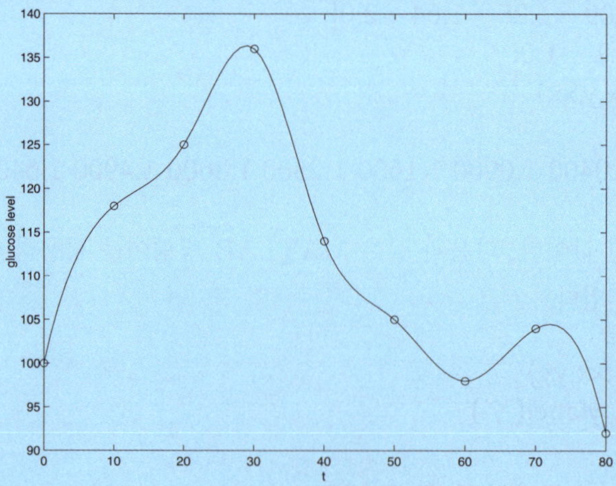

그림 6.5 혈당치

M-function 6.3

다음의 MATLAB 함수 **spl3.m**은 표의 값을 보간하는 자연 3차 스플라인을 구한다. 입력사항은 표의 값 *x*와 *y*; *S*(*x*)가 근사 값으로 주어지는 중간지점 m의 수이다.

```
function function spl3(x,y,m)
% Cubic spline
n=length(x);
for i=1:n-1
  h(i)=x(i+1)-x(i);
  b(i)=(y(i+1)-y(i))/h(i);
end
u(2)=2*(h(1)+h(2));
v(2)=6*(b(2)-b(1));
for i=3:n-1
  u(i)=2*(h(i-1)+h(i))-h(i-1)^2/u(i-1);
  v(i)=6*(b(i)-b(i-1))-h(i-1)*v(i-1)/u(i-1);
end
z(n)=0;
for i=n-1:-1:2
  z(i)=(v(i)-h(i)*z(i+1))/u(i);
end
z(1)=0;
disp('                cubic spline')
disp('_____________________________________________')
disp('                x                  S(x)                ')
disp('_____________________________________________')
for i=1:n-1
  for j=1:m+1
    r=(x(i+1)-x(i))/(m+1);
    t=x(i)+(j-1)*r;
    dis=(j-1)*r;
    hh=x(i+1)-x(i);
    bb=(y(i+1)-y(i))/hh-hh*(z(i+1)+2*z(i))/6;
    q=0.5*z(i)+dis*(z(i+1)-z(i))/(6*hh);
    q=bb+dis*q;
    spl3=y(i)+dis*q;
    fprintf('%12.5f %17.5f \n',t,spl3)
  end
end
fprintf('%12.5f %17.5f \n',x(n),y(n))
fprintf('\n')
```

연습문제 6.3

1. 다음과 같은 데이터가 있다.

x	1.4	1.8	2.2
$f(x)$	3.12	2.81	1.7

자연 3차 스플라인 보간법으로 $f(1.6)$의 값을 추정하라.

2. 연습문제 1의 결과를 이용하여, 구간 [1.4, 2.2]에서 스플라인 함수의 적분값을 계산하라.

3. 다음 함수가 자연 3차 스플라인이 되기 위한 a, b, c, d의 값을 구하라.

$$f(x) = \begin{cases} -3x^3 & \text{if} \quad 0 \le x \le 2 \\ a(x-2)^3 + b(x-2)^2 + c(x-2) + d & \text{if} \quad 2 \le x \le 3 \end{cases}.$$

4. $x = 0, 0.25, 0.5, 0.75, 1.0$일 때 함수 $f(x) = xe^x$의 함수값을 보간하는 자연 3차 스플라인 함수를 구하라. 또한 구간 [0, 1]에서 스플라인함수의 적분값을 계산하고 다음의 정해와 비교하라.

$$\int_0^1 xe^x dx = 1$$

5. 다음 함수가 3차 스플라인 함수임을 보여라.

$$f(x) = \begin{cases} -2x^3 & \text{if} \quad 0 \le x \le 1 \\ (x-1)^3 - 6(x-1)^2 - 6(x-1) - 2 & \text{if} \quad 1 \le x \le 3 \end{cases}$$

6. 다음 함수가 3차 스플라인 함수인지 판별하라.

$$f(x) = \begin{cases} -x^2 + 1 & \text{if} \quad 0 \le x \le 1 \\ (x-1)^3 + 2(x-1) & \text{if} \quad 1 \le x \le 2 \\ 2x - 1 & \text{if} \quad 2 \le x \le 3 \end{cases}.$$

7. 다음과 같은 데이터가 있다.

x	2.0	2.1	2.2	2.3
$f(x)$	1.5	2.0	3.8	5.1

자연 3차 스플라인 보간을 사용하여 $f(2.05)$, $f(2.15)$, $f(2.25)$의 값을 추정하라.

8. $x = -2, -1, 0, 1, 2$에서 함수 $f(x) = 1/(1 + x^2)$의 함수값을 보간하는 자연 3차

스플라인함수를 구하고, 이를 통해 $x = -1.5, -0.5, 0.5, 1.5$의 값을 추정하라. 또한 이 값을 정해와 비교하라.

9. 구간 $[0, \pi]$을 균등히 분할하는 10개의 절점에서 계산된 $f(x) = \sin x$의 함수값 데이터를 MATLAB 함수 spl3을 사용하여 보간하라. 절점의 중간값에서 함수값을 추정하고 이를 $\sin x$의 값과 정확한 값과 비교하라.

10. $S(x)$는 3차 스플라인 함수이다. $S(3)$을 구하라.

$$S(x) = \begin{cases} 1 + ax + bx^3 & \text{if} \quad 0 \le x \le 2 \\ 29 + 38(x-2) + c(x-2)^2 - 3(x-2)^2 & \text{if} \quad 2 \le x \le 3 \end{cases}$$

11. 다음 함수가 3차 스플라인이 되기 위한 a, b, c, d, e, f의 값을 구하고 이를 사용하여 $g(0), g(2), g(3)$의 값을 추정하라.

$$g(x) = \begin{cases} 2x^3 + 4x^2 - 7x + 5, & 0 \le x \le 1 \\ 3(x-1)^3 + a(x-1)^2 + b(x-1) + c, & 1 \le x \le 2 \\ (x-2)^3 + d(x-2)^2 + e(x-2) + f, & 2 \le x \le 3 \end{cases}$$

12. $f(x)$를 3차 다항식, $S(x)$를 $x_0 < x_1 < \ldots < x_n$에서 f의 함수값을 보간하는 유일한 3차 스플라인 함수라고 하자. 또한 $S(x_0) = f(x_0)$, $S(x_n) = f(x_n)$을 만족하며, $N(x)$을 $x_0 < x_1 < \ldots < x_n$에서 f의 함수값을 보간하는 유일한 자연 3차 스플라인함수라고 하자. 그러면 $x_0 < x < x_n$인 모든 x에 대해 $f(x) = S(x)$ 인가? 또한 $x_0 < x < x_n$인 모든 x에 대해 $f(x) = N(x)$인가? 각 경우 그 이유를 설명하라.

13. 다음 함수가 3차 스플라인 함수가 되기 위해서는 k가 어떤 값을 가져야 하는가?

$$f(x) = \begin{cases} (x-1)^3 + (x-1)^2 + k(x-1) + 5, & 0 \le x \le 1 \\ 3(x-1)^3 + 2(x-1)^2 + (x-1) + 5, & 1 \le x \le 2 \end{cases}$$

14. $(1, \ln 1)$, $(2, \ln 2)$, $(3, \ln 3)$, $(4, \ln 4)$, $(6, \ln 6)$의 지점을 보간하는 자연 3차 스플라인 함수를 구하라. 또한 $x = 5$일 때 $S(x)$를 구하라.

15. $x_1 = 0$, $x_2 = 0.6$, $x_3 = 0.9$일 때의 함수 $f(x) = \cos x^2$의 함수값을 보간하는 자연 3차 스플라인 함수를 구하라.

16. $f(x) = \log_2(x)$라고 하자.

(a) 절점 0.5, 1, 2, 4, 8에서 함수값을 보간하는 자연 3차 스플라인 함수를 구하기 위한 3중대각행렬을 나타내라.

(b) MATLAB을 사용하여 위의 식을 풀고 구간 $[2, 4]$에 해당하는 스플라인함수를

나타내라.

(c) $x = 3$일 때 스플라인함수값을 계산하고 이를 정해 $\log_2(3)$과 비교하라.

17. 다음 함수는 3차 스플라인인가?

$$g(x) = \begin{cases} -2x, & -2 \le x \le -1 \\ 1 + x^2, & -1 \le x \le 0 \\ 1 + x^2 + x^3, & 0 \le x \le 2 \end{cases}$$

18. 다음과 같은 구간별 다항식 $S(x)$가 있다.

$$S(x) = \begin{cases} x^3 - 1, & 0 \le x \le 1 \\ 3x^2 - 3x, & 1 \le x \le 3 \\ x^3 - 6x^2 + 24x - 27, & 3 \le x \le 4 \end{cases}$$

$S(x)$는 3차 스플라인 함수인가 아니면 4차 스플라인 함수인가?

19. 오리떼가 날아가고 있는 모습을 근사화하기 위해 그림 6.6과 같이 곡선내에 여러 점을 표시하고 이 점의 좌표로부터 보간을 통해 곡선을 추정할려고 한다. 이들 점의 (x, y) 좌표를 읽고 이들 점을 보간하는 자연 3차 스플라인을 구하라. 구해진 스플라인 곡선을 그래프로 나타내고 원래 곡선과 비교하라.

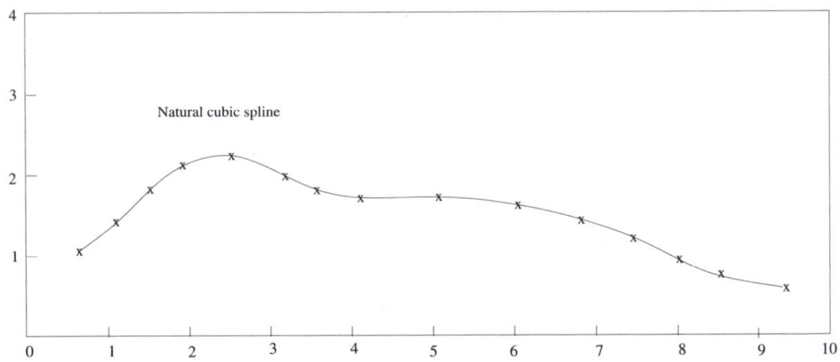

그림 6.6 날으는 오리떼

컴퓨터 문제 6.3

1. 귀하가 알고 있는 프로그래밍 언어를 사용하여 주어진 데이터 (x_i, y_i)를 보간하는 자연 3차 스플라인함수 $S(x)$를 구하고, 구간내 지점에 대한 보간값을 구하는 프로그램을 작성하라. 프로그램의 입력데이터는 데이터 벡터(x_i, y_i)이고 출력데이터는 구간내 각 지점에서의 $S(x)$값이어야 한다.

완성된 프로그램을 사용하여 구간 [5,5]를 균등히 분할하는 21개의 절점과 각 절점에서 $f(x) = 1/(x^4 + 1)$의 함수값에서 테스트하라. 각 절점의 중간값에서 $S(x)$를 구하고 이를 $f(x)$의 값과 비교하라.

2. MATLAB 함수 spl3.m을 사용하여 구간 $[-3, 3]$을 균등히 분할하는 21개의 절점과 각 절점에서 $f(x) = x - \cos x^2$ 의 함수값을 보간하는 자연 3차 스플라인을 구하라. 주어진 구간을 균등히 분할하는 41개의 절점에서 스플라인 함수의 오차 $|f(x) - S(x)|$를 계산하라.

3. MATLAB 함수 spl3.m를 사용하여 다음 데이터를 보간하는 자연 3차 스플라인을 구하라.

x	0.0	0.2	0.4	0.6	0.8	1.0
$f(x)$	0.0	0.163	0.268	0.329	0.359	0.368
x	1.2	1.4	1.6	1.8	2.0	
$f(x)$	0.361	0.345	0.323	0.2975	0.271	

구해진 스플라인함수를 그래프로 나타내라. 위의 데이터를 얻기 위해 사용한 함수는 $f(x) = xe^x$이다. 각 절점의 중간값에서 $|f(x) - S(x)|$를 계산하라.

4. 다음 데이터는 베셀함수(Bessel function) J_0이다.

x	0	1	2	3	4	5
$J_0(x)$	1.00	0.77	0.22	-0.26	-0.40	-0.18
x	6	7	8	9	10	
$J_0(x)$	0.15	0.30	0.17	-0.09	-0.25	

위의 데이터를 자연 3차 스플라인으로 보간하라. $x = 0.5, 1.5, \ldots, 9.5$에서 보간값과 MATLAB 함수 besselj에 의한 값을 비교하라.

5. $f(x) = x^2\cos(x + 1)$일 때 MATLAB을 사용하여 구간 $[0,5]$를 균등히 분할하는 41의 절점 및 각 절점에서의 $f(x)$값을 구하고 이 데이터를 보간하는 자연 3차 스플라인 함수 $S(x)$를 구하라. 주어진 구간을 균등히 분할하는 81개 절점에서 오차 $|S(x) - f(x)|$를 계산하라.

6. MATLAB 함수 spline을 사용하여 $x = 0.18, 0.22, 0.34$에서 다음 데이터를 보간하는 3차 스플라인함수의 함수값을 계산하라.

x	0.0	0.2	0.4	0.6	0.8	1.0
$f(x)$	0.0	0.163	0.268	0.329	0.359	0.368
x	1.2	1.4	1.6	1.8	2.0	
$f(x)$	0.361	0.345	0.323	0.2975	0.271	

6장 응용문제

1. 다음 함수를 사용하여 데이터를 만들고 이를 보간하는 자연 3차 스플라인을 구하라.

$$y_i = \frac{1}{1+x_i^2}$$

여기서 $x_i = i - 6, i = 1, 2, \ldots, 10$ 이다.
각 절점의 중간값에서 스플라인에 의한 추정값과 $y = 1/(1 + x^2)$ 에 의한 값을 비교하라.

2. 표 6.5는 1880년부터 1980년 사이 미국의 인구를 나타낸 것이다.
(a) 이 데이터를 보간하는 자연 3차 스플라인을 구하라.
(b) 이 스플라인에 의하면 1975년의 인구는 얼마인가?

표 6.5 인구 모델

Year	Population
1880	50,155,780
1890	62,947,710
1900	75,994,570
1910	91,972,265
1920	105,710,623
1930	122,775,625
1940	131,669,270
1950	150,697,365
1960	179,323,170
1970	203,235,290
1980	226,504,820

3. 세균의 증식을 연구하는 생물학자가 실험를 통해 다음과 같은 데이터를 구하였다.

t	0	3	6	9
$p(t)$	2.0	3	4	6

여기서 $p(t)$는 시간 t (분)에서 세균의 수이다. $t = 5$일 때 세균의 수를 자연 3차 스플라인을 통해 추정하라.

4. 두 개 이상의 분자사이에 작용하는 포텐셜 에너지를 반데르발스 에너지라고 한다. 다음의 표는 핵간거리 r에 따른 두 개의 헬륨원자사이에 작용하는 에너지V를 나타낸 것이다.

r	4.6	4.8	5.0	5.2	5.4	5.6	5.8	6.0
V	32.11	9.00	–3.52	–9.23	–11.58	–12.01	–11.24	–10.12

위의 데이터를 자연 3차 스플라인으로 보간하고 그래프로 나타내라. 또한 $r = 5.1$, $r = 5.5$, $r = 5.9$ 일 때의 V 값을 추정하라.

CHAPTER 7

최소자승법

근사 이론에서는, 표로 나타낸 데이터 맞춤에 있어 일반적으로 두 가지 문제가 나타난다. 첫 번째 문제는 표에 있는 모든 점을 지나는 근사함수(구간적 다항함수)를 찾는 것이다. 또 다른 문제는 모든 데이터 점을 정확히 지나지는 않지만, 데이터를 대표할 수 있는 "가장 적합한"의 함수를 찾는 것이다. 이러한 범주의 문제들을 이번 장의 주제인 **곡선 맞춤** (curve fitting)이라 한다.

5장에서는 표로 나타낸 데이터에 보간법을 이용하여 근사 다항식을 구성하였다. 보간 다항식들은 높은 정밀도를 가진 것으로 알려진 값들을 가진 함수 f의 근사에 최대한 활용되고 있다. 그러나 종종 표로 나타낸 데이터는 단지 근사된 것으로 알려져 있다. 엄밀히 말하면, 대부분의 상황에서 데이터는 실험 오차를 지닌 일련의 측정들에 의해 주어졌다. 그러므로 이러한 경우에서 보간법은 근사식으로 주어지지 않으면 그다지 쓸모가 없다. 예제로, 외력에 의하여 평형 위치로부터 늘어난 스프링에 대한 간단한 물리적 실험을 고려해보자. (그림 7.1 참조)

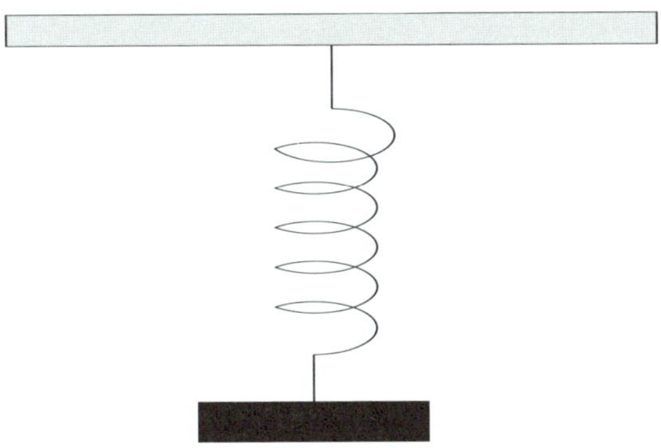

그림 7.1 스프링

예제 7.1 스프링의 변위

스프링에 가하는 힘을 연속적으로 1, 2, 3, 4 킬로로 적용한다고 가정하였을 때 변위들은 각각 3.3, 6.1, 9.8, 12.3 센티미터로 나타난다. 후크의 법칙(Hooke's law)에서는 힘

f와 변위 x는 선형 함수 $F = -kx$로 서로 연관되어 있는데, 여기서 $k > 0$은 스프링 고유의 상수 즉, **스프링 상수**(spring constant)라 한다.

우리가 해결하고자 하는 문제는 실험 데이터로부터 상수 k를 결정하는 것이다. 이 데이터 점들을 가장 잘 맞추는 근사함수를 찾는 것이 이 문제의 일반적인 접근 방법이다. 이번 절에서는 우리는 **최소자승법**(least-squares)으로 알려진 위의 문제를 해결함에 있어 가장 일반적인 방법에 대해 알아볼 것이다.

7.1 선형 최소자승법

표 7.1에 있는 실험 데이터를 참고하라

표 7.1 선형 최소자승 맞춤

x	1	2	3	4	5
y	1	1	2	2	4

데이터 맞춤의 문제는 오차의 대상이 되는 데이터를 "가장 적합한" 함수 f에 대한 탐색을 내포하고 있다. 이 문제를 접근하는 합리적인 방법으로는 xy-평면위에 데이터 점들을 표시하고 아래와 같은 추측함수(*guess function*) $f(x)$ (그림 7.2 참고)의 형상을 인지하는 것이다.

$$f(x) \approx y$$

단순하면서 데이터에 "매끄럽게" 맞추는 경향을 보이는 함수가 이상적인 추측함수이다.

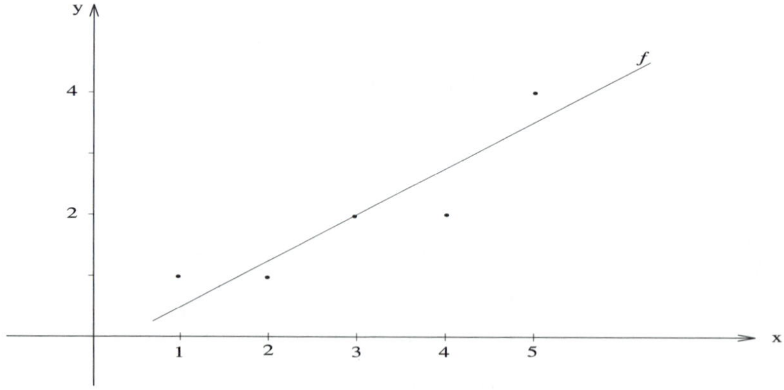

그림 7.2 표 7.1의 데이터에 맞춘 최소자승선

그러므로 그림 7.2에서 데이터에 합리적인 추측함수는 선형일 것이며, 다음과 같은 형태로 나타낸다.

$$f(x) = ax + b$$

데이터에 "가장 적합한"함수 $f(x)$를 구하기 위해 위의 특정함수 $f(x)$의 계수 a와 b의 값을 구하여야 한다.

표 7.2 x와 y값

x	x_1	x_2	$\cdots$	x_n
y	y_1	y_2	$\cdots$	y_n

$1 \le i \le 5$에서 $e_i = f(x_i) - y_i$라 하였을 때, 최소자승법은 e_i의 모든 합에 대한 식에서의 최솟값을 찾는 것이다.

$$\begin{aligned} E(a,b) &= \sum_{i=1}^{5} (e_i)^2 \\ &= \sum_{i=1}^{5} [f(x_i) - y_i]^2 \\ &= \sum_{i=1}^{5} [(ax_i + b) - y_i]^2 \end{aligned} \tag{7.1}$$

여기서 두 변수로 이루어진 함수 $E(a,\ b)$의 매개변수 a와 b를 구하는 방법은 공학, 경제학 등의 기타 여러 과학에서 사용되는 방법이다.

다음과 같을 때 식 (7.1)에서의 최솟값 계산을 통하여 알 수 있다.

$$\frac{\partial E(a,b)}{\partial a} = 0 \quad \text{그리고} \quad \frac{\partial E(a,b)}{\partial b} = 0 \tag{7.2}$$

식 (7.2)에서의 편도함수(partial derivatives)를 구한 후 항들을 정리하면 표 7.1로부터 다음과 같은 식을 얻는다.

$$\begin{aligned} 15a + 5b &= 10 \\ 55a + 15b &= 37 \end{aligned}$$

위 선형시스템 방정식에서의 해가 $a = 0.7,\ b = -0.1$이므로, 가장 잘 맞추는 최소자승 함수는 아래와 같다.

$$f(x) = 0.7x - 0.1$$

최소자승을 이용한 선형함수 $f(x) = ax + b$를 통한 표 7.2의 근사에 대한 일반적인 문제는 변수 a와 b에 대하여 최소화된 식으로 구성되어 있다.

$$E(a,b) = \sum_{i=1}^{n}[(ax_i + b) - y_i]^2 \tag{7.3}$$

식 (7.2)로 부터,

$$\begin{aligned} \frac{\partial}{\partial a}\sum_{i=1}^{n}[(ax_i + b) - y_i]^2 &= 2\sum_{i=1}^{n}(ax_i + b - y_i)(x_i) = 0 \\ \frac{\partial}{\partial b}\sum_{i=1}^{n}[(ax_i + b) - y_i]^2 &= 2\sum_{i=1}^{n}(ax_i + b - y_i) = 0 \end{aligned}$$

각 항끼리의 합을 통해 유도된 식을 **정규방정식**(normal equation)이라 한다.

$$\begin{aligned} a\sum_{i=1}^{n}x_i^2 + b\sum_{i=1}^{n}x_i &= \sum_{i=1}^{n}x_i y_i \\ a\sum_{i=1}^{n}x_i + bn &= \sum_{i=1}^{n}y_i \end{aligned} \tag{7.4}$$

두 번째 식의 두 번째 항인 bn은 $\sum_{i=1}^{n} b = nb$ 에서 유도된 것이다.
이 선형시스템의 해는 아래와 같다.

$$\begin{aligned} a &= \frac{n\sum x_i y_i - \sum x_i \sum y_i}{n\sum x_i^2 - (\sum x_i)^2} \\ b &= \frac{\sum x_i^2 \sum y_i - \sum x_i y_i \sum x_i}{n\sum x_i^2 - (\sum x_i)^2} \end{aligned} \tag{7.5}$$

여기서 $\sum = \sum_{i=1}^{n}$ 을 의미한다.

예제 7.2 최소자승법을 이용하여 아래 데이터에 가장 잘 맞는 선형 함수를 구하라. (그림 7.3 참조)

x	1	1.5	2	2.5	3	3.5	4
y	25	31	27	28	36	35	32

표 7.3의 값을 이용하여,

$$\sum_{i=1}^{7} x_i = 1 + 1.5 + 2 + 2.5 + 3 + 3.5 + 4 = 17.5$$

$$\sum_{i=1}^{7} y_i = 25 + 31 + 27 + 28 + 36 + 35 + 32 = 214$$

$$\sum_{i=1}^{7} x_i^2 = 1^2 + 1.5^2 + 2^2 + 2.5^2 + 3^2 + 3.5^2 + 4^2 = 50.75$$

$$\sum_{i=1}^{7} x_i y_i = (1)(25) + (1.5)(31) + (2)(27) + (2.5)(28) + \\ +(3)(36) + (3.5)(35) + (4)(32) = 554$$

식 (7.5)로부터 다음 값을 얻는다.

$$a = \frac{7(554) - (17.5)(214)}{7(50.75) - (17.5)^2} = 2.714\,285\,71$$

$$b = \frac{(50.75)(214) - (17.5)(554)}{7(50.75) - (17.5)^2} = 23.78571429$$

그러므로 최소자승 식은 다음과 같다.

$$y = 2.71428571x + 23.78571429$$

표 7.3 예제 7.2의 선형 최소자승

```
» x=[1:0.5:4];
» y=[25 31 27 28 36 35 32];
» linlsqr(x,y)

        linear least squares

a =   2.714286
b =  23.785714
-------------------------------------------------
   x        y       a*x+b      |y-(ax+b)|
-------------------------------------------------
  1.0      25     26.500000   1.500000
  1.5      31     27.857143   3.142857
  2.0      27     29.214286   2.214286
  2.5      28     30.571429   2.571429
  3.0      36     31.928571   4.071429
  3.5      35     33.285714   1.714286
  4.0      32     34.642857   2.642857

E(a,b) =   50.142857
```

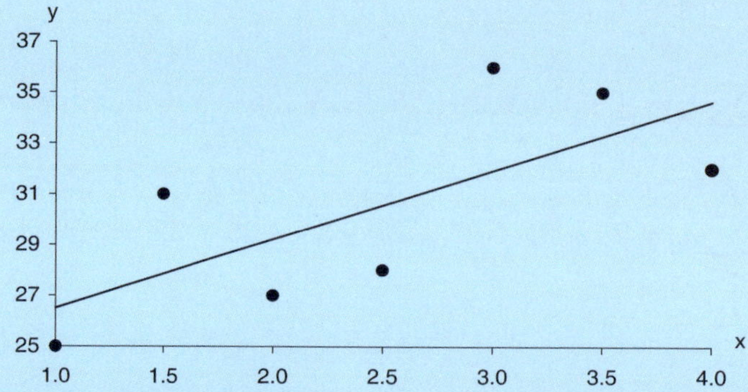

그림 7.3 예제 7.2의 선형 최소자승 $y = 2.7143x + 23.7857$

M-function 7.1

다음 MATLAB 함수 **linlsqr.m**은 x와 y값을 포함한 표를 가장 잘 맞추는 최소자승 식 $y = ax + b$를 구한다. 입력사항은 X와 Y 행 백터이다.

```
function linlsqr(x,y)
% Construct a least square line y=ax+b
% that fits x and y row or column vectors.
n=length(x);
n=length(y);
sumx=sum(x);
sumy=sum(y);
sumx2=sum(x.*x);
sumxy=sum(x.*y);
a=(n*sumxy-sumx*sumy)/(n*sumx2-sumx^2);
b=(sumx2*sumy-sumxy*sumx)/(n*sumx2-sumx^2);
disp('                linear least squares')
fprintf('\n a =%12.6f\n',a)
fprintf(' b =%12.6f\n',b)
disp('_______________________________________________')
disp('        x          y            a*x+b                ly-(ax+b)l      ')
disp('_______________________________________________')
for i=1:n
  yl=a*x(i)+b;
  err(i)=abs(yl-y(i));
  fprintf('%6.2f %6.2f  %12.6f  %12.6f\n',x(i),y(i),yl,err(i))
end
err=sum(err.*err);
fprintf('\n E(a,b) =%12.6f\n',sum(err))
```

연습문제 7.1

1. 최소자승의 원리를 이용하여 아래 데이터에 가장 잘 맞는 선형 함수를 구하고 오차를 계산하라.

x	1.2	2.2	3.2	4.2	5.2
y	2.7	4.2	5.8	9.1	10.1

2. 아래 표에 나타낸 온도들은 [1:00, 7:00] 동안 한 시간 간격으로 기록되었다. 표를 가장 잘 근사하는 선형 최소자승을 구하라.

시간	1:00	2:00	3:00	4:00	5:00	6:00	7:00
온도	13	15	20	14	15	13	10

구한 결과를 이용하여, 8:00일 때 방의 온도를 예측하라.

3. 아래 표는 100점 만점 기준인 과제의 성적을 나타내고 있다. 최소자승법을 이용하여 데이터에 가장 잘 맞는 선형 함수를 구하고, 오차를 계산하라.

과제	1	2	3	4	5	6	7	8	9	10	11	12
성적	78	65	92	57	69	60	80	91	60	70	55	45

구한 선형 함수를 이용하여, 다음 13번째 과제의 성적을 예측하라.

4. 점 $(-8,\ -9)$, $(-3,\ -4)$, $(-1,\ -2)$, $(12,\ 11)$을 지나는 가장 적합한 최소자승 선을 구하라.

5. 주어진 데이터를 참고하여 최소자승법으로 데이터에 직선을 맞추고 오차를 계산하라.

x	1	1.5	2	2.5	3	3.5	4
y	25	31	27	28	36	35	34

6. 점 $(0, 2)$, $(0, 8)$, $(1, -1)$, $(3, 11)$을 지나는 가장 적합한 최소자승 선을 구하라.

7. 다음 표를 가장 잘 맞추는 최소자승 식(혹은 상수)을 구하라.

x	1	3	5	6
y	27/10	36/11	18/5	12/5

8. 주어진 데이터에 어떤 최소자승 식이 가장 잘맞는가?

x	−1	1	2	3
y	−6.8	7.0	13.4	20.9

컴퓨터 문제 7.1

1. 귀하가 알고 있는 프로그래밍 언어를 이용하여 주어진 데이터 점들을 가장 잘 맞추는 선형 최소자승을 설계하는 프로그램을 작성하여라.
프로그램의 입력 값은 다음과 같다.

(a) m 개의 데이터 (x_i, y_i).

출력 값은 다음을 포함하고 있다.

(a) 선형 최소자승 식 $f(x) = ax + b$에서의 계수 a와 b
(b) 오차

아래표의 데이터에 가장 잘 맞는 선을 구하는지 프로그램을 테스트하라.

x	-3	-2	0	1	2	3	4	6	7	8
y	7.12	5.16	4.349	5.99	4.14	4.28	3.32	4.81	3.15	3.99

2. MATLAB 함수 linlsqr을 사용하여 다음 데이터에 가장 잘 맞는 선형 함수를 찾아라.

x	0	2	4	6	8	10	12	14	16	18	20
y	-3.5	1.5	6.0	13.0	19.6	26.1	32.3	39.3	42.4	50.1	55.8

7.2 최소자승 다항식

최소자승 데이터 맞춤은 선형 함수 $f(x) = ax + b$로만 한정되지 않는다. 사실 실험 결과들로부터 얻어진 여러 유형들의 데이터는 선형이 아니기 때문에, 다른 추측 함수들을 고려할 필요가 있다. 이를 설명하기 위해, 표 7.2에 있는 데이터를 이용한 $m \le n - 1$의 차수를 가진 다항식의 추측함수를 가정한다.

$$p_m(x) = \sum_{k=0}^{m} a_k x^k \tag{7.6}$$

최소 자승의 원리에 의해, 계수 $a_0, a_1, \ldots, a_m$을 알아야 한다. 그러므로,

$$\begin{aligned} E(a_0, \ldots, a_m) &= \sum_{i=1}^{n} [p_m(x_i) - y_i]^2 \\ &= \sum_{i=1}^{n} \left[\sum_{k=0}^{m} (a_k x_i^k) - y_i \right]^2 \end{aligned} \tag{7.7}$$

이전과 마찬가지로, 아래와 같을 때 E의 값은 최솟값이다.

$$\frac{\partial}{\partial a_j} E(a_0, \ldots, a_m) = 0, \quad j = 0, 1, \ldots, m \tag{7.8}$$

즉,

$$\begin{aligned} \frac{\partial E}{\partial a_0} &= \sum_{i=1}^{n} 2 \left[\sum_{k=0}^{m} (a_k x_i^k) - y_i \right] = 0 \\ \frac{\partial E}{\partial a_1} &= \sum_{i=1}^{n} 2 \left[\sum_{k=0}^{m} (a_k x_i^k) - y_i \right] (x_i) = 0 \\ \vdots &= \vdots \\ \frac{\partial E}{\partial a_m} &= \sum_{i=1}^{n} 2 \left[\sum_{k=0}^{m} (a_k x_i^k) - y_i \right] (x_i^m) = 0 \end{aligned} \tag{7.9}$$

식 (7.9)를 다시 배열하면 미지수 $a_0, a_1, \ldots, a_m$을 갖는 $(m + 1)$ 차의 정규방정식을 얻게 된다.

$$\begin{array}{lllll} a_0 n & + a_1 \sum x_i & + \cdots + a_m \sum x_i^m & = \sum y_i \\ a_0 \sum x_i & + a_1 \sum x_i^2 & + \cdots + a_m \sum x_i^{m+1} & = \sum y_i x_i \\ a_0 \sum x_i^2 & + a_1 \sum x_i^3 & + \cdots + a_m \sum x_i^{m+2} & = \sum y_i x_i^2 \\ \quad\vdots & + \quad\vdots & + \cdots + \quad\vdots & = \quad\vdots \\ a_0 \sum x_i^m & + a_1 \sum x_i^{m+1} & + \cdots + a_m \sum x_i^{2m} & = \sum y_i x_i^m \end{array} \tag{7.10}$$

이전과 마찬가지로 $\sum$는 $\sum_{i=1}^{n}$ 를 나타낸다. 이는 이러한 정규방정식들이 각 x_i들의 값이 명백히 구분되는 고유해를 갖고 있다는 것을 알 수 있다. 그러나 x값들이 균등하게 떨어져 있다면, 이는 매우 질이 나쁜 선형 시스템의 행렬, 즉 **힐버트 행렬**(Hilbert matrix)이다(4.2절의 예제 5 참조). 이러한 근사 다항식의 차수는 대부분의 경우 반올림오차로 인하여 매우 한정되어 있다.

예를 들어 8자리의 수를 정밀한 컴퓨터로 이용할 때, 만약 자릿수 n이 6보다 크다면 대부분 의미 없는 결과를 얻는다.

예제 7.3 다음 표의 값에 맞는 3차 최소자승 다항식을 구하라.

x	0.0	0.5	1.0	1.5	2.0	2.5
y	0.0	0.20	0.27	0.30	0.32	0.33

식 (7.10)로부터 정규방정식은 다음과 같다.

$$\begin{bmatrix} 6.0000 & 7.5000 & 13.750 & 28.1250 \\ 7.5000 & 13.7500 & 28.1250 & 61.1875 \\ 13.7500 & 28.1250 & 61.1875 & 138.2813 \\ 28.1250 & 61.1875 & 138.2813 & 320.5469 \end{bmatrix} \begin{bmatrix} a_0 \\ a_1 \\ a_2 \\ a_3 \end{bmatrix} = \begin{bmatrix} 1.4200 \\ 2.2850 \\ 4.3375 \\ 9.0237 \end{bmatrix}$$

이 선형 시스템의 해는 다음과 같다.

$$a_0 = 0.0033,\ a_1 = 0.4970,\ a_2 = -0.2738,\ a_3 = 0.0511$$

그러므로 구하고자 하는 다항식은 아래와 같다.

$$p_3(x) = 0.0033 + 0.4970x - 0.2738x^2 + 0.0511x^3$$

컴퓨터로 계산된 결과들은 표 7.4에 나타나 있다.

표 7.4 예제 7.3의 최소자승 다항식

```
» x=[0:0.5:2.5];
» y=[0 0.2 0.27 0.3 0.32 0.33];
» polylsqr(x,y,3)

 The Augmented Matrix of the normal equations, [A b] =

      6.000      7.500     13.750     28.125      1.420
      7.500     13.750     28.125     61.188      2.285
     13.750     28.125     61.188    138.281      4.338
     28.125     61.188    138.281    320.547      9.024

 The coefficients ao,…,an of the least-squares polynomial are

   0.0033   0.4970  -0.2738   0.0511

 ----------------------------------------------------------------
      xi        yi        p(xi)      |yi-p(xi)|
 ----------------------------------------------------------------
     0.00      0.00      0.003333   0.003333
     0.50      0.20      0.189762   0.010238
     1.00      0.27      0.277619   0.007619
     1.50      0.30      0.305238   0.005238
     2.00      0.32      0.310952   0.009048
     2.50      0.33      0.333095   0.003095

             E(ao,...,an) = 0.000292857
```

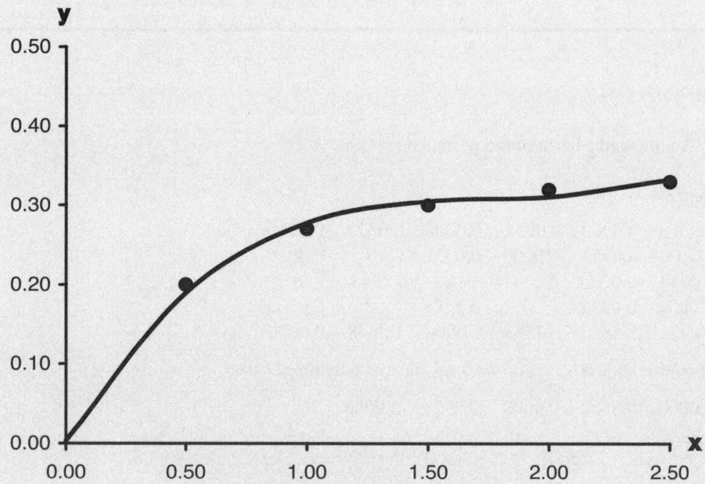

그림 7.4 예제 7.3에서의 최소자승 다항식

다음 예제는 MATLAB 함수 polylsqr을 이용한 고차항의 다항식을 보여준다.

예제 7.4 다음 주어진 벡터들에 맞는 4차 최소자승 다항식을 구하라.

x = -3:0.4:3
y = sin(x)

MATLAB 함수 polysqrt(x, y, 4)를 호출하여 표 7.5과 그림 7.5에 표시된 결과를 얻는다.

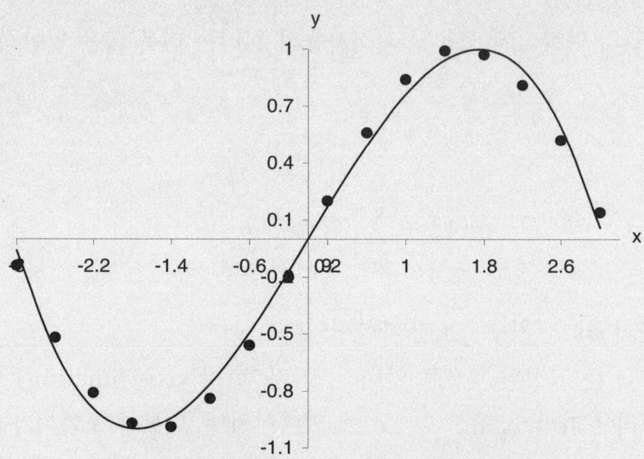

그림 7.5 예제 7.4의 데이터에 맞춘 4차 다항식

표 7.5 예제 7.4에서의 최소자승 다항식

```
» x=[-3.0: 0.4: 3.3];
» y=sin(x);
» polylsqr(x,y,4)

The Augmented Matrix of the normal equations, [A b] =

 1.0e+004 *

  0.0016   0.0000   0.0054  -0.0000   0.0331  -0.0000
  0.0000   0.0054  -0.0000   0.0331        0   0.0016
  0.0054  -0.0000   0.0331        0   0.2388        0
 -0.0000   0.0331        0   0.2388        0   0.0062
  0.0331        0   0.2388   0.0000   1.8648  -0.0000

The coefficients a0,...,an of the least squares polynomial are

 -0.0000   0.8552   0.0000  -0.0928  -0.0000
```

xi	yi	p(xi)	|yi-p(xi)|
-3.00	-0.14	-0.060136	0.080984
-2.60	-0.52	-0.592535	0.077033
-2.20	-0.81	-0.893326	0.084830
-1.80	-0.97	-0.998142	0.024295
-1.40	-0.99	-0.942615	0.042835
-1.00	-0.84	-0.762376	0.079095
-0.60	-0.56	-0.493058	0.071585
-0.20	-0.20	-0.170291	0.028378
0.20	0.20	0.170291	0.028378
0.60	0.56	0.493058	0.071585
1.00	0.84	0.762376	0.079095
1.40	0.99	0.942615	0.042835
1.80	0.97	0.998142	0.024295
2.20	0.81	0.893326	0.084830
2.60	0.52	0.592535	0.077033
3.00	0.14	0.060136	0.080984

E(a0,...,an) = 0.0685988

주어진 식 (7.6)의 다항식에 적용된 최소자승의 원리는 더욱 많은 일반적인 환경에 확장 적용시킬 수 있다.

아래 식에서

$$p(x) = \sum_{k=1}^{m} c_k \psi_k(x)$$

위 식에서 다항식 ψ's 는 차수 $\leq k$인 다항식이다.

여기서 다항식 ψ_k는 고정된 것으로 알려진 "기저 함수(basis function)"이라 한다. 따라서 최소자승의 원리에 따라, $c_1, c_2, \ldots, c_m$을 알아야하며, 이를 최소화시켜 나타내면,

$$E(c_1, \ldots, c_m) = \sum_{k=1}^{n} \left[\sum_{i=1}^{m} c_i \psi_i(x_k) - y_k \right]^2$$

이전과 같은 절차에 따라, 아래와 같은 조건에서 E는 최솟값을 갖는다.

$$\frac{\partial E}{\partial c_j} = \sum_{k=1}^{n} 2 \left[\sum_{i=1}^{m} c_i \psi_i(x_k) - y_k \right] \psi_j(x_k) = 0, \quad j = 1, \ldots, m$$

그러므로

$$\sum_{i=1}^{m} \left[\sum_{k=1}^{n} \psi_i(x_k) \psi_j(x_k) \right] c_i = \sum_{k=1}^{n} y_k \psi_j(x_k) \quad j = 1, \ldots, m$$

이로써 미지수 m차 선형 정규방정식 $c_1, c_2, \ldots, c_m$을 계산하여 $p(x)$를 구하였다.

MATLAB 방법

MATLAB 함수 polyfit은 최소자승법에 의해 데이터 셋트의 점들에 맞는 다항식 계수들을 계산한다. 호출 구문은

```
>> p = polyfit(x,y,n)
```

x와 y는 데이터 맞춤을 정의하는 벡터들이다. 그리고 n은 다항식의 차수를 의미한다. 다항식의 x의 계수는 내림차순으로 벡터 p로 표시된다. n ≥ length(x)일 때는 결과를 나타내는 경고메시지를 참고한다.

예제 7.5 예제 7.1의 스프링 문제에서 데이터 맞춤을 가장 잘 나타내는 선형함수 $F = -kx$ 를 구하라.

```
>> x = [1   2   3   4]
>> y = [3.3   6.1   9.8   12.3]
>> p = polyfit(x,y,1)

p =
     3.3000
```

그러므로

$$p(x) = 3.3x + 0 \quad \text{그리고} \quad F = -3.3x$$

M-function 7.2

다음 MATLAB 함수 **linlsqr.m**은 표의 x와 y값을 가장 잘 맞추는 최소자승 식 $y = ax + b$를 구한다. 입력사항은 x와 y 열 벡터와 다항식의 차수 m이다.

```
function polylsqr(x,y,m)
% Construct the least squares polynomial of degree m
% that fits x and y row or column vectors.
n=length(x);
n=length(y);
for k=1:2*m+1
  c(k)=sum(x.^(k-1));
end
%Find the coefficient vector b of normal equations
for k=1:m+1
  b(k)=sum(y.*x.^(k-1));
end
% Find the coefficient matrix A of normal equations
for i=1:m+1
  for j=1:m+1
    A(i,j)=c(j+i-1);
  end
end
fprintf('\n')
disp(' The Augmented Matrix of the normal equations, [A b] =')
fprintf('\n')
disp([A b'])
z=A\b';
disp('The coeff.  a0,...,an of the least squares polynomial are ')
fprintf('\n')
disp(z')
% Evaluate the polynomial at xi, i=1,..,n.
disp('_____________________________________________________')
disp('         xi          yi                 p(xi)             |yi-p(xi)|    ')
disp('_____________________________________________________')
for i=1:n
  s=z(1);
  for k=2:m+1
    s=s+z(k)*x(i)^(k-1);
  end
  p(i)=s;
  err(i)=abs(y(i)-p(i));
  fprintf('%6.2f  %6.2f  %12.6f  %12.6f\n',x(i),y(i),p(i),err(i))
end
err=sum(err.*err);
fprintf('\n E(a0,...,an) =%12.6g\n',sum(err))
[x' y' p']
```

연습문제 7.2

1. 연습문제 5의 데이터를 사용하여 가장 잘 맞는 3차 최소자승 다항식을 계산하라.

2. 주어진 데이터를 참고하여,

x	1.0	1.2	1.5	1.8	2.1	2.4	2.8
y	5.5	7.3	14.1	26.3	48.2	80.1	111.6

(a) 데이터에 가장 잘 맞는 2차 최소자승 다항식을 구하고 오차를 계산하라.

(b) 데이터에 가장 잘 맞는 3차 최소자승 다항식을 구하고 오차를 계산하라.

3. 다음과 같은 2차 함수를 가정하라.

$$f(x) = x^2 + 3x + 7$$

위 식으로 다음 데이터를 구했다면,

x	0	1	2	3
$f(x)$	7	11	17	25

위 데이터에 가장 잘 맞는 2차, 3차 최소자승 다항식을 구하라. 4개의 x값에서 다항식을 계산하고, 그 결과를 정확한 값과 비교하라.

4. 점 $x_1 = -1$, $x_2 = -0.5$, $x_3 = 0$, $x_4 = 0.5$, $x_5 = 1$에서 함수 $f(x) = \sin(\pi x)$에 맞는 3차 최소자승 다항식을 구하라.

5. 주어진 데이터를 참고하여,

x	1.2	3.0	4.5	5.6	6.9	8.1
y	2.3	3.3	5.6	15.4	38.2	59.1

데이터에 가장 잘 맞는 2차 최소자승 다항식을 구하라. 구한 다항식을 이용하여 $f(6.0)$을 근사시켜라.

6. 주어진 데이터를 참고하여, 최소자승법을 사용하여 2차 최소자승 다항식을 구하여라:

x	1.0	2.3	3.8	4.9	6.1	7.2
$f(x)$	0.1	1.5	7.4	15.2	26.2	27.9

7.3 비선형 최소자승

최소자승 맞춤을 사용한 **추측함수**(guess function)의 선택은 실질적으로 실험 데이터의 특성에 달려있다. 지금까지 우리는 최소자승 다항식만 공부해왔다. 하지만, 실험을 통해 얻은 결과들은 많은 경우에 지수 관계이거나 수직과 수평 점근선을 갖는 경향이 있기 때문에 다항식 외에 추측함수를 고려해 볼 필요가 있다.

이번 절에서는 최소자승 맞춤에서 데이터가 그려질 때 나타나는 추측함수의 몇 가지 일반적인 형태로 주제를 넓혀 볼 것이다.

7.3.1 지수형태

다음과 같은 최소자승법 형태의 함수로

$$f(x) = ae^{bx} \tag{7.11}$$

표 7.2의 데이터에 맞춘다고 가정해 보자. 식 (7.11)에 대한 정규방정식을 식 (7.8)을 이용하여 만든다면, 결국 비선형 연립 방정식이 되고 선형 방정식을 푸는 것보다 더 어렵게 된다. 이러한 어려움을 피하기 위해 선형화하는 방법 중 하나는 지수 형태의 식 (7.11)의 $f(x)$에 로그를 취하는 것이다:

$$\ln f(x) = bx + \ln a$$

다음과 같이 놓고,

$$F(x) = \ln f(x) \qquad \alpha = \ln a \quad \text{그리고} \quad \beta = b$$

이를 x에 대한 선형함수로 나타내면 다음과 같다.

$$F(x) = \beta x + \alpha \tag{7.12}$$

그리고 (표 7.2)의 $(x_i,\ y_i)$ 점들을 $(x_i,\ \ln\ y_i)$로 변환하고 α 와 β 를 얻기 위해 7.1절의 선형 최소자승법을 사용한다. 마지막으로, 얻어진 α 와 β 로 a와 b를 구하기 위해 다음 관계를 이용한다.

$$b = \beta \quad \text{그리고} \quad a = e^{\alpha}$$

예제 7.6 다음의 데이터에 가장 잘 맞는 최소자승 지수방정식을 구하라.

x	1	3	4	6	9	15
y	4.0	3.5	2.9	2.5	2.75	2.0

아래의 표와 같이 변환한 식 (7.12)을 원래의 점들에 적용한다.

$X = x$	1.0	3.0	4.0	6.0	9.0	15.0
$Y = \ln y$	1.39	1.25	1.06	0.92	1.01	0.69

표 7.6에 변환된 값들이 나타나 있다. 최소자승 지수방정식은 다음과 같다.

$$y = 3.801404\ e^{-0.044406x}$$

표 7.6 예제 7.6의 최소자승 지수방정식의 해

```
» x=[1 3 4 6 9 15];
» y=[4 3.5 2.9 2.5 2.75 2];
» explsqr(x,y)

        Exponential least squares

 a =   3.801404
 b =   -0.044406
```

xi	yi	ln(yi)	a*exp(b*xi)	|yi-[a*exp(b*xi)]|
1	4.00	1.39	3.636293	0.363707
3	3.50	1.25	3.327274	0.172726
4	2.90	1.06	3.182757	0.282757
6	2.50	0.92	2.912280	0.412280
9	2.75	1.01	2.549046	0.200954
15	2	0.69	1.952841	0.047159

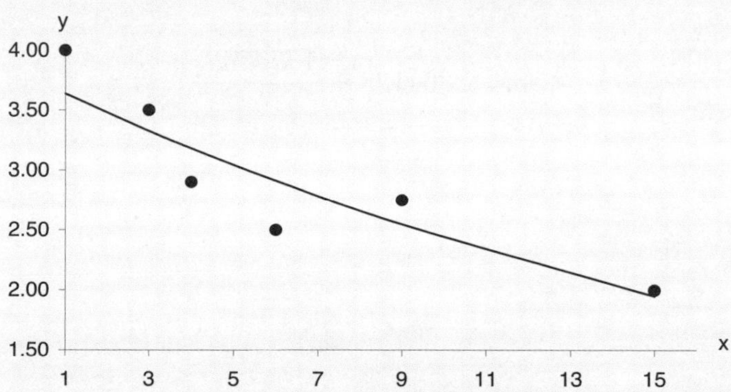

그림 7.6 예제 7.6의 최소자승 지수방정식

7.3.2 쌍곡선 형태

최소자승법으로 다음의 함수 형태를 사용하여 표 7.2의 데이터에 맞춤을 원한다고 가정해 보자.

$$f(x) = a + \frac{b}{x} \tag{7.13}$$

이 추측 함수는 수직과 수평 점근선을 가지는 경향이 있는 데이터에 유용하게 사용할 수 있다. 다시 정규방정식을 찾기 전에 우리는 $f(x)$를 선형화하기 위해 다음과 같이 놓는다.

$$F(x) = f(x), \quad \alpha = a, \quad \beta = b, \quad \text{그리고} \quad X = \frac{1}{x}$$

그러므로 $f(x)$를 선형화한 함수 F(X)는 다음과 같다.

$$F(X) = \alpha + \beta X \tag{7.14}$$

다시 식 (7.14)는 이제 x에 대한 선형 함수가 되었고, (표 7.2)의 $(x_i,\ y_i)$값들을 $(1/x_i,\ y_i)$로 변환하면 $\alpha = a$와 $\beta = b$를 찾기 위해 선형 최소자승법을 사용할 수 있다.

예제 7.7 예제 7.6의 데이터에 가장 잘 맞는 최소자승 쌍곡선 방정식을 구하라.

다음 표의 값을 얻기 위해 변환된 식 (식 7.14)를 원래의 값들에 적용시킨다.

$X = 1/x$	1	0.33	0.25	0.17	0.11	0.07
Y	4	3.5	2.9	2.5	2.75	2.0

변환된 값들이 표 7.7에 나와 있다. 최소자승 쌍곡선 방정식은 다음과 같다.

$$y = 2.364128 + \frac{1.797526}{x}$$

표 7.7 예제 7.7의 최소자승 쌍곡선 방정식

```
x=[1 3 4 6 9 15];
» y=[4 3.5 2.9 2.5 2.75 2];
» hyplsqr(x,y)

        Hyperbolic least squares

 a =   2.364128
 b =   1.797526
```

xi	yi	1/xi	a+b/xi	|yi-(a+b/xi)|
1	4.00	1.000	4.161654	0.161654
3	3.50	0.330	2.963304	0.536696
4	2.90	0.250	2.81351	0.08649
6	2.50	0.170	2.663716	0.163716
9	2.75	0.110	2.563853	0.186147
15	2.00	0.070	2.483963	0.483963

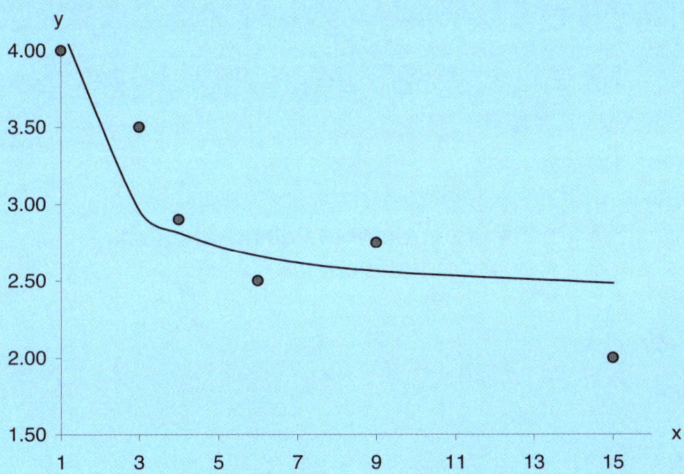

그림 7.7 예제 7.7의 최소자승 쌍곡선 방정식

위의 두 예제에서와 같은 방법으로 얻어진 근삿값은 주어진 문제에 대한 최소자승 근삿값과 다르다는 것을 보여주면서 이 절을 마친다.

표 7.8은 함수 $y = g(x)$를 $Y = aX + b$의 형태로 선형화하는 방법을 요약하여 나타낸다.

표 7.8 추측함수 요약표

	Linearized form	Change of variables		
$y = f(x)$	$Y = aX + b$	$X =$	$Y =$	
$y = \alpha e^{\beta x}$	$\ln y = \beta x + \ln \alpha$	x	$\ln y$	$\alpha = e^b,\ \beta = a$
$y = \alpha x\, e^{-\beta x}$	$\ln(\frac{y}{x}) = -\beta x + \ln \alpha$	x	$\ln(\frac{y}{x})$	$\alpha = e^b,\ \beta = -a$
$y = \alpha x^{\beta}$	$\ln y = \beta \ln x + \ln \alpha$	$\ln x$	$\ln y$	$\alpha = e^b,\ \beta = a$
$y = \alpha + \beta \ln x$	$y = \beta \ln x + \alpha$	$\ln x$	y	$\beta = a,\ \alpha = b$
$y = \alpha + \frac{\beta}{x}$	$y = \beta \frac{1}{x} + \alpha$	$\frac{1}{x}$	y	$\beta = a,\ \alpha = b$
$y = \frac{\alpha}{\beta + x}$	$y = \frac{-1}{\beta}(xy) + \frac{\alpha}{\beta}$	xy	y	$\beta = -\frac{1}{a},\ \alpha = -\frac{b}{a}$
$y = \frac{\alpha x}{\beta + x}$	$y = -\beta(\frac{y}{x}) + \alpha$	$\frac{y}{x}$	y	$\beta = -a,\ \alpha = b$

M-function 7.3a

다음의 MATLAB 함수 **explsqr.m**은 표의 x, y 값을 가장 잘 맞추는 최소자승 지수방정식 $y = ae^{bx}$를 만든다. 입력사항은 x, y 열벡터이다.

```
function explsqr(x,y)
% Construct the least square exponential y=a*exp(b*x)
% that fits x and y row or column vectors.
n=length(x);
n=length(y);
z=log(y);
sumx=sum(x);
sumz=sum(z);
sumx2=sum(x.*x);
sumxz=sum(x.*z);
beta=(n*sumxz-sumx*sumz)/(n*sumx2-sumx^2);
b=beta;
alfa=(sumx2*sumz-sumxz*sumx)/(n*sumx2-sumx^2);
a=exp(alfa);
disp('                Exponential least squares')
fprintf('\n a =%12.6f\n',a)
fprintf(' b =%12.6f\n',b)
disp('_______________________________________________________')
disp('   xi      yi      ln(yi)      a*exp(b*xi)       |yi-[a*exp(b*xi)]|   ')
disp('_______________________________________________________')
for i=1:n
  ye=a*exp(b*x(i));
```

```
  err(i)=abs(ye-y(i));
  fprintf('%6.2f  %6.2f  %6.2f  %12.6f
%12.6f\n',x(i),y(i),z(i),ye,err(i))
end
```

M-function 7.5b

다음의 MATLAB 함수 **hyplsqr.m**은 표의 *x*, *y* 값에 가장 근사한 최소자승 쌍곡선 방정식 $y = a + b/x$를 구한다. 입력사항은 *x*, *y* 열벡터이다.

```
function hyplsqr(x,y)
% Construct the least square hyperbolic y=a+b/x
% that fits x and y row or column vectors.
n=length(x);
n=length(y);
z=ones(size(x));
z=z./x;
sumz=sum(z);
sumy=sum(y);
sumz2=sum(z.*z);
sumzy=sum(z.*y);
b=(n*sumzy-sumz*sumy)/(n*sumz2-sumz^2);
a=(sumz2*sumy-sumzy*sumz)/(n*sumz2-sumz^2);
disp('                hyperbolic least squares')
fprintf('\n a =%12.6f\n',a)
fprintf(' b =%12.6f\n',b)
disp('_____________________________________________________')
disp('       x       y        1/xi         a+b/x          |y-(a+b/xi)|    ')
disp('_____________________________________________________')
for i=1:n
  yh=a+b/x(i);
  err(i)=abs(yh-y(i));
  fprintf('%6.2f %6.2f %6.2f %12.6f  %12.6f\n',x(i),y(i),z(i),yh,err(i))
end
```

연습문제 7.3

1. 다음 데이터들을 가장 잘 맞추는 최소자승 지수방정식을 구하라.

x	0.0	1.5	2.5	3.5	4.5
y	2.0	3.6	5.4	8.1	12.0

위에서 구한 결과를 $x = 5.0$일 때의 y값을 구하는데 사용하여라.

2. 다음 데이터에 가장 잘 맞는 최소자승 쌍곡선 방정식을 구하라.

x	1.0	1.4	1.8	2.2	2.6
y	3.7	3.5	3.4	3.1	2.9

위에서 구한 결과를 $x = 3.0$일 때의 y값을 구하는데 사용하여라.

3. $1 \le i \le n$에서 (x_i, y_i) 데이터 점들의 표가 주어졌을 때, 다음 추측 함수들의 정규방정식(normal equation)을 구하라.

(a) $f(x) = a + b \ln x$

(b) $f(x) = \frac{1}{a+x}$

(c) $f(x) = ax^b$

4. 다음 형태의 곡선을 맞추기 위한 정규방정식을 구하라.

$$y = a \sin bx$$

5. 다음의 데이터들을 가장 잘 맞추는 $f(x) = a + b \sin \frac{\pi x}{10}$ 형태의 함수를 구하라.

x	0	1.0	2.3	4.0	5.1	6.0	6.5	7.0	8.1	9.0
$f(x)$	0.2	0.8	2.5	4.3	3.0	5.0	3.5	2.4	1.3	2.0
x	9.3	11.0	12.1	13.1	14.0	16	17.5	17.8	19.0	20.0
$f(x)$	-0.3	-1.3	-4.0	-4.9	-4.0	-3.0	-3.5	-1.6	-1.4	-0.1

6. 다음 형태의 곡선을 맞추기 위한 정규방정식을 구하라.

$$f(x) = ax^2 + bx + c$$

7. 다음 표의 데이터에 맞추는 $g(x) = Ax^B$ 형태의 최소자승 근사식을 결정하라.

x	1.2	2.8	4.3	5.4	6.8	7.9
$f(x)$	2.0	11.4	28.0	41.8	72.2	91.3

8. 다음 표의 데이터에 맞추는 $f(x) = (a - c)e^{-bx} + c$ 형태의 최소자승 근사식을 결정하라.

x	0	1	2	5	10	15	30	45	60
$f(x)$	210	198	187	155	121	103	77	71	70

9. 점 $x_i = 0, 1, 2, 3, 4$일 때의 함수 2^x의 값을 맞추는 $f(x) = ax^2 + bx + c$ 형태의 최소자승 근사식을 결정하라.

10. t일 때 함수 f의 값이 다음과 같이 주어졌을 때,

t	0.1	0.2	0.3	0.4
f	0.76	0.58	0.44	0.35

$g(t) = ae^{-3t} + be^{-2t}$ 형태에 맞는 최소자승 식합을 구하라.

11. 주기적인 실험 과정에서 다음과 같은 데이터를 얻었다:

t (도)	0	50	100	150	200	250	300	350
y	0.75	1.76	2.04	1.41	0.30	−0.48	−0.38	0.52

최소자승 근사법을 사용하여 $y = b + a \sin t$의 변수 a와 b를 추정하라.

12. 다음 표의 데이터를 고려하여:

x	1	2	3	4	5
y	2.4	6.2	10.6	16.1	21.8

위의 데이터 점들을 좌표축 상에 그리고, 표 7.8을 참고하여 어떤 함수가 위의 데이터에 더 잘 맞는지 결정하라.

컴퓨터 문제 7.3

1. 다음의 데이터에 가장 잘 맞는 최소자승 지수방정식을 찾기 위해 MATLAB 함수 explsqr을 사용하여 구하라.

x	1	3	6	9	15
y	5.12	3.00	2.48	2.34	2.18

2. 위 문제의 데이터에 가장 잘 맞는 최소자승 지수 다항식을 찾기 위해 MATLAB 함수 hyplsqr을 사용하여라.

7.4 삼각법 최소자승 다항식

이 절에서는 최소자승 원리가 어떻게 다음과 같은 형태의 삼각법 최소자승 다항식에 적용되는지 살펴볼 것이다.

$$p(x) = \frac{a_0}{2} + \sum_{k=1}^{m} a_k \cos(k\omega x) + \sum_{k=1}^{m} b_k \sin(k\omega x) \tag{7.15}$$

위의 식에서 ω는 주어진 값이다. 식 (7.15)는 **m차 삼각법 다항식(trigonometric polynomial of order m)**이라고 불린다.

표 7.2의 데이터를 최소자승법을 이용하여 식 (7.15)로 근사하기 원한다고 가정하자. 과정은 비슷하며 최소자승 오차를 최소화하는 상수 $a_0, \ldots, a_m, b_1, \ldots, b_m$을 선택할 필요가 있다.

$$\begin{aligned}
E &= \sum_{i=1}^{n} [p(x_i) - y_i]^2 \\
&= \sum_{i=1}^{n} y_i^2 - 2\sum_{i=1}^{n} p(x_i)y_i + \sum_{i=1}^{n} [p(x_i)]^2 \\
&= \sum_{i=1}^{n} y_i^2 - 2\sum_{i=1}^{n} \left[\frac{a_0}{2} + \sum_{k=1}^{m} a_k \cos(k\omega x_i) + \sum_{k=1}^{m} b_k \sin(k\omega x_i)\right] y_i \\
&\quad + \sum_{i=1}^{n} \left[\frac{a_0}{2} + \sum_{k=1}^{m} a_k \cos(k\omega x_i) + \sum_{k=1}^{m} b_k \sin(k\omega x_i)\right]^2
\end{aligned}$$

여기서 $E = E(a_0, \ldots, a_m, b_1, \ldots, b_m)$의 형태이다.

앞에서와 같은 절차로 E를 최소화하기 위하여 다음과 같은 과정이 필요하다.

$$\frac{\partial E}{\partial a_j} = 0 \quad \text{for} \quad j = 0, \ldots, m$$

그리고

$$\frac{\partial E}{\partial b_j} = 0 \quad \text{for} \quad j = 1, \ldots, m$$

편미분을 취하고 항들을 다시 배열 하면 다음과 같은 식을 얻는다.

$$\begin{aligned}
&\sum_{i=1}^{n} \left[\frac{a_0}{2} + \sum_{k=1}^{m} a_k \cos(k\omega x_i) + \sum_{k=1}^{m} b_k \sin(k\omega x_i)\right] = \sum_{i=1}^{n} y_i \\
&\sum_{i=1}^{n} \left[\frac{a_0}{2} + \sum_{k=1}^{m} a_k \cos(k\omega x_i) + \sum_{k=1}^{m} b_k \sin(k\omega x_i)\right] \cos(j\omega x_i) = \sum_{i=1}^{n} \cos(j\omega x_i) y_i \qquad (7.16) \\
&\sum_{i=1}^{n} \left[\frac{a_0}{2} + \sum_{k=1}^{m} a_k \cos(k\omega x_i) + \sum_{k=1}^{m} b_k \sin(k\omega x_i)\right] \sin(j\omega x_i) = \sum_{i=1}^{n} \sin(j\omega x_i) y_i
\end{aligned}$$

여기서 $j = 1, \ldots, m$이다.

위의 식은 $(2m + 1)$개의 미지수와 $(2m + 1)$개 방정식을 갖는 선형 시스템을 구성하는 정규방정식들이다. 그리고 이 방정식들은 가우스소거법(Gaussian elimination)을 사용하여 풀 수 있다. 상수 a_i와 b_i의 유도는 일반적으로 **이산차분 푸리에 해석**(discrete Fourier analysis)이라 부른다.

예제 7.8 다음의 데이터에 근사한 삼각법 최소자승 다항식을 구하라.

x	0.0	0.4	0.8	1.2	1.6	2.0	2.4	2.8	3.2	3.6	4.0	4.4
y	3.0	2.1	1.3	0.5	0	−0.2	0	0.3	1.1	2.0	2.9	3.5

$m = 1$과 $\omega = 1$을 사용하라.

식 (7.16)으로부터 다음의 정규방정식들을 얻는다.

$$\begin{aligned}
6a_0 + \left[\sum \cos x_i\right] a_1 + \left[\sum \sin x_i\right] b_1 &= \sum y_i \\
\left[\sum \cos x_i\right] a_0 + \left[\sum \cos^2 x_i\right] a_1 + \left[\sum \cos x_i \sin x_i\right] b_1 &= \sum y_i \cos x_i \\
\left[\sum \sin x_i\right] a_0 + \left[\sum \cos x_i \sin x_i\right] a_1 + \left[\sum \sin^2 x_i\right] b_1 &= \sum y_i \sin x_i
\end{aligned}$$

여기서 $\sum = \sum_{i=1}^{12}$ 를 의미한다.
값들을 대입하면,

$$\begin{aligned}
\sum \cos x_i &= -2.000867, & \sum \sin x_i &= 2.748837 \\
\sum \sin x_i \cos x_i &= 1.217139, & \sum y_i &= 16.5 \\
\sum \cos^2 x_i &= 6.393092, & \sum \sin^2 x_i &= 5.606908 \\
\sum y_i \sin x_i &= -4.339589, & \sum y_i \cos x_i &= -0.041184
\end{aligned}$$

정규방정식으로부터 아래와 같은 시스템을 구하게 된다.

$$\begin{aligned}
6.000000a_0 + -2.000867a_1 + 2.748837b_1 &= 16.5 \\
-2.000867a_0 + 6.393092a_1 + 1.217139b_1 &= -0.041184 \\
2.748837a_0 + 1.217139a_1 + 5.606908b_1 &= -4.339589
\end{aligned}$$

이 시스템의 해는 다음과 같다.

$$a_0 = 5.352575, \quad a_1 = 2.415546, \quad b_1 = -3.922482$$

그러므로

$$p(x) = 2.6762875 + 2.415546 \cos x - 3.922482 \sin x$$

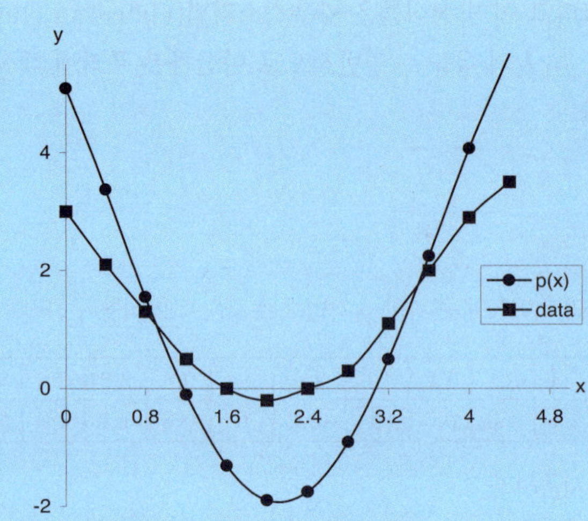

그림 7.8 예제 7.8의 [0, 4.4]일 때 $f(x)$와 $p(x)$의 그래프

연습문제 7.4

1. 다음 삼각함수 곡선에 적합한 정규방정식을 유도하라.

$$p(x) = a_0 + a_1 \cos x + b_1 \sin x$$

최소자승법으로 아래의 데이터와 가장 잘 맞추도록 상수 a_0, a_1, b_1을 구하라.

x	0	1	2	3
$f(x)$	5	54	99	181

7장 응용문제

1. 표 7.9는 국민총생산 (Gross National Product , GNP)을 각각 경상 달러와 고정 달러로 구해 목록으로 만든 것이다. 경상 달러는 인플레이션을 고려하지 않은 단순 달러 가치로 GNP를 구한 것이고 고정 달러는 1958년 달러 가치로 GNP를 구한 것이다.

(a) 주어진 데이터들을 가장 잘 맞추는 추측 함수를 도표를 보고 판단하라. 그리고 추측 함수를 최소 자승법을 이용하여 구하라.

(b) 위에서 구한 결과를 이용하여 1990년과 2000년 GNP를 예측해 보아라.

표 7.9 1950년부터 1968년까지 GNP

Year	GNP(Current Dollars, \$ millions)	GNP(Constant Dollars, \$ millions)
1950	284.7	355.2
1955	398.1	438.1
1960	503.6	487.6
1965	684.8	617.7
1966	749.8	658.0
1967	763.4	674.5
1968	865.6	707.5

2. 주어진 표는 미국에서의 하루 총 물 사용량을 십만 갤런 단위로 나타낸 것이다.

연도	1930	1940	1950	1960	1970
물 사용량	110.2	137.4	202.6	322.7	411.1

(a) 시간에 따른 물 소비량을 지수 최소자승법을 사용하여 구하라.

(b) 위에서 구한 결과를 이용하여 1980년과 1990년 물 소비량을 예측해 보아라.

3. 주어진 표는 1950년부터 1968년까지 미국에서 발생한 교통사고 발생 횟수를 나타낸 것이다.

연도	1950	1955	1960	1965	1966	1967	1968
사고횟수 (1,000)단위	8,200	9,800	10,300	13,100	13,500	13,600	14,500
차량 10^4대 당 사고	1,687	1,576	1,396	1,438	1,418	1,384	1,414

(a) 시간에 따른 사고 횟수를 선형 최소자승 다항식을 이용하여 나타내어라. 이를 이용하여 1990년 사고 횟수를 추측해보라.

(b) 시간에 따른 차량 10,000대당 사고 횟수를 4차 최소자승 다항식을 사용하여 계산하라. 이를 이용하여 1990년 차량 10,000대당 사고 횟수를 추측해 보아라.

4. 한 생물학자가 특정 박테리아 배양균의 성장 실험을 진행하였다. 4시간 후 아래와 같은 데이터를 얻었다.

t	0	1	2	3	4
p	1.0	1.8	3.3	6.0	11.0

t는 시간을 의미하고 p는 박테리아 개체수를 천단위로 나타낸 것이다. 최소자승 지수 다항식을 이용하여 데이터에 가장 잘 맞은 식을 찾아보아라. 결과를 이용하여 5시간 이후 박테리아 개체수를 예측해 보라.

5. 3년간 영업을 해온 한 회사가 첫 해에 4천 달러, 두 번째 년도에 2천 달러, 그리고 세 번째 년도에는 1천 달러의 영업 이익을 창출하였다. 최소자승법을 사용하여 년도에 따른 대략적인 이익을 선형 함수로 표현하여라.

6. 어느 낙하산병이 비행기에서 낙하하는 동안 그가 떨어진 거리를 측정하였다. 하강 거리를 d라 할 때 d는 시간 t의 함수로서 다음과 같이 모델링될 수 있다.

$$d = \alpha t + \beta t^2 e^{-0.1t}$$

아래 데이터와 가장 적합한 계수 α와 β를 구하라.

t	5	10	15	20	25	30
d	30	83	126	157	169	190

7. 어떤 화합물에서 시간 $t(sec)$에 따른 C의 농도가 주어진 표와 같이 주어졌다.

t	3	9	12	18	24	30
C	4.1	4.3	3.9	3.4	3.1	2.7

추측 함수가 $C(t) = c + ae^{-0.47t} + be^{-0.06t}$ 와 같이 주어졌을 때, 표의 데이터와 가장 적합한 계수 a, b, c 를 구하라.

8. 어느 작은 도시의 1960년부터 2000년까지 인구수 p는 다음 주어진 표와 같다.

t	1960	1970	1980	1990	2000
p	12600	14000	16100	19100	23200

4차 최소자승 다항식을 사용하여 2010년 인구수를 추측해 보아라.

수치 최적화

단일 변수 최적화 문제는 최적화와 그 적용에 있어 가장 중요한 부분이다. 이는 앞으로 마주하게 될 공학 문제가 실제로 단일 변수 문제가 많기 때문인 점도 있지만, 다변수 최적화 문제를 종종 연속적인 단일 변수 문제로 생각하여 접근하면 쉽게 풀리는 경우가 있기 때문이기도 하다. 이번 장에서는 단일 변수 함수에서 최소 점을 수치적으로 찾는 법을 소개할 것이다. 최대 점을 찾는 방법은 최소 점을 찾는 방법과 같기 때문에 최소 점을 찾는 방법만을 소개할 것이다. 다음 예제를 고려해 보자.

예제 8.1 모퉁이 문제

지름을 무시할 수 있는 길이 L의 파이프를 폭 3 ft의 모퉁이를 수평으로 운반해 통과해야 한다. 모퉁이의 최대 폭은 6 ft이다(그림 8.1 참조). 이 때 모퉁이를 무사히 통과할 수 있는 파이프의 최대 길이는 얼마가 될 것인가?

길이 L은 각도 α에 의해 결정된다.

$$L(\alpha) = L_1 + L_2 = \frac{3}{\sin\alpha} + \frac{6}{\cos\alpha}$$

그러므로 파이프 길이의 최댓값은 $(0, \pi/2)$ 구간에서 식 $L(\alpha)$의 절대 최소 점을 구함으로써 해결할 수 있다. $L(\alpha)$의 그래프를 보면 부분 최소 점은 하나밖에 없음을 확인할 수 있다. 따라서 구간 $(0, \pi/2)$에서 절대 최소 점은 부분 최소 점과 동일하다. 식 $L(\alpha)$의 대략적인 최소 점 위치를 구하는 방법을 이번 장에서 설명할 것이다.

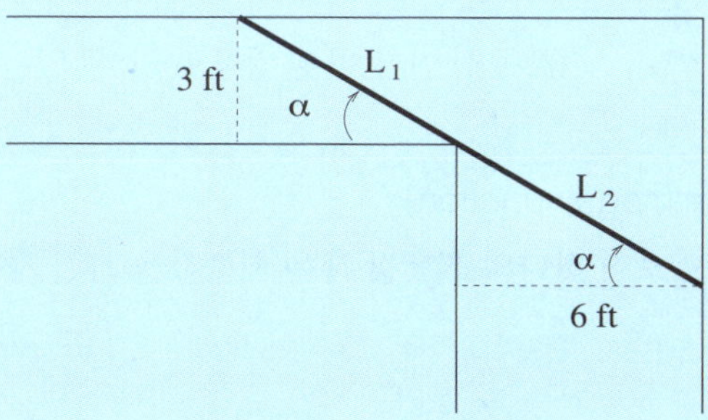

그림 8.1 모퉁이 문제

8.1 단일 변수 해석

정의 8.1(단조 증가함수와 단조 감수함수) 함수 f 의 정의역을 I라 하고 x_1과 x_2가 정의역 I 위의 임의의 두 점이라 할 때

(i) $x_1 < x_2$ 일 때, $f(x_1) < f(x_2)$이면 단조 증가라고 한다.

(ii) $x_1 < x_2$ 일 때, $f(x_1) > f(x_2)$이면 단조 감소라고 한다.

정리 8.1(단조 증가함수와 단조 감소함수) 함수 f 가 구간 $[a, b]$에서 연속이고 구간 (a, b)에서 미분가능이라 할 때

(i) x 범위 (a, b)에서 $f'(x) > 0$ 이면, 함수 f 는 $[a, b]$에서 단조 증가이다.

(ii) x 범위 (a, b)에서 $f'(x) < 0$ 이면, 함수 f 는 $[a, b]$에서 단조 감소이다.

정의 8.2(극값) 함수 f 의 정의역 위의 어떠한 한 점을 c라 할 때

(i) 함수 f 의 정의역 구간 내에 범위 (a, b)가 c를 포함하고 있다고 할 때, (a, b) 구간 사이에 있는 모든 x가 $f(x) \leq f(c)$를 만족하면 $f(c)$는 극댓값이다.

(ii) 함수 f 의 정의역 구간 내에 범위 (a, b)가 c를 포함하고 있다고 할 때, (a, b) 구간 사이에 있는 모든 x가 $f(x) \geq f(c)$를 만족하면 $f(c)$는 극솟값이다.

정리 8.2(극점) 함수 f 가 열린구간 내의 어떠한 점 c에서 극값을 가질 때, $f'(c) = 0$ 이거나 $f'(c)$값이 존재하지 않는다. 이 때 점 c를 함수 f 의 극점이라고 한다.

정리 8.3(일차 미분 검사) 함수 f가 극점 c를 포함하고 있는 열린구간에서 미분 가능할 때

(i) 점 c에서 f'의 부호가 양에서 음으로 바뀌면, 점 c는 함수 f 의 극대점이다.

(ii) 점 c에서 f'의 부호가 음에서 양으로 바뀌면, 점 c는 함수 f 의 극소점이다.

정리 8.4(이차 미분 검사) 함수 f 가 점 c에서 이차 미분이 가능하다고 할 때

(i) $f'(c) = 0$ 이고 $f''(c) > 0$ 이면, 점 c는 함수 f 의 극소점이다.

(ii) $f'(c) = 0$ 이고 $f''(c) < 0$ 이면, 점 c는 함수 f 의 극대점이다.

(iii) $f'(c) = 0$ 이고 $f''(c) = 0$ 이면, 이차 미분 검사로 알 수 있는 점이 없다.

정의 8.3 단봉 함수(unimodal function)

함수 f 가 구간 $[a, b]$에서 오직 하나의 최댓값 혹은 최솟값을 가질 경우, 함수 f 를 단봉 함수라고 한다.

단봉 함수의 예를 아래 그림 8.2에 나타냈다. 차례대로 연속, 미분불가능, 불연속 경우이다.

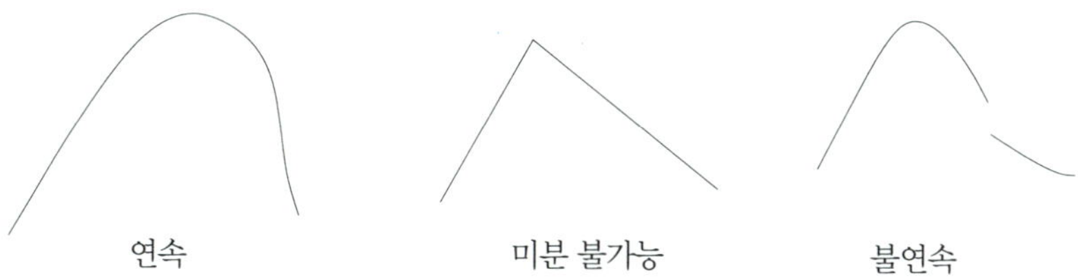

그림 8.2 단봉 함수

연습문제 8.1

1. 주어진 함수의 극값을 구하라.

(a) $f(x) = x^3 - 6x^2 + 12x + 9$

(b) $f(x) = x^{1/3} - x$

(c) $f(x) = x^2/(x^3 - 1)$

2. 주어진 함수가 단조 증가 혹은 단조 감소하는 범위를 구하라.

(a) $f(x) = x^4 - x^2$

(b) $f(x) = x^2 + 1/x^2$

(c) $f(x) = xe^{-x}$

(d) $f(x) = x \ln x$

8.2 선탐색

선 탐색 방법은 1차원 비선형 최적화 문제를 해결할 수 있다. 정리 8.2을 통하여 극점에서 일차 미분 값이 0이거나 존재하지 않음을 알 수 있었다. 더 나아가 이차 미분 검사를 통하여 극점의 성질을 파악할 수 있었다. 그러나 일차 미분 검사로 극점의 위치를 찾지 못하는 경우 또는 $f'(c) = 0$ 문제를 풀어내지 못하는 경우 문제가 발생할 수 있다.

이러한 경우에, 우리는 수치해석 기술을 통하여 문제를 해결할 수 있다.

이번 장에서는 여러 가지 선 탐색법 알고리즘에 대해서 알아볼 것이다. 대부분의 선 탐색법 알고리즘은 함수가 특정 구간에서 단봉 함수여야 한다.

8.2.1 최소 브래킷법

비선형 방정식 $f(x) = 0$을 해결하는데 있어 최소 브래킷법은 이분법과 그 원리가 비슷하다. 어떠한 두 점에서 함수 f값의 부호가 반대일 때, 방정식 $f(x) = 0$을 만족하는 근이 두 점 사이에 최소 한 개 이상 존재한다. 반면에 최솟값을 알기 위해선 3개의 점이 필요하다. $a < b < c$를 만족하는 어떠한 점 a, b, c를 알고 있다고 가정하자. 만약 $f(b) < f(a)$이고 $f(b) < f(c)$를 만족할 경우, 함수 $f(x)$는 최솟값이 구간 (a, c)사이에 존재한다. 이 때 (a, b, c) 구간을 최솟값 구간이라고 한다. 만약 구간 (a, c) 사이에 존재하는 새로운 점 d를 알 수 있으면 우리는 최솟값 구간 크기를 줄일 수 있다. 이 때 두 가지 경우가 있다. (그림 8.3 참조)

- 만일 $f(d) < f(b)$이면, (a, d, b)구간에서 최솟값이 있다.
- 만일 $f(d) > f(b)$이면, (d, b, c)구간에서 최솟값이 있다.

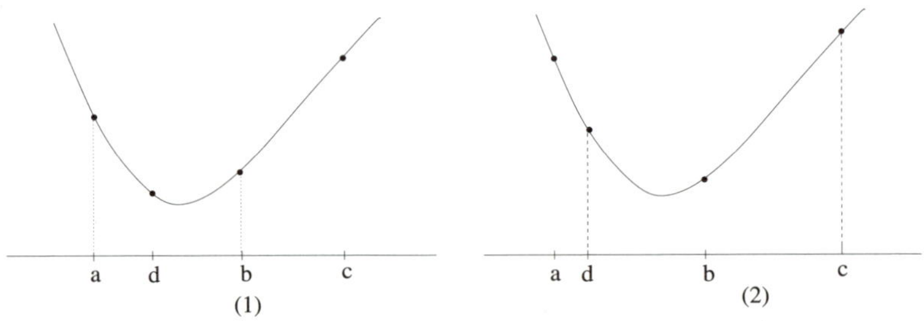

그림 8.3
(1) $f(d) < f(b)$이면, (a, d, b)에서 최솟값
(2) $f(d) > f(b)$이면, (d, b, c)에서 최솟값

8.2.2 황금분할 탐색

주어진 구간에서 함수 f의 최솟값 구간을 찾는 가장 효율적인 방법 중 하나는 황금분할 탐색법이다. 이 방법은 계산 횟수를 줄이는데 획기적인 방법이다.

함수 f의 현재 최솟값 구간을 (a, b, c)라 하자. 이 때 새로운 점 d를 선택할 때 아래와 같은 내용들을 고려해 보자.

b의 위치가 a와 c의 사이일 때

$$\frac{b-a}{c-a} = r, \quad \frac{c-b}{c-a} = 1-r$$

즉, a와 c 사이 길이와 a와 b사이 길이 비율이 r 이다. 만약 b보다 크고 c보다 작은 한 점을 d라 할 때 길이 비율 m을 다음과 같이 정의할 수 있다.

$$\frac{d-b}{c-a} = m$$

그러므로 다음 최솟값 구간 길이는 현재 구간에 $r + m$을 곱한 값이 될 수 있을 것이다. 만약 최솟값이 점 d 이후에 존재 할 경우, 최솟값 구간 길이는 현재 구간에 $1 - r$을 곱한 값이 될 것이다. 만약 후자일 경우 최솟값 구간을 더 줄여야 한다면 m이 다음과 같은 값이 되도록 점 d를 잡는 것을 추천한다.

$$m = 1 - 2r \tag{8.1}$$

위 식과 같이 점 d를 잡을 경우 $|b - a| = |c - d|$가 성립된다. 이 때 새로운 구간 [b,d,c]에서 다음 식이 만족되어야 한다.

$$\frac{m}{1 - r} = r \tag{8.2}$$

식 (8.1)과 식 (8.2)를 풀면 다음과 같은 방정식을 얻는다.

$$r^2 - 3r + 1 = 0 \tag{8.3}$$

그 결과 r값은 다음과 같다.

$$r = \frac{3 - \sqrt{5}}{2} \approx 0.382$$

그러므로 구간 $(a,\ c)$에서 상대위치 r과 $1 - r \approx (0.618)$에 점 b와 점 d를 잡으면, 다음 단계 구간 길이는 현재 구간 길이에 r을 곱한 값이 될 것이다.(이분법에서는 $r = 0.5$이다) 그러므로 n번째 단계 이후 구간 길이 계수는 다음과 같다.

$$(1 - r)^n \approx (0.618)^n \tag{8.4}$$

r은 "황금 비율"이라고 불리며 이와 같은 방법을 "황금 분할 탐색법" 이라고 한다. 함수가 단봉 모델일 때 결과는 항상 최솟값으로 수렴하며 수렴성은 선형적이다. 수렴성이 좋다는 의미는 추가적인 계산이 이루어졌을 때 더욱 성공적인 결과 값을 얻을 수 있다는 것이다.

앞에서와 같이 세 점 $(a,\ b,\ c)$ 구간에서 함수 f의 최솟값이 존재한다고 가정하였다. 이렇게 단봉적이라고 가정하는 것은 황금탐색법이 더욱 잘 수행되도록 도와준다. 함수 f의 최솟값을 찾아주는 알고리듬은 아래와 같다.

Suppose f is unimodal on $[a, b]$.
while $|a - b| > tol$ or $|f(b) - f(a)| > tol$
  $x_1 \leftarrow a + r(b - a)$
  $x_2 \leftarrow a + (1 - r)(b - a)$
  Compute $f(x_1)$ and $f(x_2)$
  If $f(x_1) < f(x_2)$ set $[a, b] = [x_1, b]$
  otherwise, set $[a, b] = [a, x_2]$

예제 8.2 황금분할 탐색법을 이용하여 구간 [1, 3]에서의 단봉 함수 $f(x) = \cos x - \sin x$에 대한 최솟값을 구하라.

함수 f에 대한 그래프를 통해 구간 [1, 3]에서 최솟값을 갖는다는 것을 알 수 있고, 또한 함수 f는 구간 [1, 3]에서 단봉형태를 갖는다.

1 단계. 첫 번째 구간을 $[a, b] = [1, 3]$ 이라 하자. 첫 번째로 x_1과 x_2를 아래와 같이 구할 수 있다.

$$x_1 = a + r(b - a) = 1 + r(3 - 1) = 1.7639320$$
$$x_2 = a + (1 - r)(b - a) = 1 + (1 - r)(3 - 1) = 2.2360680$$

이를 함수 $f(x)$에 대입하여 계산하면,

$$f(x_1) = -1.1733444 \text{ and } f(x_2) = -1.4040220$$

$f(x_1) > f(x_2)$이기 때문에 새로운 구간은 다음과 같다.

$$[a, b] = [1.7639320, 3]$$

2 단계. 위와 같은 방법을 통해 다시 x_1과 x_2를 아래와 같이 구할 수 있다.

$$x_1 = a + r(b - a) = 1.7639320 + r(3 - 1.7639329) = 2.2360680$$
$$x_2 = a + (1 - r)(b - a) = 1.7639320 + (1 - r)(3 - 1.7639329) = 2.5278640$$

이를 함수 $f(x)$에 대입하여 계산하면,

$$f(x_1) = -1.4040220 \text{ and } f(x_2) = -1.3934259$$

$f(x_1) < f(x_2)$이기 때문에 새로운 구간은 $[a, b] = [1.7639320, 2.5278640]$ 이다.

위와 같은 방법을 계속 진행하면 MATLAB 함수 golden을 통해 표 8.1의 결과를 얻어진다. 이 방법은 39번의 반복계산 후에 수렴하며, 이때의 최솟값은

$$[a, b] = [1.7639320, 2.5278640]$$

횡축과 종축에 대한 허용오차는 $tolx = toly = 10^{-8}$ 이다.

예제 8.3 앞의 예제에서 주어진 단봉 함수의 경우 구간 [1, 3]에서 정의되었다. 최솟값x에 대해서 황금분할 탐색법의 구간이 0.3 이내가 되도록 하는 반복계산 횟수를 구하라.

n번의 계산 후에 구간 [1, 3]은 $(1 - r)^n = (0.61803)^n$으로 줄어들게 된다. 그렇기 때문에 황금분할 탐색법을 통해서

$$(3 - 1)(0.61803)^n \leq 0.3$$

다음과 같이 쓸 수 있기 때문에, 4번째 계산 시 목표로 한 계산구간보다 작아지는 결과를 얻을 수 있다. 표 8.1으로부터 $b_4 - a_4 = 2.527864 - 2.236068 = 0.292 < 0.3$이 됨을 확인할 수 있다.

표 8.1 황금분할 탐색법을 사용한 구간 [1, 3]에서 $f(x) = \cos x - \sin x$의 최솟값

k	a	x1	x2	b	f(x1)	f(x2)
0	1.0000000	1.7639320	2.2360680	3.0000000	-1.1733444	-1.4040220
1	1.7639320	2.2360680	2.5278640	3.0000000	-1.4040220	-1.3934259
2	1.7639320	2.0557281	2.2360680	2.5278640	-1.3508548	-1.4040220
3	2.0557281	2.2360680	2.3475242	2.5278640	-1.4040220	-1.4141604
4	2.2360680	2.3475242	2.4164079	2.5278640	-1.4141604	-1.4116506
5	2.2360680	2.3049517	2.3475242	2.4164079	-1.4123572	-1.4141604
⋮	⋮	⋮	⋮	⋮	⋮	⋮
37	2.3561945	2.3561945	2.3561945	2.3561945	-1.4142136	-1.4142136
38	2.3561945	2.3561945	2.3561945	2.3561945	-1.4142136	-1.4142136
39	2.3561945	2.3561945	2.3561945	2.3561945	-1.4142136	-1.4142136

8.2.3 피보나치 탐색법

$$F_0 = 0$$
$$F_1 = 1$$
$$F_n = F_{n-1} + F_{n-2}, \quad n = 2, 3, \ldots.$$

n	2	3	4	5	6	7	8	…
F_n	1	2	3	5	8	13	21	…

단봉 함수의 최솟값을 찾기 위한 더 정교한 알고리즘이 **피보나치**(Fibonacci) 탐색이다. 각각의 반복계산에서 구간의 길이는 다음의 방정식들에 의해 반복되는 피보나치 수들을 따라서 선택된다. 피보나치 탐색 방법 r의 값은 각 구간의 상수가 아니다. 반복계산의 숫자 n은 사전에 알려져 있으며 지정된 허용 오차 ε를 기준으로 한다. 이 방법의 단점은 ε과 n을 사전에 선택해야 한다는 것이다. 피보나치 탐색 알고리즘의 개요는 다음과 같다:

구간 $[a_0, b_0]$의 단봉형 함수 $f(x)$가 주어졌다고 가정하자. k번째 구간 $[a_k, b_k]$의 내부 점 c_k와 d_k가 다음 방식을 통해 구해진다.

$$c_k = a_k + \left(\frac{F_{n-k-2}}{F_{n-k}}\right)(b_k - a_k)$$

$$d_k = a_k + \left(\frac{F_{n-k-1}}{F_{n-k}}\right)(b_k - a_k)$$

1. 만약 $f(c_k) \le f(d_k)$이면, 새로운 구간은 $[a_{k+1}, b_{k+1}] = [a_k, d_k]$
2. 만약 $f(c_k) > f(d_k)$이면, 새로운 구간은 $[a_{k+1}, b_{k+1}] = [c_k, b_k]$

이 알고리듬은 초기 단계 이후에 반복마다 하나의 기능 평가가 필요하다는 것을 주목해야 한다.

최솟값의 가로 좌표와 허용치 ε를 구한다면, $\frac{1}{F_n}(b_0 - a_0) < \varepsilon$의 조건이 필요하다. 즉, 반복횟수 n은 아래식의 조건을 만족하는 가장 작은 정수이다.

$$F_n > \frac{b_0 - a_0}{\varepsilon}$$

필요한 반복횟수 끝에 추정된 최솟값의 가로 좌표는 최종 간격의 중점으로 구해진다.

피보나치 수열을 구하기 위한 유용한 공식은 아래의 식과 같다.

$$F_k = \frac{1}{\sqrt{5}}\left[\left(\frac{1+\sqrt{5}}{2}\right)^k - \left(\frac{1-\sqrt{5}}{2}\right)^k\right] \tag{8.5}$$

예제 8.4 규정된 허용치 $\varepsilon = 10^{-3}$인 구간 [1, 3]에서의 단봉 함수 $f(x) = \cos x - \sin x$의 최솟값을 피보나치 탐색법을 사용하여 근사하여라.

규정된 허용 오차에 필요한 반복횟수인 n은 아래와 같은 가장 작은 정수이다.

$$F_n > \frac{3-1}{10^{-3}} = 2.0 \times 10^3$$

이는 $n = 17$이라는 것을 의미한다.

$[a_0, b_0] = [1, 3]$을 가지고 첫 번째 내점은 다음과 같다

$$c_0 = 1 + \frac{F_{15}}{F_{17}}(3-1) = 1.763931888545$$
$$d_0 = 1 + \frac{F_{16}}{F_{17}}(3-1) = 2.236068111455$$

그리고

$$f(c_0) = f(1.763931888545) = -1.173344326399$$
$$f(d_0) = f(2.236068111455 = -1.404022030707$$

$f(c_0) > f(d_0)$이기 때문에 새로운 간격은 다음과 같다

$$[a_1, b_1] = [1.763931888545, 3]$$

다음 간격은 같은 절차로 구하며, 아래와 같다.

$$c_1 = 1.763931888545 + \frac{F_{14}}{F_{16}}(3 - 1.763\,931\,888545) = 2.236068111455$$
$$d_1 = 1.763931888545 + \frac{F_{15}}{F_{16}}(3 - 1.763931888545) = 2.527863777090$$

$f(c1) < f(c2)$ 이기 때문에 새로운 구간은 다음과 같다.
$[a2, b2]$ = [1.763931888545, 2.52786377-7090]

같은 방법으로 반복계산된 결과를 통해 다음의 새로운 구간을 얻을 수 있다.
$[a_2, b_2]$ = [2.35517817937519, 2.3566-1329451098]

즉, x와 y 좌표계에 대한 추정된 최솟값은 아래와 같다.

$$x\min = \frac{2.35517817937519 + 2.35661329451098}{2} = 2.355895736943$$
$$f\min = f(2.355895736943) = -1.41421349926134$$

정리하면, MATLAB 함수인 fibonacci.m을 이용하여 얻어진 결과는 표 8.2와 같다.

표 8.2 피보나치 탐색법을 이용한 구간 [1, 3]에서 $f(x) = \cos x - \sin x$의 최솟값

n	a	c	d	b	f(c)	f(d)
17	1.0000000	1.7639319	2.2360681	3.0000000	-1.1733443	-1.4040220
16	1.7639319	2.2360681	2.5278641	3.0000000	-1.4040220	-1.3934259
15	1.7639319	2.0557282	2.2360681	2.5278641	-1.3508548	-1.4040220
14	2.0557282	2.2360681	2.3475244	2.5278641	-1.4040220	-1.4141604
⋮	⋮	⋮	⋮	⋮	⋮	⋮
5	2.3537431	2.3561349	2.3575700	2.3599617	-1.4142136	-1.4142122
4	2.3537431	2.3551782	2.3561349	2.3575700	-1.4142128	-1.4142136
3	2.3551782	2.3561349	2.3566133	2.3575700	-1.4142136	-1.4142134

피보나치 탐색법은 선형적인 수렴성을 가지며, 이 때문에 각각의 계산마다 최솟값을 포함하고 있는 구간과 새로운 구간의 비가 전 값보다 작게 된다. 점근적인 수렴 비는 아래와 같다.

$$\lim_{k\to\infty} \frac{F_{k+1}}{F_k} = \frac{\sqrt{5}-1}{2}$$

8.2.4 포물선 보간

세 점 (a, b, c)를 통한 브래킷 안에 함수 f의 최솟값이 있다고 가정해보자. x좌표계에서 함수 f에 대해 보간된 2차 다항식 위의 세 점 (a, b, c)은 아래와 같은 공식을 통해 최솟값을 갖는다.(그림 8.4 참고)

$$x = b - \frac{1}{2}\frac{(b-a)^2[f(b)-f(c)]-(b-c)^2[f(b)-f(a)]}{(b-a)[f(b)-f(c)]-(b-c)[f(b)-f(a)]} \tag{8.6}$$

이 때의 x값은 맞추어진 포물선의 기울기가 0 일 때를 가리킨다.

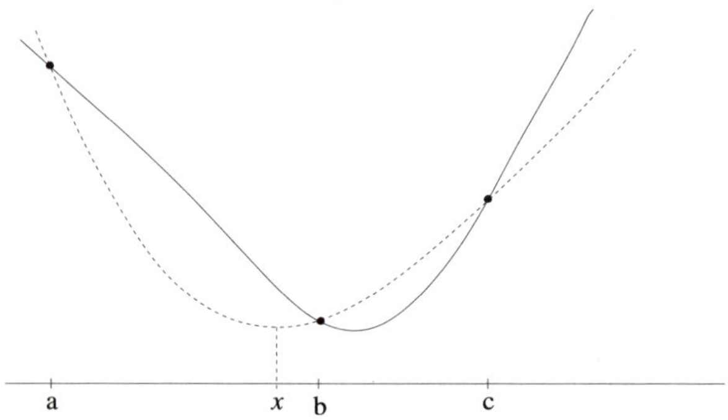

그림 8.4 포물선 보간

식(8.6)에서 구한 위치 x를 이용해서 새로운 브래킷을 찾을 수 있는데, 그 알고리듬은 아래와 같다.

1. 만약 $x > b$ 이면
   (a) 만약 $f(x) < f(b)$ 이면 (b, x, c) 브래킷이 최솟값
   (b) 만약 $f(x) > f(b)$ 이면 (a, b, x) 브래킷이 최솟값
2. 만약 $x < b$ 이면
   (a) 만약 $f(x) < f(b)$ 이면 (a, x, b) 브래킷이 최솟값
   (b) 만약 $f(x) > f(b)$ 이면 (x, b, c) 브래킷이 최솟값

위의 알고리듬에는 적어도 한번의 새로운 브래킷 적용이 필요하다. 이어서 같은 방법을 통해 (a, x, b), (x, b, c), (b, x, c) 또는 (a, b, x)의 포물선 보간함수 f를 찾을 수 있다. 다음과 같은 방법의 반복적용은 원하는 정확도를 얻을 때까지 진행하는 것이 일반적이다.

이러한 반복계산과정을 연속 포물선 보간이라고 한다. 동일선상에 있지 않은 세 개의 점이 주어지면 연속 포물선 보간은 항상 수렴하게 되며 그 수렴값의 차수는 약 1.324 이다.

만약, 분모가 0에 가깝다면 2차 보간법은 사용할 수 없다. 이런 상황은 세 점이 한 직선위에 놓여있을 때 일어나게 되는데 한 직선 위에 놓인 세 점과 같은 정보는 2차 보간법을 적용하기에 불충분하다.

예제 8.5 연속 포물선 보간을 활용하여 구간 [1, 3]에서의 함수 $f(x) = \cos x - \sin x$의 최솟값을 구하라.

함수 f의 그래프를 통해서 1~3 사이에 최솟값이 존재하는 것을 파악할 수 있다. 구간 내의 최솟값을 찾기 위해 초기의 브래킷을 (1, 2, 3) 이라고 설정하자. $a = 1$, $b = 2$, $c = 3$이고 식 (8.6)을 사용하면 다음과 같은 결과를 얻을 수 있다.

$$x = 2 - \frac{1}{2}\frac{(2-1)^2[f(2)-f(3)]-(2-3)^2[f(2)-f(1)]}{(2-1)[f(2)-f(3)]-(2-3)[f(2)-f(1)]} = 2.3405296$$

그리고

$$f(x) = f(2.3405296) = -1.4140401, \quad f(b) = f(2) = -1.3254443$$

이 때, $x > b$이고 $f(x) < f(b)$이기 때문에 새로운 브래킷은

$$(b, x, c) = (2.0, 2.3405296, 3.0)$$

다시 한 번 $a = 2$, $b = 2.305296$, $c = 3$을 식 (8.6)을 대입하면 다음의 x값은 2.3590150 이고 새로운 브래킷은 (2.3405296, 2.3590150, 3.0) 이다. 이러한 방법을 계속 적용하여 5번의 반복계산을 통해 구해진 함수 f의 최솟값은

$$f(2.3561944902) = -1.4142135624$$

이며, 이때의 허용오차는 모든 좌표계에 대해 10^{-8} 차수이다.

표 8.3 2차보간법을 이용한 구간 [1, 3]에 대한 함수 $f(x) = \cos x - \sin x$의 최솟값

i	a	b	c	x	f(x)	f(b)
0	1.0000000	2.0000000	3.0000000	2.3405296	-1.4140401	-1.3254443
1	2.0000000	2.3405296	3.0000000	2.3590150	-1.4142079	-1.4140401
2	2.3405296	2.3590150	3.0000000	2.3564163	-1.4142135	-1.4142079
3	2.3405296	2.3564163	2.3590150	2.3561945	-1.4142136	-1.4142135
4	2.3405296	2.3561945	2.3564163	2.3561945	-1.4142136	-1.4142136

위에서와 같이 연속 포물선 보간법은 같은 수렴 값을 구하기 위해 39번의 계산을 요하는 황금분할 탐색법에 비해 매우 계산속도가 빠른 것을 알 수 있다.

이 절에서 논하고 있는 선탐색법은 함수 $f(x)$가 미분 불가능 일 때도 적용할 수 있는 적절한 방법이다.

예제 8.6 황금분할 탐색법, 피보나치 탐색법, 연속 포물선 보간법을 활용하여, 구간이 $[-4, 0]$ 일 때 함수 $f(x) = |x^2 - 2| + |2x + 3|$ 의 최솟값을 예측해보라, 단 모든 좌표계에 대한 허용오차는 10^{-8} 이다.

함수 $f(x)$ 의 그래프를 통해 x의 범위가 $[-4, 0]$ 일 때 단봉형의 분포를 보인다는 것을 알 수 있다. 또한 $x = -\sqrt{2}$와 $x = -3/2$ 에서 미분불가능한 것을 수식을 통해 쉽게 파악할 수 있다. 표 8.4로부터 각각의 선 탐색법을 통해 예측된 최솟값을 확인할 수 있으며 각각의 방법이 허용오차 내에 들어가기 위해서는 여러 번의 반복계산이 필요하다. 실제 함수의 최솟값은 $f(-\sqrt{2}) = 0.1715728753$ 이다.

표 8.4 황금분할 탐색법, 피보나치 탐색법, 포물선 보간법을 활용하여 구한 구간 $[-4, 0]$에서 함수 $f(x) = |x_2 - 2| + |2x + 3|$의 최솟값.

Method	iterations	abscissa of min.	ordinate of min.
Golden search	41	-1.4142135593	0.1715728761
Fibonacci	42	-1.4142135610	0.1715728820
Parabolic interpolation	46	-1.4142135873	0.1715728959

브랜트 법(Brent's method)이라고 잘 알려진 방법은 단일 변수 x를 갖는 함수 $f(x)$에 대해서 최솟값을 구하는데 특히 간단하면서도 확실한 방법이다. 최솟값은 반드시 최초의 브래킷 즉, x=a 와 $x= b$ 안에 존재해야 한다. 이 방법은 계산이 수렴하고 구간을 벗어나지만 않는다면 2차 보간법을 사용한다. 이 알고리즘은 구간의 최솟값을 계속해서 감소시키며, 매 계산마다 갱신되는 6개의 함수 값을 항상 알고 있어야 한다. 결과적으로 이 방법은 2차 보간법과 황금분할 탐색법을 함께 적용한 방법이다.

M-function 8.2a

다음의 MATLAB 함수 **golden.m**은 단봉형의 함수에서 구간 [*a*, *b*]에 대한 최솟값을 구할 수 있다. 입력사항은 구간 *a*, *b*에 대한 값, 각 좌표계에 대한 허용오차 "*tolx*", "*toly*" 이다. 함수 *f*는 M-file 로 저장되어야 한다.

```
function golden(f,a,b,tolx,toly)
% We assume that f is unimodal on [a,b].
% Golden Search for a Minimum of f on [a,b].
r=(3-sqrt(5))/2;
c=1-r;
x1=a+r*(b-a);
x2=a+c*(b-a);
```

```
f1=feval(f,x1);
f2=feval(f,x2);
k=0;
fprintf('\n')
disp(' Golden Section Search ')
fprintf('\n')
disp('_______________________________________________________')
disp(' k       a        x1        x2        b        f(x1)      f(x2)  ')
disp('_______________________________________________________')
fprintf('\n')
while (abs(b-a) > tolx) | (abs(f2-f1) > toly)
fprintf('%2.f  %10.7f  %10.7f  %10.7f  %10.7f  %10.7f
%10.7f\n',k,a,x1,x2,b,f1,f2)
  if( f1< f2 )
    b=x2;
    x2=x1;
    x1=a+r*(b-a);
    f2=f1;
    f1=feval(f,x1);
  else
    a=x1;
    x1=x2;
    x2=a+c*(b-a);
    f1=f2;
    f2=feval(f,x2);
  end
  k=k+1;
end
fprintf( ' \n minimum = %14.10f ',f1)
fprintf(' at x = %14.10f ',b)
```

M-function 8.2b

다음의 MATLAB 함수 **fibonacci.m**은 단봉형의 함수에서 구간 [*a*, *b*]에 대한 최솟값을 구할 수 있다. 입력사항은 구간 *a*, *b*에 대한 값, 허용오차 "*tol*"이다. 함수 *f*는 M-file로 저장되어야 한다.

```
function fibonacci(f,a,b,tol)
% We assume that f is unimodal on [a,b]
% Fibocacci Search for the  minimum of f on [a,b]
fibonacci(1)=1;
fibonacci(2)=2;
n=2;
while ( fibonacci(n) <= (b-a)/tol )
    n=n+1;
    fibonacci(n)=fibonacci(n-1)+fibonacci(n-2);
end
c = b - (fibonacci(n-1)/fibonacci(n))*(b-a);
```

```
d = a + (fibonacci(n-1)/fibonacci(n))*(b-a);
fc = feval(f, c);
fd = feval(f, d);
fprintf('\n')
disp(' Fibonacci Search ')
fprintf('\n')
disp('______________________________________________________________')
disp(' n      a        c         d         b        f(c)      f(d)  ')
disp('______________________________________________________________')
fprintf('\n')
for k = n:-1:3
   fprintf('%2.f  %10.7f  %10.7f  %10.7f  %10.7f  %10.7f
%10.7f\n',k,a,c,d,b,fc,fd)
   if (fc <= fd)
      b = d;
      d = c;
      fd = fc;
      c = a + (fibonacci(k-2)/fibonacci(k))*(b-a);
      fc = feval(f, c);
   else
      a = c;
      c = d;
      fc = fd;
      d = a + (fibonacci(k-1)/fibonacci(k))*(b-a);
      fd = feval(f, d);
    end
end
xmin=(a+b)/2;
fmin=feval(f,xmin);
fprintf('\n minimum = %14.10f',fmin)
fprintf(' at x = %14.10f',xmin)
```

M-function 8.2c

다음의 MATLAB 함수 **parabint.m**은 함수 f의 브래킷 (a, b, c) 에 대한 최솟값을 구할 수 있다. 입력 사항은 구간 a, b, c에 대한 값, 각 좌표계에 대한 허용오차 "*tolx*", "*toly*", 최대 반복계산 횟수 "*itmax*" 이다. 함수 f는 M-file로 저장되어야 한다.

```
function parabint(f,a,b,c,tolx,toly,itmax)
% Successive parabolic interpolation
% Given that (a,b,c) bracket a minimum of f(x).
fa = feval(f,a);
fb = feval(f,b);
fc = feval(f,c);
k=0;
fprintf('\n')
disp(' Successive Parabolic Interpolation ')
fprintf('\n')
disp('______________________________________________________')
disp(' k      a        b         c        x        f(x)      f(b)   ')
disp('______________________________________________________')
```

```
fprintf('\n')
deno=(fb-fc)*(b-a)-(fb-fa)*(b-c);
while  ( abs(c-a)>tolx | abs(fc-fa)>toly ) & ( abs(deno)> eps )  & ( k <= itmax )
x = b - ((fb-fc)*(b-a)^2-(fb-fa)*(b-c)^2)/(2*deno);
fx = feval(f,x);
fprintf('%2.f   %10.7f  %10.7f  %10.7f  %10.7f  %10.7f  %10.7f\n',k,a,b,c,x, fx,fb)
 if (x > b)
   if (fx > fb)
     c = x;
     fc = fx;
   else
     a = b;
     fa = fb;
     b = x;
     fb = fx;
   end
 else
   if (fx > fb)
     a  = x;
     fa = fx;
   else
     c = b;
     fc = fb;
     b = x;
     fb = fx;
   end
 end
 k=k+1;
 deno=(fb-fc)*(b-a)-(fb-fa)*(b-c);
end       % end while loop
fprintf(' \n minimum = %14.10f  ',fx)
fprintf(' at x = %14.10f  ',x)
```

연습문제 8.2

1. 다음 함수를 그래프로 그리고, 함수의 x 극값을 추정해보시오.

$$f(x) = \frac{x^4+1}{x^2+1}$$

2. 함수 $f(x)$는 교통 흐름을 통계적으로 연구하여 만들어진 함수로 $f(x) = cx^n e^{-x}$ 이고 이 때 n은 양의 정수, $c = 1/n!$ 이다. 위의 함수를 n=2, 3, 4 일 때 그래프를 그리고 함수 $f(x)$에 대한 극값의 위치와 개수에 대해서 추측해보시오.

3. $x^2 + y^2 = 1$ 인 곡선 위의 점 중 점 (2, 0) 에 가장 가까운 점을 찾아라.

4. $x^2 - y^2 = 1$ 인 곡선 위의 점 중 점 (0, 2) 에 가장 가까운 모든 점을 찾아라.

5. $f(x) = x^2 + 1$ 인 함수 위의 점 중 점 (3, 1) 에 가장 가까운 점을 찾아라.

6. 점 a, b, c를 지나는 2차식 $y = a_2x^2 + a_1x + a_0$ 을 변형하여 식 (8.6)을 기술하시오. (힌트: 라그랑주 보간법을 사용해 볼 것.)

7. 다음과 같은 함수를 생각해보자.

$$f(x) = ax^2 + bx + c \quad (a > 0)$$

이 때

$$f_1 = f(\alpha - h),\ f_2 = f(\alpha),\ f_3 = f(\alpha + h)$$

이고, α 와 h가 0이 아니라고 할 때, f의 최솟값 $\tilde{f}$ 가 다음과 같이 주어짐을 증명하시오.

$$\tilde{f} = f_2 - \frac{(f_1 - f_2)^2}{8(f_1 - 2f_2 + f_3)}$$

8. 다음과 같은 함수를 생각해보자.

$$f(x) = ax^2 + bx + c \quad (a > 0,\ b < 0)$$

모든 x좌표에 대해 함수 f의 최솟값을 갖는 x가 다음과 같음을 보여라.

$$x^* = \frac{\overline{x}^2 f'(0)}{2(f'(0)\overline{x} + f(0) - f(\overline{x}))}$$

위에서 $\overline{x} \in (-\infty, \infty)$ 이다.

9. $k = 0, 1, 2, 3$ 일 때 식 (8.5)에 대해 계산하고 정의와 귀납법을 통해 얻어진 값들과 비교해보라.

컴퓨터 문제 8.2

1. Matlab 의 golden 함수를 활용하여, 주어진 구간에 대한 함수 $f(x)$의 최솟값을 찾아라.

$$f(x) = \frac{x^3 - x^2 - 8}{x - 1}, \quad \text{on } [-2, 0]$$

2. Matlab 의 parabint 함수를 활용하여, 주어진 구간에 대한 함수 $f(x)$의 최솟값을 찾아라.

$$f(x) = \sin x + \cos x, \quad \text{on } [3, 6.5]$$

3. Matlab 의 golden 함수를 활용하여, 주어진 구간에 대한 함수 $f(x)$의 최솟값을 찾아라.

$$f(x) = xe^x, \quad \text{on } [-2, 0]$$

4. Matlab 의 fibonacci 함수를 활용하여, 주어진 구간에 대한 함수 $f(x)$의 최솟값을 찾아라.

$$f(x) = x \ln x, \quad \text{on } [0, 1]$$

5. 주어진 함수 $f(x)$ 에 대해서

$$f(x) = e^x \cos x$$

(a) 함수 f에 대해서 그래프를 그리고 최솟값을 갖는 구간을 찾아라.
(b) MATLAB 의 parabint 와 golden 함수를 사용하여 최솟값을 구하라.
(c) 위의 두 가지 방법을 비교해 보고 어떤 방법이 수렴속도가 더 빠른지 확인하라.

8.3 도함수를 이용한 최소화

8.3.1 뉴턴법(Newton's method)

앞에서 수학적으로 다음의 미분 가능한 함수 $f(x)$의 상대적 최솟값을 비선형 방정식을 풀어서 찾을 수 있다는 사실을 알고 있다.

$$f'(x) = 0$$

이것을 위해 우리는 함수의 미분값을 알아야한다. $f'(x)=0$의 해를 얻기 위해 뉴턴법을 사용한다면 2차 미분값 또한 알아야한다. f가 두 번 연속으로 미분 가능하다면 함수 f의 최소 근사를 위한 뉴턴법은 다음과 같이 주어진다.

$$x_{n+1} = x_n - \frac{f'(x_n)}{f''(x_n)}, \quad n = 0, 1, 2, \ldots \tag{8.7}$$

여기서, 뉴턴법이 수렴한다면 $f(x_n)$은 f의 최소 근사함수이다. 비선형 방정식을 풀기 위한 뉴턴법의 관점은 최적화에도 적용된다. 초기에 추측한 x_0가 f와 $f''(x_*)$의 0이 아닌 x좌표 상대 최솟값 x_*와 충분히 가깝다면, 뉴턴법에 의해 구해진 연속적인 값 x는 x_*로 매우 빠르게 수렴할 것이다. 반면에 뉴턴법은 $f'(x)=0$을 풀기 위해 f'과 f''의 해석적 미분을 필요로 한다는 단점이 있다.

예제 8.7 함수 $f(x)$의 최솟값을 뉴턴법을 사용하여 찾아라.

$f(x)$의 1차미분과 2차미분은 다음과 같다.

$$f'(x) = -\sin x - \cos x, \quad f''(x) = -\cos x + \sin x$$

3.5절에서 주어진 MATLAB 함수 newton을 이용하여 3번의 반복계산 후에 14자리의 십진수로 이루어진 다음의 최솟값을 얻을 수 있다.

$$f(2.35619449019234) = -1.414213562373095$$

8.3.2 할선법(Secant method)

뉴톤법은 f를 최소화하기 위해 f의 2차 미분을 사용한다. 2차 미분이 불가능할 경우, 1차 미분 값을 사용할 수도 있다. 특히, 식(8.7)에서 $f''(x_n)$을 다음 식과 같이 근사시킬 수 있다.

$$\frac{f'(x_n) - f'(x_{n-1})}{x_n - x_{n-1}}$$

그리고 할선법을 사용하면 다음과 같다.

$$x_{n+1} = x_n - f'(x_n)\left[\frac{x_n - x_{n-1}}{f'(x_n) - f'(x_{n-1})}\right], \quad n = 1, 2, \ldots.$$

위의 식을 보면 할선법은 뉴턴법과 같이 $f(x_n)$의 값을 직접적으로 포함하지 않는다. 뉴턴법과 비교하였을 때 함수의 최솟값을 근사시키는데 할선법을 사용하는 것의 단점은 시작하기 위해서 2개의 초기 점을 필요하다는 것이다.

예제 8.8 구간 [1, 3]에서 함수 $f(x) = \cos x - \sin x$ 의 최솟값을 찾기 위해 할선법을 사용하여라.

$f(x)$의 미분은 다음과 같다.

$$f'(x) = -\sin x - \cos x$$

3.4절에서 주어진 MATLAB 함수 secant를 이용하여 6번의 반복계산 후에 14자리의 십진수로 이루어진 정밀한 최솟값을 얻을 수 있다.

$$f(2.35619449019234) = -1.414213562373095$$

MATLAB 방법

MATLAB에 내장된 함수 fminbnd는 고정된 간격에서 한 변수에서의 함수를 최소화한다. 이 함수의 호출 구문은 다음과 같다.

```
x = fminbnd(fun,x1,x2)
```

여기서 x는 함수 fun의 국부 최소화(local minimizer)하기 위한 함수이고, x1와 x2 는 구간 간격의 끝점(endpoint)이다.

fminbnd(fun,x1,x2,options)는 options의 구조로 명시된 최적 매개변수를 최소화시킨다. 이러한 매개 변수들을 사용하기 위해 MATLAB의 help 메뉴를 사용하기 바란다.

예제 8.9 구간 [1, 3]에서 $f(x) = \cos x - \sin x$ 의 최솟값을 MATLAB 함수 fminbnd를 사용하여 구하라.

먼저, fun1.m 라는 이름의 다음과 같은 M-파일을 작성한다.

```
function f=fun1(x)
f = cos(x) - sin(x)
```

fminbnd 함수를 사용하면 다음과 같은 결과를 얻는다.

```
>> x = fminbnd('fun1',1,3)
x =
      2.35619485859911
```

예제 8.10 MATLAB 함수 parabint를 사용하여 모서리 문제(corner problem)를 풀어라.(예제 8.1참조)

먼저, fun2.m 라는 이름의 다음과 같은 M-파일을 작성한다.

```
function f=fun2(x)
f = 3/sin(x)+ 6/cos(x)
```

parabint 함수를 사용하면 다음과 같은 결과를 얻는다.

```
>> parabint('fun2',0.01,0.3,1.5,9)

minimum = 12.4858145548 at x = 0.6708880218
```

연습문제 8.3

1. $f(x) = x + 3\sin x$ 에서 구간 $[-3, 0]$에서의 함수 f의 최솟값 x^*를 찾고자 한다.
   (a) 구간 $[-3, 0]$에서 $f(x)$를 그리시오.
   (b) x^*가 허용 값(tolerance value) $tol = 10^{-4}$ 내에 위치하도록 뉴턴법을 사용하라. 모든 중간 과정은 다음 표와 같은 값을 계산할 수 있도록 작성하여라.

iteration	x_n	$f(x_n)$	$\lvert x_n - x_{n-1}\rvert$
1			
2			
⋮			

   (c) 허용 값 $tol = 10^{-5}$에서 (b)를 할선법을 통하여 구하라.

컴퓨터 문제 8.3

1. 할선법을 활용하여 다음 함수 $f(x)$의 구간에 대한 최솟값을 구하라.

$$f(x) = \frac{x^3 - x^2 - 8}{x - 1}, \quad \text{on } [-2, 0]$$

2. 뉴턴법을 활용하여 음 함수 $f(x)$의 구간에 대한 최솟값을 구하라.

$$f(x) = \frac{x^4 + 1}{x^2 + 1}, \quad \text{on } [1/3, 3/2]$$

8장 응용문제

1. 아래 그림과 같이 길이가 L인 균일한 보가 한 쪽 벽면에 고정되어 있고, 다른 한쪽은 단순지지 되고 있다. 만약 보의 길이 당 질량이 일정할 때, 거리 x에 대한 수평방향의 변위 z는 아래와 같이 주어진다.

$$(47EI)z = -mg(2x^4 + 5Lx^3 - 3L^2x^2)$$

여기서 E와 I는 물질의 물성치와 보(beam)의 단면형태에 따른 상수 값이다. 수치 해석적 방법을 활용하여 고정된 점으로부터 얼마나 떨어진 위치에서 가장 최대의 변위를 보이는지 구하라. 단, $L = 15$ ft, $E = 30{,}000$ kps/in^2, $I = 800$ in^4, $mg = 30$ lbs/ft 이다.

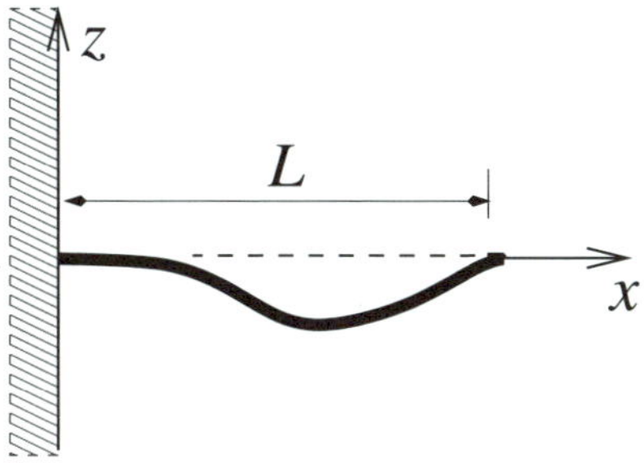

2. 부피가 2250 in^3인 닫힌 직육면체 박스가 있다. 이 박스의 위쪽과 아래쪽은 단위면적 당 2달러의 비용이 들어간다. 그리고 옆면은 단위면적 당 3달러의 비용이 들어간다. 이 박스를 만드는데 필요한 비용이 최소가 되는 옆면에 대한 길이를 수치해석법으로 구하라.

3. 지붕이 없고 2개의 벽면을 통해 만들어진 공간이 있다. 이 공간의 부피가 2000 cm^3이라고 할 때, 수치 해석적인 방법을 활용하여 최소의 표면적을 갖는 공간의 벽면 길이를 구하라.

4. 한 원통형 실린더에 1000 cm^3의 액체를 보관할 수 있다. 실린더를 만드는데 필요한 재료가 가장 적게 들어가기 위한 실린더의 지름은 어떻게 되는가? 황금분할 탐색을 이용하여 구하라.

5. 투포환 선수가 지면으로부터 높이 h인 위치에서 투포환을 던질 때, 투포환의 속도가 v라면 투포환의 사정거리 R은 아래 주어진 식과 같다.

$$R = \frac{v^2 \cos\alpha}{g}\left(\sin\alpha + \sqrt{\sin^2\alpha + \frac{2gh}{v^2}}\right)$$

이 때 α는 수평면에 대한 투사 각도이다. 연속 2차 보간법을 활용하여 사정거리 R을 최대로 하는 투사각도 α를 구하라. 단, $v = 13.7$ m/s, $h = 2.25$ m and $g = 9.8$ $\mathrm{m/s^2}$ 이다.

6. 빌딩에서 30 ft 떨어진 위치에 10 ft 높이의 벽이 있다. 벽 바깥의 바닥으로부터 빌딩의 옆면까지 이르는 직선 기둥의 최소 길이를 수치해석적인 방법으로 구하여라(아래 그림 참조).

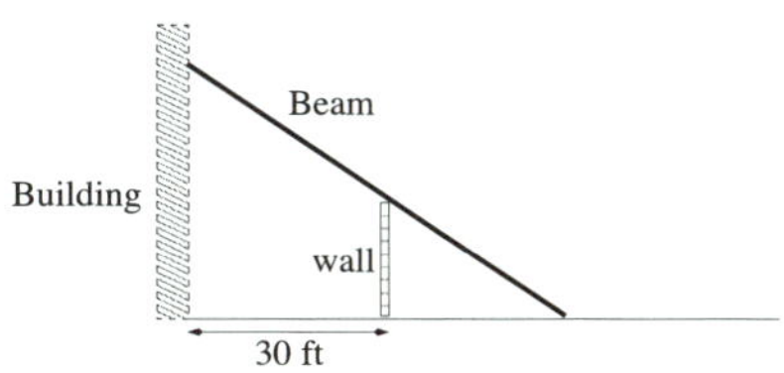

7. 16 in × 30 in 크기 골판지의 각 모서리에서 작은 정사각형 조각을 잘라내고 접어서 만든 열린 상자가 있다(아래 그림 참조). 상자가 최대 부피를 갖기 위해 잘라내야 할 각 정사각형의 크기는 얼마인가? 뉴턴법을 사용하여 구하라.

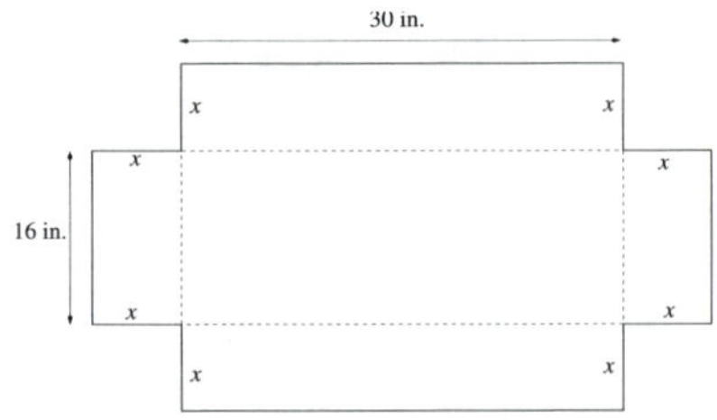

그림에 문제가 있습니다. 가로와 세로 길이가 x길이 만큼 잘라내기 전의 길이가 되어야 문제가 성립될 것으로 보입니다.

8. 강의 남쪽에 두 마을 A와 B가 있다. 펌프장이 두 마을에 물을 공급하기 위해 위치해 있다. 파이프라인은 펌프장과 마을을 연결하는 라인을 따라 각각의 마을에 연결 될 것이다(아래 그림 참조). 파이프라인의 양을 최소화하기 위한 펌프장의 위치 C를 수치해석적인 방법으로 구하여라.

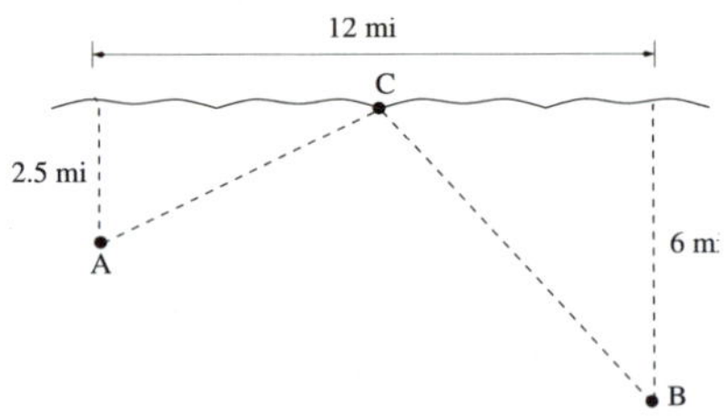

CHAPTER 9

수치미분

이 장에서는 함수의 도함수를 구하는 수치적 기법을 공부한다. 계차(difference quotient)에 의한 1차 및 2차 도함수를 근사적으로 구하는 여러 공식들을 다룬다.

수치미분 기법을 적용한 하나의 중요한 예로서 상미분과 편미분방정식을 풀기위한 알고리듬 개발을 들 수 있다.

예제 9.1 입자의 속도

선을 따라 이동하는 입자의 운동거리 s (m)가 다음 표와 같이 주어져 있다.

Time t (sec.)	0	2	4	6	8
s (m.)	1.00	2.72	7.38	20.08	54.59

물리학에서 관심이 있는 물리량은 주어진 시간 t일 때 입자의 속도이다. 이는 $s'(t)$로 주어지며 수치미분을 사용하여 예측할 수 있다.

9.1 수치미분

실제 상황에서 함수의 도함수를 구하는 문제에 직면하게 되는데, 이 때 함수의 값이 표로 된 데이터로 알려져 있거나 혹은 계산에 사용하기에 적절치 않은 경우가 많다. 이 절에서는 1차 및 2차 도함수를 수치적으로 계산하는 여러 기법을 공부한다. 이 방법들은 또한 12장과 15장에서 다룰 미분방정식의 수치 해를 구하는데 활용될 것이다.

먼저 $f(x)$를 x에 대해 급수로 전개해 보자. 여기서 $f(x)$는 연속인 도함수를 필요한 만큼 가진다고 가정한다. 테일러(Taylor) 공식에 의해

$$f(x+h) = f(x) + hf'(x) + \frac{h^2}{2!}f''(x) + \frac{h^3}{3!}f'''(x) + \cdots \tag{9.1}$$

식 (9.1)을 $f'(x)$에 대해 풀면

$$f'(x) = \frac{f(x+h) - f(x)}{h} - \frac{h}{2}f''(x) - \frac{h^2}{6}f'''(x) + \cdots \tag{9.2}$$

이 되고 $f'(x)$는 다음과 같이 근사적으로 쓸 수 있다.

$$f'(x) \approx \frac{f(x+h) - f(x)}{h} \tag{9.3}$$

식 (9.3)에서 $f'(x)$의 식을 **전향차분 근사**라고 부른다. 이것은 그래프로 나타내면 두점 $(x,$ $f(x))$와 $(x + h,$ $f(x + h))$를 지나는 선의 기울기이다. $f'(x)$의 근사값은 식 (9.1)에서 h를 $-h$로 대체하여 구할 수 있다. 즉,

$$f'(x) \approx \frac{f(x) - f(x-h)}{h} \tag{9.4}$$

식 (9.4)는 $f'(x)$에 대한 **후향차분 근사**라고 한다.

식 (9.2)로부터 $f'(x)$의 전향 및 후향차분 근사에서 절단오차는

$$-\frac{h}{2}f''(\zeta)$$

이됨을 주목하라. 여기서 ζ는 전향차분에서는 구간 $(x,$ $x + h)$ 사이의, 그리고 후향차분에서는 구간 $(x,$ $x - h)$ 사이의 임의의 값 이다.

선형함수에 대해서는 오차항이 영이 되므로 근사값은 정확해임을 알 수 있다.

식 (9.1)에서 다시 h를 $-h$로 대체하고 이전 식에서 빼면, 다음과 같이 $f'(x)$를 근사하는데 잘 알려진 공식을 얻을 수 있다.

$$f'(x) = \frac{f(x+h) - f(x-h)}{2h} - \frac{h^2}{3!}f'''(x) - \frac{h^4}{5!}f^{(5)} - \cdots \tag{9.5}$$

즉,

$$f'(x) \approx \frac{f(x+h) - f(x-h)}{2h} \tag{9.6}$$

공식 (9.6)은 $f'(x)$근사의 **중앙차분근사**라 부른다. 위 식에서와 같이 중앙차분은 $f'(x)$를 h^2 차의 오차로 근사하게 된다.

예제 9.2 $f(x) = e^x$로 주어졌을 때, $h = 0.1$로 하고 공식 (9.6)과 (9.3)을 사용하여 $f'(1.5)$를 근사적으로 계산하라. 이 결과를 정해인 $f'(1.5) = e^{1.5}$와 비교하라.

식 (9.6)과 (9.3)에서 $x = 1.5$, $h = 0.1$로 놓으면

$$f'(1.5) \approx \frac{e^{1.6} - e^{1.4}}{0.2} \approx 4.489162287752$$

$$f'(1.5) \approx \frac{e^{1.6} - e^{1.5}}{0.1} \approx 4.713433540571$$

절대오차는

$$|e^{1.5} - 4.489162287752| = 0.007473$$
$$|e^{1.5} - 4.713433540571| = 0.231744$$

중앙차분 공식이 전향차분 공식에 비해 더 정확한 근사값이 되는 것을 주목하여라.

이제 $f(x)$의 2차 도함수의 근사값을 구해보자. 다시, $f(x)$를 x에 대해 테일러급수로 전개해 보자.

$$f(x+h) = f(x) + hf'(x) + \frac{h^2}{2!}f''(x) + \frac{h^3}{3!}f^{(3)}(x) + + \frac{h^4}{4!}f^{(4)}(x) + \cdots \tag{9.7}$$

$$f(x-h) = f(x) - hf'(x) + \frac{h^2}{2!}f''(x) - \frac{h^3}{3!}f^{(3)}(x) + + \frac{h^4}{4!}f^{(4)}(x) - \cdots \tag{9.8}$$

두식을 더하면

$$f(x+h) + f(x-h) = 2f(x) + \frac{2h^2}{2!}f''(x) + \frac{2h^4}{4!}f^{(4)}(x) + \cdots$$

$f''(x)$에 대해 풀면 다음을 얻는다.

$$f''(x) = \frac{f(x+h) - 2f(x) + f(x-h)}{h^2} - \frac{1}{12}h^2 f^{(4)}(x) + \cdots \tag{9.9}$$

따라서 $f''(x)$에 대한 근사공식은 다음과 같이 주어진다.

$$f''(x) \approx \frac{f(x+h) - 2f(x) + f(x-h)}{h^2} \tag{9.10}$$

식 (9.9)에서 절단오차는 ζ가 구간 $(x-h,\ x+h)$사이의 임의 값일 때 $-\frac{1}{12}h^2 f^{(4)}(\zeta)$가 됨을 알 수 있다. 공식 (9.10)을 **2차 도함수 중앙차분 공식**이라고 한다.

예제 9.3 $f(x) = \sin x$라 하자. $h = 0.1$로 하고 공식 (9.3)과 (9.10)을 사용하여 $f'(0.5)$ 및 $f''(0.5)$의 근사값을 구하라. 이 결과를 정해인 $f'(0.5) = 0.87758256$ 및 $f''(0.5) = -0.47942554$와 비교하라.

식 (9.3)을 사용하여 다음을 얻는다.

$$\begin{aligned} f'(0.5) &\approx \frac{f(0.6) - f(0.5)}{0.1} \\ &\approx \frac{0.56464247 - 0.47942554}{0.1} \approx 0.8521693 \end{aligned}$$
$$\text{Error} = 0.02541326$$

이와 비슷한 방법으로 식 (9.10)을 사용하여 다음을 얻는다.

$$\begin{aligned} f''(0.5) &\approx \frac{f(0.6) - 2f(0.5) + f(0.4)}{(0.1)^2} \\ &\approx \frac{0.56464247 - 0.95885108 + 0.38941834}{(0.1)^2} \approx -0.479027 \end{aligned}$$
$$\text{Error} = 0.000399$$

MATLAB 방법

MATLAB은 함수 $f(x)$의 도함수를 내장함수 diff를 사용하여 근사적으로 구한다. 여기서 diff 함수의 사용을 벡터에 대해서만 살펴 보기로 하자. 이 함수는 행렬에 대해서도 사용이 가능하며 이때 각각의 열에 대해 연산한 것이 벡터에 대해 연산한 것과 동일한 결과를 얻는다. 다음과 같은 성분인 벡터

$$\mathbf{x} = [x_1, x_2, \ldots., x_n]$$

에 대해 diff는 x 성분들의 연속적 차분을 계산한다. 즉,

diff(x) $= [x_2 - x_1, x_3 - x_2, \ldots., x_n - x_{n-1}]$

예들 들어, 벡터 x에 대해 diff를 적용하면

```
>> x=[0.1    1.0    1.2    0.5    0.8    0.9];

>> diff(x)
ans =
      0.9000    0.2000    -0.7000    0.3000    0.1000
```

함수 $y = f(x)$의 도함수의 근사값은 다음과 같이 구할 수 있는데,

$$\text{diff(y)./diff(x)}|_{x=x_n} \approx \frac{f(x_{n+1}) - f(x_n)}{x_{n+1} - x_n}$$

이는 전향차분과 같다. 적용 사례로 $y = \sin(x)$의 도함수 근사값을 다음 입력값에 대해 계산해 보자.

```
>> x = 0 : pi/32 : pi
>> y = sin(x)
>> dy = diff(y)
>> dx = diff(x)
>> dsinx = dy./dx
```

각각의 벡터 dx, dy, dsinx의 길이는

```
>> length(dsinx)
ans =
     32
```

벡터 dsinx의 값은 x_1, x_2 , ..., x_{32}에서 $\sin x$의 도함수의 근사값이다.

이제 plot 명령을 사용하여 동일한 수의 x 값에서 도함수의 정해인 $y' = \cos x$의 값과 비교해 보자.

```
>> x = x(1:32)
>> plot(x,dsinx,'*',x,cos(x),'+')
>> xlabel('x')
>> text(1.5,.5,'+ Appx. with dt = pi/32')
>> text(1.5,.4,' . cos(x)')
```

결과는 그림 9.1에 나타나 있다.

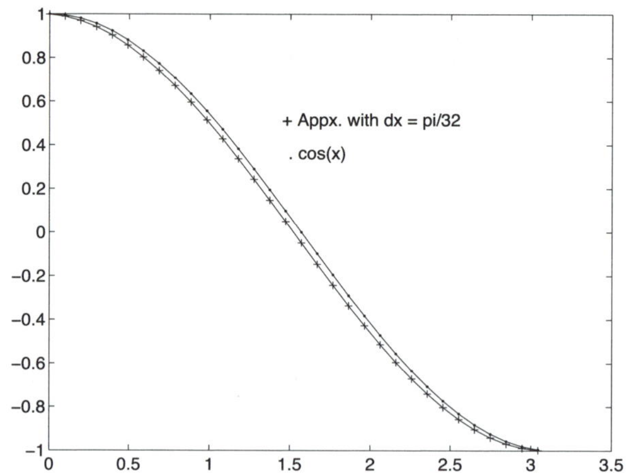

그림 9.1 sin x 도함수에 대한 수치적 근사

예제 9.4 $f(x) = e^x$로 주어졌을 때, MATLAB 함수 diff를 사용하여 $h = 0.1$으로 놓고 $f'(1.5)$의 근사값을 구하라.

근사값은 다음과 같이 구한다.

```
>> x = [1.5    1.5+0.1]
>> y = exp(x)
>> dx = diff(x)
>> dy = diff(y)
>> format long
>> dy./dx
ans =
        4.71343354057050
```

연습문제 9.1

1. 다항식 p_2가 f를 x_i에서 보간한다고 하자. 여기서 $x_i = a + ih$이다. p_2를 미분하여 다음을 보여라.

$$p_2''(x) = \frac{f(x_1 + h) - f(x_1 - h)}{h^2}$$

2. 다음 근사공식을 유도하라.

(a) $f'(x) \approx \frac{1}{4h}[f(x+2h) - f(x-2h)]$
(b) $f'(x) \approx \frac{1}{2h}[4f(x+h) - 3f(x) - f(x+2h)]$

3. 테일러급수를 이용하여 다음과 같은 f 의 3차 도함수의 근사공식을 유도하라.

$$f'''(x) \approx \frac{1}{2h^3}[f(x+2h) - 2f(x+h) + 2f(x-h) - f(x-2h)]$$

4. 테일러급수를 이용하여 근사공식에 대한 오차항을 구하라.

$$f'(x) \approx \frac{1}{2h}[f(x+2h) - f(x)]$$

5. $f(x) = e^x$로 주어졌을 때, $h = 0.1$로 놓고 중앙차분 공식을 사용하여 $f'(1)$을 근사적으로 구하라.

6. 테일러급수를 사용하여 다음 근사공식의 오차항을 구하라.

$$f'(x) \approx \frac{1}{5h}[f(x+4h) - f(x-h)]$$

7. 테일러급수를 사용하여 다음 f의 3차 도함수 근사공식을 유도하라.

$$f'''(x) \approx \frac{1}{h^3}[-f(x) + 3f(x+h) - 3f(x+2h) + f(x+3h)]$$

8. 테일러급수를 사용하여 다음 f의 1차 도함수 근사공식을 유도하라.

$$f'(x) \approx \frac{2f(x+3h) - 9f(x+2h) + 18f(x+h) - 11f(x)}{6h}$$

9. 8번 문제에서 근사공식이 $O(h^3)$의 오차를 가짐을 보여라.

10. 아래 공식이 무엇을 근사하는지 보여라. 또한 오차의 차수는 얼마인가?

$$\frac{1}{2h}[f(x+3h) + f(x-h) - 2f(x)]$$

11. $f(x_0)$, $f(x_0 - h)$, $f(x_0 + 2h)$를 사용하여 $f''(x_0)$에 대한 차분공식을 유도하고 선두오차의 차수(leading error order)를 구하라.

12. 다음 근사식을 증명하라.

$$f'(x) = \frac{8f(x+h) - 8f(x-h) - f(x+2h) + f(x-2h)}{12h}$$

13. $f(x) = \sin x$에 대해 $\pi/3$에서 다음 방법으로 도함수를 계산하라.

(a) $h = 10^{-3}$로 놓고 전향차분 공식

(b) $h = 10^{-3}$로 놓고 후향차분 공식

(c) $h = 10^{-3}$, $\alpha = 0.5$로 놓고 아래 공식을 사용

$$f'(x_0) \approx \frac{f(x_0 + \alpha h) + (\alpha^2 - 1)f(x_0) - \alpha^2 f(x_0 - h)}{\alpha(1+\alpha)h}$$

14. 아래 주어진 데이터를 사용하여 오차가 $O(h)$이 되도록 $f'(6.0)$을, 그리고 오차가 $O(h^2)$~이 되도록 $f''(6.3)$을 계산하라.

x	6.0	6.1	6.2	6.3	6.4
$f(x)$	0.1750	−0.1998	−0.2223	−0.2422	−0.2596

15. 다음 식을 정의하라.

$$S(h) = \frac{-f(x+2h) + 4f(x+h) - 3f(x)}{2h}$$

(a) 다음을 증명하고 c_1에 대해 기술하라.

$$f'(x) - S(h) = c_1 h^2 + c_2 h^3 + c_3 h^4 + \ldots$$

(b) $S(h)$와 아래에 주어진 표를 사용하여 $f'(0.398)$을 구하라.

x	0.398	0.399	0.400	0.401	0.402
$f(x)$	0.408591	0.409671	0.410752	0.411834	0.412915

16. 다음 표는 $[-6, -1]$ 사이의 $f(x)$값을 포함하고 있다.

x	−6	−5	−4	−3	−2	−1
$f(x)$	932	487	225	89	28	6

중앙차분 공식을 사용하여 $f''(-4)$ 및 $f''(-3)$의 근사값을 구하라.

9.2 리처드슨 공식

이 절에서는 함수 f의 도함수를 근사적으로 구하는데 있어서 절단오차를 감소시키는 기법을 전개한다. 이 기법은 **리처드슨 외삽법**(Richardson extrapolation)이라고 하는데 임의의 함수를 미분하거나 적분하기 위한 컴퓨터 프로그램에서 특히 유용하다.

이 방법을 설명하기 위해 식 (9.5)를 다음과 같은 형태로 고려해 보자.

$$f'(x) = \frac{f(x+h) - f(x-h)}{2h} + c_2h^2 + c_4h^4 + \cdots \tag{9.11}$$

여기서 c_2, c_4, ...는 f 와 x에 종속이다.

x를 고정하고 다음 함수를 정의하면

$$a(h) = \frac{f(x+h) - f(x-h)}{2h} \tag{9.12}$$

식 (9.11)을 다음과 같이 쓸 수 있다.

$$f'(x) = a(h) + c_2h^2 + c_4h^4 + \cdots \tag{9.13}$$

절단오차를 줄이기 위한 기본적인 생각은 식 (9.13)에서 $c_2\,h^2$항을 제거하도록 하는 것이다. 이를 위해 식 (9.13)에서 h를 $h/2$로 바꾸면 다음과 같다.

$$f'(x) = a\left(\frac{h}{2}\right) + c_2\left(\frac{h}{2}\right)^2 + c_4\left(\frac{h}{2}\right)^4 + \cdots \tag{9.14}$$

식 (9.14)에 4를 곱하고 식 (9.13)을 빼 주면 h^2항을 제거할 수 있다. 그 결과는

$$f'(x) = a\left(\frac{h}{2}\right) + \frac{1}{3}\left[a\left(\frac{h}{2}\right) - a(h)\right] - \frac{1}{4}c_4h^4 + \cdots \tag{9.15}$$

여기서 오차가 h^4차로 감소하였으므로, 도함수의 근사값의 정확도가 향상되었음을 볼 수 있다. 새로운 $f'(x)$의 근사값은 다음과 같다.

$$f'(x) \approx a\left(\frac{h}{2}\right) + \frac{1}{3}\left[a\left(\frac{h}{2}\right) - a(h)\right] \tag{9.16}$$

h^4차의 근사값이 h^6차의 오차를 가짐을 증명할 수 있으므로 위 외삽법은 오차를 더 줄이도록 확장될 수 있다.

예제 9.5 $f(x) = e^x$로 주어졌을 때, 공식 (9.16)을 사용하여 $h = 0.1$로 놓고 $f'(1.5)$의 근사값을 구하고 참값인 $e^{1.5}$ 와 비교하라.

공식 (9.12)에 $x = 1.5$와 $h = 0.1$을 대입하면

$$a(h) = a(0.1) = \frac{f(1.6) - f(1.4)}{0.2} \approx 4.489162287752$$
$$a(h/2) = a(0.05) = \frac{f(1.55) - f(1.45)}{0.1} \approx 4.483556674219$$

식 (9.16)에 의해 다음을 얻는다.

$$\begin{aligned} f'(1.5) &\approx 4.483556674219 + \frac{1}{3}(4.483556674219 - 4.489162287752) \\ &\approx 4.481688136375 \end{aligned}$$

오차는 9.3×10^{-7}이다. 위에서와 같이 공식 (9.16)은 $h = 0.1$일 때 공식 (9.6)에 비해 $f'(1.5)$을 더 정확하게 근사하고 있다.

일반적으로 이 과정은 근사식 $a(h)$가 주어지고 적당한 $h > 0$인 값에 대해 다음 값들을 계산하였을 때

$$D_{n,1} = a\left(\frac{h}{2^{n-1}}\right), \quad n = 1, 2, \ldots$$

m열로 확장될 수 있다. 이 열과 근사값은 다음과 같은 공식에 의해 반복적으로 만들어 지게 된다.

$$D_{n,m+1} = \frac{4^m}{4^m - 1} D_{n,m} - \frac{1}{4^m - 1} D_{n-1,m} \tag{9.17}$$

$D_{n,\,m+1}$항의 절단오차는 $O(h^{2m+2})$ 정도이다.

이와 같은 과정은 표 9.1에 보인 형태의 표에 값들을 나열하여 쉽게 설명할 수 있다.

표 9.1 2차원 삼각 배열 $D_{N,N}$

$D_{1,1}$				
$D_{2,1}$	$D_{2,2}$			
$D_{3,1}$	$D_{3,2}$	$D_{3,3}$		
$\vdots$	$\vdots$	$\vdots$	$\ddots$	
$D_{N,1}$	$D_{N,2}$	$D_{N,3}$	$\ldots$	$D_{N,N}$

여기서 반올림오차는 컴퓨터 연산에 영향을 미치므로 일반적으로 N 값이 큰 경우에 $D_{N,\,N}$ 계산에서 $D_{1,\,1}$의 정확도가 원인이 되지는 않는다는 점을 관찰할 수 있다. 따라서 이 과정의 반복횟수를 제한하여야 한다. 가장 우수한 근사값을 구하도록 언제 이 과정을 멈추어야 하는

지에 대한 해답은 알려져 있지 않다. 한편으론 정확도를 위해 h 값이 작아야 하지만, 반면에 계산상의 안정성을 위해 h 값은 어느 정도 커야한다. 절단오차 공식이 한 수준에서 다음 수준으로 유지되는지 실험적으로 체크해 볼 수는 있다. 그러나 만일 이것이 실패한다면 이 외삽법은 더 이상 유효하지 않게 된다.

예제 9.6 $f(x)=e^x$ 이고 $h=0.25$로 주어졌을 때, $f'(1)$을 근사시키기 위한 $D_{6,6}$을 계산하라.

$D_{1,1}$과 $D_{2,1}$은 다음과 같다.

$$D_{1,1}=a(h)=\frac{e^{1.25}-e^{0.75}}{0.5}\approx 2.7466858816$$

$$D_{2,1}=a(h/2)=\frac{e^{1.125}-e^{0.875}}{0.25}\approx 2.7253662198$$

공식 (9.17)을 사용하여 다음을 계산한다.

$$D_{2,2}=\frac{4}{4-1}D_{2,1}-\frac{1}{4-1}D_{1,1}\approx 2.7182596658$$

이와 같은 방식으로 계산하여 표 9.2의 값들을 계산한다. 이 표의 계산에 사용된 MATLAB 함수 f2는 다음과 같이 정의된다.

```
function f=f2(x)
 f=exp(x)
```

표 9.2 리처드슨 공식에 의한 $x = 1$에서 $f(x) = e^x$의 도함수의 근사계산.

```
» derive('f2',0.25,1,6)
   Derivative table
```

I	h	Di,1	Di,2	Di,3	....		
1	0.250000	2.746686					
2	0.125000	2.725366	2.718260				
3	0.062500	2.720052	2.718280	2.718282			
4	0.031250	2.718724	2.718282	2.718282	2.718282		
5	0.015625	2.718392	2.718282	2.718282	2.718282	2.718282	
6	0.007813	2.718309	2.718282	2.718282	2.718282	2.718282	2.718282

M-function 9.2

다음의 MATLAB 함수 **derive.m**은 중앙차분조사공식 (9.17)을 사용하여 주어진 점에서 함수의 근사 미분 값을 구한다. 입력사항은 함수 *f*; *h* 값; 지정값 *a* ; 그리고 행의 수 *n*이다. 입력함수 *f*(*x*)는 M-file로 이루어져야 한다.

```
function derive(f,h,a,n)
% Approximate the derivative of a function at x = a.
disp('      Derivative table')
disp('______________________________________________________________')
disp('  i          h          Di,1          Di,2          Di,3       ... ')
disp('______________________________________________________________')
D(1,1)=(feval(f,a+h)-feval(f,a-h))/(2*h);
fprintf('%2.0f %8.4f %12.4f\n',1,h,D(1,1));
for i=1:n-1
  h=h/2;
  D(i+1,1)=(feval(f,a+h)-feval(f,a-h))/(2*h);
  fprintf('%2.0f %8.4f %12.4f',i+1,h,D(i+1,1));
  for k=1:i
    D(i+1,k+1)=D(i+1,k)+(D(i+1,k)-D(i,k))/((4^k)-1);
    fprintf('%12.4f',D(i+1,k+1));
  end
  fprintf('\n');
end
```

연습문제 9.2

1. $f(x) = \ln x$ 일 때, $h = 0.1$과 $h = 0.01$에 대해 $f'(1)$을 근사적으로 구하라.

2. 숫자 $a > 1$이 주어졌다고 하고 다음 함수를 고려하자.

$$f(x) = a^x$$

$f'(0) = \ln a$ 임을 사용하고 예제 9.6의 도함수 표를 이용하여 $\ln 6$의 근사값을 구하라.

3. 위 문제에서 $\ln 3$의 근사값을 십진 유효숫자 5자리까지 구하라.

4. 다음과 같은 근사공식이 주어졌을 때

$$K(x) = \frac{f(x+3h) - f(x-h)}{4h}$$

다음을 증명하고

$$f'(x) - K(x) = c_1 h + c_2 h^2 + \cdots$$

c_1을 결정하라.

5. 다음과 같은 근사공식이 있을 때

$$f'(x) \approx \frac{4f(x+h) - 3f(x) - f(x+2h)}{2h}$$

오차가 다음식과 같이 쓸 수 있음을 보여라.

$$f'(x) - \frac{4f(x+h) - 3f(x) - f(x+2h)}{2h} = c_1 h^2 + c_2 h^3 + \cdots$$

그리고 c_1과 c_2를 결정하라.

6. 다음 데이터를 사용하여 오차가 $O(h)$로 $f'(6.0)$과 오차가 $O(h^2)$의 $f''(6.3)$을 구하라.

x	6.0	6.1	6.2	6.3	6.4
$f(x)$	−0.1750	−0.1998	−0.2223	−0.2422	−0.2596

7. 다음 식이 정의되어 있다.

$$G(h) = \frac{-f(x+2h) + 4f(x+h) - 3f(x)}{2h}$$

(a) 아래식을 증명하고

$$f'(x) - G(h) = c_1 h^2 + c_2 h^3 + c_3 h^4 + \ldots$$

c_1을 결정하라.

(b) 아래 표로부터 $G(h)$를 사용하여 $f'(0.398)$을 계산하라.

x	0.398	0.399	0.400	0.401	0.402
$f(x)$	0.40859	0.40967	0.41075	0.41183	0.41292

8. 중앙차분 공식인 차분계수가 다음과 같이 주어졌을 때

$$D_h f = \frac{f(x+h) - f(x-h)}{2h} + O(h^2)$$

아래 식이 테일러급수를 이용한 $f'(x)$의 4차 근사임을 보여라.

$$\frac{4D_h f - D_{2h} f}{3}$$

f가 6번 연속으로 미분가능 이라고 가정하라.

9. 연속이고 매끈한 함수 $g(x)$가 주어지고 $g(0) = 8$, $g(1) = 5$, $g(2) = 3$, $g(3) = 2$ 및 $g(4) = 3$일 때

(a) 중앙차분을 이용하여 $g''(2)$를 근사적으로 구하라.

(b) 리처드슨 외삽법을 이용하여 위 결과를 개선시켜 보아라.

10. 아래 데이터는 하나의 기법을 사용하여 적분 $I = \int_a^b f(x)dx$ 을 근사적으로 계산한 것으로 $E = K_1 h + K_2 h^3 + K_3 h^5 + \ldots$ 의 오차를 가진다.

$$I(h) = 2.3965,\ I(h/3) = 2.9263,\ I(h/9) = 2.9795$$

개선된 근사값을 구하기 위한 외삽법 표를 구성하라.

11. 다음 표의 데이터를 고려해 보자.

x	1	2	3	4	5
$f(x)$	0.01	0.68	1.11	1.38	1.61

(a) 중앙차분 공식을 쓰고 $h = 2$로 하여 $f'(3)$을 근사적으로 구하라.

(b) 중앙차분 공식을 쓰고 $h = 1$로 하여 $f'''(3)$을 근사적으로 구하라.

(c) 리처드슨 외삽법을 사용하여 (a)의 결과를 개선시켜 보아라.

12. 다음 표의 데이터를 고려해 보자.

x	1.0	1.1	1.2	1.3	1.4	1.5	1.6	1.7	1.8
$f(x)$	1.544	1.667	1.811	1.972	2.152	2.351	2.576	2.828	3.107

(a) 전향차분 공식을 사용하고 $h = 0.1, 0.2$로 하여 $f'(1.4)$을 근사적으로 구하라.

(b) 리처드슨 외삽법을 사용하여 결과를 개선시켜 보아라.

13. 리처드슨 외삽법을 사용하여 $x = \pi/4$ 일 때 $f(x) = \sin x$ 의 도함수를 계산하라. 먼저 $h = 1$로 놓고 도함수 값을 유효숫자 6자리까지 계산하는데 필요한 리처드슨 표의 각 열들에 들어가는 숫자들을 구하여라.

컴퓨터 문제 9.2

1. 귀하가 알고 있는 컴퓨터 언어를 사용하여 중앙차분과 리처드슨 외삽법으로 주어진 $x = \alpha$에서 함수 f의 도함수를 계산하는 프로그램을 작성하라. 프로그램의 입력 데이터는 함수 f, α, h값 및 열의 수 n이다. 함수 $f(x) = e2x \sin x$에 대해 $x = 0.1, 0.5, 1, 1.5$에서 도함수 계산을 프로그램으로 시험해 보아라. 계산결과를 정해와 비교하라.

2. MATLAB 함수 derive를 사용하여 아래 함수의 도함수를 근사적으로 계산하라.

(a) $f(x) = 3x^3 - 5x^2$, $h = 0.2$, $N = 4$ 로 하고 $x = 2.6$ 에서 계산

(b) $f(x) = \sqrt{x^2 + 1}$, $h = 0.5$, $N = 4$ 로 하고 $x = 1.3$ 에서 계산

(c) $f(x) = x\cos x - 3x,\ \ h = 0.2,\ \ N = 4$ 로 하고 $x = 1.4$ 에서 계산

(d) $f(x) = \sin x + x,\ \ h = 0.3,\ \ N = 4$ 로 하고 $x = \pi/4$ 에서 계산

(e) $f(x) = xe^{x} - x^{2},\ \ h = 0.2,\ \ N = 4$ 로 하고 $x = 2.3$ 에서 계산

3. MATLAB 함수 derive를 사용하여 $x = 1$에서 $f(x) = \arctan x$의 도함수를 근사적으로 계산하라.

4. MATLAB 함수 derive를 사용하여 $x = 1$, $x = 2$ 및 $x = 3$에서 $f(x) = e^{x^2+1}$의 도함수를 근사적으로 계산하고 결과를 정해와 비교하라.

9장 응용문제

1. 아래 표는 소총의 총구로부터 여러 지점에서의 거리 $d(t)$를 나타내고 있다. 이 표의 값들과 중앙차분공식을 사용하여 $t = 60$, 90 및 120일 때 총알의 속도를 근사적으로 구하라.

$t(s)$	0	30	60	90	120	150	180
$d(m)$	0	100	220	350	490	600	750

2. 아래 그림은 자동차의 시험주행에서 시간에 대한 속도의 그래프이다. $t = 10$, 15, 20에서 가속도 a를 추정하라. (힌트: $a(t) = v'(t)$)

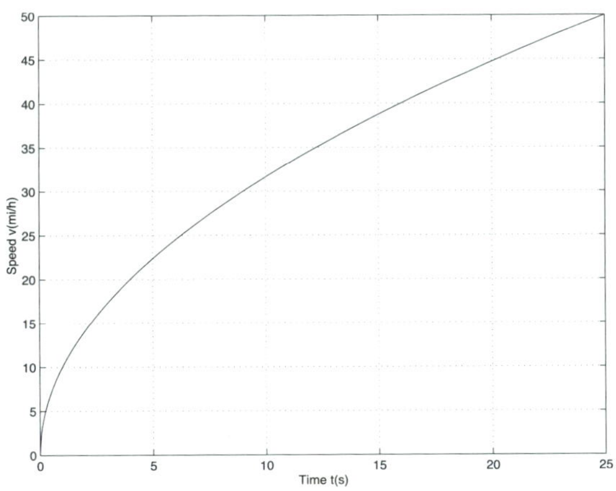

3. 아래 그래프는 어느 도시의 물탱크에서 하루 동안 탱크에 물을 펌프하여 넣지 않았을 때 물의 양의 변화를 나타내고 있다. $t = 8$, 12, 16에서 물의 사용량의 변화율을 근사적으로 구하라.

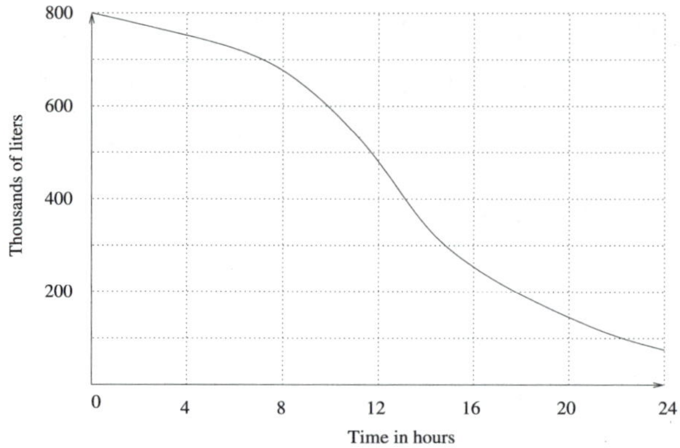

4. 아래 표는 어느 도시에서 1월 1일부터 측정한 시간에 대한 정상고온(normal high temperature) T를 나타낸 것이다(1월 1일부터 측정).

Days of the year	1	30	61	91	121	151	181	211	241	271
T	38	39	50	62	73	80	88	90	80	75

3월 2일(61일 째)과 7월 30일(211일 째)의 정상고온의 변화율의 근사값은 얼마인가?

5. 아래 그림은 지구표면에서 시험발사된 로켓의 여러 시점에서의 속도를 초속 마일(miles/s) 단위로 보여주고 있다. 이 그래프를 사용하여 $t = 2, 4, 6$일 때 로켓의 가속도를 근사적으로 구하라.

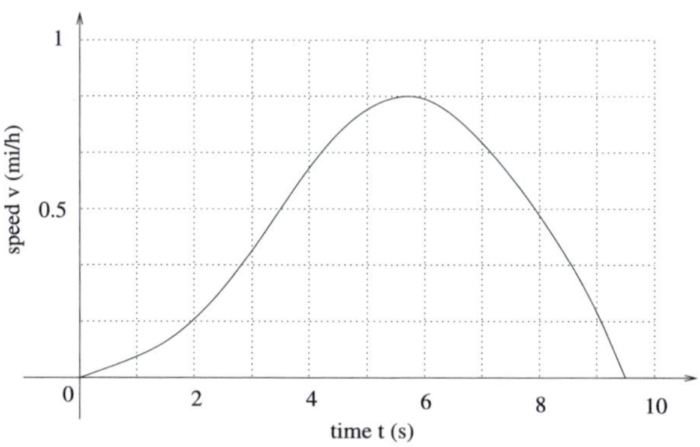

6. 반지름이 12 m인 반구형의 저수탱크에 물이 유입되고 있다(아래 그림을 보라). 물의 체적은 다음 식으로 주어진다.

$$V(x) = \frac{\pi}{3}x^3(3r - x)$$

물의 체적의 변화율은

$$dV/dt = (dV/dx)(dx/dt)$$

$dx/dt = 1$로 가정하고 $h = 0.1$, 0.01 및 0.001로 하여 $x = 3$일 때 중앙차분 공식을 사용하여 $dV/dt = dV/dx$를 근사적으로 구하라.

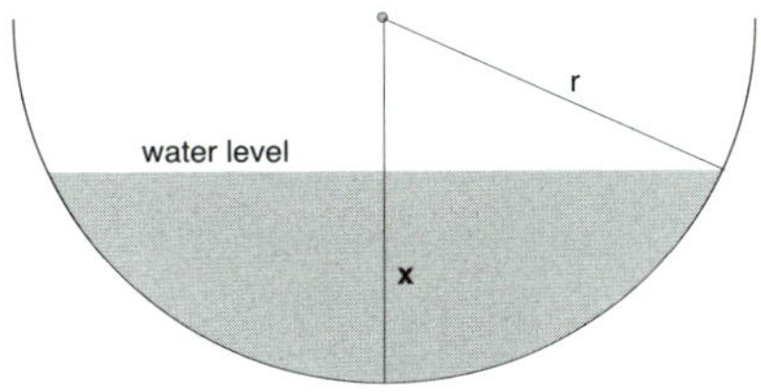

7. 아래 표는 $f(x) = \sqrt{x}$의 값을 유효숫자 5자리 정확도로 나타낸 것이다.

x	1.2	1.4	1.6	1.8	2.0
$\sqrt{x}$	1.09545	1.18322	1.26491	1.34164	1.41421
x	2.2	2.4	2.6	2.8	
$\sqrt{x}$	1.48324	1.54919	1.61245	1.673320	

전향차분을 사용하여 $h = 0.2$로 놓고 $x = 1.4$, 1.8, 2.2 및 2.4에서 $f'(x)$의 근사값을 구하고, 그 결과를 정해와 비교하라.

수치적분

이 장에서는 유한구간 $[a, b]$사이에서 다음과 같은 정적분을 근사하는 문제를 다룬다.

$$I = \int_a^b f(x)\,dx \tag{10.1}$$

대부분의 경우, 정적분을 해석적으로 계산하는 것은 불가능하거나 또는 곤란할 경우가 많다. 미적분학에서 적분 I는 곡선 $y = f(x)$와 $x = a$및 $x = b$인 선 사이의 면적으로 정의한다. 따라서 I를 근사하기 위해서는 기본적으로 $f(x)$를 보간다항식 $p(x)$로 대체하고 $p(x)$와 $x = a$및 $x = b$인 선으로 둘러싸인 면적을 구하면 된다. 이와 같은 과정을 **수치 구적법**(numerical quadrature)이라고 한다. 본 장에서 전개할 적분법들은 다양한 차수의 보간 다항식에 대응되며, 그 중 1차, 2차 및 3차가 가장 중요하다. 그러나 고차 보간 다항식을 사용할 때에는 조심하여야 하는데, 이 경우에는 반올림오차와 불규칙성 들이 문제를 발생시킬 수 있기 때문이다.

예제 10.1 비선형 진자

단진자가 처음에 각도 θ_0만큼 이동시켰다가 놓았다(그림 10.1 참조). 여기서 줄은 무게가 없고 아무런 마찰력도 존재하지 않는다고 가정한다.

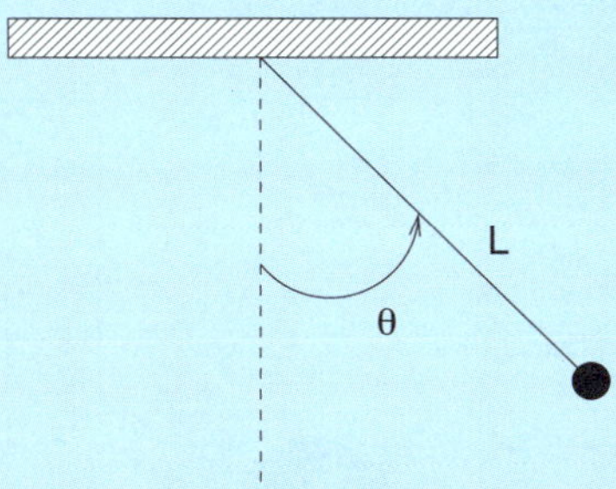

그림 10.1 진자

일반적인 비선형 진자 문제에서 주기 T는 다음과 같은 적분식으로 주어진다.

$$T(\theta_0) = 2\sqrt{2}\sqrt{\frac{L}{g}}\int_0^{\theta_0}\frac{d\theta}{\sqrt{\cos\theta - \cos\theta_0}}$$

여기서 L은 줄의 길이이고, g는 중력가속도, 그리고 θ는 줄과 수직선 사이의 각도이다.

$T(\theta_0)$에 대한 엄밀한 해는 존재하지 않는다. 따라서 수치적 방법을 사용하여 주어진 θ_0에 대해 적분값을 계산하여야 한다.

10.1 사다리꼴 공식

사다리꼴 공식(trapezoidal rule)은 곡선 아래의 면적을 구하는 가장 단순한 방법의 하나로서 $f(x)$를 절점 $x_0, x_1, \ldots, x_n$ 에서 보간하는 구간적 선형 다항식으로 근사하는데 기반한다.

일반적으로 아래 적분을 계산하려고 한다.

$$I = \int_a^b f(x)\,dx$$

먼저 구간 $[a, b]$를 각 구간의 크기가 그림 10.2와 같이 되도록 n개의 부분 구간으로 나눈다.

$$h = \frac{b-a}{n} \quad \text{and} \quad x_i = a + ih \quad \text{for} \quad i = 0, 1, 2, \ldots, n$$

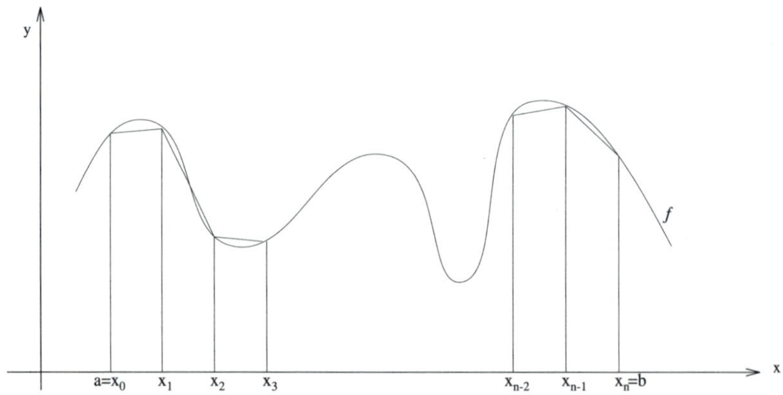

그림 10.2 사다리꼴 공식

이제 각각의 부분구간 $[x_{i-1}, x_i]$, $i = 1, 2, \ldots, n$에서 곡선 $f(x)$ 아래의 면적은 높이가 $f(x_{i-1})$과 $f(x_i)$인 사다리꼴로 근사한다. 따라서 i번째 사다리꼴의 면적은

$$A_i = \frac{h}{2}[f(x_{i-1}) + f(x_i)] \tag{10.2}$$

전체 면적 T_n은 식 (10.2)를 전 구간 $[a, b]$로 확장하여 다음과 같이 구해진다.

$$\begin{aligned} T_n &= A_1 + A_2 + \cdots + A_{n-1} + A_n \\ &= \frac{h}{2}[f(x_0) + f(x_1)] + \frac{h}{2}[f(x_1) + f(x_2)] + \cdots \\ &\quad + \frac{h}{2}[f(x_{n-2}) + f(x_{n-1})] + \frac{h}{2}[f(x_{n-1}) + f(x_n)] \end{aligned}$$

공통항들을 묶어 정리하면 다음 공식을 얻는다.

$$T_n = \frac{h}{2}[f(x_0) + f(x_n)] + h\sum_{i=1}^{n-1} f(x_i) \tag{10.3}$$

식 (10.3)은 적분 I를 n개의 사다리꼴의 합으로 근사하였으므로 n개의 부분 구간에 대한 **합성 사다리꼴 공식**(composite trapezoidal rule)이라 한다.

예제 10.2 합성 사다리꼴 공식을 사용하고 $n = 2$로 하여 다음 적분을 계산하라.

$$\int_0^3 x^2 e^x \, dx$$

$n = 2$로 하여 식 (10.3)을 쓰면

$$\begin{aligned} \int_0^3 x^2 e^x \, dx &\approx \frac{3}{4}[f(0) + f(3)] + \frac{3}{2}f(1.5) \\ &\approx 150.70307 \end{aligned}$$

공식 (10.3)은 적분식 (10.1)을 근사적으로 계산하는데 있어서 사다리꼴 방법의 정확도에 대한 정보를 제공하지 않는다는 점에 주목할 필요가 있다. 일반적으로 반올림오차로 인하여 많은 수의 사다리꼴을 취하는 것이 더 나은 결과로 연결되지는 않는다. 보통 정해에 대한 사전지식이 없으므로 최상의 근사값을 주는 사다리꼴의 수를 찾아내기란 쉽지 않다. 흔히 사용되는 방법은 사다리꼴의 숫자를 증가시켜 가면서 계산을 수행하다가 연속된 계산값의 차이가 만족할 만큼 작아지면 멈추는 것이다.

예제 10.3 MATLAB 함수 trapez를 사용, $n = 5$ 로 하여 다음 적분을 근사적으로 구하라.

$$\int_0^1 (7 + 14x^6)\, dx = 9$$

함수 trapez를 호출하기 전에 다음과 같은 MATLAB 함수 f1을 정의하여야 한다.

```
function f=f1(x)
f=7+14*x.^6;
```

계산 결과는 표 10.1에 나타나 있다. 따라서 $h = \frac{1-0}{5}$ 인 사다리꼴 공식에 의한 계산은 다음과 같다.

$$\begin{aligned} T_5 &= \frac{1}{10}[f(0) + f(1)] + \frac{1}{5}[f(\frac{1}{5}) + f(\frac{2}{5}) + f(\frac{3}{5}) + f(\frac{4}{5})] \\ &\approx \frac{1}{10}[7 + 21] + \frac{1}{5}[7.000896 + 7.057344 + 7.653184 + 10.670016] \\ &\approx 9.276288 \end{aligned}$$

표 10.1 합성 사다리꼴 공식을 적용하여 $n = 5$로 한 $f(x) = 7 + 14x^2$의 적분계산

» trapez('f1',0,1,5)

i	xi	f(xi)	h=0.2
0	0.0	7	
1	0.2	7.000896	
2	0.4	7.057344	
3	0.6	7.653184	
4	0.8	10.670016	
5	1.0	21	

The integral of f(x) is = 9.27628800

절단오차

반올림오차를 무시하고, 합성 사다리꼴 공식을 사용하여 적분 (10.1)을 계산하는데 발생한 절단오차를 분석하여 사다리꼴 공식의 정확도를 조사해 보자.

미적분학의 기본 정리에 의하여

$$I_i = \int_{x_{i-1}}^{x_i} f(x)\, dx = F(x_i) - F(x_{i-1}) \tag{10.4}$$

여기서 $F'(x) = f(x)$ 이다.

$f(x)$를 x_i에 대해 테일러급수로 전개하자. $f(x)$는 필요한대로 연속인 도함수를 갖는다고 가정한다.

$$\begin{aligned} F(x_{i-1}) &= F(x_i - h) \\ &= F(x_i) - hF'(xi) + \frac{h^2}{2!}F''(xi) - \frac{h^3}{3!}F'''(x_i) + \cdots \end{aligned}$$

또는

$$\begin{aligned} F(x_i) - F(x_{i-1}) &= hF'(x_i) - \frac{h^2}{2!}F''(x_i) + \frac{h^3}{3!}F'''(x_i) - \cdots \\ &= I_i \end{aligned}$$

$F'(x) = f(x)$ 이므로

$$I_i = hf(x_i) - \frac{h^2}{2!}f'(x_i) + \frac{h^3}{3!}f''(x_i) - \cdots \tag{10.5}$$

이 된다. 9장 1절에서와 같이

$$f'(x_i) = \frac{f(x_i) - f(x_{i-1})}{h} + \frac{h}{2}f''(x_i) + \cdots \tag{10.6}$$

이다. 식 (10.6)을 식 (10.5)에 대입하면 다음을 얻는다.

$$\begin{aligned} I_i &= \frac{h}{2}\left[f(x_i) + f(x_{i-1})\right] - \frac{h^3}{12}f''(x_i) + \cdots \\ &= A_i - \frac{h^3}{12}f''(x_i) + \cdots \end{aligned}$$

따라서 i번째 사다리꼴의 오차항 E_i는

$$\begin{aligned} E_i &= I_i - A_i \\ &= -\frac{h^3}{12}f''(x_i) + \text{ higher-order terms} \end{aligned}$$

작은 h에 대해 고차 항을 무시하면 다음과 같이 된다.

$$E_i = -\frac{h^3}{12}f''(x_i) \tag{10.7}$$

구간 $[a, b]$사이의 모든 x에 대해 $|f''(x)| \le M$이면

$$|E_i| \le \frac{h^3}{12}M \tag{10.8}$$

식 (10.8)을 전 구간에 걸쳐 적용하면, 전체 오차 E_T를 얻는다.

$$|E_T| \le n\frac{h^3}{12}M = (b-a)\frac{h^2}{12}M \tag{10.9}$$

따라서 식 (10.7)에서와 같이 합성 사다리꼴 공식의 오차는 $f(x)$가 선형이라면 영이다. 즉, 1차 다항식에 대해 사다리꼴 공식은 정확한 값을 준다.

예제 10.4 합성 사다리꼴 공식을 사용하여 오차 E_T가 10^{-4}보다 작도록 다음 적분을 수행하는데 요구되는 부분구간의 개수 n을 결정하라.

식 (10.9)에 의해

$$\int_0^2 \frac{1}{x+4}\,dx \quad |E_T| \le \frac{b-a}{12}h^2 M \le 10^{-4}$$

이 예제에서 피적분함수는 $f(x) = 1/(x+4)$ 이고 $f''(x) = 2(x+4)^{-3}$이다. 구간 $[0, 2]$에서 $|f''(x)|$의 최댓값은 1/32 이므로 $M = 1/32$이다. 이를 위의 공식과 함께 사용하여 다음을 얻는다.

$$\frac{1}{192}h^2 \le 10^{-4} \quad \text{또는} \quad h \le 0.13856$$

$h = 2/n$ 이므로 부분구간 n의 개수는 $n \ge 15$ 이어야 한다.

예제 10.5 $n = 1$인 합성 사다리꼴 공식을 사용하여 다음 적분을 계산하라.

$$\int_1^3 (2x+1)\,dx$$

사다리꼴 공식에 의해

$$T_1 = \frac{2}{2}[f(1) + f(3)] = 3 + 7 = 10$$

예측한 바와 같이, $f(x)$가 선형이므로 사다리꼴 공식으로 정확한 값을 얻을 수 있다.

M-function 10.1

다음의 MATLAB 함수 **trapez.m**은 복합사다리꼴 공식을 사용하여 식(10.1)의 정적분을 계산한다. 입력 사항은 함수 f; a와 b의 값; 사다리꼴구간 n이다. 입력 함수 $f(x)$는 M-file로 정의되어야 한다.

```
function trapez(f,a,b,n)
% Compute the integral of f(x) from a to b using the trapezoid rule
h=(b-a)/n;
disp('_______________________________________________')
disp(['        i         xi          f(xi)       h=',num2str(h) ])
disp('_______________________________________________')
S=feval(f,a);
fprintf(' %2.0f %12.4f %14.6f\n',0,a,S);
for i=1:n-1
  x=a+h*i;
  g=feval(f,x);
  S=S+2*g;
  fprintf(' %2.0f %12.4f %14.6f\n',i,x,g);
end
S=S+feval(f,b);
fprintf(' %2.0f %12.4f %14.6f\n',n,b,feval(f,b));
INT=h*S/2;
fprintf('\n       The intergral of f(x) is =%16.8f\n',INT);
```

연습문제 10.1

1. 합성 사다리꼴 공식을 사용하여 $n = 30$으로 하여 다음 적분을 근사적으로 계산하라.

$$I = \int_{-2}^{3} (x^4 - 3x^3 + 2x^2 - 3)\, dx$$

결과를 정확한 값인 $\frac{175}{12}$ 와 비교하라.

2. 다음 적분식에서 $x = \sin u$로 변환하여 $x = 1$에서의 특이점을 제거한 다음, 합성 사다리꼴 공식을 사용하여 I를 근사적으로 구하라.

$$I = \int_{0}^{1} \frac{2}{\sqrt{1 - x^2}}\, dx$$

3. 합성 사다리꼴 공식을 사용하여 다음 적분을 근사적으로 계산하고, 오차의 한계를 구하라.

$$I = \int_{0.4}^{0.6} e^{2x} \sin 3x \, dx$$

4. 다음 표가 주어져 있을 때

x	0	0.1	0.2	0.3
$f(x)$	2.72	3.00	3.32	3.67

합성 사다리꼴 공식을 사용하여 다음 적분을 근사적으로 계산하라.

$$\int_{0}^{0.3} f(x) \, dx$$

5. 합성 사다리꼴 공식을 사용하여 주어진 n값에 대해 다음의 적분을 근사적으로 계산하라.

(a) $\int_0^{\pi/3} \cos(3\cos^2 x) dx, \quad n = 7$

(b) $\int_0^1 \ln(3 + \sin x) dx, \quad n = 5$

(c) $\int_0^{\pi/4} \sin x \, dx, \quad n = 5$

(d) $\int_1^2 \frac{2}{\sqrt{x}} dx, \quad n = 4$

6. 다음 적분공식에 대해 오차에 대한 식을 구하라.

$$\int_{a}^{a+h} f(x) \, dx \approx hf(a+h) - \frac{1}{2}h^2 f'(a)$$

7. 다음 적분을 합성 사다리꼴 공식을 이용하여 $n = 5, 7, 9$로 하여 근사적으로 계산하라.

$$\int_{0}^{2} \ln\left(\frac{e^x + 2}{\cos x + 2}\right) dx$$

8. 가능한 가장 작은 구간 크기를 사용하여 다음을 계산하라.

$$\int_{2}^{6} \left(\frac{1}{1+x}\right) dx$$

합성 사다리꼴 공식을 사용하고 $x = 2, 3, \ldots, 6$에서 $f(x)$값을 계산하라.

9. 곡선 $y = g(x)$의 길이는 다음과 같이 주어진다.

$$\int_{a}^{b} \sqrt{1 + (g'(x))^2} \, dx$$

합성 사다리꼴 공식을 사용하여 사인곡선의 아치 길이를 구하라.

10. 합성 사다리꼴 공식을 적용하여 $h = 1/2, 1/4, 1/8, \ldots$ 로 놓고 다음 적분을 계산하라.

$$\int_0^1 \sqrt{x}\, dx$$

예측했던 수렴율을 얻을 수 있는지 살펴보고 이유를 설명하라.

11. 다음 표가 주어져 있다.

x	−5	−4	−3	−2	−1	0	1	2	3	4	5	6
$f(x)$	440	0	−162	−160	−84	0	50	48	0	−64	−90	0

(a) 합성 사다리꼴 공식으로 $h = 2$로 하여 $\int_0^6 f(x)\,dx$를 근사적으로 구하라.

(b) 합성 사다리꼴 공식으로 $h = 6$로 하여 $\int_0^6 f(x)\,dx$를 근사적으로 구하라.

(c) $f(-5)$, $f(-2)$, $f(3)$및 $f(4)$를 지나는 라그랑지 다항식을 구하라.

(d) $f(-5)$, $f(-2)$, $f(3)$및 $f(4)$를 지나는 직선을 최소자승법으로 구하라.

12. 연속이고 매끄러운 함수 $g(x)$가 $g(0) = 8$, $g(1) = 5$, $g(2) = 3$, $g(3) = 2$ 및 $g(4) = 3$의 값을 가질 때 합성 사다리꼴 공식을 사용하여 $\int_0^4 g(x)\,dx$를 근사적으로 구하라.

13. $f(x) = e^{-x^2}$이라 하고 다음 적분을 고려하자.

$$I = \int_0^1 f(x)\,dx$$

(a) 합성 사다리꼴 공식으로 $h = 0.25$로 하여 I를 근사적으로 구하라.

(b) 사다리꼴 공식의 절대오차의 한계를 계산하라.

14. 다음 표의 데이터를 고려해 보자.

x	1.0	1.1	1.2	1.3	1.4	1.5	1.6	1.7	1.8
$f(x)$	1.544	1.667	1.811	1.972	2.152	2.351	2.576	2.828	3.107

합성 사다리꼴 공식으로 $h = 0.1, 0.2, 0.4$로 하여 $\int_1^{1.8} f(x)\,dx$를 근사적으로 구하라.

15. 다음 표의 데이터를 고려해 보자.

x	1.6	1.8	2.0	2.23	2.4	2.6	2.8	3.0
$f(x)$	4.953	6.050	7.389	9.025	11.023	13.464	16.445	20.086

(a) 사다리꼴 공식으로 $h = 0.2$로 하여 $\int_{1.8}^{2.8} f(x)\,dx$를 근사적으로 구하라.

(b) $f(x) = e^x$일 때 참오차를 계산하라.

(c) 사다리꼴 공식의 오차의 한계를 계산하라.

(d) 참함수를 모르는 경우 데이터를 사용하여 $f(x)$의 2차 도함수의 최댓값을 근사하

여야 한다. 이런 방식으로 오차의 한계를 구하라.

(e) 계산을 십진수 5자리까지 정확하게 계산하기 위해서 구간크기 h는 얼마나 작게 하여야 하는가?

16. 사다리꼴 공식을 다음 식에 적용하여 오차가 10^{-4}보다 작게 하고자 할 때 구간크기 h는 얼마나 작게 하여야 하는가?

$$I = \int_1^2 \ln x \, dx$$

17. 합성 사다리꼴 공식으로 $n = 10$으로 하여 다음 적분을 계산할 때 오차의 상한을 구하라.

$$I = \int_0^\pi x \sin x \, dx$$

18. 다음 **각주공식**(prismoidale rule)으로 부르는 적분공식을 보자.

$$\int_a^b p(x)\, dx = \frac{b-a}{6}\left[p(a) + 4p\left(\frac{a+b}{2}\right) + p(b)\right]$$

위의 식을 적용하여 $\int_{-1}^3 (x^3 + 2x^2 - 7)\, dx$를 계산하라.

19. $f(x) = \sqrt{1+x^3}$ 이다.

(a) 사다리꼴 공식으로 $\int_0^1 f(x)\, dx$ 를 근사적으로 계산할 때 절대오차가 10^{-3} 보다 작으려면 n은 얼마나 커야 하는가?

(b) 문제 (a)에서 구한 n으로 사다리꼴 공식을 사용하여 적분을 근사적으로 계산하라.

20. 사다리꼴 공식으로 $n = 100$ 으로 놓고 다음식의 근사적으로 계산할 때 오차를 추정하라.

$$\int_1^3 \frac{1}{\sqrt{1+x^3}}\, dx$$

컴퓨터 문제 10.1

1. 귀하가 알고 있는 컴퓨터 언어로 합성 사다리꼴 공식으로 정적분을 계산하는 프로그램을 작성하라. 프로그램의 입력 데이터는 적분한계 a와 b, 피적분함수 $f(x)$및 구간의 수 n으로 하라.

프로그램을 사용하여 $t = 0.5,\ 1.0$에 대해 다음 적분을 근사적으로 계산하라.

$$\int_{-\pi}^{\pi} \frac{250x^2}{\cosh^2[500(x-t)]}\, dx$$

결과를 $n = 4, 8, \ldots, 80$개의 구간에 대해 표로 만들어라.

2. MATLAB 함수 trapez를 사용하여 다음 적분을 계산하라.

$$I = \int_{-2}^{2} e^{-2x^2}\, dx$$

3. MATLAB 함수 trapez를 사용하여 전기장 이론에 나오는 다음 적분을 아래에 주어진 x 와 r 값에 대해 계산하라.

$$H(x,r) = \frac{60r}{r^2 - x^2} \int_0^{2\pi} \left[1 - \left(\frac{x}{r}\right)^2 \sin^2\phi\right]^{1/2} d\phi$$

(a) $r = 110,\ x = 75$

(b) $r = 100,\ x = 70$

(c) $r = 90,\ x = 65$

4. MATLAB함수 trapez를 사용하여 $n = 20, 40, 60$및 100 일 때 다음을 계산하라.

$$\int_0^3 \tan^{-1} x\, dx$$

10.2 심프슨(Simpson) 법칙

이 절에서는 구간 $[a, b]$가 넓이가 h인 짝수의 n개의 구간으로 나누어져 있다고 가정한다. 심프슨 공식은 그림 10.3에 보인 것처럼 한 번에 두 부분구간을 취하고 $f(x)$를 x_{i-1}, x_i 및 x_{i+1}에서 2차 다항식으로 보간하여 적분한다. 테일러급수 방법으로 심프슨 공식과 오차항을 유

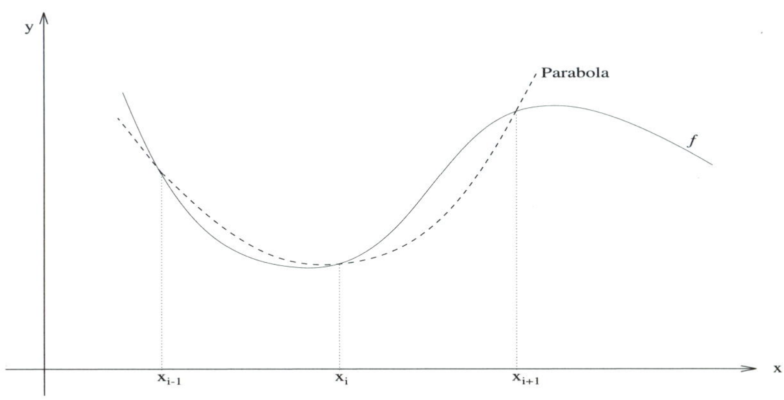

그림 10.3 심프슨 적분법

도해보자.

미적분학의 기본 이론에 의해

$$I_i = \int_{x_{i-1}}^{x_{i+1}} f(x)\,dx = F(x_{i+1}) - F(x_{i-1}) \tag{10.10}$$

$F(x)$를 x_i에 대해 테일러급수로 전개하면

$$\begin{aligned} F(x_{i+1}) &= F(x_i + h) \\ &= F(x_i) + hF'(x_i) + \frac{h^2}{2!}F''(x_i) + \frac{h^3}{3!}F'''(x_i) \\ &\quad + \frac{h^4}{4!}F^{(4)}(x_i) + \frac{h^5}{5!}F^{(5)}(x_i) + \frac{h^6}{6!}F^{(6)}(x_i) + \cdots \\ &= F(x_i) + hf(x_i) + \frac{h^2}{2!}f'(x_i) + \frac{h^3}{3!}f''(x_i) \\ &\quad + \frac{h^4}{4!}f'''(x_i) + \frac{h^5}{5!}f^{(4)}(x_i) + \cdots \end{aligned} \tag{10.11}$$

비슷한 방법으로

$$\begin{aligned} F(x_{i-1}) = F(x_i) - hf(x_i) + \frac{h^2}{2!}f'(x_i) - \frac{h^3}{3!}f''(x_i) \\ + \frac{h^4}{4!}f'''(x_i) - \frac{h^5}{5!}f^{(4)}(x_i) + \cdots \end{aligned} \tag{10.12}$$

식 (10.11)과 식 (10.12)를 식 (10.10)에 대입하면 다음을 얻는다.

$$I_i = 2hf(x_i) + \frac{h^3}{3}f''(x_i) + \frac{h^5}{60}f^{(4)}(x_i) + \cdots \tag{10.13}$$

9.1절에서 다음을 알고 있으므로

$$f''(x_i) = \frac{f(x_{i+1}) - 2f(x_i) + f(x_{i-1})}{h^2} - \frac{h^2}{12}f^{(4)}(x_i) + \cdots \tag{10.14}$$

식 (10.14)를 식 (10.13)에 대입하면 다음을 얻는다.

$$I_i = \frac{h}{3}\left[f(x_{i+1}) + 4f(x_i) + f(x_{i-1})\right] - \frac{h^5}{90}f^{(4)}(x_i) + \cdots \tag{10.15}$$

따라서 심프슨 공식은 x_{i-1}, x_i 및 x_{i+1} 사이의 두 부분구간의 면적을 다음과 같이 근사한다.

$$S_i = \frac{h}{3}\left[f(x_{i+1}) + 4f(x_i) + f(x_{i-1})\right] \tag{10.16}$$

심프슨 공식을 구간 $[x_0, x_2]$에 대해 다시 쓰면

$$\int_{x_0}^{x_2} f(x)\,dx = \frac{h}{3}\left[f(x_0) + 4f(x_1) + f(x_2)\right] - \frac{h^5}{90}f^{(4)}(\xi) \tag{10.17}$$

이 되고, 여기서 $x_0 < \xi < x_2$ 이다. 식 (10.15)와 식 (10.17)으로부터 심프슨 공식의 오차항은 다음과 같이 주어진다.

$$E_i = -\frac{h^5}{90}f^{(4)}(x_i)$$

여기서 다시 구간 $[a, b]$의 모든 x에 대해 $|f^{(4)}(x_i)| \leq M$ 이면

$$|E_i| \leq \frac{h^5}{90}M \tag{10.18}$$

이 된다.

예제 10.6 심프슨 공식으로 다음을 근사적으로 계산하라.

$$\int_0^3 x^2e^x\,dx$$

식 (10.17)을 사용하면 다음과 같다.

$$\begin{aligned}\int_0^3 x^2e^x\,dx &\approx \frac{1}{2}[f(0) + 4f(1.5) + f(3)] \\ &\approx 110.55252\end{aligned}$$

합성 심프슨 공식(Simpson's composite rule)

공식 (10.16)은 다음 적분을 두 개의 동일한 부분구간을 통하여 근사적으로 계산한다.

$$I = \int_a^b f(x)\,dx$$

이 공식으로 계산한 근사값은 보통 정확하지 않는데, 특히 구간 $[a, b]$가 큰 경우에 특히 더

욱 그러하다. 보다 정확한 값을 얻기 위하여 이 방법은 n개의 부분구간으로 확장하여 심프슨 공식을 연속적인 두 개의 부분구간에 대해 적용한다. 심프슨 공식을 적용하려면 두 개의 부분구간을 필요로 하므로 양의 자연수에 m에 대해 $n = 2m$이 라고 가정한다. 따라서 적분공식에 의해

$$I = \sum_{i=1}^{m} \int_{x_{2i-2}}^{x_{2i}} f(x)\, dx$$

식 (10.17)을 쓰면

$$I = \frac{h}{3} \sum_{i=1}^{m} [f(x_{2i-2}) + 4f(x_{2i-1}) + f(x_{2i})] - \frac{h^5}{90} \sum_{i=1}^{m} f^{(4)}(\xi_i) \tag{10.19}$$

이 되고 다시 다음과 같이 쓸 수 있다.

$$I = \frac{h}{3} \left[f(x_0) + 2 \sum_{i=1}^{m-1} f(x_{2i}) + 4 \sum_{i=1}^{m} f(x_{2i-1}) + f(x_{2m}) \right] - \frac{h^5}{90} \sum_{i=1}^{m} f^{(4)}(\xi_i)$$

위 식에서 오차항을 무시하고 다음을 얻는다.

$$S_n = \frac{h}{3} \left[f(x_0) + 2 \sum_{i=1}^{m-1} f(x_{2i}) + 4 \sum_{i=1}^{m} f(x_{2i-1}) + f(x_{2m}) \right] \tag{10.20}$$

여기서

$$h = \frac{b-a}{n}, \quad x_i = a + ih, \quad i = 0, 1, ..., n$$

이다. 식 (10.20)을 **합성 심프슨 공식**이라고 한다.

식 (10.18)을 구간 $[a,\ b]$를 n개의 부분구간으로 나누어 적용하면 합성 심프슨 공식의 오차항 E_T는 다음과 같이 나타낼 수 있다.

$$|E_T| \le \frac{n}{2} \frac{h^5}{90} M = (b-a) \frac{h^4}{180} M \tag{10.21}$$

따라서 합성 심프슨 공식의 절단오차의 한계는 h^4에 비례하는데, 합성 사다리꼴 공식의 절단오차의 한계가 h^2에 비례하는 것과는 대조적이다. 결과적으로 합성 심프슨 공식은 반올림 오차가 문제를 야기하지 않으면 합성 사다리꼴 공식에 비하여 더 정확하다. 식 (10.19)의 오

차항이 f의 4차 도함수를 포함하고 있으므로, 합성 심프슨 공식은 3차 이하의 다항식에 대해서는 정확한 결과를 얻을 수 있다.

예제 10.7 다음 적분을 합성 심프슨 공식으로 계산할 때 오차 E_T가 10^{-4} 보다 작게 되도록 부분구간의 수 n을 결정하라.

$$\int_0^2 \frac{1}{x+4}\,dx$$

다음을 만족하여야 한다.

$$|E_T| \le \frac{b-a}{180}h^4 M \le 10^{-4}$$

이 예제에서 피적분함수는 $f(x) = 1/(x+4)$ 이고 $f^{(4)}(x) = 24(x+4)^{-5}$이다. 구간 [0, 2]에서 $|f^{(4)}(x)|$의 최댓값은 3/128 이다. 이를 위의 공식에 사용하여 다음을 얻는다.

$$\frac{3}{90\times 128}h^4 \le 10^{-4} \quad \text{or} \quad h \le \frac{2}{5}\sqrt[4]{15}$$

$h = 2/(2m) = 2/n$ 이므로 필요한 부분구간의 수는 $n \ge 4$이다.

예제 10.8 합성 심프슨 공식으로 $n = 6$ 으로 하여 다음 적분을 근사적으로 계산하라.

$$\int_0^1 (7+14x^6)\,dx = 9$$

표 10.2에 보인 값들로부터, $h = (1-0)/6$과 함께 합성 심프슨 공식을 쓰면

$$\begin{aligned} S_6 &= \frac{1}{18}\{f(0) + 2[f(\frac{1}{3}) + f(\frac{2}{3})] + 4[f(\frac{1}{6}) + f(\frac{1}{2}) + f(\frac{5}{6})] + f(1)\} \\ &= \frac{1}{18}[7 + 2(7.019204 + 8.229081) + 4(7.000300 + 7.218750 + \\ &\quad +11.688572) + 21] \\ &= 9.007059 \end{aligned}$$

표 10.2 $f(x) = 7 + 14x^2$에 대해 $n = 6$으로 하여 계산한 합성 심프슨 공식

» simpson('f1',0,1,6)

i	xi	f(xi)	h=0.16667
0	0	7	
1	0.1667	7.0003	
2	0.3333	7.019204	
3	0.5	7.21875	
4	0.6667	8.229081	
5	0.8333	11.688572	
6	1	21	

The integral of f(x) is = 9.00705876

예제 10.9 합성 심프슨 공식으로 $n = 2$로 하여 다음을 근사적으로 계산하라.

$$\int_1^2 (4x^3 - 2x + 3)\, dx$$

합성 심프슨 공식을 적용하면 다음과 같다.

$$S_2 = \frac{1}{6}[f(1) + 4f(\frac{3}{2}) + f(2)] = 15$$

예상대로 심프슨 공식은 $f(x)$가 3차이므로 정확한 결과와 일치한다.

M-function 10.2

다음의 MATLAB 함수 **simpson.m**은 합성 심프슨 공식을 사용하여 식(10.1)의 정적분을 계산한다. 입력사항은 *f*; *a* 와 *b*의 값; *n*값 (짝수)이다. 입력함수 *f*(*x*) 는 M-file로 정의되어야 한다.

```
function simpson(f,a,b,n)
% Compute the integral of a f from a to b using Simpson's
% composite rule. n must be even.
if n/2~=floor(n/2)
  disp(' n must be even')
  break
end;
```

```
h=(b-a)/n;
disp('____________________________________________________________')
disp(['    i              xi              f(xi)            h=',num2str(h) ])
disp('____________________________________________________________')
S=feval(f,a);
fprintf(' %2.0f %12.4f %14.6f\n',0,a,S);
for i=1:n/2
  m=2*i-1;
  x=a+h*m;
  g=feval(f,x);
  S=S+4*g;
  fprintf(' %2.0f %12.4f %14.6f\n',m,x,g);
  m=2*i;
  x=a+h*m;
  g=feval(f,x);
  if(i==n/2)
    S=S+g;
  else
    S=S+2*g;
  end;
  fprintf(' %2.0f %12.4f %14.6f\n',m,x,g);
end
INT=h*S/3;
fprintf('\n          The intergral of f(x) is =%16.8f\n',INT);
```

연습문제 10.2

1. 합성 심프슨 공식을 사용하여 다음 적분을 10^{-3} 이내의 오차로 계산하라.

$$I = \int_0^3 x^2 \cos(x^2 - 1)\, dx$$

2. 합성 심프슨 공식으로 다음 적분을 10^{-4} 이내의 오차로 계산하고자 할 때 h는 얼마나 작아야 하는가?

$$I = \int_{0.2}^{1.1} e^{2x}\, dx$$

3. 합성 심프슨 공식으로 $n = 6$으로 하여 다음 적분을 계산할 때 오차를 추정하라.

$$\int_2^3 \frac{2}{x}\, dx$$

4. 합성 심프슨 공식을 사용하여 다음 관계를 증명하여라.

$$\int_1^{1.6} \frac{2}{x}\, dx < 1 < \int_1^{1.7} \frac{2}{x}\, dx$$

5. 심프슨 공식을 사용하여 10.1절의 연습문제 5에 주어진 적분을 근사적으로 계산하라.

6. 심프슨 공식으로 다음 적분을 계산하라.

$$\int_1^2 f(x)\, dx$$

아래 표를 사용하라.

x	1	1.5	2
$f(x)$	0.5	0.4	0.3

7. f가 다음과 같이 정의된다고 하자.

$$f(x) = \begin{cases} x^2 - x + 1 & \text{if } 0 \le x \le 1 \\ 2x - 1 & \text{if } 1 \le x \le 2 \end{cases}$$

(a) f가 [0,2]에서 연속인지 결정하라.

(b) 다음 적분을 아래에 주어진 방법으로 계산하라.

$$I = \int_0^2 f(x)\, dx, \quad n = 2$$

(i) 구간 [0, 2]에 대해 합성 사다리꼴 공식을 사용

(ii) [0, 1]에서는 합성 심프슨 공식을 사용하고 [1, 2]에서는 합성 사다리꼴 공식을 사용

(iii) [0, 2]에 대해 합성 심프슨 공식을 사용

8. $p = 0, 2$일 때 아래 적분을 합성 심프슨 공식을 사용하여 $n = 2, 8$로 하여 계산하라.

$$\int_0^1 \frac{x^p}{x^3 + 12}\, dx$$

9. 심프슨 공식을 사용하여 $n = 8$로 하여 다음을 근사적으로 계산하라.

$$\int_{\pi/4}^{\pi/2} \frac{\cos x \log(\sin x)}{\sin^2 x + 1}\, dx$$

10. 심프슨 공식으로 다음 적분을 계산하라.

$$I = \int_1^2 (2x^5 + 5x^3 - 3x + 1)\, dx$$

11. 합성 심프슨 공식으로 가장 작은 구간크기를 사용하여 다음의 근사적분값을 구하려고 한다.

$$\int_2^6 \left(\frac{1}{1+x}\right) dx$$

$x = 2, 3, \ldots, 6$에서 $f(x)$의 값만을 사용하여 계산하라.

12. 곡선 $y = g(x)$의 길이는 다음 식으로 주어진다.

$$\int_a^b \sqrt{1 + (g'(x))^2}\, dx$$

합성 심프슨 공식을 사용하여 사인(sine) 곡선으로 이루어진 아치의 길이를 계산하라.

13. $h = 1/2, 1/4, 1/8, \ldots$로 하고 합성 심프슨 공식을 다음 적분계산에 적용하라.

$$\int_0^1 \sqrt{x}\, dx$$

예상했던 수렴율을 얻었는가? 이유를 설명하라.

14. 다음 표가 주어져 있다.

x	–5	–4	–3	–2	–1	0	1	2	3	4	5	6
$f(x)$	440	0	–162	–160	–84	0	50	48	0	–64	–90	0

주어진 데이터에 대해 가장 큰 구간크기로 합성 심프슨 공식을 적용하여 $\int_0^6 f(x)\, dx$를 근사적으로 구하라. 오차의 정도는 얼마인가?

15. 주어진 함수 $g(x)$가 연속이고 매끄러우며, $g(0) = 8$, $g(1) = 5$, $g(2) = 3$, $g(3) = 2$, $g(4) = 3$의 값을 가진다. 심프슨 공식을 사용하여 $\int_0^4 g(x)\, dx$를 근사적으로 구하라.

16. $f(x) = e^{-x^2}$라 하고 다음 적분을 계산하자.

$$I = \int_0^1 f(x)\, dx$$

심프슨 공식으로 $h = 0.25$로 하여 I를 근사적으로 구하라. 결과를 사용하여 오차를 추정하라.

17. 다음 표와 같은 데이터가 주어져 있다.

x	1.0	1.1	1.2	1.3	1.4	1.5	1.6	1.7	1.8
$f(x)$	1.544	1.667	1.811	1.972	2.152	2.351	2.576	2.828	3.107

심프슨 공식으로 $h = 0.1, 0.2, 0.4$로 하여 $\int_1^{1.8} f(x)\,dx$를 근사적으로 계산하라.

18. $S(x)$가 $x_i = i/10,\ i = 0, 1, \ldots, 10$에서 절점을 갖는 C^1 3차 스플라인 이라하자. 심프슨 공식으로 $\int_0^1 S(x)\,dx$를 계산할 때 $h = 0.05$를 쓰면 정해이고 $h = 0.04$를 쓰면 정해가 아니다. 이유를 설명하라.

19. 다음 표에 주어진 데이터가 있다.

x	1.00	1.10	1.20	1.30	1.40	1.50
$f(x)$	1.000000	0.951351	0.918169	0.897471	0.887264	0.886227

다음 적분을 계산하는 근사식을 만들어라.

$$\int_1^{3/2} f(x)\,dx$$

20. 다음 적분을 10^{-4}이내의 오차로 계산하도록 부분구간 수 n을 결정하라.

$$\int_0^2 e^{2x}\sin(3x)\,dx$$

(a) 합성 사다리꼴 공식

(b) 합성 심프슨 공식

21. 다음 적분의 피적분함수 값을 $n = 8$에 대해 표로 만들고 심프슨 공식을 사용하여 근사적으로 계산하라.

$$\int_{-\pi/2}^{\pi/2} \frac{3\cos t}{(2+\sin t)^2}dt$$

정확한 값과 근사값의 오차를 구하라.

22. $f(x) = \sqrt{1+x^3}$이라 하자.

(a) $\int_0^1 f(x)\,dx$를 심프슨 공식을 사용하여 10^{-3} 이내의 오차로 구하고자 할 때 n은 얼마나 커야 하는가?

(b) 문제 (a)에서 구한 n으로 심프슨 공식에 의해 적분을 계산하라.

23. 심프슨 공식으로 $n = 10$으로 하여 다음을 계산할 때 오차를 추정하라.

$$\int_0^1 e^{x^2}\,dx$$

컴퓨터 문제 10.2

1. 귀하가 알고 있는 컴퓨터 언어로 합성 심프슨 공식으로 정적분을 계산하는 프로그램을 작성하라. 프로그램의 입력 데이터는 적분극한, 피적분함수 $f(x)$ 및 부분구간의 수 n으로 하라.

작성한 프로그램으로 $t = 0.5,\ 1.0$에 대해 다음 적분 값을 구하라.

$$\int_{-\pi}^{\pi} \frac{250x^2}{\cosh^2[500(x-t)]}\, dx$$

구간의 개수 $n = 4, 8, \ldots, 40$에 대해 결과를 표로 작성하라.

2. MATLAB 함수 simpson을 사용하여 전기장 이론 문제에서 나타나는 다음 적분을 아래에 주어진 x와 r에 대해 계산하라.

$$H(x, r) = \frac{60r}{r^2 - x^2} \int_0^{2\pi} \left[1 - \left(\frac{x}{r}\right)^2 \sin^2\phi\right]^{1/2} d\phi$$

(a) $r = 110,\ x = 75$

(b) $r = 100,\ x = 70$

(c) $r = 90,\ x = 65$

3. MATLAB 함수 simpson을 사용하여 십진수 9자리의 정확도로 다음 적분을 계산하라.

$$\int_0^1 \frac{2}{1+x^2}\, dx$$

계산결과를 정해인 $\pi/2$와 비교하라.

4. 심프슨 공식을 사용하여 $n = 10,\ 20$ 및 30으로 하여 다음 적분을 계산하라.

$$\int_0^{\pi} \frac{dx}{4 + \sin(20x)}$$

5. 심프슨 공식을 사용하여 구간의 크기를 $h = 1,\ 1/2,\ 1/4,\ 1/8,\ 1/16$ 및 $1/32$로 하여 다음 적분을 계산하라.

$$\int_{-1}^{1} e^{-x^2}\, dx$$

6. 심프슨 공식으로 $n = 20$으로 하여 다음을 계산하라.

$$\int_0^3 \frac{dx}{\sqrt{1+e^x-x}}$$

7. 다음 적분을 고려하자.

$$I = \int_{-1}^{1} \frac{x^7\sqrt{1-x^2}}{(2-x)^{13/2}}\,dx$$

심프슨 공식으로 $h = 0.1, 0.05, 0.02$ 및 0.01로 하여 적분 I를 계산하라. h가 감소함에 따라서 결과의 거동에 대해 설명하라.

10.3 롬베르그(Romberg) 알고리즘

이 절에서는 리처드슨 외삽법(Richardson extrapolation)과 결합된 합성 사다리꼴 공식에 기반한 **롬베르그 구적법**(Romberg quadnature)이라고 하는 강력하고 잘 알려진 방법을 설명한다.

먼저 적분 I를 합성 사다리꼴 공식으로 근사하는 것을 고려한다.

$$T_n = \frac{h}{2}\left[f(a) + f(b)\right] + h\sum_{i=1}^{n-1} f(x_i)$$

여기서 n은 다음과 같이 h와 관련되는 사다리꼴의 수를 나타내며

$$h = \frac{b-a}{n}$$

그리고

$$x_i = a + ih, \quad i = 0, 1, \ldots, n$$

이다. 설명을 간략하게 하기 위해 n이 2의 거듭제곱인 경우를 고려하자. 즉, $n = 2^{k-1}$, $k = 1, 2, \ldots$. 따라서 n은 길이가 $h = (b-a)/2^{k-1}$인 부분구간을 만들기 위해 구간 $[a, b]$를 반으로 나눈 횟수로 간주될 수 있다(그림 10.4 참조).

롬베르그 적분기법의 설명을 시작하기 위해 다음과 같이 합성 사다리꼴 공식에 대한 새로운 표기법을 도입한다.

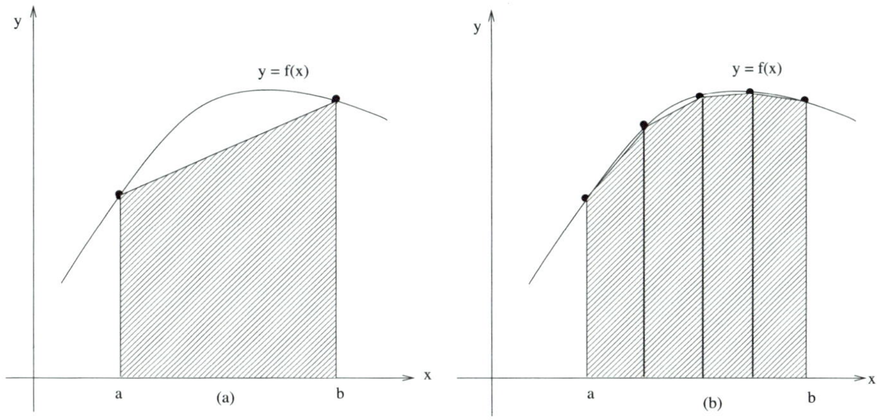

그림 10.4
(a) $R_{1,1} = 1\ (= 2^0)$개의 사다리꼴의 면적
(b) $R_{3,1} = 4(= 2^2)$개의 사다리꼴의 면적

$$R_{k,1} = \frac{b-a}{2^k}[f(a)+f(b)] + \frac{b-a}{2^{k-1}} \sum_{i=1}^{2^{k-1}-1} f\left(a + \frac{b-a}{2^{k-1}} i\right), \quad k = 1, 2, \ldots$$

위 식은 사다리꼴 공식을 2^{k-1} 의 부분구간에 적용하여 구한 것이다. 즉, 공식 (10.3)에서 h를 $(b-a)/2^{k-1}$로, 그리고 n을 2^{k-1}로 대체한 것이다.

따라서

$$\begin{aligned} R_{1,1} &= \frac{b-a}{2}[f(a)+f(b)] \\ R_{2,1} &= \frac{b-a}{4}[f(a)+f(b)] + \frac{b-a}{2} f\left(a + \frac{b-a}{2}\right) \\ R_{3,1} &= \frac{b-a}{8}[f(a)+f(b)] + \frac{b-a}{4} \sum_{i=1}^{3} f\left(a + \frac{b-a}{4} i\right) \end{aligned}$$

등....

여기서 아래 식을 주목하라.

$$\begin{aligned} R_{2,1} &= \frac{R_{1,1}}{2} + \frac{b-a}{2} f\left(a + \frac{b-a}{2}\right) \\ R_{3,1} &= \frac{R_{2,1}}{2} + \frac{(b-a)}{4} \sum_{i=1}^{2} f\left[a + \frac{b-a}{2}\left(i - \frac{1}{2}\right)\right] \end{aligned}$$

등....

귀납적 추론에 의해 $R_{k,1}$은 $k = 2, 3, \ldots, n$에 대해 $R_{k-1,1}$의 항으로 다음과 같은 회귀 관계식으로 나타낼 수 있다.

$$R_{k,1} = \frac{R_{k-1,1}}{2} + \frac{b-a}{2^{k-1}} \sum_{i=1}^{2^{k-2}} f\left[a + \frac{b-a}{2^{k-2}}\left(i - \frac{1}{2}\right)\right] \tag{10.22}$$

회귀관계식 (10.22)는 $R_{1,1}$이 계산되면 $R_{2,1}$, $R_{3,1}$, . . . , $R_{n,1}$ 시퀀스를 계산하는데 사용될 수 있다.

계산에 반올림오차가 들어오지 않는다고 가정하고, 리처드슨 외삽법을 식 (10.22)에 적용하여 적분 I의 계산 값을 개선시킬 수 있다.

2^{n-1}개의 부분구간에 대한 합성 사다리꼴 공식의 오차는 다음과 같이 나타낼 수 있다.

$$C(h^2) + D(h^4) + E(h^6) + \cdots, \quad h = \frac{b-a}{2^{n-1}}$$

여기서 $C, D, E, \ldots$ 는 $f(x)$와 이것의 도함수만의 함수이다.

리처드슨 외삽법으로 진행하기 위해 예를 들어 $R_{1,1}$과 $R_{2,1}$을 사용한 I의 근사계산을 고려해 보자.

$$I = R_{1,1} + C(h^2) + D(h^4) + \cdots \tag{10.23}$$

$$I = R_{2,1} + C(\frac{h^2}{4}) + D(\frac{h^4}{16}) + \cdots \tag{10.24}$$

식 (10.23)과 식 (10.24)를 결합하여 I에 대한 또 다른 근사값을 구할 수 있는데 이를 $R_{2,2}$라 하자.

$$R_{2,2} = \frac{4R_{2,1} - R_{1,1}}{3}$$

이 외삽법은 $C(h^2)$ 오차 항을 제거한다.

이와 유사하게, $R_{2,2}$와 $R_{3,2}$에 대해 외삽법을 실행하면 다시 I에 대한 새로운 근사치를 구할 수 있는데 이를 $R_{3,3}$라 하자.

$$R_{3,3} = \frac{16R_{3,2} - R_{2,2}}{15}$$

이 외삽법은 $D(h^4)$ 오차 항을 제거한다.

동일한 과정을 따라 일반화 하여 다음 외삽법 공식을 얻는다.

$$R_{i,k} = \frac{4^{k-1}R_{i,k-1} - R_{i-1,k-1}}{4^{k-1} - 1} \tag{10.25}$$

여기서 $i = 2, \ldots, n$ 이고 $k = 2, \ldots, i$ 이다. $R_{i,k}$의 계산에서 절단오차는 $O(h^{2k})$차수이다.

예제 10.10 아래 적분을 근사하기 위해 $R_{2,2}$를 계산하라.

$$\int_0^3 x^2 e^x \, dx$$

$R_{1,1}$과 $R_{2,1}$는 다음과 같이 계산된다.

$$\begin{aligned} R_{1,1} &= \frac{3}{2}[f(0) + f(3)] \\ &= 271.154748 \\ R_{2,1} &= \frac{3}{4}[f(0) + f(3)] + \frac{3}{2}f(\frac{3}{2}) \\ &= 150.703075 \end{aligned}$$

식 (10.25)를 이용하여 다음을 얻는다.

$$R_{2,2} = \frac{4R_{2,1} - R_{1,1}}{3} = 110.552517$$

식 (10.25)를 사용한 I의 근사를 롬베르그 적분이라 하고 보통 표 10.3에 보인 것과 같이 대각 배열의 형태로 나열된다.

표 10.3 롬베르그 배열

$$\begin{array}{lllll} R_{1,1} & & & & \\ R_{2,1} & R_{2,2} & & & \\ R_{3,1} & R_{3,2} & R_{3,3} & & \\ R_{4,1} & R_{4,2} & R_{4,3} & R_{4,4} & \\ \vdots & \vdots & \vdots & \vdots & \ddots \\ R_{n,1} & R_{n,2} & R_{n,3} & R_{n,4} & \ldots R_{n,n} \end{array}$$

계산에 반올림오차가 들어오지 않는다고 가정하고, 대각선 상의 외삽치들은 대각선 아래의 다른 값들보다 빨리 참값으로 수렴한다. 배열의 첫 번째와 두 번째 열은 각각 합성 사다리꼴 공식과 심프슨 공식으로 구한 값들이라는 점은 흥미롭다(아래의 예제 11을 보라).

예제 10.11 다음 적분을 근사적으로 구하기 위해 롬베르그 배열의 첫 6행을 계산하라.

$$I = \int_0^1 (7 + 14x^6) \, dx$$

다음을 설정하자.

$$f(x) = 7 + 14x^6, \quad a = 0, \quad b = 1, \quad \text{그리고} \quad n = 6$$

먼저 $R_{1,1}$과 $R_{2,1}$을 계산한다.

$$\begin{aligned} R_{1,1} &= \frac{1-0}{2}[f(0) + f(1)] = \frac{1}{2}[7 + 21] \\ &= 14 \\ R_{2,1} &= \frac{1-0}{4}[f(0) + f(1)] + \frac{1-0}{2}f(0 + \frac{1-0}{2}) \\ &= 10.609375 \end{aligned}$$

식 (10.25)를 사용하여 다음을 얻는다.

$$\begin{aligned} R_{2,2} &= \frac{4R_{2,1} - R_{1,1}}{3} \\ &= \frac{4(10.609375) - 14}{3} = 9.4791666667 \end{aligned}$$

그리고 다음을 계산한다.

$$R_{3,1} = \frac{R_{2,1}}{2} + \frac{1}{4}[f(\frac{1}{2} \cdot \frac{1}{2}) + f(\frac{1}{2} \cdot \frac{3}{2})] = 9.4284667969$$

따라서

$$\begin{aligned} R_{3,2} &= \frac{4R_{3,1} - R_{2,1}}{3} = 9.0348307292 \\ R_{3,3} &= \frac{16R_{3,2} - R_{2,2}}{15} = 9.0052083333 \end{aligned}$$

이런 방식으로 계속하여 표 10.4의 값들은 얻는다.

표 10.4 $f(x) = 7 + 14x^6$에 대한 롬베르그 배열의 6행

» romberg('f1',0,1,6)

Romberg Table

i	h	Ri,1	Ri,2	Ri,3	…		
1	1.0000	14.0000					
2	0.5000	10.6094	9.4792				
3	0.2500	9.4285	9.0348	9.0052			
4	0.1250	9.1088	9.0023	9.0001	9.0000		
5	0.0625	9.0273	9.0001	9.0000	9.0000	9.0000	
6	0.0313	9.0068	9.0000	9.0000	9.0000	9.0000	9.00000000

M-function 10.3

다음 MATLAB 함수 **romberg.m**은 롬베르그 적분법을 사용하여 식(10.1)의 정적분을 계산한다. 입력사항은 *f*; *a* 와 *b* 값; 행의 수 *n이다*. 입력함수 *f*(*x*)는 M-file로 정의되어야 한다.

```
function romberg(f,a,b,n)
% Compute the integral of f on [a,b] using the Romberg integration.
fprintf('\n')
disp('                    Romberg table')
disp('_______________________________________________________')
disp('   i          h          Ri,1          Ri,2          Ri,3       ... ')
disp('_______________________________________________________')
h=b-a;
R(1,1)=h*(feval(f,a)+feval(f,b))/2;
fprintf('%2.0f %8.4f %12.4f\n',1,h,R(1,1));
m=1;
for i=1:n-1
  h=h/2;
  S=0;
  for j=1:m
    x=a+h*(2*j-1);
    S=S+feval(f,x);
  end
  R(i+1,1)=R(i,1)/2+h*S;
  fprintf('%2.0f %8.4f %12.4f',i+1,h,R(i+1,1));
  m=2*m;
  for k=1:i
    R(i+1,k+1)=R(i+1,k)+(R(i+1,k)-R(i,k))/(4^k-1);
    fprintf('%12.4f',R(i+1,k+1));
  end
  fprintf('\n');
end
```

연습문제 10.3

1. 롬베르그 적분을 사용하여 $n = 4$로 하여 $\int_0^2 x^2\sqrt{1+x^2}\,dx$를 근사적으로 계산하라.

2. $R_{4,2} = 5$와 $R_{3,2} = -2$가 주어졌을 때 공식 (10.25)를 이용하여 $R_{4,3}$을 구하라.

3. 롬베르그 적분을 사용하여 $n = 6$으로 하여 다음을 근사적으로 계산하라.

$$\int_{0.2}^{1.1} \frac{12.1 + \ln(e^{2.4/x} - 1)}{x^4(e^{x^2} + 1)}\,dx$$

4. 롬베르그 적분을 사용하여 다음을 근사적으로 계산하라.

$$\int_0^1 xe^{x^2}\,dx$$

$|R_{n,n-1} - R_{n,n}| < 10^{-3}$ 이 될 때까지 표를 완성하라.

5. 롬베르그 적분을 사용하여 다음 적분에 대해 $R_{4,4}$를 계산하라.

(a) $\int_0^{\pi/3} x\ \sin x\ dx$

(b) $\int_{\pi/7}^{\pi/5} \sin x\ dx$

6. 롬베르그 적분을 사용하여 $n = 4$로 하여 다음 적분을 근사적으로 계산하라.

$$\int_1^3 \frac{1}{x}\,dx$$

정해인 ln 3과 비교하라.

7. 아래 주어진 데이터는 적분 $\int_0^{\pi} \sin x\ dx$를 다음과 같은 오차 항을 가지는 하나의 기법을 사용하여 근사적으로 계산한 것이다.

$$E = K_1h^2 + K_2h^4 + K_3h^6 + \ldots$$
$$I(h) = 1.570790,\ I(h/2) = 1.896119,\ I(h/4) = 1.974232$$
$$I(h/8) = 1.993570$$

더 개선된 근사를 위해 외삽법 표를 작성하라.

8. 롬베르그 방법을 사용하여 다음 적분을 계산하라.

$$\int_0^4 f(x)\,dx$$

여기서 $f(x)$는 아래 표에 정의되어 있다. 모든 값들을 다 쓸 필요가 있는가?

x	0.0	0.5	1.0	1.5	2.0	2.5	3.0	3.5	4.0
$f(x)$	−4271	−2522	−499	1795	4358	7187	10279	13633	17246

9. 롬베르그 적분으로 $n = 4$로 하여 다음 적분을 계산하라.

$$\frac{1}{\pi}\int_0^{2\pi} \exp(2^{-1/2}\sin x)\,dx$$

10. 롬베르그 적분으로 $n = 5$로 하여 다음을 근사적으로 계산하라.

$$\int_1^4 \frac{e^x}{\sqrt{x}}\,dx$$

11. 롬베르그 배열의 두 번째 열이 심프슨 공식으로 구한 값임을 보여라.

컴퓨터 문제 10.3

1. 귀하가 알고 있는 컴퓨터 언어로 롬베르그 적분을 사용하여 정적분을 수행하는 프로그램을 작성하라. 입력 데이터는 적분극한 a와 b, 피적분 함수 $f(x)$, 롬베르그 배열의 행의 수로 하라.

작성된 프로그램으로 $t = 0.5, 1.0$에 대해 다음 적분 값을 구하라.

$$\int_{-\pi}^{\pi} \frac{250x^2}{\cosh^2[500(x-t)]}\, dx$$

롬베르그 배열에서 4, 6 및 8행을 사용하여 계산한 결과를 표로 작성하라.

2. MATLAB 함수 romberg를 사용하여 전기장 이론 문제에 나오는 다음 적분을 아래에 주어진 x와 r값에 대해 계산하라.

$$H(x,r) = \frac{60r}{r^2 - x^2} \int_0^{2\pi} \left[1 - \left(\frac{x}{r}\right)^2 \sin^2\phi\right]^{1/2} d\phi$$

(a) $r = 110,\ x = 75$

(b) $r = 100,\ x = 70$

(c) $r = 90,\ x = 653.$

3. MATLAB 함수 romberg를 사용하여 롬베르그 배열의 6행을 사용하여 아래 적분을 계산하라.

$$\int_0^1 \frac{2}{1+x^2}\, dx$$

결과를 정해인 $\pi/2$와 비교하라.

4. 롬베르그 적분을 사용하여 $n = 6$으로 하여 다음 적분을 계산하라.

$$\int_0^2 x^4 \log(x + \sqrt{x^2+1})\, dx$$

5. 롬베르그 적분을 사용하여 다음을 계산하라.

$$\int_0^{\pi} \frac{\cos x}{\sqrt{x}}\, dx$$

(힌트: 이 적분은 특이점을 가진다. 그러므로 특이점을 제거하기 위해 부분적분의 사용을 고려하라.)

10.4 가우스 구적법

이전의 절에서 살펴본 모든 구적공식들은 다음과 같은 형태를 가진다.

$$\int_a^b f(x)\,dx \approx \sum_{i=1}^{n} w_i f(x_i) \tag{10.26}$$

여기서 w_i는 n개의 함수 값 $f(x_i)$에 주어지는 가중치이고, $x_1, x_2, \ldots, x_n$은 등간격으로 선택된 절점들이다. 보통 사용되는 적분법에는 두 그룹이 있는데, 뉴턴-코츠(Newton-Cotes) 공식에서는 등간격 절점을 사용하며, 가우스 적분 공식에서는 등간격이 아닌 절점을 사용한다. 이 절에서 전개할 가우스 적분 공식은 식 (10.26)과 동일한 형태를 가지나, 사용되는 절점들은 등간격이 아니다. 등간격이 아닌 절점을 선택하는 이유는 점 x_i를 적절히 선택하여 (10.26)의 근사계산에서의 오차를 최소화하고자 하기 때문이다. 그림 10.5는 합성 사다리꼴 공식과 2점 가우스 방법의 차이를 보여준다. 합성 사다리꼴 공식에서는 $x = a$와 $x = b$사이에서 곡선 아래의 면적은 구간 $[a, b]$의 끝점을 x_1과 x_2로 택하여 근사적으로 구한다. 반면에 가우스 적분법을 사용하면 구간 (a, b) 내부의 x_1과 x_2를 선택하여 사다리꼴의 면적이 곡선 아래의 면적과 같도록 한다. 이것이 가우스 법칙으로 기본 아이디어 이다.

우선 적분 구간을 선형변화를 통해 $[a, b]$에서 $[-1, 1]$로 바꾸어 시작하도록 하자.

$$x = a + \frac{b-a}{2}(z+1), \qquad -1 \le z \le 1 \tag{10.27}$$

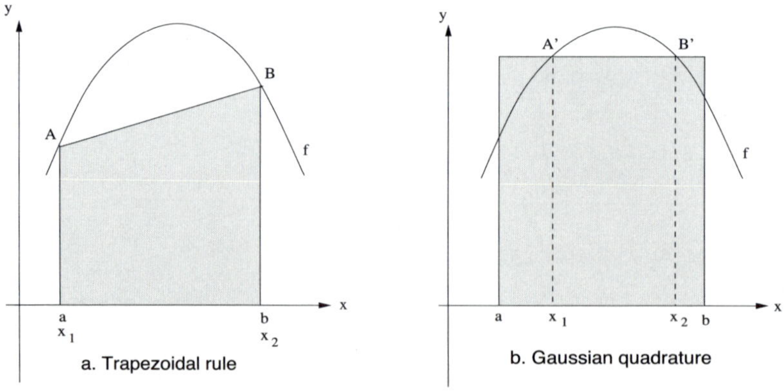

그림 10.5 가우스 구적법과 사다리꼴 공식의 비교

상응하는 함수 $g(z)$는 다음과 같이 정의된다.

$$g(z) = f\left(\frac{(b-a)z + (a+b)}{2}\right)$$

식 (10.1)에서 위와 같이 대체하면 다음을 얻는다.

$$\int_a^b f(x)\,dx = \frac{b-a}{2}\int_{-1}^{1} g(z)\,dz \tag{10.28}$$

이제 아래 적분에 대해 가우스 적분 공식을 유도하자.

$$\int_{-1}^{1} g(z)\,dz$$

이전과 마찬가지로 적분은 함수 $g(z)$를 $(n-1)$차 보간 다항식 $p_{n-1}(z)$로 근사하여 계산한다. 즉,

$$\int_{-1}^{1} g(z)\,dz \approx \int_{-1}^{1} p_{n-1}(z)\,dz = \sum_{i=1}^{n} w_i\ g(z_i) \tag{10.29}$$

여기서 n개의 표본점 z_i와 가중배수 w_i는 다음 적분이 정확하도록 선택된다.

$$\int_{-1}^{1} g(z)\,dz \approx \sum_{i=1}^{n} w_i\ g(z_i)$$

가우스 적분 공식을 n 점에 대해 유도하는 것은 너무 긴 설명이 필요하므로 (참고문헌 [10] 참조), 여기서는 3 점에 대한 공식을 유도하자. 이 경우, $g(z)$는 포물선으로 근사된다. 즉, 보간 다항식 $p_{n-1}(z)$의 차수는 2 이다. 적분점 z_1, z_2, z_3와 가중배수 w_1, w_2, w_3는 곡선 $g(z)$ 아래의 면적과 포물선의 면적이 같도록 선택한다. 즉,

$$\text{면적} = w_1\ g(z_1) + w_2\ g(z_2) + w_3\ g(z_3) \tag{10.30}$$

z_1, z_2, z_3와 w_1, w_2, w_3는 미정계수법으로 결정된다. 미지수가 6개 이므로, 이 방법이 다음의 6개 함수에 대해 정확한 결과를 준다고 가정하면

$$
\begin{aligned}
g(z) &= 1 \\
g(z) &= z \\
g(z) &= z^2 \\
g(z) &= z^3 \\
g(z) &= z^4 \\
g(z) &= z^5
\end{aligned}
$$

다음과 같이 된다.

$$
\begin{aligned}
\int_{-1}^{1} 1\, dz = 2 &= \ w_1 + w_2 + w_3 \\
\int_{-1}^{1} z\, dz = 0 &= \ w_1 z_1 + w_2 z_2 + w_3 z_3 \\
\int_{-1}^{1} z^2\, dz = \frac{2}{3} &= \ w_1 z_1^2 + w_2 z_2^2 + w_3 z_3^2 \\
\int_{-1}^{1} z^3\, dz = 0 &= \ w_1 z_1^3 + w_2 z_2^3 + w_3 z_3^3 \\
\int_{-1}^{1} z^4\, dz = \frac{2}{5} &= \ w_1 z_1^4 + w_2 z_2^4 + w_3 z_3^4 \\
\int_{-1}^{1} z^5\, dz = 0 &= \ w_1 z_1^5 + w_2 z_2^5 + w_3 z_3^5
\end{aligned}
\tag{10.31}
$$

식 (10.31)이 6개의 미지수에 대한 비선형 연립방정식임을 관찰하라. 가우스(Gauss)는 (10.31)이 다음과 같은 유일한 해를 가짐을 증명하였다.

$$
z_1 = -\sqrt{\frac{3}{5}}, \quad z_2 = 0, \quad z_3 = \sqrt{\frac{3}{5}}
$$

$$
w_1 = w_3 = \frac{5}{9}, \quad w_2 = \frac{8}{9}
$$

이 상수들을 (10.29)에 대입하여 3-점 가우스 적분 공식을 얻는다.

$$
\int_{-1}^{1} g(z)\, dz \approx \frac{5}{9}\, g\left(-\sqrt{\frac{3}{5}}\right) + \frac{8}{9}\, g(0) + \frac{5}{9}\, g\left(\sqrt{\frac{3}{5}}\right) \tag{10.32}
$$

이 공식은 식(10.31)의 다항식에 대해 정확하므로 차수 ≤ 5인 모든 다항식에 대해 정확하다는 것을 증명할 수 있다. 또한 위에서 설명한 것과 같은 절차를 사용하여 가우스의 방법을 4-점 또는 그 이상으로 확장할 수 있음에 주목하여야 한다. $n = 2, 3, 4$ 및 5인 경우의 적절한 적분점과 가중배수는 표 10.5에 나타나 있다.

표 10.5 가우스 구적법의 적분점과 가중배수

n	Nodes z_i	Weight Factors w_i
2	±0.5773502692	1.0
3	±0.7745966692	0.5555555556
	0.0	0.8888888889
4	±0.3399810436	0.6521451549
	±0.8611363116	0.3478548451
5	±0.5384693101	0.4786286705
	±0.9061798459	0.2369268851
	0.0	0.5688888889
6	±0.2386191861	0.4679139346
	±0.6612093865	0.3607615730
	±0.9324695142	0.1713244924
7	±0.9491079123	0.1294849662
	±0.7415311856	0.2797053915
	±0.4058451514	0.3818300505
	0.0	0.4179591837

위에서 유도한 식은 적분 구간이 -1과 1사이인 경우에만 적용된다. 임의의 구간 $[a,\ b]$을 $[-1,\ 1]$로 보내려면 식(11.13)의 변환을 사용하여야 한다.

예제 10.12 가우스 적분 공식으로 $n=2$로 하여 다음 적분의 근사값을 구하라.

$$\int_0^3 x^2e^x\,dx$$

식(11.13)의 변환에 의해 다음을 얻는다.

$$\int_0^3 x^2e^x\,dx = \frac{3}{2}\int_{-1}^{1}\left(\frac{3z+3}{2}\right)^2 e^{\frac{3z+3}{2}}\,dz$$

표 10.5의 값을 사용하여 다음과 같이 근사값을 계산한다.

$$\begin{aligned}\int_0^3 x^2e^x\,dx &\approx \frac{3}{2}\left[\left(\frac{3\cdot 0.5773502692+3}{2}\right)^2 e^{\frac{3\cdot 0.5773502692+3}{2}}\right.\\ &\qquad \left.+\left(\frac{-3\cdot 0.5773502692+3}{2}\right)^2 e^{\frac{-3\cdot 0.5773502692+3}{2}}\right]\\ &\approx 90.60740\end{aligned}$$

예제 10.13 3-점 가우스 적분 공식을 사용하여 다음 적분을 계산하라(표 10.6을 보라).

$$I = \int_0^1 (7 + 14x^6)\, dx$$

3-점 가우스 적분 공식은 적분점 0, $\pm\sqrt{\frac{3}{5}}$과 계수 $\frac{5}{9}$, $\frac{8}{9}$를 사용한다. 공식 (10.32)에 의해 다음을 얻는다.

$$I \approx \frac{1}{2}\left\{\begin{array}{c}\frac{5}{9}\left[7 + 14\left(\frac{-\sqrt{3/5}+1}{2}\right)^6\right] + \frac{8}{9}\left(7 + \frac{14}{2^6}\right) + \\ \frac{5}{9}\left[7 + 14\left(\frac{\sqrt{3/5}+1}{2}\right)^6\right]\end{array}\right\}$$
$$\approx 8.995$$

3-점 가우스 적분 공식은 7점을 사용한 심프슨 공식에 견줄만한 정확도를 준다. 이는 n-점 적분 공식이 차수가 n-점 뉴턴-코츠 공식의 약 두 배인 다항식 $\leq 2n - 1$ 에 대해 정확하다는 사실을 반영한다.

표 10.6 3-점 및 4-점 가우스 적분 공식

» gauss('f1',0,1,3)

Gauss-Legendre quadrature three-point formula

i	zi	wi	g(zi)	wi*g(zi)
0	0.000000	0.888889	7.218750	6.416667
1	0.774597	0.555556	13.831971	7.684429
2	-0.774597	0.555556	7.000029	3.888905

The integral of f(x) is = 8.99500000

» gauss('f1',0,1,4)

Gauss-Legendre quadrature four-point formula

i	zi	wi	g(zi)	wi*g(zi)
0	0.339981	0.652145	8.266310	5.390834
1	-0.339981	0.652145	7.018084	4.576809
2	0.861136	0.347855	16.091115	5.597372
3	-0.861136	0.347855	7.000002	2.434984

The integral of f(x) is = 9.00000000

MATLAB 방법

MATLAB에는 지정된 허용오차 내에서 적분을 근사적으로 계산하는 적응적 수치 구적법(adaptive numerical quadrature)을 사용하는 두 개의 내장 함수 qad와 quadl이 있다. 이 함수들의 구문은 다음과 같다.

```
>> quad(fun,a,b,tol,trace,arg1,arg2,...)
```

이는 지정된 허용오차 tol 범위 내에서 반복적 적응 심프슨 구적법을 사용하여 함수 fun에 대해 a 에서 b 까지 적분을 근사적으로 계산한다. 선택 파라메타인 trace에 0이 아닌 어떤 값을 주면 피적분 함수의 그림이 생성된다. 함수 fun은 $f(x)$값을 계산하는 M-파일의 이름을 포함하는 스트링이어야 한다. 입력 파라메타 tol과 trace가 지정되지 않으면 MATLAB은 디폴트 허용 오차 값 1.e-6과 trace=0을 사용한다.

quadl 구문은 quad 구문과 동일하지만 quadl은 적분계산을 고차 반복적 적응 구적법으로 근사한다.

예제 10.14 MATLAB을 사용하여 비선형 시계추 문제의 적분을 $\theta_0 = \pi/4$와 $c = L/g = 1$에 대해 근사적으로 계산하라(예제 10.1을 보라).

피적분 함수는 오른쪽 끝점에서 $x = x_0$ 에서 무한대이므로 특이점을 가진다. 먼저 피적분 함수의 정의를 포함하는 이름이 f1.m인 M-파일을 만든다.

```
function f=f1(x,teta0,c)
    f=2*sqrt(2)*sqrt(c). /sqrt(cos(x)-cos(teta0));
```

그리고 함수 quad 와 quadl 을 다음과 같이 호출한다.

```
>> format long
>> quad('f1',0,pi/4,[ ],[ ],pi/4,1)

   =
       6.53435329050876

>> quadl('f1',0,pi/4,[ ],[ ],pi/4,1)

   =
       6.53434656410369
```

여기서 quad와 quadl은 arg1, arg2,... 값을 fun 파라메타에 의해 지정된 M-파일로 전달한다. 네 번째와 다섯 번째 파라메타에 빈 행렬 [ ]을 넣어 주면 quad와 quadl은 디폴트 허용오차와 제로 trace 를 사용한다.

M-function 10.4

다음의 MATLAB 함수 gauss_quad.m은 가우스 구적법을 사용하여 식(10.1)의 정적분을 계산한다. 입력사항은 함수 *f*; *a* 와 *b*의 값; *n*이다. 입력함수 *f*(*x*)는 M-file로 정의되어야 한다.

```
function gauss_quad(f,a,b,n)
% Compute the integral of f on [a,b] using Gauss-Legendre
% quadrature.
fprintf('\n')
disp('                    Gauss-Legendre quadrature')
disp('_______________________________________________________________')
disp('       i         zi            wi             g(zi)           wi*g(zi)        ')
disp('_______________________________________________________________')
if (n==2)
  z(1)=-sqrt(1/3);
  z(2)=-z(1);
  w(1)=1; w(2)=1;
end
if (n==3)
  z(1)=-sqrt(3/5);
  z(2)=0;
  z(3)=-z(1);
  w(1)=5/9; w(2)= 8/9; w(3)=w(1);
end
if (n==4)
  z(1)=-sqrt(1/7*(3-4*sqrt(0.3)));
  z(2)=-sqrt(1/7*(3+4*sqrt(0.3)));
  z(3)=-z(1);
  z(4)=-z(2);
  w(1)=1/2+1/12*sqrt(10/3);
  w(2)=1/2-1/12*sqrt(10/3);
  w(3)=w(1); w(4)=w(2);
end
if (n==5)
  z(1)=-sqrt(1/9*(5-2*sqrt(10/7)));
  z(2)=-sqrt(1/9*(5+2*sqrt(10/7)));
  z(3)=0;
  z(4)=-z(1);
  z(5)=-z(2);
  w(1)=0.3*((-0.7+5*sqrt(0.7))/(-2+5*sqrt(0.7)));
  w(2)=0.3*((0.7+5*sqrt(0.7))/(2+5*sqrt(0.7)));
  w(3)=128/225;
  w(4)=w(1); w(5)=w(2);
end;
S=0;
for i=1:n
  x=((b-a)*z(i)+a+b)/2;
  g=feval(f,x);
```

```
  S=S+w(i)*g;
  fprintf('%2.0f %12.4f %12.4f% 12.4f %12.4f\n',i-
1,z(i),w(i),g,g*w(i));
end;
INT=S*(b-a)/2;
fprintf('\n          The intergral of f(x) is =%16.8f\n',INT);
```

연습문제 10.4

1. 4-점 가우스 구적법을 사용하여 다음 적분을 계산하라.

$$\int_0^{\pi/3} \ln(1+\cos x)\,dx$$

2. n-점 가우스 구적법을 사용하여 다음 적분을 계산하라.

$$\int_{\pi/4}^{\pi/2} (\csc x+1)(\cot x-1)\,dx = -0.9059845977639$$

어떤 n값을 사용하면 정해를 얻을 수 있는가?

3. $n=4$인 가우스 구적법을 사용하여 다음을 근사적으로 계산하라.

$$\int_0^1 (3x+x^3)e^x\,dx$$

4. $n=4$인 가우스 구적법을 사용하여 다음을 근사적으로 계산하라.

$$\int_1^{1+\sqrt{3}} (2+2x-x^2)^{3/2}\,dx$$

5. 3-점 가우스 구적법을 사용하여 다음 적분을 근사적으로 계산하라.

(a) $\int_0^{\pi/3} \cos(3\cos^2 x)\,dx$

(b) $\int_0^1 \ln(3+\sin x)\,dx$

(c) $\int_0^{\pi/4} \sin x\,dx$

(d) $\int_1^2 \frac{2}{\sqrt{x}}\,dx$

계산 결과를 10.1절의 연습문제 5에서 구한 결과와 비교하라.

6. 가우스 구적법으로 $n=2$와 3으로 하여 다음 적분을 계산하라.

$$\int_{2.1}^{3.1} \frac{\cos 2x}{1+\sin x}\,dx$$

7. 가우스 구적법으로 $n = 2, 3$ 및 4로 하여 다음 적분을 근사적으로 계산하라.

$$\int_0^1 \frac{1}{x^2+1}\,dx$$

8. 다음 구적 공식은 차수가 2와 같거나 작은 모든 다항식에 대해서 정확하다.

$$\int_{-1}^{1} f(x)\,dx = c_0 f(-1) + c_1 f(0) + c_2 f(1)$$

c_0, c_1 및 c_2를 결정하라.

9. 다음 구적 공식은 가장 높은 정확도를 가진다.

$$\int_0^1 f(x)\,dx = \frac{1}{2}f(x_0) + c_1 f(x_1)$$

x_0, c_1 및 x_1을 결정하라.

10. 가우스 구적법으로 $n = 4$로 하여 다음 적분을 계산하라.

$$\int_0^1 (\sin x^2)\ln x\,dx$$

11. 매개변수 곡선 $\{x(t), y(t)\}$의 길이는 다음 적분으로 주어진다.

$$\int_a^b (\sqrt{[x'(t)]^2 + [y'(t)]^2}\,dx$$

여기서 $x(t) = \frac{3}{2}\cos t + \cos 3t$, $y(t) = \frac{3}{2}\sin t - \sin 3t$ 이고, 구간은 $0 \le t \le 2\pi$ 이다. 각자의 선택에 의한 수치방법을 적용하여 매개변수 곡선의 길이를 6자리 십진 유효숫자의 정확도로 계산하라.

12. 다음 적분 공식이 차수 ≤ 2 인 다항식 $f(x)$에 대해 정확하도록 상수 w_0, w_1, w_2를 구하라.

$$\int_0^2 f(x)\,dx \approx w_0 f(0) + w_1 f'(0) + w_2 f(1)$$

13. 가우스 구적법으로 $n = 3$으로 하여 다음을 계산하라.

$$\int_0^1 \frac{\sin(x^2+3)}{\sqrt{x}}\,dx$$

14. 다음 공식이 5차 다항식에 대해 정확함을 증명하라.

$$\int_{-1}^{1} f(x)\, dx \approx \frac{1}{9}\left[5f(\sqrt{0.6}) + 8f(0) + 5f(-\sqrt{0.6})\right]$$

그리고 아래 식에 적용하여 적분을 계산하라.

$$\int_{0}^{1} \frac{\sin x}{1+x}\, dx$$

15. $f(x)$가 3차 다항식일 때 다음과 같은 형태의 적분을 정확히 수행하는 2-점 적분 공식을 유도하라.

$$\int_{-1}^{1} f(x)(1+x^2)\, dx$$

이 공식을 $f(x) = 2x^2$인 경우에 대해 적용하라.

16. 3-점 가우스 적분 공식을 사용하여 다음 적분을 계산하라.

(a) $I = \int_0^{100} e^{-5x}\, dx$

(b) $I = \int_0^{100} e^{-x} \log\,(1 + x)\, dx$

컴퓨터 문제 10.4

1. 귀하가 알고 있는 컴퓨터 언어로 가우스 구적법 공식을 사용하여 $n = 2, 3, 4$ 및 5의 값으로 정적분을 계산하는 프로그램을 작성하라. 프로그램의 입력 데이터는 적분 극한, 피적분함수 $f(x)$, 함수 값이 계산되는 점의 수, 그리고 여러 다른 n값에 대한 절점과 가중치로 하라.

프로그램을 사용하여 $t = 0.5, 1.0$에 대해 다음 적분 값을 구하라.

$$\int_{-\pi}^{\pi} \frac{250x^2}{\cosh^2[500(x-t)]}\, dx$$

계산결과를 $n = 2, 3, 4$를 사용하여 표로 만들어라.

2. MATLAB 함수 gauss_quad를 사용하여 전기장 이론에 나오는 다음 적분을 아래에 주어진 x와 r값에 대해 계산하라.

$$H(x,r) = \frac{60r}{r^2 - x^2} \int_{0}^{2\pi} \left[1 - \left(\frac{x}{r}\right)^2 \sin^2\phi\right]^{1/2} d\phi$$

(a) $r = 110,\ x = 75$

(b) $r = 100,\ x = 70$

(c) $r = 90,\ x = 653$.

3. MATLAB 함수 gauss_quad를 사용하여 $n = 4$로 하여 다음 적분을 계산하라.

$$\int_0^1 \frac{2}{1+x^2}\,dx$$

결과를 정해인 $\pi/2$와 비교하라.

4. 가우스 구적법 공식을 적용하여 $n = 3$으로 하여 다음 적분을 근사적으로 계산하라.

$$\int_0^{2\pi} e^{-x}\sin x\,dx$$

5. 가우스 구적법 공식을 사용하여 $n = 4$호 하여 다음 적분을 계산하라.

$$\int_0^{0.999} \tan\frac{\pi}{2}x\,dx$$

6. 가우스 구적법으로 $n = 1, 2, 3, 4, 5$로 하여 다음 적분을 계산하라.

$$\int_{-1}^{1} e^{-x^2}\,dx$$

위 계산결과와 MATLAB 함수 quadl을 사용하여 계산한 결과 사이의 오차를 기술하라.

7. 본문에 주어진 MATLAB 함수 gauss_quad를 $n = 6$에 대해 사용할 수 있도록 수정하라. 수정된 함수를 사용하여 다음 적분을 $n = 6$인 가우스 구적법으로 계산하라.

$$\int_0^{\pi/2} \frac{\cos x \log(\sin x)}{\sin^2 x + 1}\,dx$$

8. 타원 $4x^2 + 9y^2 = 36$의 길이 L은 다음 식으로 주어진다.

$$L = \frac{4}{3}\int_0^3 \sqrt{\frac{81-5x^2}{9-x^2}}\,dx$$

적분 L은 $x = 3$에서 특이점을 가진다. $x = 3\sin\theta$로 놓고 $n = 5$인 MATLAB 함수 gauss_quad를 사용하여 θ−적분을 근사하라.

10장 응용문제

1. π값은 원 $x^2 + y^2 = 16$의 1-4분면의 면적을 근사하여 추정할 수 있다. 면적은 4π이다. $n = 4$로 하여 가우스 구적법을 사용하여 π를 근사적으로 구하라.

2. 감마함수는 다음 식으로 정의된다.

$$\Gamma(\alpha) = \int_0^\infty e^{-x} x^{\alpha-1}\, dx$$

$\alpha =$ 1.0, 1.4 및 2.0에 대해 $\Gamma(\alpha)$를 근사적으로 계산하라.

3. 오차함수 $\mathrm{erf}(x)$가 다음과 같이 정의되어 있다.

$$\mathrm{erf}(x) = \frac{2}{\sqrt{\pi}} \int_0^x e^{-t^2}\, dt$$

가우스 구적법을 사용하여 $n = 4$로 놓고 $\mathrm{erf}(0.5)$를 근사적으로 계산하고 표의 값 $\mathrm{erf}(0.5) = 0.5200500$과 비교해 보라.

4. x-축을 따라 놓인 길이가 l인 막대가 단위길이당 균일한 전하를 가지고 있으며 전체 전하량은 Q이다. 원점에서 y-축 방향으로 d만큼 떨어진 지점 P에서 전압은 다음 식으로 주어진다.

$$V = k\frac{Q}{l} \int_0^l \frac{dx}{\sqrt{x^2 + d^2}}$$

여기서 $k = 9 \times 10^9\ N \cdot m^2/C^2$ 이다. $Q = 10^{-6}$ C, $l = 5$ m, $d = 4$ m 일 때 V를 추정하라.

5. 어떤 깊이에서 일정기간동안 지구의 온도를 계산한다고 하자. 지구는 평평하고 초기에는 0의 온도로 가정하자. 시간이 t이고 깊이가 h 일 때 양의 값을 가지는 온도 $T(h, t)$는 다음과 같이 주어진다.

$$T(h,t) = \frac{h}{2a} \int_0^t \frac{e^{-\frac{h^2}{4a(t-\tau)}}}{(t-\tau)\sqrt{4\pi a(t-\tau)}} T_s(\tau)\, d\tau$$

단, $T_s(t)$는 지표면의 온도이다. 상수 a는 열확산 계수이고 전달물질의 함수이다. t의 단위가 시간이면

$$T_s(t) = 15 + 20 \sin\left(\frac{2\pi t}{8766}\right)$$

이다. $a = 0.009\ \mathrm{m^2/hr}$이라 하고 다음의 t 및 h 값에 대해 $T(h, t)$를 계산하라.

(a) $t = 200{,}400{,}500, \quad h = 1\text{ m}$

(b) $t = 200{,}400{,}500, \quad h = 5\text{ m}$

(c) $t = 200{,}400{,}500, \quad h = 10\text{ m}$

6. 단열된 디스크의 정상상태의 온도분포 $u(r, \theta)$가 다음의 편미분방정식을 만족한다.

$$\Delta u = \frac{1}{r}\frac{\partial}{\partial r}\left(r\frac{\partial u}{\partial r}\right) + \frac{1}{r}\frac{\partial^2 u}{\partial \theta^2} = 0, \quad 0 \le \theta \le 2\pi,\ 0 \le r \le a$$
$$u(a,\theta) = f(\theta), \quad f(0) = f(2\pi), \quad 0 \le \theta \le 2\pi$$

여기서 a는 디스크의 반지름이고, 좌표계의 원점은 디스크의 중심이며, $f(\theta)$는 디스크 주변의 주어진 온도이다. 이 문제의 해는 다음과 같다.

$$u(r,\theta) = \frac{1}{2\pi}\int_0^{2\pi} \frac{a^2 - r^2}{a^2 - 2ar\cos(\varphi - \theta) + r^2} f(\varphi)\, d\varphi$$

이 장에서 전개한 적분공식을 사용하여 여러 지점 (r, θ)에서 아래 조건에 따라 적분값을 계산하라. $a = 1$을 사용하라.

(a) $f(\theta) = 1$ 이라 하자. 디스크 전체의 임의의 여러 지점에서 적분을 계산하여 온도분포가 상수 1일 개연성을 보여라.

(b) $f(\theta) = \cos^2\theta - \sin^2\theta$라 하자. $u(r, \theta)$가 아마도 $u(r, \theta) = r^2\cos^2\theta - r^2\sin^2\theta$ 이라는 결론을 낼 수 있도록 임의의 여러 지점에서 적분을 계산하라.

(c) $f(\theta) = \theta\,(2\pi - \theta)$, $0 \le \theta \le 2\pi$라 하자. $0 \le \theta \le 2\pi$에 대해 $u(0.2, \theta)$, $u(0.4, \theta)$, $u(0.6, \theta)$, $u(0.8, \theta)$의 그래프를 그려라. $u(0, \theta)$는 얼마인가?

(d) 문제(c)에서와 같이 $f(\theta) = \theta(2\pi - \theta)$ 이다. $r = 0.9, 0.95, 0.99$일 때 $u(r, 0)$, $u(r, \pi/4)$, $u(r, 5\pi/6)$, $u(r, 3\pi/2)$를 구하고 이들이 다음 추정관계식을 만족함을 관찰하라.

$$0 = \min_{0\le\theta\le2\pi} f(\theta) \le u(r,\theta) \le \max_{0\le\theta\le2\pi} f(\theta) = \pi^2$$

이 관계식은 디스크에서 $\Delta u = 0$에 대한 **최대-최소의 원리**(maximum-minimum principle)라 한다.

7. 열전달 문제에서 관의 열유량은 다음 적분식으로 주어진다.

$$C(\phi) = \frac{\sin^2\phi}{16}\int_\phi^{\pi/2} \sin x \left[\cos\phi - \frac{\pi - 2x - \sin 2x}{2\cos^2 x}\right]^3 dx$$

여기서 ϕ의 단위는 라디안이다.

(a) 가우스 구적법을 사용하여 $n = 4$로 하여 $\pi/5$, $\pi/4$, $\pi/3$에 대해 적분을 계산하라. 이 적분은 $x = \pi/2$에서 특이점을 가짐을 유의하라.

(b) 거듭제곱 급수전개를 사용하여 특이점을 다음과 같이 제거할 수 있다.

$$C(\phi) \approx \frac{\sin^2 \phi}{16} \int_{\phi}^{\pi/2} \left(x - \frac{1}{6}x^3\right) \left[\cos\phi - \left(\frac{1}{2}\pi - 2x + \right.\right.$$
$$\left.\left. + \frac{1}{2}\pi x^2 - \frac{4}{3}x^3 + \frac{1}{3}\pi x^4\right)\right]^3 dx$$

문제 (a)에 주어진 것과 동일한 ϕ값에 대해 적분을 계산하고 (a)와 (b)에서 구한 결과를 비교하라.

8. 비압축성, 비회전류의 속도 포텐셜은 라플라스 방정식을 만족한다. 이러한 2차원 흐름을 생각할 수 있다고 하자. 속도와 포텐셜을 각각 기호로 정의하여 다음 관계식으로 나타내 보자.

$$\vec{v} = \nabla u$$

경계에서 유체의 수직방향의 속도를 부가하여 경계조건이 함수 g로 주어 유체의 운동을 정지시키도록 하자. 이와 같은 2차원 환경에서 용기가 반지름 a인 디스크로 할 수 있다면, 이 문제의 해 u는 극좌표계에서 다음 적분으로 주어진다.

$$u(r,\theta) = C - \frac{a}{2\pi} \int_0^{2\pi} \ln\left(a^2 - 2ar\cos(\varphi - \theta) + r^2\right) g(\varphi)\, d\varphi$$

여기서 C는 임의의 상수이다. 이 문제에서 $a = 1$로 하자. $g(\theta) = \sin\theta$, $C = 0$로 하여 $(0.1,\ \pi/4)$, $(0.2,\ \pi/4)$및 $(0.4,\ 3\pi/6)$점들에서 $u(r,\ \theta)$값을 구하라.

9. 강의 열오염을 감시하기 위해, 생물학자가 오전 9시 에서 오후 4시까지 매 시간 온도 T를 화씨로 측정한다. 결과는 다음 표에 나타나 있다.

Time of day	9	10	11	12	13	14	15	16
Temperature	75.3	77.0	83.2	84.8	86.5	86.4	81.1	78.6

심프슨 공식을 사용하여 오전 9시와 오후 4시 사이의 아래 식으로 주어진 평균 수온을 추정하라.

$$T_{av} = \frac{1}{b-a} \int_a^b T(t)\, dt$$

10. 관찰자가 정오에서 오후 8시까지 매시간 외부온도를 측정한다. 기록된 온도는 다음 표와 같다.

Time of day	Noon	1	2	3	4	5	6	7	8
Temperature	62	65	69	70	68	68	61	63	62

합성 사다리꼴 공식을 사용하여 정오와 오후 8시 사이의 다음 식으로 주어지는 평균온도를 근사적으로 계산하라.

$$av(T) = \frac{1}{b-a}\int_a^b T(x)\,dx$$

11. 레이더를 사용하여 주자의 최초 4초간의 속도를 기록하였다 (아래 표를 보라). 심프슨 공식을 사용하여 이 4초간 주파한 거리를 추정하라.

Time t(s)	0.0	0.5	1.0	1.5	2.0	2.5	3.0	3.5	4.0
v(m/s)	0	4.66	7.72	8.76	9.72	10.10	10.53	10.77	10.91

12. 완벽한 라디에이터는 다음과 같은 스테판–볼츠만 방정식에 따라 절대온도의 4승에 비례하여 에너지를 방출한다.

$$E = 36.9 \cdot 10^{-12} T^4$$

여기서 E는 단위가 watts/cm^{2}인 방출 파워(emissive power)이고, T는 절대온도(°K)이다. 4×10^{-5}와 7×10^{-5} cm 사이의 가시 스펙트럼에 포함되어 있는 총에너지의 분율에 관심이 있다고 하자. 가시부분의 E_v는 위 극한사이에서 플랑크 방정식을 적분하여 구해진다.

$$E_v = \int_{4\cdot 10^{-5}}^{7\cdot 10^{-5}} \frac{2.39 \cdot 10^{-11}}{x^5 (e^{\frac{1.432}{Tx}} - 1)}\,dx$$

여기서 x는 파장으로 단위는 cm 이다. $n = 20$ 및 $T = 3500°$에 대해 심프슨 공식을 사용하여 E_v를 추정하라.

13. 호숫가를 따라 달리는 고속도로 구간이 있다. 측량기사가 호수의 대략적인 면적을 구하고자 도로의 여러 지점에서 도로와 호숫가의 가까운 지점과 먼 지점의 거리를 다음 표와 같이 측정하였다 (아래 그림 참조).

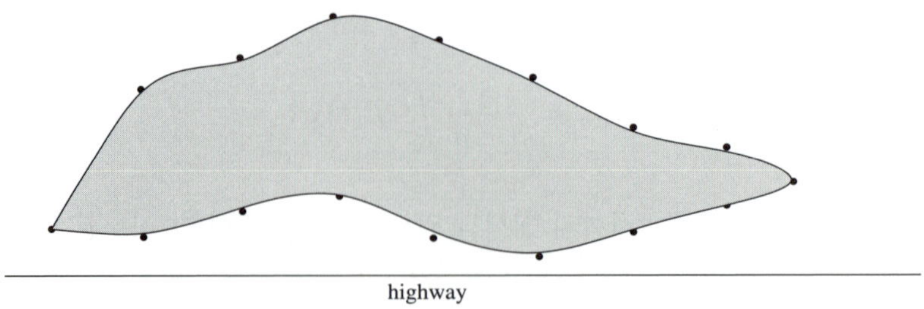

Distance along highway (km)	0.0	0.5	1.0	1.5	2.0	2.5	3.0	3.5	4.0
Distance to near shore (km)	0.5	0.3	0.7	1.0	0.5	0.2	0.5	0.8	1.0
Distance to far shore (km)	0.5	2.3	2.2	3.0	2.5	2.2	1.5	1.3	1.0

심프슨 공식을 사용하여 호수의 넓이를 추정하라.

14. 아래 그림에서 트러스의 중앙에 힘 F가 가해지면 A점은 평형위치로부터 x만큼 변형된다. 0에서 4 cm 사이의 변형을 발생시키는데 요구되는 킬로뉴톤(kN) 단위의 힘의 크기가 아래 표에 열거되어 있다.

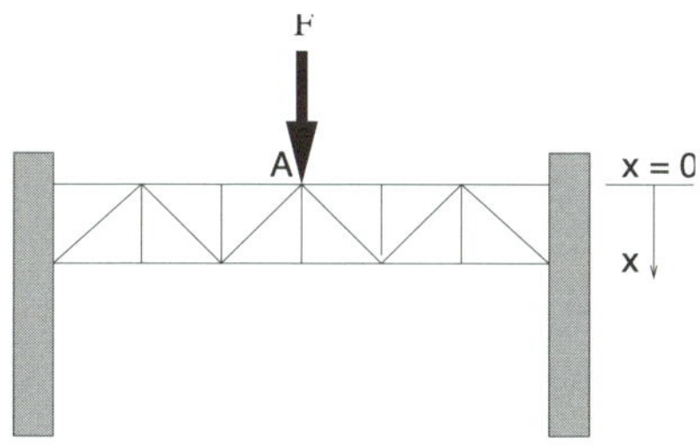

x (cm)	0.0	0.5	1.0	1.5	2.0	2.5	3.0	3.5	4.0
F	0	1.44	2.91	4.42	5.91	7.42	9.04	10.71	13.22

힘 F에 의해 A점을 변형시키기 위한 다음 식으로 주어진 일 W를 심프슨 공식을 사용하여 근사적으로 구하라.

$$W = \int_0^4 F(x)\, dx$$

CHAPTER 11

선형 적분 방정식에 대한 수치 해석법

11.1 서론

적분 방정식이란 미지의 함수가 적분 기호 내에 나타나 있는 방정식이다. 이러한 방정식은 응용수학, 물리학, 그리고 공학과 최근에 들어서는 경제학과 생물학에서도 널리 사용되고 있다. 첫 번째로 살펴볼 것은 아벨(Abel)의 적분 방정식이다. 그는 마찰이 없는 철사를 따라 미끄러져 가내려가는 구슬을 고려하고 주어진 시작점, $(0,\ h)$로부터 끝점, $(x,\ 0)$까지 정해진 시간 $f(x)$내에 구슬이 미끄러져 내려가는 철사의 모양에 의문을 가졌다(그림11.1 참조). 아벨은 다음과 같은 적분 방정식을 유도하였다.

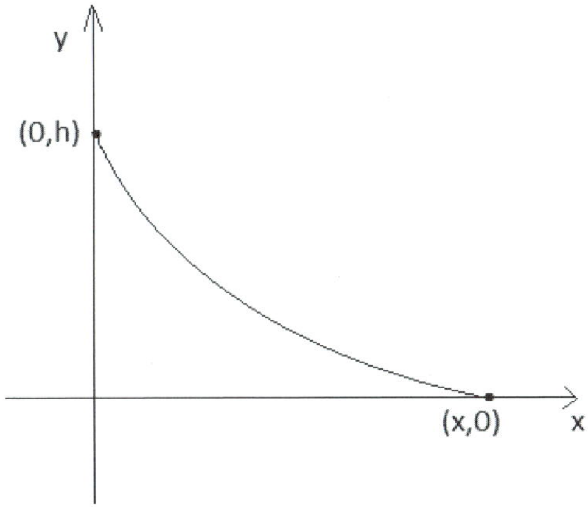

그림 11.1 철사를 따라 미끄러지는 구슬

$$f(x) = \int_0^x (x-t)^{-1/2} u(t)\, dt \tag{11.1}$$

여기서 $f(x)$는 주어진 함수이며 $u(t)$는 철사의 형상과 관련된 찾고자 하는 미지의 함수이다. 더 일반적으로 볼 때 이것은 다음과 같은 형식을 갖는 방정식을 말한다.

$$f(x) = \int_a^x k(x, t)u(t)\, dt \tag{11.2}$$

여기서 $f(x)$와 $k(x, t)$는 주어진 함수이며 u는 미지의 함수이다. 함수 $u(t)$는 식 (11.2)에서 1차이므로 선형이다. 식 (11.2)는 1종 볼테라(Volterra) 형식의 적분 방정식이다. 아벨의 적분 방정식은 식 (11.2)의 특별한 경우이다. 선형 2종 볼테라 적분 방정식은 다음과 같다.

$$f(x) = u(x) + \int_a^x k(x, t)u(t)\, dt \tag{11.3}$$

선형 2종 볼테라 방정식은 다양한 경우에서 볼 수 있으며 미분 방정식 문제를 적분 방정식 문제로 변환하는 과정에서 나타난다.

예제 11.1 다음의 초기값 문제에 대한 적분 방정식을 구하시오.

$$y'' + p(x)y = f(x)$$

$$y(0) = a, \quad y'(0) = b$$

미분 방정식을 0부터 x까지 적분하여 다음 식을 얻는다.

$$y' - b + \int_0^x p(t)y(t)\, dt = \int_0^x f(t)\, dt$$

이제 위의 결과를 다시 0부터 x까지 적분하면 다음과 같다.

$$\int_0^x \int_0^s p(t)y(t)\, dtds = \int_0^x \int_t^x p(t)y(t)\, dsdt = \int_0^x (x-t)p(t)y(t)\, dt$$

다음과 같은 결과를 얻는다.

$$y(x) - a - bx + \int_0^x (x-t)p(t)y(t)\, dt = \int_0^x (x-t)f(t)\, dt$$

또는

$$y(x) + \int_0^x k(x, t)y(t)\, dt = F(x)$$

$k(x, t) = (x - t)p(t)$ and $F(x) = \int_0^x (x-t)f(t)\, dt + a + bx$

여기서 $k(x, t) = (x - t)p(t)$ 이며 $F(x) = \int_0^x (x-t)f(t)\, dt + a + bx$ 이다.

미분 방정식을 적분 방정식으로 변환시키는 데 있어서의 장점은 적분은 매끈한 과정이며 보통 더 정확한 결과를 준다는 것이다.

볼테라 형태의 적분 방정식은 가변적인 상한 값을 갖는다. 고정 상한 값을 갖는 적분 방정식을 **프레드 홀름 형태 적분방정식**(Fredholm type integral equation)이라고 한다.

다음의 선형 1종 프레드홀름 적분 방정식에서 $k(x,\ t)$와 $f(x)$는 주어진 함수이며 $u(t)$는 미지의 함수이다.

$$\int_a^b k(x,t)u(t)\,dt = f(x) \tag{11.4}$$

다음 식은 2종 프레드홀름 적분 방정식이다.

$$u(x) + \int_a^b k(x,t)u(t)\,dt = f(x) \tag{11.5}$$

적분 방정식에서 함수 $k(x,\ t)$는 **커널**(kernel)이라고 한다. $f(x)$가 0인 방정식을 제차 방정식이라고 한다. 1종 프레드홀름 적분 방정식은, 특별히 $(a,\ b)$가 무한 구간일 때 적분 변환과 연관되어 나타나며 이러한 문제를 다루는 특수한 방법들이 개발되어 왔다. 이번 장에서는 유한 구간 $[a,\ b]$에서의 2종 적분 방정식만을 다룬다.

상미분 방정식에 대한 초기값 문제는 볼테라형(Volterra-type) 적분 방정식을 생성시킨다. 상미분 방정식에 대한 경계값 문제는 프레드홀름 적분 방정식을 생성한다.

예제 11.2 다음의 경계 값 문제에 해당하는 적분 방정식을 구하시오.

$$u'' + p(x)u = f(x), \quad a < x < b$$

$$u(a) = 0,\ u(b) = 0$$

미분 방정식을 a에서 x까지 적분하면 다음과 같다.

$$u' + \int_a^x p(s)u(s)\,ds = \int_a^x f(s)\,ds + C$$

여기서 C는 상수이다. a에서 x까지 다시 적분하면

$$u(x) + \int_a^x (x-s)p(s)u(s)\,ds = \int_a^x (x-s)f(s)\,ds + C(x-a)$$

$u(b) = 0$을 만족할 수 있도록 C를 선택하면

$$\int_a^b (b-s)p(s)u(s)\,ds = \int_a^b (b-s)f(s)\,ds + C(b-a)$$

약간의 과정을 거치면 다음과 같은 식을 얻는다.

$$u(x) - \int_a^b k(x,s)p(s)u(s)\,ds = -\int_a^b k(x,s)f(s)\,ds$$

여기서

$$k(x,s) = \begin{cases} \frac{(s-a)(b-x)}{b-a}, & a \le s \le x \\ \frac{(x-a)(b-s)}{b-a}, & x \le s \le b \end{cases}$$

연습문제 11.1

1. $u(x) = \sin x$가 다음 적분 방정식의 해임을 보이시오.

$$u(x) = x + \int_0^x (t-x)u(t)dt$$

2. $u(x) = e^x$ 가 다음 적분 방정식의 해임을 보이시오.

$$u(x) = 1 + \int_0^x u(t)dt$$

3. $u(x) = 1 + 3x/4$ 가 다음 적분 방정식의 해임을 보이시오.

$$u(x) = 1 + x\int_0^1 tu(t)dt$$

4. $u(x) = -3x$ 가 다음 적분 방정식의 해임을 보이시오.

$$u(x) = x + \int_0^1 (1+xt^2)u(t)dt$$

5. 다음의 미분 방정식에 대한 볼테라 적분 방정식을 구하시오.

$$u'' + q(x)u' + p(x)u = f(x), \quad u(0) = a,\ u'(0) = b$$

6. 다음의 미분 방정식에 대한 볼테라 적분 방정식을 구하시오.

$$u'' - xu = e^x, \quad u(0) = 1,\ u'(0) = 2$$

7. 다음의 경계 값 문제에 대한 프레드홀름 적분 방정식을 구하시오.

$$u'' - x^2 u = \sin x, \quad u'(0) = 0,\ u'(1) = 0$$

11.2 구적법

적분 방정식에 대한 근사 해를 구하기 위하여 시도하는 첫 번째 방법은 구적법을 사용하여 연속적인 문제를 선형 연립 방정식으로 바꾸는 것이다. 이번 절에서는 사다리꼴 공식과 가우스 구적법을 사용하여 다음의 프레드홀름 적분 방정식의 근사해를 구할 것이다.

$$f(x) = u(x) + \int_a^b k(x,t)u(t)\,dt \tag{11.6}$$

11.2.1 사다리꼴 공식

사다리꼴 공식을 적용하기 위하여 먼저 구간 $[a,\ b]$를 h의 크기를 갖는 N개의 소구간으로 나눈다. 여기서

$$t_j = a + jh, \quad j = 0, 1, \ldots, N, \quad h = \frac{b-a}{N}$$

앞서 10.1절에서 정적분 $\int_a^b k(x,t)u(t)\,dt$의 값을 구하기 위한 사다리꼴 공식은 다음과 같음을 상기하라.

$$\int_a^b k(x,t)u(t)\,dt = \frac{h}{2}\left[k(x,t_0)u(t_0) + k(x,t_N)u(t_N)\right] + h\sum_{j=1}^{N-1} k(x,t_j)u(t_j) \tag{11.7}$$

식 (11.4)에 대입하면

$$f(x) = u(x) + \frac{h}{2}\left[k(x,t_0)u(t_0)) + k(x,t_N)u(t_N)\right] + h\sum_{j=1}^{N-1} k(x,t_j)u(t_j) \tag{11.8}$$

식 (11.8)에서의 함수 방정식에 대한 해는 $I = 0,\ 1,\ .\ .\ .\ N$과 $a \le t_i \le b$에서 t_i를 x에 대입하여 얻을 수 있다. 이렇게 하여 식 (11.8)은 다음과 같은 연립 방정식으로 변환된다.

$$f(t_i) = u(t_i) + \frac{h}{2}\left[k(t_i, t_0)u(t_0)) + k(t_i, t_N)u(t_N)\right] + h\sum_{j=1}^{N-1} k(t_i, t_j)u(t_j) \quad (11.9)$$

$f(t_i) = f_i$, $k(t_i, t_j) = k_{ij}$ 그리고 $u(t_i) = u_i$로 놓으면 식 (11.9)는 다음과 같이 쓸 수 있다.

$$f_i = u_i + \frac{h}{2}\left[k_{i0}u_0 + k_{iN}u_N\right] + h\sum_{j=1}^{N-1} k_{ij}u_j \quad (11.10)$$

여기서 $I = 0, 1 \ldots N$이다. 식 (11.10)을 행렬로 나타내면

$$(\mathbf{I} + \mathbf{KD}) \cdot \mathbf{u} = \mathbf{f} \quad (11.11)$$

여기서

$$\mathbf{f} = [f_i]^T, \quad \mathbf{u} = [u_i]^T, \quad \mathbf{K} = [k_{ij}], \quad \text{and} \quad \mathbf{D} = \mathbf{diag}(\frac{h}{2}, h, \ldots, h, \frac{h}{2})$$

이것은 N + 1개의 미지수, $u_0 \ldots u_N$을 갖는 N + 1개의 선형 연립 대수 방정식이며 기존에 나와 있는 방법으로 풀 수 있다.

예제 11.3 N = 5인 사다리꼴 공식을 사용하여 다음의 프레드홀름 적분 방정식의 해를 구하시오.

$$x = u(x) - \int_0^1 x^2\, t\, u(t)\, dt$$

엄밀해 $u(x) = x + \frac{4}{9}x^2$ 와 비교하시오.

여기서

$$h = \frac{1}{5} = 0.2, \quad t_j = hj = 0.2j, \quad j = 0, 1, ..., 5, \quad k(x,t) = x^2\, t$$

식 (11.9)에서

$$u(x_i) - \frac{h}{2}\left[k(x_i, t_0)u(t_0) + k(x_i, t_N)u(t_N)\right] - h\sum_{j=1}^{4} x_i^2\, t_j\, u(t_j) = x_i$$

$$u_i - 0.1\left[k(x_i, 0)u(0) + k(x_i, 1)u(1)\right] - 0.2\sum_{j=1}^{4} x_i^2\, t_j\, u_j = x_i$$

여기서 $u(t_j) = u_j$, $x = x_i$ 이다. 마지막 방정식을 전개하여 연립 방정식을 얻는다.

$$u_0 - 0.1[0.0\,t_0^2\; u_0 + 1.0\,t_0^2\; u_5] - 0.2\left[t_0^2\,t_1\,u_1 + \; t_0^2\,t_2\,u_2 + t_0^2\,t_3\,u_3 + t_0^2\,t_4\,u_4\right] = t_0$$
$$u_1 - 0.1[0.0\,t_1^2\; u_0 + 1.0\,t_1^2\; u_5] - 0.2\left[t_1^2\,t_1\,u_1 + \; t_1^2\,t_2\,u_2 + t_1^2\,t_3\,u_3 + t_1^2\,t_4\,u_4\right] = t_1$$
$$u_2 - 0.1[0.0\,t_2^2\; u_0 + 1.0\,t_2^2\; u_5] - 0.2\left[t_2^2\,t_1\,u_1 + \; t_2^2\,t_2\,u_2 + t_2^2\,t_3\,u_3 + t_2^2\,t_4\,u_4\right] = t_2$$
$$u_3 - 0.1[0.0\,t_3^2\; u_0 + 1.0\,t_3^2\; u_5] - 0.2\left[t_3^2\,t_1\,u_1 + \; t_3^2\,t_2\,u_2 + t_3^2\,t_3\,u_3 + t_3^2\,t_4\,u_4\right] = t_3$$
$$u_4 - 0.1[0.0\,t_4^2\; u_0 + 1.0\,t_4^2\; u_5] - 0.2\left[t_4^2\,t_1\,u_1 + \; t_4^2\,t_2\,u_2 + t_4^2\,t_3\,u_3 + t_4^2\,t_4\,u_4\right] = t_4$$
$$u_5 - 0.1[0.0\,t_5^2\; u_0 + 1.0\,t_5^2\; u_5] - 0.2\left[t_5^2\,t_1\,u_1 + \; t_5^2\,t_2\,u_2 + t_5^2\,t_3\,u_3 + t_5^2\,t_4\,u_4\right] = t_5$$

행렬로 표시하면 다음과 같다.

$$u_0 = 0$$
$$[1 - 0.2t_1^2t_1]u_1 - 0.2\,t_1^2\,t_2\,u_2 - 0.2\,t_1^2\,t_3\,u_3 - 0.2t_1^2\,t_4\,u_4 - 0.1t_1^2\; u_5 = t_1$$
$$-0.2t_2^2t_1u_1 + [1 - 0.2t_2^2\,t_2\,]u_2 - 0.2t_2^2\,t_3\,u_3 - 0.2t_2^2\,t_4\,u_4\; - 0.1t_2^2\; u_5 = t_2$$

$$-0.2t_3^2t_1u_1 - 0.2\,t_3^2\,t_2\,u_2 + [1 - 0.2t_3^2\,t_3\,]u_3 - 0.2t_3^2\,t_4\,u_4\; - 0.1t_3^2\; u_5 = t_3$$
$$-0.2t_4^2t_1u_1 - 0.2\,t_4^2\,t_2\,u_2 - 0.2\,t_4^2\,t_3\,u_3 + \;[1 - 0.2t_4^2\,t_4]\,u_4 - 0.1t_4^2\; u_5 = t_4$$
$$-0.2t_5^2t_1u_1 - 0.2\,t_5^2\,t_2\,u_2 - 0.2\,t_5^2\,t_3\,u_3 - 0.2\,t_5^2\,t_4\,u_4 + [1 - 0.1t_5^2\;]u_5 = t_5$$

t'_j값을 연립 방정식에 대입하면

$$\begin{bmatrix} \frac{624}{625} & -\frac{2}{625} & -\frac{3}{625} & -\frac{4}{625} & -\frac{1}{250} \\ -\frac{4}{625} & \frac{617}{625} & -\frac{12}{625} & -\frac{16}{625} & -\frac{2}{125} \\ -\frac{9}{625} & -\frac{18}{625} & \frac{598}{625} & -\frac{36}{625} & -\frac{9}{250} \\ -\frac{16}{625} & -\frac{32}{625} & -\frac{48}{625} & \frac{561}{625} & -\frac{8}{125} \\ -\frac{1}{25} & -\frac{2}{25} & -\frac{3}{25} & -\frac{4}{25} & \frac{9}{10} \end{bmatrix} \begin{bmatrix} u_1 \\ u_2 \\ u_3 \\ u_4 \\ u_5 \end{bmatrix} = \begin{bmatrix} \frac{1}{5} \\ \frac{2}{5} \\ \frac{3}{5} \\ \frac{4}{5} \\ 1 \end{bmatrix}$$

4장에서 설명한 표준적인 방법 중의 하나를 사용하면 표 11.1에 주어진 근사해와 적분 방정식의 엄밀해 $u(x) = x + \frac{4}{9}x^2$를 얻는다.

표 11.1 예제 11.3에 대한 사다리꼴 공식

x	u_i	Exact	Error
0.2	0.21838	0.21778	0.60×10^{-3}
0.4	0.47351	0.47111	2.40×10^{-3}
0.6	0.76541	0.76000	5.41×10^{-3}
0.8	1.09405	1.08440	9.65×10^{-3}
1.0	1.45946	1.44440	1.51×10^{-2}

11.2.2 가우스-나이스트롬(Gauss-Nyström) 방법

이번에는 N 점 가우스 구적법을 다음의 프레드홀름 방정식에 적용하여 근사해를 구한다.

$$f(x) = u(x) + \int_{-1}^{1} k(x,t)u(t)\,dt \tag{11.12}$$

여기서 구간 $[a, b]$를 $[-1, 1]$로 변환 할 때 이를 위해서 다음과 같은 선형 변환식을 사용한다.

$$t = a + \frac{b-a}{2}(z+1), \qquad -1 \le z \le 1 \tag{11.13}$$

이 방법은 적분이 $\int_{-1}^{1} k(x,t)u(t)dt$으로 표시되는 것을 제외하면 사다리꼴 공식의 경우와 유사하다.

$$\int_{-1}^{1} k(x,t)u(t)\,dt = \sum_{j=1}^{N} w_j k(x,t_j)u(t_j) \tag{11.14}$$

여기서 w_j는 가중치, t_j는 좌표값이다. 구적법은 10장에 상세히 설명되어 있다.

식 (11.14)를 식 (11.4)에 적용하면

$$f(x) = u(x) + \sum_{j=1}^{N} w_j k(x,t_j)u(t_j) \tag{11.15}$$

각 구적점에서 식 (11.15)의 값을 구하면

$$f(x_i) = u(x_i) + \sum_{j=1}^{N} w_j k(x_i,t_j)u(t_j) \tag{11.16}$$

$f(t_i) = f_i,\ k(t_i,t_j) = k_{ij},\ u(t_i) = u_i$로 놓고 다음을 정의하면

$\bar{K_{ij}} = k_{ij}w_j$

식 (11.16)을 행렬로 표시한 식을 얻는다.

$$(\mathbf{I} + \bar{\mathbf{K}}) \cdot \mathbf{u} = \mathbf{f} \tag{11.17}$$

이것은 N개의 미지수 u_j에 대한 N개의 선형 연립 대수 방정식이다. 여기서 $u(t)$에 모든 값은 각 점 t_j에서 표로부터 얻어진다.

위에서의 구적법은 단계별로 볼테라 선형 방정식에 대하여 적용될 수 있다. 예를 들어, 만일 등간격을 사용하여 사다리꼴 공식이 적용되면 구적법에 의한 행렬은 하삼각형 형태가 된다.

예제 11.4 4점 가우스 구적법을 사용하여 다음의 프레드홀름 적분 방정식을 해석하시오.

$$x = u(x) - \int_0^1 x^2\, t\, u(t)\, dt$$

엄밀해 $u(x) = x + \frac{4}{9}x^2$와 비교하시오.

다음과 같은 식을 얻는다.

$$\int_0^1 G(t)dt = \frac{1}{2}\int_{-1}^{1} G\left(\frac{z+1}{2}\right) dz$$

4점 Gauss 구적법에 대한 가중치와 좌표값은 표 11.2에 나와있다.

표 11.2 4점 가우스 구적법에 대한 가중치와 좌표값

i	z_i	w_i	$\frac{1}{2}(z_i+1)$
1	0.33998	0.65215	0.669 99
2	0.86114	0.34785	0.930 57
3	−0.33998	0.65215	0.330 01
4	−0.86114	0.34785	0.069 43

식 (11.16)으로부터

$$u(x_i) - \frac{1}{2}\sum_{j=1}^{4} w_j\, x_i^2\, t_j\, u(t_j) = x_i$$

$$u_i - \frac{1}{2}\sum_{j=1}^{4} w_j\, x_i^2\, t_j\, u_j = x_i \tag{11.18}$$

여기서 $t_j = \frac{1}{2}(z_j+1)$, $x = x_i = t_j$, $j = 1, ..., 4$, and $u(t_j) = u_j$
식 (11.18)을 전개하여 다음과 같은 연립 방정식을 얻는다.

$$u_1 - 0.5\left[w_1\, t_1^2\, t_1\, u_1 + w_2 t_1^2\, t_2\, u_2 + w_3\, t_1^2\, t_3\, u_3 + w_4 t_1^2\, t_4\, u_4\right] = t_1$$

$$u_2 - 0.5\left[w_1\, t_2^2\, t_1\, u_1 + w_2 t_2^2\, t_2\, u_2 + w_3\, t_2^2\, t_3\, u_3 + w_4 t_2^2\, t_4\, u_4\right] = t_2$$

$$u_3 - 0.5\left[w_1\, t_3^2\, t_1\, u_1 + w_2\, t_3^2\, t_2\, u_2 + w_3\, t_3^2\, t_3\, u_3 + w_4 t_3^2\, t_4\, u_4\right] = t_3$$

$$u_4 - 0.5\left[w_1\, t_4^2\, t_1\, u_1 + w_2\, t_4^2\, t_2\, u_2 + w_3\, t_4^2\, t_3\, u_3 + w_4 t_4^2\, t_4\, u_4\right] = t_4$$

또는 다음과 같이 쓸 수 있다.

$$
\begin{aligned}
u_1(1-0.5w_1\,t_1^2\,t_1) - 0.5w_2\,t_1^2\,t_2\,u_2 - 0.5w_3\,t_1^2\,t_3\,u_3 - 0.5w_4t_1^2\,t_4\,u_4 &= t_1\\
-0.5w_1\,t_2^2\,t_1\,u_1 + (1-0.5w_2\,t_2^2\,t_2)\,u_2 - 0.5w_3\,t_2^2\,t_3\,u_3 - 0.5w_4t_2^2\,t_4\,u_4 &= t_2\\
-0.5w_1\,t_3^2\,t_1\,u_1 - 0.5w_2\,t_3^2\,t_2\,u_2 + (1-0.5w_3\,t_3^2\,t_3)\,u_3 - 0.5w_4t_3^2\,t_4\,u_4 &= t_3\\
-0.5w_1\,t_4^2\,t_1\,u_1 - 0.5w_2\,t_4^2\,t_2\,u_2 - 0.5w_3\,t_4^2\,t_3\,u_3 + (1-0.5w_4t_4^2\,t_4\,)u_4 &= t_4
\end{aligned}
$$

표 11.2에서의 w_j와 t_j를 이들 방정식에 대입하여 행렬로 표시하면 다음과 같다.

$$
\begin{bmatrix}
0.90194 & -0.07265 & -4.8304\times10^{-2} & -5.4205\times10^{-3}\\
-0.18919 & 0.85985 & -9.3185\times10^{-2} & -1.0457\times10^{-2}\\
-2.3793\times10^{-2} & -1.7627\times10^{-2} & 0.9883 & -1.3151\times10^{-3}\\
-1.0532\times10^{-3} & -7.8020\times10^{-4} & -5.1875\times10^{-4} & 0.99995
\end{bmatrix}
\begin{bmatrix} u_1\\ u_2\\ u_3\\ u_4\end{bmatrix}
=
\begin{bmatrix} 0.66999\\ 0.93057\\ 0.33001\\ 0.06943\end{bmatrix}
$$

4장에서 설명한 방법 중 하나를 사용하면 표 11.3에 주어진 근사해와 적분 방정식의 엄밀해 $u(x) = x + 4/9x^2$를 얻는다.

이 방법의 정밀도는 전적으로 사용하는 구적법에 달려 있음을 유의해야 한다. 만일 x 이외의 점에서의 해를 얻기 위해서는 정밀도를 유지하기 위해서 식 (11.15)를 보간 공식으로 사용할 수 있다.

예를 들면, $u(x)$의 값을 $x = 0.2, \ldots$에서 알고 싶은 경우에 식 (11.15)를 보간 공식으로 사용한다.

다음 식에서

$$u(x) = x + \frac{1}{2}\sum_{j=1}^{4} w_j\,x^2\,t_j\,u_j \tag{11.19}$$

$$= x + x^2\frac{1}{2}\sum_{j=1}^{4} w_j\,t_j\,u_j \tag{11.20}$$

마지막 방정식의 우변의 합은 알고 있는 값이며 표 11.2-11.3에 있는 w_j, t_j. $u(t_j)$를 대입함으로써 계산된다. 즉,

$$
u(x) = x + x^2\frac{1}{2}\left[\begin{matrix}(0.65215)\,(0.66999)(0.8695) + (0.34785)\,(0.93057)(1.3154)\\ +\,(0.65215)\,(0.33001)(0.3784) + (0.34785)\,(0.06943)(0.0716)\end{matrix}\right].
$$

간단하게 하면 다음과 같은 보간 공식을 얻는다.

$$u(x) \simeq x + 0.4444x^2$$

사다리꼴 공식을 사용한 보간 공식은 표 11.1에서의 값을 사용하여 유사한 방법으로 얻을 수 있다. 즉,

$$u(x) \simeq x + 0.4595x^2$$

두 가지의 보간 공식으로 구한 몇몇의 값들이 표 11.4에서 엄밀해와 함께 비교되어 나타나 있다.

표 11.3 예제 11.4에 대한 4점 Gauss-Nystrom 법

x_i	u_i	Exact	Error
0.93057	1.3154	1.31544130	4.14×10^{-5}
0.66999	0.8695	0.86949516	4.84×10^{-6}
0.33001	0.3784	0.37841293	1.29×10^{-5}
0.06943	0.0716	0.07157246	2.75×10^{-5}

표 11.4 보간 공식을 사용한 근사해

Gauss-Nyström method					
x_i	0.2	0.3	0.5	0.7	
$u(x_i)$	0.21777	0.33999	0.61108	0.91772	
Exact	0.21778	0.34000	0.61111	0.91778	
Trapezoidal rule					
x_i	0.1	0.3	0.5	0.7	0.9
$u(x_i)$	0.10459	0.34135	0.61487	0.92514	1.27220
Exact	0.10444	0.34000	0.61111	0.91778	1.26000

M-function 11.2a

MATLAB 함수 프레드홀름 **Trapez.m**은 사다리꼴공식을 사용하여 프레드홀름 2종 적분식의 해를 구한다. 입력은 함수 k 와 f; 적분구간 a, b; 소구간의 수 n이다. 입력함수 $f(x)$ 와 $k(x, t)$는 M-files로 정의되어야 한다.

```
I=eye(n+1);
h=(b-a)/n;
for i=1:n+1
  v(i)=h;
% Find the vector f
  x=a+(i-1)*h;
  F(i)=feval(f,x);
  for j=1:n+1
% Find the matrix K
   t=a+(j-1)*h;
   K(i,j)=feval(k,x,t);
  end
end
```

```
v(1)=h/2;
v(n+1)=h/2;
% Find the matrix D
D=diag(v);
% Find the matrix (I+KD)
disp(' The matrix M = I+KD is  ')
M=I+K*D
disp(' The vector f is')
f=F'
% Solve the system
u=inv(M)*F';
y=[a:h:b]';
disp('Trapezoidal rule for solving Fredholm integral equation')
disp('______________________________________________')
disp('   xi             ui                                          ')
disp('______________________________________________')
for i=1:n+1
  fprintf('%9.4f %12.6f \n',y(i),u(i))
end
```

M-function 11.2b

MATLAB 함수 **TredholmGN45.m**은 가우스-나이스트롬법을 사용하여 2종 프레드홀름 적분식의 근사해를 구한다. 입력은 함수 *k* 와 *f*; 적분한계 *a* 와 *b*; 점의 수 (4 또는 5) *n* 이다. 입력함수 *f*(*x*) 와 *k*(*x*, *t*)는 M-files로 정의되어야 한다.

```
function FredholmGN45(k,f,a,b,n)
% Solve the Fredholm integral equation of the second kind
% using the 4 or 5 point Gauss_Nystrom method. k(x,t)=kernal, f=f(x) given.
if (n==4)
   % abscissae
   z(1)=-sqrt(1/7*(3-4*sqrt(0.3)));
   z(2)=-sqrt(1/7*(3+4*sqrt(0.3)));
   z(3)=-z(1);
   z(4)=-z(2);
   % weights
   w(1)=1/2+1/12*sqrt(10/3);
   w(2)=1/2-1/12*sqrt(10/3);
   w(3)=w(1); w(4)=w(2);
end
if (n==5)
   % abscissae
   z(1)=-sqrt(1/9*(5-2*sqrt(10/7)));
   z(2)=-sqrt(1/9*(5+2*sqrt(10/7)));
   z(3)=0;
```

```
  z(4)=-z(1);
  z(5)=-z(2);
  % weights
  w(1)=0.3*((-0.7+5*sqrt(0.7))/(-2+5*sqrt(0.7)));
  w(2)=0.3*((0.7+5*sqrt(0.7))/(2+5*sqrt(0.7)));
  w(3)=128/225;
  w(4)=w(1); w(5)=w(2);
end
I=eye(n);
fprintf('\n')
disp(' Gauss-Nystrom method for solving Fredholm integral equation')
fprintf('\n')
for i=1:n
% Compute the vetor f
 x=((b-a)*z(i)+a+b)/2;
 y(i)=x;
 F(i)=feval(f,x);
 for j=1:n
% compute the matrix K
  t=((b-a)*z(j)+a+b)/2;
  K(i,j)=(b-a)/2*feval(k,x,t)*w(j);
 end
end
% Compute the matrix I+K
disp(' The matrix M = I+K is ')
M=I+K
disp(' The vector f is')
f=F'
u=inv(M)*F';
disp('_____________________________________________')
disp('  xi          ui          ')
disp('_____________________________________________')
for i=1:n
 fprintf('%8.4f %12.6f \n',y(i),u(i))
end
```

연습문제 11.2

1. $n=4$인 사다리꼴 공식을 사용하여 다음의 적분 방정식의 근사해를 구하고 엄밀해와 비교하시오.

(a) $u(x)=\frac{5}{6}x+\frac{1}{2}\int_0^1 x\,t\,u(t)\,dt,\quad u(x)=x$

(b) $u(x)=-8x-6x^2+\int_0^1(20\,x\,t^2+12\,x^2 t)u(t)\,dt,\quad u(x)=x^2+x$

(c) $u(x)=\sec^2 x-1+\int_0^{\pi/4}u(t)\,dt,\quad u(x)=\sec^2 x$

(d) $u(x) = e^x + e^{-1}\int_0^1 u(t)\,dt, \quad u(x) = e^x + 1$

2. 4점 가우스–나이스트롬 방법을 사용하여 다음의 적분 방정식의 근사해를 구하시오.

(a) $u(x) = xe^x - x + \int_0^1 x\,u(t)\,dt$

(b) $u(x) = \sec^2 x - 1 + \int_0^{\pi/4} u(t)\,dt, \quad u(x) = \sec^2 x$

(c) $u(x) = x^2 - \frac{25}{12}x + 1 + \int_0^1 x\,t\,u(t)\,dt$

(d) $u(x) = \cos x + \int_0^{2\pi} \sin x\,\cos t\,u(t)\,dt, \quad u(x) = \cos x + \pi\sin x$

(e) $u(x) = x\sin x - x + \int_0^{\pi/2} x\,u(t)\,dt$

(f) $u(x) = x + \int_0^1 e^x\,e^t\,u(t)\,dt$

(g) $u(x) = x^2 - \frac{1}{3}x + \frac{1}{4} + \int_0^1 (x+2)\,u(t)\,dt, \quad u(x) = x^2 - \frac{11}{18}x - \frac{11}{36}$

(h) $u(x) = x - \frac{1}{\pi}\int_0^{2\pi} \sin(x+t)\,u(t)\,dt$

3. 사다리꼴 공식과 가우스–나이스트롬 방법을 사용하여 다음의 적분 방정식의 근사해를 구하시오. 두 방법에 의하여 얻어진 해를 비교하시오.

$$u(x) = \sin x - \frac{x}{4} + \frac{1}{4}\int_0^{\pi/2} x\,t\,u(t)\,dt, \quad u(x) = \sin x$$

11.3 연속 근사법

다음과 같은 2종 프레드홀름 적분 방정식을 고려하자.

$$u(x) = f(x) + \int_a^b k(x,t)\,u(t)\,dt$$

연속 근사법은 적분내에 있는 미지 함수 $u(x)$를 초기 예측 함수 $u_0(x)$, $a \le x \le b$로 대치하여 첫 번째 근사 함수 $u_1(x)$를 구하는 것이다. 즉,

$$u_1(x) = f(x) + \int_a^b k(x,t)\,u_0(t)\,dt$$

두 번째 근사 함수 $u_2(x)$는 유사한 방법으로 얻어진다.

$$u_2(x) = f(x) + \int_a^b k(x,t)u_1(t)\;dt$$

같은 방법으로 n번째의 근사 함수는 다음과 같다.

$$u_n(x) = f(x) + \int_a^b k(x,t)u_{n-1}(t)\; dt, \quad n \geq 1$$

초기 예측 함수 $u_0(x)$는 보통 $f(x)$로 하고 $u(x)$는 다음과 같이 극한값을 취함으로 얻는다.

$$u(x) = \lim_{n\to\infty} u_n(x) \tag{11.21}$$

만일 $k(x, t)$가 $a \leq x \leq b$, $a \leq t \leq b$에서 연속이며 다음 식이 성립한다면 반복과정은 수렴함을 알 수 있다.

$$\max_{a\leq x\leq b} \int_a^b |k(x,t)|dt < 1 \tag{11.22}$$

이제 다음 예제들을 통하여 연속 근사법을 설명한다.

예제 11.5 다음과 같은 프레드홀름 적분 방정식을 고려하자.

$$u(x) = x + \int_0^1 x^2\, t\, u(t)\, dt$$

연속 근사법을 사용하여 $u(x)$를 구하시오. 엄밀해는 $u(x) = x + \frac{4}{9}x^2$

$u_0(x) = x$로 하자. 대입하면 다음과 같은 식을 얻는다.

$$\begin{aligned} u_1(x) &= x + \int_0^1 \left(x^2 t\right)\, t\; dt = x + x^2 \int_0^1 t^2 dt \\ &= x + \frac{1}{3}x^2 = x + (\frac{4}{9} - \frac{1}{9})x^2 \end{aligned}$$

두번째 근사값은

$$\begin{aligned} u_2(x) &= x + \int_0^1 x^2\, t\,(t + \frac{1}{3}\,t^2)\, dt = x + x^2 \int_0^1 t^2 dt + \frac{x^2}{3}\int_0^1 t^3 dt \\ &= x + \frac{5}{12}\,x^2 = x + (\frac{4}{9} - \frac{1}{9\cdot 4})x^2 \end{aligned}$$

세 번째 근사값은

$$\begin{aligned} u_3(x) &= x + \int_0^1 x^2\, t\,(t + \frac{5}{12}t^2)\, dt = x + x^2 \int_0^1 t\,(t + \frac{5}{12}t^2)\, dt \\ &= x + \frac{7}{16}\,x^2 = x + (\frac{4}{9} - \frac{1}{9\cdot 4^2})\, x^2 \end{aligned}$$

같은 방식으로 계속하면 n번째 근사값은 다음과 같다.

$$u_n(x) = x + \left(\frac{4}{9} - \frac{1}{9 \cdot 4^{n-1}}\right)x^2$$

이제, $n \to \infty$ 으로 극한값을 취하면 결과는 다음과 같다.

$$\lim_{n\to\infty} u_n(x) = x + \frac{4}{9}x^2 = u(x)$$

연습문제 11.3

1. 연속 근사법을 사용하여 다음의 프레드홀름 적분 방정식의 근사해를 구하시오.

(a) $u(x) = \frac{5}{6}x + \frac{1}{2}\int_0^1 x\,t\,u(t)\,dt$

(b) $u(x) = -8x - 6x^2 + \int_0^1 (20\,x\,t^2 + 12\,x^2 t)u(t)\,dt$

(c) $u(x) = \frac{2}{e^2-1}\int_0^1 e^x\,e^t\,u(t)\,dt$

(d) $u(x) = \sec^2 x - 1 + \int_0^{\pi/4} u(t)\,dt$

(e) $u(x) = e^x + e^{-1}\int_0^1 u(t)\,dt$

11.4 슈미트 방법(Schumidt method)

다음과 같은 축약커널(degeneate kernel)을 갖는 적분 방정식을 고려해보자.

$$k(x,t) = \sum_{j=1}^{n} \alpha_j(x)\beta_j(t) \tag{11.23}$$

여기서 $\alpha_j(x)$와 $\beta_j(t)$는 연속함수이다. 식 (11.6)의 적분 방정식은 다음과 같은 형태를 갖는다.

$$u(x) + \sum_{j=1}^{n} \alpha_j(x)\int_a^b \beta_j(t)u(t)\,dt = f(x) \tag{11.24}$$

$\int_a^b \beta_j(t)u(t)dt$가 상수임을 유의하라. 이 값들은 결정되어야 한다. 다음과 같이 놓으면

$$C_j = \int_a^b \beta_j(t)u(t)\,dt$$

그러므로 식 (11.24)는 다음과 같이 된다.

$$u(x)+\sum_{j=1}^{n}\alpha_j(x)C_j=f(x) \tag{11.25}$$

식 (11.25)에 $\beta_j(x)$를 곱하고 a부터 b까지 적분하면 다음과 같다.

$$C_i+\sum_{j=1}^{n}A_{ij}C_j=\varphi_i, \quad i=1,\dots,n \tag{11.26}$$

여기서

$$A_{ij}=\int_a^b \beta_i(x)\alpha_j(x)dx \quad \text{and} \quad \varphi_i=\int_a^b f(x)\beta_i(x)\,dx$$

식 (11.26)은 n개의 미지수 C_i를 갖는 n개의 연립 방정식이다. 방정식을 풀어서 구한 C_i를 식 (11.25)에 대입하여 해를 구한다.

예제 11.6 다음 방정식의 해를 구하시오.

$$u(x)+\int_0^1 e^{x-t}u(t)\,dt=x$$

축약커널은 $k(x,\,t)=e^xe^{-t}$이다. $C=\int_0^1 e^{-t}u(t)dt$ 라고 하자. 다음과 같은 식을 얻는다.

$$u(x)+Ce^x=x$$

e^{-x}를 곱하고 0에서 1까지 적분하면 다음과 같다.

$$C+C=\int_0^1 xe^{-x}dx=-2e^{-1}+1$$
$$C=-e^{-1}+\frac{1}{2}$$

따라서 해는 다음과 같이 주어진다.

$$u(x)=x+e^{x-1}-\frac{1}{2}e^x$$

이 방법은 축약커널을 적용하여 주어진 커널, $k(x,\,t)$를 근사 시키며, 축약커널을 사용하여 얻은 적분 방정식을 풀고 그 결과를 최종 근사 값으로 사용하는 것을 포함하고 있다.

예제 11.7 다음 적분 방정식의 근사해를 구하시오.

$$u(x) + \int_0^1 \sin(xt)u(t)\,dt = 1$$

sin 함수를 멱급수로 전개하여 근사화 시킨다. 이번 예제에서는 세 번째 항까지 취한다.

$$\sin(xt) \approx tx - \frac{1}{3!}t^3x^3 + \frac{1}{5!}t^5x^5$$

근사화시킨 적분 방정식은

$$u(x) + x\int_0^1 tu(t)\,dt - \frac{x^3}{3!}\int_0^1 t^3u(t)\,dt + \frac{x^5}{5!}\int_0^1 t^5u(t)\,dt = 1$$

다음과 같이 놓는다.

$$C_1 = \int_0^1 tu(t)dt,\ C_2 = \int_0^1 t^3u(t)dt,\ C_3 = \int_0^1 t^5u(t)dt$$

마지막 방정식에 x, x^3, x^5을 곱하고 그 결과를 0에서부터 1까지 적분하면 다음과 같이 3개의 미지수를 갖는 3개의 방정식을 얻는다.

$$\frac{4}{3}C_1 - \frac{1}{3!5}C_2 + \frac{1}{5!7}C_3 = \frac{1}{2}$$

$$\frac{1}{5}C_1 + \frac{41}{3!7}C_2 + \frac{1}{5!9}C_3 = \frac{1}{4}$$
$$\frac{1}{7}C_1 - \frac{1}{3!9}C_2 + \frac{1321}{5!11}C_3 = \frac{1}{6}$$

소수점 4째 자리까지 취한 방정식의 해는 다음과 같다.

$$C_1 = 0.3794,\ C_2 = 0.1783,\ C_3 = 0.1157$$

그러므로 근사해는

$$u(x) = 1 - 0.3794x + \frac{0.1783}{3!}x^3 - \frac{0.1157}{5!}x^5$$

연습문제 11.4

다음의 방정식에 대하여 엄밀해를 구하거나 슈미트 방법을 사용하여 근사해를 구하시오.

1. $u(x)+\int_0^{\pi}\sin(x+t)u(t)\,dt=\cos x$

2. $u(x)+\int_0^{1}(1+x^2t)u(t)\,dt=x^3$

3. $u(x)+\int_{-1}^{1}e^{-xt}u(t)\,dt=1$

4. $u(x)+\int_0^{1}\frac{1}{1+xt}u(t)\,dt=1$

5. $u(x)+\int_0^{\pi}\cos(xt)u(t)\,dt=\sin x$를 사다리꼴 공식, 가우스-나이스트롬 방법, 슈미트 방법으로 각각 해를 구하시오. 구한 결과를 그림으로 그려서 비교해 보시오.

6. 위 문제와 같은 방식으로 다음의 적분 방정식의 해를 구하시오.

$$u(x)+\int_{-1}^{1}e^{xt}u(t)\,dt=x$$

11.5 볼테라형(Volterra-type) 적분 방정식

다음과 같은 볼테라 적분 방정식에 대한 근사해를 구하는 방법은 몇 가지가 있다.

$$u(x)=f(x)+\int_a^x k(x,t)u(t)\,dt,\quad a\le x\le b \tag{11.27}$$

첫 번째로 살펴볼 방법에서는 다음과 같이 놓으면 프레드홀름 방정식으로 된다는 것이다.

$$K(x,t)=\begin{cases}k(x,t), & a\le t\le x\\ 0, & x<t\le b\end{cases}$$

이러한 정의를 적용하면 식 (11.27)은 다음과 같이 된다.

$$u(x)=f(x)+\int_a^b K(x,t)u(t)\,dt \tag{11.28}$$

이 방법은 실행 가능하기는 하지만 비효율적이다.

보다 더 직접적인 방법으로서는 식 (11.27)은 주로 상미분 방정식에서 초기값 문제를 다룰 때 발견되므로 상미분 방정식에서 사용되는 해법을 찾아본다.

이를 위해서 $h > 0$으로 하고 $x_j = a + jh,\ j = 0, 1, 2 \ldots.$로 한다. 만일 $u(x_j)$가 x_j에서의 해라면, u_j는 x_j에서의 근사해 u를 의미한다. 또한 다음과 같음을 알 수 있다.

$$u(a) = u_0 = f(a)$$

11.5.1 오일러(Euler) 방법

식 (11.27)에서 $x = x_1$으로 놓으면 다음과 같은 식을 얻는다.

$$u(x_1) = f(x_1) + \int_a^{x_1} k(x_1, s)u(s)\,ds$$

따라서

$$\begin{aligned} u_1 &= f(x_1) + k(x_1, a)u_0 h \\ u(x_2) &= f(x_2) + \int_a^{x_2} k(x_2, s)u(s)\,ds \\ &= f(x_2) + \int_a^{x_1} k(x_2, s)u(s)\,ds + \int_{x_1}^{x_2} k(x_2, s)u(s)\,ds \end{aligned}$$

따라서

$$\begin{aligned} u_2 &= f(x_2) + k(x_2, a)u_0 h + k(x_2, x_1)u_1 h \\ u_3 &= f(x_3) + k(x_3, a)u_0 h + k(x_3, x_1)u_1 h + k(x_3, x_2)u_2 h \end{aligned}$$

보다 일반적으로 근사해 u_n은 다음과 같다.

$$u(x) = x + \int_0^x xtu(t)\,dt$$

예제 11.8 $h = 0.2$로 놓고 오일러 방법을 사용하여 다음 방정식에 대한 근사해를 구하시오. 엄밀해는 $u(x) = xe^{x^3}/3$이다.

$$u(x) = x + \int_0^x xtu(t)\,dt$$

$k(x, t) = xt,\ f(x) = x,\ x_j = 0.2j$로 하자.

$$\begin{aligned} u_0 &= f(0) = 0.0 \\ u_1 &= f(0.2) + k(0.2, 0)(0)(0.2) = 0.2 \end{aligned}$$

$$u_2 = f(0.4) + k(0.4, 0)(0)(0.2) + k(0.4, 0.2)(0.2)(0.2)$$
$$= 0.4 + 0.0032 = 0.4032$$

근사해를 엄밀해와 비교한 결과는 표 11.5에 나와 있다. 계산이 진행되어 갈수록 근사값이 나빠지는 것은 당연하다. 그 이유로는 상대적으로 큰 h값을 취한 것에 일부는 기인한다. 또 다른 오류의 근원은 정확하지 않은 근사 적분값이다. 상미분 방정식의 경우에서와 같이 보다 정밀한 적분값과 더 작은 크기의 h를 사용함으로써 정밀도를 높일 수 있다.

표 11.5 예제 11.8에 대한 오일러 방법

j	x_j	u_j	$u(x_j)$	$\lvert u_j - u(x_j)\rvert$	$\frac{\lvert u_j-u(x_j)\rvert}{\lvert u(x_j)\rvert}$
0	0.0	0.0	0.0	0.0	0.0
1	0.2	0.200000	0.200534	0.000534	0.002663
2	0.4	0.403200	0.408625	0.005425	0.013276
3	0.6	0.624154	0.644793	0.020640	0.032010
4	0.8	0.892124	0.948876	0.056753	0.059810
5	1.0	1.257894	1.395612	0.137718	0.098679

11.5.2 호인(Heun) 방법

호인 방법은 사다리꼴 공식에 기반을 둔 것이다. 격자 간격 h는 다음 식을 만족하도록 결정되어야만 한다.

$$\Big(\max_{\substack{a \le x \le b \\ a \le t \le b}} |k(x,t)|\Big)h < 1$$

식 (11.27)의 해를 구하는 데 있어서 다음을 유의한다.

$$u_0 = u(x_0) = f(x_0)$$

이번에는 다음 식을 보기로 한다.

$$u(x_1) = f(x_1) + \int_a^{x_1} k(x_1, t)u(t)\,dt$$

그리고 근사해 $u(x_1)$을 구하기 위해서 사다리꼴 공식을 적용하면

$$u_1 = f(x_1) + \frac{h}{2}\left[k(x_1, t_0)u_0 + k(x_1, t_1)u_1\right]$$

이제 u_1에 대하여 풀면

$$\left[1 - \frac{k(x_1, t_1)h}{2}\right] u_1 = f(x_1) + \frac{h}{2}k(x_1, t_0)u_0$$

그리고 나누면 u_1을 구할 수 있다. u_2를 구하기 위해서 다음과 같이 써보면

$$u(x_2) = f(x_2) + \int_a^{x_1} k(x_2, t)u(t)\,dt + \int_{x_1}^{x_2} k(x_2, t)u(t)\,dt$$

근사해는

$$u_2 = f(x_2) + \frac{h}{2}\left[k(x_2, t_0)u_0 + k(x_2, t_1)u_1\right] + \frac{h}{2}\left[k(x_2, t_1)u_1 + k(x_2, t_2)u_2\right]$$

또는

$$\left[1 - \frac{k(x_2, t_2)h}{2}\right] u_2 = f(x_2) + \frac{h}{2}k(x_2, t_0)u_0 + k(x_2, t_1)u_1 h$$

보다 일반적으로 $u(x_{n+1})$은 다음과 같다.

$$\left[1 - \frac{h}{2}k(x_{n+1}, t_{n+1})\right] u_{n+1} = f(x_{n+1}) + \frac{h}{2}k(x_{n+1}, t_0)u_0 + \sum_{j=1}^{n} k(x_{n+1}, t_j)u_j h$$

예제 11.9 호인 방법을 사용하여 다음 방정식의 근사해를 구하시오.

$$u(x) = x + \int_0^x xtu(t)\,dt$$

$0 \le k \le 1$임을 유의하여 $h = 0.2$로 한다. $k(x, t) = xt, \ldots$ 으로 하면

$$\begin{aligned}
u_0 &= f(0) = 0 \\
\left[1 - \frac{0.2}{2}k(0.2, 0.2)\right] u_1 &= f(0.2) + \frac{0.2}{2}k(0.2, 0)u_0 \\
u_1 &= 0.200803 \\
\left[1 - \frac{0.2}{2}k(0.4, 0.4)\right] u_2 &= f(0.4) + \frac{0.2}{2}k(0.4, 0)u_0 + (0.2)\,k(0.4, 0.2)u_1 \\
u_2 &= 0.409769
\end{aligned}$$

계산된 결과와 엄밀해 그리고 오차는 표 11.6에 나와 있다.

호인 방법은 많은 노력 없이도 보다 나은 해를 준다는 것을 확실하게 볼 수 있다.

표 11.6 예제 11.9 에 대한 호인방법(Heun's method)

j	x_j	u_j	$u(x_j)$	$\lvert u_j - u(x_j)\rvert$	$\frac{\lvert u_j-u(x_j)\rvert}{\lvert u(x_j)\rvert}$
0	0.0	0.0	0.0	0.0	0.0
1	0.2	0.200803	0.200534	0.000269	1.341418×10^{-3}
2	0.4	0.409769	0.408625	0.001144	2.799633×10^{-3}
3	0.6	0.647809	0.644793	0.003016	4.677470×10^{-3}
4	0.8	0.956026	0.948876	0.007150	7.535231×10^{-3}
5	1.0	1.412794	1.395612	0.017182	1.231144×10^{-2}

M-function 11.5a

MATLAB 함수 **VolterraEuler.m**은 오일러방법을 사용하여 볼테라 적분식 2종의 근사해를 구한다. 입력은 함수 k 와 f; 적분한계 a 와 b; 점의 수 n이다. 입력함수 $f(x)$ 와 $k(x, t)$는 M-files로 정의되어야 한다.

```
function VolterraEuler(k,f,a,b,n)
% Solve Volterra integral equation of the second kind
% using Euler's method. k(x,t)=kernel, f=f(x) given function.
fprintf('\n')
disp(' Euler''s method for solving Volterra integral equation')
disp('_______________________________________')
disp('    xi          ui            ')
disp('_______________________________________')
h=(b-a)/n;
u(1)=feval(f,a);
for i=2:n+1
% Compute the vector f
  x=a+(i-1)*h;
  F=feval(f,x);
  S=0;
  for j=1:i-1
    t=a+(j-1)*h;
    S=S+u(j)*h*feval(k,x,t);
  end
  u(i)=F+S;
end
y=[a:h:b]';
for i=1:n+1
  fprintf(' %9.4f %12.6f \n',y(i),u(i))
end
```

M-function 11.5b

MATLAB 함수 **VolterraEuler.m**은 호인방법을 사용하여 볼테라 적분식 2종의 근사해를 구한다. 입력은 함수 *k* 와 *f*; 적분한계 *a* 와 *b*; 점의 수 *n*이다. 입력함수 *f*(*x*) 와 k(*x*, *t*)는 M-files로 정의되어야 한다.

```
function VolterraHeun(k,f,a,b,n)
% Solve Volterra integral equation of the second kind
% using Heun's method. k(x,t)=kernel, f=f(x) given function.
fprintf('\n')
disp(' Heun''s method for solving Volterra integral equation')
disp('_______________________________________')
disp('    xi         ui                       ')
disp('_______________________________________')
h=(b-a)/n;
u(1)=feval(f,a);
for i=2:n+1
% Compute the vector f
  x=a+(i-1)*h;
  F=feval(f,x);
  S=0;
  for j=1:i-1
    t=a+(j-1)*h;
    if j==1
      S=S+u(j)*h/2*feval(k,x,t);
     else
      S=S+u(j)*h*feval(k,x,t);
    end
  end
  D=1-h/2*feval(k,x,x);
  u(i)=(F+S)/D;
end
y=[a:h:b]';
for i=1:n+1
  fprintf(' %9.4f %12.6f \n',y(i),u(i))
end
```

연습문제 11.5

1. 다음 적분 방정식의 엄밀해는 $u(x) = 2x - 2 + 3e^{-x}$ 이다.

$$u(x) = 1 + x^2 - \int_0^x u(t)\,dt, \quad 0 \le x \le 1$$

$h = 0.2$, $h = 0.1$로 놓고 오일러 방법과 호인 방법을 사용하여 근사해를 각각 구하시오.

2. 다음과 같이 주어진 미분 방정식에 대하여

$$u'' - \frac{1}{x+1}u = x^2, \quad 0 \le x \le 2, \quad u(0) = 1, \quad u'(0) = 0$$

(a) 미분 방정식에 해당하는 적분 방정식을 구하시오.

(b) 호인 방법을 사용하여 적분 방정식의 해를 구하시오.

3. 다음 적분 방정식의 엄밀해는 $u(x) = \sin x$ 이다.

$$u'' + u = 0, \quad u(0) = 0, \quad u'(0) = 1$$

(a) 이 문제에 대한 적분 방정식을 구하시오.

(b) 호인 방법을 사용하여 $0 \le x \le 2$에서의 적분 방정식의 해를 구하시오.

(c) 두 결과를 엄밀해와 비교하시오.

4. 호인 방법은 예측자-수정자(predictor-corrector) 방법으로 고쳐서 사용할 수 있으며 비선형 방정식을 해석할수도 있다. 이 문제의 초점은 이러한 알고리듬을 개발하는데 있다. 다음 식을 고려하자.

$$u(x) = f(x) + \int_a^x k(x, t, u(t))\, dt$$

기호는 앞에서와 같다.

$$\begin{aligned} u(a) &= u_0 = f(a) \\ u_1^* &= f(x_1) + k(x_1, t_0, u_0)h \\ u_1 &= f(x_1) + \frac{h}{2}[k(x_1, t_0, u_0) + k(x_1, t_1, u_1^*)] \end{aligned}$$

예측자로 오일러 법을 사용하여 u_2^*를 구하고, u_2를 계산하기 위해서 u_2대신에 u_2^*를 사용하여 사다리꼴 공식을 적용하라. 같은 방법으로 반복하여 u_j, $j = 0, 1, 2$를 계산한다. 수정된 호인 방법을 사용하여 다음의 적분 방정식의 해를 구하시오.

$$u(x) = \sin x + \int_a^x xt \cos u(t) dt, \quad 0 \le x \le 1$$

11장 응용문제

1. 다음은 초기 인구 p_0와 직전 인구 $p(\tau)$에 대한 인구 p를 예측하기 위한 적분 방정식이다.

$$p(t) = p_0 g(t) + \int_0^t g(t-\tau)p(\tau)d\tau, \quad 0 < \tau < t$$

여기서 나이가 t까지 생존하는 인구의 비율인 $g(t)$는 생존 함수이다. $t = 10$에서 $p(0) = 1000$ 일 때 $g(t) = e^{-t}$에 대한 적분 방정식의 해를 구하시오.

2. 물고기가 한 마리도 없는 인공 호수에서 크기가 다른 물고기를 일정한 수만큼 기른다고 가정하자. 물고기는 일 년에 $s(t)$의 비율로 놓아준다. 물고기는 미지의 비율 $r(t)$ 만큼씩 늘어난다. 생존률이 함수 $e^{-\lambda t}$(λ는 상수)에 의해서 주어질 때 $r(t)$를 구하려고 한다. 이 문제에 대한 해는 다음과 같은 적분 방정식을 해석함으로 얻게 된다.

$$N(t) = N(0)e^{-\lambda t} + \int_0^t [r(x) + s(x)]e^{-\lambda(t-x)}dx$$

여기서

$$\phi(t) = \int_0^t r(x)e^{-\lambda(t-x)}dx$$

N과 s는 $t \geq 0$에서 알려져 있다. 적분 방정식을 다음과 같은 형식으로 표시하고 방정식의 해를 구하시오.

3. 첫 번째로 살펴볼 내용은 아벨(Abel)의 적분 방정식이다. 그것은 마찰이 없는 철사를 시간 $f(x)$동안에 거리 x만큼 미끄러져 내려가는 구슬에 대한 것이다. 아벨은 다음과 같은 적분 방정식을 유도하였다.

$$-\sqrt{2g}\, f(x) = \int_0^x \frac{\phi(t)}{\sqrt{x-t}}dt$$

여기서 g는 중력가속도이다. $f(x) = x^{1/2}$ 일때 $\phi = 1/2$가 아벨 방정식의 해임을 증명하시오.

4. 기하학에서 베르누이 문제는 $(0, x)$ 구간에서의 곡선 $y = f(x)$의 아래 부분의 면적이 그것을 둘러싸는 사각형의 면적 $k\, x\, f(x)$에 대한 일부 k일 때, 곡선의 형태를 구하는 것으로 구성되어 있다. 이 문제는 다음의 적분 방정식으로 표현된다.

$$k\, x\, f(x) = \int_0^x f(\zeta)d\zeta$$

포물선 $y = x^2$의 아래 부분의 면적은 그것을 둘러싸고 있는 사각형 면적의 $1/3$이 됨을 증명하시오.

상미분 방정식에 대한 수치 해석법

물리적인 현상은 뉴턴 시대 이후로 미분 방정식의 형태로 쓰여지며 연구되어 왔다. 물리적 실험으로부터 어떤 양의 변화률은 그 양 자체보다 더 쉽게 결정될 수 있기 때문에 대부분의 과학과 공학에서의 물리적 법칙들은 미분 방정식의 형태로 표시되어 있다. 미분 방정식은 미지의 함수에 대한 최소한 하나의 도함수를 포함하고 있다.

이번 장에서는 다음과 같은 형태의 문제에 대하여 수치해석적인 방법으로 해를 구하는 데 관심을 기울일 것이다.

$$\frac{dy}{dt} = f(t, y) \quad \text{for } a \le t \le b \tag{12.1}$$

초기 조건은

$$y(a) = y_0$$

이러한 문제를 **초기값 문제**(IVP: initial value problem)라고 한다.

다행히도 식 (12.1)과 같은 초기값 문제를 해석하기 위한 여러 해법들이 많이 있다. 여기에서 설명하고자 하는 방법들은 대부분의 다른 방법에 대한 기본적인 개념이 되며 1차 연립 미분 방정식에도 어렵지 않게 적용될 수 있다.

예제 12.1 뉴턴의 냉각 법칙

뉴턴의 냉각 실험식에 의하면 어떤 물체의 온도 변화율은 그 물체의 온도와 주위의 온도의 차이에 비례하여 변한다. 만일 $T(t)$가 시간 t에서의 물체의 온도이고, T_m이 주위의 온도이며, dT/dt가 물체 온도 변화율이라면, 뉴턴의 냉각 법칙은 다음과 같은 미분 방정식으로 표시된다.

$$\frac{dT}{dt} = k(T - T_m) \tag{12.2}$$

여기서 k는 비례상수이다. 이 방정식은 식 (12.1)의 형태를 가지고 있다.

예제 12.2 **화학 반응**

일산화질소와 산소 사이의 반응은 이산화질소를 생성하며 $2NO + O_2 = NO_2$의 평형 방정식으로 표시된다. 고온에서 NO, O_2, NO_2의 농도에 대한 반응 속도의 의존성은 복잡하다. 그러나 25 °C에서 NO_2가 생성되는 속도는 다음과 같은 미분 방정식으로 표시되는 질량 작용의 법칙을 만족한다.

$$\frac{dx}{dt} = k(\alpha - x)^2(\beta - \frac{x}{2})$$

여기서 $x(t)$는 시간 t에서의 NO_2의 농도이며 k는 속도 상수, α는 NO의 초기 농도, β는 O_2의 초기 농도이다. 이 방정식은 식 (12.1)의 형태로 되어 있다.

12.1 오일러(Euler) 방법

상미분 방정식을 해석하기 위한 방법 중 가장 간단한 것이 **오일러 방법**이다. 이 방법은 거의 사용되지 않음에도 불구하고 해석하기에 용이하며 보다 어려운 방법을 개발하는데 있어서 중요한 개념을 제공하고 있다.

예를 들어 구간 $[a, b]$에서 다음과 같은 초기 값 문제에 대한 근사해를 구한다고 가정하자.

$$\frac{dy}{dt} = f(t, y), \quad y(a) = y_0 \tag{12.3}$$

오일러 방법을 수행하기 위해서 구간 $[a, b]$를 N개의 소구간으로 나누고 $h = (b - a)/N$이 되도록 격자점을 다음과 같이 정의하며 여기서 h는 단계의 크기이다.

$$t_i = a + ih \quad \text{for } i = 0, 1, \ldots, N$$

식 (12.3)에서의 초기 값 문제를 수치 해석법으로 풀기위해서 초기 값 y_0를 사용하여 t_1, t_2, t_N .... 에서의 엄밀해 $y(t)$와 근사한 값을 가지는 값 y_1, y_2, ... y_N을 생성한다. 오일러 방법을 유도하기 위해서 t_i에서의 y의 테일러 전개식을 고려하기로 하며, 여기서 i 0, 1....$N - 1$이다. $y(t)$가 $[a, b]$에서 두 번 미분에 대하여 연속하다고 가정하면 t와 t_{i+1} 사이의 ζ에서

$$\begin{aligned} y(t_{i+1}) &= y(t_i + h) \\ &= y(t_i) + hy'(t_i) + \frac{h^2}{2}y''(\zeta) \end{aligned} \tag{12.4}$$

식 (12.4)에서 오차 항을 버리고, 식 (12.3)을 사용하면, 다음과 같은 식을 얻는다.

$$y(t_i + h) \approx y(t_i) + hf(t_i, y_i)$$

만일 $y_i \approx y(t_i)$로 하면

$$y_{i+1} = y_i + hf(t_i, y_i), \quad i = 0, 1, \ldots, N-1 \tag{12.5}$$

식 (12.5)를 **오일러 방법**이라고 한다.

이 방법에 대한 알고리듬은 다음과 같다.

$h \longleftarrow \frac{b-a}{N}$
$y(a) \longleftarrow y_0$
for $\quad i = 0, 1, \ldots, N-1$
$\lfloor \quad y_{i+1} \longleftarrow y_i + hf(t_i, y_i)$

이 방법에 대한 기하학적인 내용은 그림 12.1에 나타나 있으며 다음과 같이 설명될 수 있다.

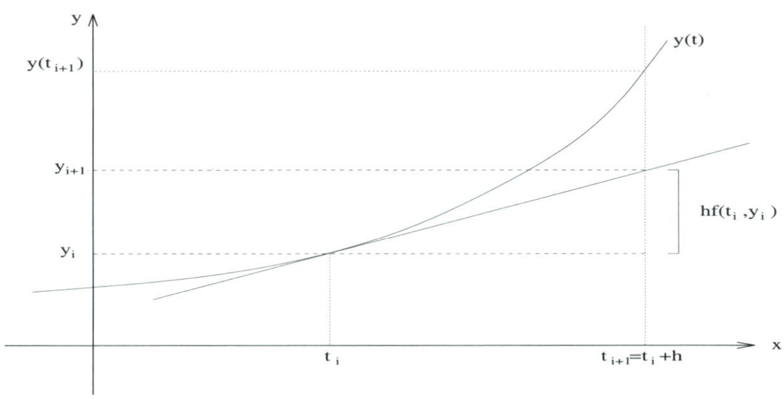

그림 12.1 오일러 방법에 대한 기하학적인 해설

$t = t_i$에서 y_i를 구했다고 가정한다. $t = t_i$에서 그래프에 대한 접선의 방정식 $y(t)$는

$$y - y_i = m(t - t_i)$$

여기서 $m = \frac{dy}{dt}|_{t=t_i} = f(t_i, y_i)$

$t = t_{i+1}$과 $y = y_{i+1}$에서

$$y_{i+1} - y_i = m(t_{i+1} - t_i)$$

그러므로

$$y_{i+1} = y_i + hf(t_i, y_i)$$

이것은 새로운 근사값 y_{i+1}이 $t = t_i$에서의 그래프 $y(t)$에 대한 접선과 $t = t_{i+1}$에서의 수직선과의 교점에서 얻어진다는 것을 보여준다.

예제 12.3 다음에 주어진 초기값 문제에서 $N = 10$으로 하여 $t = 1$에서의 y값을 구하시오. 그 결과를 엄밀해 $y(t) = e^{-t} + 2t - 2$ 와 비교하시오.

$h = 0.1$과 $f(x, y)$...에서

$$\frac{dy}{dt} = 2t - y, \quad y(0) = -1$$

$y(0.2)$를 계산하기 위해서, $(0.1,\ -0.9)$에서 시작하여 과정을 반복한다. 그 결과는 다음과 같다.

$$\begin{aligned} y(0.1) \approx y_1 &= y_0 + 0.1f(0, -1) \\ &= -1 + (0.1)[2(0) - (-1)] \\ &= -0.9 \end{aligned}$$

이와 같은 방식으로 구한 결과가 표 12.1에 나와 있다. $t = 1.0$에서 오일러 값은 $y_{10} = 0.348678$ 이며 오차는 0.0192 이다.

표 12.1 예제 12.3에 대한 오일러 방법

```
>> euler('f1',0,1,-1,10)

        Euler method
```

ti	f(t,y)	yi	Exact	Error
0.0	----	-1.000000	-1.000000	0
0.1	1.000000	-0.900000	-0.895163	4.84e-003
0.2	1.100000	-0.790000	-0.781269	8.73e-003
0.3	1.190000	-0.671000	-0.659182	1.18e-002
0.4	1.271000	-0.543900	-0.529680	1.42e-002
0.5	1.343900	-0.409510	-0.393469	1.60e-002
0.6	1.409510	-0.268559	-0.251188	1.74e-002
0.7	1.468559	-0.121703	-0.103415	1.83e-002
0.8	1.521703	0.030467	0.049329	1.89e-002
0.9	1.569533	0.187420	0.206570	1.91e-002
1.0	1.612580	0.348678	0.367879	1.92e-002

표 12.1에서 MATLAB 함수 euler를 사용하기 전에, 먼저 MATLAB 함수 f1을 다음과 같이 정의해야 한다.

```
function f=f1(t,y)
f=2*t-y;
```

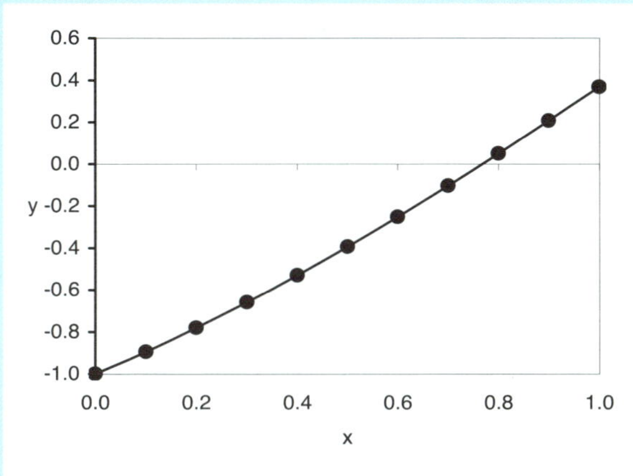

그림 12.2 $y = e^{-t} + 2t - 2$에 대한 엄밀해와 오일러 근사해($n=10$)

M-function 12.1

다음의 MATLAB 함수 **euler.m**은 오일러 방법을 이용하여 초기값 문제에 관한 식 (11.2)의 해를 구한다. 입력은 함수 $f(t, y)$; 초기 및 최종값 a, t의 b; 초기조건 y_0; 단계의 수 n이다. 입력함수 $f(t, y)$는 M-file로 정의되어야 한다.

```
function euler(f,a,b,y0,n)
% Solve the initial-value problem y'=f(x,y), y(a)=y0
% using Euler's method.
fprintf('\n')
disp('            Euler method')
disp('_____________________________________________')
disp('  ti          f(ti,yi)          yi           Exact          error      ')
disp('_____________________________________________')
fprintf('\n')
h=(b-a)/n;
y=y0;
fprintf('%6.2f      ----   %12.6f %12.6f  %4.2f\n',a,y,y,0)
for i=1:n
  t=a+(i-1)*h;
  m=feval(f,t,y);
  y=y+h*m;
```

```
% Write the exact solution g if known as g=g(t) otherwise set g='n'.
  t=t+h;
  g='n';
  if (g~='n')
    err=abs(g-y);
    fprintf('%6.2f %12.6f %12.6f %12.6f  %8.2e\n',t,m,y,g,err)
  else
    fprintf('%6.2f %12.6f %12.6f\n',t,m,y)
  end
end
```

연습문제 12.1

1. 다음에 주어진 초기값 문제를 $N = 10$으로 하여 오일러 방법으로 해를 구하시오. 결과를 엄밀해 $y = \frac{1}{2}e^{3(\cos t-1)}$ 와 비교하시오.

$$y' = -3y\sin(t), \quad y(0) = \frac{1}{2}$$

2. 다음에 주어진 초기값 문제를 $h = 0.1$로 하여 오일러 방법으로 해를 구하시오.

$$y' = y - \frac{y}{t}, \quad 1 \le t \le 2, \quad y(1) = \frac{1}{2}$$

오일러 방법으로 구한 결과를 사용하여 그 결과에 가장 잘 맞는 함수를 최소 자승법 개념을 사용하여 구하시오. 구한 함수를 사용하여 다음의 주어진 y 의 근사값을 구하시오.

(a) $y(1.02)$

(b) $y(1.67)$

(c) $y(1.98)$

결과를 엄밀해 $y = \frac{e^{t-1}}{2t}$ 와 비교하시오.

3. 다음에 주어진 초기값 문제는 엄밀해가 $y = \frac{1}{1+t}$ 이다.

$$y' = -\frac{1}{1+t}y, \quad 0 \le t \le 1.6, \quad y(0) = 1$$

(a) $N = 8, 16, 32$ 일 때 오일러 방법을 사용하여 $y(1.6)$의 근사값을 각각 구하시오.

(b) 위의 결과를 엄밀해와 비교해 보고 가장 정확한 값을 주는 N을 찾아보시오.

4. 다음에 주어진 초기값 문제는 엄밀해가 $y = \frac{1}{2}(1 - e^{-t^2})$ 이다.

$$y' = t - 2ty, \quad 0 \le t \le 1, \quad y(0) = 0$$

오일러 방법을 사용하여 $N = 10$일 때의 값을 구하고 이를 엄밀해와 비교하시오.

5. 오일러 방법을 사용하여 다음에 주어진 초기값 문제에 대한 근사값을 해당하는 구간에 대하여 구하시오.

(a) $y' = -ty,\ [0,1],\ y(0) = 2$ with $h = 0.1$
(b) $y' = -t\sin(t)y,\ [0,1],\ y(0) = 1$ with $h = 0.2$
(c) $y' = \frac{1}{t}y,\ [1,2],\ y(1) = 1$ with $h = 0.2$
(d) $y' = -t\sin(t)y,\ [0,1],\ y(0) = 1$ with $h = 0.2$
(e) $y' = \frac{1+y^2}{ty},\ [2,3],\ y(2) = 3$ with $h = 0.1$
(f) $y' = \sin t + e^t,\ [0,5],\ y(0) = 1$ with $h = 0.5$

6. 오일러 방법을 사용하여 다음에 주어진 초기값 문제에 대한 근사값을 해당하는 구간에 대하여 구하시오.

(a) $y' = -e^t y,\ [0,1],\ y(0) = 3$ with $N = 10$
(b) $y' = -4t^3 y,\ [1,2],\ y(1) = 1$ with $N = 10$
(c) $y' = -2y,\ [0,1],\ y(0) = 4$ with $N = 10$
(d) $y' = -\cos(t)y,\ [0,1.2],\ y(0) = 2$ with $N = 12$

컴퓨터 문제 12.1

1. 오일러 방법을 사용하여 초기값 연습문제 (12.1)을 해석하는 컴퓨터 프로그램을 귀하가 알고 있는 언어로 작성하시오.

입력 데이터는 다음과 같아야 한다.

(a) 함수 $f(t, y)$
(b) 구간 $[a, b]$
(c) 초기값 $y(a)$
(d) 단계 크기 h

다음에 주어진 초기값 문제를 단계크기 h=1사용하여 프로그램을 테스트 하시오.

$$y' = (1-t)y, \qquad 0 \le t \le 3, \quad y(0) = 3$$

2. MATLAB 함수 euler를 사용하여 다음의 초기값 문제를 해석하시오.

$$y' = ty^2, \qquad 0 \le t \le 2, \qquad y(0) = \frac{2}{5}$$

단계 크기 $h = 1/2^n$ 를 사용하여 $n = 1, 2, \ldots 10$ 일 때 각각 $t = 2$에서의 근사값 $y(t)$를 구하시오. 주어진 엄밀해 $y = \frac{2}{5-t^2}$ 에 대하여 $y(2)$와 h 에서의 절대 오차를 log-log 그래프로 나타내시오. 이 그림은 어떤 의미를 가지는가?

3. 오일러 방법을 사용하여 초기값 문제 $y' = -t^2 + y^2$ 의 해를 구하시오. 단계 크기를 각각 $h = 0.5, 0.1$ 로 하여 $y(2)$에서의 근사값을 구하시오.

4. 초기값 문제 $y' = -t^2 y$ 을 고려하고 $h = 0.1, 0.01, 0.001$ 로 하여 각각 오일러 방법을 사용하여 $y(3)$의 근사값을 구하되 컴퓨터 프로그램을 이용하시오.

5. 초기값 문제 $y' = t - y + 1$ 을 고려하고 h값을 순차적으로 감소시키며 오일러 방법을 사용하여 초기값 문제 $y' = t + e^{-t}$ 의 $y(1)$의 근사값을 구하시오. 엄밀해는 $y(0) = 1$이다. 엄밀해와 근사값을 그림에 나타내고 최대 오차값을 보이는 t를 찾아보시오.

6. 초기값 문제 $y' = 2ty$ 을 고려하고 오일러 방법을 사용하여 $y(1.5)$의 근사값을 구하고 엄밀해 $y(1) = 1$ 와 비교하시오. $h = 0.1$일 때 $y(1.5)$에서의 상대오차는 16%임을 보이시오.

7. MATLAB 함수 euler를 사용하여 구간 [0, 1.5]에서 다음의 초기값 문제를 해석하시오.

$$y' = 2 + \sqrt{y - 2t + 3}, \quad y(0) = 1$$

결과를 엄밀해 $y(t) = 1 + 4t + \frac{1}{4}t^2$ 와 비교하시오.

12.2 오차 해석

초기값 문제를 해석함에 있어서 국소와 전역 절단 오차의 두 가지 종류로 구분하는 것이 편리하다. 물론 반올림오차는 항상 존재하지만 여기서는 어떤 계산중에라도 반올림오차가 없다고 가정한다.

국소 절단 오차(local truncation error)는 t_i에서 t_{i+1}의 단일 단계에서 발생하는 오차이다. 오일러 방법에서 국소 오차는 단순히 식 (12.4)에서의 테일러 근사의 나머지 항 즉, $\frac{h^2}{2}y''(\zeta)$ 이다. 그러므로 국소 오차는 $O(h^2)$이다.

오일러 방법의 각 단계에서는 추가적인 절단 오차가 발생되므로 이러한 오차의 누적을 **전**

역 절단 오차(global truncation error)라고 한다. 여기서는 오일러 방법에서의 전역 오차에 대한 오차 범위를 유도하기로 한다. n 단계가 지난 후 전역 오차를 다음과 같다고 하면

$$e_n = y(t_n) - y_n, \quad n = 0, 1, \ldots \tag{12.6}$$

여기서

$y(t_n)$: $t = t_n$에서 엄밀해 값

y_n : $t = t_n$에서 근사값

식 (12.4)로부터 다음과 같은 결과를 얻는다.

$$y(t_{n+1}) = y(t_n) + hf\left(t_n, y(t_n)\right) + \frac{h^2}{2} y''(\zeta_n), \quad t_n < \zeta_n < t_{n+1} \tag{12.7}$$

식 (12.7)에서 식 (12.5)를 빼고 식 (12.6)을 적용하면 다음과 같다.

$$\begin{aligned} e_{n+1} &= e_n + h\left[f(t_n, y(t_n)) - f(t_n, y_n)\right] + \frac{h^2}{2} y''(\zeta_n) \\ &= e_n + h\, \frac{f(t_n, y(t_n)) - f(t_n, y_n)}{y(t_n) - y_n} \left[y(t_n) - y_n\right] + \frac{h^2}{2} y''(\zeta_n) \\ &= e_n + h\, \frac{f(t_n, y(t_n)) - f(t_n, y_n)}{y(t_n) - y_n}\, e_n + \frac{h^2}{2} y''(\zeta_n) \end{aligned} \tag{12.8}$$

$f(t, y)$와 f_y가 연속이며 평균값 정리를 사용하면

$$e_{n+1} = e_n + hf_y(t_n, \xi_n) e_n + \frac{h^2}{2} y''(\zeta_n), \quad y_n < \xi_n < y(t_n) \tag{12.9}$$

만일 ty-공간에서 관심 있는 영역에 대해서 다음을 가정하면

$$\left|\frac{\partial}{\partial y} f(t, y)\right| \le M \quad \text{그리고} \quad |y''(t)| \le K$$

여기서 M과 K는 양의 상수이고, 다음과 같은 식을 얻는다.

$$|e_{n+1}| < (1 + hM)|e_n| + \frac{h^2}{2} K \tag{12.10}$$

이제 추론에 의해서 다음과 같은 결론을 얻는다.

$$|e_n| \le c[(1 + hM)^n - 1], \quad n = 0, 1, \ldots, \quad c = \frac{hK}{2M} \tag{12.11}$$

$y(t_0) = y_0$, $e_0 = 0$ 이므로 식 (12.11)은 $n = 0$ 에 대하여 참이다. 식 (12.11)이 정수 n에 대하여 참이라면 $n+1$ 에 대하여 참이라는 것을 증명할 필요가 있다. 다음과 같은 식이 주어진다.

$$|e_{n+1}| \le c[(1+hM)^{n+1} - 1] \tag{12.12}$$

식 (12.10)과 식 (12.11)에서 다음과 같은 결과를 얻는다.

$$\begin{aligned}|e_{n+1}| &\le c[(1+hM)^n - 1](1+hM) + \frac{h^2}{2}K \\ &= c(1+hM)^{n+1} - c(1+hM) + \frac{h^2}{2}K\end{aligned}$$

$chM = \frac{h^2}{2}K$ 이므로, 마지막 방정식을 간단히 하면 식 (12.12)를 얻는다.

마지막으로 테일러 정리를 사용하면 다음 식을 쉽게 증명할 수 있다(연습문제 1 참조).

$$1 + x \le e^x, \quad \text{for all } x \ge 0$$

따라서

$$(1+hM) \le e^{hM}$$

그러므로

$$(1+hM)^n \le e^{nhM}$$

이 결과를 식 (12.11)에 적용하면 다음과 같은 결과를 얻는다.

$$|e_n| \le \frac{hK}{2M}(e^{nhM} - 1) = \frac{hK}{2M}(e^{(t_n - t_0)M} - 1) \tag{12.13}$$

이러한 결과는 오일러 방법에서의 전역 오차가 $O(h)$라는 것을 보여준다. 다른 말로 하면 이것은 오차의 범위가 단계의 크기 h에 비례한다는 것을 의미한다.

예제 12.4 다음과 같은 초기 값 문제를 생각해 보기로 한다.

$$y' = y - 1, \quad y(0) = 2, \quad 0 \le t \le 1 \qquad h = 0.1$$

$f(t, y) = y - 1$ 이고 $|\partial f/\partial y| = 1 = M$ 이다. 엄밀해는 $y = e^t + 1$ 이므로,

$$|y''| \le e = K, \qquad [0,1]$$

그러므로, 식 (12.13)은 다음과 같은 오차 범위를 갖는다.

$$|e_n| \le \frac{0.1e}{2}(e^{t_n} - 1)$$

단계 크기를 $h = 0.1$로 하여 MATLAB 함수 euler를 사용하면 표 12.2에서 보는 바와 같은 실제 오차와 오차 범위를 구할 수 있다.

이 예제에서 오차 범위가 적절하게 변하는 것을 볼 수 있다. 그러나 전역 오차의 범위는 다음의 예에서 볼 수 있듯이 대개는 심각할 정도로 보수적이다.

표 12.2 예제 12.4에서 h = 0.1에서의 오일러 방법을 적용한 경우에 실제 오차와 오차 범위에 대한 비교

t_n	Actual error	Error bound
0.0	0.0	0.0
0.1	0.005171	0.014294
0.2	0.011403	0.030092
0.3	0.018859	0.047551
0.4	0.027725	0.066846
0.5	0.038211	0.088170
0.6	0.050558	0.111738
0.7	0.065036	0.137783
0.8	0.081952	0.166568
0.9	0.101655	0.198381
1.0	0.124539	0.233539

예제 12.5 다음 같은 초기 값 문제를 고려한다.

$$y' = -y, \quad y(0) = 1, \quad 0 \le t \le 4 \qquad h = 0.1$$

$f(t, y) = y - 1$ 이고 $|\partial f/\partial y| = 1 = M$ 이다. 엄밀해는 $y = e^t$ 이므로

$$|y''| = |e^{-t}| \le 1 = K \quad \text{for all } t \text{ in } [0,4]$$

그러므로

$$|e_n| \le \frac{0.1}{2}(e^{t_n} - 1)$$

표 12.3은 실제 오차와 오차 범위를 보여주고 있다.

표 12.3 예제 12.5에서 $h = 0.1$에서의 오일러 방법을 적용한 경우에 실제 오차와 오차 범위에 대한 비교

t_n	Actual error	Error bound
0.0	0.0	0.0
0.1	0.004837	0.005259
0.2	0.008731	0.011070
0.3	0.011818	0.017493
0.4	0.014220	0.024591
⋯	⋯	⋯
3.5	0.005166	1.605773
3.6	0.004795	1.779912
3.7	0.004448	1.972365
3.8	0.004123	2.185059
3.9	0.003819	2.420122
4.0	0.003535	2.679908

이 예제에서는 t가 증가함에 따라 실제 오차 보다 오차 범위가 상당히 증가됨을 알 수 있다.

연습문제 12.2

1. 엄밀해가 $y = \frac{1}{1+t}$ 인 주어진 초기 값 문제를 고려하고 식 (12.13)과 엄밀해를 사용하여 $h = 0.1$일 때의 오일러 방법에 대한 오차 범위를 구하시오.

$$y' = -\frac{1}{1+t}y, \quad 0 \le t \le 1, \quad y(0) = 1$$

2. 다음 식이 성립됨을 보이시오.

$$0 \le 1 + x \le e^x, \quad \text{for all } x \ge 0$$

3. $f(t, y)$가 $a \le t \le b$, $c \le y \le d$에서 정의된다고 하자. 만일 $a \le t \le b$, $c \le y \le d$에서 다음의 조건식을 만족하는 상수 L이 존재한다면 $f(t, y)$는 y에 대하여 **립쉬츠**(Lipschits) 조건을 만족한다고 한다.

$$|f(t, y_1) - f(t, y_2)| \le L|y_2 - y_1|$$

만일 f 와 편미분 $\partial f/\partial y$가 연속이며, 다음식이 성립된다면

$$\left|\frac{\partial}{\partial y} f(t, y)\right| \le L$$

f는 변수 y에 대한 립쉬츠 상수, L = 상수인 경우, $a \le t \le b$, $c \le y_1$, 그리고 $y_2 < d$에서 립쉬츠 조건을 만족함을 보이시오.
힌트: 고정점 t에 대한 f에 평균값 정리를 적용한다.

4. 엄밀해가 $y = e^{-t} - 2t + 1$ 인 주어진 초기 값 문제를 고려하고 $t = 1$에서의 오일러 방법을 적용할 때, 최소한 소수점 두 자리수의 정확도가 보장될 수 있도록 h를 결정하시오.

$$y' = -y - 2t - 1, \quad 0 \le t \le 1, \quad y(0) = 2$$

5. 다음 함수가 [2,3] × [1,2]에서 립쉬츠 조건을 만족함을 보이시오.

$$f(t, y) = t|y|$$

6. 엄밀해가 $y = e^{t^2-1}$ 로 주어진 미분 방정식 $y' = 2ty$, $y(1) = 1$ 에 대하여 오일러 방법을 적용하였을 때의 국소 절단 오차의 범위를 구하시오.

7. 다음에 주어진 초기값 문제를 고려하여 질문에 답하시오. 엄밀해는 $y(t) = \frac{1}{9} + \frac{2}{3}t + \frac{38}{9}e^{-3(t-1)}$ 이다.

$$y' = 2t - 3y + 1, \quad y(1) = 5$$

(a) 오일러 방법을 사용하였을 때 n번째 단계에서의 국소 오차에 대한 c와 h에 대한 관계식을 구하시오.
(b) 오일러 방법을 사용하여 $y(1.5)$의 값을 구하고자 할 때 각 단계가 $h = 0.1$에서의 국소 절단 오차의 범위를 구하시오.
(c) 오일러 방법을 사용하여 $h = 0.1$과 $h = 0.05$ 일 때 $y(1.5)$에 대한 근사값을 구하시오.
(d) (c)에서의 오차를 계산하고 오일러 방법에서의 전역 절단 오차는 $0(h)$가 됨을 보이시오.

12.3 고차 테일러 급수 방법

오일러 방법은 테일러 급수에서 두 개의 항을 사용하여 유도되었다. 식 (12.3)과 같은 초기값 문제의 근사해를 더 많은 항을 사용하여 구할 수 있다는 것은 명확하다. 이러한 과정을 설명하기 위하여 테일러 급수에서 4개의 항을 사용하여 초기값 문제에 대한 근사해를 유도해 보기로 한다. 식 (12.3)에서의 초기값 문제의 해 $y(t)$가 4번의 미분에 대하여 연속이라고 가정하면 $t = t_i$ 에 대하여 $y(t)$의 Taylor 급수 전개식은 $t_i < \zeta_i < t_{i+1}$ 에서 다음과 같이 주어진다.

$$y(t_{i+1}) = y(t_i) + hy'(t_i) + \cdots + \frac{h^3}{3!}y^{(3)}(t_i) + \frac{h^4}{4!}y^{(4)}(\zeta_i) \tag{12.14}$$

식 (12.14)에서 나머지 항들을 무시하면 다음과 같은 차분 방정식을 얻는다.

$$y_{i+1} = y_i + hf(t_i, y_i) + \frac{h^2}{2}f'(t_i, y_i) + \frac{h^3}{6}f''(t_i, y_i) \tag{12.5}$$

단, $i = 0,1. . . , N - 1$ 이다.
연쇄법칙을 적용하면

$$\begin{aligned} y' &= f(t, y) \\ y'' &= f' = f_t + f_y y' = f_t + f_y f \\ y''' &= f'' = f_{tt} + 2f_{ty}f + f_{yy}f^2 + f_t f_y + f_y^2 f \end{aligned}$$

마지막 세 개의 방정식을 식 (12.15)에 대입하면 3차 테일러 방법의 공식을 얻게 된다. 이러한 방식으로 계속하면 임의 차수의 $y(t)$를 f 와 그에 대한 편미분으로 표시할 수 있다. 그러나 이 방법의 실제 어려움은 y에 대한 많은 미분은 복잡하며 경우에 따라서는 미분을 계산하기가 불가능하기도 하다는 것이다. 보다 많은 항을 더해서 절단 오차를 줄인다고 해도 이 방법은 일반적으로 비실용적이다.

예제 12.6 3차 테일러 방법을 사용하여 다음에 주어진 초기값 문제에서 $N = 10$ 에 대한 $y(1)$의 근사값을 구하시오.
다음 식을 고려하자.

$$\frac{dy}{dt} = 2t - y, \quad y(0) = -1$$

$$f(t, y(t)) = 2t - y$$

$f(t, y)$에 대한 첫 두 번의 미분계수는 다음과 같다.

$$\begin{aligned} f'(t, y) &= 2 - y' = 2(1 - t) + y \\ f''(t, y) &= -2 + y' = 2(t - 1) - y \end{aligned}$$

따라서

$$y_{i+1} = y_i + h\psi_3(t_i, y_i) \tag{12.16}$$

단, $i = 0,1, ... N - 1$이다.

$$\psi_3(t_i, y_i) = 2t_i - y_i + \frac{h}{2}[2(1 - t_i) + y_i] + \frac{h^2}{6}[2(t_i - 1) - y_i]$$
$$= 2t_i - y_i + \left(\frac{h}{2} - \frac{h^2}{6}\right)[2(1 - t_i) + y_i]$$

$N = 10$, $h = (1 - 0)/10 = 1$이므로 h값을 식 (12.16)에 대입하면 $t_i = 0.1i$, $i = 0, 1, \ldots, 9$ 일때 다음과 같은 차분 방정식을 얻는다.

$$y_{i+1} = 0.9048333y_i + 0.1903333t_i + 0.0096667$$

근사해 y_i의 값들은 엄밀해 $y(t) = e^{-t} + 2t - 2$와 오차와 함께 표 12.4에 있다.

표 12.4 $h = 0.1$인 3차 테일러 방법을 사용한 $y' = 2t - y$

ti	Taylor's method of order three	Exact solution	Error | y(ti)−yi |
0.00	−1.0	−1.0	0.0
0.10	−0.89516680	−0.89516258	4.22E−06
0.20	−0.78127689	−0.78126925	7.64E−06
0.30	−0.65919216	−0.65918178	1.04E−05
0.40	−0.52969250	−0.52967995	1.25E−05
0.50	−0.39348354	−0.39346934	1.42E−05
0.60	−0.25120380	−0.25118836	1.54E−05
0.70	−0.10343101	−0.10341470	1.63E−05
0.80	0.04931208	0.04932896	1.69E−05
0.90	0.20655245	0.20656966	1.72E−05
1.00	0.36786213	0.36787944	1.73E−05

식 (12.3)에서의 초기값 문제에 대한 해를 보다 정확하게 구하기 위하여 k차 테일러방법을 다음과 같은 공식을 사용하여 적용할 수 있다.

$$y_{i+1} = y_i + h\psi_k(t_i, y_i) \quad \text{for } i = 0, 1, \ldots, N - 1 \tag{12.17}$$

단,

$$\psi_k(t_i, y_i) = f(t_i, y_i) + \frac{h}{2!}f'(t_i, y_i) + \cdots + \frac{h^{k-1}}{k!}f^{(k-1)}(t_i, y_i)$$

그러나 앞에서도 언급하였듯이 $f(t, y)$에 대한 고차 미분을 계산하는 것은 매우 복잡하며 시간이 많이 걸린다.

연습문제 12.3

1. $h=0.1$인 2차 테일러 방법을 사용하여 다음에 주어진 초기값 문제에 대한 해 $y(0.1)$의 근사값을 계산하시오.

(a) $y' = -2ty^2, \quad 0 \le t \le 1, \quad y(0) = 1$
(b) $y' = 3(t-1)^2, \quad 0 \le t \le 1, \quad y(0) = 1$

2. 주어진 식에 대하여 y''를 계산하시오.

(a) $y' = 2t^2y^2$
(b) $y' = ye^t$

3. 다음에 주어진 초기값 문제에 대한 엄밀해가 $y(t) = \frac{2}{t^2} - t$일 때, $h=0.2$를 적용하고 2차 테일러 급수를 사용하여 $y(1.4)$의 근사값을 구하고 엄밀해와 비교하시오.

$$y' = -3 - \frac{2}{t}y, \quad 1 \le t \le 1.4, \quad y(1) = 1$$

4. 다음에 주어진 초기값 문제를 고려하여 테일러 급수에서 t^3 까지의 항을 사용하여 $y(0.1)$과 $y(0.5)$에 대한 근사값을 구하시오.

$$y' = t + y + ty, \quad y(0) = 1$$

5. 다음에 주어진 초기값 문제에 대하여 2차 테일러 방법에 해당하는 차분 방정식을 유도하시오.

(a) $y' = -2ty^2, \quad 0 \le t \le 1, \quad y(0) = 1$
(b) $y' = 3(t-1)^2, \quad 0 \le t \le 1, \quad y(0) = 1$

6. 다음에 주어진 초기값 문제의 근사해를 구간 [0,3], $h=0.2$에서 4차 테일러 급수 방법을 사용하여 구하시오.

$$y' = 4\cos t - ty, \quad y(0) = 1$$

7. 다음에 주어진 초기값 문제의 엄밀해는 $y(t) = 2e^t - t - 1$이다. $h=0.1$인 4차 테일러 급수를 사용하여 $y(0.5)$에 대한 근사값을 구하고 오차도 계산하시오.

$$y' = t + y, \quad y(0) = 1$$

8. 다음에 주어진 초기값 문제에서 1차와 2차 테일러 급수를 각각 사용하여 $y(-0.8)$에 대한 근사값을 구하시오.

$$y' = \cos t - \sin y + t^2, \quad y(-1) = 3$$

9. 다음의 초기값 문제에서 테일러 급수의 t^4 까지의 항을 사용하여 구간 $[1, 5]$, $h = 0.5$ 일 때 근사해를 구하시오.

$$y' = ty^{1/3}, \quad y(1) = 1$$

컴퓨터 문제 12.3

1. 다음의 초기값 문제에 테일러 방법을 적용하는 컴퓨터 프로그램을 귀하가 알고 있는 언어로 작성하시오. 구간 $[0, 0.5]$, $h = 0.1$ 일 때의 해를 구하시오. 테일러 급수에서 $y^{(5)}$까지의 미분을 사용하시오.

$$y' = y^2 - t^2, \quad y(0) = 1$$

2. 다음의 초기값 문제에서 구간 $[0, 0.5]$, $h = 0.1$ 일 때 3차 테일러 방법을 적용하는 컴퓨터 프로그램을 작성하시오. 엄밀해 $y = \frac{1}{2}t - \frac{1}{4} + \frac{5}{4}e^{-2t}$ 와 비교하시오.

3. 다음의 초기값 문제에서 구간 $[1, 2]$, $h = 0.1$ 일 때 5차 테일러 방법을 사용하여 해를 구하시오.

$$y' = 2t - 3y + 1, \quad y(1) = 5$$

12.4 룬게-쿠타(Runge-Kutta) 방법

앞에서 지적한 바와 같이, 테일러 방법은 $f(t, y)$에 대한 편미분을 계산하는 과정이 해석적으로 결정되어지므로 일반적으로 비효율적이다. 결과적으로 테일러 방법은 거의 사용되지 않는다. 여기서는 f에 대한 미분을 피하기 위하여 $f(t, y)$에 대한 미분이 요구되지 않으면서도 테일러 방법과 동일한 y_i에서의 정확도를 갖는 공식을 유도하고자 한다. 이러한 방법들 중에 가장 간단한 형식인 **2차 룬게-쿠타 방법 (RK2)**을 소개한다.

이 방법에 대한 공식의 형태는 식 (12.17)에서 $h\psi_k$를 $ak_1 + bk_2$ 로 치환하여 얻게 된다. 그 결과는

$$y_{i+1} = y_i + ak_1 + bk_2 \tag{12.18}$$

단,

$$k_1 = hf(t_i, y_i)$$
$$k_2 = hf(t_i + \alpha h, y_i + \beta h k_1)$$

그리고 식 (12.18)이 가능한 한 정밀한 값을 가질 수 있도록 상수 a, b, α, β 를 결정한다. 이들 상수를 유도하기 위하여 식 (12.18)과 t에서의 테일러 급수 전개를 일치시키면 다음과 같다.

$$\begin{aligned} y(t_{i+1}) &= y(t_i) + hy'(t_i) + \frac{h^2}{2}y''(t_i) + \cdots \\ &= y(t_i) + hf(t_i, y(t_i)) + \frac{h^2}{2}f'(t_i, y(t_i)) + \cdots \end{aligned}$$

$f'(t_i, y(t_i)) = f_t + f_y f$ 이므로

$$y(t_{i+1}) = y(t_i) + hf + \frac{h^2}{2}(f_t + f_y f) + O(h^3) \tag{12.19}$$

단, 식 (12.19)에서의 모든 함수는 $(t_i, y(t_i))$에서의 값이다. 두 변수에 대한 함수의 테일러 급수 전개 $f(ti + \alpha h, y_i + \beta k_1)$ 는 다음과 같다.

$$f(t_i + \alpha h, y_i + \beta k_1) = f(t_i, y_i) + \alpha h f_t + \beta k_1 f_y + O(h^2) \tag{12.20}$$

그러므로 식 (12.18)과 (12.20)은 다음과 같음을 알 수 있다.

$$y(t_{i+1}) = y(t_i) + h(a + b)f + bh^2(\alpha f_t + \beta f f_y) + O(h^3) \tag{12.21}$$

다시 말하지만, 식 (12.20)과 식 (12.21)에서의 모든 함수는 $(ti, y(ti))$에서의 값이다.

마지막으로, 식 (12.19)와 식 (12.21)을 비교하면 다음과 같은 결과를 얻게 된다.

$$\begin{cases} a + b = 1 \\ \alpha = \beta = \frac{1}{2b} \end{cases} \tag{12.22}$$

여기서 3개의 연립 방정식과 4개의 미지수가 있게 되는데 하나의 미지 변수의 값은 임의로 결정 된다. 일반적으로 사용되는 해에서의 값은 다음과 같다.

$$a = b = \frac{1}{2} \quad \text{그리고} \quad \alpha = \beta = 1$$

이 결과를 사용하면 다음과 같이 2차 룬게–쿠타 방법 또는 **수정 오일러 방법**을 얻을 수 있다.

$$y_{i+1} = y_i + \frac{h}{2}\left[f(t_i, y_i) + f\left(t_i + h, y_i + hf(t_i, y_i)\right)\right], \quad i = 0, 1, \ldots, N-1$$

또는

$$y_{i+1} = y_i + \frac{h}{2}(k_1 + k_2) \tag{12.23}$$

단,

$$k_1 = f(t_i, y_i) \quad \text{and} \quad k_2 = f(t_i + h, y_i + hk_1)$$

$\alpha = \beta = 1/2$ 는 선택 가능한 다른 인자들이며 이것은 **중점 방법**으로 불리는 식으로 다음과 같이 주어진다.

$$y_{i+1} = y_i + hf\left(t_i + \frac{h}{2}, y_i + \frac{h}{2}f(t_i, y_i)\right), \quad i = 0, 1, \ldots, N-1 \tag{12.24}$$

수정 오일러 방법에 대한 알고리듬은 다음과 같다.

$$
\begin{aligned}
& h = \tfrac{a-b}{N} \\
& y_0 \leftarrow y(a) \\
& \qquad i = 0, 1, \ldots, N-1 \\
& \qquad k_1 \leftarrow f(t_i, y_i) \\
& \qquad k_2 \leftarrow f(t_i + h, y_i + hk_1) \\
& \lfloor \qquad y_{i+1} \leftarrow y_i + \tfrac{h}{2}(k_1 + k_2)
\end{aligned}
$$

같은 방식으로 중점 방법에 대한 알고리듬은

$$
\begin{aligned}
& h = \tfrac{a-b}{N} \\
& y_0 \leftarrow y(a) \\
& \qquad i = 0, 1, \ldots, N-1 \\
& \qquad k_1 \leftarrow f(t_i, y_i) \\
& \qquad k_2 \leftarrow f(t_i + \tfrac{h}{2}, y_i + \tfrac{h}{2}k_1) \\
& \lfloor \qquad y_{i+1} \leftarrow y_i + hk_2
\end{aligned}
$$

식 (12.21)은 $O(h^3)$이므로 중점 방법과 오일러 방법에 대한 국소 절단 오차는 $O(h^3)$이 됨을 알 수 있다. 그러므로 두 방법은 모두 2차 방법이다.

가장 널리 사용되는 방법은 **4차 룬게–쿠타 공식** (**RK4**)이며 다음과 같이 주어진다.

$$y_{i+1} = y_i + \frac{h}{6}(k_1 + 2k_2 + 2k_3 + k_4) \quad \text{for } i = 0, 1, \ldots, N-1 \tag{12.25}$$

단

$$\begin{aligned} k_1 &= f(t_i, y_i) \\ k_2 &= f(t_i + \frac{h}{2}, y_i + \frac{h}{2}k_1) \\ k_3 &= f(t_i + \frac{h}{2}, y_i + \frac{h}{2}k_2) \\ k_4 &= f(t_i + h, y_i + hk_3) \end{aligned}$$

국소 절단 오차는 $O(h^5)$이다. 그러므로 4차 룬게–쿠타 방법을 사용하면, $f(t, y)$에 대한 해석적인 미분을 수행할 필요 없이 4차 테일러 방법에 상응하는 정확도로 근사해를 구할 수 있다. 4차 또는 그 이상의 고차의 룬게–쿠타 방법에 대한 전역 오차의 범위를 구하는 것은 어렵다. 그러나 만일 국소 절단 오차의 차수가 $O(h^n)$이라면, 전역 오차의 차수는 $O(h^{n-1})$임을 증명할 수 있다.

예제 12.7 $t = 1$ 이며 $N = 10$ 인 중점 방법을 사용하여 다음의 초기값 문제에 대한 근사해를 구하시오.

$$y' = 2t - y, \quad y(0) = -1$$

$h = 1/10 = 0.1$, $f(t, y) = 2t - y$일 때 $y(0.1)$에 대한 근사값을 중점 방법으로 계산한 첫 번째 결과는 다음과 같다.

$$\begin{aligned} k_1 &= f(0, -1) = 1.0 \\ k_2 &= f[0 + 0.1/2, -1 + 0.1(1/2)] = 1.05 \\ y_1 &= -1 + (0.1)(1.05) = -0.895 \end{aligned}$$

표 12.5에서 근사해는 해당하는 엄밀해와 비교되어 표시되어 있다. $t = 1$에서 중점 값은

$$y_{10} = 0.3685409848$$

표 12.5 중점 방법을 사용하여 해석한 $y' = 2t - y$

```
» midpoint('f1',0,1,-1,10)

   Midpoint method
```

ti	k1	k2	yi	Exact	Error
0.0	----	----	-1	-1	0
0.1	1.000000	1.050000	-0.895	-0.895163	1.63e-004
0.2	1.095000	1.140250	-0.780975	-0.781269	2.94e-004
0.3	1.180975	1.221926	-0.658782	-0.659182	3.99e-004
0.4	1.258782	1.295843	-0.529198	-0.52968	4.82e-004
0.5	1.329198	1.362738	-0.392924	-0.393469	5.45e-004
0.6	1.392924	1.423278	-0.250596	-0.251188	5.92e-004
0.7	1.450596	1.478067	-0.10279	-0.103415	6.25e-004
0.8	1.502790	1.527650	0.049975	0.049329	6.46e-004
0.9	1.550025	1.572524	0.207228	0.20657	6.58e-004
1.0	1.592772	1.613134	0.368541	0.367879	6.62e-004

예제 12.8 $N = 10$인 4차와 2차 룬게-쿤타 방법을 사용하여 다음 초기값 문제에 대한 근사해를 $t = 1$ 에서 구하시오.

$$y' = 2t - y, \quad y(0) = -1$$

$h = 0.1,\ f(x,\ y) = 2t - y$ 일 때 $y(0.1)$에 대한 근사값을 RK2로 계산한 첫 번째 결과는 다음과 같다.

$$k_1 = f(0, -1) = 1$$

$$k_2 = f(0 + 0.1, -1 + 0.1) = 1.1$$

$$y_1 = -1 + \frac{0.1}{2}(1 + 1.1) = -0.895$$

$h = 0.1,\ f(x,\ y) = 2t - y$일 때 $y(0.1)$에 대한 근사값을 RK4로 계산한 첫 번째 결과는

$$k_1 = f(0, -1) = 1$$

$$k_2 = f(0 + \frac{0.1}{2}, -1 + \frac{0.1}{2}(1)) = 1.05$$

$$k_3 = f(0 + \frac{0.1}{2}, -1 + \frac{0.1}{2}(1.05)) = 1.0475$$
$$k_4 = f(0 + 0.1, -1 + (0.1)(1.0475)) = 1.09525$$
$$y_1 = -1 + \frac{0.1}{6}[1 + 2(1.05) + 2(1.0475) + 1.09525] = -0.8951625$$

RK2와 RK4로 계산한 결과는 각각 표 12.6과 1표 2.7에서 엄밀해와 비교되어 나타나있다. $t = 1$에서 RK2에 의한 값은

$$y_{10} = 0.3685409848$$

그리고 RK4에 의한 값은 다음과 같다.

$$y_{10} = 0.3678797744$$

표 12.6 예제 12.8에대한 RK2의 계산결과

```
» rk2_4('f1',0,1,-1,10,2)
```

Runge-Kutta method of order 2

ti	k1	k2	yi	Exact	Error
0.0	----	----	-1	-1	0
0.1	1.000000	1.100000	-0.895	-0.895163	1.63e-004
0.2	1.095000	1.185500	-0.780975	-0.781269	2.94e-004
0.3	1.180975	1.262878	-0.658782	-0.659182	3.99e-004
0.4	1.258782	1.332904	-0.529198	-0.52968	4.82e-004
0.5	1.329198	1.396278	-0.392924	-0.393469	5.45e-004
0.6	1.392924	1.453632	-0.250596	-0.251188	5.92e-004
0.7	1.450596	1.505537	-0.10279	-0.103415	6.25e-004
0.8	1.502790	1.552511	0.049975	0.049329	6.46e-004
0.9	1.550025	1.595022	0.207228	0.20657	6.58e-004
1.0	1.592772	1.633495	0.368541	0.367879	6.62e-004

다음의 초기값 문제에 대한 오일러 방법, 중점 방법, 수정 오일러 방법에 의한 결과의 비교는 표 12.8에 주어져 있다.

$$y' = t + 3\frac{y}{t} \text{ over } [1, 2], \quad y(1) = 0 \quad \text{with } h = 0.1$$

이 문제에 대한 엄밀해는 $y(t) = t^3 - t^2$ 이다.

표 12.7 예제 12.8에대한 RK4의 계산결과

```
» rk2_4k('f1',0,1,-1,10,4)

   Runge-Kutta method of order 4
```

ti	k1	k2	k3	k4	yi	Exact	Error
0.0	----	----	----	----	-1	-1	0
0.1	1.000000	1.050000	1.047500	1.095250	-0.895162	-0.895163	8.20e-008
0.2	1.095163	1.140404	1.138142	1.181348	-0.781269	-0.781269	1.48e-007
0.3	1.181269	1.222206	1.220159	1.259253	-0.659182	-0.659182	2.01e-007
0.4	1.259182	1.296222	1.294370	1.329745	-0.52968	-0.52968	2.43e-007
0.5	1.329680	1.363196	1.361520	1.393528	-0.393469	-0.393469	2.75e-007
0.6	1.393469	1.423796	1.422279	1.451241	-0.251188	-0.251188	2.98e-007
0.7	1.451188	1.478629	1.477257	1.503462	-0.103414	-0.103415	3.15e-007
0.8	1.503414	1.528244	1.527002	1.550714	0.049329	0.049329	3.26e-007
0.9	1.550671	1.573137	1.572014	1.593469	0.20657	0.20657	3.31e-007
1.0	1.593430	1.613759	1.612742	1.632156	0.36788	0.367879	3.33e-007

표 12.8 $y' = t + 3\frac{y}{t}$, $y(1) = 0$ 에 대한 오일러 방법, 중점 방법, 수정 오일러 방법, 그리고 RK4 방법의 비교

ti	Exact solution	Euler's method	Error Euler	Midpoint method	Error Midpoint	Mod. Euler's method	Error Mod. Euler	RK4 method	Error RK4
1.0	0	0	0	0	0	0	0	0	0
1.1	0.121	0.100000	2.10E-02	0.119286	1.71E-03	0.118636	2.36E-03	0.120989	1.05E-05
1.2	0.288	0.237273	5.07E-02	0.283995	4.01E-03	0.282438	5.56E-03	0.287977	2.29E-05
1.3	0.507	0.416591	9.04E-02	0.500074	6.93E-03	0.497325	9.67E-03	0.506963	3.74E-05
1.4	0.784	0.642727	1.41E-01	0.773468	1.05E-02	0.769219	1.48E-02	0.783946	5.41E-05
1.5	1.125	0.920455	2.05E-01	1.110124	1.49E-02	1.104040	2.10E-02	1.124927	7.31E-05
1.6	1.536	1.254545	2.81E-01	1.515989	2.00E-02	1.507711	2.83E-02	1.535905	9.46E-05
1.7	2.023	1.649773	3.73E-01	1.997010	2.60E-02	1.986154	3.68E-02	2.022881	1.19E-04
1.8	2.592	2.110909	4.81E-01	2.559133	3.29E-02	2.545290	4.67E-02	2.591854	1.46E-04
1.9	3.249	2.642727	6.06E-01	3.208305	4.07E-02	3.191043	5.80E-02	3.248824	1.76E-04
2.0	4.000	3.250000	7.50E-01	3.950473	4.95E-02	3.929334	7.07E-02	3.999791	2.09E-04

MATLAB 방법

MATLAB 도구 상자는 상미분 방정식을 해석하기 위한 다양한 함수들을 포함하고 있다. 이러한 함수들의 기능의 특성에 따라 표 12.9에 나열되어 있다. MATLAB 함수에 대한 이론과 적용은 참고 문헌 [58]을 참조하라. 이러한 함수들을 호출하는 방식은 동일하다. 예를 들어, ode23 을 호출하기 위해서는 다음과 같이 하면 된다.

```
[t,Y]=ode23(odefun,[t0 tn],y0)
[t,Y]=ode23(odefun,[t0 tn],y0,options, arg1,arg2,...)
```

표 12.9 상미분 방정식(ODE)을 풀기 위한 MATLAB 내장 함수

Function	Description
ode113	Uses an explicit predictor-corrector method.
ode15s	Uses an implicit multistep method.
ode23	Uses Runge-Kutta schemes of order 2 and 3.
ede45	Uses Runge-Kutta schemes of order 4 and 5.

odefun 은 함수 $f(t, y)$를 정의하는 M 파일이다. [t0 tn]은 해석하고자 하는 해에 대한 구간을 정의하며 y0 는 초기 조건이다. 만일 t0 가 주어지지 않으면 0으로 가정한다. option은 계산상의 상세한 조건을 조절하는데 사용되는 인자이다. option이 설정되어 있지 않으면 [ ]인 공행렬을 기호로 사용한다.

예제 12.9 **화학 반응**

$\alpha = 0.0010$ mole/L, $\beta = 0.0041$ mole/L, $k = 7.13 \times 10^3$ $(\mathrm{L})^2/(\mathrm{mole})^2(\mathrm{sec.})$, $x(0) = 0$ mole/L.이다. MATLAB 함수 ode45를 사용하여 구간 [0, 10]에서 일산화질소의 농도에 대한 근사값을 구하시오. (예제 12.2를 보라.)

먼저, 상미분 방정식을 정의하는 odefun1.m이라는 M 파일을 작성한다.

```
    f=odefun1(t,x,flag,k,alpha,beta)
f = k*(alpha-x).^2*(beta-x)
```

flag 인자는 ode45 와의 적합성을 유지하기 위하여 필요하다.

MATLAB을 사용하면

```
>> tn = 10; x0 = 0
>> k = 7130; alpha = 0.0010; beta = 0.0041
>> [t,x] = ode45('odefun1',tn,x0,[ ],k,alpha,beta)
>> plot(t,x,'*')
```

결과는 그림 12.3에 나타나 있다.

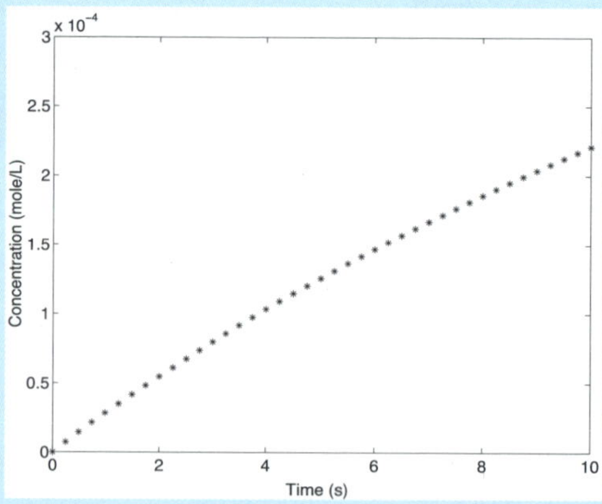

그림 12.3 ode45로 구한 화학 반응 문제에 대한 해

예제 12.10 **뉴턴의 냉각 법칙**

MATLAB 함수 ode23 을 사용하여 400 °c로 가열되었다가 방에서 25 °c로 냉각된 세라믹 절연체의 온도 T 의 $t = 4\text{min}$에서의 근사값을 구하시오. $k = -0.213$이다. (예제 12.1을 보라.)

먼저, 상미분 방정식을 정의하는 M 파일 odefun2.m을 작성한다.

```
f=odefun2(t,y,flag,k,Tm)
f = k*(y-Tm)
```

$T_0 = 0 = 400,\ T_m = 25$ 과 함께 ode23을 사용하면

```
>> tn = 4; y0 = 400
>> k = -0.213; Tm = 25
>> [t,y] = ode23('odefun2',tn,y0,[ ],k,Tm)
```

MATLAB에 의한 결과는 $T(4) = 184.96$이다.

M-function 12.4a

다음의 MATLAB 함수 **midpoint.m**은 중점방법을 사용하여 식(11.2)와 같은 초기값 문제의 해를 구한다. 입력사항은 함수 $f(t,y)$; 초기값 및 최종값 t의 a, b; 초기조건 y0; 단계수 n이다.; 입력함수 $f(t,y)$ 는 M-file로 정의되어야 한다.

```
function midpoint(f,a,b,y0,n)
% Solve the initial-value problem y'=f(t,y), y(a)=y0
% using the midpoint method.
fprintf('\n')
disp('            Midpoint method')
disp('______________________________________________________________')
disp('   t          k1          k2            y          Exact          error   ')
disp('______________________________________________________________')
fprintf('\n')
h=(b-a)/n;
y=y0;
m=feval(f,a,y0);
fprintf('%6.2f        ----          ----    %12.6f\n',a,y)
for i=1:n
  t=a+(i-1)*h;
  k1=feval(f,t,y);
  k2=feval(f,t+h/2,y+h*k1/2);
  y=y+h*k2;
```

```
  t=t+h;
% Enter the exact solution if known as g=g(t) otherwise set g='n'.
  g='n';
  if (g~='n')
    err=abs(g-y);
    fprintf('%6.2f %12.6f %12.6f %12.6f %12.6f  %8.2e\n', t, k1, k2,
y, g, err)
  else
    fprintf('%6.2f %12.6f %12.6f %12.6f\n',t,k1,k2,y)
  end
end
```

M-function 12.4b

다음의 MATLAB 함수 **rk2_4.m**은 룬게-쿠타 방법을 사용하여 식(11.2)와 같은 초기값 문제의 해를 구한다. 입력사항은 함수 $f(t,y)$; 초기값과 최종값, t의 a, b ; 초기조건 y0; 단계수 n; RK의 차수 2 또는 4이다. 입력함수 $f(t,y)$는 m-file로 정의되어야 한다.

```
function rk2_4(f,a,b,y0,n,order)
% solve the initial-value problem y'=f(t,y), y(a)=y0
% using the Runge-Kutta methods.
fprintf('\n')
disp(['      Runge-Kutta method of order = ',num2str(order)])
h=(b-a)/n;
y=y0;
if (order==2)
disp('______________________________________________')
disp('   t       k1        k2        y        Exact      error     ')
disp('______________________________________________')
fprintf('\n')
fprintf('%6.2f      ----        ----   %12.6f %12.6f  %4.2f\n',a,y,y,0)
  for i=1:n
    t=a+(i-1)*h;
    k1=feval(f,t,y);
    k2=feval(f,t+h,y+h*k1);
    y=y+h*(k1+k2)/2;
    t=t+h;
% Enter the exact solution if known as g=g(t) otherwise set g='n'.
    g='n';
    if (g~='n')
      err=abs(g-y);
      fprintf('%6.2f %12.6f %12.6f %12.6f %12.6f  %8.2e\n',t,k1,k2,
y, g, err)
    else
```

```
        fprintf('%6.2f %12.6f %12.6f %12.6f\n',t,k1,k2,y)
      end
    end
  end
  if (order==4)
  disp('_______________________________________________')
  disp('  t    k1    k2    k3    k4     y     Exact    error  ')
  disp('_______________________________________________')
  fprintf('\n')
  fprintf('%6.2f      ----      ----      ----      ----  %12.6f %12.6f
  %4.2f\n',a,y,y,0)
    for i=1:n
      t=a+(i-1)*h;
      k1=feval(f,t,y);
      k2=feval(f,t+h/2,y+h*k1/2);
      k3=feval(f,t+h/2,y+h*k2/2);
      k4=feval(f,t+h,y+h*k3);
      y=y+h*(k1+2*k2+2*k3+k4)/6;
      t=t+h;
  % Enter the exact solution if known as g=g(t) otherwise set g='n'.
      g=exp(-t)+2*t-2;
      if (g~='n')
       err=abs(g-y);
       fprintf('%6.2f %12.6f %12.6f %12.6f %12.6f %12.6f %12.6f
  %8.2e\n', t, k1, k2, k3, k4, y, g, err)
      else
        fprintf('%6.2f %12.6f %12.6f %12.6f %12.6f %12.6f\n',t,k1,k2,
  k3, k4, y)
      end
    end
  end
```

연습문제 12.4

1. $h = 0.1$으로 RK4를 사용하여 다음 초기값 문제의 근사해를 구하시오.

$$y' = y - \frac{y}{t}, \quad 1 \le t \le 2, \quad y(1) = \frac{1}{2}$$

룬게-쿠타 방법에 의하여 생성된 값을 사용하여 이 값에 상응하는 최적의 함수를 최소자승법을 사용하여 구하시오. 그 결과로 얻은 함수를 다음에서의 y값을 구하는데 사용하시오.

(a) $y(1.02)$

(b) $y(1.67)$

(c) $y(1.98)$

결과를 엄밀해 $y = \frac{e^{t-1}}{2t}$ 과 비교하시오.

2. $N = 10$인 2차 룬게-쿠타 방법을 사용하여 엄밀해가 $y = \frac{1}{2t}e^{t^2}$ 인 주어진 초기값 문제의 근사해를 구하시오.

$$y' = e^{t^2} - \frac{y}{t}, \quad 1 \le t \le 2, \quad y(1) = \frac{e}{2}$$

결과를 엄밀해 $y = \frac{1}{2t}e^{t^2}$ 과 비교하시오.

3. 아래의 연습문제 4에서 생성된 값을 사용하여 선형 최소 자승법을 적용하여 다음에서 주어진 근사값을 구하시오.

(a) $t = 1.25$

(b) $t = 1.65$

결과를 실제의 y값과 비교하시오.

4. 주어진 구간에 대하여 초기값 문제의 근사해를 2차 룬게-쿠타 방법을 사용하여 구하시오.

(a) $y' = -e^t y,\ [0,1],\ y(0) = 3$ with $N = 10$,

(b) $y' = -4t^3 y,\ [1,2],\ y(1) = 1$ with $N = 10$,

(c) $y' = -2y,\ [0,1],\ y(0) = 4$ with $N = 10$,

(d) $y' = -\cos(t)y,\ [0,1.2],\ y(0) = 2$ with $N = 12$.

5. 연습문제 4를 4차 룬게-쿠타 방법으로 다시 계산하시오.

6. 주어진 구간에 대하여 초기값 문제의 근사해를 4차 룬게-쿠타 방법을 사용하여 구하시오.

(a) $y' = -e^t y,\ [0,1],\ y(0) = 3$ with $N = 10$,

(b) $y' = -4t^3 y,\ [1,2],\ y(1) = 1$ with $N = 10$,

(c) $y' = -2y,\ [0,1],\ y(0) = 4$ with $N = 10$,

(d) $y' = -\cos(t)y,\ [0,1.2],\ y(0) = 2$ with $N = 12$.

7. $f(t,y)$가 t만의 함수 즉, $f(t,y) = f(t)$일 때, 4차 룬게-쿠타 방법은 심프슨 법칙과 동일함을 보이시오.

$$\int_{t_n}^{t_n+h} f(t)dt = y_{n+1} - y_n$$
$$\approx \frac{h}{6}\left[f(t_n) + 4f(t_n + \frac{h}{2}) + f(t_n + h)\right]$$

8. 다음의 초기값 문제의 엄밀해는 $y=e^t$ 이다.

$$y' = y \quad \text{with} \;\; y(0) = 1$$

$t = 0.5$와 $t = 1.0$에서의 e^t 값을 근사화 하기 위하여 4차 룬게–쿠타 방법을 적용하고 소수점 5자리까지의 결과가 정확함을 보이시오.

9. 다음의 초기값 문제를 고려하자.

$$y' = e^{-x^2}, \quad y(0) = 0$$

$$y(x) = \int_0^x e^{-t^2} dt$$

미분 방정식의 엄밀해는 다음과 같다.

$$y(1) = \int_0^1 e^{-t^2} dt$$

$h = 0.05$으로 4차 룬게–쿠타 방법을 사용하여 다음 식의 근사값을 구하시오.

컴퓨터 문제 12.4

1. 4차 룬게–쿠타 방법을 사용하여 식 (12.1)에서의 초기값 문제를 해석하기 위한 컴퓨터 프로그램을 귀하가 알고 있는 언어로 작성하시오. 입력 자료는 다음과 같아야 한다.

(a) 함수 $f(t, y)$
(b) 구간 $[a, b]$
(c) 초기값 $y(a)$
(d) 단계 크기 h

출력은 각 시간 단계별 y값으로 구성되어야 한다.

프로그램을 검증하기 위하여 $h = 1$로 하여 다음의 초기값 문제를 해석하시오.

$$y' = (1-t)y, \qquad 0 \le t \le 3, \quad y(0) = 3$$

2. 4차 룬게-쿠타 방법을 사용하여 초기값 $y' = -ty^2$, $y(2) = 1$을 해석하시오. $h = 1$, 0.1을 사용하여 $y(3)$의 근사값을 구하시오.

3. 룬게-쿠타 프로그램을 사용하여 초기값 문제 $y' = -t^2y$, $y(2) = 2$을 해석하시오. $h = 0.1, 00.1, 0.001$을 사용하여 $y(3)$의 근사값을 구하시오.

4. 초기값 문제 $y' = \sqrt{t+y}$, $y(0.4) = 0.41$ 을 고려하자. 2차 룬게-쿠타 방법을 사용하여 $h = 0.01$로 하여 $y(0.8)$의 근사값을 구하시오.

5. 초기값 문제 $y' = -y + 10\sin 3t$, $y(0) = 0$을 고려하자.

(a) 구간 [0, 2]에서 $h = 0.1$로 하여 4차 룬게-쿠타 방법을 사용하여 근사해를 구하시오.

(b) (a)에서의 결과를 사용하여 보간 함수를 구하고 그림으로 나타내시오. [0, 2] 구간에서의 보간 함수의 양의 근을 구하시오.

6. 룬게-쿠타 방법에 대한 흥미로운 사실을 보이기 위하여 다음의 초기값 문제를 고려한다.

$$y' = 2(t+1), \quad y(0) = 1$$
$$y' = \frac{2y}{t+1}, \quad y(0) = 1$$
$$y = (t+1)^2$$

두 방정식은 동일한 해를 갖는다.

(a) $h = 0.1$로 하여 2차 룬게-쿠타 방법을 사용하여 구간 [0, 1]에서의 두 개의 초기값 문제의 근사해를 구하시오.

(b) 근사해를 실제의 y 값과 비교하시오.

(c) 첫 번째 방정식은 RK2에서 정확한 결과를 주지만 두 번째 방정식은 엄밀해가 동일함에도 불구하고 그렇지 않음을 보이시오. 룬게-쿠타 방법에 대한 오차는 방정식의 형태만이 아니라, 해 그 자체에도 연관되어 있다는 것은 흥미로운 사실이다.

7. 초기값 문제 $y' = 2ty$, $y(1) = 1$을 고려하자. 4차 룬게-쿠타 방법을 사용하여 $y(1.5)$의 근사값을 구하고 이를 엄밀해 $y = e^{t2-1}$ 과 비교하시오.

8. MATLAB 함수 rk2_4 를 사용하여 구간 [0, 1.5]에서 다음의 초기값 문제의 해를 구하시오. 결과를 엄밀해 $y(x) = 1 + 4t + \frac{1}{4}t^2$ 와 비교하시오.

$$y' = 2 + \sqrt{y - 2t + 3}, \quad y(0) = 1$$

9. MATLAB 함수 rk2_4를 사용하여 구간 [0, 1]에서 $h = 0.1$로 하여 다음의 초기값 문제의 해를 구하시오.

$$y' = ty + \sqrt{y},\ y(0) = 1$$

10. 정적분 $\int_a^b f(t)dt$ 의 값은 다음의 초기값 문제를 $y(b)$에 대하여 해석하여 얻을 수 있다.

$$y' = f(t), \quad a \le t \le b, \quad y(a) = y_0$$

단,

$$I = \int_a^b f(t)dt = \int_a^b y'(t)dt = y(b) - y(a) = y(b) - y_0$$

$y(b) = I + y_0$, $h = 0.1$로 놓고 4차 룬게-쿠타 방법을 사용하여 $t = 1, 1.5, 2$ 에서 다음에 주어진 오차 함수의 근사값을 구하시오.

$$erf(t) = \frac{2}{\sqrt{\pi}} \int_0^t e^{-x^2} dx$$

11. MATLAB 함수 rk2_4 를 사용하여 다음의 초기값 문제를 해석하시오.

$$y' = ty^2, \qquad 0 \le t \le 2, \qquad y(0) = \frac{2}{5}$$

$n = 1, 2 \ldots, 10$ 일때 $h = 1/2^n$ 을 사용하여 $t = 2$까지의 $y(t)$에 대한 근사값을 구하시오. 엄밀해가 $y = \frac{2}{5-x^2}$ 로 주어질 때 $y(2)$와 h에 대한 절대 오차의 log-log 그래프를 그리시오. 이들 그래프를 통하여 무엇을 알 수 있는가?

12. 다음에 주어진 초기값 문제의 해는 구간 [1, 2]에서의 한 점에서 t축을 지난다. MATLAB 함수 rk2_4 를 사용하여 이 점을 구하시오.

$$y' = \frac{2}{t^4} - y^2, \quad y(1) = -0.414$$

13. 다음에 주어진 초기값 문제의 해는 구간 [0, 2]에서의 몇 점에서 수직 점근선을 갖는다. MATLAB 함수 rk2_4 를 사용하여 이 점을 구하시오.

$$y' = y^2 - 2e^t y + e^{2t} + e^t, \quad y(0) = 3$$

14. $h = 0.05$ 로 놓고 구간 [1, 1.5]에서 4차 룬게-쿠타 방법을 사용하여 해를 구하시오. 엄밀해가 $y(t) = \frac{t(1+t^2/3)}{1-t^2/3}$ 일 때, 근사해의 오차를 그래프로 나타내시오.

$$y' = \frac{y^2 + ty - t^2}{t^2}, \quad y(1) = 2$$

15. 다음의 초기값 문제의 해는 $t^4y^3 + t^2y^5 + 2ty = 4$ 와 같다. $h = 0.1, 0.05$ 로 각각 놓고 $t = 1.1, 1.2, \ldots 2.0$에서의 $y(t)$에 대한 근사값을 4차 룬게-쿠타 방법을 사용하여 구하시오. 근사값의 오차를 알아보기 위하여 근사값과 나머지 값들로 표를 구성하여 나타내시오.

$$y' = -\frac{4t^3y^3 + 2ty^5 + 2y}{3t^4y^2 + 5t^2y^4 + 2t}, \quad y(1) = 1$$
$$R(t, y) = t^4y^3 + t^2y^5 + 2ty - 4$$

12.5 다단계 방법

이번 장 앞의 절에서 지금까지 살펴본 모든 방법들은 하나의 공통점을 가지고 있는데 그것은 y_{i+1}의 값은 오직 알고 있는 y_i 값과 f 값 그리고 그에 대한 미분값에 의해서 결정된다는 것이다. 이러한 방식을 **일단계 방법**이라 한다. 반면에, **다단계 방법**(multistep method)에서는 y_{i+1}의 값을 구하기 위하여 $y_i, y_{i-1}, \ldots, y_{i-k+1}$에서의 값을 알아야 할 필요가 있다. 이러한 방법을 유도하기 위해서 취할 수 있는 하나의 접근 방식은 수치 적분에 대한 개념과 유한 차분 방법을 사용하는 것이다.

식 (12.3)에서의 초기값 문제를 t_i와 t_{i+1}에서 적분하면 다음과 같다.

$$y(t_{i+1}) - y(t_i) = \int_{t_i}^{t_{i+1}} f(t, y(t))dt$$

그러므로

$$y(t_{i+1}) - y(t_i) = \int_{t_i}^{t_{i+1}} f(t, y(t))dt \tag{12.26}$$

식 (12.26)에서의 적분을 수행하기 위해서 $t_0, t_1, \ldots, t_i$의 몇 점에서 $f(t, y)$를 근사화 시킨 유한 차분 방정식을 사용할 수 있다. 이 식은 다음과 같다.

$$y_{i+1} = y_i + \int_{t_i}^{t_{i+1}} p(t)dt \tag{12.27}$$

여기서 $y_i \approx y(t_i)$, $p(t) \approx f(t, y)$ 이다.

12.6 애덤스-베쉬포드 방법

애덤스-베쉬포드(Adams-Bashforth; AB) 방법에서는 $(t_i, y(t_i)), \ldots, (t_{i-m+1}, y(t_{i-m+1}))$ 점에서 유도한 5.2절의 결과인 뉴턴 후향 차분 다항식 p_{m-1}을 $p(t)$로 가정한다. p_{m-1}을 식 (12.27)에 대입하면

$$y_{i+1} = y_i + \int_{t_i}^{t_{i+1}} \sum_{k=0}^{m-1} (-1)^k \binom{-s}{k} \nabla^k f(t_i, y_i) dt$$

변수를 $s = \frac{t-t_i}{h}$ 와 같이 바꾸면

$$y_{i+1} = y_i + h \sum_{k=0}^{m-1} \nabla^k f(t_i, y_i)(-1)^k \int_0^1 \binom{-s}{k} ds \tag{12.28}$$

단,

$$\frac{1}{k!h^k} \nabla^k f(t_n, y_n) = f\left[(t_{n-k}, y_{n-k}), \ldots, (t_n, y_n)\right]$$

그리고

$$\binom{-s}{k} = (-1)^k \frac{s(s+1)\cdots(s+k-1)}{k!}$$

$$\gamma_k = (-1)^k \int_0^1 \binom{-s}{k} ds$$

계수는 s의 함수로 간주되는 이항식의 계수에 대한 정의로부터 쉽게 구할 수 있다. 예를 들어, $k = 0, 1, 2, 3$에서 γ_k 는 다음과 같이 계산된다.

$$\gamma_k = \int_0^1 \frac{s(s+1)\cdots(s+k-1)}{k!} ds$$

그러므로

$$\gamma_0 = \int_0^1 ds = 1$$

$$\gamma_1 = \int_0^1 sds = \frac{1}{2}$$

$$\gamma_2 = \int_0^1 \frac{s(s+1)}{2} ds = \frac{1}{2}\int_0^1 (s^2+s)ds = \frac{5}{12}$$

$$\gamma_3 = \int_0^1 \frac{s(s+1)(s+2)}{6} ds = \frac{1}{6}\int_0^1 (s^3+3s^2+2s)ds = \frac{3}{8}$$

식 (12.28)을 m 단계 **애덤스-베쉬포드**(Adams-Bashforth) **방법**이라고 한다. 식 (12.28)에서 $m = 1$이라면 애덤스-베쉬포드 방법은 오일러 방법이 된다. 다음은 $m = 2,3,4$ 일 때의 경우를 오차와 함께 나열한 것이다.

2단계 애덤스-베쉬포드 방법(AB2) $(m = 2)$

$$y_{i+1} = y_i + \frac{h}{2}\ [3f(t_i, y_i) - f(t_{i-1}, y_{i-1})] \tag{12.29}$$

$$y_0 = a_0, \quad y_1 = a_1$$

단, $i = 1, 2, \ldots, N-1$. 국소 절단 오차는 $O(h^3)$.

3단계 애덤스-베쉬포드 방법(AB3) $(m = 3)$

$$y_{i+1} = y_i + \frac{h}{12}\ [23f(t_i, y_i) - 16f(t_{i-1}, y_{i-1}) + 5f(t_{i-2}, y_{i-2})] \tag{12.30}$$

$$y_0 = a_0, \quad y_1 = a_1, \quad y_2 = a_2$$

단, $i = 2, 3, \ldots, N-1$. 국소 절단 오차는 $O(h^4)$.

4단계 애덤스-베쉬포드 방법(AB4) $(m = 4)$

$$\begin{aligned} y_{i+1} = y_i + \frac{h}{24}\ &[55f(t_i, y_i) - 59f(t_{i-1}, y_{i-1}) + 37f(t_{i-2}, y_{i-2}) \\ &-9f(t_{i-3}, y_{i-3})] \end{aligned} \tag{12.31}$$

$$y_0 = a_0, \quad y_1 = a_1, \quad y_2 = a_2, \quad y_3 = a_3$$

단, $i = 3, 4, \ldots, N-1$. 국소 절단 오차는 $O(h^5)$.

예제 12.11 식 (12.28)을 사용하여 3단계 애덤스-베쉬포드 방법을 유도하시오.

$m=3$일 때

$$y_{i+1}=y_i+h\left[f(t_i,y_i)+\frac{1}{2}\nabla f(t_i,y_i)+\frac{5}{12}\nabla^2 f(t_i,y_i)\right]$$

단,

$$\begin{aligned}\nabla f(t_i,y_i)&=hf[(t_{i-1},y_{i-1}),(t_i,y_i)]\\&=f(t_i,y_i)-f(t_{i-1},y_{i-1})\\\nabla^2 f(t_i,y_i)&=2h^2 f[(t_{i-2},y_{i-2}),(t_{i-1},y_{i-1}),(t_i,y_i)]\\&=f(t_i,y_i)-2f(t_{i-1},y_{i-1})+f(t_{i-2},y_{i-2})\end{aligned}$$

그러므로

$$\begin{aligned}y_{i+1}=y_i+h\{f(t_i,y_i)+\frac{1}{2}[f(t_i,y_i)-f(t_{i-1},y_{i-1})]+\frac{5}{12}[f(t_i,y_i)\\-2f(t_{i-1},y_{i-1})+f(t_{i-2},y_{i-2})]\}\end{aligned}$$

마지막 식을 간략하게 하면 식 (12.30)을 얻는다.

식 (12.29)로부터 식 (12.31)까지 국소 절단 오차는 뉴턴의 후향 분리 차분 공식을 사용하여 유도된다. 예를 들어, 식 (12.30)의 국소 오차를 유도하기로 하자.

$m=3$일 때 에 대한 뉴턴 후향 공식의 나머지 항 R_3은

$$-h^3 f^{(3)}(\zeta)\frac{s(s+1)(s+2)}{3!}$$

그러므로, 식 (12.30)에 대한 국소 오차 E_3는 다음과 같이 주어진다.

$$E_3=h\int_0^1 R_3\,ds=h^4 f^{(3)}(\zeta)\frac{1}{6}\int_0^1[s(s+1)(s+2)]ds$$

$s(s+1)$ 의 부호가 [0, 1]에서 변하지 않으므로 t_{i-2} 와 t_{i+1} 에서 다음을 만족하는 μ_i 가 존재함을 알 수 있다.

$$E_3=h^4 f^{(3)}(\mu_i)\frac{3}{8}=h^4 y^{(4)}(\mu_i)\frac{3}{8} \tag{12.32}$$

그러므로, E_3는 $O(h^4)$이다. m단계 애덤스-베쉬포드 방법에서의 국소 오차는 다음과 같이 주어진다.

$$E_m(h) = \gamma_m h^{m+1} y^{m+1}(\mu_i) \quad \text{for} \quad \mu_i \in (t_{i-m+1}, t_{i+1})$$

식 (12.29)와 식 (12.31)에서의 국소 오차는 유사한 방법으로 구할 수 있다.

모든 다단계 방법에 해당하는 공통적인 주요한 단점은, 일반적으로, 그리고 특별히 애덤스-베쉬포드 방법에서는 스스로 시작하지 못한다는 점이다. 4단계 애덤스-베쉬포드 방법을 예로 들어 보자. 공식이 사용되기 위해서는 먼저 4개의 시작값이 필요하다. 실제적으로는 같은 정도의 정확성을 갖는 일단계 방법이 시작값을 계산하기 위해서 사용된다. 4단계 애덤스-베쉬포드 방법은 4차 룬게-쿠타 방법과 함께 가장 널리 사용되고 있는데 그 이유는 둘 다 $O(h^5)$의 국소 오차를 갖기 때문이다. 애덤스-베쉬포드 방법이 일단계 방법에 비하여 좋은 점은 y_{i+1}을 결정하기 위하여 각 단계에서 $f(t,\ y)$을 단 한번만 계산하면 된다는 것이며, 반면에 $n > 3$의 차수를 갖는 룬게-쿠타 방법에서는 함수에 대한 4번 이상의 계산이 필요하다. 이러한 이유 때문에 다단계 방법은 동일한 정확도를 갖는 룬게-쿠타 방법보다 2배정도 빨라질 수 있다.

예제 12.12 2, 3, 4 단계의 애덤스-베쉬포드 방법을 사용하여 다음에 주어진 초기값 문제에 대한 $t = 1$에서의 근사해를 구하시오. 단, $N = 10$. 시작값들을 엄밀해 $y = e^{-t} + 2t - 2$ 에서 구하시오.

$$y' = 2t - y, \quad y(0) = -1$$

여기서는 $y(0.4)$에 대한 근사값을 구하기 위해서 4단계 애덤스-베쉬포드 방법을 사용하는 사례를 보이기로 한다. 시작값들은 4차 룬게-쿠타 방법으로부터 얻을 수 있다. 그러나, 엄밀해가 알려져 있으므로, 시작값들은 다음과 같이 주어진다.

$$y_1 = -0.8951625820, \ y_2 = -0.7812692469, \ y_3 = -0.6591817793$$

$$\begin{aligned}
f(0.1, -0.8951625820) &= 2(0.1) - (-0.8951625820) = 1.095\,162\,582 \\
f(0.2, -0.7812692469) &= 2(0.2) - (-0.7812692469) = 1.181\,269\,247 \\
f(0.3, -0.6591817793) &= 2(0.3) - (-0.6591817793) = 1.259\,181\,779
\end{aligned}$$

따라서, 식 (12.31)로부터

$$y_4 = -0.6591817793 + \frac{0.1}{24}[55(1.259\,181\,779) - 59(1.181\,269\,247)$$
$$+37(1.095\,162\,582) - 9(1)]$$
$$y_4 = -0.5296770801$$

2,3,4 단계의 Adams-Bashforth 방법을 사용한 계산의 결과는 표 12.10, 12.11, 12.12 에 각각 나타나 있다.

표 12.10 예제 12.12에 대한 2단계 애덤스-베쉬포드 방법의 적용예

```
» abash('f1',0,1,-1,10,2)

Runge-kutta method gives

y(0.0) =          -1
y(0.1) =   -0.8951625

     Adams-Bashforth method of order 2
```

ti	fi-3	fi-2	fi-1	fi	yi	Exact	error
0.2			1	1.095163	-0.780888	-0.781269	3.81e-004
0.3			1.095163	1.180888	-0.658513	-0.659182	6.69e-004
0.4			1.180888	1.258513	-0.52878	-0.52968	8.99e-004
0.5			1.258513	1.32878	-0.392389	-0.393469	1.08e-003
0.6			1.32878	1.392389	-0.24997	-0.251188	1.22e-003
0.7			1.392389	1.44997	-0.102094	-0.103415	1.32e-003
0.8			1.44997	1.502094	0.050722	0.049329	1.39e-003
0.9			1.502094	1.549278	0.208009	0.20657	1.44e-003
1.0			1.549278	1.591991	0.369344	0.367879	1.46e-003

표 12.11 예제 12.12에 대한 3차 애덤스-베쉬포드 방법의 적용 예

```
» abash('f1',0,1,-1,10,3)

Runge-kutta method gives

y(0.0) =          -1
y(0.1) =   -0.8951625
y(0.2) =   -0.7812691

     Adams-Bashforth method of order 3
```

t	fi-3	fi-2	fi-1	fi	y	Exact	error
0.3		1	1.095163	1.181269	-0.659214	-0.659182	3.24e-005
0.4		1.095163	1.181269	1.259214	-0.529736	-0.52968	5.56e-005
0.5		1.181269	1.259214	1.329736	-0.393545	-0.393469	7.59e-005
0.6		1.259214	1.329736	1.393545	-0.25128	-0.251188	9.15e-005
0.7		1.329736	1.393545	1.45128	-0.103518	-0.103415	1.04e-004
0.8		1.393545	1.45128	1.503518	0.049216	0.049329	1.13e-004
0.9		1.45128	1.503518	1.550784	0.206451	0.20657	1.19e-004
1.0		1.503518	1.550784	1.593549	0.367757	0.367879	1.23e-004

표 12.12 예제 12.12에 대한 4차 애덤스-베쉬포드 방법의 적용 예

```
» abash('f1',0,1,-1,10,4)

Runge-kutta method gives

y(0.0) =          -1
y(0.1) =  -0.8951625
y(0.2) =  -0.7812691
y(0.3) = -0.65918158

     Adams-Bashforth method of order 4
```

ti	fi-3	fi-2	fi-1	fi	yi	Exact	error
0.4	1	1.095163	1.181269	1.259182	-0.529677	-0.52968	3.05e-006
0.5	1.095163	1.181269	1.259182	1.329677	-0.393464	-0.393469	4.98e-006
0.6	1.181269	1.259182	1.329677	1.393464	-0.251181	-0.251188	6.92e-006
0.7	1.259182	1.329677	1.393464	1.451181	-0.103406	-0.103415	8.22e-006
0.8	1.329677	1.393464	1.451181	1.503406	0.049338	0.049329	9.31e-006
0.9	1.393464	1.451181	1.503406	1.550662	0.20658	0.20657	1.01e-005
1.0	1.451181	1.503406	1.550662	1.59342	0.36789	0.367879	1.06e-005

1차 미분 방정식의 해를 구하기 위한 많은 다단계 방법들이 있으나 여기서는 고려하지 않기로 한다. 간단하며 많은 응용 사례가 있는 다단계 방법을 언급함으로 이절을 마치고자 한다.

$$\begin{aligned} &y_{i+1} = y_{i-1} + 2hf(t_i, y_i), \quad \text{for} \quad i = 1, 2, \ldots, N-1 \\ &y_0 = a_0, \quad y_1 = a_1 \end{aligned} \tag{12.33}$$

식 (12.33)은 **중점 예측자 공식**이며 오일러 방법에 상응하는 간결함이 있는 반면에 더 나은 국소 절단 오차 $O(h^3)$의 정확도를 갖는다.

M-function 12.6

다음의 MATLAB 함수 **abash.m**은 애덤스-베쉬포드 방법(AB법)을 이용하여 식(11.2)와 같은 초기값 문제의 해를 구한다. 입력사항은 함수 $f(t,y)$; 초기값 및 최종값 t의 a, b ; 초기조건 y0; 단계의 수 n; AB법의 차수 2, 3, 또는 4이다. 입력함수 $f(t,y)$는 M-file로 정의되어야 한다.

```
function function abash(f,a,b,y0,n,order)
% solve the initial-value problem y'=f(t,y), y(a)=y0
% using Adams-Bashforth methods.
fprintf('\n Runge-Kutta method gives \n\n')
h=(b-a)/n;
t=(a:h:b+h);
y(1)=y0;
```

```
fprintf('y(%2.1f) =%14.8f\n',a,y(1))
  % RK4 to start
for i=1:(order-1)
  k1=feval(f,t(i),y(i));
  k2=feval(f,t(i)+h/2,y(i)+h*k1/2);
  k3=feval(f,t(i)+h/2,y(i)+h*k2/2);
  k4=feval(f,t(i)+h,y(i)+h*k3);
  y(i+1)=y(i)+h*(k1+2*k2+2*k3+k4)/6;
  fprintf('y(%2.1f) =%14.8f\n',t(i)+h,y(i+1))
end
fprintf('\n')
disp(['            Adams-Bashforth method of order ',num2str(order)])
disp('_____________________________________________________________')
disp('  t     fi-3      fi-2       fi-1       fi       y        Exact     error ')
disp('_____________________________________________________________')
fprintf('\n')
if(order==4)
 % 4th order AB
 for i=order:n
   f1=feval(f,t(i),y(i));
   f2=feval(f,t(i-1),y(i-1));
   f3=feval(f,t(i-2),y(i-2));
   f4=feval(f,t(i-3),y(i-3));
   y(i+1)=y(i)+h*(55*f1-59*f2+37*f3-9*f4)/24;
% Enter the exact solution g if known as g=g(x) otherwise set g='n'.
   x=t(i+1);
   g='n';
   if (g~='n')
    err=abs(g-y(i+1));
    fprintf('%6.2f %12.6f %12.6f %12.6f %12.6f %12.6f %12.6f
%8.2e\n',t(i)+h,f4,f3,f2,f1,y(i+1),g,err)
   else
    fprintf('%6.2f %12.6f %12.6f %12.6f %12.6f
%12.6f\n',t(i)+h,f4,f3,f2,f1,y(i+1))
   end
 end
elseif (order==3)
 % 3rd order AB
 for i=order:n
   f1=feval(f,t(i),y(i));
   f2=feval(f,t(i-1),y(i-1));
   f3=feval(f,t(i-2),y(i-2));
   y(i+1)=y(i)+h*(23*f1-16*f2+5*f3)/12;
% Enter the exact solution g if known as g=g(x) otherwise set g='n'.
   x=t(i+1);
   g='n';
   if (g~='n')
```

```
    err=abs(g-y(i+1));
    fprintf('%6.2f            %12.6f %12.6f %12.6f %12.6f %12.6f
%8.2e\n',t(i)+h,f3,f2,f1,y(i+1),g,err)
   else
    fprintf('%6.2f            %12.6f %12.6f %12.6f
%12.6f\n',t(i)+h,f3,f2,f1,y(i+1))
   end
 end
else
% 2nd order AB
 for i=order:n
   f1=feval(f,t(i),y(i));
   f2=feval(f,t(i-1),y(i-1));
   y(i+1)=y(i)+h*(3*f1-f2)/2;
% Enter the exact solution g if known as g=g(x) otherwise set g='n'.
   x=t(i+1);
   g='n';
   if (g~='n')
     err=abs(g-y(i+1));
     fprintf('%6.2f          %12.6f %12.6f %12.6f %12.6f  %8.2e\n',
t(i)+h, f2, f1, y(i+1), g, err)
   else
    fprintf('%6.2f          %12.6f %12.6f %12.6f\n',t(i)+h,f2,f1,y(i+1))
   end
  end
end
```

연습문제 12.6

1. 4차 애덤스-베쉬포드 방법을 사용하여 다음의 초기값 문제의 근사해를 주어진 구간에서 구하시오.

(a) $y' = -4t^3y,\ [1,2],\ y(1) = 1$ 그리고 $N = 10$
(b) $y' = -ty, [0,1],\ y(0) = 2$ 그리고 $N = 10$
(c) $y' = -t\sin(t)y,\ [0,2],\ y(0) = 1$ 그리고 $h = 0.2$
(d) $y' = -2y,\ [0,2],\ y(0) = 4$ 그리고 $N = 10$
(e) $y' = -\cos(t)y,\ [0,1.4],\ y(0) = 2$ 그리고 $N = 14$
(f) $y' = -e^ty,\ [0,2],\ y(0) = 3$ 그리고 $N = 10$

2. $N = 10$으로 놓고 4차 애덤스-베쉬포드 방법을 사용하여 다음에 주어진 초기값 문제를 해석하시오. 근사해의 정확도를 산출하시오. 시작값은 엄밀해 $y = te^{-t}$에서 구하시오.

$$y' = -y + e^{-t}, \quad y(0) = 0, \quad 0 \le t \le 1$$

3. 다음의 초기값 문제를 $h = 0.1$로 놓고 4차 애덤스-베쉬포드 방법을 사용하여 해석하시오.

$$y' = (y+t)^2, \quad y(0) = -1$$

다음 3개의 시작값을 사용하시오.

$y(0.1) = -0.917628$
$y(0.2) = -0.862910$
$y(0.3) = -0.827490$

4. $y(0.2) = 1.2186$, $y(0.4) = 1.4382$, $y(0.6) = 1.7379$ 일 때 4차 애덤스-베쉬포드 방법을 사용하여 다음의 초기값 문제에 대한 해를 $t = 1.2$ 까지 구하시오.

$$y' = y - t^2, \quad y(0) = 1$$

5. 1차 미분에 대한 중간 차분 근사식을 사용하여 식 (12.33)을 유도하시오.

컴퓨터 문제 12.6

1. 4차 애덤스-베쉬포드 방법을 사용하여 식 (12.1)의 초기값 문제를 해석하는 컴퓨터 프로그램을 귀하가 알고 있는 언어로 작성하시오. 입력 자료는 다음과 같아야 한다.

(a) 함수 $f(t, y)$,

(b) 구간 $[a, b]$

(c) 초기값 $y(a)$,

(d) 단계 크기 h.

출력은 매 시간별 y값이 되어야 한다. 다음의 문제를 $h = 1$로 놓고 해석하여 프로그램을 검증하시오.

$$y' = (1-t)y, \qquad 0 \le t \le 3, \quad y(0) = 3$$

2. MATLAB 함수 abash 를 사용하여 다음 초기값 문제를 해석하시오.

$$y' = ty^2, \qquad 0 \le t \le 2, \qquad y(0) = \frac{2}{5}$$

$h = 1/2^n$ 으로 하여 $t = 2$ 까지의 $y(t)$의 근사값을 구하시오. 엄밀해가 $y = \frac{2}{5-t^2}$ 로 주어질 때, $y(2)$와 h의 관계에 의한 절대 오차를 log-log 그림으로 나타내시오. 이 결과를 통하여 무엇을 알 수 있는가?

3. 2차 애덤스-베쉬포드 방법을 사용하여 초기값 문제 $y' = \frac{1}{4}y(1 - \frac{y}{20})$ 을 해석하시오. $y(1)$의 근사값을 구하기 위하여 $h = 0.1, 0.01$을 사용하시오.

4. 애덤스-베쉬포드 방법에 대한 컴퓨터 프로그램을 사용하여 초기값 문제 $y' = -2ty^2$, $y(0) = 1$을 해석하시오. $y(1)$의 근사값을 구하기 위하여 $h = 0.1, 0.01, 0.001$을 사용하시오.

5. 초기값 문제 $y' = t - y + 1$, $y(0) = 1$에 대하여 4차 애덤스-베쉬포드 방법을 h의 크기를 줄여가면서 적용하여 $y(1)$의 근사값을 구하시오. 엄밀해는 $y = t + e^{-t}$이다. 엄밀해와 근사해를 그래프로 나타내고 이산된 t에서의 최대 오차값을 찾으시오.

6. 초기값 문제 $y' = 100(\sin t - y)$, $y(0) = 0$에 대하여 4차 애덤스-베쉬포드 방법을 적용하여 $y(1)$의 근사값을 구하시오.

7. MATLAB 함수 abash를 사용하여 구간 [0, 1, 5]에서 다음 초기값 문제를 해석하고 결과를 엄밀해 $y(t) = 1 + 4t + \frac{1}{4}t^2$ 과 비교하시오.

$$y' = 2 + \sqrt{y - 2t + 3}, \quad y(0) = 1$$

8. 다음에 주어진 초기값 문제의 엄밀해는 $y^5 + y = t^2 + t - 4$ 이다.

$$y' = \frac{2t + 1}{5y^4 + 1}, \quad y(2) = 1$$

$h = 0.1, 0.05$로 놓고 4차 애덤스-베쉬포드 방법을 사용하여 $t = 2.1, 2.2, ..., 3.0$에서의 $y(t)$에 대한 근사값을 구하시오. 근사값의 정확도를 검증하기 위하여 근사값과 나머지 값들을 표로 작성하시오.

$$R(t, y) = y^5 + y - t^2 - t + 4$$

12.7 예측자-수정자 방법

12.6절에서는 이미 계산된 값인 f_i, f_{i-1}, f_{i-2} , ...에 적합한 뉴턴 후향 차분 다항식을 사용하여 식 (12.27)로부터 애덤스-베쉬포드 방법을 유도하였으며 이러한 방식을 **외연** 또는 **열린 공식**(open formula)이라고 한다. 다단계 공식은 이미 계산된 값인 f_i, f_{i-1}, . . . , 뿐만 아니라 미지의 값인 f_{i+1}까지도 고려한 보간 다항식을 사용하여 유도되며 이를 **내연**(implicit) 또는 **닫힌 공식**(closed formula)이라고 한다. 이 과정을 설명하기 위하여 식

(12.27)에서 적분 부분을 사다리꼴 공식 (10.1절 참조)로 대체함으로 얻을 수 있는 간단한 공식을 고려하기로 하며 그것은 다음과 같은 **내연적 공식**으로 주어진다.

$$y_{i+1} = y_i + \frac{h}{2}\left[f(t_i, y_i) + f(t_{i+1}, y_{i+1})\right] \tag{12.34}$$

여기서 $i = 0, 1, \ldots, N-1$.

식 (12.34)를 해석하기 위하여 식 (12.34)의 내연적 공식과 외연적 공식을 결합시킨 다른 방법이 사용된다. 예를 들어, 오일러 방법과 같은 외연적 방법에 의해서 얻어진 y_{i+1}에 대한 예측값을 가정해 보자. f_{i+1} 로 놓으면, f_{i+1}은 식 (12.34)에서 수정된 예측값 $y^{(1)}_{i+1}$을 구하는데 사용될 수 있다. 이 과정을 수렴할 때까지 반복하여 수행함으로써 원하는 자리수까지 얻을 수 있다. 일반적인 반복 과정은 다음의 공식에 따른다.

$$y_{i+1}^{(n+1)} = y_i + \frac{h}{2}\left[f(t_i, y_i) + f(t_{i+1}, y_{i+1}^{(n)})\right] \tag{12.35}$$

단, $n = 0, 1, 2, \ldots$

반복 과정을 끝내기 위한 적절한 방법은 다음의 기준을 적용하는 것이다.

$$\left|y_{i+1}^{(n+1)} - y_{i+1}^{(n)}\right| < \epsilon \tag{12.36}$$

단, ϵ 은 규정한 허용값이다. 경험적으로 볼 때 y_{i+1}에 대한 한 번의 수정으로 얻어진 처음 값인 $y_{i+1}^{(1)}$ 은 $y_{i+1}^{(2)}$, $y_{i+1}^{(3)}, \ldots$.. 와 같을 정도로 정확하다. 외연적 공식은 $y_{i+1}^{(n)}$ 에 대한 근사값을 예측하기 위하여 사용되며 예측 공식이라고 하고, 식 (12.35)의 내연적 공식은 수정 공식이라고 한다. 일반적으로 외연과 내연 공식은 짝으로 사용되며 외연 공식을 **예측자**(predictor)라하고 내연 공식을 **수정자**(corrector)라고 한다.

12.8 애덤스-멀턴 방법

만일 다음의 적분에 대한 근사값을 구하기 위하여 추가적으로 보간 절점 t_{i+1}이 사용되면

$$\int_{t_i}^{t_{i+1}} f(t_i, y(t_i))dt$$

식 (12.27)은 다음과 같이 주어진다.

$$y_{i+1} = y_i + h \sum_{k=0}^{m} \nabla^k f(t_{i+1}, y_{i+1})(-1)^k \int_0^1 \binom{1-s}{k} ds \tag{12.37}$$

$m = 3$일때의 경우는 가장 널리 쓰이며 이를 **애덤스-멀턴**(Adams-Moulton) **공식** (**AM4**) 이라고 한다.

$$y_{i+1} = y_i + \frac{h}{24}[9f(t_{i+1}, y_{i+1}) + 19f(t_i, y_i) - 5f(t_{i-1}, y_{i-1}) + f(t_{i-2}, y_{i-2})] \tag{12.38}$$

단, $i = 2, 3, \ldots N-1$. 국소 절단 오차는 $O(h^5)$이다.

예제 12.13 식 (12.37)을 사용하여 4차 애덤스-멀턴 공식을 유도하시오.

다음과 같이 놓으면

$$\gamma'_k = (-1)^k \int_0^1 \binom{1-s}{k} ds$$

아래의 식들을 얻는다.

$$\gamma'_0 = \int_0^1 ds = 1$$

$$\gamma'_1 = \int_0^1 (1-s)ds = -\frac{1}{2}$$

$$\gamma'_2 = \int_0^1 (-s)(1-s)ds = -\frac{1}{12}$$

$$\gamma'_3 = \int_0^1 (-s)(1-s)(-s-1)ds = -\frac{1}{24}$$

이 값들을 식 (12.37)에 대입하면

$$\begin{aligned} y_{i+1} = y_i + h\Big[&\gamma'_0 f(t_{i+1}, y_{i+1}) + \gamma'_1 \nabla f(t_{i+1}, y_{i+1}) + \gamma'_2 \nabla^2 f(t_{i+1}, y_{i+1}) \\ &+ \gamma'_3 \nabla^3 f(t_{i+1}, y_{i+1})\Big] \\ = y_i + h\{&f(t_{i+1}, y_{i+1}) - \frac{1}{2}[f(t_{i+1}, y_{i+1}) - f(t_i, y_i)] \\ &- \frac{1}{12}[f(t_{i+1}, y_{i+1}) - 2f(t_i, y_i) + f(t_{i-1}, y_{i-1})] \\ &- \frac{1}{24}[f(t_{i+1}, y_{i+1}) - 3f(t_i, y_i) + 3f(t_{i-1}, y_{i-1}) - f(t_{i-2}, y_{i-2})]\} \end{aligned}$$

마지막 방정식을 정리하면 식 (12.38)을 얻는다.

4차 애덤스-멀턴 방법에 대한 알고리듬은 아래와 같이 주어진다.

$h = \frac{a-b}{N}$
$y_0 \leftarrow y(a)$

$y_1, y_2 \leftarrow$ 일단계 공식에 의해서 결정

for $i = 2, 3, \ldots, N-1$

$y_{i+1}^{(k-1)}$ 외연 공식에 의해서 결정

Compute
$y_{i+1}^{(k)} \leftarrow y_i + \frac{h}{24}[9f(t_{i+1}, y_{i+1}^{(k-1)}) + 19f(t_i, y_i)$
$-5f(t_{i-1}, y_{i-1}) + f(t_{i-2}, y_{i-2})]$ for $k = 1, 2, \ldots$.

$|y_{i+1}^{(k)} - y_{i+1}^{(k-1)}| < \epsilon$ 를 만족할 때까지 반복

$y_{i+1} \leftarrow y_{i+1}^{(k)}$

가장 널리 사용되는 예측자-수정자 방법에서는 4차 애덤스-멀턴 공식을 수정자로, 4차 애덤스-베쉬포드 공식을 예측자로 사용한다. 애덤스-베쉬포드 공식을 사용하기 위하여는 4개의 시작값들이 필요하게 되므로, 이를 위해서 일단계 공식인 4차 룬게-쿠타 방법이 자주 사용된다.

일단계 방법이 같은 차수의 예측자-수정자 방법과 동일한 정확도를 준다면 왜 예측자-수정자 방법을 사용하는가에 대한 의문이 있을 수 있다. 그에 대한 부분적인 대답은 함수값 계산에 대한 실제적인 횟수 때문이다. 4차 룬게-쿠타 방법에서는 각 단계마다 4번의 계산을 하게 되나 애덤스-베쉬포드 방법에서는 2번의 계산만 하면 된다. 이러한 이유로 예측자-수정자 방법은 일반적으로 일단계 방법에 비하여 상당히 정확하고 빠르다.

예제 12.14 $N = 10$으로 놓고 애덤스-멀턴 방법을 사용하여 다음의 초기값 문제에서의 $y(1)$에 대한 근사값을 구하시오.

$$y' = 2t - y, \quad y(0) = -1$$

$y(0.4)$를 구하기 위해서 4차 애덤스-멀턴 방법을 사용하기로 한다. 시작값들은 4차 룬게-쿠타 방법을 사용하여 얻을 수 있다.

$$y_1 = -0.89516250, \ y_2 = -0.78126921, \ y_3 = -0.65918158$$

그리고

$$f(0.1,-0.89516250)=1.095\,162\,50$$
$$f(0.2,-0.78126921)=1.181\,269\,21$$
$$f(0.3,-0.65918158)=1.259\,181\,58$$

4차 애덤스-베쉬포드 공식은 다음과 같다.

$$y_4=-0.65918158+\frac{0.1}{24}[55(1.259\,18158)-59(1.181\,269\,21)$$
$$+37(1.095\,162\,50)-9(1)]$$
$$y_4=-0.5296769299$$

그리고

$$f(0.4,y_4)=f(0.4,-0.5296769299)=1.32967693$$

식 (12.38)의 수정자 공식은

$$y_4=-0.65918158+\frac{0.1}{24}[9(1.329\,676\,93\,)+19(1.259\,181\,58)$$
$$-5(1.181\,269\,21)+(1.095\,162\,50)]$$
$$y_4=-0.529680082$$

수치 해석에 의한 해는 엄밀해와 함께 표 12.13에 나타나 있다. $t=1$일 때 4차 애덤스-멀턴의 값은 $y_{10}=0$ 이다.

표 12.13 예제 12.14에 대한 애덤스-멀턴 방법의 적용 예

```
» amoulton('f1',0,1,-1,10)

Runge-kutta method of order 4 gives

y(0.0) =            -1
y(0.1) =     -0.8951625
y(0.2) =     -0.7812691
y(0.3) =    -0.65918158

     Adams-Moulton method of order 4
```

ti	fi-2	fi-1	fi	fi+1	yi	Exact	error
0.4	1.095163	1.181269	1.259182	1.329677	-0.52968	-0.52968	1.28e-007
0.5	1.181269	1.259182	1.32968	1.393467	-0.39347	-0.393469	3.91e-007
0.6	1.259182	1.32968	1.39347	1.451186	-0.251189	-0.251188	6.04e-007
0.7	1.32968	1.39347	1.451189	1.503413	-0.103415	-0.103415	7.72e-007
0.8	1.39347	1.451189	1.503415	1.55067	0.049328	0.049329	9.04e-007
0.9	1.451189	1.503415	1.550672	1.593429	0.206569	0.20657	1.00e-006
1.0	1.503415	1.550672	1.593431	1.63212	0.367878	0.367879	1.08e-006

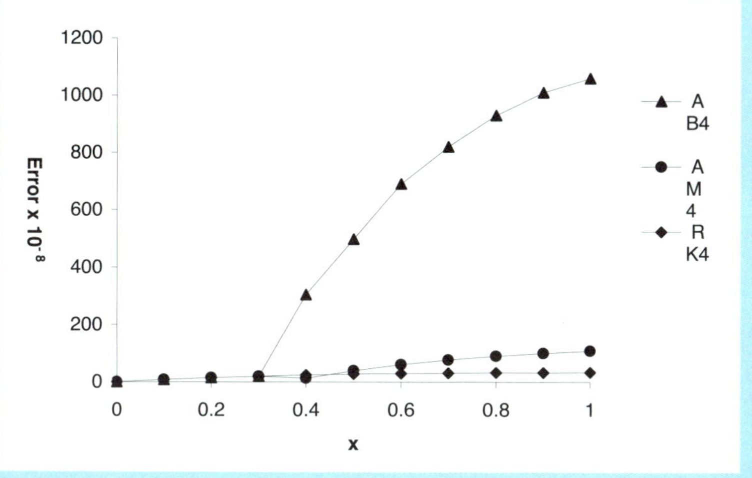

그림 12.4 초기값 문제 $y' = 2t - y$, $y(0) = -1$, $N = 10$ 에 대해 RK4, AB4, 그리고 AM4 방법의 해에 대한 오차

M-function 12.8

다음의 MATLAB 함수 **amoulton.m**은 4차 애덤스-멀턴 방법을 이용하여 식 (11.2)와 같은 초기값 문제의 해를 구한다. 입력사항으로 함수 $f(t,y)$; 초기값과 최종값 t의 a, b; 초기조건 y_0; 단계수 n이다. 입력 함수 $f(t, y)$는 M-file로 정의되어야 한다.

```
function amoulton(f,a,b,y0,n)
% Solve the initial value problem y'=f(t,y), y(a)=y0
% using the Adams-Moulton method of order 4.
fprintf('\n Runge-Kutta method of order 4 gives \n\n')
h=(b-a)/n;
t=(a:h:b+h);
y(1)=y0;
fprintf('y(%2.1f) =%14.8f\n',a,y(1))
    % RK4 method to start
for i=1:3
  k1=feval(f,t(i),y(i));
  k2=feval(f,t(i)+h/2,y(i)+h*k1/2);
  k3=feval(f,t(i)+h/2,y(i)+h*k2/2);
  k4=feval(f,t(i)+h,y(i)+h*k3);
  y(i+1)=y(i)+h*(k1+2*k2+2*k3+k4)/6;
  fprintf('y(%2.1f) =%14.8f\n',t(i)+h,y(i+1))
end;
fprintf('\n')
disp('              Adams-Moulton method of order 4')
disp('_______________________________________________')
```

```
disp('  t    fi-2    fi-1    fi    fi+1        y        Exact    error    ')
disp('_____________________________________________________________')
fprintf('\n')
for i=4:n
  f1=feval(f,t(i),y(i));
  f2=feval(f,t(i-1),y(i-1));
  f3=feval(f,t(i-2),y(i-2));
  f4=feval(f,t(i-3),y(i-3));
  % AB to predict
  w=y(i)+h*(55*f1-59*f2+37*f3-9*f4)/24;
  % AM to correct
  f5=feval(f,t(i+1),w);
  y(i+1)=y(i)+h*(9*f5+19*f1-5*f2+f3)/24;
% Write the exact solution g if known as g=g(x) otherwise set g='n'.
  x=t(i+1);
  g='n';
  if (g~='n')
    err=abs(g-y(i+1));
    fprintf('%6.2f %12.6f %12.6f %12.6f %12.6f %12.6f %12.6f
%8.2e\n',t(i)+h,f3,f2,f1,f5,y(i+1),g,err)
  else
    fprintf('%6.2f %12.6f %12.6f %12.6f %12.6f %12.6f\n', t(i)+h, f3,
f2, f1, f5, y(i+1))
  end
end
```

연습문제 12.8

1. 4차 애덤스-멀턴 방법을 사용하여 구간 [0, 1]에서 $h = 0.5, 0.2, 0.1, 0.01$ 로 하여 다음의 초기값 문제의 근사해를 구하시오.

$$y' = -ty^2, \quad y(0) = 2$$

엄밀해의 값 $y(1) = 1$로 수치해석 결과는 수렴하는가?

2. 4차 애덤스-멀턴 방법을 사용하여 다음 초기값 문제에서 $y(0.4)$를 계산하시오.

$$y' = 2t(y-1), \quad y(0) = 0$$

시작값은 다음과 같다.

$$y(0.1) = -0.01005017$$
$$y(0.2) = -0.04081077$$
$$y(0.4) = -0.09417427$$

3. 4차 애덤스-멀턴 방법을 사용하여 다음 초기값 문제에서 $t = 0.8$ 까지의 해를 구하시오.

$$y' = y - t^2, \quad y(0) = 1$$

시작값은 다음과 같다.

$y(0.2) = 1.218593$
$y(0.4) = 1.468167$
$y(0.6) = 1.737869$

4. $N = 10$로 하여 4차 애덤스-멀턴 방법을 사용하여 다음 초기값 문제에서 해를 구하시오. 엄밀해가 $y = \frac{e^{t-1}}{2t}$ 일 때 수치해석 결과와 비교하시오.

$$y' = y - \frac{y}{t}, \quad y(1) = \frac{1}{2}, \quad 1 \le t \le 2$$

5. 4차 애덤스-멀턴 방법을 사용하여 12.1절의 연습문제 6번을 다시 계산 하시오.

6. 상미분 방정식에 수치 미분을 적용하면

$$y'(t) = f(t, y)$$

후방 차분 방정식은 다음과 같다.

$$\sum_{i=0}^{n} A_i y_{k+1-i} \approx hf(x_{k+1}, y_{k+1})$$

후향 차분 방정식을 다음과 같은 형태로 유도하여 오차를 구하고, 그 결과를 같은 차수의 애덤스-멀턴 방법에서의 오차와 비교하시오.

$$Ay_{k+1} + by_k + Cy_{k-1} = hf(t_{k+1}, y_{k+1})$$

컴퓨터 문제 12.8

1. 4차 애덤스-멀턴 방법으로 초기값 문제를 해석할 수 있는 컴퓨터 프로그램을 원하는 언어로 작성하시오. 시작값들을 계산하기 위해서 4차 룬게-쿠타 방법을 사용하시오. 입력 자료는 다음과 같아야 한다.

(a) 함수 $f(t, y)$
(b) 구간 $[a, b]$
(c) 초기값 $y(a)$

(d) 단계 크기 h

출력은 매시간 마다의 y값이어야 한다. 프로그램을 검증하기 위해서 $h = 1$로 하여 다음에 주어진 초기값 문제의 해를 구하시오.

$$y' = (1-t)y, \qquad 0 \le t \le 3, \quad y(0) = 3$$

2. MATLAB 함수 amoulton 을 사용하여 다음의 초기값 문제를 해석하시오. $n = 1, 2, \ldots, 10$ 이며 $h = 1/2^n$으로 하여 $t = 2$까지의 $y(t)$에 대한 근사해를 구하시오.

$$y' = ty^2, \qquad 0 \le t \le 2, \qquad y(0) = \frac{2}{5}$$

엄밀해가 $y = \frac{2}{5-x^2}$ 로 주어질 때 $y(2)$와 h에서의 절대오차를 log-log 그래프로 그리시오. 어떤 사실을 알 수 있게 되었는가?

3. MATLAB 함수 amoulton 을 사용하여 $h = 0.2$로 놓고 $t = 2$에서 다음 초기값 문제의 근사 해를 구하시오.

$$y' = (1 + t^2 + y^2)^{-1}, \quad y(0) = 0$$

4. MATLAB 함수 amoulton 을 사용하여 $h = 0.05$로 놓고 다음 초기값 문제의 근사해를 구하시오.

$$y' = e^{-t} - y,\ y(0) = 1 \ \text{ in } [0, 5]$$

시작값은 다음과 같다.

$y(0.05) = 0.998779090$
$y(0.10) = 0.99532116$
$y(0.15) = 0.98981417$

엄밀해가 $y(t) = \mathrm{e}^{-t}(t + 1)$ 로 주어질 때 근사해와 함께 그래프로 나타내시오.

5. 4차 애덤스-멀턴 방법을 사용하여 $h = 0.2$로 놓고 다음 초기값 문제에서 $y(2)$의 근사값을 구하시오.

$$y' = \frac{t^2 + y^2}{t^2 - y^2 + 2}, \quad y(0) = 0$$

시작값은 다음과 같다.

$y(0.2) = 0.001316969434466691243$
$y(0.4) = 0.01018440076515 68535$
$y(0.6) = 0.03259711755369 52176$

6. 4차 애덤스-멀턴 방법을 사용하여 $h = 0.5$로 놓고 다음 초기값 문제를 해석하시오.

$$y' = \cos t - \sin t - y, \quad y(0) = 2 \text{ in } [0, 10]$$

결과를 엄밀해 $y = \cos t + e^{-t}$ 와 비교하시오. 시작값들은 엄밀해를 사용하여 계산하시오.

7. 4차 애덤스-멀턴 방법을 사용하여 $h = 0.2$로 놓고 다음 초기값 문제에서 $y(2)$의 근사값을 구하시오.

$$y' = ty^2 + 3ty, \quad y(0) = -0.5 \text{ in } [0, 3]$$

시작값은 다음과 같다.

$y(0.2) = -0.525501249395768229$
$y(0.4) = 0.608125849624477853$
$y(0.6) = -0.766508236771603 16$

8. 4차 애덤스-멀턴 방법을 사용하여 $h = 0.01$로 놓고 $t = 0.5$, 1.0, 1.5, 2.0에서 다음의 적분값을 각각 구하시오(12.3절의 연습문제 10번 참조, sinh(0)/0=1를 사용).

$$Si(t) = \int_0^t \frac{\sinh x}{x} dx$$

12.9 수치해석의 안정성

컴퓨터에서의 반올림오차로 인하여, 외연적으로 계산이 진행될 때 오차가 발생한다. 이러한 오차의 증가 또는 감소에 따라서 해당 알고리듬에 대한 안정성의 정도가 규정된다. 한 단계에서의 작은 오차가 계속되는 계산에 대하여 크게 영향을 미치지 않는 경우에 그 방법은 **안정**(stable)하다. 이번 절에서는 정확한 특성을 가진 수치해석 방법이 어떠한 방식으로 완전히 부정확한 결과를 생성해 내는지에 대해서 설명하고자 한다. 안정성에 대한 설명을 시작하기 위해서 먼저 다음과 같은 초기값 문제를 **검증 방정식**(test equation)으로 고려한다.

$$y' = -3y, \quad y(0) = 1 \tag{12.39}$$

이 방정식에 대한 엄밀해: $y(t) = e^{-3t}$는 쉽게 얻을 수 있다. 식 (12.39)은 초기값 문제에 대한 안정성을 연구하는데 사용될 검증 방정식으로 유용한데 그 이유는 t가 y_0로부터 멀어지며 상대오차가 상수가 되기 때문이다. 이것은 수치해석에 의한 해에서 임의의 상대오차의 성장은 $y(t_i)$에 대한 근사값을 생성하는 방법에 의하여 발생되어야만 한다는 것을 의미한다.

오일러 방법과 중간값 예측자 방법을 사용하여 $y(3)$에 대한 근사값을 구해보도록 하자. 후자를 사용하기 위해서는 식 (12.33)에 주어진 대로 두 개의 시작값 y_0, y_1이 필요하다. y_1에 대해서는 엄밀해의 값 $y(t_1)$을 사용한다. $h = 0.1$로 하여 계산한 결과가 표 12.14에 나타나 있다.

오차 열에서 중간값 예측자가 작은 t_n에서는 오일러 방법보다 더 작은 오차를 생성함을 볼 수 있다. 그러나 t가 3에 가까워지면, 중간값 예측자 방법에서의 오차는 매우 커지게 되며 반면에 오일러 방법에서는 수치해석의 결과가 엄밀해와 비교하여 편차를 보이지 않는다. 이러한 거동을 수치해석적인 **불안정**(instability)이라고 한다.

이번에는 불안정의 근본을 생각해 보기로 한다. 예제 방정식에 중간값 방법을 적용하면 다음과 같은 차분 방정식을 얻는다.

$$y_{i+1} - y_{i-1} + 6hy_i = 0, \quad y(0) = 1 \tag{12.40}$$

식 (12.40)의 일반해는

$$y_i = c_1\lambda_1^i + c_2\lambda_2^i, \quad \text{여기서} \quad c_1 + c_2 = 1 \tag{12.41}$$

그리고 λ_1, λ_2는 다음의 특성 방정식의 근이다.

$$\lambda^2 + 6h\lambda - 1 = 0 \tag{12.42}$$

따라서

$$\lambda_1 = -3h + \sqrt{1+9h^2} \quad \text{그리고} \quad \lambda_2 = -3h - \sqrt{1+9h^2} \tag{12.43}$$

$\sqrt{1+9h^2}$ 에 대한 이항근사는 h가 작은 경우에 다음과 같이 주어진다.

$$\lambda_1 = -3h + [1 + \frac{9}{2}h^2 + O(h^4)] = e^{-3h} + O(h^3)$$

그리고

$$\lambda_2 = -3h - [1 + \frac{9}{2}h^2 + O(h^4)] = -e^{3h} + O(h^3)$$

식 (12.41)에 대한 일반해는

$$y_i = c_1\left(e^{-3h}\right)^i + c_2(-1)^i\left(e^{3h}\right)^i + O(h^3)$$

$h_i = t_i$이며 $c_1 = 1 - c_2$ 이므로 다음과 같은 해를 얻는다.

표 12.14 오일러 방법과 중간값 예측자 방법에 의한 초기값 문제 $y' = -3y$, $y(0) = 1$ 에 대한 엄밀해와 근사해의 비교

ti	Exact solution	Euler's method	Error Euler	Midpoint Predictor	Error Midpt. Pred.
0	1	1	0	1	0
0.1	0.740818	0.700000	0.040818	0.740818	0
0.2	0.548812	0.490000	0.058812	0.555509	0.006697
0.3	0.406570	0.343000	0.063570	0.407513	0.000943
0.4	0.301194	0.240100	0.061094	0.311001	0.009807
0.5	0.223130	0.168070	0.055060	0.220912	0.002218
0.6	0.165299	0.117649	0.047650	0.178454	0.013155
0.7	0.122456	0.082354	0.040102	0.113839	0.008617
0.8	0.090718	0.057648	0.033070	0.110151	0.019433
0.9	0.067206	0.040354	0.026852	0.047749	0.019456
1.0	0.049787	0.028248	0.021540	0.081501	0.031714
1.1	0.036883	0.019773	0.017110	-0.001152	0.038035
1.2	0.027324	0.013841	0.013482	0.082192	0.054868
1.3	0.020242	0.009689	0.010553	-0.050467	0.070709
1.4	0.014996	0.006782	0.008213	0.112472	0.097477
1.5	0.011109	0.004748	0.006361	-0.117950	0.129059
1.6	0.008230	0.003323	0.004906	0.183243	0.175013
1.7	0.006097	0.002326	0.003770	-0.227896	0.233993
1.8	0.004517	0.001628	0.002888	0.319980	0.315464
1.9	0.003346	0.001140	0.002206	-0.419884	0.423230
2.0	0.002479	0.000798	0.001681	0.571910	0.569432
2.1	0.001836	0.000559	0.001278	-0.763030	0.764867
2.2	0.001360	0.000391	0.000969	1.029729	1.028368
2.3	0.001008	0.000274	0.000734	-1.380867	1.381875
2.4	0.000747	0.000192	0.000555	1.858249	1.857503
2.5	0.000553	0.000134	0.000419	-2.495817	2.496370
2.6	0.000410	0.000094	0.000316	3.355739	3.355330
2.7	0.000304	0.000066	0.000238	-4.509260	4.509564
2.8	0.000225	0.000046	0.000179	6.061296	6.061071
2.9	0.000167	0.000032	0.000134	-8.146038	8.146204
3.0	0.000123	0.000023	0.000101	10.948918	10.948795

$$y_i = (1 - c_2)e^{-3t_i} + c_2(-1)^i e^{3t_i} + O(h^3) \tag{12.44}$$

식 (12.44)에서의 첫 번째 항은 미분 방정식에 대한 엄밀해이며, 두 번째 항은 관련 없음을 주목하라. 이것은 수치해석법에서 **부가적인 항**(parasitic term)으로 불리는데 그 이유는 그것이 엄밀해의 항 $(1 - c_2)\ e^{-3t_i}$ 또는 매 단계별 오차항 $O(h^3)$과 관계가 없기 때문이다. 문제에 대한 엄밀해는 $c_2 = 0$ 이 되어야만 한다. 그러나 작은 반올림오차라 할지라도 c_2가 0이 되지 않도록 하며, c_2가 완전히 0이 되지 않는 한 부가적인 항은 해에 영향을 끼칠 것이다. $t \to \infty$일 때, $y(t) \to 0$ 으로 되면 진동 항 $(-1)^i e^{3t_i}$ 는 결과적으로 y_i을 지배하게 되며 수치해석 결과는 엄밀해와 더 이상 유사하지 않게 될 것이다. 그러므로 중간값 예측 방법은 불안정한 방법이다.

일반적으로, 주어진 다단계 방법이 안정적인가를 알기 위해서는 검증 방정식에 그 방법을 적용하고 발생되는 오차를 살펴본다.

$$y' = \lambda y, \quad y(0) = \alpha, \quad \lambda = \text{음의 상수}$$

이러한 과정은 보통 충분하다고 생각된다. 오일러 방법이나 룬게-쿠타 방법과 같은 일단계 방법 또는 자가 시동 방법에 대한 안정성에 대한 해석은 이러한 방법들이 충분히 작은 h에 대해서 안정한가를 보이는 것이다. 예측자-수정자 방법에 있어서의 안정성은 예측자와 수정자 공식에 따라 달라지나 만일 수정되는 값이 작다면 후자에 의해서 더 많은 영향을 받는다.

연습문제 12.9

1. 검증 방정식을 밀른(Milne)의 수정 공식에 적용하여 얻어진 일반해에 대한 차분 방정식이 다음과 같음을 보이시오.

$$y_{i+1} = y_{i-1} + \frac{h}{3}[f(t_{i+1}, y_{i+1}) + 4f(t_i, y_i) + f(t_{i-1}, y_{i-1})]$$

일반해는 다음과 같다.

$$y_i = c_1 e^{\lambda t_i} + c_2(-1)^i e^{-\frac{\lambda}{3} t_i}$$

2. 상미분 방정식을 해석하기 위해서 다음과 같이 주어진 방법이 일관성을 유지할 수 있도록 a와 b를 결정하시오.

$$w_{n+1} = aw_{i-1} + bh[f(t_{n-1}, w_{n-1}) + 4f(t_n, w_n) + f(t_{n+1}, w_{n+1})]$$

그것은 안정적인가? (힌트: 일관성을 알아보기 위해서는, w_{n+1}와 엄밀해의 값 y_{n+1}과의 차이를 오차 $O(h^2)$ 또는 더 높은 정확도로 고려하여야만 한다.)

3. 상미분 방정식을 해석하기 위한 다음과 같은 기어(Gear)의 해법을 고려하시오. 단, a는 상수이다. 이 방법에 대한 안정성을 알아보기 위한 특성 방정식을 구하고 안정성을 판단하시오.

$$w_{n+1} = \frac{18}{11}w_i - \frac{9}{11}w_{i-1} + \frac{2}{11}w_{i-2} + ahf(t_{i+1}, w_{i+1})$$

4. 상미분 방정식에 대한 수치해석법을 유도하기 위하여 다음의 근사식을 사용하시오. 절단 오차는 무엇인가? 이 방법은 일관성이 있는가?

$$y'(t_{n-1}) = \frac{-y(t_{n+1}) + 4y(t_n) - 3y(t_{n-1})}{2h}$$

5. $y' = f(t, y)$의 형식으로 주어진 미분 방정식의 해를 구하기 위한 다단계 차분 공식이 다음과 같이 주어져 있을 때 그 안정성을 판별하시오.

$$w_{n+1} = \frac{3}{2}w_i - \frac{1}{2}w_{i-1} + \frac{1}{2}hf(t_i, w_i)$$

6. 다음 방법이 불안정함을 보이시오.

$$y_{n+1} = 4y_n - 3y_{n-1} - 2hf(t_{n-1}, y_{n-1})$$

7. 미분 방정식을 해석하기 위한 다음과 같은 일단계 방법을 고려한다.

$$w_{i+1} = w_i + \frac{h}{4}\left[f(t_i, w_i) + 3f(t_i + \frac{2h}{3}, w_i + \frac{2h}{3}f(t_i, w_i))\right]$$

미분 방정식 $y' = -y$ 에서 이 방법이 안정적이 되기 위해서 필요한 단계 크기 h에 대한 어떤 부등식이 만족되어야만 하는가?

8. 다음에 주어진 다단계 방법을 고려하시오.

$$w_{i+1} = \frac{1}{2}(w_i + w_{i-1}) + \frac{h}{4}\left[f(t_i, w_i) + 5f(t_{i-1}, w_{i-1})\right]$$

이 방법은 안정적인가?

12.10 고차 방정식과 연립 미분 방정식

이번 절에서는 고차 방정식과 연립 미분 방정식을 간략하게 소개한다. 이전 절에서 유도되었던 방법들은 고차의 초기값 문제를 해석하기 위하여 어렵지 않게 확장될 수 있다.

m차의 일반적인 초기값 문제를 생각해보자.

$$y^{(n)}(t) = f(t, y(t), y'(t), \cdots, y^{(n-1)}(t)), \quad a \le t \le b \tag{12.45}$$

초기값들은 다음과 같다.

$$\begin{aligned} y(a) &= \alpha_0 \\ y'(a) &= \alpha_1 \\ &\vdots \\ y^{(n-1)}(a) &= \alpha_{n-1} \end{aligned}$$

식 (12.45)에서의 초기값 문제를 해석하기 위한 일반적인 방법은 다음과 같이 n개의 1차 미분 방정식들로 변환시키는 것이다. 새로운 변수들을 다음과 같이 정의한다.

$$y_1(t) = y(t),\ y_2(t) = y'(t), \cdots,\ y_n(t) = y^{(n-1)}(t) \tag{12.46}$$

따라서, 식 (12.45)에서의 문제는 다음과 같이 된다.

$$\begin{aligned} y_1' &= y_2 \\ y_2' &= y_3 \\ &\vdots \\ y_{n-1}' &= y_n \\ y_n' &= f(t, y_1, y_2, ..., y_n) \end{aligned} \tag{12.47}$$

초기값들은

$$y_1(a) = \alpha_0,\ y_2(a) = \alpha_1, \ldots,\ y_n(a) = \alpha_{n-1}$$

식 (12.47)의 연립 방정식의 해는 이 장의 앞 절에서 유도된 방법들 중의 하나를 사용하여 얻어질 수 있다. 예를 들어, 4차 룬게-쿠타 방법을 다음과 같은 형식을 가진 2개의 방정식에 동시에 적용하는 것을 고려해 보기로 한다.

$$\begin{aligned} x' &= f(t, x(t), y(t)), \quad x(a) = \alpha \\ y' &= g(t, x(t), y(t)), \quad y(a) = \beta \end{aligned} \tag{12.48}$$

식 (12.25)의 룬게-쿠타 공식으로부터

$$\begin{aligned} x_{n+1} &= x_n + \frac{h}{6}(k_1 + 2k_2 + 2k_3 + k_4) \\ y_{n+1} &= y_n + \frac{h}{6}(c_1 + 2c_2 + 2c_3 + c_4) \end{aligned} \tag{12.49}$$

단,

$$\begin{aligned} k_1 &= f(t_n, x_n, y_n) \\ c_1 &= g(t_n, x_n, y_n) \\ k_2 &= f\left(t_n + \frac{h}{2}, x_n + \frac{h}{2}k_1, y_n + \frac{h}{2}c_1\right) \end{aligned}$$

$$\begin{aligned} k_4 &= f\left(t_n + h, x_n + hk_3, y_n + hc_3\right) \\ c_4 &= g\left(t_n + h, x_n + hk_3, y_n + hc_3\right) \end{aligned}$$

k와 c는 위의 순서대로 계산되어야 됨을 유의하라. 고차의 연립 방정식에 대해서 룬게-쿠타 방법은 2차 연립 방정식의 경우와 거의 유사한 방식으로 유도될 수 있다.

예제 12.15 $N = 10$로 놓고 4차 룬게-쿠타 방법을 사용하여 다음에 주어진 초기값 문제를 해석하시오.

$$y''(t) - 3y' + 2y = 6e^{3t}, \quad 0 \le t \le 1$$

초기값은

$$y(0) = 1, \quad y'(0) = -1$$

$$y(t) = -8e^{2t} + 6e^{t} + 3e^{3t}$$

수치해석 결과를 엄밀해 $y(t)\ -8e^{2t} + 6e^{t} + 3e^{3t}$와 비교하시오.

식 (12.46)에 대입하면 수정된 문제를 얻게된다.

$$\begin{aligned} x'(t) &= 3x - 2y + 6e^{3t}, \qquad & x(0) &= -1, \\ y'(t) &= x, & y(0) &= 1, \qquad 0 \le t \le 1 \end{aligned}$$

따라서

$$f(t, x, y) = 3x - 2y + 6e^{3t}, \quad \text{그리고} \quad g(t, x, y) = x$$

$h = 0.1$로 놓고 $y(0.1)$에 대한 근사값을 구하기 위하여 4차 룬게-쿠타 방법을 사용하는 법을 설명한다.

$$\begin{aligned}
k_1 &= f(0, -1, 1) = 1 \\
c_1 &= g(0, -1, 1) = -1 \\
k_2 &= f(0 + \frac{0.1}{2}, -1 + \frac{0.1}{2}(1), 1 + \frac{0.1}{2}(-1)) = 2.221 \\
c_2 &= g(0 + \frac{0.1}{2}, -1 + \frac{0.1}{2}(1), 1 + \frac{0.1}{2}(-1)) = -0.95 \\
k_3 &= f(0 + \frac{0.1}{2}, -1 + \frac{0.1}{2}(2.221), 1 + \frac{0.1}{2}(-0.95)) = 2.399155 \\
c_3 &= g(0 + \frac{0.1}{2}, -1 + \frac{0.1}{2}(2.221), 1 + \frac{0.1}{2}(-0.95)) = -0.88895 \\
k_4 &= f(0 + 0.1, -1 + (0.1)(2.399155), 1 + (0.1)(-0.88895)) = 3.99669 \\
c_4 &= g(0 + 0.1, -1 + (0.1)(2.399155), 1 + (0.1)(-0.88895)) = -0.76008
\end{aligned}$$

따라서

$$x(0.1) \approx -1 + \frac{0.1}{6}[1 + 2(2.221) + 2(2.399155) + 3.99669]$$
$$\approx -0.7627164$$
$$y(0.1) \approx 1 + \frac{0.1}{6}[-1 + 2(-0.95) + 2(-0.88895) - 0.76008]$$
$$\approx 0.9093669$$

수치해석의 결과와 엄밀해를 비교한 내용이 표 12.15에 나타나있다.

표 12.15 예제 12.15에 대한 RK4에 의한 해

sysrk4('f1','g1',0,1,-1,1,10)

System of differential equation using Runge-Kutta method of order 4

t	x	y	x(t)	y(t)	|x-x(t)|	|y-y(t)|
0.0	-1.000	1.0000	-1.000	1.0000	0.000	0.000
0.1	-0.7627	0.9094		0.9094		1.29e-005
0.2	-0.1418	0.8601		0.8602		3.61e-005
0.3	1.0815	0.9009		0.9010		7.50e-005
0.4	3.2231	1.1068		1.1070		1.38e-004
0.5	6.7345	1.5909		1.5911		2.35e-004
0.6	12.2569	2.5203		2.5207		3.85e-004
0.7	20.6936	4.1388		4.1394		6.09e-004
0.8	33.3114	6.7976		6.7985		9.42e-004
0.9	51.8779	10.9982		10.9996		1.43e-003
1.0	78.8502	17.4517		17.4539		2.13e-003

예제 12.16 $N = 10$로 놓고 4차 룬게-쿠타 방법을 사용하여 다음에 주어진 연립 미분 방정식 문제를 해석하시오.

$$x'(t) = -3x + 4y, \quad x(0) = 1$$
$$y'(t) = -2x + 3y, \quad y(0) = 2, \quad 0 \le t \le 1$$

수치해석 결과를 엄밀해와 비교하시오.

$$x(t) = 3e^t - 2e^{-t}, \text{ 그리고 } \quad y(t) = 3e^t - e^{-t}$$

다음과 같이 놓는다.

$$f(t, x, y) = -3x + 4y, \text{ 그리고 } \quad g(t, x, y) = -2x + 3y$$

수치해석 결과는 엄밀해와 함께 표 12.16에 나타나 있다.

표 12.16 예제 12.16에 대한 RK4에 의한 해

```
» sysrk4('f2','g2',0,1,1,2,10)

  System of differential equation using Runge-Kutta method of order 4
```

t	x	y	x(t)	y(t)	|x-x(t)|	|y-y(t)|
0.0	1	2	1	2	0	0
0.1	1.50584	2.41067	1.50584	2.41068	4.2e-007	3.4e-007
0.2	2.02675	2.84548	2.02675	2.84548	8.6e-007	7.1e-007
0.3	2.56794	3.30876	2.56794	3.30876	1.3e-006	1.1e-006
0.4	3.13483	3.80515	3.13483	3.80515	1.9e-006	1.6e-006
0.5	3.7331	4.33963	3.7331	4.33963	2.4e-006	2.2e-006
0.6	4.36873	4.91754	4.36873	4.91754	3.1e-006	2.8e-006
0.7	5.04808	5.54467	5.04809	5.54467	3.9e-006	3.6e-006
0.8	5.77796	6.22729	5.77796	6.22729	4.7e-006	4.4e-006
0.9	6.56566	6.97223	6.56567	6.97224	5.8e-006	5.4e-006
1.0	7.41908	7.78696	7.41909	7.78697	6.9e-006	6.6e-006

M-function 12.10

다음의 MATLAB 함수 **sys_rk4.m**은 4차 룬게-쿠타 방법을 사용하여 식(11.48)과 같은 시스템의 해를 구한다. 입력사항은 함수 $f(t, x, y)$와 $g(t, x, y)$; 초기값과 최종값 t의 a, b ; 초기조건 x 와 y의 x_0, y_0 ; 단계수 n이다. 함수 f와 g는 M-files로 정의되어야 한다.

```
function sys_rk4(f,g,a,b,x0,y0,n)
% Solve the system of differential equations x'=f(t,x,y), x(a)=x0 and
% y'=g(t,x,y), y(a)=y0 using the Runge-Kutta method of order 4.
fprintf('\n')
disp('        Solution of system of differential equations using RK4 ')
h=(b-a)/n;
x=x0;
y=y0;
disp('______________________________________________________________')
disp('  t        x        y          x(t)          y(t)    |x-x(t)|     |y-y(t)|  ')
disp('______________________________________________________________')
fprintf('\n')
fprintf('%8.2f     %10.3f %10.3f %10.3f %10.3f %8.2f %8.2f\n', a, x,
y, x, y, 0, 0)
for i=1:n
  % RK of order 4
  t=a+(i-1)*h;
  k1=feval(f,t,x,y);
  c1=feval(g,t,x,y);
```

```
k2=feval(f,t+h/2,x+h*k1/2,y+h*c1/2);
c2=feval(g,t+h/2,x+h*k1/2,y+h*c1/2);
k3=feval(f,t+h/2,x+h*k2/2,y+h*c2/2);
c3=feval(g,t+h/2,x+h*k2/2,y+h*c2/2);
k4=feval(f,t+h,x+h*k3,y+h*c3);
c4=feval(g,t+h,x+h*k3,y+h*c3);
x=x+h*(k1+2*k2+2*k3+k4)/6;
y=y+h*(c1+2*c2+2*c3+c4)/6;
%If the exact solution is not known set xs='n' and ys='n'.
% For a system with two Eqns. write the exact solutions
% if known as xs=xs(t) and ys=ys(t).
% For a second order IVP write the exact solution
% if known as ys=ys(t) and set xs='n'.
t=t+h;
xs='n';
ys='n';
if (xs=='n' & ys=='n')
  fprintf('%8.2f     %10.3f %10.3f\n',t,x,y)
elseif (ys~='n' & xs=='n')
  err2=abs(ys-y);
  fprintf('%8.2f     %10.3f %10.3f %10.3f %10.1e\n', t,x,y,ys,err2)
else
  err1=abs(xs-x);
  err2=abs(ys-y);
  fprintf('%8.2f     %10.3f %10.3f %10.3f %10.3f %10.1e %10.1e
\n', t, x, y, xs, ys, err1, err2)
 end
end
```

연습문제 12.10

1. 다음에 주어진 1차 연립 미분 방정식을 해석하시오.

(a) $x' = t - y + x,\ x(0) = 1$
$y' = x + 2y, \quad y(0) = 0,\ 0 \le t \le 1,$ 그리고 $h = 0.2$

(b) 다음의 초기값 문제를 해석하시오.

i. $y'' = y' + ty^2,\ y(0) = 1,\ y'(0) = 0,\ 0 \le t \le 1$ 그리고 $N = 10$

ii. $y'' = 3y' - 2y, y(0) = 1,\ y'(0) = 1,\ 0 \le t \le 1$ 그리고 $N = 10$

iii. $y'' = ty' - 2y,\ y(0) = -1,\ y'(0) = 1,\ 0 \le t \le 1$ 그리고 $N = 10$

iv. $y'' = t^2y - ty + t,\ y(0) = 1,\ y'(0) = 1,\ 0 \le t \le 1$ 그리고 $N = 10$

(c) 구간 [0, 6.4]에서 $h = 0.2$로 하여 벤폴의 방정식에 대한 근사해를 4차 룬게-쿠타 방법을 사용하여 구하시오.

$$y'' - (0.1)(1-y^2)y' + y = 0, \quad y(0)=1, \quad y'(0)=0$$

(d) 다음에 주어진 3차 미분 방정식을 1차 미분 연립 방정식으로 고쳐 쓰시오.

$$y''' = -2y'' + y' + 2y + e^t, \quad y(0)=1,\ y'(0)=2,\ y''(0)=0$$

(e) $\begin{aligned} x' &= 2 - 4y - x\sin t,\ x(0)=0, \\ y' &= x, \qquad\qquad\quad y(0)=0,\ 0 \le t \le 1,\ \text{그리고}\ h=0.2 \end{aligned}$

(f) $\begin{aligned} x' &= t^2 - 3x^2 + y,\ x(0)=0, \\ y' &= 2t + x - y, \quad y(0)=1,\ 0 \le t \le 1,\ \text{그리고}\ h=0.1 \end{aligned}$

(g) $\begin{aligned} x' &= t^3 - y^2, \qquad x(0)=0, \\ y' &= t + y - xy,\ y(0)=1,\ 0 \le t \le 1,\ \text{그리고}\ h=0.2 \end{aligned}$

컴퓨터 문제 12.10

1. MATLAB 함수 sys_rk4 를 사용하여 구간 [0, 1]에서 $h = 0.1$로 하여 다음의 연립 미분 방정식의 해를 구하시오.

$$\begin{aligned} x' &= 2x - 5y, \quad x(0)=1 \\ y' &= 2x - 4y, \quad y(0)=1 \end{aligned}$$

결과를 엄밀해 $x(t) = -2e^{-t}\sin(t) + e^{-t}\cos(t)$, $y(t) = -e^{-t}\sin(t) + e^{-t}\cos(t)$와 비교하시오.

2. MATLAB 함수 sys_rk4 를 사용하여 구간 [0, 1]에서 $h = 0.1$로 하여 다음의 연립 미분 방정식의 해를 구하시오.

$$y''(t) = y + t, \quad y(0)=1, \quad y'(0)=-1$$

3. 구간 [1, 2]에서 2차 미분 방정식의 해를 구하시오.

$$y'' - y'e^y + ty = t^2, \quad y(1)=0, \quad y'(1)=1$$

4. 구간 [1, 2]에서 2차 미분 방정식의 해를 구하시오.

$$y'', \quad y(0)=-3, \quad y'(1)=1$$

5. 다음에 주어진 미분 방정식을 컴퓨터 프로그램을 사용하여 해를 구하시오.

$$x' = -82x - 54y + 5, \quad x(0) = 5$$
$$y' = 108x + 71y + 4, \quad y(0) = 3$$

엄밀해는 $x(t) = 2e^{-t} + 3e^{-10t} + 5t$, $y(t) = -3e^{-t} - 4e^{-10t} + 4t + 10$ 이다. 수치해석 결과를 엄밀해와 비교하시오.

6. 다음의 초기값 문제를 고려하시오.

$$y'' = -(y')^2 t, \quad y(-1) = 0,\ y'(-1) = 1$$

이 초기값 문제의 해는 $t = 1$에서 $y(1) = \pi$ 이다. 4차 룬게-쿠타 방법을 사용하여 이 문제의 해를 구하시오. $y(1) = \pi$ 의 근사값에 대한 절대오차를 $h = 0.1, 0.01, 0.001$에 대하여 계산하고 출력하시오.

12.11 내연적 방법과 강성계

다음의 연립 미분 방정식을 고려하자.

$$\begin{aligned} x'(t) &= 131\,x - 931\,y, \qquad x(0) = 6 \\ y'(t) &= 133\,x - 933\,y, \qquad y(0) = -6 \end{aligned} \tag{12.50}$$

이 연립 방정식의 엄밀해는

$$x(t) = 14e^{-2t} - 8e^{-800t}, \qquad y(t) = 2e^{-2t} - 8e^{-800t}$$

$h = 0.1$로 하여 오일러 방법을 사용하여 $x(0.1)$과 $y(0.1)$의 근사값을 구하면 그 결과는

$$x(0.1) \approx 643.2 \qquad \text{그리고} \qquad y(0.1) \approx 633.6$$

이들 근사값을 엄밀해의 값 $x(0.1) = 11.462$, $y(0.1) = 1.638$ 과 비교해 본다면 절대오차가 큼을 분명하게 알 수 있다. 오차가 크게 된 이유는 엄밀해에 있는 e^{-2t} 와 e^{-800t} 의 두 항 때문이다. 이들 두 항의 지수는 모두 음수이며 다른 크기를 가지고 있다. 이러한 경우에 외연적 방법인 오일러 방법에서 작은 단계 값을 사용하면 급격한 반올림오차의 증가를 일으킨다. 식 (12.50)과 같은 연립 방정식을 강성계라고 부른다.

강성계를 다루는 방법은 내연적 오일러 방법으로 알려진 1차 애덤스-베쉬포드 방법과 같은 내연적 방법을 사용하는 것이며 다음과 같다.

표 12.17 식 (12.50)의 연립 방정식에 대한 엄밀해와 내연적 오일러 방법의 비교

t_k	$x(t_k)$	$y(t_k)$	x_k	y_k
0.1	11.462	1.6375	11.568	1.5679
0.01	13.72	1.9577	12.837	1.0719
0.001	10.377	−1.5986	9.5276	−2.4484
0.0001	6.6123	−5.3853	6.5898	−5.4078

$$\begin{aligned} x_{i+1} &= x_i + hf(x_{i+1}, y_{i+1}) \\ y_{i+1} &= y_i + hg(x_{i+1}, y_{i+1}) \end{aligned} \tag{12.51}$$

오일러 방법의 내연적 형식을 컴퓨터에 적용한 결과는 표12.17에 나타나 있다. 엄밀해 $x(t_k)$, $y(t_k)$를 비교할 수 있도록 포함시켰다. 표 12.17의 결과로부터 내연적 방법의 우수성을 볼 수 있다.

강성계를 보다 잘 이해하기 위해서, 일반적인 2×2 형식의 선형 미분 연립 방정식을 고려해 보기로 한다. 연립 방정식을 행렬로 표시한 형식은 다음과 같다.

$$\begin{bmatrix} dx/dt \\ dy/dt \end{bmatrix} = \begin{bmatrix} a_{11} & a_{12} \\ a_{21} & a_{22} \end{bmatrix} \begin{bmatrix} x \\ y \end{bmatrix} \tag{12.52}$$

식 (12.52)의 일반해는 다음과 같이 쓸 수 있다.

$$\begin{bmatrix} x \\ y \end{bmatrix} = C_1 e^{\lambda_1 t}\mathbf{v}_1 + C_2 e^{\lambda_2 t}\mathbf{v}_2$$

여기서 v_1과 v_2는 A의 고유 벡터이며, λ_1과 λ_2는 해당하는 고유값이다. C_1과 C_2는 연립 방정식의 초기값에 의존하는 상수이다.

강성계는 A의 고유값 항에 의해서 정의될 수 있다. A의 고유값의 실수 부분이 음수이며 크기가 많이 다른 경우를 강성계라고 한다. 보다 높은 정밀도를 위해서 12.8절의 식 (12.38)에서 주어진 4차 방법과 같은 고차 애덤스-멀턴 방법을 사용할 수 있다.

연습문제 12.11

1. 오일러 방법을 사용하여 다음의 강성 초기값 문제의 해를 구하시오.

(a) $x' = 3x - 37y, \quad x(0) = 16, \quad 0 \le t \le 1,$ 그리고 $h = 0.1$
$y' = 5x - 39y, \quad y(0) = -16, \quad 0 \le t \le 1,$ 그리고 $h = 0.1$

근사값을 엄밀해 $x(t) = 37e^{-2t} - 21e^{-34t}$와 $y(t) = 5e^{-2t} - 21e^{-34t}$와 비교하시오.

(b) $x' = 21x - 211y, \quad x(0) = -94, \quad 0 \le t \le 1,$ 그리고 $h = 0.1$
$y' = 23x - 213y, \quad y(0) = 94, \quad 0 \le t \le 1,$ 그리고 $h = 0.1$

근사값을 엄밀해 $x(t) = 117e^{-190t} - 21e^{-2t}$ 와 $y(t) = 23e^{-2t} + 117e^{-190t}$ 와 비교하시오.

12.12 위상 평면 해석: 카오스 미분 방정식

이번 절에서는 중요성과 관심이 증대되고 있는 상미분 방정식 비선형계의 거동을 이해하기 위한 방법을 설명한다. 여기서는 미지의 함수 $x = x(t)$와 $y = y(t)$에 대한 두 개의 미분 방정식의 경우로 국한하여 다루기로 한다.

$$\frac{dx}{dt} = f(x, y), \quad \text{그리고} \quad \frac{dy}{dt} = g(x, y) \tag{12.53}$$

식 (12.53)은 시간 변수 t가 외연적으로가 아니라 x와 y와 내연적으로 연관되어 일어나는 물리적 현상을 설명하고 있으며 자가 지배계 또는 자율계를 묘사하고 있다. f와 g는 x와 y에 대한 매끄러운 함수이다. 다음에 주어진 초기 조건이 적용되는 식 (12.53)의 해는 시간의 함수이나

$$x(t_0) = x_0, \quad \text{그리고} \quad y(t_0) = y_0 \tag{12.54}$$

여기서는 주어진 점 (x_0, y_0)를 통과하는 xy 평면에서의 곡선의 매개 방정식으로 다음과 같이 생각하기로 한다.

$$(x(t), \ y(t)) \tag{12.55}$$

이 곡선은 해에 대한 궤적 궤도이며 xy 평면은 위상 평면이라고 한다.

예제 12.17 다음에 주어진 방정식에서 $(1, 0)$을 통과하는 해는 $x = e^{-t}$, $y = e^{-t}$이다.

$$\frac{dx}{dt} = -(x + y) \quad \text{그리고} \quad \frac{dy}{dt} = x - y$$

해의 궤적은 그림 12.5에 나타나 있다.

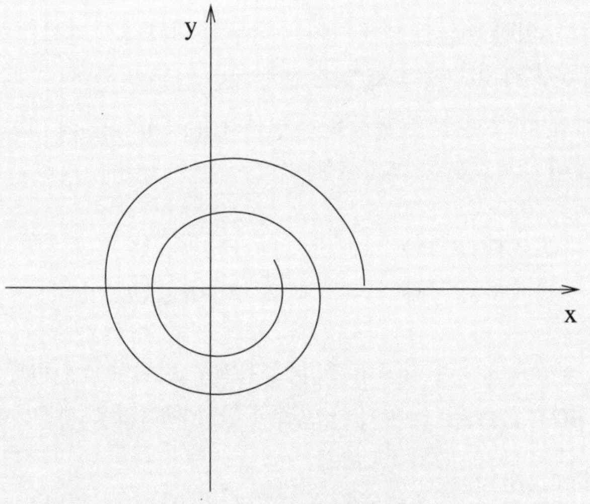

그림 12.5 고정점으로 가는 나선

이 그림에서 궤적이 평형점 또는 식 (12.53)의 연립 방정식에 대한 고정점인 원점 (0, 0)으로의 나선을 그리고 있음을 관찰하시오. 평형점 또는 고정점은 연립 방정식이 변하지 않는 위상 평면에서의 점들이며 그 점에서는 $dx/dt = 0$, $dy/dt = 0$ 이다.

보다 엄밀하게 말하면, 다음 조건을 만족한다면 (x^*, y^*)는 식 (12.53)에 대한 평형점이나 고정점이다.

$$f(x^*, y^*) = 0 \quad \text{그리고} \quad g(x^*, y^*) = 0 \tag{12.56}$$

예제 12.18 다음 방정식에서 고정점을 구하시오.

$$\frac{dx}{dt} = y + 3x^2, \quad \text{그리고} \quad \frac{dy}{dt} = x - 3y^2$$

고정점은 다음의 연립 방정식의 해이다.

$$\begin{cases} y + 3x^2 = 0 \\ x - 3y^2 = 0 \end{cases}$$

$y = 0$이 되어야만 $x = 0$임을 직관적으로 알 수 있으며 따라서 (0, 0)은 고정점이다. 만일 $x \neq 0$이면 $y \neq 0$이며 그러한 경우에는 $x > 0$, $y > 0$이 됨을 방정식이 보여준다. $\left(\frac{1}{3}, -\frac{1}{3}\right)$이 유일한 다른 고정점임을 알 수 있다.

비선형 방정식은 고정점 근처에서 자주 "선형화"되며 선형계의 거동은 흔히 비선형계의 거동과 매우 유사하다. 일반 이론을 다루기에는 너무 방대하나 여기서는 문제들을 통해서 확실한 예제들을 기반으로 한 비선형 문제들의 해에 대한 거동을 살펴보도록 한다.

이해를 돕기 위해서, 다음과 같은 관찰을 수행한다. (x^*,y^*)를 식 (12.53)에 대한 고정점으로 가정한다. 그때의 (x^*, y^*)의 근처에서는

$$\begin{aligned} f(x,y) &= f_x(x^*,y^*)(x-x^*) + f_y(x^*,y^*)(y-y^*) + \cdots \\ g(x,y) &= g_x(x^*,y^*)(x-x^*) + g_y(x^*,y^*)(y-y^*) + \cdots \end{aligned}$$

$u = x - x^*$, $v = y - y^*$ 라 하고 (x^*, y^*)와 매우 가깝다고 한다면, 다음의 선형 연립 방정식에 대한 해 $(u(t), v(t))$는 그에 대한 만족할 만한 근사값을 제공해야만 한다.

$$\begin{aligned} \frac{du}{dt} &= f_x(x^*,y^*)\,u + f_y(x^*,y^*)\,v \\ \frac{dv}{dt} &= g_x(x^*,y^*)\,u + g_y(x^*,y^*)\,v \end{aligned} \tag{12.57}$$

즉,

$$x(t) \approx x^* + u(t), \quad \text{그리고} \quad y(t) \approx y^* + v(t)$$

예제 12.19 고정점 (0,0)과 $\left(\frac{1}{3}, -\frac{1}{3}\right)$에 대하여 예제 12.18의 연립 방정식에 대한 선형화된 방정식을 구하시오.

고정점 (0, 0)에 대한 선형화된 방정식은

$$\frac{du}{dt} = v, \quad \text{그리고} \quad \frac{dv}{dt} = u$$

고정점 $\left(\frac{1}{3}, -\frac{1}{3}\right)$에 대한 선형화된 방정식은

$$\frac{du}{dt} = 2u + v, \quad \text{그리고} \quad \frac{dv}{dt} = u + 2v$$

선형화된 방정식에 대한 해의 거동은 야코비(Jacobian) 행렬의 고유값에 의존한다.

$$\begin{pmatrix} f_x(x^*,y^*) & f_y(x^*,y^*) \\ g_x(x^*,y^*) & g_y(x^*,y^*) \end{pmatrix} \tag{12.58}$$

고유값의 실수 부분이 0이 아니면, 정량적으로 볼 때 선형화된 문제의 해는 비선형 문제의 해와 근사하게 움직일 것이나, 실수 부분이 0이라면 그렇지 않다.

또한 해는 해 자체인 단순 폐곡선으로 나선을 그리며 들어가든지 또는 나올 가능성이 있다. 이러한 곡선들을 극한 사이클이라고 한다. 일반적으로 극한 사이클을 해석적인 방법으로 알아내는 것은 어려우나 컴퓨터를 사용하여 여러 번 시도함으로 쉽게 찾아낼 수 있다.

예제 12.20 다음의 연립 방정식을 해석하시오.

$$\frac{dx}{dt} = -y + x\left(1 - x^2 - y^2\right), \quad \text{그리고} \quad \frac{dy}{dt} = x + y\left(1 - x^2 - y^2\right)$$

이 연립 방정식의 고정점은 (0,0)이다. 그러나 $x = \gamma\cos\theta$ 과 $y = \gamma\sin\theta$ 으로 놓고 극좌표계의 항으로 다시 쓰면

$$\frac{d\gamma}{dt} = \gamma\left(1 - \gamma^2\right), \quad \text{그리고} \quad \frac{d\theta}{dt} = 1$$

$\gamma = 1$과 $\theta = t + \theta_0$는 미분 방정식을 해석하는 원임을 알 수 있다. 문제에서, 이 원은 또한 극한 사이클임을 증명할 것이다.

비선형 방정식에 대한 일반적인 성질을 비공식적으로 논의하는 것에 대하여 만족스럽다고 생각한다. 시간에 의존하는 하중 함수가 작용하는 경우의 방정식은 그 방정식의 해가 불규칙하게 거동하게 되며 따라서 자연스럽게 카오스 및 동역학 문제로 귀결 된다. 고정점 그 자체는 더 분류되고 연구될 수 있으나 여기서는 더 진행하지 않기로 한다.

주의: 종속 변수가 t인 미분 방정식은 동적 방정식이라고 불린다. **동적 방정식**(dynamical system)의 해에 대한 장기간의 거동은 복잡하고 예측이 불가능하다. 최신 이론은 안정성, 점근적 안정성, 주기성, 극한 사이클, 그리고 카오스 등에 대한 주제를 포함한다.

연습문제 12.12

모든 2차 미분 방정식은 $dx/dt = y$로 놓음으로 두 개의 1차 연립 미분 방정식으로 변환될 수 있음을 상기하시오.

$$\frac{d^2x}{dt} = F\left(t, x, \frac{dx}{dt}\right)$$

결과적으로

$$\frac{dx}{dt} = y \quad \text{그리고} \quad \frac{dy}{dt} = F(t, x, y)$$

1~4번까지의 미분 방정식을 등가의 연립 미분 방정식으로 다시 쓰시오.

1. $\frac{d^2x}{dt^2} = \sin\left(x + \frac{dx}{dt}\right)$

2. $\frac{d^2x}{dt^2} = -t\frac{dx}{dt} + x^2 \cos t$

3. $\frac{d^2x}{dt^2} = -\frac{dx}{dt} + \sin x$

4. $\frac{d^2x}{dt^2} = (1 - x^2)\frac{dx}{dt}$

문제 5~8에서는 고정점을 구하시오. 2차 미분 방정식에서의 고정점은 등가 2차 연립 방정식에 대한 위상 평면에서의 점들이며 모두 x축 상에 놓인다.

5. $\frac{dx}{dt} = \sin(x - y), \quad \frac{dy}{dx} = y \cos x$

6. $\frac{dx}{dt} = 1 - e^{-x} - y, \quad \frac{dy}{dx} = \sin y + x(1 - x)$

7. $\frac{dx}{dt} = x - xy, \quad \frac{dy}{dt} = -y + yx^3$

8. $\frac{d^2x}{dt^2} = (1 - x^2)\frac{dx}{dt} + (x - x^3)$

다음의 문제들은 위상 평면의 그림을 작성하고 비선형 문제의 해와 선형 문제의 해를 그래프로 그려서 비교하는 것을 다루는 것이다.

9. 예제 12.20으로부터 아래사항에 대해 답하시오.

(a) $x = \cos t$, $y = \sin t$ 가 초기값 $x(0) = 1$, $y(0) = 0$ 을 만족하는 미분 방정식의 해임을 해석적인 방법으로 보이시오.

(b) 고정점 (0,0) 근처에서 선형화 된 문제는 다음과 같음을 보이시오.

$$\frac{du}{dt} = u - v, \quad \frac{dv}{dt} = u + v$$

이 연립 방정식을 풀고 초기값에 대한 궤적을 그리시오.

(c) (b)에서와 동일한 초기값을 사용하여 비선형 방정식을 풀고 두 개의 위상 그림을 비교하시오.

10. 다음에 주어진 미분 방정식을 해석하시오.

(a) $\frac{d^2x}{dt^2} + \left(\frac{dx}{dt}\right)^3 + x = 0,$

(b) $\left(\frac{d^2x}{dt^2}\right) - \left(\frac{dx}{dt}\right)^3 + x = 0.$

두 가지 경우 모두 원점이 유일한 고정점이며 선형화된 방정식은 $\frac{d^2u}{dt^2} + u = 0$ 이다. 초기 조건이 $x(0) = 0$, $x'(0) = 1$ 일 때 두 개의 비선형 방정식을 풀고 각각에 대하여 얻어진 위상 그림과 선형화된 경우에 얻어진 그림을 비교하시오.

11. 방정식 $\frac{d^2x}{dt^2} + (x^2 - 1)\frac{dx}{dt} + x = 0$ 은 극한 사이클을 갖는가? 다양한 초기값들을 사용하여 수치 해석적으로 실험을 수행하시오.

12. 다음에 주어진 미분 방정식을 해석하시오.

(a) $\frac{d^2x}{dt^2} - x + x^3 = 0$,

(b) $\frac{d^2x}{dt^2} + x - x^3 = 0$,

(c) $\frac{d^2x}{dt^2} + x + x^3 = 0$.

각각의 초기값 $(x(0) = .5, x'(0) = 0)$; $(x(0) = 1.5, x'(0) = 0)$; 그리고 $(x(0) = 4, x'(0) = 0)$에 대하여 위상 평면도를 작성하시오.

13. 하중은 문제를 더욱 복잡하게 만든다. 초기값이 $x(0) = 0$, $x'(0) = 0$ 인 미분 방정식의 해를 구하고 위상 평면도를 작성하시오.

(a) $\frac{d^2x}{dt^2} + x + x^3 = \cos t$,

(b) $\frac{d^2x}{dt^2} + x - x^3 = \cos t$,

14. 초기값이 $x(0) = 0$, $x'(0) = 0$ 인 미분 방정식의 해를 구하고 위상 평면도를 작성하시오.

(a) $\frac{d^2x}{dt^2} - \frac{dx}{dt} + x = \cos t$,

(b) $\frac{d^2x}{dt^2} + \frac{dx}{dt} - \left(\frac{dx}{dt}\right)^3 + x = \cos t$,

(c) $\frac{d^2x}{dt^2} + \frac{dx}{dt} + \left(\frac{dx}{dt}\right)^3 + x = \cos t$,

(d) $\frac{d^2x}{dt^2} - \frac{dx}{dt} + \left(\frac{dx}{dt}\right)^3 + x = \cos t$,

(e) $\frac{d^2x}{dt^2} + \frac{dx}{dt} + x = \cos t$,

12장 응용문제

1. 다음은 저항이 R, 전자기력이 V 인 용량이 C인 축전기에서의 충전 과정 동안의 전하 Q를 계산하는 미분 방정식이다

$$R\frac{dQ}{dt}+\frac{Q}{C}=V$$

만일 $t=0$일 때 전하가 0이라면 $R=2$, $C=3$, $V=4$ 로 주어질 때 시간 구간 $[0, 4]$에서의 Q의 근사값을 4차 룬게-쿠타 방법을 사용하여 구하시오.

2. 감쇠되지 않는 물체의 질량 m이 스프링 계수가 k인 스프링에 매달려있으며 외부에서 주기력이 $F=\sin\alpha t$ 으로 작용하고 있다고 하자. 다음의 방정식은 물체의 운동 y를 나타낸다.

$$\frac{d^2y}{dt^2}+\omega^2 y=\frac{F}{m}\sin\alpha t$$

단, $w^2=k/m$이다. 만일 $k=2.7\times 10^2\ N/m$, $m=0.55\text{kg}$, $F=2N$, 그리고 $\alpha=10\times \text{s}^{-1}$일 경우, $t=3$일 때 y의 근사값을 구하시오.

3. 자동차의 전조등용 거울은 헤드램프에서 발산되는 빛을 실제 표면에 대하여 평행하게 나오게 반사시키도록 설계된다. 입사각은 반사각과 같다는 광학의 원리를 이용하여 원하는 형상의 거울을 만드는 데 사용되는 1차 미분 방정식을 다음과 같이 유도할 수 있다.

$$\frac{dy}{dx}=\frac{-x+(x^2+y^2)^{1/2}}{y}$$

거울의 위치는 램프 바로 위 1 cm가 되도록 설계된다, 즉, $y(0)=1$, $h=0.1$로 하여 $x=1$, $x=2$ 일 때 y의 근사값을 4차 룬게-쿠타 방법을 사용하여 구하시오.

4. 24 lbs의 무게를 가진 물체가 스프링을 원래 길이 보다 1 ft 늘어나게 했다고 가정하자. 만일 물체가 초기 속도 $2ft/sec$와 감쇠력이 $-9(dy/dt)$로 평형점 보다 아래로 내려갔다면, 임의의 시간 t에서 물체의 변위 y는 $y(0)=0$, $y'(0)=2$ 일 때 다음과 같은 미분 방정식으로 주어진다.

$$\frac{d^2y}{dt^2}+12\frac{dy}{dt}+32y=0$$

4차 룬게-쿠타 방법을 사용하여 $t=4$일 때 스프링의 변위를 구하시오.

5. 토크 모터는 우주선의 가이드 제트를 조절하는데 사용되는 소형이며 고성능의 유압밸브의 개폐를 수행한다. 회전자의 질량 m이 32 slug이며 점성 감쇠 계수가 28 lb-sec/ft, 스프링 계수가 96 lb/ft, 반지름 r = 1 ft, 모터를 회전 시키는 토크 M = 32 cos t (in lb/ft)일 때, 모터 축의 회전을 계산하기 위한 초기값 문제는 다음과 같다.

$$\theta''+4\theta'+3\theta=\cos t, \quad \theta(0)=\theta'(0)=0$$

4차 룬게-쿠타 방법을 사용하여 $t=4$일 때 모터 축의 각변위에 대한 근사값을 구하시오.

6. 열기구에서 질량 m인 물체를 떨어뜨렸을 때 t초 후의 물체의 속도는 다음과 같이 주어진다.

$$\frac{dv}{dt}+cv=g \text{ 그리고 } v(0)=0$$

$c=2.2$, $g=32$ 일 때 오일러 방법을 사용하여 3초 후 물체의 속도의 근사값을 구하시오.

7. 도시의 인구는 다음과 같은 비율로 변화하며 $p(t)$는 시간 t에서의 인구수 이며 k_0, k_1은 주어진 상수이다.

$$\frac{dp}{dt}=(k_0+k_1p)p$$

$N=10$으로 놓고 4차 룬게-쿠타 방법을 사용하여 최초 인구수가 1000, $k_0=0.02$, $k_1=0.4$ 일 때 10년 후의 인구수를 구하시오.

8. 아래 그림에서 보이는 직렬회로에서 전류 i는 다음과 같은 미분 방정식으로 표시되며 초기값은 $i(0)=0$ 이다.

$$L\frac{di}{dt}=-Ri+E$$

$E=100$ V, $R=10\ \Omega$, $L=1$ h 일 때, $h=0.1$로 하여 $t=0.6$, 0.9 일때의 전류 i의 근사값을 오일러 방법을 사용하여 구하시오.

9. 공기 저항이 순간 속도의 제곱에 비례한다면, 높이 h에서 낙하하는 질량 m의 속도 v는 다음과 같이 주어진다.

$$m\frac{dv}{dt}=mg-kv^2, \quad k>0$$

$v(0)=0$, $k=0.125$, $m=5$ slugs, $g=32$ ft/s^2 이다. $h=1$로 놓고 4차 룬게-쿠타 방법을 사용하여 $t=5$ 때 낙하하는 물체 속도의 근사값을 구하시오.

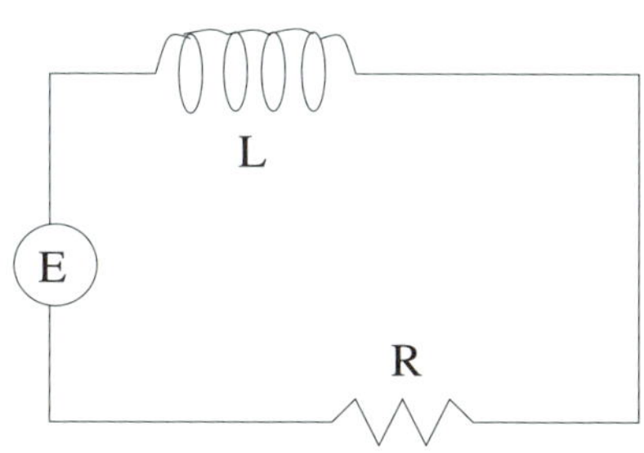

10. 물탱크의 바닥에 있는 면적이 A_h인 원형 구멍에서 물이 새어나가고 있다. 구멍 근처

에서의 유동의 마찰과 축소로 인해서 탱크를 빠져나가는 단위 시간당의 물의 체적은 $cA_h\sqrt{2gh}$ 로 줄어든다. 단, $0 < c < 1$ 로서 상수이다. 측면이 10 ft 이며, 구멍의 반지름 이 2 ft인 입방체 형의 탱크에서 시간 t에서의 물의 높이 h에 대한 미분 방정식은 다음과 같이 주어진다.

$$\frac{dh}{dt} = -\frac{c\pi}{450}\sqrt{h}$$

탱크가 처음에는 가득 채워져 있다고 가정하고 $c = 0.4$ 일 때 2차 룬게-쿠타 방법을 사용하여 3초 후의 물의 높이를 구하시오.

11. 대도시에서의 인구 모델 $P(t)$는 t가 월 단위 일때 다음과 같은 초기값 문제로 주어진다.

$$\frac{dP}{dt} = P(10^{-1} - 10^{-6}P), \quad P(0) = 10000$$

수치 해석법을 사용하여 12개월 후의 인구를 구하시오.

12. 동적 시스템의 연구에서는 주기 배가와 카오스 현상에 관찰된다. 이러한 현상들은 다음과 같은 비선형 방정식으로 표시되는 인구 증가 모델을 사용하여 근사해를 구하려고 할 때 나타난다.

$$\frac{dP}{dt} = 10P(1-P), \quad P(0) = 0.1$$

$h = 0.25$로 놓고 오일러 방법을 사용하여 $P(30)$의 근사값을 구하시오. 1.22, 0.54, 1.16, 0.7에서 P의 값이 급격하게 변하는 것을 관찰하시오.

13. 농도가 다른 두 개의 소금 용액을 섞은 후 혼합체에서의 소금의 함유량은 1차 미분 방정식으로 주어진다. 물이 1000 L가 들어가는 대용량 탱크에 소금물이 6 L/min의 일정한 비율로 흘러들어가고 있다고 하자. 혼합체를 휘저어서 균질하게 만들고 있으며 혼합체는 5 L/min 의 비율로 흘러나가고 있다. $A(t)$를 시간 t에서의 탱크내의 소금의 양으로 하면, $A(t)$의 순변화율은 다음과 같이 주어진다.

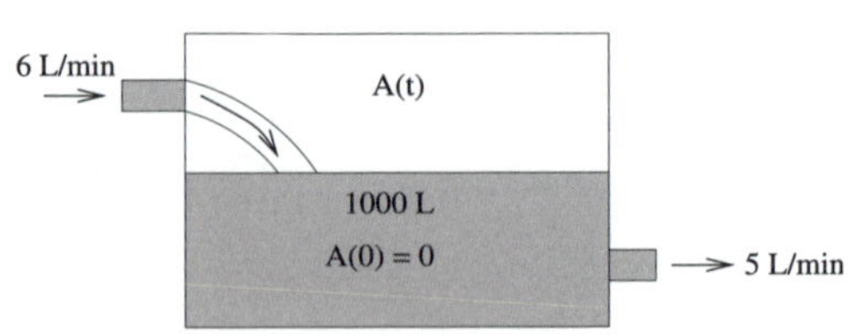

$$\frac{dA}{dt} = (\text{input rate}) - (\text{output rate})$$

탱크로 흘러들어가는 소금물의 농도가 1kg/L 라면 다음과 같은 초기값 문제가 된다.

$$\frac{dA}{dt} = 6 - \frac{5A}{1000+t}, \quad A(0) = 0$$

수치 해석법을 사용하여 $t = 3$일 때의 탱크내의 소금의 양을 구하시오.

14. 근접해 있는 두 개의 전송선에 의해서 유도되는 전기장은 다음과 같은 방정식으로 표시된다.

$$\frac{dy}{dt} = -h(t)y^2 + f(t)$$

$f(t) = 5t + 2$, $h(t) = t^2$ 로 한다. $y(0) = 1$ 일 때, $y(2)$의 근사값을 $h = 0.001$로 하여 4차 룬게-쿠타 방법을 사용하여 구하시오.

15. 평행하는 판 사이에서의 뉴톤 유체의 비등온 유동은 다음과 같은 초기값 문제의 형태로 주어진다.

$$y'' = -t^2 e^y, \quad y(0) = 1,\ y'(0) = 1$$

$h = 0.05$로 놓고 4차 룬게-쿠타 방법을 사용하여 $y(1)$에 대한 근사값을 구하시오.

16. 혈액으로의 호르몬 분비는 주기적으로 일어난다. 만일 24시간 주기로 호르몬 분비가 일어난다면 혈액내의 호르몬 수위의 변화률은 다음과 같은 초기값 문제로 표시할 수 있다.

$$\frac{dy}{dt} = \alpha - \beta\cos\frac{\pi t}{12} - ky, \quad y(0) = 10$$

단, $y(t)$는 시간 t일때의 혈액내의 호르몬의 양이며, α는 평균 분비율, β는 일일 분비량의 변화, k는 몸이 혈액으로부터 호르몬을 제거하는 속도를 반영한 양의 상수이다. $\alpha = \beta = 1$, $k = 2$ 로 주어지며, $t = 2$일때 혈액내의 호르몬의 양에 대한 근사값을 구하시오.

17. 빗방울이 떨어질 때 구형을 유지하면서 증발한다. 빗방울의 증발률은 그것의 표면적에 비례하며 공기의 저항을 무시할 수 있다고 가정하면, 빗방울의 속도 $v(t)$는 다음과 같이 주어진다.

$$\frac{dv}{dt} = -\frac{3(k/\rho)}{(k/\rho)t + 0.01}v + g$$

ρ 는 물의 밀도, $k < 0$은 비례 상수이며 아래쪽 방향을 양의 방향으로 한다. $k/\rho = -0.0003$ 으로 하고 빗방울이 정지 상태에서 떨어진다고 가정할 때 $v(10)$의 근사값을 수치해석 방법으로 구하시오. $g = 32\ \text{ft}/s^2$ 이다.

18. $E = 100$ V, $R = 10\ \Omega$, $L = 1$ h 일 때, 전기 회로에서의 전류 i_1 과 i_3에 대한 연립 미분 방정식은 다음과 같이 주어진다.

$$\frac{di_1}{dt} = -20i_1 + 10i_3 + 100$$
$$\frac{di_3}{dt} = 10i_1 + 20i_3$$

단, $i_1(0) = 0$, $i_3(0) = 0$. $h = 0.1$로 놓고 구간 [0, 0.5]에서 4차 룬게-쿠타 방법을 사용하여 $i_1(t)$와 $i_3(t)$에 대한 근사값을 구하시오. $t \to \infty$ 일때의 $i_1(t)$와 $i_3(t)$의 거동을 예측하기 위하여 $i_1(t)$와 $i_3(t)$의 그래프를 작성하시오.

19. 저항에서 흐르는 전류는 온도를 상승시키며 이것은 순차적으로 저항 R을 $R = R_0 + bi^2$ 의 공식에 따라서 증가시킨다. $t = 0$에서 저항과 L (h)인 인덕터가 직렬로 연결되어 있는 회로에서 E (volt)가 작용하였을 때, t 밀리 초(ms) 후에 밀리 암페어로 표시된 회로 전류 $i(t)$는 다음과 같은 초기값 문제를 만족한다.

$$L\frac{di}{dt} = E - R_0 i - bi^2, \quad i(0) = 0$$

$L = 4$ h, $R_0 = 1.2$ kilohms, $b = 0.47 \times 10^{-7}$ 이다. 전압이 (a) $E = 1.2$ V, (b) $E = 12$ V, (c) $E = 120$ V와 같이 각각 주어질 때 구간 [0, 1]에서 전류 $i(t)$의 근사값을 원하는 수치해석 방법을 사용하여 구하시오.

20. 다음의 연립 미분 방정식은 먹이의 위치 T 를 똑바로 바라보며 헤엄치며 강을 건너고자 하는 오리의 경로를 표시한 것이다.

$$x'(t) = -2x/\sqrt{x^2 + y^2}$$
$$y'(t) = 1 - 2y/\sqrt{x^2 + y^2}$$

강의 속도가 1, 오리의 속도는 2이다. 오리가 S에서 출발하였을 때 $x(0) = 1$, $y(0) = 0$ 이다 (아래 그림 참조). 4차 룬게-쿠타 방법을 사용하여 $t = 0$으로부터 $t = 4$까지의 오리의 경로를 계산하시오. 결과를 엄밀해 $y = (x^{1/2} - x^{3/2})/2$ 와 비교하시오.

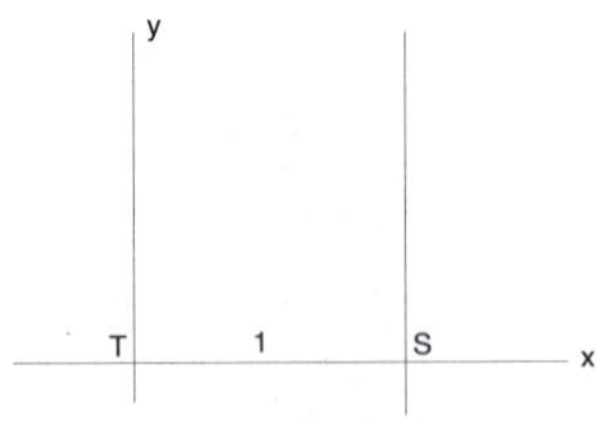

21. 자유단에 하중 F가 작용하고 있는 길이 L인 보를 고려하자(아래 그림 참조). 고정단을

$x = 0$으로 하고 보의 축을 따르는 길이를 x라 하자. 변수 y는 보의 처짐이다. 보의 탄성 처짐은 다음의 미분 방정식을 만족함을 알 수 있다.

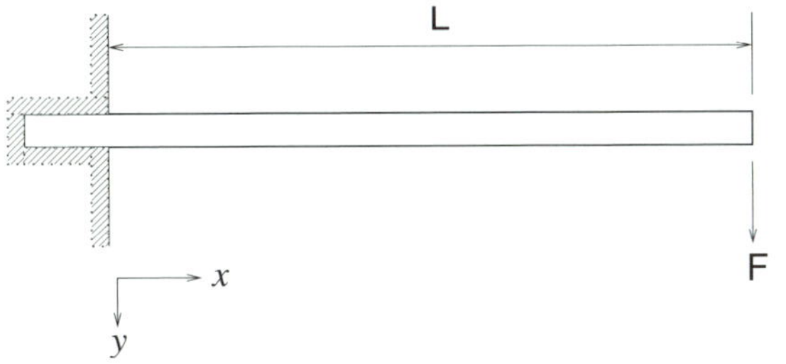

$$y'' = \frac{F(L-x)}{EI}\left[1+(y')^2\right]^{3/2}$$

여기서 E는 재료에 대한 영의 계수, I는 보의 단면에 대한 관성 모멘트이다. $x = 0$에서 보의 처짐과 기울기는 0이므로 초기 조건은 다음과 같다.

$$y(0) = 0, \qquad y'(0) = 0$$

사각형 단면을 가지는 고강도 알루미늄으로 만든 보의 경우에 대하여 $h = 2$로 놓고 알고 있는 수치해석 방법을 사용하여 $y(100)$에 대한 근사값을 구하시오. 보의 길이는 100 in. 이며 $I = 0.128 \text{ in}^4$ 이다. 영의 계수는 $E = 10 \times 10^6$ psi 이다. $F = 60, 80, 100, 150, 200$ lbs 일 때 초기값 문제의 해를 구하고 보의 처짐에 대한 사항을 검토하시오.

22. 1926년에 볼테라(Volterra)는 포식자–먹이 시스템에 대한 수학적 모델을 개발하였다. r은 먹이(토끼)의 개체수 밀도이며 f는 포식자(여우)의 개체수 밀도이다. 개체수 성장에 대한 볼테라 모델은 상미분 연립 방정식으로 다음과 같이 주어진다.

$$r'(t) = a\,r(t) - b\,r(t)f(t)$$
$$f'(t) = d\,r(t)f(t) - c\,f(t)$$

t는 시간, a는 토끼의 자연 증가율, c는 여우의 자연 증가율, b는 한 단위의 여우 개체수 당의 토끼의 사망률, d는 한 단위의 토끼 개체수 당의 여우 증가율이다. 룬게–쿠타 방법을 사용하여 연립 미분 방정식의 해를 구하시오. $a = 0.03$, $b = 0.01$, $c = 0.01$, $d = 0.01$이며, 구간 $t < [0, 500]$, $h = 1$로 하고 다음의 초기값을 사용하시오.

(a) $r(0) = 1.0, \; f(0) = 2.0$

(b) $r(0) = 1.0, \; f(0) = 4.0$

근사해 $r(t)$와 $f(t)$를 그래프로 나타내시오.

경계값 문제

제9장에서 논의된 모든 문제들은 초기값을 정의하는 단 하나의 점에서 $y(t)$와 이의 미분에 대한 조건을 요구하였다. 그러한 이유에서 그 문제를 초기값 문제라고 부른다. 그러나 많은 문제에서 하나의 점 이상에서의 조건들이 주어진다. 그런 문제를 **경계값 문제**(boundary value problem; BVP)로 분류된다. 이 문제는 보의 처짐, 열 흐름 그리고 여러 가지 물리적 문제에서 발생된다. 이 장에서는 다음의 경계값 문제를 풀기 위한 두 가지 주된 수치해법을 다룬다.

선형 2계 경계값 문제,

$$\begin{cases} y''(x) + p(x)y' + q(x)y = r(x) \\ y(a) = \alpha, \quad y(b) = \beta \end{cases} \tag{13.1}$$

와 비선형 2계 경계값 문제,

$$\begin{cases} y''(x) = f(x, y, y') \\ y(a) = \alpha, \quad y(b) = \beta \end{cases} \tag{13.2}$$

예제 13.1 냉각 핀

다음의 2계 선형 미분방정식을 만족하는 균일 단면을 갖는 핀에서의 정상 온도 $T(x)$를 생각해 보자.

$$\frac{d^2T}{dx^2} - \frac{hP}{kA}(T - T_\infty) = 0, \quad 0 < x < L$$

열은 핀을 따라 꾸준하게 전달되고 핀의 측면에서 열전달 계수 h (W/m^2/K)를 갖는 주변의 공기에로 대류에 의해 냉각된다. 여기에서 P는 핀의 주변 길이(m), A는 핀의 단면적(m^2)이고 T_∞는 주변의 온도이다. 기하학적 형상에 대해서는 그림 13.1을 참고하라. 핀의 끝에서의 경계조건은 몇 가지가 있을 수 있는데, 다음과 같은 경계조건을 고려해보자.

$$T(0) = T_0 \quad \text{그리고} \quad T(L) = T_L$$

이는 핀의 양쪽 끝에서의 온도가 고정되었음을 의미한다.

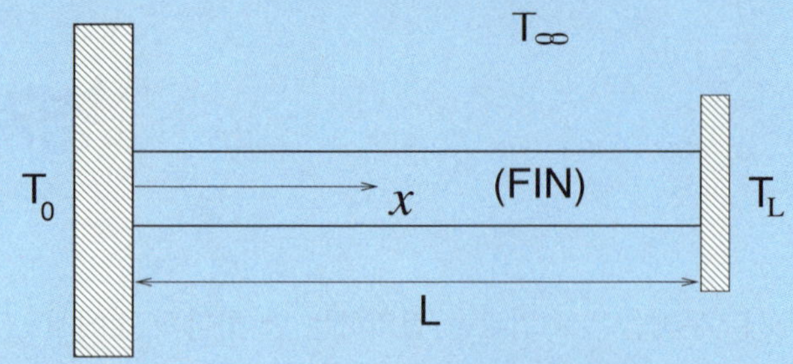

그림 13.1 냉각 핀 예제의 기하학적 형상

13.1 유한차분법

이 절에서는 선형미분방정식이 주어졌다고 가정한다. 풀어야 할 문제는

$$y''(x) + p(x)y' + q(x)y = r(x), \quad a \le x \le b \tag{13.3}$$

이고, 경계조건은

$$y(a) = \alpha \quad \text{그리고} \quad y(b) = \beta \tag{13.4}$$

이다.

이 문제를 풀기위해, 구간 $[a, b]$를 간격 h인 N개의 부구간으로 나눈다. 간격 h는

$$h = \frac{b-a}{N} \quad \text{그리고} \quad x_i = a + hi, \quad i = 0, 1, \ldots, N$$

이다. **유한차분법**(finite difference)은 식(13.3)에 있는 모든 도함수들을 중앙차분 근사(central divided-difference approximation)와 같은 유한차분근사로서 대체한다.

$$\begin{aligned} y'(x_i) &\approx \frac{1}{2h}\left[y(x_{i+1}) - y(x_{i-1})\right] \\ y''(x_i) &\approx \frac{1}{h^2}\left[y(x_{i+1}) - 2y(x_i) + y(x_{i-1})\right] \end{aligned} \tag{13.5}$$

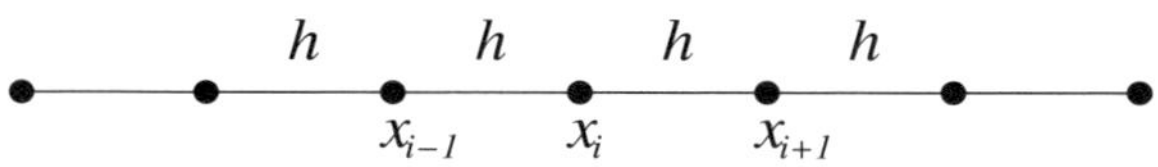

도함수들에 대한 중앙차분근사를 사용하면 $O(h^2)$의 절단 오차를 갖는 유한차분법이 된다.

식 (13.5)를 식 (13.3)에 대입하고 재정리하면, 차분방정식(difference equation)이 구해진다.

$$\left[1-\frac{h}{2}p_i\right]y_{i-1}+(-2+h^2q_i)y_i+\left[1+\frac{h}{2}p_i\right]y_{i+1}=h^2r_i \tag{13.6}$$

$$y_0=\alpha \quad \text{그리고} \quad y_N=\beta \tag{13.7}$$

여기에서 $y_i \approx y(x_i)$, $p_i=p(x_i)$, $q_i=q(x_i)$ 이고 $r_i=r(x_i)$ 이다.

식(13.6)은 미지수가 $(N-1)$개인 선형연립방정식이 된다. 이는 3대각선행렬 (tridiagonal matrix) 형태로 표현될 수 있다.

$$A\mathbf{y}=\mathbf{b} \tag{13.8}$$

또는

$$\begin{bmatrix} b_1 & c_1 & & & & \\ a_2 & b_2 & c_2 & & 0 & \\ & a_3 & b_3 & c_3 & & \\ & & & \ddots & & \\ & 0 & & a_{N-2} & b_{N-2} & c_{N-2} \end{bmatrix}\begin{bmatrix} y_1 \\ y_2 \\ y_3 \\ \vdots \\ y_{N-2} \end{bmatrix}=\begin{bmatrix} d_1-a_1\alpha \\ d_2 \\ d_3 \\ \vdots \\ d_{N-2} \end{bmatrix}$$

여기에서 a_i, b_i, c_i와 d_i는

$$\begin{aligned} a_i&=1-\frac{h}{2}p_i, \quad b_i=-2+h^2q_i \\ c_i&=1+\frac{h}{2}p_i, \quad d_i=h^2r_i \end{aligned} \tag{13.9}$$

와 같이 정의된다. 여기에서 $i=1,\ldots,N-1$이다.

따라서 문제는 주어진 경계값 문제의 해를 구간 $[a, b]$ 내 여러 이산점들 (discrete points)에서의 근사해를 주는 식 (13.8)을 푸는 것으로 귀착된다.

식 (13.3)에 대해 보다 나은 정확도를 얻고자 한다면, 도함수들에 대해 보다 더 정확한 유한차분근사를 사용할 수 있다. 그러나 이렇게 하는 것의 불리한 점은 결과적으로 얻어지

는 방정식이 3 대각행렬이 되지 못하고 더 많은 계산이 필요하다는 것이다. 정확도를 보증할 수 있는 다른 방법은 보다 작은 h 값에 대해서 선형연립방정식을 풀어서 같은 격자점들(mesh points)에서의 해를 비교하는 것이다; 그러나 반올림오차는 결국 증가하고 커지게 될 것이다.

예제 13.2 $h = 0.2$로 하여 유한차분법을 사용하여 다음의 경계값 문제를 풀어라.

$$\begin{cases} y'' + (x+1)y' - 2y = (1-x^2)e^{-x}, \quad 0 \le x \le 1 \\ y(0) = -1, \quad y(1) = 0 \end{cases}$$

결과를 정해인 $y = (x - 1)\,e^{-x}$ 와 비교하라.

이 예제에서 $p(x) = x + 1$, $q(x) = -2$이고 $r(x) = (1 - x^2)e^{-x}$이다. 따라서 식 (13.6)은

$$[1 - 0.1(x_i + 1)]y_{i-1} + (-2 - 0.08)y_i + [1 + 0.1(x_i + 1)]y_{i+1} = +0.04(1 - x_i^2)e^{-x_i}$$

이 되고

$$y_0 = -1\text{과 } y_5 = 0$$

이다. 여기에서 $x_i = 0.2_i$, $i = 1, 2, 3, 4$

행렬식은

$$\begin{bmatrix} -2.08 & 1.12 & & \\ 0.86 & -2.08 & 1.14 & \\ & 0.84 & -2.08 & 1.16 \\ & & 0.82 & -2.08 \end{bmatrix} \begin{bmatrix} y_1 \\ y_2 \\ y_3 \\ y_4 \end{bmatrix} = \begin{bmatrix} 0.91143926 \\ 0.02252275 \\ 0.01404958 \\ 0.00647034 \end{bmatrix}$$

이에 대한 해를 표 13.1에 나타냈다. 비교를 위해 같은 표에 해석적인 정해에서 계산한 값도 포함되어 있다.

표 13.1 예제 13.2에 대한 유한차분법

x	F. Diff. Method	Exact Sol.	Error
0.0	-1.00000	-1.00000	0.000000
0.2	-0.65413	-0.65498	0.000854
0.4	-0.40103	-0.40219	0.001163
0.6	-0.21848	-0.21952	0.001047
0.8	-0.08924	-0.08987	0.000624
1.0	0.00000	0.00000	0.000000

예제 13.3 $h = 0.1$로 하여 13.1절에서 기술한 유한차분법을 사용하여 다음의 경계값 문제를 풀어라. 결과를 정해인 $y = (x-1)\,e^{-x}$와 비교하라.

$$y'' + e^x y' - xy = e^{-x}(-x^2 + 2x - 3) - x + 2$$

$y(0) = -1$과 $y(1) = 0$이다.

표 13.2의 결과를 얻기 위해

$$p(x) = e^x,\ q(x) = -x \text{ 과 } r(x) = e^{-x}(-x^2 + 2x - 3) - x + 2$$

라고 놓는다.

표 13.2 예제 13.3에 대한 유한차분법

```
» finitediff( 'p', 'q', 'r', 0, 1, -1, 0, 10)

     Finite difference method with h = 0.1

The subdiagonal of A =

  0.9389   0.9325   0.9254   0.9176   0.9089   0.8993   0.8887   0.8770

The main diagonal of A =

 -2.0010  -2.0020  -2.0030  -2.0040  -2.0050  -2.0060  -2.0070  -2.0080  -2.0090

The superdiagonal diagonal of A =

  1.0553   1.0611   1.0675   1.0746   1.0824   1.0911   1.1007   1.1113

The Coefficient vector B' =

  0.9383  -0.0036  -0.0014   0.0002   0.0014   0.0021   0.0026   0.0028   0.0028

The solution of the BVP =

    xi          yi           y(xi)        error
--------------------------------------------------
    0           -1           -1          0.0E+00
    0.1     -0.814197    -0.814354       1.6E-04
    0.2     -0.654714    -0.654985       2.7E-04
    0.3     -0.518229    -0.518573       3.4E-04
    0.4     -0.401815    -0.402192       3.8E-04
    0.5     -0.30289     -0.303265       3.8E-04
    0.6     -0.219182    -0.219525       3.4E-04
    0.7     -0.148691    -0.148976       2.8E-04
    0.8     -0.089661    -0.089866       2.0E-04
    0.9     -0.040549    -0.040657       1.1E-04
    1            0            0          0.0E+00
```

예제 13.4 냉각 핀

핀의 둘레 길이 $P = 4.5\text{in}$, $k = 25.9$ (재), $L = 36\text{in}$, $h = 1.06$, $A = 1\text{in.}^2$, $T_0 = 200°\text{F}$, $T_L = 70°\text{F}$ 그리고 $\text{T}_\infty = 70°\text{F}$ 가 주어져 있을 때, 핀에 따른 온도 분포를 구하기 위해 MATLAB 함수 finited를 사용하라 (예제 13.1을 보라).

여기에서 $m = hP/kA = (1.06)(4.5)/(25.9 \times 1) = 0.184$이다. 미분방정식은

$$T'' - mT = -mT_\infty$$

따라서 $L = p = -m$, $q = 0$ 그리고 $\text{r} = -m\text{T}_\infty = -70m$ 이다. p, q 와 r을 M-function으로 정의하고 MATLAB 함수 finitediff를 호출하면 다음 표에 보인 결과를 얻는다.

x	0.00	0.25	0.5	0.75	1.00	1.25	
T	200.00	195.78	190.53	184.21	176.77	168.16	
x	1.5	1.75	2.00	2.25	2.50	2.75	3.00
T	158.32	147.19	134.71	120.82	105.45	88.54	70.00

M-function 13.1

다음의 MATLAB 함수 **finitediff.m**은 13.1절에서 기술한 유한차분법을 사용한 선형 경계값 문제에 관한 식 (13.1)의 해를 구한다. 입력되는 것들(INPUTS)은 함수 $p(x)$, $q(x)$, $r(x)$; 양 끝점 aa, bb; 경계조건 y_0와 y_n; 간격의 수 n이다. 입력함수 p, q와 r은 M-파일로 정의해야 한다.

```
function finitediff(p,q,r,aa,bb,y0,yn,n)
% Solve the second order linear BVP using a finite difference
% method.
fprintf('\n')
h=(bb-aa)/n;
blank='      ';
disp(['Finite difference method with h=',num2str(h)])
fprintf('\n')
for i=1:n-1
  x=aa+i*h;
  if (i~=1)
    a(i-1)=1-h/2*feval(p,x); %Compute the subdiagonal of A.
  end
  b(i)=-2+h^2*feval(q,x);  %Compute the main diagonal of A.
  if (i~=n-1)
    c(i)=1+h/2*feval(p,x); %Compute the superdiagonal of A.
  end
```

```
end
disp(' The subdiagonal of A =')
disp(a)
disp(' The main diagonal of A =')
disp(b)
disp(' The superdiagonal diagonal of A =')
disp(c)
% Compute the coefficient vector B.
d(1)=h^2*feval(r,aa+h)-y0*(1-h/2*feval(p,aa+h));
d(n-1)=h^2*feval(r,bb-h)-yn*(1+h/2*feval(p,bb-h));
for i=2:n-2
  x=aa+i*h;
  d(i)=h^2*feval(r,x);
end
fprintf('\n')
disp(' The Coefficient vector B'' =')
disp(d)
disp(' The solution of the BVP =')
fprintf('\n')
disp('   xi                    yi                  y(xi)                error')
fprintf('\n')
% Solve the tridiagonal system Ax=B.
for i=2:n-1
  ymult=a(i-1)/b(i-1);
  b(i)=b(i)-ymult*c(i-1);
  d(i)=d(i)-ymult*d(i-1);
end
y(n)=yn;
y(n-1)=d(n-1)/b(n-1);
for i=n-2:-1:1
  y(i)=(d(i)-c(i)*y(i+1))/b(i);
end
fprintf('%6.2f  %12.6f  %12.6f  %10.2e\n',aa,y0,y0,0)
for i=1:n
  x=aa+i*h;
%Write the exact solution if known as s=s(x) otherwise set s='r
  s='n';
  if (s=='n')
    fprintf('%6.2f %12.6f\n',x,y(i))
  else
    err=abs(s-y(i));
    fprintf('%6.2f  %12.6f  %12.6f  %10.2e\n',x,y(i),s,err)
  end
end
```

연습문제 13.1

1. 13.1절에서 기술한 유한차분법을 사용하여 다음의 경계값 문제를 풀어라.

(a) $y'' + y' + xy = 0,\ y(0) = 1,\ y(1) = 0, \quad 0 \le x \le 1, \quad h = 0.2$

(b) $y'' + 9y = 0,\ y(0) = 1,\ y(\pi) = -1, \quad 0 \le x \le \pi, \quad h = \pi/6$

(c) $y'' + y = x,\ y(0) = y(\pi) = 0, \quad 0 \le x \le \pi, \quad h = \pi/4$

(d) $y'' + 2y = \cos x,\ y(0) = y(1) = 0, \quad 0 \le x \le 1, \quad h = 0.1$

2. $y(x) = x + 1/x$ 가 다음의 경계값 문제의 해임을 보이라.

$$y'' = 2y^3 - 6y - 2x^3, \quad y(1) = 2,\ y(2) = 5/2$$

3. 다음의 경계값 문제를 푸는 데에 유한차분법을 적용하라. $h = 0.1$로 하라.

$$y'' + x^2y' - 4xy = 0,\ y(0) = 0,\ y(1) = 5, \quad 0 \le x \le 1$$

정해 $y = x^4 + 4x$ 와 비교하라.

4. 다음의 경계값 문제를 생각해 본다.

$$y'' + xy' - x^2y = 2x^2, \quad y(0) = 1,\ y(1) = -1$$

임의의 x_i와 h에 대해 미분방정식에 대한 중앙차분근사를 작성하라. 이 경계값 문제의 근사해를 구하는 데에 $h = 0.25$를 사용하라.

5. 다음의 경계값 문제의 근사해를 구하기 위한 차분방정식을 작성하라. $n = 10$으로 하라.

$$y'' + 3y' + 2y = 4x^2,\ y(1) = 1,\ y(2) = 6, \quad 1 \le x \le 2$$

컴퓨터 문제 13.1

1. 다음의 경계값 문제를 생각해 보라.

$$y'' = y' + 2y + \cos x, \quad y(0) = 0.3,\ y(\pi/2) = -0.1,\ 0 \le x \le \pi/2$$

(a) 13.1절에서 기술한 유한차분법을 사용하여 경계값 문제 (13.1)을 풀기 위한 컴퓨터 프로그램을 귀하가 알고 있는 컴퓨터 언어를 사용하여 작성하라. $h = \pi/12$, $\pi/24$와 $\pi/48$로 하라.

(b) 해를 $y = A\sin x + B\cos x$의 형태로 가정하고 주어진 경계조건을 적용하여 해석적인 해를 구하라.

(c) 함수값을 그래프로 작성하여 근사해를 정해와 비교하고, 수치해에 대한 평균 제곱근 오차 (mean-square error)를 계산하라.

$$\text{평균제곱근 오차} = = \sqrt{\frac{1}{n}\sum_{i=1}^{n-1}[y_i - y(x_i)]^2}$$

2. 구간 [0, 1]에서 다음의 경계값 문제의 해를 추정하는 데에 MATLAB 함수 finitediff를 사용하라. h를 각각 $h = 0.1$과 $h = 0.01$로 하라.

$$y'' + \sqrt{x}y' + y = e^x, \quad y(0) = 0,\ y(1) = 0,\ 0 \le x \le 1$$

3. 구간 [0, 10]에서 다음의 경계값 문제의 해를 추정하는 데에 MATLAB 함수 finitediff를 사용하라. $h = 1$로 하라.

$$y'' + \frac{1}{4}y - 8 = 0, \quad y(0) = 0,\ y(10) = 0,\ 0 \le x \le 10$$

수치 근사값을 아래의 정해와 비교하라.

$$y(x) = 32\left[\frac{\cos(5) - 1}{\sin(5)}\sin(\frac{x}{2}) - \cos(\frac{x}{2}) + 1\right]$$

4. $n = 8$로 하여 유한차분법을 적용하여 경계값 문제를 풀어라.

$$x^2y'' - xy' + y = \ln x, \quad y(1) = 0,\ y(2) = -2,\ 1 \le x \le 2$$

5. 다음의 경계값 문제의 근사해를 구하는 데에 MATLAB 함수 finitediff를 사용하라.

$$y'' + 2xy - y = 2(1 + x^2)\cos x, \quad y(0) = 0,\ y(\pi/2) = \pi/2$$

근사값을 정해 $y = x \sin x$와 비교하라.

13.2 슈팅법

13.2.1 비선형의 경우

앞 절에서 기술한 유한차분법은 선형 경계값 문제에 대해 합리적으로 적용되고 불안정성 문제를 보이지 않는다. 비선형 미분방정식이 포함되는 경계값 문제에 대해서는 결과적으로 얻어지는 방정식이 비선형이라는 문제에 봉착한다. 그러한 경우에 소위 **슈팅법(shooting method)**이라는 방법이 선호되며 이에 대해 논의될 것이다.

다음의 경계값 문제를 생각해 보자.

$$y''(x) = f(x, y, y'), \quad a \le x \le b \tag{13.10}$$

경계조건은

$$y(a) = \alpha, \quad y(b) = \beta$$

슈팅법은 문제 (13.10)을 다음의 형태를 갖는 초기값 문제로 변환된다.

$$y''(x) = f(x, y, y'), \quad a \le x \le b \tag{13.11}$$

초기값은

$$y(a) = \alpha, \quad \text{그리고} \quad y'(a) = \gamma$$

이다.

조건 $y'(a) = \gamma$ 는 미지이므로, 임의로 γ_1의 값을 선택하고 초기값 문제 (13.11)을 a에서 b 까지의 적분을 초기값 문제에 대한 일반적인 표준 방법을 사용하여 수행한다. $y(\gamma_1;\, b)$ 를 $x = b$에서 계산된 값이라 하자. 이 문제는 다음 식을 만족하는 γ 를 결정하는 것이 된다.

$$y(\gamma; b) - \beta = 0 \tag{13.12}$$

다시 한 번 임의로 다른 값 γ_2를 선택하고 이 과정을 반복한다. $y(\gamma_2\,;b)$ 를 $x = b$에서 계산된 값이라 하자(그림 13.2를 보라). $x = b$에서의 두 값을 얻었고, 다음으로 초기 해로서 시도해 볼 값 γ_3는 아래의 선형 보간을 이용하여 생성할 수 있다.

$$\gamma_3 = \gamma_1 + (\gamma_2 - \gamma_1)\frac{\beta - y(\gamma_1; b)}{y(\gamma_2; b) - y(\gamma_1; b)} \tag{13.13}$$

식 (13.13)의 일반적인 형태는

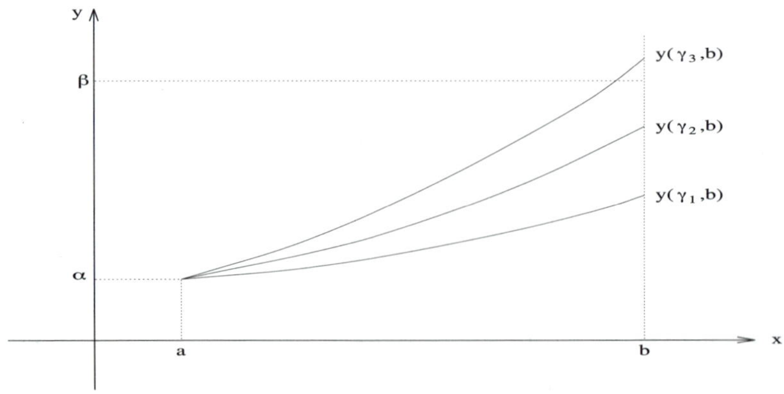

그림 13.2 슈팅법과 해에 대한 첫 세 근사값

$$\gamma_{k+1} = \gamma_{k-1} + (\gamma_k - \gamma_{k-1})\frac{\beta - y(\gamma_{k-1}; b)}{y(\gamma_k; b) - y(\gamma_{k-1}; b)}, \quad k = 2, 3, \ldots. \tag{13.14}$$

이다. 이제 이 과정을 $y(\gamma_3; b)$ 을 구하기 위해 γ_3 를 이용하여 반복한다. 이 과정은 아래의 수렴 조건을 만족할 때까지 반복한다. 즉, 주어진 허용 오차 ε에 대해

$$|y(\gamma_k; b) - \beta| < \epsilon \tag{13.15}$$

이상에서 언급한 방법은 슈팅법으로 알려져 있다. 이 방법에 의한 해가 수렴하기 위해서는 γ_1 과 γ_2 에 대한 올바른 선택이 필요하다는 것을 주지하라.

예제 13.5 $n = 20$으로 하고 비선형 슈팅법을 사용하여 다음의 경계값 문제를 정확도 10^{-6}을 얻도록 풀어라.

$$yy'' = -(y')^2, \quad 1 \le x \le 3$$

경계조건은

$$y(1) = \sqrt{2} \quad \text{그리고} \quad y(3) = 2$$

이다. 결과를 정해 $y = \sqrt{1+x}$ 와 비교하라.

이 예제에 대해서 $f(x, y, y') = -\frac{(y')^2}{y}$, $a = 1$ 그리고 $b = 3$ 이다. 첫 근사로서 $\gamma 1 = y'(1) \approx 1.4$로 놓고, 경계값 문제를 아래의 초기값 문제로 대체한다.

$$yy'' = -(y')^2, \quad 1 \le x \le 3$$
$$y(1) = \sqrt{2} \quad \text{그리고} \quad y'(1) = \gamma_1 = 1.4$$

$n = 20$으로 하여 4계 룬게-쿠타 법을 사용하면

$$y(\gamma_1, 3) = 3.14953128 \quad \text{그리고} \quad |y(\gamma_1, 3) - 2| = 1.14953128$$

을 얻는다. 이 과정을 $y'(1)$에 대한 다른 추정값을 사용하여 반복한다. 두 번째 근사로서 $\gamma_2 = \frac{2-\sqrt{2}}{3-1} \approx 0.3$ 라 놓는다. 그러면

$$y(\gamma_2, 3) = 1.92277306 \quad \text{그리고} \quad |y(\gamma_2, 3) - 2| = 0.07722694$$

이 된다. 세 번째 근사 γ_3 를 위해 식(13.13)을 사용하면

$$\gamma_3 = 1.4 + (0.3 - 1.4)\frac{2 - 3.14953128}{1.92277306 - 3.14953128} \approx 0.369\,247\,25$$

을 얻게 되고, 이는

$$y(\gamma_3, 3) = 2.02207265 \quad \text{and} \quad |y(\gamma_2, 3) - 2| = 0.02207265$$

되게 한다.

이후 더 계산된 $y(\gamma_\kappa, 3)$가 표 13.3에 주어져 있다. 여섯 번 시도 후 $y(\gamma_6, 3) = 2$를 만족하면서 유효자리 10자리까지 맞 $\gamma_6 = 0.35355340$ 이 구해졌다.

표 13.3 예제 13.5에 대한 비선형 슈팅법

ti	yi	y(ti)	Error
1.0	1.41421356	1.41421356	0
1.1	1.44913767	1.44913767	1.41E-09
1.2	1.48323970	1.48323970	2.39E-09
1.3	1.51657509	1.51657509	3.05E-09
1.4	1.54919334	1.54919334	3.48E-09
1.5	1.58113883	1.58113883	3.71E-09
1.6	1.61245155	1.61245155	3.81E-09
1.7	1.64316767	1.64316767	3.78E-09
1.8	1.67332005	1.67332005	3.68E-09
1.9	1.70293863	1.70293864	3.50E-09
2.0	1.73205080	1.73205081	3.27E-09
2.1	1.76068168	1.76068169	3.00E-09
2.2	1.78885438	1.78885438	2.70E-09
2.3	1.81659021	1.81659021	2.37E-09
2.4	1.84390889	1.84390889	2.03E-09
2.5	1.87082869	1.87082869	1.67E-09
2.6	1.89736659	1.89736660	1.29E-09
2.7	1.92353841	1.92353841	9.14E-10
2.8	1.94935887	1.94935887	5.29E-10
2.9	1.97484177	1.97484177	1.40E-10
3.0	2	2	2.50E-10

주목: 식(13.12)는 뉴턴 법을 사용해서 풀 수 있는데, 해에 대한 첫 추정값 γ_0 가 필요하고 아래 식을 순차적으로 계산하면 된다.

$$\gamma_{n+1} = \gamma_n - \frac{y(\gamma_n, b) - \beta}{\frac{\partial y(\gamma_n, b)}{\partial \gamma}}, \quad n = 0, 1, 2, \ldots.$$

$\frac{\partial}{\partial \gamma} y(\gamma_n, b)$를 구하기 위해, $\frac{\partial}{\partial \gamma} y(\gamma_n, b)$, set $u(\gamma, t) = \frac{\partial}{\partial \gamma} y(\gamma, t)$ 라 놓고 미분방정식 (13.11)과 초기 조건을 미분하면

$$\frac{\partial y''}{\partial \gamma} = \frac{\partial f(x,y,y')}{\partial \gamma} = \frac{\partial f}{\partial x}\frac{\partial x}{\partial \gamma} + \frac{\partial f}{\partial y}\frac{\partial y}{\partial \gamma} + \frac{\partial f}{\partial y'}\frac{\partial y'}{\partial \gamma}$$
$$= \frac{\partial f}{\partial y}u + \frac{\partial f}{\partial y'}u'$$

을 얻는다. x와 γ가 독립이므로 $\frac{\partial f}{\partial x}\frac{\partial x}{\partial \gamma} = 0$이다. 초기 조건에 대해서

$$\frac{\partial y(a)}{\partial \gamma} = \frac{\partial \alpha}{\partial \gamma} = 0 = u(\gamma, 0)$$
$$\frac{\partial y'(a)}{\partial \gamma} = \frac{\partial \gamma}{\partial \gamma} = 1 = u'(\gamma, 0)$$

이 되고, 따라서 u는 초기값 문제

$$u'' = \frac{\partial f(x,y,y')}{\partial y}u + \frac{\partial f(x,y,y')}{\partial y'}u'$$
$$u(\gamma,0) = 0, \quad u'(\gamma,0) = 1$$

를 만족한다. 따라서 이제 $n = 0, 1, 2, \ldots$에 대해

$$y'' = f(x,y,y'), \quad y(a) = \alpha, \ y'(a) = \gamma_n$$
$$u'' = \frac{\partial f(x,y,y')}{\partial y}u + \frac{\partial f(x,y,y')}{\partial y'}u', \quad u(a) = 0, \ u'(a) = 1 \tag{13.16}$$

을 풀 수 있고, $x = b$에 대해

$$\gamma_{n+1} = \gamma_n - \frac{y(\gamma_n, b) - \beta}{u(\gamma_n, b)}$$

이 결정된다.

앞선 방법에서와 마찬가지로 이 과정은 부등식 (13.15)를 만족할 때까지 반복한다. 만일 방정식이 선형이면, 식 (13,16)은 선형이다.

예제 13.6 다음의 선형 경계값 문제를 풀어라.

$$y'' - y = \cos x, \quad y(0) = y(1) = 0$$

y와 u에 대해

$$y'' - y = \cos x, \quad y(0) = 0, \ y'(0) = \gamma$$
$$u'' - u = 0, \quad u(0) = 0, \ u'(0) = 1$$

이다. 이 문제에 대해 양해법(explicit method)으로 다음의 해를 구할 수 있다.

$$y = -\frac{1}{2}\cos x + \frac{1}{2}\cosh x + \gamma \sinh x$$
$$u = \sinh x$$

반복 전략은

$$\begin{aligned}\gamma_{n+1} &= \gamma_n - \frac{-\frac{1}{2}\cos 1 + \frac{1}{2}\cosh 1 + \gamma_n \sinh 1}{\sinh 1} \\ &= \frac{\cos 1 - \cosh 1}{2\sinh 1}\end{aligned}$$

이고, γ_0는 초기 추정값이다.초기 추정값으로 $\gamma_0 = 10$을 택해 보자, 그러면

$$\gamma_1 = \frac{\cos 1 - \cosh 1}{2\sinh 1}$$

이 된다. γ_0 를 어떻게 선택하든 상관이 없음을 주목하라. γ_1 은 이미 올바른 값이다. 이는 선형 문제에 대해 뉴턴 방법을 사용하는 전형적인 예이다. 해는

$$y = -\frac{1}{2}\cos x + \frac{1}{2}\cosh x + \frac{\cos 1 - \cosh 1}{2\sinh 1}\sinh x$$

이다.

예제 13.7 아래의 경계값 문제에 대해 뉴턴 방법과 함께 비선형 슈팅법을 사용하여 문제를 푸는 것이 필요한 다음의 미분방정식을 정식화 하라.

$$y'' = -\frac{(y')^2}{y}, \quad y(0) = 1,\ y(1) = 2$$

식이 $f(x, y, y') = -\frac{(y')^2}{y}$ 과

$$\frac{\partial f}{\partial y} = \frac{(y')^2}{y^2} \quad \text{그리고} \quad \frac{\partial f}{\partial y'} = \frac{-2y'}{y}$$

이 주어져 있다. 따라서 아래의 미분방정식을 푸는 것이 필요하다.

$$\begin{cases} y'' = -\frac{(y')^2}{y}, & y(0) = 1,\ y'(0) = 1 = \gamma_n \\ u'' = \frac{(y')^2}{y^2}u - \frac{2y'}{y}u', & u(0) = 0,\ u'(0) = 1 \end{cases}$$

뉴턴 방법에 의해 γ 를 갱신하라.

$$\gamma_{n+1} = \gamma_n - \frac{y(\gamma_n, 1) - 2}{u(\gamma_n, 1)}, \quad n = 0, 1, 2, \ldots.$$

13.2.2 선형의 경우

다음의 선형 2계 경계값 문제를 생각해 보자.

$$\begin{cases} y'' + p(x)\,y' + q(x)\,y = r(x) \\ \quad y(a) = \alpha, \quad y(b) = \beta \end{cases} \tag{13.17}$$

이 문제에 대한 해는 다음의 두 2계 초기값 문제에 대한 해의 선형 결합으로 구할 수 있다.

$$u'' + p(x)u' + q(x)u = r(x), \quad u(a) = \alpha, \quad u'(a) = 0 \tag{13.18}$$

와

$$v'' + p(x)v' + q(x)v = 0, \quad v(a) = 0, \quad v'(a) = 1 \tag{13.19}$$

선형결합

$$y(x) = u(x) + Av(x) \tag{13.20}$$

이 식 (13,17)의 미분방정식 $y'' + p(x)y' + q(x)y = r(x)$의 해라고 할 수 있다.

이를 증명하기 위해 식 (13.20)을 식 (13.17)에 대입하면

$$\begin{aligned} u''(x) + Av''(x) + p(x)[u'(x) + Av'(x)] + q(x)[u(x) + Av(x)] &= r(x) \\ \underbrace{u''(x) + p(x)u'(x) + q(x)u(x)}_{r(x)} + A[\underbrace{v''(x) + p(x)v'(x) + q(x)v(x)}_{0}] &= r(x) \end{aligned}$$

을 얻는다.

상수 A를 구하기 위해 식 (13.17)의 경계조건을 이용하면

$$\begin{aligned} y(a) &= u(a) + Av(a) = \alpha + 0 = \alpha \\ y(b) &= u(b) + Av(b) = \beta \end{aligned}$$

을 얻게 되고, 이로부터

$$A = \frac{\beta - u(b)}{v(b)} \tag{13.21}$$

이 된다. 따라서 만일 $v(b) \neq 0$ 면, 경계값 문제 (13.17)의 해는

$$y(x) = u(x) + \frac{\beta - u(b)}{v(b)}\, v(x) \tag{13.22}$$

가 된다. 2계 초기값 문제인 식 (13.18)과 (13.19)의 해에 대해서는 12.10절에 기술하였고, 4계 룬게-쿠타 방법으로 풀 수 있다.

예제 13.8 $h = 0.2$로 한 선형 슈팅법을 사용하여 아래의 경계값 문제를 풀어라.

$$y'' + (x+1)\,y' - 2\,y = (1 - x^2)\,e^{-x}, \quad 0 \le x \le 1, \quad y(0) = y(1) = 0$$

함수 p, q와 r은 각각 $p(x) = x + 1$, $q(x) = -2$ 그리고 $r(x) = (1 - x^2)e^{-x}$ 이다. 이 문제에 대한 수치 해는

$$y(x) = u(x) - \frac{u(1)}{v(1)} v(x) \tag{13.23}$$

이다. 여기에서 $u(x)$와 $v(x)$는 각각 다음 초기값 문제의 해이다.

$$\begin{aligned} &u'' + (x+1)u' - 2u = (1 - x^2)\,e^{-x}, \quad && u(0) = 0, \quad u'(0) = 0 \\ &v'' + (x+1)v' - 2v = 0, && v(0) = 0, \quad v'(0) = 1 \end{aligned}$$

위 식들은 다음과 같은 형태로 표현할 수 있다.

$$\begin{aligned} &u' = w, && u(0) = 0, \\ &w' = 2u - (x+1)w + (1 - x^2)\,e^{-x}, && w(0) = 0, \quad 0 \le x \le 1 \end{aligned} \tag{13.24}$$

와

$$\begin{aligned} &v' = z, && v(0) = 0, \\ &z' = 2v - (x+1)\,z, && z(0) = 1, \quad 0 \le x \le 1 \end{aligned} \tag{13.25}$$

4계 룬게-쿠타 방법이 선형 시스템 (13.24)와 (13.25)에 대한 해 u_i 와 v_i 를 구하는데 사용된다. u_i와 v_i에 대한 근사값이 표 13.4에 주어져 있다.

예를 들어서, 식(13.23)과 표 13.4를 사용하면 $x = 0.4$에서의 근사해 y_2는

$$\begin{aligned} y_2 &= u(0.4) - \frac{u(1)}{v(1)} v(0.4) \\ &= 0.06017154 - \frac{0.23633393}{0.75454368}(0.33919207) \\ &= -0.046068294 \end{aligned}$$

이 된다.

표 13.4 선형 시스템 (13.24)와 (13.25)의 수치 해

x	ui	vi
0	0	0
0.2	0.01743428	0.18251267
0.4	0.06017154	0.33919207
0.6	0.11620204	0.48140428
0.8	0.17679396	0.61776325
1	0.23633393	0.75454368

예제 13.9 $h = 0.1$로 한 선형 슈팅법을 사용하여 아래의 경계값 문제를 풀어라.

$$y'' - \frac{3}{x}y' + \frac{3}{x^2}y = 2x^2e^x, \quad 1 \le x \le 2, \quad y(1) = 0, \quad y(2) = 4e^2$$

그 결과를 정해 $y = 2xe^x\,(x - 1)$와 비교하라.

함수 p, q와 r은 각각 $p(x) = -3/x$, $q(x) = 3/x^2$ 그리고 $r(x) = 2x^2e^x$ 이다. MATLAB 함수들을

```
function f=f1(x,u,v)
f=3/x*u-3/x.^2*v+2*x.^2*exp(x)

function f=f2(x,u,v)
f=3/x*u-3/x.^2*v
```

와 같이 정의하고, MATLAB 함수 lshoot를 호출하면, 표 13.5에 보인 결과를 얻는다.

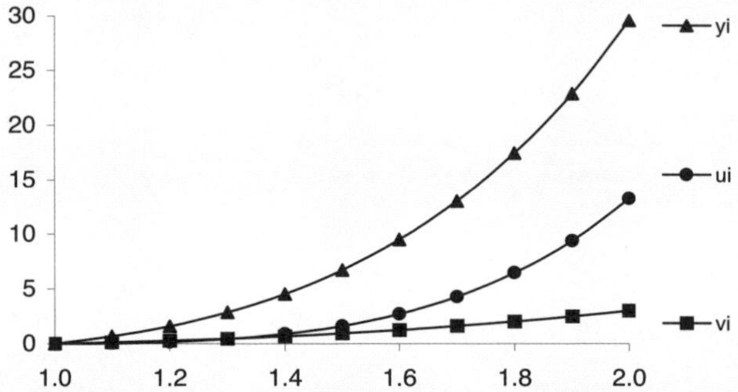

그림 13.3 $y'' - \frac{3}{x}y' + \frac{3}{x^2}y = 2x2e^x$, $n = 10$을 풀기 위해 $y(x) = u(x) + \frac{4e^2 - u_2}{v(2)}v(x)$를 구성하는 데 사용한 수치해 u_i 와 v_i

표 13.5 예제 13.9에 대한 선형 슈팅법

```
lshoot('f1','f2',1,2,0,4*exp(2),10)

        Linear shooting method

u(b) = 13.24634
v(b) = 3.000015
```

xi	ui	vi	yi	y(xi)	Error
1.0	0.00000	0.00000	0.00000	0.00000	0
1.1	0.03298	0.11550	0.66091	0.66092	3.75e-006
1.2	0.15838	0.26400	1.59365	1.59366	6.91e-006
1.3	0.42372	0.44850	2.86204	2.86205	9.38e-006
1.4	0.88840	0.67200	4.54181	4.54182	1.11e-005
1.5	1.62568	0.93750	6.72252	6.72253	1.18e-005
1.6	2.72490	1.24801	9.50981	9.50982	1.17e-005
1.7	4.29404	1.60651	13.02798	13.02799	1.04e-005
1.8	6.46274	2.01601	17.42298	17.42298	8.12e-006
1.9	9.38564	2.47951	22.86575	22.86576	4.65e-006
2.0	13.24634	3.00002	29.55622	29.55622	0.00e+000

M-function 13.2

다음의 MATLAB 함수 **lshoot.m**으로 선형 경계값 문제 (13.17)의 해를 선형 슈팅법으로 구하게 된다. 입력사항은 함수 $f1(x, u, v) = -p(x)*u-q(x)*v + r(x)$와 $f2(x, u, v) = -p(x)*u-q(x)*v$; 양 끝점 a, b; 경계조건 α 와 β ; 간격의 수 n이다. 입력함수 $f1$과 $f2$는 M-파일로 정의해야 한다.

```
function lshoot(f1,f2,a,b,alfa,beta,n)
% Solve the 2nd order BVP using the linear shooting method.
% f1= -p(x)*u-q(x)*v+r(x),  f2= -p(x)*u-q(x)*v.
h=(b-a)/n;
y1=alfa;
y2=0;
u=0;
v=alfa;
for i=1:n
% RK of order 4
   x=a+(i-1)*h;
   k1=feval(f1,x,u,v);
   c1=u;
   k2=feval(f1,x+h/2,u+h*k1/2,v+h*c1/2);
   c2=u+h/2*k1;
   k3=feval(f1,x+h/2,u+h*k2/2,v+h*c2/2);
   c3=u+h/2*k2;
   k4=feval(f1,x+h,u+h*k3,v+h*c3);
```

```
    c4=u+h*k3;
    u=u+h*(k1+2*k2+2*k3+k4)/6;
    v=v+h*(c1+2*c2+2*c3+c4)/6;
    y1(i+1)=v;
end
u=1;
v=0;
for i=1:n
% RK of order 4
    x=a+(i-1)*h;
    k1=feval(f2,x,u,v);
    c1=u;
    k2=feval(f2,x+h/2,u+h*k1/2,v+h*c1/2);
    c2=u+h/2*k1;
    k3=feval(f2,x+h/2,u+h*k2/2,v+h*c2/2);
    c3=u+h/2*k2;
    k+4=feval(f2,x+h,u+h*k3,v+h*c3);
    c4=u+h*k3;
    u=u+h*(k1+2*k2+2*k3+k4)/6;
    v=v+h*(c1+2*c2+2*c3+c4)/6;
    y2(i+1)=v;
 end
fprintf('\n')
disp('            Linear shooting method')
fprintf('\n')
disp([' u(b) = ',num2str(y1(n+1)),'  '])
disp([' v(b) = ',num2str(y2(n+1)),'  '])
fprintf('\n')
disp('______________________________________________________')
disp('           xi              ui              vi              yi          ')
disp('______________________________________________________')
for i=1:n+1
  x=a+(i-1)*h;
  w=y1(i)+(beta-y1(n+1))/y2(n+1)*y2(i);
  %Write the exact solution if known as s=s(x) otherwise set s='n'.
  s='n';
  if (s=='n')
    fprintf('%6.2f %12.6f %12.6f %12.6f\n',x,y1(i),y2(i),w)
  else
    err=abs(w-s);
    fprintf('%6.2f %12.6f %12.6f %12.6f %12.6f %10.2e\n', x, y1(i),
y2(i), w, s, err)
  end
end
```

연습문제 13.2

1. 선형 슈팅법을 사용하여 다음 경계값 문제의 근사해를 구하라.

(a) $y'' + (1-x)y' + xy = x,\ y(0) = 0,\ y(1) = 2,\ h = 0.2$

(b) $y'' - \frac{1}{x}y' + \frac{1}{x^2}y = \frac{\ln x}{x^2},\ y(1) = 0,\ y(2) = -2,\ h = 0.2$

(c) $y'' + xy' + y = x,\ y(0) = 1,\ y(1) = 0,\ h = 0.2$

2. 아래의 경계값 문제를 푸는 데에 선형 슈팅법을 사용하라.

$$y'' = y - xy' + 2x + \frac{2}{x}, \quad y(1) = 0, \quad y(2) = 4\ln 2$$

결과를 정해 $y = 2x\ln x$와 비교하라.

3. 선형 경계값 문제

$$y'' - y = -2e^{-x}, \quad y(0) = -1,\ y(1) = 0$$

의 해가 $y = (x-1)e^{-x}$ 이다. 두 슈팅법으로 근사해를 구하고, 결과를 비교하라.

4. 선형 경계값 문제

$$y'' + A(x)y' + B(x)y = F(x), \quad y(a) = \alpha,\ y(b) = \beta$$

의 경우, 뉴턴 법에 기초한 슈팅법이 한 번의 반복으로 수렴함을 증명하라. $A(x)$, $B(x)$와 $F(x)$는 매끄러운 함수라고 가정한다.

힌트. 이들은 $y'' + A(x)y' + B(x)y = 0$ 에 대한 선형적으로 독립인 두 해들임을 기억하라. 이들을 $\varphi(x)$와 $\phi(x)$라 부르고, $\varphi(a) = 1$, $\varphi(a)=0$과 $\phi(a) = 0$, $\phi(a)=1$이 되도록 선택하라. $y_p'' + A(x)y_p' + B(x)y_p = F(x)$, $y_p(0) = y_p'(0) = 0$ 라 하고, 뉴턴의 반복전략을 수립한다.

5. 다음의 경계값 문제에 대해 허용 오차 $TOL = 10^{-4}$을 갖는 근사해를 구하는 데에 비선형 슈팅법을 사용하라.

(a) $y'' = xy' + 2y,\ y(0) = -1,\ y(1) = 0,\ h = 0.2$

(b) $y'' = -\frac{y'^2 + 2y^2}{y},\ y(0) = 1,\ y(\pi/6) = \sqrt{2},\ h = \pi/30$

(c) $y'' = \frac{1 - y'^2}{y},\ y(0) = 1,\ y(2) = 2,\ h = 0.4$

6. 선형 경계값 문제

$$y'' - 2y' - 2x^2y = -2x^2, \quad y(1) = 0,\ y(2) = 3$$

에 대한 해가 $y = x^2 - 1$이다. 두 슈팅법에 의한 수치해를 구하고 결과들을 비교하라. 정확성을 검토하라.

7. 비선형 경계값 문제

$$y'' = -2yy', \quad y(0) = 1,\ y(1) = 1/2,\ 0 \le x \le 1$$

의 해가 $y = \frac{1}{x+1}$ 이다. 비선형 슈팅법에 의한 수치해를 구하고 결과를 정해와 비교하라.

8. 문제

$$y'' = \frac{1}{2}y - \frac{2(y')^2}{y}, \quad y(0) = 1, \quad y(1) = 1.5$$

에 슈팅법을 적용하면, 다음의 결과를 얻는다.

$$y'(0) = 0 \Rightarrow y(1) = 1.54308,\ y'(0) = -0.05 \Rightarrow y(1) = 1.42556$$

다음 단계의 슈팅을 위해 $y'(0)$의 어느 값을 사용해야 하는가?

컴퓨터 문제 13.2

1. 비선형 슈팅법을 이용하여 다음의 경계값 문제를 풀기 위해 귀하가 알고 있는 컴퓨터 언어를 사용하여 프로그램을 작성하라.

$$y'' = f(x, y, y'), \quad y(a) = \alpha, \quad y(b) = \beta, \quad b \le x \le b$$

경계값 문제

$$y'' = x(y')^2, \quad y(0) = \pi/2, \quad y(2) = \pi/4, \quad 0 \le x \le 2$$

$y = \cot^{-1}\frac{x}{2}$을 푸는 데에 작성한 프로그램을 시험해 보라.

2. 경계값 문제

$$y'' + (1 - x)y' + xy = x, \quad y(0) = 0,\ y(1) = 2$$

를 $n = 10$으로 해서 구간 $[0, 1]$에서의 해를 계산하는 데에 MATLAB 함수 lshoot 를 사용하라.

3. 프로그램의 라이브러리에서 슈팅 루틴을 사용해서, 구간 $[0, 1]$에서 다음의 경계값 문제를 풀어라. 단 $n = 20$으로 한다.

$$y'' = -\frac{1}{(1+y)^2}, \quad y(0) = y(1) = 0$$

4. 다음의 경계값 문제를 생각해 보라.

$$y'' = y' - \sin(xy), \quad y(0) = 1, \; y(1) = 1.5$$

이 문제의 근사해를 구하기 위해 슈팅법을 사용하라.

5. 경계값 문제

$$y'' - y\cos^2 x + \sin x e^{\sin x}, \quad y(0) = 1, \; y(\pi) = 1$$

를 $n = 20$으로 해서 구간 [0, 1]에서의 해를 계산하는 데에 MATLAB 함수 lshoot를 사용하라. $h = \pi/10$으로 하고, 결과를 정해 $y = e^{sinx}$와 비교하라.

13장 응용문제

1. 균일 분포하중을 받는 단순지지 보의 처짐은

$$EI(d^2y/dx^2) = qx(x-L)/2, \quad y(0) = Y(L) = 0$$

으로 주어진다. 여기에서 L = 10 ft, EI = 1900 kip·ft^2 그리고 q = 0.6 kip/ft이다. 보는 x= 0 에서 $x = L$까지 연장되어 있다. 슈팅법을 사용하여 2 ft 간격으로 y를 구하라.

2. 무게 8lb인 중량물이 스프링을 자연적인 상태에서 2 ft 늘렸다. 그런 다음 중량물을 1/2 ft 더 아래로 당긴 상태에서 6 ft/sec의 초기속도로 놓았다. 임의의 시간 t에서 중량물의 변위 y는 초기조건 $y(0) = 1/2$과 $y(\pi/2) = 1/2$과 함께 미분방정식

$$\frac{d^2y}{dt^2} + 16y = 0$$

으로 주어진다. 시간 구간 $[0, \pi/2]$에서 미분방정식의 근사해를 13.1절에서 기술한 유한차분법을 사용하여 구하라.

3. 두 점 (a, α)와 (b, β) 사이에 걸쳐 있는 체인을 생각해 보라. 다음 그림을 보라. 체인의 선을 정의하는 곡선은 $y(x)$로 주어지고 다음의 경계값 문제를 만족한다.

$$y'' = k[1 + (y')^2]^{1/2}$$
$$y(a) = \alpha, \; y(b) = \beta$$

여기에서 k는 상수이다. 이 문제에서 이 값은 알고 있다고 취급한다. $(a, \alpha) = (1, 5)$와 $(b, \beta) = (4, 15)$라고 하자. k = 0.5, 2, 4에 대해

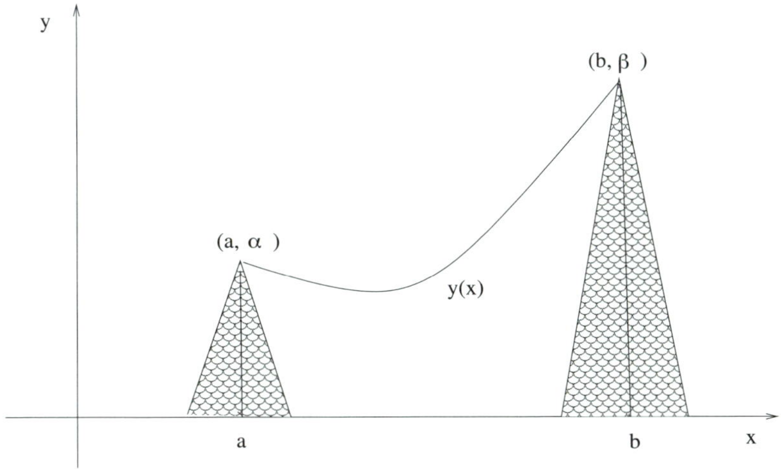

그림 13.4 높이가 다른 두 전신주 사이의 체인

$$l = \int_1^4 [1 + (y')^2]^{1/2} dx$$

으로 주어지는 체인의 길이, l을 계산하라.체인의 가장 낮은 점 즉, $y(x)$가 최소가 되는 x와 y 값을 구하라.이제 두 점 $(a, \alpha) = (1, 4)$와 $(b, \beta) = (3, 4)$ 사이에 있는 길이 l 인 체인을 생각해 보자.

$$y'' = k[1 + (y')^2]^{1/2}$$
$$y(1) = 4, \; y(3) = 4$$
$$l = \int_1^3 [1 + (y')^2]^{1/2} dx$$

을 풀어라.

주기: y 는 x 와 인자 k의 함수이다. 슈팅법에서는 $y = y(x, \gamma, k)$가 되도록 초기 조건

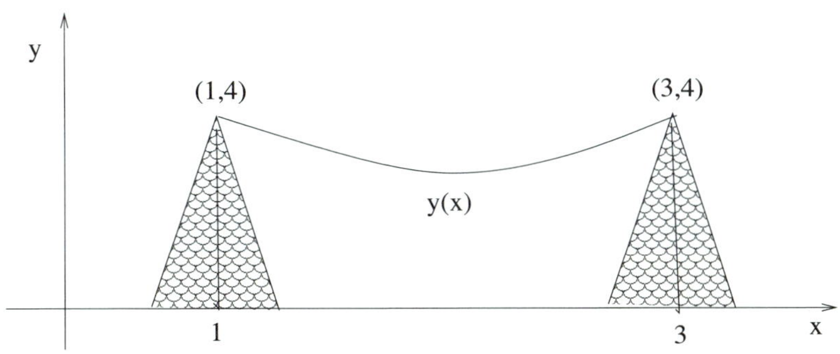

그림 13.5 동일 높이를 갖는 전신주 사이의 체인

$y(1) = 4, y'(1) = \gamma$를 갖고 미분방정식을 푼다. γ와 k는

$$y(3, \gamma, k) = 4 \quad \text{그리고} \quad \int_1^3 \sqrt{1 + [y'(x, \gamma, k)]^2} dx = l$$

을 만족하도록 선택해야 한다. 여기에서 l은 주어져 있다.

(a) 이 문제를 풀기위한 일반적인 뉴턴 방법을 전개하라.

(b) $l = 3$일 때, $y(x)$를 구하고 그래프로 그려라.

(c) $l = 4$일 때, 해를 구하고 그래프로 그려라. 체인의 가장 낮은 점을 구하라.

(d) 만일 $l = 3.9$ 라면 체인의 가장 낮은 점은 얼마인가? 만일 $l = 3.8$이라면 체인의 가장 낮은 점은 얼마인가? 체인의 길이를 줄이는 것이 체인의 가장 낮은 점의 위치에 어떻게 영향을 주는가?

4. 반지름 $r = 1$과 $r = 4$인 두 동심 구 사이의 정전기장 포텐셜 u는 다음의 경계값 문제에서 결정된다.

$$\frac{d^2u}{dr^2} + \frac{2}{r}\frac{du}{dr} = 0, \quad u(0) = 50, \ u(4) = 100$$

이 경계값 문제의 근사해를 구하는 데에 슈팅법을 사용하라.

5. 감쇄가 있는 스프링의 진동 연구에서 다음 형태의 경계값 문제로 귀착된다.

$$mx''(t) + bx'(t) + kx(t) = 0, \quad x(0) = x_0, \ x(a) = x_1$$

여기에서 m은 스프링 시스템의 질량, h는 감쇄계수, k는 스프링 상수, x_0는 초기변위이고 $x(t)$는 시간 t에서 스프링 시스템의 평형상태로부터의 변위이다 (아래 그림을 보라). m= 36 kg, b = 12 kg/sec, k = 37 kg/sec^2, x_0 = 70.0 cm 이고 x_1 = − 13.32 cm일 때, 시간에 대한 구간 [0, 10]에서 스프링 시스템의 변위를 결정하라. 유한차분법을 사용하라. 구간 [0, 10]에서의 변위를 그려라.

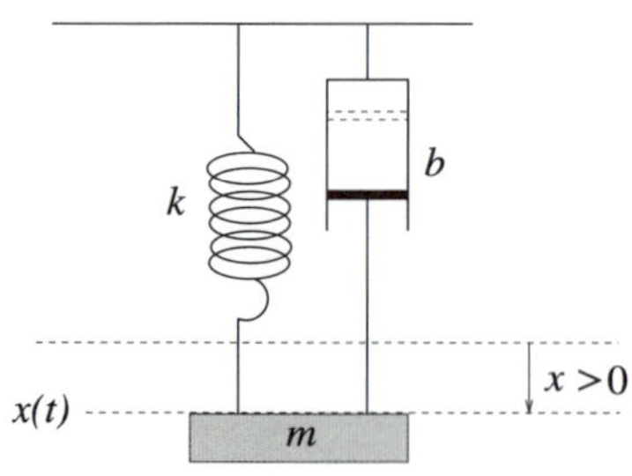

6. 오수 처리 플랜트를 설계하는 데에 있어서, 다음의 경계값 문제가 발생한다.

$$60 - h = (77.7)\frac{d^2h}{dt^2} + (19.42)\left(\frac{dh}{dt}\right)^2, \quad h(0) = 0, \ h(5) = 5.956$$

여기에서 h는 분출실에서 액체의 높이이고 t는 초 단위의 시간이다. 시간에 대한 구간 $[0, 5]$에서 액체의 높이를 결정하는 데에 슈팅법을 사용하라. 구간 $[0, 5]$에서의 액체의 높이를 그려라.

CHAPTER 14

고유값과 고유벡터

고유값과 고유벡터를 계산하는 것은 많은 이론 및 실험적 응용에서 중요한 부분을 차지하는 문제이다. 이는 자연과학, 공학 그리고 경제학에서의 많은 부분들과 관계가 있다. 몇 가지 예를 들자면 양자역학에서 슈뢰딩거(Schrodinger) 방정식의 해, 결과적으로 얻어진 궤도의 에너지 수준을 표현하는 여러 고유값, 상미분방정식의 해, 우주 동역학, 탄성학, 유체역학 그리고 다른 많은 것들이 있다.

이 장에서는 대칭행렬 A의 고유값과 고유벡터를 계산하기 위한 **2차 방법**(quadratic method)이라 부르는 새로운 방법(참고문헌 [15])을 소개한다. 이 방법은 간단하고 고유값과 고유벡터를 동시에 계산한다는 이점이 있다.

14.1 기본이론

행렬 A를 $n \times n$ 실수행렬이라 하고 $\mathbf{x}$를 크기 n인 벡터라 하자. 이제

$$A\mathbf{x} = \lambda\mathbf{x} \tag{14.1}$$

을 만족하고 대응되는 영이 아닌 벡터 $\mathbf{x}$가 존재하는 스칼라 λ를 구하고자 한다. 이렇게 되는 λ를 **고유값**이라 하고 벡터 $\mathbf{x}$를 이에 대응되는 **고유벡터**라 부른다. 식(14.1)은

$$p(\lambda) = \det(A - \lambda I) = 0 \tag{14.2}$$

인 경우에만 유효한 해를 갖는다는 점을 주지하라. 함수 $p(\lambda)$는 n차 다항식이고 특성 다항식으로 알려져 있다. 식(14.2)에서 행렬값은

$$\begin{vmatrix} a_{11}-\lambda & a_{12} & \cdots & a_{1n} \\ a_{21} & a_{22}-\lambda & \cdots & a_{2n} \\ \vdots & \vdots & \ddots & \vdots \\ a_{n1} & a_{n2} & \cdots & a_{nn}-\lambda \end{vmatrix} = 0 \tag{14.3}$$

와 같이 쓸 수 있다.

p는 실수 계수를 갖는 n차 다항식이고, 반드시 실수일 필요가 없는 최대 n개의 서로 다른 영이 아닌 값을 갖는다. 각각의 근 λ는 유효한 벡터 $\mathbf{x}$를 갖는 연립방정식을 얻기 위해 식(14.1)에 대입될 수 있다. 이제 고유값 공부에 필요한 다음의 정의와 정리를 보자. 이에 대한 증명은 선형대수학에 관한 표준 서적 어느 것에서도 찾아 볼 수 있다. 예로서 참고문헌[7]을 보라.

정의 14.1 $n \times n$ 행렬 A의 스펙트럴 반지름 $\rho(A)$은

$$\rho(A) = max_{1 \le i \le n} |\lambda_i|$$

으로 정의한다. 여기에서 λ_i는 A의 고유값들이다.

정리 14.1 대칭 행렬의 고유값들은 모두 실수이다.

정리 14.2 서로 다른 고유값 λ에 대응되는 고유벡터 $\mathbf{v}$는 적어도 하나 존재한다.

정리 14.3 $n \times n$ 행렬 A의 고유값들이 모두 다르다면, n개의 고유벡터 $\mathbf{v}_j$ $(j=1, 2, \cdots, n)$가 존재한다.

정리 14.4 거쉬고린(Gerschgorin)의 원 정리

행렬 A를 $n \times n$ 행렬이라 하고 C_i를 복소평면에서 중심 a_{ii}인 디스크라 하자. 디스크의 반지름은

$$r_i = \sum_{\substack{j=1 \\ j \ne i}}^{n} |a_{ij}|$$

이다. 즉, C_i는 다음을 만족하는 모든 점 z로 구성된다.

$$|z - a_{ii}| \le \sum_{\substack{j=1 \\ j \ne i}}^{n} |a_{ij}|$$

D를 $C_i(i = 1, 2, \ldots, n)$의 합집합이라 하면, A의 모든 고유값은 D 안에 놓인다.

예로써 다음 행렬을 생각해 보자.

$$A = \begin{bmatrix} 2 & 3 & 0 \\ 3 & 8 & -2 \\ 0 & -2 & -4 \end{bmatrix}$$

행렬 A가 대칭이므로 이 행렬의 모든 고유값은 실수이다. 다음을 얻는다(그림 14.1을 보라).

C_1은 중심 (2, 0)이고 반지름 = 3 + 0 = 3 인 디스크이다.
C_2는 중심 (8, 0)이고 반지름 = 3 + ∣−2∣ = 5 인 디스크이다.
C_3는 중심 (−4, 0)이고 반지름 = 0 + ∣−2∣ = 2 인 디스크이다.

이 디스크들의 합집합은

$$D = [-1, 5] \cup [3, 13] \cup [-6, -2] = [-6, -2] \cup [-1, 13]$$

이 되고, 따라서 A의 고유값은 D 안에 놓인다. 실제로 고유값들은

$$\lambda_i = -4.3653,\ 0.8684,\ \text{and}\ 9.4969$$

이다.

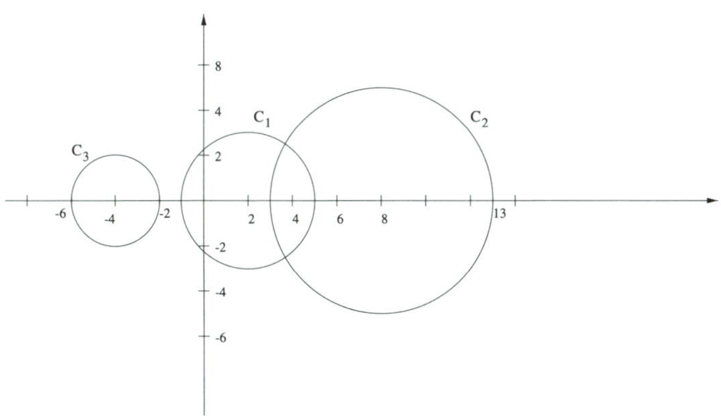

그림 14.1 행렬 A에 대한 거쉬고린의 원

예제 14.1 아래의 행렬에 대한 고유값과 고유벡터를 구하라.

$$\begin{bmatrix} 2 & -3 & 6 \\ 0 & 3 & -4 \\ 0 & 2 & -3 \end{bmatrix}$$

특성 방정식 $\det(A - \lambda I) = 0$ 은

$$-\lambda^3 + 2\lambda^2 + \lambda - 2 = 0$$

이다. 방정식의 근들은 세 고유값 $\lambda_1 = 1$, $\lambda_2 = 2$ 그리고 $\lambda_3 = -1$이다. λ_1에 대응되는 고유벡터 $\mathbf{x}_1$을 구하기 위해 $\lambda_1 = 1$을 식(14.1)에 대입하면

$$\begin{aligned} x_1 - 3x_2 + 6x_3 &= 0 \\ 2x_2 - 4x_3 &= 0 \\ 2x_2 - 4x_3 &= 0 \end{aligned}$$

을 얻는다. 마지막 두 식은 같은 것이므로, 연립방정식은 세 개의 미지수를 갖는 두 개의 방정식으로 귀착된다. α는 임의의 값이고 $x_3 = \alpha$라 놓으면, $x_2 = 2\alpha$ 와 $x_1 = 0$이 얻어진다. 따라서 $\alpha = 1$ 이라 하면, 첫 고유값과 고유벡터는

$$\lambda_1 = 1\text{과 } \mathbf{x}_1 = (0,\ 2,\ 1)^T$$

$\mathbf{x}_2$를 구하기 위해 $\lambda_2 = 2$를 식(14.1)에 대입하면, 연립방정식

$$\begin{aligned} -3x_2 + 6x_3 &= 0 \\ x_2 - 4x_3 &= 0 \\ 2x_2 - 5x_3 &= 0 \end{aligned}$$

이 얻어진다. 이의 해는 $x_1 = \alpha$, $x_2 = x_3 = 0$이다. 따라서 $\alpha = 1$ 이라 하면, 두 번째 고유값과 고유벡터는

$$\lambda_2 = 2\text{과 x2} = (1,\ 0,\ 0)^T$$

마지막으로 $\mathbf{x}_3$를 구하기 위해 $\lambda_3 = -1$을 식(14.1)에 대입하면, 연립방정식

$$\begin{aligned} 3x_1 - 3x_2 + 6x_3 &= 0 \\ 4x_2 - 4x_3 &= 0 \\ 2x_2 - 2x_3 &= 0 \end{aligned}$$

이 얻어진다. 이의 해는 $x_1 = -\alpha$, $x_2 = x_3 = \alpha$이다. 따라서 $\alpha = 1$이라 하면, 세 번째 고유값과 고유벡터는

$$\lambda_3 = -1\text{과 } \mathbf{x}_3 = (-1,\ 1,\ 1)^T$$

위의 예제에서 알 수 있듯이, 이 방법은 차수 n이 작으면 실용적이나, 큰 n에 대해서는 $p(\lambda)$가 영이 되는 근을 결정하기 어렵고 또한 제차 선형 연립방정식 $(A - \lambda I)\mathbf{x} = 0$의 영이 아닌 해를 구하는 것도 어렵다. 행렬의 고유값과 고유벡터를 근사적으로 구하는 다양한 기법들이 있다. 가장 잘 알려진 것은 QR과 QL 알고리즘이다 (보다 자세한 내용에 대해서는 참고문헌[7]을 보라). 대칭행렬의 고유값과 고유벡터를 근사적으로 구하기 위해 2차 방법(quadratic method)라고 부르는 새로운 방법을 14.3절에 소개하였다. 그 전에 누승법에 대해 소개한다.

연습문제 14.1

1. 다음 행렬들에 대해 특성 다항식 $p(\lambda)$ 그리고 고유값과 고유벡터를 구하라.

$$\text{(a) } A = \begin{bmatrix} 3 & 8 \\ 1 & 1 \end{bmatrix} \quad \text{(b) } B = \begin{bmatrix} -2 & 6 \\ 3 & 0 \end{bmatrix} \quad \text{(c) } C = \begin{bmatrix} -1 & 3 \\ -2 & 4 \end{bmatrix}$$

2. $A = \begin{bmatrix} 1 & a+2 \\ a-1 & 4 \end{bmatrix}$이라 하자.

(a) A의 특성 다항식 $p(\lambda)$를 구하라.

(b) A의 고유값이 $\lambda_1 = a + 3$과 $\lambda_2 = 2 - a$임을 보여라.

(c) A의 고유벡터가 $V_1 = (1, 1)^T$와 $V_2 = (-\frac{a+2}{a-1}, 1)^T$임을 보여라.

3. $A = \begin{bmatrix} 3 & 5 & -1 \\ 1 & 4 & -2 \\ 4 & 2 & 1 \end{bmatrix}$이라 하자.

(a) A의 고유값을 포함하는 영역을 결정하는 데에 거쉬고린의 원 정리를 사용하라.

(b) A의 스펙트럴 반지름을 포함하는 구간을 구하라.

4. $A = \begin{bmatrix} -2 & 3+m & -2 \\ 1 & 6 & -1 \\ 2+m & 2 & 14 \end{bmatrix}$이라 하자. $m > 0$일 때, 거쉬고린의 정리에서 모든 원들이 연결되지 않는 모든 m 값을 구하라.

5. 다음 행렬들에 대해 특성 다항식 $p(\lambda)$ 그리고 고유값과 고유벡터를 구하라.

$$\text{(a) } A = \begin{bmatrix} 1 & 2 & -1 \\ 1 & 0 & 1 \\ 4 & -4 & 5 \end{bmatrix} \quad \text{(b) } B = \begin{bmatrix} 1 & -2 & 2 \\ -2 & 1 & 2 \\ 2 & 2 & 1 \end{bmatrix}$$

6. $A = \begin{bmatrix} -2 & 1 & -2 \\ 1 & 4 & a+2 \\ b+1 & 1 & 12 \end{bmatrix}$이라 하자. $a, b \geq 0$일 때, 거쉬고린의 정리에서 중앙원이 다른 두 원에 접하게 되는 a와 b 값을 구하라.

14.2 누승법

누승법(power method)은 시스템

$$A\mathbf{x} = \lambda\mathbf{x}$$

에서 지배적인 고유값이라 불리는 크기가 가장 큰 고유값과 그에 대응되는 고유벡터를 주로 결정하는 데에 사용된 고전적인 방법이다.

A를 $n \times n$ 실수행렬이라 하자. $\lambda_1, \lambda_2, \ldots, \lambda_n$를

$$|\lambda_1| > |\lambda_2| > \ldots > |\lambda_n| > 0$$

인 A의 서로 다른 고유값 그리고 $\mathbf{x}_1, \mathbf{x}_2, \ldots, \mathbf{x}_n$을 대응되는 고유벡터라 하자. 비록 고유값 $\lambda_1, \lambda_2, \ldots, \lambda_n$중 몇 개가 서로 다르지 않다 하더라도 n개의 독립인 고유벡터를 갖는 완전한 시스템이 존재한다면, 이 과정은 적용될 수 있다. 그러면 고유벡터 $\mathbf{x}_1, \mathbf{x}_2, \ldots, \mathbf{x}_n$의 공간에 있는 어느 고유벡터 $\mathbf{x}$는

$$\mathbf{x} = c_1\mathbf{x}_1 + c_2\mathbf{x}_2 + \ldots + c_n\mathbf{x}_n \tag{14.4}$$

와 같이 쓸 수 있다. 이 식 양변 앞에 A를 곱하고, $A\mathbf{x}_1 = \lambda\mathbf{x}_1$, $A\mathbf{x}_2 = \lambda\mathbf{x}_2$ 등을 대입하면, 식(14.4)는

$$\begin{aligned} A\mathbf{x} &= \lambda_1 c_1\mathbf{x}_1 + \lambda_2 c_2\mathbf{x}_2 + \ldots + \lambda_n c_n\mathbf{x}_n \\ &= \lambda_1 \left[c_1\mathbf{x}_1 + c_2\left(\frac{\lambda_2}{\lambda_1}\right)\mathbf{x}_2 + \ldots + c_n\left(\frac{\lambda_n}{\lambda_1}\right)\mathbf{x}_n \right] \end{aligned} \tag{14.5}$$

가 된다. 이 식 양변 앞에 A를 다시 한 번 곱하고 간단히 하면, 식(14.5)는

$$\begin{aligned} A^2\mathbf{x} &= \lambda_1^2 \left[c_1\mathbf{x}_1 + c_2\left(\frac{\lambda_2}{\lambda_1}\right)^2\mathbf{x}_2 + \ldots + c_n\left(\frac{\lambda_n}{\lambda_1}\right)^2\mathbf{x}_n \right] \\ &\cdots \\ A^k\mathbf{x} &= \lambda_1^k \left[c_1\mathbf{x}_1 + c_2\left(\frac{\lambda_2}{\lambda_1}\right)^k\mathbf{x}_2 + \ldots + c_n\left(\frac{\lambda_n}{\lambda_1}\right)^k\mathbf{x}_n \right] \end{aligned} \tag{14.6}$$

$$A^{k+1}\mathbf{x} = \lambda_1^{k+1}\left[c_1\mathbf{x}_1 + c_2\left(\frac{\lambda_2}{\lambda_1}\right)^{k+1}\mathbf{x}_2 + \ldots + c_n\left(\frac{\lambda_n}{\lambda_1}\right)^{k+1}\mathbf{x}_n\right] \tag{14.7}$$

$k \to \infty$ 면, $|\lambda_i/\lambda_1| < 1(i = 2, \ldots, n)$이므로 식(14.6)과 (14.7)의 우변은 각각 $\lambda_1^k c_1\mathbf{x}_1$과 $\lambda_1^{k+1}c_1\mathbf{x}_1$으로 수렴한다. 벡터 $c_1\mathbf{x}_1 + c_2(\lambda_2/\lambda_1)^k\mathbf{x}_2 + \ldots + c_n(\lambda_n/\lambda_1)^k\mathbf{x}_n$은 λ_1에 대응되는 고유벡터인 $c_1\mathbf{x}_1$으로 수렴한다. 고유값 λ_1은 대응되는 성분 $A^k\mathbf{x}$와 $A^{k+1}\mathbf{x}$의 비로써 구해진다.

$$\lambda_1 = \lim_{k\to\infty}\frac{(A^{k+1}\mathbf{x})_r}{(A^k\mathbf{x})_r}, \quad r = 1, 2, \ldots, n$$

여기에서 r은 벡터의 r번째 성분을 가리킨다.

누승법은 통상 다음과 같이 적용된다. 고유벡터 $\mathbf{x}$에 대한 초기 추정 값 $\mathbf{x}_0$를 갖고 시작하자. 대개 벡터의 **무한 놈**(infinity norm) $\|\mathbf{x}\|_\infty = \max_{1\le i\le n}\{|x_i|\}$이 1이 되도록

$$\mathbf{x}_0 = (1, 1, \ldots, 1)^T$$

과 같이 추정한다. 그런 다음에 수열 $\{\mathbf{x}_k\}$를 다음 식을 사용하여 순차적으로 생성한다.

$$\begin{aligned}\mathbf{z}_{k-1} &= A\mathbf{x}_{k-1}\\ \mathbf{x}_k &= \frac{1}{m_k}\mathbf{z}_{k-1}\end{aligned}$$

여기에서 m_k는 가장 큰 값을 갖는 $\mathbf{z}_{k-1}$의 성분이다. 만일 이 방법이 수렴한다면, m_k의 최종값은 요구되는 고유값이고, $\mathbf{x}_k$의 최종값은 대응되는 고유벡터이다. 즉,

$$\lim_{k\to\infty}\mathbf{x}_k = \mathbf{x} \quad \text{그리고} \quad \lim_{k\to\infty}m_k = \lambda$$

반복과정은 무한 놈 $\|\mathbf{x}_k - \mathbf{x}_{k-1}\|_\infty$이 주어진 허용오차보다 작으면 종료된다.

이 방법은 예제를 통해 잘 설명될 수 있다.

예제 14.2 고유값 문제

$$\begin{bmatrix}-9 & 14 & 4\\ -7 & 12 & 4\\ 0 & 0 & 1\end{bmatrix}\begin{bmatrix}x_1\\ x_2\\ x_3\end{bmatrix} = \lambda\begin{bmatrix}x_1\\ x_2\\ x_3\end{bmatrix}$$

을 생각해 보자. A의 고유값은 $\lambda_1 = 5$, $\lambda_2 = 1$ 그리고 $\lambda_3 = -2$ 이다.

첫 시도로서 $\mathbf{x}_0 = (1, 1, 1)^T$를 선택한다. 그리고

$$\begin{bmatrix} -9 & 14 & 4 \\ -7 & 12 & 4 \\ 0 & 0 & 1 \end{bmatrix} \begin{bmatrix} 1 \\ 1 \\ 1 \end{bmatrix} = \begin{bmatrix} 9 \\ 9 \\ 1 \end{bmatrix} = 9 \begin{bmatrix} 1 \\ 1 \\ \frac{1}{9} \end{bmatrix} = m_1 \mathbf{x}_1$$

$$\begin{bmatrix} -9 & 14 & 4 \\ -7 & 12 & 4 \\ 0 & 0 & 1 \end{bmatrix} \begin{bmatrix} 1 \\ 1 \\ \frac{1}{9} \end{bmatrix} = \frac{49}{9} \begin{bmatrix} 1 \\ 1 \\ \frac{1}{49} \end{bmatrix} = m_2 \mathbf{x}_2$$

을 계산한다. 이미 가장 큰 값으로 나눔으로써 정규화 하였다. 10번 반복 후, 벡터의 수열은

$$\mathbf{x} = \left(1, 1, 1.02 \times 10^{-8}\right)^T$$

에로 수렴하고, 상수 m_k의 수열은

$$\lambda = 5.000\,000\,205$$

으로 수렴한다. 계산에 대해 표 14.1에 정리하였다.

표 14.1 예제 14.2에 대한 누승법

i	$m_i \mathbf{x}_i$
1	$9[1, 1, \frac{1}{9}]' = 9\ [1.0, 1.0, 1.11 \times 10^{-1}]'$
2	$\frac{49}{9}[1, 1, \frac{1}{49}]' = 5.444\,444\ [1.0, 1.0, 2.04 \times 10^{-2}]'$
3	$\frac{249}{49}[1, 1, \frac{1}{249}]' = 5.081\,633\ [1.0, 1.0, 4.02 \times 10^{-3}]'$
4	$\frac{1249}{249}[1, 1, \frac{1}{1249}]' = 5.016\,064\ [1.0, 1.0, 8.01 \times 10^{-4}]'$
5	$\frac{6249}{1249}[1, 1, \frac{1}{6249}]' = 5.003\,2023\ [1.0, 1.0, 1.60 \times 10^{-4}]'$
...	...
10	$\frac{97\,656\,249}{19\,531\,249}[1, 1, \frac{1}{97656\,249}]' = 5.000\,000\,205\ [1.0, 1.0, 1.02 \times 10^{-8}]'$

누승법의 주된 불리한 점은 가장 큰 값을 갖는 두 고유값의 지배적인 비

$$r = \left| \frac{\lambda_2}{\lambda_1} \right|$$

가 1.0에 가까우면 수렴 속도가 늦다는 것이다. 그러나 수렴 속도는 여러 가지 전략으로 가속 시킬 수 있다. 이들 중 가장 간단한 것을 자리교체와 함께 누승법을 사용하는 것이다. A와 $A - kI$가 같은 고유벡터 집합을 갖는다는 것을 알고 있으며, A의 각 고유값 λ_i에 대해 $A - kI$에 대한 고유값은 $\lambda_i - k$. 즉,

$$(A - kI)\mathbf{x} = A\mathbf{x} - k\mathbf{x} = \lambda\mathbf{x} - k\mathbf{x} = (\lambda - k)\mathbf{x}$$

따라서 A의 대각선 성분에서 k를 빼면, 각 고유값은 같은 값만큼 축소되고 고유벡터는 변하지 않는다. 이제 누승법은 다음과 같이 사용될 수 있다.

$$\mathbf{z}_k = (A - kI)\,\mathbf{x}_k$$
$$\mathbf{x}_{k+1} = \frac{1}{m_{k+1}}\mathbf{z}_k$$

예를 들어서 20과 -18이 크기가 가장 큰 고유값일 때, 지배비(dominance ratio)는 $r = 0.9$로서 1.0에 가깝고 수렴속도는 상대적으로 늦다. 그러나 $k = \frac{1}{2}(10 + 18) = 14$를 선택하면, 새로운 고유값은 6과 -32가 되고 지배비는 $r = 0.1875$로서 수렴속도가 빨라진다. 물론 고유값의 추정을 미리 알고 있지 않다면, k의 선택은 어렵다. 고유값의 추정값을 얻는 하나의 방법은 거쉬고린의 원 정리를 이용하는 것이다.

마지막으로 가장 작은 크기를 갖는 고유값은 이와 같은 방법으로 **역누승법**(inverse power method)를 이용하여 구할 수 있다. λ 가 A의 고유값이고 x가 대응되는 고유벡터라면, $1/\lambda$는 같은 고유벡터 $\mathbf{x}$에 대응되는 $A - 1$의 고유값이다. 누승법을 $A - 1$에 적용하면, A의 가장 작은 크기를 갖는 고유값의 근사값을 준다. 누승법은 디플레이션 기법을 사용해서 지배적이지 않은 다른 고유값을 결정하는 데에 사용할 수 있다. 완전한 내용에 대해 [21]을 보라.

연습문제 14.2

1. 주어진 행렬에 대해 지배적인 고유값과 고유벡터를 구하라.

(a) $A = \begin{bmatrix} -4 & 1 & 1 \\ 1 & 5 & -1 \\ 0 & 1 & -3 \end{bmatrix}$

(b) $A = \begin{bmatrix} 2 & 1 & -1 & 3 \\ 1 & 7 & 0 & -1 \\ -1 & 0 & 4 & -2 \\ 3 & -1 & -2 & 1 \end{bmatrix}$

(c) $A = \begin{bmatrix} 1 & -3 & 1 & 0 \\ -1 & 2 & 0 & 3 \\ 4 & -1 & 4 & 1 \\ 2 & 1 & -1 & 8 \end{bmatrix}$

(d) $A = \begin{bmatrix} -17 & 36 & -16 \\ -12 & 25 & -10 \\ 0 & 0 & 3 \end{bmatrix}$

2. $(\lambda, \mathbf{x})$를 한 쌍의 고유값과 고유벡터라 하자. $\lambda \neq 0$일 때, $(1/\lambda, \mathbf{x})$가 A^{-1}의 고유값과 고유벡터임을 증명하라.

14.3 2차 방법

실수 대칭 행렬의 고유값과 고유벡터를 계산하기 위한 2차 방법에 대해 살펴보자. 이는 2차 연립방정식을 푸는 것에 기초한 반복법이다.

A를 $n \times n$ 대칭행렬이라 하자. $\mathbf{x_i}$를 A의 고유벡터라 하는데, i 번째 위치에서 1.0을 갖는다. 그리고 λ_i를 대응되는 고유값이라고 하자. 그러면 대수적 고유값 문제

$$A\mathbf{x_i} = \lambda_i \mathbf{x_i} \tag{14.8}$$

는 n개의 미지수인 λ_i, x_i $(i = 1, 2, \ldots, i-1, \mathrm{i}+1, \ldots, n)$를 갖는 연립방정식이다.

식(14.8)의 i번째 식은

$$a_{ii} + \sum_{p=1}^{i-1} a_{ip}x_p + \sum_{p=i+1}^{n} a_{ip}x_p = \lambda_i \tag{14.9}$$

와 같이 주어지고, $j \neq i$면 식(14.8)의 j 번째 식은

$$a_{ji} + \sum_{p=1}^{i-1} a_{jp}\,x_p + \sum_{p=i+1}^{n} a_{jp}\,x_p = \lambda_i\,x_j \tag{14.10}$$

이다. 식(14.9)와 (14.10)을 이용하면, $j = 1, 2, \ldots, i-1, i+1, \ldots, n$ 에 대해

$$a_{ji} + \sum_{p=1}^{i-1} a_{jp}x_p + \sum_{p=i+1}^{n} a_{jp}x_p = \left[a_{ii} + \sum_{p=1}^{i-1} a_{ip}x_p + \sum_{p=i+1}^{n} a_{ip}x_p\right] x_j \tag{14.11}$$

$j = 1, 2, \ldots, i-1$에 대해 식(14.11)은

$$
\begin{aligned}
f_j = a_{ij}x_j^2 + &\left[a_{ii} - a_{jj} + \sum_{p=1}^{j-1} a_{ip}x_p + \sum_{p=j+1}^{i-1} a_{ip}x_p + \sum_{p=i+1}^{n} a_{ip}x_p\right] x_j \\
&- \left[a_{ji} + \sum_{p=1}^{j-1} a_{jp}x_p + \sum_{p=j+1}^{i-1} a_{jp}x_p + \sum_{p=i+1}^{n} a_{jp}x_p\right] = 0
\end{aligned}
\tag{14.12}
$$

의 형태를 갖고, $j = i + 1, . . . , n$에 대해서는

$$
\begin{aligned}
f_j = a_{ij}x_j^2 + &\left[a_{ii} - a_{jj} + \sum_{p=1}^{i-1} a_{ip}x_p + \sum_{p=i+1}^{j-1} a_{ip}x_p + \sum_{p=j+1}^{n} a_{ip}x_p\right] x_j \\
&- \left[a_{ji} + \sum_{p=1}^{i-1} a_{jp}x_p + \sum_{p=i+1}^{j-1} a_{jp}x_p + \sum_{p=j+1}^{n} a_{jp}x_p\right] = 0
\end{aligned}
\tag{14.13}
$$

의 형태를 갖는다.

고정값 i와 $j = 1, 2, . . . , i - 1, \mathrm{i} + 1, . . . , n$에 대해, 식(14.12)와 (14.13)에서 $A_j = a_{ij}$, x_j의 계수 B_j 그리고 상수항 C_j를 정의한다.

따라서 A의 고유벡터를 구하는 것은 다음 식으로 주어지는 2차 연립방정식의 해를 구하는 것으로 귀착된다.

$$
A_jx_j^2 + B_jx_j + Cj = 0, \quad j = 1, 2, ..., i-1, i+1, ..., n \tag{14.14}
$$

이 연립방정식의 해를 근사하기 위해 뉴턴의 방법을 적용한다. 이 시스템의 $(n - 1) \times (n - 1)$ 야코비 행렬 $J = (q_{jl})$은 다음 식으로 정의 된다.

$$
(q_{jl}) = \begin{cases} 2A_jx_j + B_j \text{ if } j = l \\ a_{il}x_j - a_{jl} \quad \text{if } j \neq l \end{cases} \tag{14.15}
$$

$det(J) \neq 0$이라 가정하면, 반복과정은 아래와 같이 $\mathbf{x}^{(0)}$를 선택하고 $\mathbf{x}^{(k)}$를 생성하는 것으로 확장된다.

- $\mathbf{F}(\mathbf{x}^{(k-1)})$와 $J(\mathbf{x}^{(k-1)})$를 계산한다.
- $(n - 1) \times (n - 1)$ 선형 연립방정식 $J(\mathbf{x}^{(k-1)})\mathbf{z} = -\mathbf{F}(\mathbf{x}^{(k-1)})$를 푼다.
- $\mathbf{x}^{(k)} = \mathbf{x}^{(k-1)} + \mathbf{z}^{(k-1)}$ 를 계산한다.

여기에서 $\mathbf{F} = -(f_1, . . . , f_i - 1, f_i + 1, . . . , f_n)$ 이다.

고유벡터가 구해지면, 그에 대응되는 고유값은 식(14.9)에서 손쉽게 구해진다.

충분히 정확한 시작값이 알려져 있고 또한 $J^{-1}(\mathbf{x})$가 존재한다면, 뉴턴 방법은 일반적으로 2차적으로 수렴하는 것은 잘 알려져 있다. 정확한 시작값을 보장하려면

$$H(t) = D + tP, \quad 0 \le t \le 1 \tag{14.16}$$

이 되도록 하는 행렬 군 $H(t)$를 정의되는 연속법 (continuation method)을 도입한다 (참고문헌[50]을 보라). 식(14.16)에서 t는 인자이고

$$D = \begin{bmatrix} a_{11} & 0 & \cdots & 0 \\ 0 & a_{22} & \ddots & \vdots \\ \vdots & \ddots & \ddots & 0 \\ 0 & \cdots & 0 & a_{nn} \end{bmatrix} \qquad tP = \begin{bmatrix} 0 & ta_{12} & \cdots & ta_{1n} \\ ta_{21} & 0 & \ddots & \vdots \\ \vdots & \ddots & \ddots & ta_{n-1,n} \\ ta_{n1} & \cdots & ta_{n,n-1} & 0 \end{bmatrix}$$

이다. $H(0) = D$의 고유값은 A의 대각 성분들로 주어지고 $H(1) = A$임을 주지하라. 이제 $t \in [0, 1]$인 행렬 군 $H(t)$의 고유값과 고유벡터를 구하는 문제를 생각해 본다. 각각의 $t \in [0, 1]$와 그리고 주어진 $i = 1, 2, \ldots, n$에 대해 $H(t)$는 고유벡터 $\lambda_i(t)$를 갖는데, 이는 t에 대해 연속적으로 의존한다. 그러면 $\lambda_i(t)$는 A의 i 번째 대각 성분 $\lambda_i(0) = a_{ii}$ 에서 한 끝점을 갖고, A의 i 번째 고유값 λ_i을 다른 끝점으로 갖는 R^2에서의 곡선 (해 곡선)을 표시한다. $\lambda_i(1)$을 구하기 위해서는 우선 구간 [0, 1]의 분할을

$$t_k = kh,\ k = 0, 1, .., M, \quad M = 1/h \tag{14.17}$$

와 같이 정의한다. h를 선택하는 하나의 방법은 거쉬고린의 원 정리를 이용하는 것이다. 행렬 $H(t_1)$의 모든 거쉬고린 원들이 분리되도록 $h = 2^{-s}$를 선택한다(그림 14.2를 보라). s는 다음과 같이 주어진다.

$a_{ii} \neq a_{jj}$이면,

$$INT\left(\frac{\ln(r/d)}{\ln 2} + 2\right) \quad r = \max_i \left(\sum_{\substack{j=1 \\ i \neq j}}^{n} |a_{ij}|\right) \text{ and } d = \min_{\substack{1 \le i,j \le n \\ i \neq j}} |a_{ii} - a_{jj}| \tag{14.18}$$

여기에서 $INT(x)$는 x 값이 정수에서 절단되었음을 표현한다. 따라서 주어진 h에 대해 이

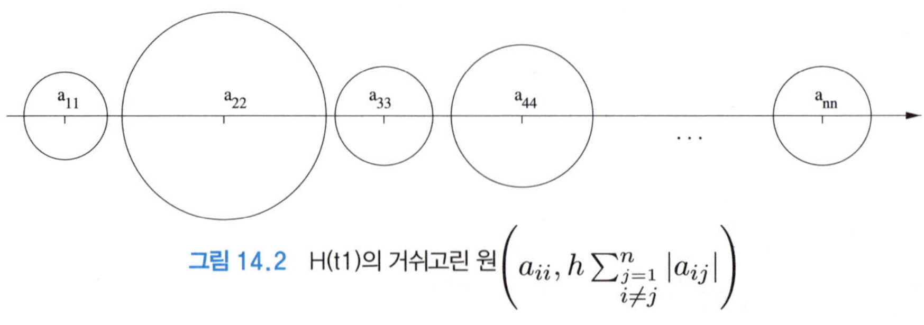

그림 14.2 H(t1)의 거쉬고린 원$\left(a_{ii}, h\sum_{\substack{j=1 \\ i\neq j}}^{n} |a_{ij}|\right)$

방법은 각 t_k에 대해 비선형 연립방정식 (14.12)와 (14.13)을 뉴턴 방법을 사용하여 $H(t_0)$, $H(t_1), \ldots, H(t_M)$의 고유값과 고유벡터의 수열을 구하는 것으로 구성된다.

뉴턴 방법의 적용을 위한 시작값을 구하는 단계들은 다음과 같다;

- $t_0 = 0$에서 $H(0)$의 고유값들은 알려져 있고 이는 A의 대각 성분들이며 대응되는 고유벡터들은

$$\mathbf{x}^{(0)} = \left(x_1^{(0)}, x_2^{(0)}, \ldots, x_n^{(0)}\right) = \left(\begin{bmatrix}1\\0\\\vdots\\0\end{bmatrix}, \begin{bmatrix}0\\1\\\vdots\\0\end{bmatrix}, \ldots, \begin{bmatrix}0\\0\\\vdots\\1\end{bmatrix}\right)$$

  이다. 여기에서 $x_i^{(k)}$는 행렬 $H(t_k)$의 i 번째 고유벡터를 표시한다.

- $t = t_1$에서 $\mathbf{x}^{(1)}$을 구하기 위한 시작값으로서 $\mathbf{x}^{(0)}$를 이용하여 행렬 $H(t_1)$에 뉴턴 방법을 적용한다.

- $t = t_2$에서 시작값 $\mathbf{y}^{(2)}$를 구하기 위해 2점 보간 공식

$$\mathbf{y}^{(2)} = 2\mathbf{x}^{(1)} - \mathbf{x}^{(0)} \tag{14.19}$$

  이 이용된다. 여기에서 $\mathbf{x}^{(0)}$과 $\mathbf{x}^{(1)}$은 각각 $H(t_0)$와 $H(t_1)$의 고유벡터이다.

- $t_k > t_2$에 대해 이전의 세 고유벡터 즉, 각각 $H(t_{k-1})$, $H(t_{k-2})$, $H(t_{k-3})$, $H(t_1)$의 고유벡터 $\mathbf{x}^{(k-1)}$, $\mathbf{x}^{(k-2)}$, $\mathbf{x}^{(k-3)}$ 이 $H(t_k)$의 고유값과 고유벡터를 뉴턴 방법으로 구하는 데에 필요한 시작값 $\mathbf{y}^{(k)}$를 구하기 위해 3점 보간 공식과 함께 사용된다.

$$\mathbf{y}^{(k)} = 3\mathbf{x}^{(k-1)} - 3\mathbf{x}^{(k-2)} + \mathbf{x}^{(k-3)}, \quad k \geq 3 \tag{14.20}$$

따라서 이 방법은 시작값을 계산하는 공식 (14.20)을 사용하여 각 단계에서 2차 비선형 연립방정식을 풀어서 행렬 $H(t_0)$, $H(t_1), \ldots, H(t_M)$의 수열의 고유값과 고유벡터를 구하는 것으로 구성된다.

예제 14.3 다음 행렬의 고유값과 고유벡터를 구하는 데에 2차 방법을 사용하라.

$$A = \begin{bmatrix} 3 & 2 & -2 \\ 2 & -4 & 2 \\ -2 & 2 & 6 \end{bmatrix}$$

주어진 행렬에 대해 공식 (14.18)을 사용하면 $h = 0.25$을 얻는다.

이제 다음 행렬들의 수열을 생각하면서 시작해 보자.

$$\tilde{A}_k = D + t_k P = \begin{bmatrix} 3 & 2t_k & -2t_k \\ 2t_k & -4 & 2t_k \\ -2t_k & 2t_k & 6 \end{bmatrix}$$

여기에서 $t_k = kh = 0.25k(k = 0, 1, \ldots, 4)$이다.

$\mathbf{x}_1 = [1, x_2, x_3]^T$인 첫 고유값과 고유벡터 (λ_1, x_1)를 구하기 위한 2차 방법의 알고리즘은 다음과 같이 진행된다: 식(14.1)로부터

$$\begin{bmatrix} 3 & 2t_k & -2t_k \\ 2t_k & -4 & 2t_k \\ -2t_k & 2t_k & 6 \end{bmatrix} \begin{bmatrix} 1 \\ x_2 \\ x_3 \end{bmatrix} = \lambda_1 \begin{bmatrix} 1 \\ x_2 \\ x_3 \end{bmatrix}$$

을 얻을 수 있고 이는

$$\begin{aligned} 3 + 2x_2t_k - 2x_3t_k &= \lambda_1 \\ 2t_k - 4x_2 + 2x_3t_k &= \lambda_1 x_2 \\ -2t_k + 2x_2t_k + 6\,x_3 &= \lambda_1 x_3 \end{aligned} \tag{14.21}$$

과 같이 쓸 수 있다. 두 미지수 x_2와 x_3를 갖는 다음의 비선형 연립방정식을 구하기 위해 λ_1을 마지막 두 식에 대입한다.

$$\begin{aligned} -2x_2^2t_k + (2x_3t_k - 7)x_2 + 2x_3t_k + 2t_k &= 0 \\ 2x_3^2t_k - (2x_2t_k - 3)x_3 + 2x_2t_k - 2t_k &= 0 \end{aligned} \tag{14.22}$$

10^{-6}의 허용오차를 갖도록 뉴턴 방법을 이용하여 연립방정식 (14.22)를 t_k의 다른 값들에 대해 푼다.

단계 1: $\tilde{A}_0$의 고유값과 고유벡터를 구하기 위해, 식(14.22)에서 $t_0 = 0$로 놓으면 고유벡터

$$\mathbf{x}_1^{(0)} = [1, 0, 0]^T$$

와 이에 대응되는 고유값

$$\lambda_1^{(0)} = a_{11} = 3$$

이 얻어진다.

단계 2: $\tilde{A}_1$의 고유값과 고유벡터를 구하기 위해, 식(14.22)에서 $t_1 = 0.25$로 놓으면 연립방정식

$$\begin{aligned} -0.5x_2^2 + (0.5x_3 - 7)x_2 + 0.5x_3 + 0.5 &= 0 \\ 0.5x_3^2 - (0.5x_2 - 3)x_3 + 0.5x_2 - 0.5 &= 0 \end{aligned}$$

이 얻어진다.

$$\mathbf{y}_1^{(1)} = \mathbf{x}_1^{(0)} = [1, 0, 0]^T$$

을 시작점으로 해서 뉴턴 방법을 적용하면, 3번의 반복 후에 다음의 고유벡터를 얻을 수 있다.

$$\mathbf{x}_1^{(1)} = [1, 0.0826308129, 0.15116808965]^T$$

대응되는 고유값은 $\mathbf{x}_1^{(1)}$을 식(14.21)에 대입해서 얻게 된다. 즉,

$$\lambda_1^{(1)} = 3 + 0.5(0.0826308129) - 0.5\,(0.15116808965) = 2.96573136162$$

단계 3: $\tilde{A}_2$의 고유값과 고유벡터를 구하기 위해, 식(14.22)에서 $t_2 = 0.5$로 놓으면 연립방정식

$$\begin{aligned} -x_2^2 + (x_3 - 7)x_2 + x_3 + 1 = 0 \\ x_3^2 - (x_2 - 3)x_3 + x_2 - 1 = 0 \end{aligned}$$

이 얻어진다.

$$\mathbf{y}_1^{(2)} = 2\mathbf{x}_1^{(1)} - \mathbf{x}_1^{(0)} = [1, -.834\,738\,374\,2, -.697\,663\,820\,6]^T$$

을 시작점으로 해서 뉴턴 방법을 적용하면, 3번의 반복 후에 다음의 고유벡터를 얻을 수 있다.

$$\mathbf{x}_1^{(2)} = [1,\ 0.1828779200, 0.2651074706]^T$$

대응되는 고유값은 $\mathbf{x}_1^{(2)}$를 식(14.21)에 대입해서 얻게 된다. 즉,

$$\lambda_1^{(2)} = 3 + (0.1828779200) - (0.2651074706) = \ 2.9177704494$$

단계 4: $\tilde{A}_3$의 고유값과 고유벡터를 구하기 위해, 식(14.22)에서 $t_3 = 0.75$로 놓으면 연립방정식

$$\begin{aligned} -1.5x_2^2 + (1.5x_3 - 7)x_2 + 1.5x_3 + 1.5 = 0 \\ 1.5x_3^2 - (1.5x_2 - 3)x_3 + 1.5x_2 - 1.5 = 0 \end{aligned}$$

이 얻어진다.

$$\mathbf{y}_1^{(3)} = 3\mathbf{x}_1^{(2)} - 3\mathbf{x}_1^{(1)} + \mathbf{x}_1^{(0)} = [1, 1.\,300\,741\,321, 1.\,341\,818\,143]^T$$

을 시작점으로 해서 Newton 방법을 적용하면, 3번의 반복 후에 다음의 고유벡터를 얻을 수 있다.

$$\mathbf{x}_1^{(3)} = [1, 0.2915541714, 0.3450029259]^T$$

대응되는 고유값은 $\mathbf{x}_1^{(3)}$를 식(14.21)에 대입해서 얻게 된다. 즉,

$$\lambda_1^{(3)} = 3 + 1.5(0.2915541714) - 1.5\,(0.3450029259) = 2.919\,826\,868$$

단계 5: 마지막으로 $\tilde{A}_4 = A$의 고유값과 고유벡터를 구하기 위해, 식(14.22)에서 $t_4 = 1$로 놓으면 연립방정식

$$\begin{aligned} -2x_2^2 + (2x_3 - 7)x_2 + 2x_3 + 2 = 0 \\ 2x_3^2 - (2x_2 - 3)x_3 + 2x_2 - 2 = 0 \end{aligned}$$

이 얻어진다.

$$\mathbf{y}_1^{(4)} = 3\mathbf{x}_1^{(3)} - 3\mathbf{x}_1^{(2)} + \mathbf{x}_1^{(1)} = [1, 0.\,408\,659\,567\,1, 0.\,390\,854\,455\,9]^T$$

을 시작점으로 해서 Newton 방법을 적용하면, 3번의 반복 후에 다음의 고유벡터를 얻을 수 있다.

$$\mathbf{x}_1^{(4)} = \mathbf{x}_1 = [1, 0.4, 0.4]^T$$

대응되는 고유값은 $\mathbf{x}_1^{(4)}$를 식(14.21)에 대입해서 얻게 된다. 즉,

$$\lambda_1^{(4)} = \lambda_1 = 3 + 2(0.4) - 2\,(0.4) = 3.0$$

A의 다른 두 고유값과 고유벡터는 마찬가지 방법으로 구할 수 있다. 그림 14.3은 A의 해 곡선을 보여준다.

이 방법의 독특한 측면을 주지하는 것이 중요한데, 그것은, 모든 고유값과 고유벡터가 각각 독립적으로 구할 수 있고 따라서 동시 진행을 위한 이 과정의 적합성이다. 이 방법의 주된 불리한 점은 각 단계에서 $(n - 1) \times (n - 1)$ 비선형 연립방정식의 해가 필요하다는 것이다.

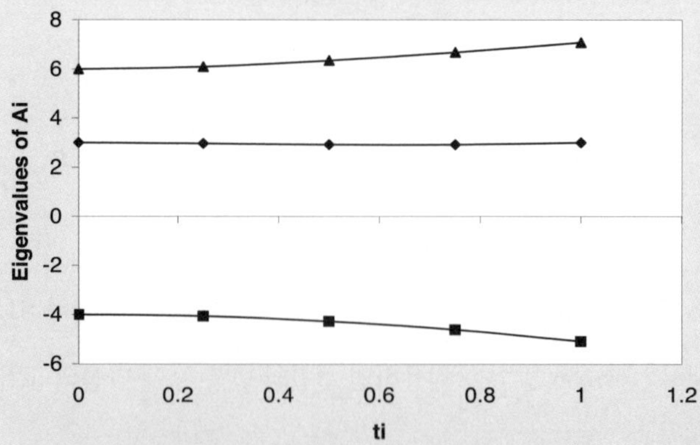

그림 14.3 예제 14.3에 대해 $t_i(i = 1, \ldots, 4)$에서 A_i의 고유값에서 구한 해 곡선들

예제 14.4 다음 행렬의 고유값과 고유벡터를 구하는 데에 2차 방법을 사용하라.

$$A = \begin{bmatrix} 3 & 1 & 0 \\ 1 & 4 & 2 \\ 0 & 2 & 3 \end{bmatrix}$$

이 예제에서 $a_{11} = a_{33}$즉, 공식(14.18)이 적용될 수 없음을 주지하라. 이 경우에는 다음과 같은 수정을 해야만 한다. "상대적인 변동 (relative perturbation)" 말하자면 $\varepsilon = 10^{-3}$정도의 변동을 A의 대각 성분이 동일한 성분에 적용하면, 대각 성분들이 달라지는 아래와 같은 새로운 행렬을 얻는다:

$$B = \begin{bmatrix} 3 & 1 & 0 \\ 1 & 4 & 2 \\ 0 & 2 & 3(1+\varepsilon) \end{bmatrix}$$

이제 예제 14.3과 같이 2차 방법을 행렬 B에 적용하고, 그로써 얻어지는 B의 고유벡터들을 A의 고유값과 고유벡터를 구하는 데에 $h = 1$로 하는 뉴턴 방법의 시작값으로 사용한다. 그 결과는 다음과 같다.

2차 방법을 적용하면, 다음과 같은 B의 고유벡터들을 구할 수 있다.

$$\mathbf{x}_B = \left[\begin{pmatrix} 1.0 \\ -1.7898267750 \\ 1.9966533298 \end{pmatrix}, \begin{pmatrix} 0.3581371370 \\ 1.0 \\ 0.7170446750 \end{pmatrix}, \begin{pmatrix} -1.9988008642 \\ -.0011998560 \\ 1.0 \end{pmatrix} \right]$$

$\mathbf{x}_B$를 뉴턴 방법의 시작값으로 사용하고 $h = 1$로 하여 2차 방법을 적용하면 다음과 같이 A의 고유값과 고유벡터가 구해진다.

$$\lambda_1 = 1.2087121525 \quad \text{그리고} \quad \mathbf{x}_1 = [1.0, -1.7912878475, 2.0]^T$$
$$\lambda_2 = 5.7912878475 \quad \text{그리고} \quad \mathbf{x}_2 = [0.3582575695, 1.0, 0.7165151390]^T$$
$$\lambda_3 = 3.0000000000 \quad \text{그리고} \quad \mathbf{x}_3 = [-2.0, 0.0, 1.0]^T$$

MATLAB 방법

주어진 정사각형 행렬 A의 고유값과 고유벡터를 구하기 위한 MATLAB 함수는

```
>> [V,D]=eig(A)
```

이다. 이를 호출하면, 이 함수는 고유값인 대각 행렬 D와 각 열이 대응되는 고유벡터인 행렬 V를 되돌려 준다. 예를 들어서, 예제 14.4에 주어진 행렬의 고유값과 고유벡터를 구하기 위해 이 함수를 호출하면, 결과로써

```
>> A=[3   1   0 ;  1   4   2 ;  0   2   3]
>> [V,D]=eig(A)

  V =

     0.3490    0.8944    0.2796
    -0.6252   -0.0000    0.7805
     0.6981   -0.4472    0.5592
  D =

    1.2087         0         0
         0    3.0000         0
         0         0    5.7913
```

을 얻는다. 이 결과는 2차 방법으로 구한 것과 완전하게 일치한다.

연습문제 14.3

1. 다음 행렬들의 고유값과 고유벡터를 구하는 데에 2차 방법을 사용하라.

(a) $A = \begin{bmatrix} 3 & -4 & 6 \\ -4 & 9 & 2 \\ 6 & 2 & 4 \end{bmatrix}$ (b) $A = \begin{bmatrix} 1 & 2 & 2 \\ 2 & 0 & 3 \\ 2 & 3 & 0 \end{bmatrix}$

(c) $A = \begin{bmatrix} -7 & 0 & 6 \\ 0 & 5 & 0 \\ 6 & 0 & 2 \end{bmatrix}$ (d) $A = \begin{bmatrix} -1 & 1 & 2 \\ 1 & 2 & 1 \\ 2 & 1 & -1 \end{bmatrix}$

(e) $A = \begin{bmatrix} -5 & 1 & 1 & 0 \\ 1 & -8 & 2 & 0 \\ 1 & 2 & -6 & 1 \\ 0 & 0 & 1 & -3 \end{bmatrix}$

2. 연립미분방정식

$$X'(t) = \begin{bmatrix} 1 & 2 & 2 \\ 2 & 0.1 & 3 \\ 2 & 3 & 0.2 \end{bmatrix} X(t)$$

을 생각해 보자. 이 문제의 일반해는

$$X(t) = Ae^{\lambda_1 t}X_1 + Be^{\lambda_2 t}X_2 + Ce^{\lambda_3 t}X_3$$

이다. 여기에서 (λ_1, X_1), (λ_2, X_2)와 (λ_3, X_3)는 이 시스템 계수행렬의 고유값과 고유

벡터이다.

2차 방법을 이용하여 이 시스템의 일반해를 구하라.

3. 아래의 3 대각 행렬의 고유값과 고유벡터를 구하는 데에 2차 방법을 사용하라.

$$A = \begin{bmatrix} 5 & -2 & 0 & 0 & 0 \\ -2 & 5 & -2 & 0 & 0 \\ 0 & -2 & 5 & -2 & 0 \\ 0 & 0 & -2 & 5 & -2 \\ 0 & 0 & 0 & -2 & 5 \end{bmatrix}$$

4. 차수 n의 힐버트(Hilbert) 행렬 A는

$$a_{ij} = \frac{1}{i+j-1}, \quad i, j = 1, 2, \ldots, n$$

으로 정의된다. $n = 4, 8$에 대해 A의 고유값을 구하는 데에 2차 방법을 사용하라.

5. 행렬

$$A = \begin{bmatrix} -1 & 0 & 3 \\ 0 & 3 & 0 \\ 3 & 0 & -1 \end{bmatrix}$$

의 가장 큰 고유값을 구하라.

14.4 경계값 문제에 대한 고유값

고유값 문제는 많은 응용역학 분야 그리고 특히 탄성학과 진동 분야의 문제와 같은 미분방정식의 해에서 발생한다. 예로써 다음의 제차 2계 미분방정식(homogeneous second-order differential equation)을 생각해 보자.

$$\frac{d^2y}{dx^2} + k^2\, y = 0, \quad 0 \le x \le L \tag{14.23}$$

경계조건은

$$y(0) = 0 \quad \text{그리고} \quad y(L) = 0 \tag{14.24}$$

이다. 여기에서 k^2는 인자이다. 여기에서 $y(x)$는 그림 14.4와 같이 꼭대기에 일정한 연직하

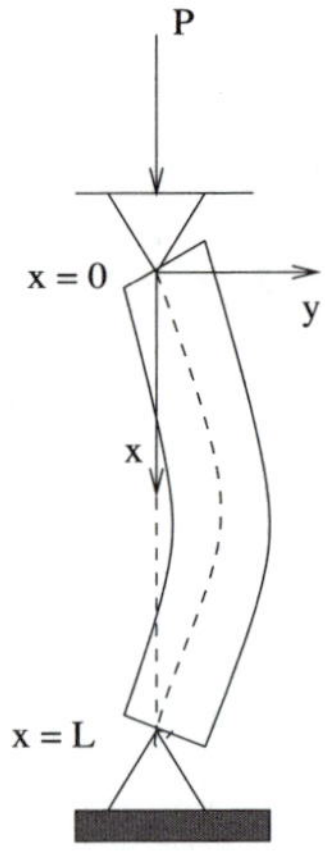

그림 14.4 가는 연직 기둥의 좌굴

중 P가 작용할 때, 길이 L인 가는 탄성 기둥의 처짐이다. 인자 k는 $k = P/EI$로 주어지는데, E는 탄성계수이고 I는 단면의 수직축을 지나는 선에 대한 관성모멘트이다.

경계조건 (14.24)와 함께 식(14.23)은 고유값 문제로 알려진 특별한 경계값 문제이다. 경계값 문제가 유효한 해를 갖는 k^2의 값을 고유값이라 부른다. 식(14.23)의 일반해는

$$y(x) = c_1 \cos(kx) + c_2 \sin(kx) \tag{14.25}$$

이다.

경계조건 (14.24)를 일반해에 적용하면, 다음의 결과를 얻는다. 경계조건 $y(0) = 0$로부터 $c_1 = 0$이나 $y(L) = 0$ 으로부터

$$c_2 \sin(kL) = 0$$

$c_2 = 0$ 이면, 당연히 무연근(trivial solution)이라 불리는 $y = 0$ 이 된다. 그러나 $c_2 \neq 0$ 이면, $\sin(kL) = 0$. 마지막 조건은 k의 어떤 값에 대해서만 성립된다:

$$k_n = \pm\frac{n\pi}{L}, \quad n = 1, 2, 3, ...$$

이는 주어진 방정식에 대한 고유값이고, 이에 대응되는 고유벡터는

$$y_n = c_2 \sin(\frac{n\pi}{L}x), \quad n = 1, 2, 3, ...$$

이다. 이 고유값들은 시스템의 고유진동수를 주기 때문에 진동문제에서 중요하다. 말하자면 하중 P가 이 진동수들에 매우 가깝게 작용한다면, 공진은 운동의 증폭을 초래한다.

이제 고유값 문제 (14.23)와 (14.24)에 대한 수치해를 기술해 보자. 구간 $[0, L]$을 아래에

정의하는 것처럼 n개의 부구간으로 나눈다.

$$x_i = hi, \quad h = L/n, \quad i = 0, 1, ..., n$$

식(14.23)의 2계 도함수를 중앙차분근사로 대체하면 다음의 차분 방정식

$$\frac{y_{i-1} - 2y_i + y_{i+1}}{h^2} + k^2 y_i = 0$$

또는

$$-y_{i-1} + 2y_i - y_{i+1} = h^2 k^2 y_i, \quad i = 1, 2, ..., n-1 \tag{14.26}$$

을 얻는다. 행렬 형식으로 식(14.26)은

$$A\mathbf{y} = \lambda \mathbf{y}$$

과 같이 쓸 수 있는데, 여기에서

$$A = \begin{bmatrix} 2 & -1 & 0 & \cdots & 0 \\ -1 & 2 & -1 & \ddots & \vdots \\ 0 & -1 & \ddots & \ddots & 0 \\ \vdots & \ddots & \ddots & 2 & -1 \\ 0 & \cdots & 0 & -1 & 2 \end{bmatrix}, \quad \mathbf{y} = \begin{bmatrix} y_1 \\ y_2 \\ \vdots \\ y \\ y_{n-1} \end{bmatrix} \quad \text{그리고} \quad \lambda = h^2 k^2 \tag{14.27}$$

연립방정식 (14.26)의 해는 A의 고유값과 고유벡터들로서 주어지는데, 이들은 전절에서 기술한 2차 방법을 사용해서 구할 수 있다. 예로써, $L = 1$이고 $n = 6$ 또는 $h = 1/6$이라 하자. 5×5 행렬 A의 고유값들은

$$\lambda_1 = 0.2679, \ \lambda_2 = 1.0, \ \lambda_3 = 2.0, \ \lambda_4 = 3.0, \ \text{and} \ \lambda_5 = 3.7321$$

이고, 이들은 다음과 같은 k 값들을 준다.

$$k_1 = \pm 3.1058, \ k_2 = \pm 6.0, \ k_3 = \pm 8.4853$$
$$k_4 = \pm 10.3923, \ k_5 = \pm 11.5911$$

k의 해석적인 값들은

$$k_1 = \pm 3.1415, \ k_2 = \pm 6.2832, \ k_3 = \pm 9.4248$$
$$k_4 = \pm 12.5664, \ \text{and} \ k_5 = \pm 15.7080$$

으로 주어진다.
부구간의 수 n이 작기 때문에 k에 대한 좋은 근사값을 구하지 못하였다. 좀 더 나은 근사값을 구하려면 보다 더 많은 부구간수를 선택할 필요가 있다.

연습문제 14.4

1. $h = 0.25$로 하여 아래의 경계값 문제에 대한 고유값을 추정하라.

$$y'' - 2y' + 4k^2 y = 0, \quad y(0) = 0, \quad y(1) = 0$$

14.5 미분방정식의 분기점

물리학적 또는 생물학적 문제들을 모델링하는 상미분방정식은 인자들을 포함하고 있는데, 이들은 주어진 상황에서 구체적인 값으로 주어져야 한다. 그러나 해의 거동은 인자의 선택한 값에 급진적으로 영향을 받는다. 예로써 논리학적 또는 베르훌스트(Verhulst)의 군집 모델(population model)

$$\frac{dN}{dt} = rN - aN^2$$

을 생각해 보자. 이 모델은 $N \geq 0$인 경우에만 중요하다. $a > 0$이 선택되었다고 가정하고 해의 인자 r에 대한 의존성을 생각해 보자. 고정 점들 또는 평형 해들은

$$rN - aN^2 = 0$$

으로 주어진다. 만일 $r \leq 0$이라면, 단 하나의 고정점은 $N = 0$이고 안정하다. 사실 모든 초기 조건

$$N(0) = N_0 > 0$$

에 대해 해는

$$\lim_{t \to \infty} N(t) = 0$$

을 만족한다. 만일 $r > 0$이라면, $N = 0$과 $N = r/a$로 두 고정점이 있다. 고정점 $N = 0$은 불안정해지고 고정점 $N = r/a$은 안정하다. 고정점은 $r = 0$에서 분기된다고 말할 수 있다.

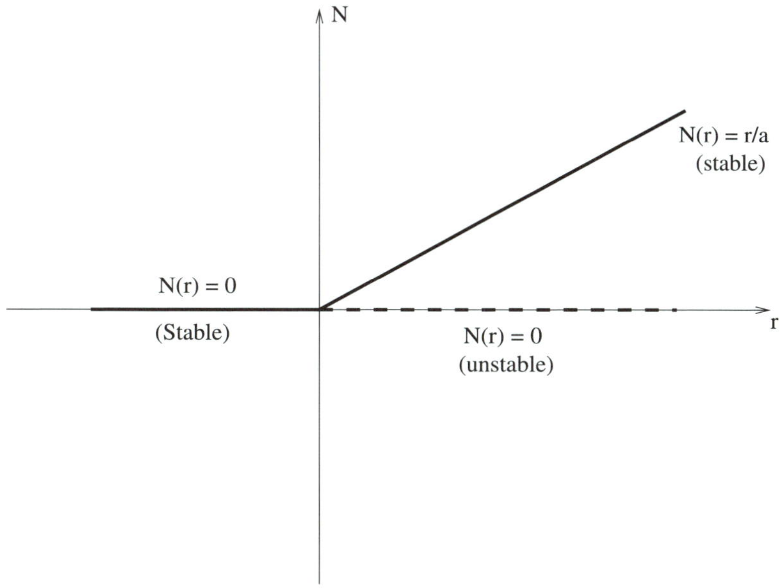

그림 14.5 분기점

고정점 N을 $N = N(r)$로서 r의 함수로 생각하면, (0, 0)을 분기점이라고 부른다. 이 거동을 그림 14.5에 나타냈다.

일반적인 경우에 대한 근본 원리는 매우 유사하다. 표현을 간단하게 하기 위해 두 미지 함수 $x(t)$와 $y(t)$를 갖는 두 미분방정식의 경우에 국한하고 독립적인 시스템

$$\frac{dx}{dt} = f\left(x, y, r\right) \quad \text{그리고} \quad \frac{dy}{dt} = g\left(x, y, r\right) \tag{14.28}$$

을 생각해 보자. 여기에서 r은 인자이다. 그러나 여기에서 논의되는 내용은 어떤 수의 미분방정식에도 적용된다. 더구나 2계 미분방정식

$$\frac{d^2u}{dt^2} = F\left(u, \frac{du}{dt}, r\right)$$

은 $x = u$와 $y = du/dt$로 놓으면 식(14.28)에 등가인 형태로 귀착되는

$$\frac{dx}{dt} = y \quad \text{그리고} \quad \frac{dy}{dt} = F\left(x, y, r\right)$$

을 얻는다.

식(14.28)의 고정점들은 $(x^*(r), y^*(r))$을 구하기 위한 비선형 연립방정식

$$f\left(x, y, r\right) = 0 \quad \text{그리고} \quad g(x, y, r) = 0 \tag{14.29}$$

를 풀어서 얻게 되는데, 이들은 r 에 의존한다. 직관적으로, 만일 $(x^*,\ y^*)$에 충분히 가깝게 시작한 해가 $(x^*,\ y^*)$에 충분히 가깝게 남아 있다면, 고정된 r에 대해 $(x^*,\ y^*)$는 안정이고, $(x^*,\ y^*)$에 가깝게 시작한 정도와는 상관없이 주어진 주변을 이탈하도록 하게 되면 이는 불안정이다. 이제 다음 행렬을 형성한다.

$$J(x^*, y^*, r) = \begin{bmatrix} f_x(x^*, y^*, r) & f_y(x^*, y^*, r) \\ g_x(x^*, y^*, r) & g_y(x^*, y^*, r) \end{bmatrix} \tag{14.30}$$

주어진 r에 대해 식(14.29)를 만족하는 여러 개의 서로 다른 $(x,\ y)$가 있을 수 있다는 점을 주지하자. $\overline{r}$, $f(\overline{x}, \overline{y}, \overline{r})$과 $g(\overline{x}, \overline{y}, \overline{r})$을 생각해 보자. 만일

$$\det[J(\overline{x}, \overline{y}, \overline{r})] \neq 0$$

이면, 음해적 함수이론에 의해 $\overline{r}$ 주변에서

$$x^*(\overline{r}) = \overline{x} \quad \text{그리고} \quad y^*(\overline{r}) = \overline{y}$$

이 되는 함수들 $x^*(r)$과 $y^*(r)$이 존재한다. 이제 분기가 발생하는 r 값을 찾으려 하는데, 때로는 이 분기점에서 고정점의 안정성이 변한다. 따라서 분기가 발생할 필요조건은

$$\det[J(x^*, y^*, r)] = 0 \tag{14.31}$$

이다.

예제 14.5 반지름 r인 후프 위를 움직이는 질량 m인 마찰이 없는 구슬을 생각해 보자. 즉, 자체적으로 일정한 각속도 $\omega \geq 0$ 으로 회전하고 있다. 그림 14.6을 보라.

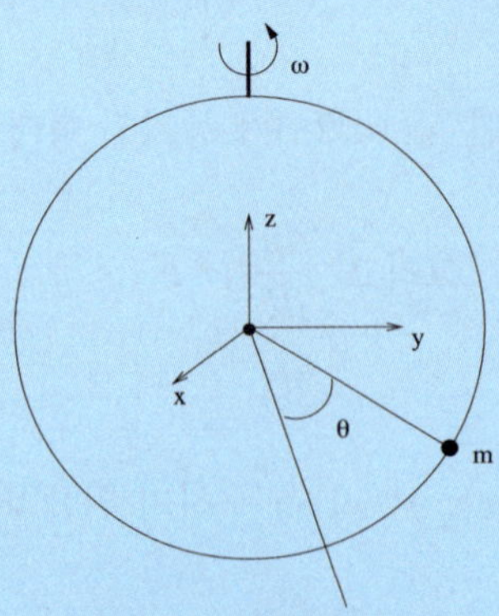

그림 14.6 무마찰 구슬

임의의 시간 t에서 질량 m의 위치는

$$x = R\cos\omega t\sin\theta$$
$$y = R\sin\omega t\sin\theta$$
$$z = -R\cos\theta$$

운동에너지, K는

$$K = \frac{mR^2}{2}\left(\omega^2\sin^2\theta + \theta'^2\right)$$

이고, 위치에너지, V는

$$V = mgR\left(1-\cos\theta\right)$$

이다. 운동방정식은

$$mR^2\frac{d^2\theta}{dt^2} = mR^2\omega^2\sin\theta\cos\theta - mgR\sin\theta$$

mR^2으로 나누고, $u = \theta$와 $v = d\theta/dt$로 하면

$$\frac{du}{dt} = v \quad \text{그리고} \quad \frac{dv}{dt} = \omega^2\sin u\cos u - \frac{g}{R}\sin u \tag{14.32}$$

를 얻는다. uv-평면에서의 평형점들은 $v = 0$을 만족하고

$$\omega^2\sin u\cos u - \frac{g}{R}\sin u = \omega^2\sin u\left(\cos u - \frac{g}{\omega^2 R}\right) = 0$$

$\sin u = 0$은 $u = 0$ 또는 $u = \pi$를 의미한다. 물론 2π의 정수 곱을 더할 수 있지만 의미가 없다. 점 (0, 0)은 후프의 바로 바닥 위에 있는 점에 대응되고, $u = \pi$가 되는 점은 구슬이 후프의 바로 꼭대기에 위치하는 경우에 대응된다. 다른 고정점들이 있느냐 없느냐는 $\cos u - g/\omega^2 R = 0$에 대한 해의 존재에 의존하고, 이는 다시 후프가 얼마나 빨리 회전하느냐에 달려있다. 후프가 천천히 회전한다면, ω는 작고 $g/\omega^2 R > 1$ 더 이상의 고정점은 없다. 한편, ω가 크고 $g/\omega^2 R < 1$ 이면, $\theta = \arccos(g/\omega^2 R)$에 대응되는 추가의 고정점이 있다. 식(14.32)의 야코비 행렬은

$$A(u,v,\omega) = \begin{bmatrix} 0 & 1 \\ \omega^2\left\{(\cos^2 u - \sin^2 u) - \frac{g}{\omega^2 R}\cos u\right\} & 0 \end{bmatrix}$$
$$A(0,0,\omega) = \begin{bmatrix} 0 & 1 \\ \omega^2 - g/R & 0 \end{bmatrix}$$
$$A(\pi,0,\omega) = \begin{bmatrix} 0 & 1 \\ \omega^2 + g/R & 0 \end{bmatrix}$$

$$A\left(\cos^{-1}\frac{g}{\omega^2 R}, 0, \omega\right) = \begin{bmatrix} 0 & 1 \\ (g^2/\omega^2 R^2) - \omega^2 & 0 \end{bmatrix}$$

$\det[A(\pi, 0, \omega)] = -(\omega^2 + g/R)$은 결코 영이 되지 않는다. 따라서 이 고정점은 그로부터의 분기점을 갖지 않는다. $\omega = \sqrt{g/R}$이면, $\det[A(\pi, 0, \omega)] = -(\omega^2 - g/R)$이고 바닥에서 분기될 수 있다. ω 의 함수로서 고정점 θ에 대한 분기 도표를 그림 14.7에 보였다.

안정성에 대한 고찰은 이 짧은 소개에서는 너무 먼 영역으로 가야하므로, 여기에서는 많은 ω값을 택해 실험적으로 안정성을 결정하는 것에 국한한다 (다음의 연습문제들을 보라).

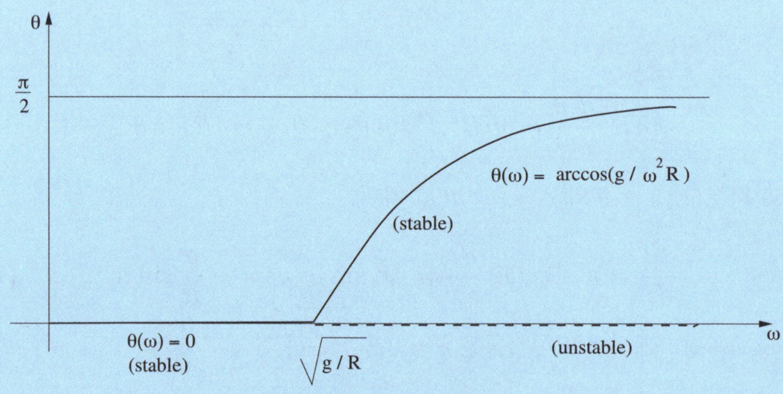

그림 14.7 분기점

연습문제 14.5

1. 다음의 1차원 문제에 대한 고정점들을 구하고 분기 도표를 그려라. 여기에서 안정성에는 문제가 없다.

(a) $rx - x^3 = 0$

(b) $r^2x - x^3 = 0$

(c) $r^2x + x^3 = 0$

(d) $x^3 + 2x^2 + rx = 0$

2. 예제 14.5의 후프 위에 있는 구슬 문제를 생각해 보자. $g = 1$과 $R = 1$이라 한다. 이 문제에서 $\theta'(0) = 0$으로 취한다.

(a) $\omega = 0.5$로 하고, 초기값 $\theta(0) = 0.1$와 $\theta(0) = 3.14$에 대응되는 위상 평면 도표

(phase plane plots)를 작성하라. 이 도표에 기초하자면, 점 (0, 0)과 (π, 0)에서의 안정성에 대해 어떻게 설명하겠는가?

(b) $\omega = 1.5$로 하고, 초기값 $\theta(0) = 0.1$와 $\theta(0) = 3.14$에 대응되는 위상 평면 도표(phase plane plots)를 작성하라. 이 도표들을 (a)의 것과 비교하라.

(c) $\omega = 10$로 하고, 초기값 $\theta(0) = 0.1$와 $\theta(0) = 3.14$에 대응되는 상태 평면 도표(phase plane plots)를 작성하라. 이 도표들을 (b)의 것과 비교하라.

3. 예제 14.5의 후프 위에 있는 구슬 문제를 다시 한 번 다루어 보자. 마찰력이 작용해서 운동방정식이

$$mR^2\frac{d^2\theta}{dt^2} = -mR^2c\frac{d\theta}{dt} + mR^2\omega^2\sin\theta\cos\theta - mgR\sin\theta$$

이 되었다고 가정한다. 고정점들을 구하고, 그들이 ω에 대해 분기될 것인지를 결정하라. 이 경우에 대해 $c = 2$로 놓고 문제 2의 (b)와 (c) 부분에 대해 답하라.

4. $r > 0$에 대해 다음의 연립 미분방정식을 생각해 보자.

$$\frac{dx}{dt} = rx + y$$
$$\frac{dy}{dt} = -\left(x + ry + rx^3\right)$$

원점이 $r < 1$인 유일한 고정점임을 보여라. $r > 1$에 대한 고정점들을 구하라. $r = 1$이 임계점 즉, 가능한 분기점임을 보여라. r의 다른 값들에 대해 초기값 $(x(0), y(0))$들을 선택하고 원점과 다른 고정점들에 대한 안정성을 시험적으로 결정하라. $r = 0$일 때 어떤 사항이 발생하는가?

14장 응용문제

1. 아래의 미분방정식으로 주어진 로렌츠(Lorentz) 시스템을 생각해 보라.

$$\frac{dx}{dt} = \sigma(y - x)$$
$$\frac{dy}{dt} = rx - y - xz$$
$$\frac{dz}{dt} = -\beta + xy$$

여기에서 σ, β, r은 양의 상수들이다. 이 문제에서 σ와 β는 고정점들로 취급될 것이다. 그러나 어느 주어진 예제에서든 r이 고정될지라도, r에 대해 다른 값들을 부여할 것이

다. 이 수치 예제들에서는 전형적인 값들로서 $\sigma = 10$ 그리고 $\beta = 8/3$으로 취한다.

(a) 주어진 시스템에 대한 고정점들을 구하라.

주: (0, 0, 0)은 항상 고정점이다. $r < 1$일 때, 이 점이 유일한 고정점이지만, $r > 1$일 때 다른 고정점들이 있다는 것을 알게 될 것이다.

(b) $r < 0$일 때 원점이 안정이고, $r > 1$일 때 원점이 불안정임을 보여라.

(c) $r = 1$이 분기점임을 보여라

(d) $r = 0.5, 2, 10, 28, 56, 100$에 대해 로렌츠 시스템에 대한 해의 상태 평면에 3차원 도표를 만들어라. 초기조건을 원점에 가깝도록 선택하라.

CHAPTER 15

편미분방정식

이 장에서는 다음 형태를 갖는 편미분방정식 (PDE: partial differential equation)의 근사해를 위해 사용 가능한 기법들에 대한 간단한 소개를 다루었다.

$$A\frac{\partial^2}{\partial x^2}u(x,y)+B\frac{\partial^2}{\partial x\,\partial y}u(x,y)+C\frac{\partial^2}{\partial y^2}u(x,y)=f\left(x,y,u,\frac{\partial u}{\partial x},\frac{\partial u}{\partial y}\right)\tag{15.1}$$

식 (15.1)은 계수 A, B와 C의 값에 따라서 세 종류로 분류된다:

If $B^2-4AC>0$, 이면, **쌍곡선형**(hyperbolic) 방정식
If $B^2-4AC=0$, 이면, **포물선형**(parabolic) 방정식
If $B^2-4AC<0$, 이면, **타원형**(elliptic) 방정식

많은 응용문제에서, 변수 y는 시간에 해당되고, 그런 경우에 y 대신 t를 사용한다.

다음의 절에서

$$\alpha\frac{\partial^2 u}{\partial x^2}=\frac{\partial u}{\partial t},\quad \alpha>0\tag{15.2}$$

로 주어지는 포물선형 편미분방정식의 해법에 대해 다루는데, 이는 **열**(heat) 또는 **확산방정식**(diffusion equation)으로 알려져 있다.

여기에서 해법에 대해 다룰 또 하나의 방정식은

$$\alpha^2\frac{\partial^2 u}{\partial x^2}=\frac{\partial^2 u}{\partial t^2}\tag{15.3}$$

으로 주어지는 쌍곡선형 편미분방정식으로 이는 **파동방정식**(wave equation)으로 알려져 있다.

마지막으로 해법에 대해 다룰 방정식은

$$\frac{\partial^2 u}{\partial x^2}+\frac{\partial^2 u}{\partial y^2}=0\tag{15.4}$$

로 주어지는 타원형 편미분방정식으로 **라플라스**(Laplace) 방정식으로 알려져 있다.

15.1 포물선형 방정식

1차원 포물선형 편미분방정식으로 시작해 본다. 식 (15.2)를 고려해 보자.

$$\alpha \frac{\partial^2 u}{\partial x^2} = \frac{\partial u}{\partial t}, \quad 0 < x < L, \quad 0 < t \le T \tag{15.5}$$

경계조건은

$$u(0,t) = 0, \quad u(L,t) = 0, \quad 0 \le t \le T \tag{15.6}$$

이고 초기조건들은

$$u(x,0) = f(x), \quad 0 \le x \le L \tag{15.7}$$

이다. 여기에서 $u(x,\, t)$는 임의시간 t에서 그림 15.1에 보인 것처럼 열이 흐르는 길이가 L인 가늘고 긴 막대에서의 온도이다. 여기에서 막대는 균질의 재질로 되어 있고 단면적 A는 막대 전체에 걸쳐 일정하다고 가정한다. 막대의 측면은 길이 전체에 걸쳐 전열되어 있다. 식 (15.5)에서 상수 α는 재료의 열특성치들에 의해 결정되는데 이는 열전도의 척도이다.

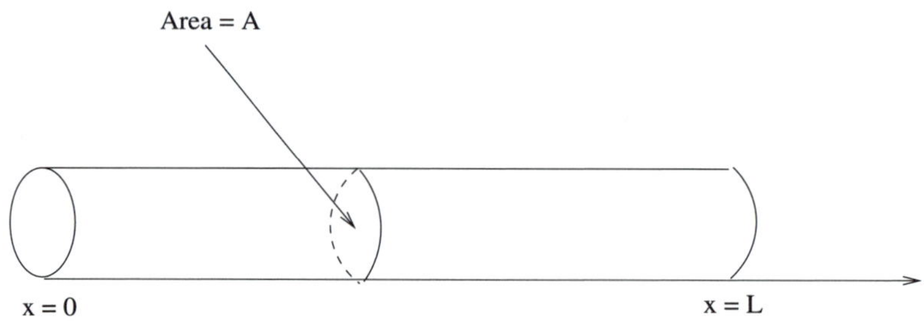

그림 15.1 길이 L인 1차원 막대

15.1.1 양해법

식 (15.5)~(15.7)에 대한 근사해를 구하는 중요한 접근법 중 하나는 유한차분법이다. 이 문제들에 대한 근사해를 구하기 위해서는 우선 그림 15.2에 보인 것처럼 직사각형 영역

$$R = \{(x,t)\,|\,0 \le x \le L, 0 \le t \le T\}$$

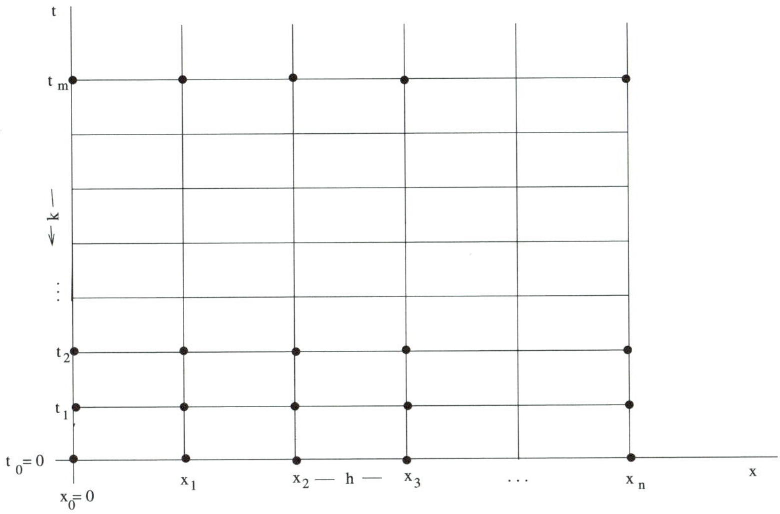

그림 15.2 영역 R과 격자점

에 걸쳐 격자점들의 망을 구성해야 한다. 영역 R을 구간 $[0, L]$에서 등간격 $h = L/n$인 n 개의 부구간으로 나누고, 구간 $[0, T]$에서 등간격 $k = T/m$인 m 개의 부구간으로 나눈다. 구간 $[0, L]$과 $[0, T]$의 대응되는 점들은 각각 $i = 0, ..., n$에 대해 x_i와 $j = 0, ..., m$에 대해 t_j로 표시하였다. 점들 (x_i, t_j)를 **격자점**(mesh point) 또는 **망점**(grid point)이라 부르며

$$x_i = hi, \quad t_j = kj \quad \text{for } i = 0, ..., n, \text{ and } j = 0, ..., m$$

와 같이 정의된다. 격자 (x_i, t_j) 에서 $u(x, t)$에 대한 근사해를 u_i^j 그리고 정해를 $u(x_i, t_j)$라 표시하였다.

9.1절의 두 공식을 여기에서 이용한다: $u_{xx}(x_i, t_j) = \frac{\partial^2 u}{\partial x^2}(x_i, t_j)$를 근사하기 위한 중앙 차분공식은

$$u_{xx}(x_i, t_j) = \frac{u(x_{i+1}, t_j) - 2u(x_i, t_j) + u(x_{i-1}, t_j)}{h^2} + O(h^2) \tag{15.8}$$

이고, 근사를 위한 전향 차분공식은

$$\frac{\partial u}{\partial t}(x_i, t_j) = u_t(x_i, t_j) = \frac{u(x_i, t_{j+1}) - u(x_i, t_j)}{k} + O(k) \tag{15.9}$$

이다.

식 (15.8)과 (15.9)를 식 (15.5)에 대입하고 오차항 $O(h^2)$과 $O(k)$를 무시하면

$$\frac{u_i^{j+1} - u_i^j}{k} = \alpha \frac{u_{i+1}^j - 2u_i^j + u_{i-1}^j}{h^2} \tag{15.10}$$

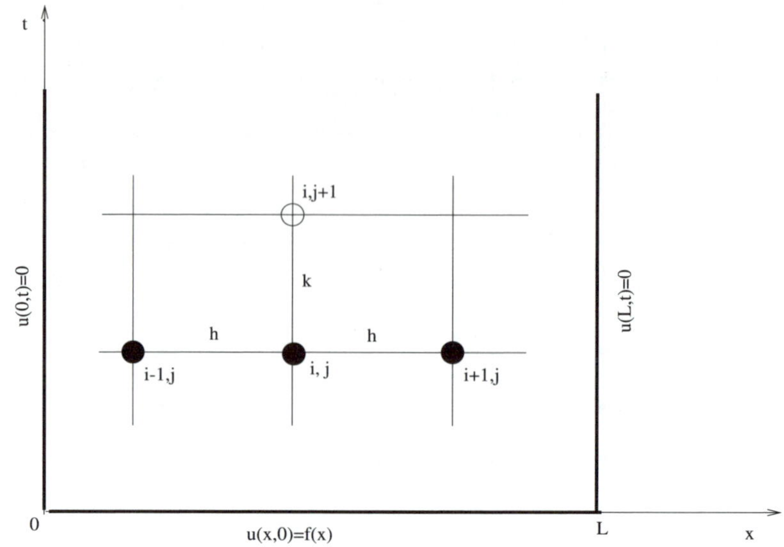

그림 15.3 전진차분법의 개념

을 얻는다.

식 (15.10)에서 $\lambda = \alpha\,(k/h^2)$이라 놓고 u_i^{j+1}에 대해 풀면, $i = 0, ..., n-1$과 $j = 0, ..., m-1$에 대해 양해적 차분공식(explicit difference formula)

$$u_i^{j+1} = (1-2\lambda)\,u_i^j + \lambda\left(u_{i+1}^j + u_{i-1}^j\right) \tag{15.11}$$

을 얻는다. 이는 **전향차분법**(forward difference method) 또는 **고전적 양해법**(classical explicit method)으로 알려져 있다.

식 (15.11)의 개념을 그림 15.3에 보였다. $(j+1)$ 시간 단계에서 모든 점 $(i, j+1)$에서의 해는 이전 시간단계의 점$(i-1, j)$, (i, j)와 $(i+1, j)$에서의 해의 항으로 표현된다. 이런 방법을 **양해법**(explicit method)이라 부른다. 전향차분법은 $O(h^2+k)$ 차수의 정확도를 갖는다는 것을 증명할 수 있다.(참고문헌[32])

$i = 0, ..., n$에 대한 초기조건의 값들 $u(x_i, 0) = f(x_i)$가 식 (15.11)에서 $i = 0, ..., n-1$에 대한 u_i^1의 값을 구하는 데에 사용되었다. 경계조건 $u(0, t_j) = u(L, t_j) = 0$은 $j = 0, ..., m$에 대해 $u_0^j = u_n^j = 0$을 의미한다. u_i^1 $(i = 1, ..., n-1)$를 알면, $u_i^2, u_i^3, ..., u_i^m$은 비슷한 방법으로 구할 수 있다.

예제 15.1 **열 방정식**

$$\frac{\partial^2 u}{\partial x^2} = \frac{\partial u}{\partial t}, \quad 0 < x < 1, \quad t > 0$$

을 푸는 것으로 전진 차분법을 예시한다. 경계조건은

$$u(x,0) = \sin \pi x, \quad 0 \le x \le 1 \quad \text{and} \quad u(0,t) = u(1,t) = 0, \quad t \ge 0$$

이 문제의 정해는

$$u(x,t) = e^{-\pi^2 t} \sin \pi x$$

이다.

$\lambda = k/h^2 = 0.25$이 되도록 $T = 0.025$, $h = 0.1$ 그리고 $k = 0.0025$ 를 갖는 해를 근사할 것이고, 그런 다음 $\lambda = k/h^2 = 1.0$이 되도록 $T = 0.05$, $h = 0.1$ 그리고 $k = 0.01$를 갖는 해를 근사할 것이다.

$h = 0.1$과 $k = 0.0025$일 때, $i = 1, 2$에 대해 $t = 0.0025$에서 u의 근사해들은

$$\begin{aligned} u_1^1 &= \frac{1}{4}\left(u_0^0 + 2u_1^0 + u_2^0\right) = \frac{1}{4}[\sin(0.0) + 2\sin(\pi 0.1) + \sin(\pi 0.2)] \\ &= 0.301\,455 \\ u_2^1 &= \frac{1}{4}\left(u_1^0 + 2u_2^0 + u_3^0\right) = \frac{1}{4}[\sin(\pi 0.1) + 2\sin(\pi 0.2) + \sin(\pi 0.3)] \\ &= 0.573\,401 \end{aligned}$$

$h = 0.1$과 $k = 0.01$일 때, $i = 1, 2$에 대해 $t = 0.01$에서 u의 근사해들은

$$\begin{aligned} u_1^1 &= u_0^0 - u_1^0 + u_2^0 = \sin(0.0) - \sin(\pi 0.1) + \sin(\pi 0.2) = 0.278\,768 \\ u_2^1 &= u_1^0 - u_2^0 + u_3^0 = \sin(\pi 0.1) - \sin(\pi 0.2) + \sin(\pi 0.3) = 0.530\,249 \end{aligned}$$

이런 과정을 계속 진행하면, MATLAB 함수 heat를 사용해서 구한 표 15.1과 15.2의 결과를 얻을 수 있다. 표 15.1의 3차원적 표현을 그림 15.4에 보였다.

표 15.1 $\lambda = 0.25$에 대한 예제 15.1의 전향 차분법

```
» heat('f1',0,0,1,.025,.1,.0025,1)

lambda =
         0.25
```

t \ x	0	0.1	0.2	0.3	0.4	0.5 …	0.9	1
0.0000	0.000000	0.309017	0.587785	0.809017	0.951057	1.000000	0.309017	0.000000
0.0025	0.000000	0.301455	0.573401	0.789219	0.927783	0.975528	0.301455	0.000000
0.0050	0.000000	0.294078	0.559369	0.769905	0.905078	0.951655	0.294078	0.000000
0.0075	0.000000	0.286881	0.545680	0.751064	0.882929	0.928367	0.286881	0.000000
0.0100	0.000000	0.279861	0.532327	0.732685	0.861322	0.905648	0.279861	0.000000
0.0125	0.000000	0.273012	0.519300	0.714755	0.840244	0.883485	0.273012	0.000000
0.0150	0.000000	0.266331	0.506591	0.697263	0.819682	0.861865	0.266331	0.000000
0.0175	0.000000	0.259813	0.494194	0.680200	0.799623	0.840773	0.259813	0.000000
0.0200	0.000000	0.253455	0.482100	0.663554	0.780055	0.820198	0.253455	0.000000
0.0225	0.000000	0.247253	0.470303	0.647316	0.760966	0.800127	0.247253	0.000000
0.0250	0.000000	0.241202	0.458793	0.631475	0.742343	0.780546	0.241202	0.000000
Error at t = 0.025	0	0.0002465	0.0004689	0.0006453	0.0007586	0.0007977	0.000247	0

표 15.2 $\lambda = 1.0$에 대한 예제 15.1의 전향 차분법

```
» heat('f1',0,0,1,.05,.1,.01,1)

lambda =
       1
```

t \ x	0	0.1	0.2	0.3	0.4	0.5 …	0.9	1
0.00	0.000000	0.309017	0.587785	0.809017	0.951057	1.000000	0.309017	0.000000
0.01	0.000000	0.278768	0.530249	0.729825	0.857960	0.902113	0.278768	0.000000
0.02	0.000000	0.251480	0.478344	0.658384	0.773977	0.813808	0.251480	0.000000
0.03	0.000000	0.226864	0.431521	0.593937	0.698215	0.734147	0.226864	0.000000
0.04	0.000000	0.204657	0.389280	0.535798	0.629869	0.662283	0.204657	0.000000
0.05	0.000000	0.184624	0.351175	0.483351	0.568213	0.597454	0.184624	0.000000
Error at t = 0.05	0	0.004	0.0077	0.0106	0.0124	0.013	0.004	0

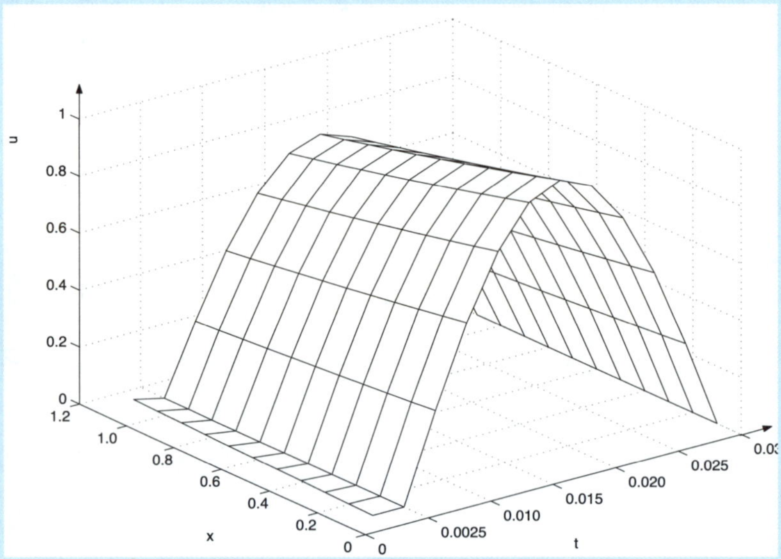

그림 15.4 $\lambda = 0.25$ 에 대한 예제 15.1의 $u = u_{ij}$

바로 전에 기술한 양해법은 반드시 좋은 결과를 주지 않는다. 표 15.2에서 $\lambda = 1.0$인 경우에 대해 구한 해는 부족한 근사해이고 $O(h^2 + k)$ 수준의 정확도를 반영하지도 못한다는 것을 볼 수 있다. 이는 양해법의 안정성 문제 때문이다. λ 값들을 결정하는 구간 간격 h와 k에 대한 적절한 선택이 필요하다. 격자점비 λ가

$$0 < \lambda \leq \frac{1}{2} \tag{15.12}$$

을 만족하면, 양해법이 안정적이라는 것을 증명할 수 있다(보다 자세한 사항은 참고문헌[32]

를 보아라). 이는 어느 단계에서 발생하는 오차는 계산이 진행하면서 증가하지 않으며 결국 에는 사라진다는 점을 의미한다.

15.1.2 음해법

전술한 양해법에서는 근사해 u_i^{j+1} 가 u의 이전 시간 단계에서 값들 u_{i-1}^j, u_i^j, u_{i+1}^j에 의존하였다. 더구나 λ에 대한 요구조건 $0 < \lambda \leq \frac{1}{2}$은 사용할 수 있는 시간 간격 k에 대해 바람직스럽지 않은 제한을 주었다.

이제 언급할 음해법은 무조건 안정이 되도록 안정성 요구조건을 해소한다. 이 방법의 유한 차분 방정식은 식 (15.5)에서 $u_{xx}(x, y)$를 단계 $j + 1$과 j에서 중앙차분의 평균으로 대체하고 $u_i(x, y)$를 전향 차분으로 대체해서 구해진다. 그 결과는

$$\frac{u_i^{j+1} - u_i^j}{k} = \frac{\alpha}{2}\left[\frac{u_{i+1}^j - 2u_i^j + u_{i-1}^j}{h^2} + \frac{u_{i+1}^{j+1} - 2u_i^{j+1} + u_{i-1}^{j+1}}{h^2}\right] \tag{15.13}$$

이다. 전처럼 $\lambda = \alpha k/h^2$ 라 놓으면 식 (15.13)은 $i = 1, 2, ..., n - 1$에 대해

$$-\lambda\, u_{i-1}^{j+1} + 2(1 + \lambda)\, u_i^{j+1} - \lambda\, u_{i+1}^{j+1} = \lambda\, u_{i-1}^j + 2(1 - \lambda)\, u_i^j + \lambda\, u_{i+1}^j \tag{15.14}$$

와 같이 쓸 수 있다. 이 방법을 크랭크–니컬슨(Crank-Nicloson) 방법이라 부른다. 식 (15.14)의 개념을 그림 15.15에 보였다. $(j + 1)$ 번째 시간 단계에서 임의의 점 $(i, j+1)$에서의 해는 같은 단계에서의 주변의 점들과 j 번째 시간 단계에서의 세 점들에 의존한다. $(j+1)$ 번째 시간 단계에서의 값들은 음해적으로 구해지므로 이 방법을 **음해법**(implicit

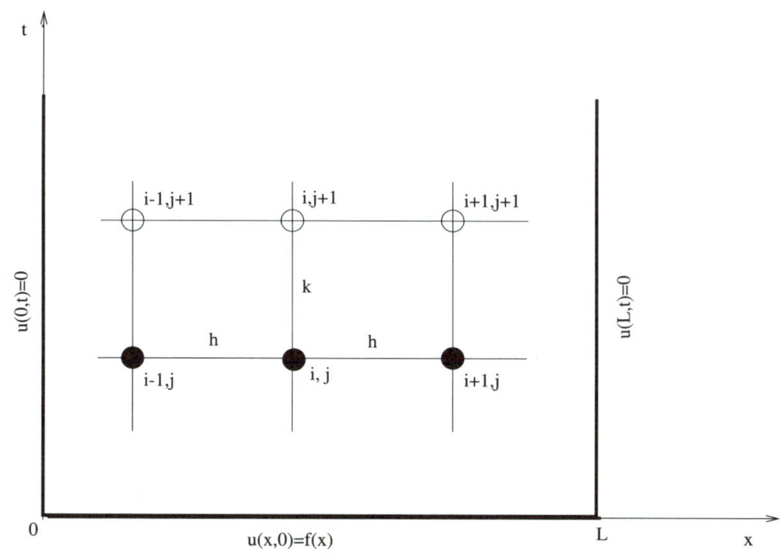

그림 15.5 크랭크–니컬슨 방법의 개념도

method)이라 부른다. 크랭크-니컬슨 방법이 $O(h^2 + k^2)$ 차수의 정확도를 가지며 조건 없이 안정적이라는 것을 증명할 수 있다 (참고문헌[32]를 보라).

식 (15.5)에서 시간에 대한 도함수를 전진 차분으로 대체 하고 공간에 대한 도함수를 앞선 시간단계 $j+1$에서의 중앙차분으로 대체하면, 고전적인 음해법

$$u_i^j = -\lambda u_{i-1}^{j+1} + (1+2\lambda)u_i^{j+1} - \lambda u_{i+1}^{j+1}$$

이 된다. 여기에서 $\lambda = \alpha k/h^2$ 이다. 이 방법은 조건 없이 안정적이다.

크랭크-니컬슨 방법의 행렬 형태는

$$A\,\mathbf{u}^{(j+1)} = B\,\mathbf{u}^{(j)}, \quad j = 0, 1, 2, \ldots \tag{15.15}$$

이다. 여기에서 $\mathbf{u}^{(j+1)} = \left[u_1^{j+1}, u_2^{j+1}, \ldots, u_{n-1}^{j+1}\right]^t$

$$A = \begin{bmatrix} 2(1+\lambda) & -\lambda & 0 & \ldots & 0 \\ -\lambda & 2(1+\lambda) & -\lambda & \ddots & \vdots \\ 0 & -\lambda & \ddots & \ddots & 0 \\ \vdots & \ddots & \ddots & \ddots & -\lambda \\ 0 & \ldots & 0 & -\lambda & 2(1+\lambda) \end{bmatrix}$$

와

$$B = \begin{bmatrix} 2(1-\lambda) & \lambda & 0 & \ldots & 0 \\ \lambda & 2(1-\lambda) & \lambda & \ddots & \vdots \\ 0 & \lambda & \ddots & \ddots & 0 \\ \vdots & \ddots & \ddots & \ddots & \lambda \\ 0 & \ldots & 0 & \lambda & 2(1-\lambda) \end{bmatrix}$$

이다. 3 대각행렬 A는 양확정 (positive definite)이고 확실한 대각 지배적이다. 따라서 A는 비특이적(nonsingluar)이므로 연립방정식 (15.14)는 4장에서 기술한 어느 방법으로 풀 수 있다.

예제 15.2 크랭크-니컬슨 방법을 이용하여 열 방정식

$$\frac{\partial^2 u}{\partial x^2} = \frac{\partial u}{\partial t}, \quad 0 < x < 1, \quad 0 < t < 0.5$$

을 풀어라. 경계조건은

$$u(x,0) = \sin \pi x, \quad 0 \le x \le 1$$
$$u(0,t) = u(1,t) = 0, \quad 0 \le t \le 0.5$$

$\lambda = 1.25$, $n = 5$ 그리고 $m = 10$이 되도록 $h = 0.2$, $k = 0.05$를 선택한다. λ를 식 (15.14)에 대입하면, $i = 1, \ldots, 4$에 대해 다음과 같이 간단한 차분방정식이 얻어진다.

$$-1.25\, u_{i-1}^{j+1} + 4.5 u_i^{j+1} - 1.25\, u_{i+1}^{j+1} = 1.25\, u_{i-1}^{j} - 0.5\, u_i^{j} + 1.25\, u_{i+1}^{j}$$

시간 단계 $t = k$ 에서 u_i^1 는 아래 3 대각행렬의 해로써 주어진다.

$$\begin{bmatrix} 4.5 & -1.25 & 0 & 0 \\ -1.25 & 4.5 & -1.25 & 0 \\ 0 & -1.25 & 4.5 & -1.25 \\ 0 & 0 & -1.25 & 4.5 \end{bmatrix} \begin{bmatrix} u_1^1 \\ u_2^1 \\ u_3^1 \\ u_4^1 \end{bmatrix} = \begin{bmatrix} -0.5\, u_1^0 + 1.25\, u_2^0 \\ 1.25\, u_1^0 - 0.5\, u_2^0 + 1.25\, u_3^0 \\ 1.25\, u_2^0 - 0.5\, u_3^0 + 1.25\, u_4^0 \\ 1.25\, u_3^0 - 0.5\, u_4^0 \end{bmatrix}$$
$$= \begin{bmatrix} 0.894\,928 \\ 1.448\,024 \\ 1.448\,024 \\ 0.894\,928 \end{bmatrix}$$

여기에서 $u_i^0 = \sin(\pi i h)$이다. 3 대각 연립방정식의 해는

$$u_1^1 = 0.361228,\ u_2^1 = 0.584480\ u_3^1 = 0.584480,\ u_4^1 = 0.361228$$

MATLAB 함수 heat_crank를 이용하면 표 15.3에 보인 해를 얻는다.

표 15.3 $\lambda = 1.25$일 때 예제 15.2에 대한 Crank-Nicloson 방법

```
» heat_crank('f1',0,0,1,0.5,0.2,0.05,1)

lambda =
        1.25
```

t \ x	0	0.2	0.4	0.6	0.8	1
0.00	0.000000	0.587785	0.951057	0.951057	0.587785	0.000000
0.05	0.000000	0.361228	0.584480	0.584480	0.361228	0.000000
0.10	0.000000	0.221996	0.359197	0.359197	0.221996	0.000000
0.15	0.000000	0.136430	0.220748	0.220748	0.136430	0.000000
0.20	0.000000	0.083844	0.135662	0.135662	0.083844	0.000000
0.25	0.000000	0.051527	0.083372	0.083372	0.051527	0.000000
0.30	0.000000	0.031666	0.051237	0.051237	0.031666	0.000000
0.35	0.000000	0.019461	0.031488	0.031488	0.019461	0.000000
0.40	0.000000	0.011960	0.019351	0.019351	0.011960	0.000000
0.45	0.000000	0.007350	0.011893	0.011893	0.007350	0.000000
0.50	0.000000	0.004517	0.007309	0.007309	0.004517	0.000000
Error at t = 0.5	0	0.00029	0.000469	0.000469	0.00029	0

M-function 15.1a

다음의 MATLAB 함수 **heat.m**으로 열 방정식의 해를 전향 차분법으로 구한다. 입력되는 것들(INPUTS)은 함수 f; 경계조건 c_1, c_2; 끝점 L; 최대 시간 T; 간격 h와 k; 상수 이다. 입력함수 $f(x)$는 M-파일로 정의해야 한다.

```
function heat(f,c1,c2,L,T,h,k,alpha)
% Solve the heat equation with I.C. u(x,0)=f(x) and B.C. u(0,t)=c1
% and u(L,t)=c2 using the Forward-Difference method.
n=L/h; m=T/k;
lambda=alpha^2*k/(h^2)
z=0:h:L;
disp('_______________________________________________')
fprintf('     t        x =                                ')
fprintf('%4.2f        ',z)
fprintf('\n')
disp('_______________________________________________')
fprintf('% 5.4f  ',0)
for i=1:n+1
   u(i)=feval(f,(i-1)*h);
fprintf('%10.6f   ',u(i))
end
fprintf('\n')
for j=1:m
  t=j*k;
 fprintf('% 5.4f  ',t)
 for i=1:n+1
   if (i==1)
     y(i)=c1;
   elseif (i==n+1)
     y(i)=c2;
   else
     y(i)=(1-2*lambda)*u(i)+lambda*(u(i+1)+u(i-1));
   end;
 fprintf('%10.6f   ',y(i))
 end;
 fprintf('\n')
 u=y;
end
```

M-function 15.1b

다음의 MATLAB 함수 **heat_crank.m**으로 열 방정식의 해를 Crank-Nicloson 방법으로 구한다. 입력되는 것들(INPUTS)은 함수 f; 경계조건 c_1, c_2; 끝점 L; 최대 시간 T; 간격 h와 k; 상수 이다. 입력함수 f(x)는 M-파일로 정의해야 한다.

```
function heat_crank(f,c1,c2,L,T,h,k,alpha)
% Solve the heat equation with I.C. u(x,0)=f(x) and B.C. u(0,t)=c1,
% and u(L,t)=c2 using Crank-Nicolson method.
n=L/h; m=T/k; lambda=alpha^2*k/(h^2)
z=0:h:L;
disp('_______________________________________________')
fprintf('          t          x = ')
fprintf('%4.2f        ',z)
fprintf('\n')
disp('_______________________________________________')
fprintf('% 4.2f  ',0)
for i=1:n+1
  u(i)=feval(f,(i-1)*h);
fprintf('%10.6f   ',u(i))
end
fprintf('\n')
for i=2:n
  if (i~=n)
     a(i)=-lambda;
  end
  b(i)=2*(1+lambda);
  if (i~=n)
     c(i)=-lambda;
  end
end
bb=b;
for j=1:m
 t=j*k;
 fprintf('% 4.2f  ',t)
 for i=2:n
   d(i)=lambda*u(i-1)+2*(1-lambda)*u(i)+lambda*u(i+1);
 end
 y(n+1)=c2;
 y(1)=c1;
 for i=3:n
   ymult=a(i-1)/bb(i-1);
   bb(i)=bb(i)-ymult*c(i-1);
   d(i)=d(i)-ymult*d(i-1);
 end
 y(n)=d(n)/bb(n);
 for i=n-1:-1:2
   y(i)=(d(i)-c(i)*y(i+1))/bb(i);
 end
   for i=1:n+1
     fprintf('%10.6f   ',y(i))
   end
 fprintf('\n')
 u=y;
 bb=b;
end
```

연습문제 15.1

1. xy-평면에서 다음 방정식이 포물선인 부분은 어디인가?

$$u_{xx} + 4u_{xy} + (x^2 + y^2)u_{yy} = \sin(xy)$$

2. $u(x,t) = e^{-t}\cos\pi(x - \frac{1}{2})$가 열 방정식 $\frac{1}{\pi^2}u_{xx} = u_t$의 해임을 검증하라.

3. 전향 차분법을 이용하여 다음의 포물선형 방정식의 근사해를 구하라.

(a) $u_{xx} = u_t, \quad 0 < x < 1,\ 0 < t < 0.2$

$u(0,t) = u(1,t) = 0, \quad 0 \le t \le 0.2$

$u(x,0) = 4x - 4x^2, \quad 0 \le x \le 1$

$h = 0.2,\ k = 0.02$ 를 사용하라.

(b) $10\,u_{xx} = u_t, \quad 0 < x < 100,\ 0 < t < 0.05$

$u(0,t) = u(100,t) = 0, \quad 0 \le t \le 0.05$

$$u(x,0) = \begin{cases} 0 & 0 \le x < 25 \\ 50 & 25 \le x \le 75 \\ 0 & 75 < x \le 100 \end{cases}$$

$h = 10,\ k = 0.01$를 사용하라.

(c) $u_{xx} = u_t, \quad 0 < x < 1,\ 0 < t < 0.1$

$u(0,t) = u(1,t) = 0, \quad 0 \le t \le 0.1$

$$u(x,0) = \begin{cases} 1, & 0 \le x < 0.5 \\ 0, & 0.5 < x \le 1 \end{cases}$$

$h = 0.2,\ k = 0.01$를 사용하라.

4. 크랭크-니컬슨 방법을 이용하여 다음의 포물선형 편미분방정식의 근사해를 구하라.

(a) $\frac{1}{\pi^2}u_{xx} = u_t, \quad 0 < x < 1,\ 0 < t < 0.1;$

$u(0,t) = u(1,t) = 0, \quad 0 \le t \le 0.1;$

$u(x,0) = \sin\pi x, \quad 0 \le x \le 1.$

$h = 0.1,\ k = 0.01$를 사용하여라.

계산결과를 다음의 정해와 비교하여라.

$$u(x,t) = e^{-t}\sin\pi x$$

(b) $u_{xx} = u_t, \quad 0 < x < 1,\ 0 < t < 0.05;$

$u(0,t) = u(\pi,t) = 0, \quad 0 \le t \le 0.05;$

$u(x,0) = \sin \pi x + \sin 2\pi x, \quad 0 \le x \le 1.$

$h = 0.2,\ k = 0.01$ 를 사용하여라.

(c) $3\,u_{xx} = u_t, \quad 0 < x < \pi,\ 0 < t < 0.1;$

$u(0,t) = u(\pi,t) = 0, \quad 0 \le t \le 0.1;$

$u(x,0) = \sin x, \quad 0 \le x \le \pi.$

$h = 0.52,\ k = 0.01$ 를 사용하여라.

5. 비선형 포물선형 방정식

$$u_{xx} = uu_t$$

을 풀기 위한 유한차분법을 유도하여라.

15.2 쌍곡선형 방정식

이 절에서는 쌍곡선형 1차원 편미분방정식의 수치해를 살펴보기로 하자. 식 (15.3)으로 주어진 파동방정식을 생각해 보자.

$$\alpha^2 \frac{\partial^2 u}{\partial x^2} = \frac{\partial^2 u}{\partial t^2}, \quad 0 < x < L, \quad t > 0 \tag{15.16}$$

경계조건은

$$u(0,t) = 0, \quad u(L,t) = 0, \quad t > 0 \tag{15.17}$$

이고 초기조건은

$$\begin{aligned} u(x,0) &= f(x), \quad 0 \le x \le L \\ u_t(x,0) &= g(x), \quad 0 \le x \le L \end{aligned} \tag{15.18}$$

이다.

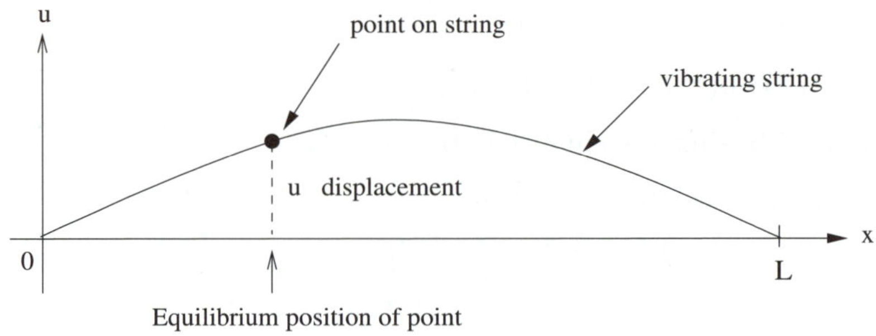

그림 15.6 진동하는 줄

여기에서 $u(x, t)$는 두 점 0과 L 사이에 탄탄하게 뻗쳐있는 일정 밀도의 균일하고 완전히 유연한 줄의 수직변위(vertical displacement)이다. 그림 15.6에 보인 바와 같이 줄이 x-축 방향에 있으며 줄의 평형 위치는 수평이라고 가정한다. 시간 $t = 0$에서 진동을 시키기 위해 줄을 잡아 당겼다고 생각해 보라.이 문제는 시간 t에서 점 x의 수직변위 $u(x, t)$를 결정하는 것이다. 수평변위는 수직변위에 비해 무시할 수 있을 정도로 작다고 가정한다. 또한 줄의 각 점의 최대 변위는 줄의 길이 L에 비해 작다고 가정한다.

영역 $R = \{(x,t) \,|\, 0 \le x \le L, 0 \le t \le T\}$ 는 그림 15.2에 보인 것처럼 직사각형들로 분할되었다고 가정한다. 해를 위한 차분방정식을 유도하기 위해 일반적인 방법대로 공간에 대한 도함수를 중앙차분공식

$$u_{xx}(x_i, t_j) = \frac{u(x_{i+1}, t_j) - 2u(x_i, t_j) + u(x_{i-1}, t_j)}{h^2} + O(h^2)$$

으로 대체하고, 시간에 대한 도함수를 중앙차분공식

$$u_{tt}(x_i, t_j) = \frac{u(x_i, t_{j+1}) - 2u(x_i, t_j) + u(x_i, t_{j-1})}{k^2} + O(k^2)$$

으로 대체한다. 이 중앙차분공식들을 식 (15.16)에 대입하고, $O(h^2)$과 $O(k^2)$ 항들을 없애면 아래의 차분공식을 얻는다.

$$\alpha^2 \frac{u_{i+1}^j - 2u_i^j + u_{i-1}^j}{h^2} = \frac{u_i^{j-1} - 2u_i^j + u_i^{j+1}}{k^2}$$

$\lambda = \alpha\,(k/h)$라 놓고 항들의 순서를 정리하면, $i = 1, \ldots, n-1$과 $j = 1, \ldots, m-1$ 에 대해 양해적 3 단계 차분공식

$$u_i^{j+1} = 2(1 - \lambda^2)\, u_i^j + \lambda^2 \left(u_{i+1}^j + u_{i-1}^j \right) - u_i^{j-1} \tag{15.19}$$

를 얻는다. 식 (15.19)의 개념도를 그림 15.7에 보였다. $(j+1)$ 번째 시간 단계에서 모든 점

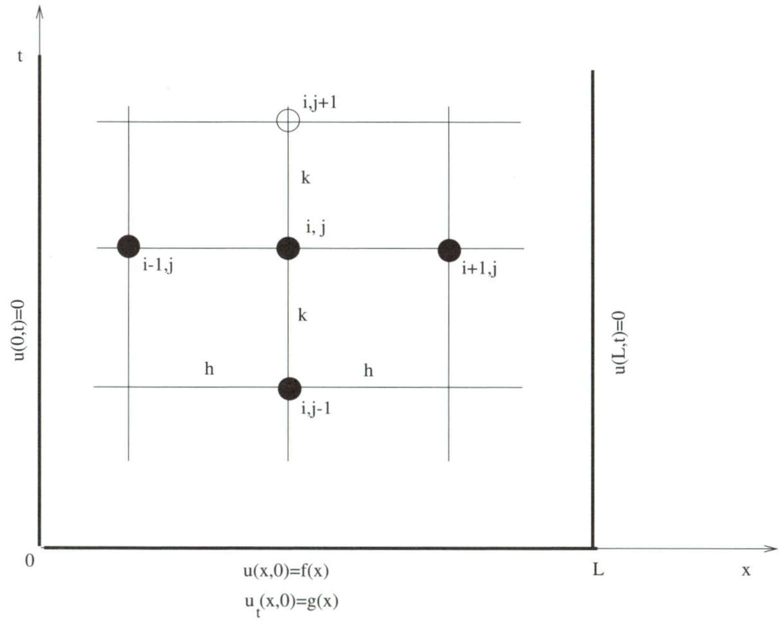

그림 15.7 3 단계 차분공식의 개념도

$(i,\ j+1)$에서의 해는 이전 두 시간 단계 $(i-1,\ j+1)$, $(i,\ j)$, $(i+1,\ j)$ 그리고 $(i,\ j-1)$에서의 해의 항으로 표현된다. 양해적 공식 (15.19)은 안정성 문제를 가지고 있으며, 만일

$$0 < \lambda \leq 1$$

이라면 이 방법이 안정적이라는 것을 증명할 수 있다 (증명과 자세한 내용은 참고문헌[32]를 보라).

식 (15.19)의 우변은 $(j+1)$ 번째 시간 단계에서 u_i^{j+1} 를 계산하기 위해서는 j 번째와 $(j-1)$ 번째 시간 단계에서의 해를 이용해야 한다는 것을 보여준다. 이 요구사항은 초기조건 $u_i^0 = f(x_i)$으로부터 바로 첫 번째 행을 알고만 있기 때문에, 시작단계에서 문제를 야기한다. u_i^1 에 대응되는 두 번째 행을 구하기 위해서는 다음과 같이 두 번째 초기조건 $u_t(x,\ 0) = g(x)$을 이용할 수 있다:

전향차분근사

$$u_t(x_i, 0) = \frac{u(x_i, t_1) - u(x_i, 0)}{k} + O(k)$$

을 이용할 수 있다면, 국부절단오차 $O(k)$만 갖는 두 번째 행에 대한 근사값을 주는 유한차분 방정식을 얻는다. 보다 나은 근사를 얻으려면, $u(x,\ t)$의 점 $(x_i,\ 0)$에 대한 테일러 전개를 생각할 수 있다.

$$u(x_i, k) = u(x_i, 0) + k\, u_t(x_i, 0) + \frac{k^2}{2}\, u_{tt}(x_i, 0) + O(k^3) \tag{15.20}$$

$f(x)$의 2계 도함수가 존재한다고 가정해서 식 (15.16)과 (15.18)로부터 구한 결과

$$u_{tt}(x_i, 0) = \alpha^2 u_{xx}(x_i, 0) = \alpha^2 f''(x_i) \tag{15.21}$$

을 얻는다.

식 (15.21)을 식 (15.20)에 대입하고 초기조건 $u_t(x_i,\ 0) = g(x_i)$와 $u(x_i,\ 0) = f(x_i)$를 이용하면

$$u(x_i, k) = f(x_i) + k\,g(x_i) + \frac{k^2}{2}\,\alpha^2\,f''(x_i) + O(k^3)$$

을 얻는다.

마지막으로, 마지막 방정식에서 $f''(x_i)$를 중앙차분공식으로 대체하면, 두 번째 행의 수치근사를 위한 차분공식이 얻어진다.

$$\begin{aligned} u_i^1 &= f(x_i) + k\,g(x_i) + \frac{k^2\alpha^2}{2h^2}\,[f(x_{i-1}) - 2\,f(x_i) + f(x_{i+1})] \\ &= (1-\lambda^2)\,f(x_i) + \frac{\lambda^2}{2}\,[f(x_{i+1}) + f(x_{i-1})] + k\,g(x_i),\ \ i = 1, ..., n-1 \end{aligned}$$

이의 정확도는 $O(k^3 + h^2k^2)$차수이다.

예제 15.3 파동방정식

$$16u_{xx} = u_{tt}, \quad 0 < x < 1, \quad t > 0$$

의 근사해를 구하라. 경계조건과 초기조건은

$$\begin{aligned} u(0,t) &= u(1,t) = 0, \quad t > 0 \\ u(x,0) &= \sin \pi x, \quad 0 \le x \le 1 \\ u_t(x,0) &= 0, \quad 0 \le x \le 1 \end{aligned}$$

이다.

$\lambda = 4(0.05)/0.2 = 1.0$ 이 되도록 $T = 0.5$, $h = 0.2$ 그리고 $k = 0.05$로 해를 근사하게 된다. $i = 1, 2, 3, 4$에 대해 $t = 0.05$에서 u의 근사는 다음과 같다:

경계조건으로부터

$$u_5^j = u_0^j = 0, \quad j = 1, ..., 10$$

이고 초기조건으로부터

$$u_i^0 = \sin(\pi 0.2i), \quad i = 0, ..., 5$$
$$u_i^1 = \frac{1}{2}\left[f(0.2(i+1)) + f(0.2(i-1))\right] + 0.05\, g(0.2i)$$
$$= 0.5\left\{\sin[\pi 0.2(i+1)] + \sin[\pi 0.2(i-1)]\right\}, \quad i = 1, ..., 4$$

이다. 따라서

$$i = 1,\ u_1^1 = 0.475\,528\,26$$
$$i = 2,\ u_2^1 = 0.769\,420\,88$$
$$i = 3,\ u_3^1 = 0.769\,420\,88$$
$$i = 4,\ u_4^1 = 0.475\,528\,26$$

$t = 2k = 0.1$에 대해, 차분방정식

$$u_i^2 = u_{i+1}^1 + u_{i-1}^1 - u_i^0, \quad i = 1, 2, 3, 4$$

을 얻는데, 이는

$$i = 1,\ u_1^2 = \ u_2^1 - u_1^0 = 0.181\,635\,63$$
$$i = 2,\ u_2^2 = u_3^1 + u_1^1 - u_2^0 = 0.29389263$$
$$i = 3,\ u_2^2 = u_4^1 + u_2^1 - u_3^0 = 0.29389263$$
$$i = 4,\ u_3^2 = \ u_3^1 - u_4^0 = 018163563$$

을 의미한다.

$T = 0.5$, $h = 0.2$ 그리고 $k = 0.05$로 해서 MATLAB 함수 hyperbolic을 이용하면 표 15.4에 보인 결과를 얻는다. 표 15.4의 3차원적 표현이 그림 15.8에 보였다.

표 15.4 예제 15.3에 대한 양해적 3 단계 차분법

```
» hyperbolic('f1','g1',0,0,1,0.5,0.2,0.05,4)

lambda =
      1.0
```

t \ x	0	0.2	0.4	0.6	0.8	1.0
0.00	0.000000	0.587785	0.951057	0.951057	0.587785	0.000000
0.05	0.000000	0.475528	0.769421	0.769421	0.475528	0.000000
0.10	0.000000	0.181636	0.293893	0.293893	0.181636	0.000000
0.15	0.000000	-0.181636	-0.293893	-0.293893	-0.181636	0.000000
0.20	0.000000	-0.475528	-0.769421	-0.769421	-0.475528	0.000000
0.25	0.000000	-0.587785	-0.951057	-0.951057	-0.587785	0.000000
0.30	0.000000	-0.475528	-0.769421	-0.769421	-0.475528	0.000000
0.35	0.000000	-0.181636	-0.293893	-0.293893	-0.181636	0.000000
0.40	0.000000	0.181636	0.293893	0.293893	0.181636	0.000000
0.45	0.000000	0.475528	0.769421	0.769421	0.475528	0.000000
0.50	0.000000	0.587785	0.951057	0.951057	0.587785	0.000000
Error at t = 0.5	0	0	1.1e-16	1.1e-16	1.1e-16	0

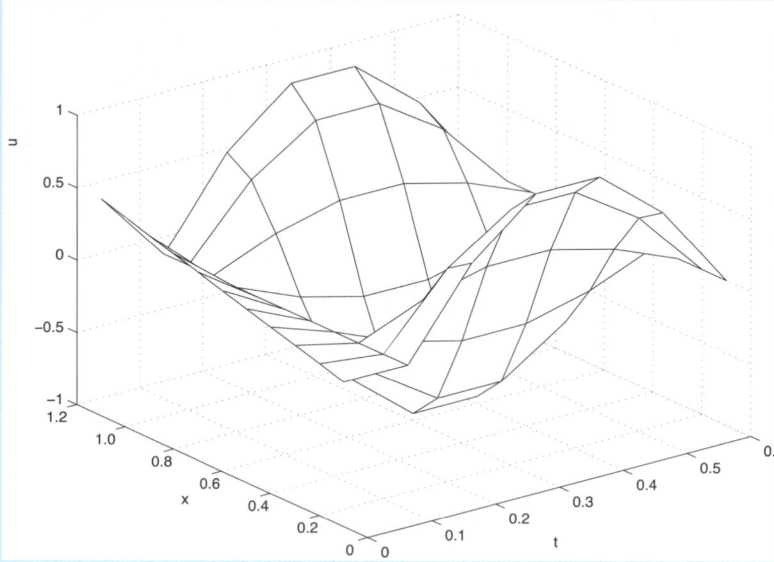

그림 15.8 예제 15.3에 대한 양해적 3 단계 차분법

M-function 15.2

다음의 MATLAB 함수 **hyperbolic.m**은 3단계 양해법을 사용하여 쌍곡선 방정식의 해를 구한다. 입력사항은 함수 f 와 g; 경계조건 c_1, c_2; 끝점 L; 최대시간 T; 단계크기 h 와 k; 상수 α 이다. 입력함수 $f(x)$와 $g(x)$는 M-files로 정의되어야 한다.

```
function hyperbolic(f,g,c1,c2,L,T,h,k,alpha)
% Solve the hyperbolic equation with u(x,0)=f(x), ut(x,0)=g(x) and
% u(0,t)=c1, u(L,t)=c2 using a three level explicit method.
n=L/h; m=T/k;
lambda=alpha*k/h;
z=0:h:L;
disp('_____________________________________________')
fprintf('         t              x =                          ')
fprintf('%4.2f          ',z)
fprintf('\n')
disp('_____________________________________________')
fprintf('% 4.2f  ',0)
for i=1:n+1
  u0(i)=feval(f,(i-1)*h);
  fprintf('%10.6f   ',u0(i))
end
fprintf('\n')
fprintf('% 4.2f  %10.6f   ',k,c1)
for i=1:n-1
```

```
  u0(i)=feval(f,(i-1)*h);
  fprintf('%10.6f  ',u0(i))
end
fprintf('\n')
fprintf('% 4.2f  %10.6f  ',k,c1)
for i=1:n-1
  u1(i+1)=(1-lambda^2)*feval(f,i*h)+lambda^2/2*(feval(f,(i+1)*h)...
      +feval(f,(i-1)*h))+k*feval(g,i*h);
  fprintf('%10.6f  ',u1(i+1))
end
fprintf('%10.6f  ',c2)
fprintf('\n')
for j=2:m
  t=j*k;
  fprintf('% 4.2f  ',t)
  u1(1)=c1; ui(1)=c1; u1(n+1)=c2; ui(n+1)=c2;
  fprintf('%10.6f  ',ui(1))
  for i=2:n
    ui(i)=2*(1-lambda^2)*u1(i)+lambda^2*(u1(i+1)+u1(i-1))-u0(i);
    fprintf('%10.6f  ',ui(i))
  end
  fprintf('%10.6f  ',ui(n+1))
  fprintf('\n')
  u0=u1;
  u1=ui;
end
```

연습문제 15.2

1. 다음의 쌍곡선형 편미분방정식의 근사해를 3 단계 차분법을 이용하여 구하라.

(a) $u_{xx} = u_{tt}, \quad 0 < x < 1,\ 0 < t < 0.5;$

$u(0,t) = u(1,t) = 0, \quad 0 \le t \le 0.1;$

$u_t(x,0) = x^2,\ u(x,0) = x, \quad 0 \le x \le 1.$

$h = 0.1,\ k = 0.05$ 를 사용하여라.

(b) $u_{xx} = u_{tt}, \quad 0 < x < \pi,\ 0 < t < 1.0;$

$u(0,t) = u(\pi,t) = 0, \quad 0 \le t \le 1.0;$

$u_t(x,0) = 0, \quad u(x,0) = 2x/\pi(\pi - x), \quad 0 \le x \le \pi.$

$h = \pi/5,\ k = 0.1$ 를 사용하여라.

(c) $u_{xx} = u_{tt}, \quad 0 < x < \pi,\ 0 < t < 1.0;$

$u(0,t) = u(\pi,t) = 0, \quad 0 \le t \le 1.0;$

$u_t(x,0) = \sin x, \quad u(x,0) = \sin x, \quad 0 \le x \le \pi.$

$h = \pi/10,\ k = 0.25$ 를 사용하여라.

(d) $u_{xx} = u_{tt}, \quad 0 < x < 4,\ t > 0;$

$u(0,t) = u(4,t) = 0, \quad 0 \le t \le 1.0;$

$$u(x,0) = \begin{cases} 16x^2(1-x)^2, & 0 \le x \le 1, \\ 0, & 1 \le x \le 4. \end{cases}$$

$u_t(x,0) = 0, \quad 0 \le x \le 4.$

$h = 0.4,\ k = 0.25$ 를 사용하여라.

(e) $u_{xx} = u_{tt}, \quad 0 < x < 1,\ 0 < t < 1;$

$u(0,t) = u(1,t) = 0, \quad 0 \le t \le 1;$

$u_t(x,0) = \sin \pi x, \quad u(x,0) = \sin 2\pi x, \quad 0 \le x \le 1.$

$h = 0.25,\ k = 0.25$ 를 사용하여라.

2. xy-평면에서 어느 부분이 다음의 쌍곡선형 방정식인가?

$$u_{xx} + 4u_{xy} + (x^2 + y^2)u_{yy} = sin(xy)$$

15.3 타원형 방정식

타원형 방정식에 대한 논의는 직사각형 영역 $R = \{(x,y)\,|\,a < x < b, c < y < d\}$ 아래의 2차원 라플라스 방정식에 대한 유한차분방정식의 정식화에 초점을 맞춘다.

$$\frac{\partial^2 u}{\partial x^2} + \frac{\partial^2 u}{\partial y^2} = 0 \tag{15.22}$$

디리클레(Dirichlet) 경계조건은

$$\begin{aligned} u(x,c) &= f_1(x), \quad u(x,d) = f_2(x), \quad a \le x \le b \\ u(a,y) &= g_1(y), \quad u(b,y) = g_2(y), \quad c \le y \le d \end{aligned} \tag{15.23}$$

이다.

식 (5.22)는 열방정식의 정상상태 또는 시간에 독립적인 해들에 대한 연구에서 찾아볼 수 있다. 이 해들은 시간에 의존하지 않으므로, 초기조건은 필요가 없고 오직 경계조건만 주어진다. 다른 응용문제들은 공간에서 영역의 경계를 따라 고정된 인장을 받는 막의 정적 변위 $u(x, y)$; 어떤 힘 영역에서 정전기장과 중력의 포텐셜; 이상 유체에 대한 유체역학 등을 포함한다. 특별히 관심 있는 문제는 그림 15.9에 보인 것처럼 직사각형 영역 R에서의 정상 상태 온도 분포에 대한 연구이다. 이 문제는 식 (15.23)의 경계조건들을 갖는 R에서 라플라스 방정식으로 모델링된다.

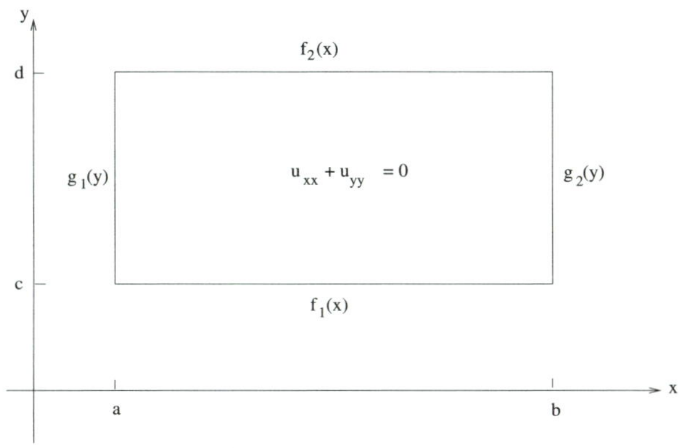

그림 15.9 정상상태의 열 유동

라플라스 방정식을 차분법으로 풀기 위해, 영역 R을 변 h와 k를 갖는 $n \times m$ 직사각형들로 구성된 격자로 분할한다. 격자들은

$$x_i = a + ih, \quad y_j = c + jk, \quad i = 0, 1, ..., n, \ j = 0, 1, ..., m$$

과 같이 주어진다. 공간에 대한 도함수들에 대한 중앙차분근사를 이용하면, 식 (15.22)에 대한 유한차분방정식은 $i = 1, ..., n-1$ 과 $j = 1, ..., m-1$ 에 대해

$$\frac{u_{i+1,j} - 2u_{i,j} + u_{i-1,j}}{h^2} + \frac{u_{i,j+1} - 2u_{i,j} + u_{i,j-1}}{k^2} = 0$$

또는

$$2\left(\frac{h^2}{k^2} + 1\right) u_{i,j} - (u_{i-1,j} + u_{i+1,j}) - \frac{h^2}{k^2}(u_{i,j-1} + u_{i,j+1}) = 0 \qquad (15.24)$$

이고, 경계조건들은

$$\begin{aligned} u(x_i, y_0) &= f_1(x_i), \quad i = 1, ..., n-1 \\ u(x_i, y_m) &= f_2(x_i), \quad i = 1, ..., n-1 \\ u(x_0, y_j) &= g_1(y_j), \quad j = 1, ..., m-1 \\ u(x_n, y_j) &= g_2(y_j), \quad j = 1, ..., m-1 \end{aligned} \qquad (15.25)$$

이다.

때로는 $h = k$로 놓는 것이 바람직하며, 이 경우에 식 (15.24)는

$$-4u_{i,j} + u_{i,j-1} + u_{i,j+1} + u_{i-1,j} + u_{i+1,j} = 0 \tag{15.26}$$

이 된다.

식 (15.24)에 대한 계산적 분자 (computational molecule) 를 그림 15.10에 보였다. 식 (15.24)를 5점 차분공식이라 하고, $O(k^2 + k^2)$차수의 정확도를 갖는다.

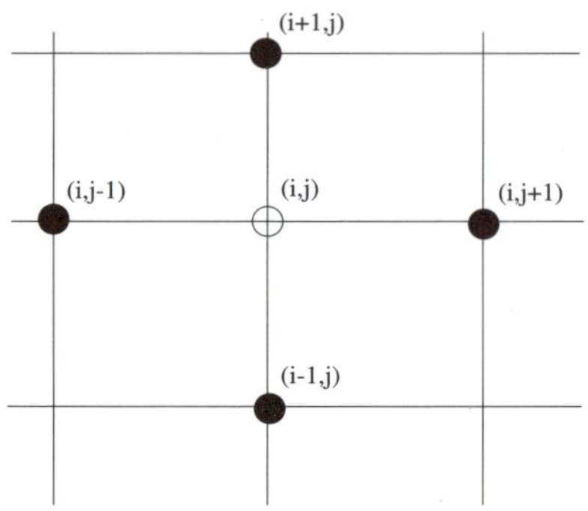

그림 15.10 라플라스 방정식에 대한 계산적 분자

경계조건 (15.25)와 함께 식 (15.24)는 $(n-1)(m-1) \times (n-1)(m-1)$의 선형 연립방정식을 형성한다. 이 시스템의 계수행렬은 희박(sparse)하나, 희박 행렬에서 기대되는 것과 마찬가지로 띠 형식은 아니다. 대신에 이 행렬은 주대각선을 따라 3 대각 띠를 갖으며 길쭉하게 (striped) 되어 있다. 그러나 주대각선에서 상당히 떨어진 위치로 이동된 두 개의 추가 띠를 갖는다.

일반적인 용도로, 반복해법들이 때로는 이러한 연립 방정식의 해에 대한 최적의 접근법으로 나타난다. 그러나 방정식의 수가 너무 크지 않으면, 이러한 연립방정식의 직접해법이 실용적이다. 이제 $n = m = 4$ 인 경우에 대해 라플라스 방정식의 해를 예로 들어보자.

예제 15.4 $h = k = 0.5$ 로 하여 정상 상태 열 유동 방정식

$$u_{xx} + u_{yy} = 0, \quad 0 < x < 2, \; 0 < y < 2$$

에 대한 근사해를 구하라. 경계조건은

$$u(x,0) = 300, \; u(x,2) = 100, \quad 0 \le x \le 2$$
$$u(0,y) = 200, \; u(2,y) = 200\,y, \quad 0 < y < 2$$

이다.

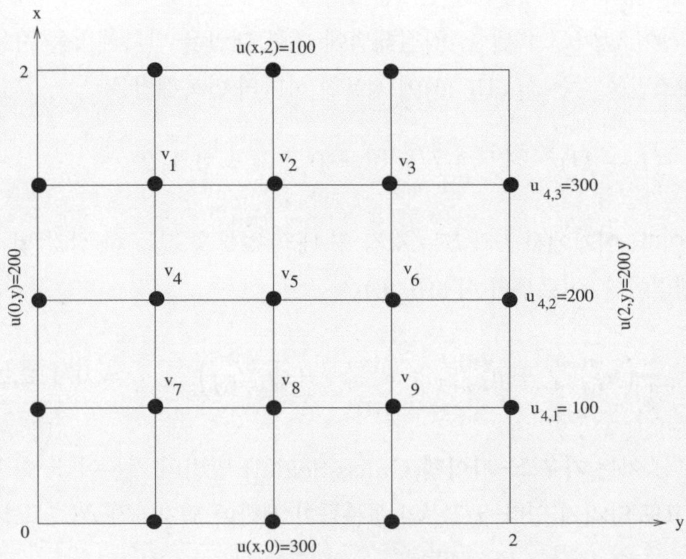

그림 15.11 안쪽 격자점들에 대한 번호 부여 체계

선형 연립방정식을 구성하기 위해, 그림 15.11에 보인 바와 같이 안쪽에 있는 9개의 격자점에 좌측 상단의 모서리 점에서 시작해서 행 단위로 v_1부터 v_9까지 번호를 부여하였다. 결과적으로 얻어진 연립방정식은

$$\begin{bmatrix} -4 & 1 & 0 & 1 & 0 & 0 & 0 & 0 & 0 \\ 1 & -4 & 1 & 0 & 1 & 0 & 0 & 0 & 0 \\ 0 & 1 & -4 & 0 & 0 & 1 & 0 & 0 & 0 \\ 1 & 0 & 0 & -4 & 1 & 0 & 1 & 0 & 0 \\ 0 & 1 & 0 & 1 & -4 & 1 & 0 & 1 & 0 \\ 0 & 0 & 1 & 0 & 1 & -4 & 0 & 0 & 1 \\ 0 & 0 & 0 & 1 & 0 & 0 & -4 & 1 & 0 \\ 0 & 0 & 0 & 0 & 1 & 0 & 1 & -4 & 1 \\ 0 & 0 & 0 & 0 & 0 & 1 & 0 & 1 & -4 \end{bmatrix} \begin{bmatrix} v_1 \\ v_2 \\ v_3 \\ v_4 \\ v_5 \\ v_6 \\ v_7 \\ v_8 \\ v_9 \end{bmatrix} = \begin{bmatrix} -u_{0,3} - u_{1,4} = -300 \\ -u_{2,4} = -100 \\ -u_{4,3} - u_{3,4} = -400 \\ -u_{0,2} = -200 \\ 0 \\ -u_{4,2} = -200 \\ -u_{0,1} - u_{1,0} = -500 \\ -u_{2,0} = -300 \\ -u_{3,0} - u_{4,1} = -400 \end{bmatrix}$$

이다. 가우스소거법을 사용하면 안쪽 격자점들에서의 온도는

$$\begin{aligned} v_1 &= 166.071, \quad v_2 = 164.286, \quad v_3 = 191.071 \\ v_4 &= 200.000, \quad v_5 = 200.000, \quad v_6 = 200.000 \\ v_7 &= 233.929, \quad v_8 = 235.714, \quad v_9 = 208.929 \end{aligned}$$

과 같이 된다.

물론 이 문제에서 사용된 적은 수의 격자점으로는 높은 정확도를 기대할 수 없다. 보다 작은 h 값을 선택하면 정확도는 향상될 것임이 분명하다.

위에서 기술한 바와 같이, 타원형 편미분방정식에 대한 유한차분방정식에 직접해법을 적용하면 계산시간이 많이 소요된다. 직접해법에 대한 대안은 반복해법을 사용하는 것이다. Dirichlet 경계조건을 갖는 식 (15.26)에 적용한 하나의 반복해법은

$$(L+D)\psi^{(n+1)} + U\psi^{(n)} = 0, \quad n = 0, 1, 2, \dots$$

형태의 과정이다. 여기에서 L과 U는 각각 영 대각 성분을 갖는 하 삼각 및 상 삼각행렬이고, D는 대각행렬이다. 이로부터 식 (15.26)은

$$u_{i,j}^{(n+1)} = \frac{1}{4}\left(u_{i,j-1}^{(n+1)} + u_{i,j+1}^{(n)} + u_{i-1,j}^{(n+1)} + u_{i+1,j}^{(n)}\right), \quad n = 0, 1, 2, \dots$$

으로 대체된다. 이는 **가우스-자이델**(Gauss-Seidal) 방법의 기본이다. 이 방법은 연속변위의 방법이라고도 알려져 있다; $\psi^{(n+1)}$의 성분들이 계산이 되자마자 $\psi^{(n)}$의 성분들을 대체한다. 반복과정은

$$\left|u_{i,j}^{(n+1)} - u_{i,j}^{(n)}\right| < \epsilon$$

을 만족할 때, 멈추도록 한다. 여기에서 ϵ은 주어진 허용오차이다. 대형 연립방정식에 대한 반복해법의 유용성에 대해서는 참고문헌[60]의 8장을 참고하라.

예제 15.5 $0 < x < \pi$와 $0 < y < \pi$인 정사각형 영역에서 $n = 9$로 해서 MATLAB 함수 laplace를 사용하여 라플라스 방정식의 근사해를 구하라. 경계조건은

$$u(x,0) = 0,\ u(x,\pi) = \sin x, \quad 0 \le x \le \pi$$
$$u(0,y) = 0,\ u(\pi,y) = 0, \quad 0 \le y \le \pi$$

이다.

허용오차를 10^{-6}으로 놓고 최대 반복 횟수를 120으로 하면 표 15.5에 보인 결과를 얻는다.

표 15.5 예제 15.5에 대한 근사해

```
laplace('f1','f2','g1','g2', pi,9,120,10^(-6))

h =
      0.3489
```

u= x\y	0.35	0.70	1.05	1.40	1.75	…	2.79	3.14
0.00	0	0	0	0	0		0	0
0.35	0.0108	0.0228	0.0377	0.0570	0.0833		0.2416	0.3420
0.70	0.0202	0.0429	0.0708	0.1072	0.1566		0.4541	0.6428
1.05	0.0273	0.0578	0.0954	0.1444	0.2109		0.6118	0.8660
1.40	0.0310	0.0658	0.1085	0.1643	0.2399		0.6957	0.9848
1.75	0.0310	0.0658	0.1085	0.1643	0.2399		0.6957	0.9848
2.09	0.0273	0.0578	0.0954	0.1444	0.2109		0.6118	0.8660
2.44	0.0202	0.0429	0.0708	0.1072	0.1566		0.4541	0.6428
2.79	0.0108	0.0228	0.0377	0.0570	0.0833		0.2416	0.3420
3.14	0	0	0	0	0		0	0

M-function 15.3

다음의 MATLAB 함수 laplace.m은 5점 차분 공식을 사용하여 라플라스방정식의 해를 구한다. 입력사항은 함수 f_1, f_2, g_1, g_2; 끝점 a; 부간격의 수 n; 최대반복횟수 itmax; 허용오차 tol이다. 입력함수는 M-files로 정의되어야 한다.

```
function laplace(f1,f2,g1,g2,a,n,itmax,tol)
% Solve the laplace equation in a square with B.C.  u(x,0)=f1(x)
% u(x,a)=f2(x)  and u(0,y)=g1(y) and u(a,y)=g2(y) using a
% five-point difference method.
h=a/n;
z=0:h:a;
h
disp('______________________________________________________')
fprintf('            u=  x\\y                                  ')
fprintf('%4.2f        ',z)
fprintf('\n')
disp('______________________________________________________')
for i=1:n+1
  u(i,1)=feval(f1,(i-1)*h);
  u(i,n+1)=feval(f2,(i-1)*h);
  u(1,i)=feval(g1,(i-1)*h);
  u(n+1,i)=feval(g2,(i-1)*h);
end
iter=0;
err=tol+1;
while (err>tol)&(iter<itmax)
   err=0;
```

```
    for i=2:n
      for j=2:n
        oldu=u(i,j);
        u(i,j)=(u(i+1,j)+u(i-1,j)+u(i,j+1)+u(i,j-1))/4;
        res=abs(u(i,j)-oldu);
        if (err<res);
          err=res;
        end
      end
    end
    iter=iter+1;
  end
  for i=1:n+1
    fprintf('    %4.2f',z(i))
    for j=1:n+1
      fprintf('%10.4f  ',u(i,j))
    end
    fprintf('\n')
  end
  iter
```

연습문제 15.3

1. $0 < x < a$와 $0 < y < a$인 정사각형 영역에서 아래에 주어진 경계조건에 대해 라플라스 방정식을 풀어라.

(a) $u(x,0) = u(x,\pi) = u(\pi,y) = 0$, $u(0,y) = \sin^2 y$.

(b) $u(x,0) = u(0,y) = u(x,1) = 0$, $u(1,y) = -y(y-1)$.

(c) $u(x,0) = u(0,y) = u(x,2) = 0$, $u(2,y) = 10$.

(d) $u(x,0) = u(0,y) = u(x,\pi) = 0$, $u(\pi,y) = \sin y$.

15.4 비선형 편미분방정식

비선형 편미분방정식은 공학과 자연과학의 많은 분야에서 나타나며, 유체역학, 다공성 매체, 가스 동역학, 교통 흐름(traffic flow), 충격파 그리고 다른 많은 물리적 시스템에 응용되고 있다. 이 절에서는 공학과 자연과학에서 발생되는 몇 가지 비선형 물리적 모델에 대한 수치해에 대해 간단히 기술하였다.

15.4.1 버거 방정식

아래의 준선형 포물선형 편미분방정식을 생각해 본다.

$$\frac{\partial u}{\partial t} + u\frac{\partial u}{\partial x} = \frac{1}{Re}\frac{\partial^2 u}{\partial x^2} \tag{15.27}$$

초기조건과 경계조건은

$$u(x,0) = f(x), \quad 0 < x < 1$$
$$u(0,t) = g_1(t),\ u(1,t) = g_2(t), \quad 0 < t \le T$$

이다. 위의 식에서 Re는 점성 특성을 나타내는 Reynolds 수이고 $f(x)$, $g_1(x)$와 $g_2(x)$는 충분히 매끄러운 주어진 함수이다.

식 (15.27)은 유체역학에서 **버거방정식**(Burger equation) 으로 알려져 있고, 가스 동역학, 교통흐름, 충격파 등과 같은 다양한 분야에 폭 넓게 사용되고 있다. 비선형 편미분방정식의 수치해에 대한 좋은 모델로 생각된다.

양해적 유한차분전략을 사용하여 식 (15.27)을 풀기 위해, 시간에 대한 도함수는 전진 차분 전략을 그리고 공간에 대한 도함수는 중앙차분 전략을 이용하여 근사시키면

$$\frac{u_j^{n+1} - u_j^n}{\Delta t} + u_j^n\frac{u_{j+1}^n - u_{j-1}^n}{2\Delta x} = \frac{1}{Re}\frac{u_{j+1}^n - 2u_j^n + u_{j-1}^n}{\Delta x^2}$$

을 얻는다.

u_j^{n+1}에 대해 풀면

$$u_j^{n+1} = (1 - 2\frac{\lambda}{Re})u_j^n + \left(\frac{\lambda}{Re} - \frac{\Delta t}{2\Delta x}u_j^n\right)u_{j+1}^n + \left(\frac{\lambda}{Re} + \frac{\Delta t}{2\Delta x}u_j^n\right)u_{j-1}^n$$
$$\lambda = \frac{\Delta t}{\Delta x^2},\ j = 2, 3, ..., j_{\max} - 1,\ n = 1, 2, ... \tag{15.28}$$

이 된다. $n = 1, 2, ...$에 대한 경계조건 $u_1^n = g_1(n\,\Delta\,t)$와 $u_{jmax}^n = g_2(n\,\Delta\,t)$ 그리고 $j = 1, 2, ..., j_{\max}$에 대한 초기조건 $u_j^1 = f(j\,\Delta\,x)$이 주어져 있다.

안정성 해석에 따르면, 양해적 전략은 $\left|\frac{\lambda}{Re}\right| \le 0.5$ 일 때 안정성을 나타낸다.

예제 15.6 그림 15.12는 $f(x) = \sin(\pi x)$와 제차 경계조건 $g_0(t) = g_2(t) = 0$에서 식 (15.27)에 대한 서로 다른 시간단계에서 수치해를 보여준다.

음해적 유한차분 전략은 다음과 같이 얻어진다.

$$\frac{u_j^{n+1} - u_j^n}{\Delta t} + u_j^n \frac{u_{j+1}^{n+1} - u_{j-1}^{n+1}}{2\Delta x} = \frac{1}{Re} \frac{u_{j+1}^{n+1} - 2u_j^{n+1} + u_{j-1}^{n+1}}{\Delta x^2}$$

이는

$$\left(\frac{\Delta t}{2\Delta x}u_j^n - \frac{\lambda}{Re}\right) u_{j+1}^{n+1} + (1 + 2\frac{\lambda}{Re})u_j^{n+1} - \left(\frac{\Delta t}{2\Delta x}u_j^n + \frac{\lambda}{Re}\right) u_{j-1}^{n+1} = u_j^n \qquad (15.29)$$

$$\lambda = \frac{\Delta t}{\Delta x^2},\ j = 2, 3, ..., j_{\max} - 1 \qquad (15.29)$$

과 같이 다시 쓸 수 있다. 경계조건들을 이용하면, $j = 1$과 $j = j_{max}$에서 u값을 알 수 있다. 즉, $n = 1, 2, \ldots$에 대해 $u_n^1 = g_1(n\Delta t)$와 $u_{jmax}^n = g_2(n\Delta t)$이다.

음해적 전략의 이점은 이 방법이 조건에 관계없이 안정적이지만 각 시간단계에서 $j = 2, \ldots, j_{max} - 1$ 에 대해 미지수 u_j^{n+1}에 대한 연립방정식을 풀어야 한다.

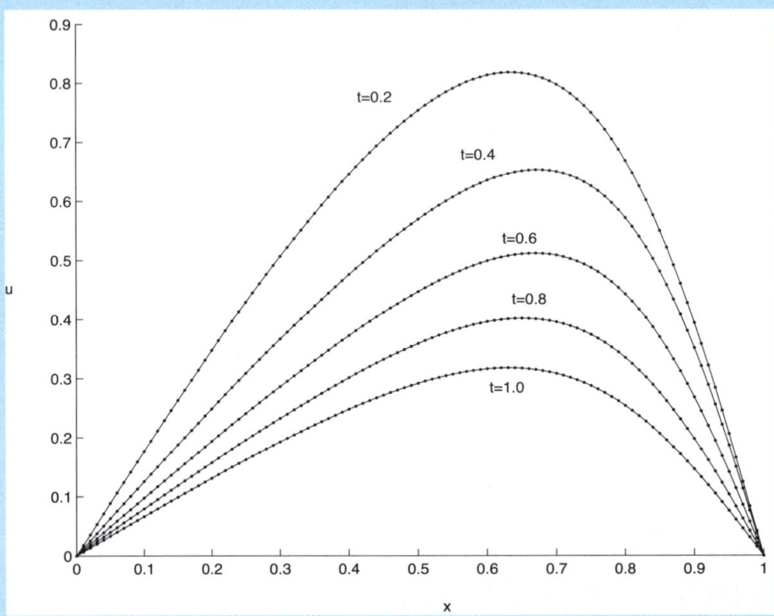

그림 15.12 시간에 따른 버거 방정식 (15.27)의 수치 해 ($Re = 10$, $\Delta x = 0.01$, $\Delta t = 0.0005$

15.4.2 반응–확산 방정식

비선형 항 $u(1-u)(u-\mu)$를 갖는 1차원 반응–확산 방정식을 고려해 보자.

$$\frac{\partial u}{\partial t}=\frac{\partial^2 u}{\partial x^2}+u(1-u)(u-\mu) \tag{15.30}$$

초기조건 및 경계조건은

$$\begin{aligned} u(x,0)&=f(x), \quad 0<x<10 \\ u(0,t)&=c_1,\ u(10,t)=c_2, \quad 0<t\le T \end{aligned}$$

이다. 여기에서 μ는 인자이다.

이 방정식은 연소 이론에서 나타나며, 젤도비치(Zeldovich) 방정식으로 잘 알려져 있다.

양해적 전략은 시간에 대한 도함수는 전진 차분 전략을 그리고 공간에 대한 도함수는 중앙 차분 전략을 이용하면 얻을 수 있다. 즉,

$$\frac{u_j^{n+1}-u_j^n}{\Delta t}=\frac{u_{j+1}^n-2u_j^n+u_{j-1}^n}{\Delta x^2}+u_j^n(1-u_j^n)(u_j^n-\mu)$$

u_j^{n+1} 에 대해 풀면

$$\begin{aligned} u_j^{n+1}&=(1-2\gamma)u_j^n+\gamma\left(u_{j+1}^n+u_{j-1}^n\right)+\Delta t\, u_j^n(1-u_j^n)(u_j^n-\mu) \\ \lambda&=\frac{\Delta t}{\Delta x^2},\ j=2,3,...,j_{\max}-1,\ n=1,2,... \end{aligned} \tag{15.31}$$

이 된다.

예제 15.7 그림 15.13과 15.14는

$$f(x)=\begin{cases}1, & x<5 \\ 0, & x\ge 5\end{cases}$$ 그리고 $u(0.\ t)=1$ 과 $u(10,t)=0$

에 대해 서로 다른 시간단계에서 식 (15.30)의 수치해를 보여준다.

식 (15.30)에 대한 음해적 유한차분 전략의 예는 시간에 대한 도함수는 전향 차분 전략을 그리고 공간에 대한 도함수는 크랭크–니컬슨 전략을 이용하면 얻을 수 있다. 즉,

$$\frac{u_j^{n+1}-u_j^n}{\Delta t}=\frac{u_{j+1}^n-2u_j^n+u_{j-1}^n}{2\Delta x^2}+\frac{u_{j+1}^{n+1}-2u_j^{n+1}+u_{j-1}^{n+1}}{2\Delta x^2}+u_j^n(1-u_j^n)(u_j^n-\mu)$$

$$-\gamma u_{j-1}^{n+1} + 2(1+\gamma)u_j^{n+1} - \gamma u_{j+1}^{n+1} = 2(1-\gamma)u_j^n + \gamma u_{j-1}^n + \gamma u_{j+1}^n - 2\Delta t\, u_j^n(1-u_j^n)(u_j^n - \mu) \tag{15.32}$$

$$\lambda = \frac{\Delta t}{\Delta x^2},\ j = 2, 3, ..., j_{\max} - 1$$

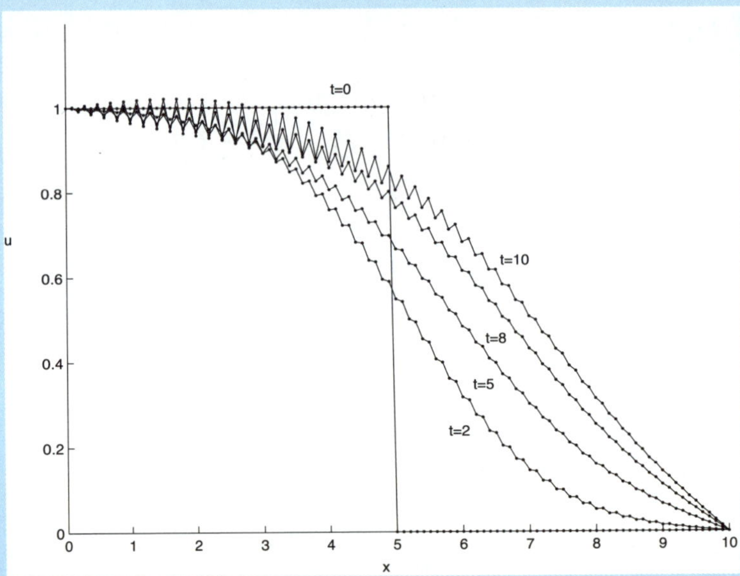

그림 15.13 시간에 따른 반응-확산 방정식 (15.30)의 수치 해 ($\mu = 0.3$, $\Delta x = 0.1$, $\Delta t = 0.005$)

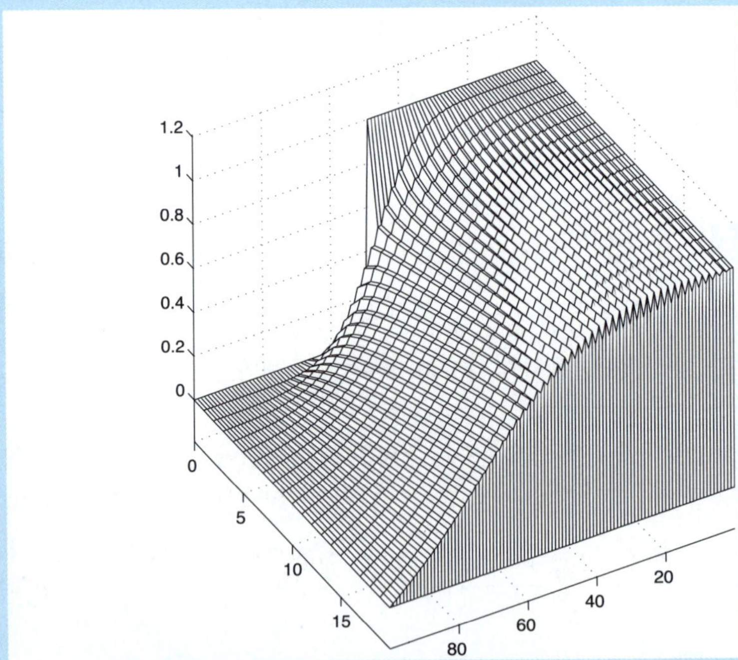

그림 15.14 예제 15.7에 대한 반응-확산 방정식의 해

식 (15.32)는 $u_j^{n+1}(j = 2, \ldots, j_{\max} - 1)$에 대한 연립방정식이다. 경계조건들을 이용하면, $j = 1$과 $j = j_{\max}$에서 u 값을 알 수 있다. 즉, $n = 1, 2, \ldots$ 에 대해 $u_1^n = c_1$과 $u_{j\max}^n = c_2$ . . 이다.

안정성 해석에 따르면, 음해적 전략이 조건에 관계없이 안정적이라고 보이고 있다.

15.4.3 다공성 매체 방정식

다공성 매체 방정식으로 알려진

$$u_t = (u_x)^2 + uu_{xx} \tag{15.33}$$

을 생각해 보자. 초기조건 및 경계조건은

$$\begin{aligned} &u(x, 0) = x, \quad 0 < x < 1 \\ &u(0, t) = t,\ u(1, t) = 1 + t, \quad 0 < t \le T \end{aligned}$$

이다. 이는 열과 질량 전달, 연소이론 그리고 다공성 매체에서의 흐름 문제에서 나타난다. 이는 또한 얇은 필름에서의 유체 동역학을 포함한 많은 물리적 시스템에 응용된다.

이 문제의 해를 위한 양해적 전략은 시간에 대한 도함수는 전향 차분 전략을, 그리고 공간에 대한 도함수는 중앙차분전략을 이용하면 얻을 수 있다. 즉,

$$\frac{u_j^{n+1} - u_j^n}{\Delta t} = \left(\frac{u_{j+1}^n - u_{j-1}^n}{2\Delta x}\right)^2 + u_j^n \frac{u_{j+1}^n - 2u_j^n + u_{j-1}^n}{\Delta x^2}$$

u_j^{n+1} 에 대해 풀면

$$\begin{aligned} u_j^{n+1} &= u_j^n + \frac{\gamma}{4}\left(u_{j+1}^n - u_{j-1}^n\right)^2 + \gamma u_j^n \left(u_{j+1}^n - 2u_j^n + u_{j-1}^n\right) \\ \lambda &= \frac{\Delta t}{\Delta x^2},\ j = 2, 3, \ldots, j_{\max} - 1,\ n = 1, 2, \ldots \end{aligned} \tag{15.34}$$

이 된다.

예제 15.8 그림 15.15는 $f(x) = x$ 그리고 $u(0, t) = t$ 와 $u(1, t) = t + 1$ 에 대해 서로 다른 시간 단계에서 식 (15.33)의 수치해를 나타낸다.

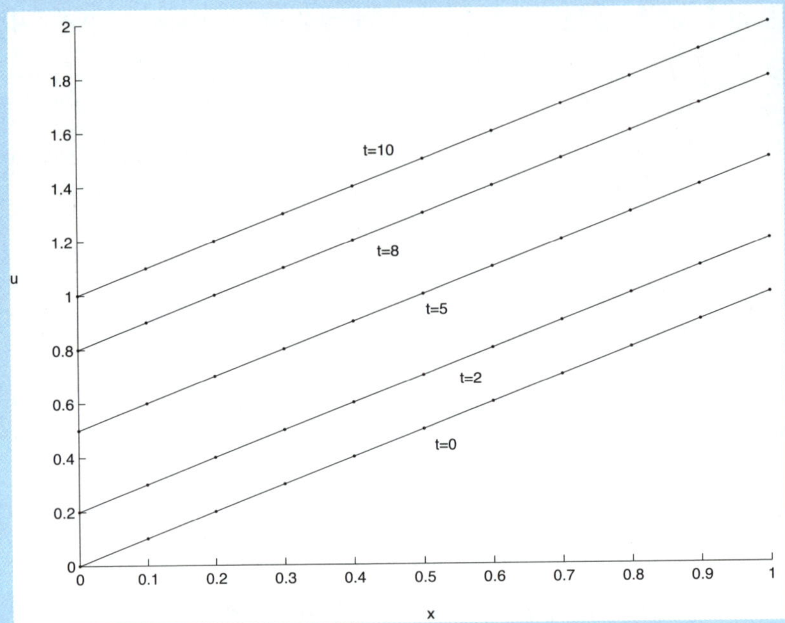

그림 15.15 시간에 따른 다공성 매체 방정식의 수치해 ($\Delta x = 0.1$, $\Delta t = 0.0001$)

15.4.4. 해밀턴–야코비–벨만 방정식

해밀턴–야코비–벨만(Hamilton-Jacobi-Bellman) 방정식은

$$u_t + F(t, x, u, u_x, u_{xx}) = 0$$

의 형태를 갖는 포물선형 편미분방정식이다. 비선형 해밀턴–야코비–벨만식으로 귀착되는 흥미로운 금융 모델의 예는 여권의 선택권(passport option)이다. 여기에서는 기본모델(underlying model)에 대해 다루지 않으며 자세한 내용은 참고문헌[64]를 참고하라. 단순화시킨 1차원 방정식은

$$u_t + \gamma u - \sup_{|q|\le 1}\left\{((r-\gamma-r_c)\,q-(r-\gamma-r_t)\,x)\,u_x+\frac{1}{2}\sigma^2(x-q)^2u_{xx}\right\}=0 \quad (15.35)$$

이고, 초기조건은 $u(0, x) = \max(x, 0)$ $(x_{\min} < x < x_{\max})$이다.

여기에서 t는 시간 변수, x는 기초 주식(underlying stock) 단위 당 거래 구좌에서의 자산 가치, r은 위험도 없는 이자, γ는 배당금, r_c는 변동에 따른 비용 (cost of carry rate), r_t는 거래구좌의 이율이다.

시간 t에서 $r - \gamma - r_t = 0$ 와 $r - \gamma - r_c < 0$ 인 기초 주식보유자의 수 q가 $+1$ 또는 -1이 되는 경우를 생각해 보자. 식 (15.35)는

$$u_t+\gamma u-\max\left\{(r-\gamma-rc)\,u_x+\frac{1}{2}\sigma^2(x-1)^2u_{xx},-(r-\gamma-r_c)\,u_x+\frac{1}{2}\sigma^2(x-1)^2u_{xx}\right\}=0 \tag{15.36}$$

으로 귀착된다. 식 (15.36)의 양해적 전략은 시간에 대한 도함수는 전향 차분을, 1계 편도함수에 대해서는 적절한 전향 또는 후향 유한차분을 그리고 공간에 대한 2계 도함수는 중앙차분전략을 이용하면 얻을 수 있다. 그 결과는

$$\frac{u_j^{n+1}-u_j^n}{\Delta t}+\gamma u_j^n-\max\left\{\begin{array}{l}(r-\gamma-r_c)\,\frac{u_j^n+u_{j-1}^n}{\Delta x}+\frac{1}{2}\sigma^2(x_j-1)^2\frac{u_{j+1}^n-2u_j^n+u_{j-1}^n}{\Delta x^2},\\-(r-\gamma-r_c)\,\frac{u_{j+1}^n+u_j^n}{\Delta x}+\frac{1}{2}\sigma^2(x_j-1)^2\frac{u_{j+1}^n-2u_j^n+u_{j-1}^n}{\Delta x^2}\end{array}\right\}=0$$

u_j^{n+1} 에 대해 풀면, $j=2, \ldots, j_{\max}-1$과 $n=1, 2, \ldots$ 에 대해

u_j^{n+1}

$$u_j^{n+1}=u_j^n(1-\gamma\Delta t)+\Delta t\max\left\{\begin{array}{l}(r-\gamma-r_c)\,\frac{u_j^n+u_{j-1}^n}{\Delta x}+\frac{1}{2}\sigma^2(x_j-1)^2\frac{u_{j+1}^n-2u_j^n+u_{j-1}^n}{\Delta x^2},\\-(r-\gamma-r_c)\,\frac{u_{j+1}^n+u_j^n}{\Delta x}+\frac{1}{2}\sigma^2(x_j-1)^2\frac{u_{j+1}^n-2u_j^n+u_{j-1}^n}{\Delta x^2}\end{array}\right\} \tag{15.37}$$

$j=2,3,\ldots,j_{\max}-1,\ n=1,2,\ldots$

(15.37)

이러한 전향이

$$\frac{\Delta t}{(\Delta x)^2}\leq\frac{1}{(\Delta x)^2\gamma+(r-\gamma-r_c)\,\Delta x+\sigma^2\max\left\{\max_j\{j\Delta x-1\}^2,\max_j\{j\Delta x+1\}^2\right\}} \tag{15.38}$$

이면, 안정적이라는 것을 증명할 수 있다.

예제 15.9 그림 15.16은 범위 $-3<x<4$ 에서 경계조건 $u(-3,t)=0$와 $u(4,t)=4$ 일때 서로 다른 시간 단계에서 식 (15.36)의 수치해를 보여준다.

음해적 전략은 양해적 전략을 무조건 안정인 완전 음해적 역전략 (fully implicit upwind scheme)으로 대체해서 얻어진다, 즉

$$\frac{u_j^{n+1}-u_j^n}{\Delta t}+\gamma u_j^{n+1}-$$

$$\max\left\{\begin{array}{l}(r-\gamma-r_c)\frac{u_j^{n+1}+u_{j-1}^{n+1}}{\Delta x}+\frac{1}{2}\sigma^2(x_j-1)^2\frac{u_{j+1}^{n+1}-2u_j^{n+1}+u_{j-1}^{n+1}}{\Delta x^2},\\ -(r-\gamma-r_c)\frac{u_{j+1}^{n+1}+u_j^{n+1}}{\Delta x}+\frac{1}{2}\sigma^2(x_j-1)^2\frac{u_{j+1}^{n+1}-2u_j^{n+1}+u_{j-1}^{n+1}}{\Delta x^2}\end{array}\right\}=0$$

$j=2,3,...,j_{\max}-1,\ n=1,2,...$

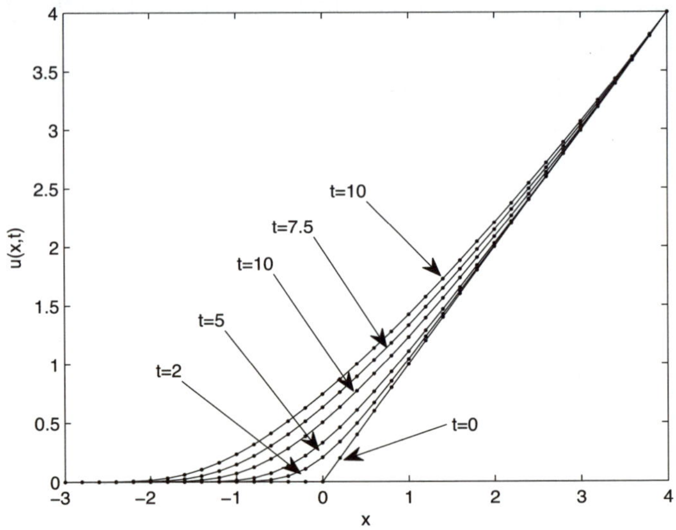

그림 15.16 시간에 해밀턴-야코비-벨만 방정식의 수치해 ($\Delta x = 0.2$, $\Delta t = 0.0025$, $T_{\max} = 10$)

연습문제 15.4

1. 예제 15.6의 버거(Burger) 방정식을 음해적 전략에 관한 식(15.29)를 이용하여 풀어라.

2. 예제 15.7의 반응-확산 방정식을 음해적 전략에 관한 식(15.32)를 이용하여 풀어라.

3. 예제 15.9의 해밀턴-야코비-벨만 방정식을 음해적 전략에 관한 식(15.37)을 이용하여 풀어라.

15.5 유한요소법 개론

수치해법은 전형적으로 유한 차원적 환경에서의 근사를 포함한다. 이 근사를 유도하는 많은 방법들이 사용 가능하다. 다음에서 기술하는 방법은 단순하고 선형 독립인 함수들의 유한 선형결합으로 미분방정식에 대한 해와 같이 함수의 근사를 포함한다. 이러한 단순 또는 기본 함수들의 선형결합은 함수들의 생성 공간으로 간주되며 그리고 이제 기술하려는 방법은 소위 투사 방법(projection methods)의 군에 속한다. 이 방법과 관련되는 명칭은 리츠(Ritz) 방법, 갤러킨(Galerkin) 방법, 유한요소법 등을 포함하여 다수 있다.

15.5.1 이론

정의 15.1 (변분법의 기본 명제)
$M(x)$를 구간 $a \leq x \leq b$에서 정의되는 연속함수라 간주하자. 또한 모든 연속함수 $\zeta(x)$에 대해

$$\int_a^b M(x)\zeta(x)dx = 0$$

이 성립한다고 간주하자. 그러면

$$M(x) = 0 \;\; \textit{for all} \;\; x \in [a, b]$$

증명: $M(x)$를 어느 점 $x_0 \in (a,\ b)$에서 영이 아니라고 간주한다. 명확성을 위해 $M(x) > 0$이라고 하자. 그러면 연속성에 의해

$$\frac{M(x_0)}{2} < M(x) - M(x_0) < \frac{M(x_0)}{2} \quad \text{for} \quad |x - x_0| < \delta \quad \text{with} \quad x \in [a, b]$$

이 되는 $\zeta > 0$가 존재한다. 따라서 그 구간에서 $M(x) > M(x_0)/2$ 이다. 이제 $\zeta(x)$를

$$\zeta(x) = \begin{cases} 0 & \text{if} \;\; a \leq x \leq a_1 = \max(x_0 - \delta, a) \\ > 0 & \text{if} \;\; |x - x_0| < \delta, \;\; x \in [a, b] \\ 0 & \text{if} \;\; \min(x_0 + \delta, b) = b_1 \leq x \leq b \end{cases}$$

이 되도록 선택한다. 그림 15.17을 보아라. 그러면

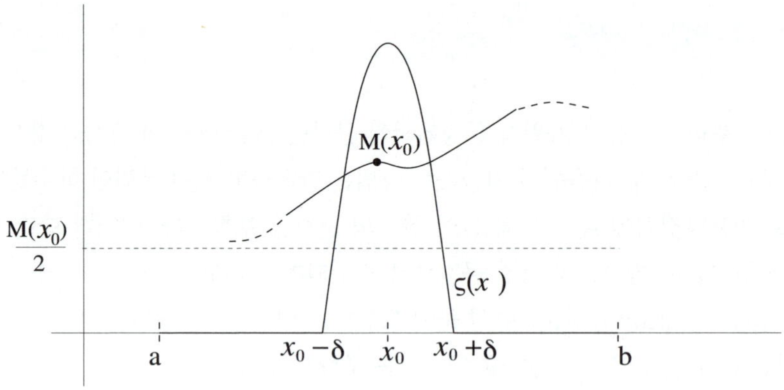

그림 15.17

$$0 = \int_a^b M(x)\zeta(x)dx = \int_{a_1}^{b_1} M(x)\zeta(x)dx > \frac{1}{2}M(x_0)\int_{a_1}^{b_1} \zeta(x)dx > 0$$

은 모순이다.

$M(x) < 0$이면, $M(x)$대신 $-M(x)$에 대해 재정리 한다. $x_0 = a$ 또는 $x_0 = b$ 가 되는 경우 약간의 수정을 포함해서 같은 방법을 따른다. 이로써 이 정리가 증명된다.

추론 15.1

정리 15.1의 결과는 추가로

$$\zeta(a) = \zeta(b) = 0$$

이라면 유효하다.

정리 15.1과 추론(corollary)은 다음과 같은 일반화를 허용한다:

$I = [a, b]$가 제한된 구간으로 간주한다. 결국 제한된 구간을 다룰 수 밖에 없다. $\varphi_1(x)$, $\varphi_2(x)$, ... 을 모든 함수가 함수들 $\{\varphi_n\}$의 선형 결합으로 임의적으로 근사될 수 있는 선형 독립인 함수들의 수열이라고 간주하자. 더 정확히 표현하자면, $f(x)$가 I에서 연속 함수이고 $\epsilon > 0$ 이 주어져 있으면, 모든 $x \in I$ 에 대해

$$\left| f(x) - \sum_{j=1}^{N} a_j \varphi_j(x) \right| < \epsilon \tag{15.39}$$

이 성립되는 계수 a_1, a_2, ... 와 N이 존재한다. 현재의 목적상 이 방법을 상세하게 알 필요는 없지만 원론적으로 그렇게 될 수 있다. 그러한 집합 $\{\varphi_n\}$을 **기본 집합**(basis set)이라 부를 것이다. 그러한 기본 집합의 예는 x의 멱(power) 즉, $\varphi_n(x) = x^n (n = 0, 1, ...)$이다. 식

(15.39)를 바이에르슈트라스(Weierstrass) 근사 정리라 부른다.

추론 15.2

$M(x)$를 구간 $I=[a,\, b]$에서 연속이라고 간주하고 $\{\varphi_n(x)\}_{n=1}^{\infty}$ 를 기본 함수들의 집합으로 간주한다. 게다가

$$\int_a^b M(x)\varphi_n(x)dx = 0 \quad for \quad n = 1, 2, \ldots.$$

이 성립한다고 간주한다. 그러면 모든 $x \epsilon [a,\, b]$에 대해 $M(x) = 0$.

증명: K를 모든 $x \epsilon [a,\, b]$에 대해 $|M(x)| \leq K$ 가 되는 상수 그리고 $\zeta(x)$를 임의의 연속 함수라 하자. $\epsilon > 0$이 주어져 있고 ζ를

$$\zeta(x) = \sum_{k=1}^{N} \alpha_k \varphi_k(x) + r_N(x)$$

으로 근사한다고 하자. 여기에서 $|r_N(x)| < \epsilon$ 이다. 그러면

$$|r_N(x)| < \epsilon.$$

$$\begin{aligned}\int_a^b M(x)\zeta(x)dx &= \int_a^b M(x)\sum_{k=1}^{N}\alpha_k\varphi_k(x)dx + \int_a^b M(x)r_N(x)dx \\ &= \int_a^b M(x)r_N(x)dx\end{aligned}$$

이 된다. 따라서 임의의 $\epsilon > 0$ 에 대해

$$\left|\int_a^b M(x)\zeta(x)\right| \leq \int_a^b |M(x)||r_N(x)|dx < K(b-a)\epsilon$$

이 성립한다. 그러므로

$$\int_a^b M(x)\zeta(x)dx = 0$$

이고 정리 15.1에 의해 모든 $x \epsilon [a,\, b]$에 대해 $M(x) = 0$ 이 되므로 추론이 증명된다.

마지막으로, 이 결과들에서 ζ 에 대한 연속성의 요구조건은 좀 더 그럴듯한 미분가능성의 요구조건으로 대체될 수 있음을 주목하자. 만일 ζ가 구간적으로 미분가능 또는 한번 미분가

능 또는 때로는 무한히 가능하다는 것이 요구된다면, 이 정리와 추론들은 사실이다. 따라서 기본 함수들을 선택하는 데에는 엄청나게 많은 유연성이 있다. 그러한 어느 집합을 기본 함수들의 집합으로 확장할 수 있으나 여기에서는 그럴 필요가 없고 단지 원론적으로 그렇게 할 수 있다는 점을 인지하면 된다. 이러한 생각들을 어떻게 이행하느냐에 대한 방법을 얻기 위해, 경계값 문제

$$y'' - y = 0, \quad y(0) = 0,\ y(1) = 1 \tag{15.40}$$

에 대한 해를 근사시켜 보자. 이 문제의 해는 $y = \sinh x / \sinh 1$ 이다.

예제 15.10 기본 함수 $1, x, x^2, x^3, \ldots$ 를 선택하여 미지계수를 선택하고 근사식을 구하여라.

계산 목적을 위해

$$y_3 = a_0 + a_1 x + a_2 x^2 + a_3 x^3$$

를 취하자. y_3은 경계조건들을 만족해야 하므로

$$y_3(0) = a_0 = 0 \ \text{ and } \ y_3(1) = a_1 + a_2 + a_3 = 1$$

이고

$$y_3'' - y_3 = 2a_2 - a_0 + (6a_3 - a_1)x - a_2 x^2 - a_3 x^3$$

결정해야 할 계수가 4개 있다. 그 중 2개는 경계조건들을 만족하도록 결정한다. $k = 0$, 1에 대해 다음 2개는

$$\int_0^1 (y_3'' - y_3)x^k dx = \int_0^1 [2a_2 + (6a_3 - a_1)x - a_2 x^2 - a_3 x^3] x^k dx = 0$$

을 만족하도록 결정한다. 그러면 연립방정식

$$\begin{aligned} a_0 &= 0 \\ a_1 + a_2 + a_3 &= 1 \\ -6a_1 + 20a_2 + 33a_3 &= 0 \\ -20a_1 + 45a_2 + 108a_3 &= 0 \end{aligned}$$

이 구해지고, 이의 해는 $a_0 = 0.0$, $a_1 = 0.8511980$, $a_2 = -0.0151324$, $a_3 = 0.1639344$ 이고 따라서

$$y_3(x) = 0.851198x - 0.0151324x^2 + 0.1639344x^3$$

이 결과를 점 $x = 0.25$, $x = 0.5$, $x = 0.75$ 에서 정해와 비교하면

x	$y_3(x)$	$y(x)$	% 오차
0.25	0.2144152	0.2149524	0.25
0.50	0.4423077	0.4434094	0.25
0.75	0.6990464	0.6997241	0.10

와 같다.

예제 15.11 식 (15.40)에 대한 근사를 같은 개념으로, 그러나 다른 기본 함수의 집합을 갖고 시도해 보자.

함수 $u(x) = x$는 경계조건들을 만족함을 주목하라. 그래서 근사해

$$y_3(x) = x + a_1 \sin(\pi x) + a_2 \sin(2\pi x) + a_3 \sin(3\pi x)$$

로 시도해 보자. y_3은 경계조건들 $y_3(0) = 0$, $y_3(1) = 1$을 만족한다. 기본 함수들은 $\{\sin n\pi x\}(n = 1, 2, \ldots)$ 인데, 여기에서는 단 세 항을 취한다. 그러면

$$\begin{aligned} y_3'' - y_3 = &-x - (\pi^2 + 1)a_1 \sin(\pi x) - (4\pi^2 + 1)a_2 \sin(2\pi x) \\ &-(9\pi^2 + 1)a_3 \sin(3\pi x) \end{aligned}$$

a_1, a_2, a_3을

$$\int_0^1 [(y_3'' - y_3)\sin(n\pi x)]\, dx = 0, \quad n = 1, 2, 3$$

이 되도록 결정한다. 결과는

$$\begin{aligned} a_1 &= -\frac{2}{\pi(\pi^2 + 1)} = -0.0585688 \\ a_2 &= \frac{1}{\pi(4\pi^2 + 1)} = 0.0078637 \\ a_3 &= -\frac{2}{3\pi(9\pi^2 + 1)} = -0.0023624 \end{aligned}$$

이고, 따라서 근사해는

$$y_3(x) = x - 0.0585688 \sin(\pi x) + 0.0078637 \sin(2\pi x) - 0.0023624 \sin(3\pi x)$$

이다. 다시 한 번 정해와 비교하면

x	$y_3(x)$	$y(x)$	% 오차
0.25	0.2147788	0.2149524	0.08
0.50	0.4437936	0.4434094	0.09
0.75	0.6990514	0.6997241	0.10

이다.

이 근사해들은 계산된 그대로이지만 수치값들이 상당히 정확하다. 또한 그 결과들은 유한차분에 기초한 방법들의 경우에서는 계산된 점들 사이에서 보간이 필요했지만 보간이 필요하지 않도록 문제의 구간 전체에 걸쳐서 해를 자동적으로 근사할 수 있다는 점을 가지고 있다. 두 근사에 의해 주어진 값들은 약간 그러나 많이 다르지 않은데, 이는 기대했던 바이다.

이제 일반적인 과정을 살펴보자. 미분방정식

$$Ly = (p(x)y')' + q(x)y' + r(x)y = f(x) \tag{15.41}$$

을 살펴본다. 경계조건들은

$$y(a) = A, \quad y(b) = B \tag{15.42}$$

이다.

$$\ell(x) = A\frac{b-x}{b-a} + B\frac{x-a}{b-a}, \quad a \le x \le b \tag{15.43}$$

이라 놓는다.

$$y(x) = u(x) + \ell(x) \tag{15.44}$$

을 도입해서 경계조건들을 영으로 한다. 이는 미분방정식을 만족한다.

$$Lu = f(x) - L\ell(x) \equiv F(x) \tag{15.45}$$

그리고 경계조건은

$$u(a) = 0, \quad u(b) = 0 \tag{15.46}$$

이다.

만일 u가 식 (15.45)를 만족하면, $\zeta(a) = \zeta(b) = 0$인 임의의 ζ에 대해

$$0 = \int_a^b \zeta[Lu - F(x)]dx = \int_a^b [-p(x)u'\zeta' + q(x)u'\zeta + r(x)u\zeta - F(x)\zeta]dx$$

을 만족한다. 역(converse) 역시 앞으로 전개하려는 알고리듬에서 필요한 우연하고 자연스러운 가정하에 존재한다. $\varphi_1(x)$, $\varphi_2(x)$, . . .을 $\varphi_j(a) = \varphi_j(b) = 0(j = 1, 2, . . .)$인 기본(basis)이라 하고

$$u_n(x) = \sum_{j=1}^{n} a_j\varphi_j(x) \tag{15.47}$$

을 해 $u(x)$에 대한 근사라고 하자. $y(x)$에 대한 근사는

$$y_n(x) = u_n(x) + \ell(x) \tag{15.48}$$

이 될 것이다. 일반적인 알고리듬은

$$\sum_{j=1}^{n}\left\{\int_a^b [p(x)\varphi_j'(x)\varphi_i'(x) - q(x)\varphi_j'(x)\varphi_i'(x) - r(x)\varphi_j(x)\varphi_i(x)]dx\right\} a_j$$

$$= -\int_a^b F(x)\varphi_i(x)dx, \quad i = 1, \ldots, n \tag{15.49}$$

의 형태를 갖는다. 식 (15.49)는 n개의 미지수 a_1, . . . , a_n에 대한 선형 연립방정식이다.

위 방법에서 불편한 점은 적합한 기본 함수들 $\{\varphi n(x)\}$을 구하는 것이 쉽지 않고, 통상 선택하는 다항식들에 의한 보간이 부정확할 수 있다는 점이다. 다음 절에서는 그러한 시스템을 푸는 데에 효율적이고 보편적인 특별한 기본함수들을 부여할 것이다.

연습문제 15.5.1

1. 아래 문제의 근사해를 하기 위해 이 절에서의 사용된 방법을 이용하라.

$$y'' + y = 3x^2, \quad y(0) = 0, \; y(2) = 3.5$$

기본 함수로서 $n = 2$로 하고 $\varphi_1(x) = x(x - 2)$, $\varphi_2(x) = x^2(x - 2)$를 취하라. ($u(x) = 7x/4$가 경계조건들을 만족함을 주지하라.)

2. 슈팅법을 사용하여 문제 1을 풀어라. 결과를 비교하라. 정해는 $y = 6\cos x + 3(x^2 - 2)$이다.

3. 아래 미분방정식의 근사해를 구하는 데에 이 절에서의 방법을 이용하라.

$$y'' + y^2 = x, \quad y(0) = y(1) = 0$$

$n = 1$로 하고 기본 함수로서 $\varphi_1(x) = x\sin \pi x$ 를 취하라. 이는 비선형 문제이지만 이 절에서의 방법을 적용할 수 있다.

4. 아래 미분방정식의 근사해를 구하는 데에 이 절에서의 방법을 이용하라.

$$y'' + y^2 = x, \quad y(0) = y(1) = 0$$

$n = 3$으로 하고 기본 함수를

$$y'' + y^3 = \cos(8\pi x), \quad y(0) = y(1) = 0$$

으로 하라.

힌트: 비선형 연립방정식의 해를 구하는 데에 뉴턴-랩슨(Newton-Rapson) 방법을 사용해야 한다.

5. 미분방정식

$$((x+1)y')' - (x+2)y = \frac{x+2}{e-1}, \quad y(0) = 0, \ y(1) = 1$$

에 대한 해는 $y = \dfrac{e^x - 1}{e - 1}$ 이다.

(a) 해 $y(x)$에 대한 근사해, $y_5(x)$를 구하는 데에 $n = 5$, $\varphi_j(x) = \sin(j\pi x)$ $(j = 1, \ldots, 5)$를 이용하여 이 절에서의 방법을 이용하라.

(b) 해 $y(x)$에 대한 근사해, $y_{10}(x)$를 구하는 데에 다시 한 번 $n = 10$, $\varphi_j(x) = \sin(j\pi x)$ $(j = 1, \ldots, 10)$를 이용하여 이 절에서의 방법을 이용하라.

(c) 근사해, $y_5(x)$를 구하는 데에 뉴턴 방법에 기초한 슈팅법을 사용하라. 주어진 구간을 20개의 부구간 즉, $h = 1/20$ 까지 분할하라.

(d) 근사해의 값들을 점 $x_1 = 0.25$, $x_2 = 0.5$, $x_3 = 0.75$에서의 정해와 비교하라. 즉, $y(x_j)$, $y_5(x_j)$, $y_{10}(x_j)$, $y_{15}(x_j)$ $(j = 1, 2, 3)$와 아래 값을 계산하라.

$$|y(x_j) - y_5(x_j)|, (|y(x_j) - y_5(x_j)|/|y(x_j)|) \times 100, \text{ etc}$$

6. 미분방정식

$$y'' - 8(e^x + x^2)y = x, \quad y(0) = y(1) = 0$$

에 대한 해가 알려져 있지 않다. 다시 한 번 $\varphi_k(x) = \sin(k\pi x)$ $(k = 1, 2, \ldots)$를 기본

함수로 택하라. 해 $y(x)$에 대한 근사해 수열, $\{y_n(x)\}$를 구하는 데에 이 절에서의 방법을 이용하라. 근사해가 좋다는 확신이 되도록 n을 충분히 크게 취하라. 얼마나 큰 것이 큰 것인가? 올바르다는 생각이 들지 않는지? 좋은 근사해라고 생각되는 것을 그래프로 그려라. 주: 좋은 근사해라고 주장하기 위해서는 어떤 기준을 제시해야 할 것이다.

7. (이론적 연습문제) $M(x)$가 정의되어 있고 무한 구간 I (즉, $(-\infty, a]$ 또는 $[b, \infty)$ 또는 $(-\infty, \infty)$)에서 연속이라고 생각한다. 또한 I 내 제한된 구간 J 밖에서 모든 x에 대해 $\zeta(x) = 0$인 모든 연속함수들 $\zeta(x)$에 대해 $\int_I M(x)\zeta(x)dx = 0$ 이라고 생각하라. J는 특히 $\zeta(x)$에 의존적이고 일반적으로 다른 함수들에 대해 다르다. 그러면 모든 $x \in I$에 대해 $M(x) = 0$이다.

15.5.2 유한요소법

이론적인 리츠-갈레르킨(Ritz-Galerkin) 방법은 막강한 방법이다. 근사해가 대단히 좋고 실행하기도 쉽다. 불행히도 대부분의 기본 함수들은 근사해를 구하기 위해서는 역행렬을 구해야 하는 꽉 채워진 행렬들을 준다. 게다가 보다 나은 근사해를 구하기 위해서는 더 많은 기본 함수들을 선택할 수밖에 없는데 이는 보다 큰 행렬들을 초래한다. 따라서 희박 행렬, 말하자면, 띠형식 행렬과 같이 많은 영들로 구성된 행렬을 주는 기본 함수는 없는가? 라는 의문이 생긴다. 이 의문에 대한 답은 '예'이고 이제 그런 방법을 취해보자.

유한요소법은 간단히 리츠-갈레르킨(Ritz-Galerkin) 방법인데, 기본 함수 $\varphi_1(x)$, ..., $\varphi_n(x)$의 유한 집합이 스플라인이다. 여기에서는 다음과 같은 형태의 스플라인에만 국한한다: 도식적으로 또는 보다 함축적으로

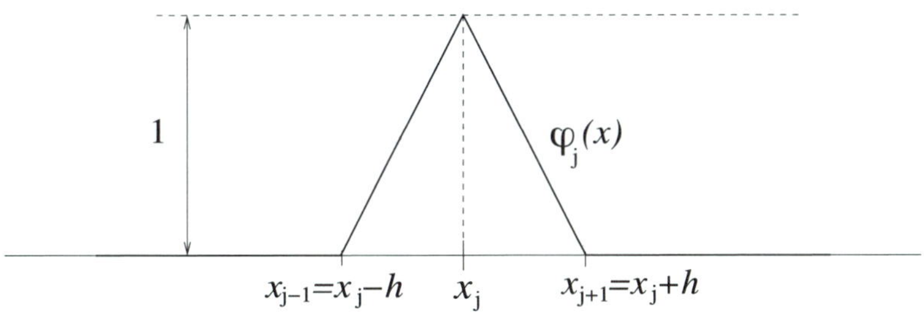

그림 15.18 모자(hat) 함수

$$\varphi_j(x) = \begin{cases} 0 & x \le x_{j-1} \\ \dfrac{x - x_{j-1}}{h} & x_{j-1} \le x \le x_j \\ -\dfrac{x - x_{j+1}}{h} & x_j \le x \le x_{j+1} \\ 0 & x \ge x_{j+1} \end{cases} \tag{15.50}$$

이 구간적 연속인 선형 함수들을, 구간 $[x_{j-1}, x_{j+1}]$밖에서는 사라지는데, 때로는 **모자 함수**(hat function) 또는 **군모 함수**(chapean function)라 부른다. 리츠-갤러르킨 전략에서 그것들을 사용할 때, $\varphi_j(x)$의 도함수를 계산해야 한다. 이 도함수는 점 x_{j-1}, x_j, x_{j+1}에서는 존재하지 않으나 다른 모든 곳에서는 반드시 존재한다. 말하자면

$$\varphi_j'(x) = \begin{cases} 0, & x < x_{j-1} \\ \frac{1}{h}, & x_{j-1} < x < x_j \\ -\frac{1}{h}, & x_j < x < x_{j+1} \\ 0, & x_{j+1} \end{cases} \tag{15.51}$$

이고, $\varphi_j'(x)$는 적분 가능이다.

이 방법이 어떻게 실행되는지 알아보기 위해 다음의 예제를 생각해 보자.

예제 15.12 기본 함수로서 모자 함수를 갖고 유한요소법을 이용하여 미분방정식

$$y'' - y = -x, \quad 0 < x < 1, \; y(0) = y(1) = 0$$

에 대한 근사해를 구하라.

구간을 5개의 부구간으로 나눈다. 즉, $h = 0.2$이다. $n = 4$인 경우 모자함수의 그래프는 그림 15.19와 같다.

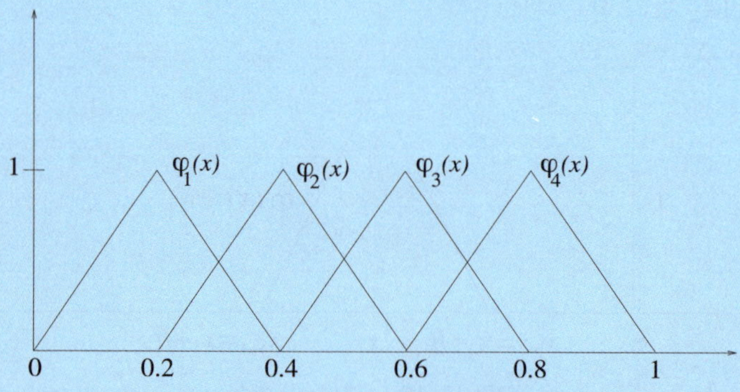

그림 15.18 모자(hat) 함수

근사해는

$$y_4(x) = \sum_{j=1}^{4} a_j \varphi_j(x)$$

이 된다. 연립방정식 (15.49)는

$$\int_0^1 (\varphi_i' y_4' + \varphi_i y_4)dx = \int_0^1 x\varphi_i(x), \quad i = 1, 2, 3, 4$$

의 형태를 갖거나 또는

$$\sum_{j=1}^{4} \left(\int_0^1 [\varphi_i'(x)\varphi_j'(x) + \varphi_i(x)\varphi_j(x)]dx \right) a_j = \int_0^1 x\varphi_i(x)dx, \quad i = 1, 2, 3, 4$$

으로 쓸 수 있다. 연립방정식을 구성하기 위해 적분을 계산해야 한다. $x_i = ih$ $(i = 1, \ldots, 5)$ 임을 주지하라. 우선

$$\begin{aligned}\int_0^1 x\varphi_i(x)dx &= \int_{x_{i-1}}^{x_i} x\varphi_i(x)dx + \int_{x_i}^{x_{i+1}} x\varphi_i(x)dx \\ &= \int_{x_{i-1}}^{x_i} \frac{x(x - x_{i-1})}{h}dx + \int_{x_i}^{x_{i+1}} \frac{x(x_{i+1} - x)}{h}dx \\ &= \frac{(3i-1)h^2}{6} + \frac{(3i+1)h^2}{6} = ih^2 = 0.04i\end{aligned}$$

$i = 1, 2, 3, 4$ 이다. 행렬 항들은 보다 많은 계산을 필요로 한다. 첫 번째 행의 항들을 소수점 아래 7 자리까지 계산하면 다음과 같다.

$$\begin{aligned}\int_0^1 [\varphi'^{\,2}_1(x) + \varphi_1^2(x)]dx &= \int_0^{x_1} [\varphi'^{\,2}_1(x) + \varphi_1^2(x)]dx + \int_{x_1}^{x_2} [\varphi'^{\,2}_1(x) + \varphi_1^2(x)]dx \\ &= \int_0^{x_1} \left[\frac{1}{h^2} + \left(\frac{x}{h}\right)^2\right] dx + \int_{x_1}^{x_2} \left[\frac{1}{h^2} + \frac{(x - x_2)^2}{h^2}\right] dx \\ &= \frac{2h}{h^2} + \frac{2x_1^3}{3h^2} = \frac{2}{h} + \frac{2h}{3} = 10.1333333\end{aligned}$$

다음으로 이 숫자들로부터

$$\begin{aligned}\int_0^1 [\varphi_1'(x)\varphi_2'(x) + \varphi_1(x)\varphi_2(x)]dx &= \int_{x_1}^{x_2} [\varphi_1'(x)\varphi_2'(x) + \varphi_1(x)\varphi_2(x)]dx \\ &= \int_{x_1}^{x_2} \left[-\frac{1}{h} \cdot \frac{1}{h} - \frac{(x - x_2)^2}{h^2}\right] dx \\ &= -\frac{1}{h} - \frac{h}{3} = -5.066667\end{aligned}$$

분명히

$$\int_0^1 [\varphi_1'(x)\varphi_3'(x) + \varphi_1(x)\varphi_3(x)]dx = \int_0^1 [\varphi_1'(x)\varphi_4'(x) + \varphi_1(x)\varphi_4(x)]dx = 0$$

이다. 다른 적분들도 마찬가지 방법으로 계산하면, 아래의 연립방정식을 얻는다.

$$\begin{bmatrix} 10.1333333 & -5.0666667 & 0 & 0 \\ -5.066667 & 10.1333333 & -5.0666667 & 0 \\ 0 & -5.0666667 & 10.1333333 & -5.0666667 \\ 0 & 0 & -5.06666667 & 10.1333333 \end{bmatrix} \begin{bmatrix} a_1 \\ a_2 \\ a_3 \\ a_4 \end{bmatrix} = \begin{bmatrix} .04 \\ .08 \\ .12 \\ .16 \end{bmatrix}$$

가우스소거법에 의해 풀면

$$a_1 = .0315790 \quad a_2 = .0526318 \quad a_3 = .0631579 \quad a_4 = .0473684$$

이 구해진다. 실제 해는 $y(x) = x - \sinh x/\sinh 1$ 이다. 구간 내부의 3 점에서 근사해와 실제 해를 비교해 보자.

x	$y_4(x)$	$y(x)$	절대 오차	%오차
0.2	0.0315790	0.0286795	0.0028995	10.11
0.5	0.0578949	0.0565906	0.0013043	2.30
0.8	0.0473684	0.0442945	0.0030739	6.94

이 예제는 유한요소법의 몇 가지 이점을 강조한다. 첫 번째로, 희박 행렬에 이른다. 모자 함수들의 경우, 이 행렬은 3대각 행렬이다. 격자의 크기를 줄이면, 근사해가 점점 좋아진다. 계수행렬을 구성하는 것은 물론 많은 시간이 걸리지만 결과적으로 얻어지는 연립방정식은 쉽게 풀 수 있다.

보다 일반적인 스플라인을 택할 수 있으며, 그 기본 함수의 집합에 대응되는 유한요소법을 구할 수 있다. 그러나 여기에서는 모자 함수들을 이용하는 것에 국한한다. 보다 높은 정확도가 필요하면, 격자의 크기를 줄이면 된다.

정리하자면 다음과 같은 과정을 거쳤다. 경계값 문제

$$(p(x)y')' + q(x)y' + r(x)y = f(x), \quad y(a) = A,\ y(b) = B \tag{15.22}$$

를 풀기 위해

$$\ell(x) = B\frac{x-a}{b-a} + A\frac{b-x}{b-a}$$

라고 하고 $y(x) = u(x) + \ell(x)$라 놓는다. 그러면 $u(x)$는 문제

$$(p(x)u')' + q(x)u' + r(x)u = F(x), \quad u(a) = 0,\ u(b) = 0$$

을 만족한다. 여기에서

$$F(x) = f(x) - \left(p(x)\frac{B-A}{b-a}\right)' - q(x)\frac{B-A}{b-a} - r(x)\left[\frac{B(x-a)}{b-a} + \frac{A(b-x)}{b-a}\right]$$

구간 $[a, b]$를 $(n+1)$ 부구간까지 나눈다. 그러면 $x_j = a + jh$ $(j = 1, \ldots, n)$로 주어지는 n개의 내부격자점이 생긴다. 여기에서 $h = (b-a)/(n+1)$. $x_0 = a$와 $x_{n+1} = b$ 라 놓는다. 모자 함수 $\varphi_j(x)(j = 1, \ldots, n)$를 구성하고

$$u_n(x) = \sum_{j=1}^{n} a_j \varphi_j(x) \tag{15.53}$$

이라 놓는다. 여기에서 a_j는 연립방정식

$$\sum_{j=1}^{n}\left\{\int_a^b (-p(x)\varphi_i'(x)\varphi_j'(x) + q(x)\varphi_i(x)\varphi_j'(x) + r(x)\varphi_i(x)\varphi_j(x))dx\right\} a_j$$

$$= \int_a^b F(x)\varphi_i(x)dx \tag{15.54}$$

를 풀어서 결정된다. 여기에서 $i = 1, \ldots, n$ 이다. 식 (15.54)로 부터 a_j가 구해지면, 식 (15.52)의 해 $y(x)$에 대한 근사해 $y_n(x)$는

$$y_n(x) = u_n(x) + \ell(x) \tag{15.55}$$

으로 주어진다. 미분방정식이 복잡하면, a_j에 대한 연립방정식을 구성하는 것이 시간이 많이 소요 될 수 있으나, 그러한 과정은 자동화되어야 한다.

연습문제 15.5.2

다음 연습문제에서 근사를 위해 모자 함수를 이용하라.

1. 미분방정식

$$y'' + xy = x^3 - 4/x^3, \quad y(1) = -1, \quad y(2) = 3$$

에 대한 해는 $y = x^2 - 2/x$ 이다.

(a) $n = 3$으로 해서 $y_3(x)$를 구하라.

(b) 같은 축에 $y_3(x)$와 $y(x)$의 그래프를 그려라.

(c) $x = 1.25$, $x = 1.5$와 $x = 1.75$에서 절대 오차와 백분율 오차를 비교함으로써 근

사해를 실제 해와 비교하라.

2. $h = 0.25$로 슈팅법을 이용하여 연습문제 1을 풀고, 이 결과를 유한요소법으로 구한 연습문제 1의 결과와 비교하라.

3. 아래 문제를 유한요소법과 슈팅법으로 풀라.

$$y'' - x^2 y = e^{2x}, \quad y(0) = y(1) = 0$$

처음에는 $n + 1 = 10$ 즉, $h = 0.1$로 하고 다음으로 $n + 1 = 20$ 즉, $h = 0.05$로 한다. 어느 방법이 가장 좋다고 생각하는가? 이유는?

4. 마지막 두 개의 절 전체에 걸쳐서, 유일 해가 존재한다고 묵시적으로 가정하였다. 그러나 항상 그렇지는 않다. 다음 문제를 생각해 보자.

$$y'' + y = 0, \quad y(0) = y(\pi) = 0$$

C가 임의의 상수인 $y = C \sin x$ 형태의 무한히 많은 해가 존재한다. 그럼에도 불구하고 이 문제를 유한요소법으로 풀라. n 값을 점점 더 크게 취하라. 행렬의 고유값을 상기해 보라.

5. 미분방정식

$$y'' - xy + \lambda y = 0, \quad y(0) = y(1) = 0$$

의 가장 작은 고유값에 대한 근사값과 대응되는 고유함수를 구하는 데에 유한요소법을 이용하라.

15장 응용문제

1. 초기온도 $f(x) = 100 - x$ $(0 \le x \le 100)$로 가열된 길이 100 cm인 균질의 철 막대를 생각해 보자. 시간 $t = 0$에서 측면은 단열되어 있고 막대의 왼쪽 끝은 30^0C로 유지되는 오일 저장기에 담가져 있다. 한편 오른쪽 끝은 온도 70^0C가 유지된다. 철의 열전도도 $\alpha = 0.15$ cm^2/sec 이다. $h = 10$ i n. 그리고 $\lambda = \alpha\, 2k/h^2 = 0.5$가 되는 적절한 k 값을 이용하라. 5개 시간 단계까지의 해를 계산하라.

2. 두께 2 cm인 대형 강판이 초기온도가 $0 \le x \le 1$이면 $f(x) = x$, 그리고 $1 \le x \le 2$ 이면 $f(x) = 2 - x$가 되도록 가열되고 있다. 판의 양면은 0^0C를 유지하고 있다. 강의 열전도도 $\alpha = 0.15$ cm^2/sec 이다. 면에 수직방향으로의 열 흐름에 비해 측면방향으로의 열 흐름은 무시할 수 있다고 가정하라. 5개 시간 단계까지의 해를 계산하기 위해 $h =$

0.25 in 로 한 열 방정식, 그리고 $\lambda = \alpha\, 2k/h^2 = 0.5$가 되는 적절한 k 값을 이용하라.

3. 파동 방정식

$$u_{xx} = u_{tt}, \quad 0 < x < 4, \quad t > 0$$

을 풀어라. 경계조건은

$$u(0,t) = 0, \quad u(4,t) = 0 \quad t > 0$$

이고, 초기조건은

$$u(x,0) = 0, \quad 0 \le x \le 4$$

$$\frac{\partial u(0,0)}{\partial t} = \begin{cases} 0 & 0 \le x < 1 \\ 4 & 1 \le x \le 1.5 \\ 0 & 1.5 < x < 3 \\ -4 & 3 \le x \le 3.5 \\ 0 & 3.5 < x \le 4 \end{cases}$$

이다.

$x = 0$와 $x = 4$에서 핀으로 고정된 줄의 총에너지는 운동에너지와 위치에너지로 구성되고 임의의 시간 t에서

$$E(t) = \frac{1}{2}\int_0^4 \left[\left(\frac{\partial u(x,t)}{\partial t}\right)^2 + \left(\frac{\partial u(x,t)}{\partial x}\right)^2\right] dx$$

이다. 초기에 $u(x, 0) = f(x)$이고 $\partial u(x, 0)/\partial t = g(x)$이면, 초기 에너지는

$$E(0) = \frac{1}{2}\int_0^4 \left[(g(x))^2 + (f'(x))^2\right] dx$$

이다. 모든 t에 대해 $E(t) = E(0)$이면, 에너지는 보존적이다.

참고문헌

[1] AKAI, T.J., *Applied Numerical Methods for Engineers*, John Wiley & Sons, New York, 1993.

[2] ALEFRED, G., and J. HERZBERGER, *Introduction to Interval Computations*, Academic Press, New York, 1983.

[3] AYYUB, B.M., and R.H. McCUEN, *Numerical Methods for Engineers*, Prentice-Hall, Upper Saddle River, NJ, 1996.

[4] BIRKHOFF, G., and G.C. ROTA, *Ordinary Differential Equations*, John Wiley & Sons, New York, 1978.

[5] BRACEWELL, R.N., *The Fourier Transform and Its Applications*, McGraw-Hill, New York, 1978.

[6] BRENT, R.P., *Algorithms for Minimization without Derivatives*, Prentice-Hall, Englewood Cliffs, NJ, 1973.

[7] BURDEN, R.L., and J.D. FAIRS, *Numerical Analysis*, Fourth Ed. PWS-KENT Publishing Comp., Boston, MA., 1988.

[8] CARNAHAN, B., H.A. LUTHER, and J.O. WILKES, *Applied Numerical Methods*, John Wiley & Sons, New York, 1969.

[9] CHAPRA, S.C., *Numerical Methods for Engineers: With Personal Computer Applications*, McGraw-Hill, New York, 1985.

[10] CHENEY, W., and D. KINCAID, *Numerical Mathematics and Computing*, 4th ed. Brooks/Cole Publishing Comp., New York, 1999.

[11] DE BOOR, C., and S.D. CONTE, *Elementary Numerical Analysis*, McGraw-Hill, New York, 1980.

[12] DAHLQUIST, G., and A. BJORCK, *Numerical Methods*, Prentice-Hall, Englewood Cliffs, NJ, 1974.

[13] DATTA, B.N., *Numerical Linear Algebra and Applications*, Brooks/Cole, Pacific Grove, CA, 1995.

[14] DAVIS, P.J., and P. RABINOWITZ, *Methods of Numerical Integration*, Academic Press, New York, 2nd ed., 1984.

[15] ELJINDI, M., and A. KHARAB, *The Quadratic Method for Computing the Eigenpairs of a Matrix*, IJCM 73, 530, 2000.

[16] EVANS, G., *Practical Numerical Analysis*, John Wiley & Sons, Chichester, England, 1995.

[17] FAUSETT, L.V., *Applied Numerical Analysis Using MATLAB*, Prentice-Hall, Upper Saddle River, NJ, 1999.

[18] FORSYTHE, G.E., M.A. MALCOLM, and C.B. MOLER, *Computer Methods for Mathematical Computations*, Prentice-Hall, Englewood Cliffs, NJ, 1977.

[19] GERALD, C.F., and P.O. WHEATLEY, *Applied Numerical Analysis*, Addison-Wesley, Reading, MA, 1989.

[20] GILL, P.E., W. MURRAY, and M.H. WRIGHT, *Numerical Linear Algebra and Optimization*, volume 1, Addison-Wesley, Redwood City, CA, 1991.

[21] GOLUB, G., and C. VAN LOAN, *Matrix Computations*, Johns Hopkins Press, Baltimore, 1983.

[22] GOLUB, G., and J. M. ORTEGA, *Scientific Computing and Differential Equations: An Introduction to Numerical Methods*, Academic Press, Inc., Boston, 1992.

[23] GREENSPAN, D., and V. CASULLI, *Numerical Analysis for Applied Mathematics, Science and Engineering*, Addison-Wesley, New York, 1988.

[24] HAGEMAN, L.A., and D.M. YOUNG, *Applied Iterative Methods*, Academic Press, New York, 1981.

[25] HAGER, W.W., *Applied Numerical Linear Algebra Methods*, Prentice-Hall, Englewood Cliffs, NJ, 1988.

[26] HANSELMAN, D., and B. Littlefield, *Mastering MATLAB 5: A Comprehensive Tutorial and Reference*, Prentice-Hall, Upper Saddle River, NJ, 1998.

[27] HOFFMAN, J.D., *Numerical Methods for Engineering and Scientists*, McGraw-Hill, New York, 1992.

[28] HEATH, M.T.,*Scientific Computing: An Introductory Survey*, McGraw-Hill, New York, 1997.

[29] HORN, R.A., and C.R. JOHNSON, *Matrix Analysis*, Cambridge University Press, Cambridge, 1985.

[30] HULTQUIST, P.F., *Numerical Methods for Engineers and Computer Scientists*, Benjamin/Cummings Publishing Comp., CA, 1988.

[31] INCROPERA, F.P., and D.P. DeWITT, *Introduction to Heat Transfer*, Wiley, New York, 2nd ed., 1990.

[32] ISAACSON, E., and H.B. KELLER, *Analysis of Numerical Methods*, Wiley, New York, 2nd ed., 1990.

[33] JOHNSTON, R.L., *Numerical Methods: A Software Approach*, John Wiley & Sons, New York, 1982.

[34] KAHANER, D., C. MOLER, and S. NASH, *Numerical Methods and Software*, Prentice Hall, Englewood Cliffs, NJ, 1989.

[35] KERNIGHAN, B.W., and R. PIKE, *The Practice of Programming*, Addison-Wesley, Reading, MA, 1999.

[36] KINGS, J.T., *Introduction to Numerical Computation*, McGraw-Hill, New York, 1984.

[37] LAMBERT, J.D., *Numerical Methods for Ordinary Differential Systems*, John Wiley & Sons, Chichester, 1991.

[38] LAMBERT, J.D., *The Initial Value Problem for Ordinary Differential Equations*, The state of the art in numerical analysis, D. Jacobs, editor. Academic Press, New York, 1977.

[39] LAWSON, C. L., and R.J. HANSON, *Solving Leclsi-Squares Problems*, Prentice Hall, Englewood Cliffs, NJ, 1974.

[40] LINDFIELD, G.R., and J.E.T. PENNY, *Microcomputers in Numerical Analysis*, Ellis Horwood, Chichester, 1989.

[41] MARCHAND, P., *Graphics and GUIs with MATLAB*, CRC Press, Boca Raton, FL, 3rd ed., 2008.

[42] MARON, M.J., and R.J. LOPEZ, *Numerical Analysis: A Practical Approach*, 3rd ed. Wadsworth, Belmont, CA, 1991.

[43] MATHEWS, H., and K. D. FINK, *Numerical Methods Using MATLAB*, Prentice Hall, Upper Saddle River, NJ, 3rd ed., 1999.

[44] MATHEWS, J.H., *Numerical Methods for Mathematics, Science, and Engineering*, 2nd ed. Prentice-Hall International, Englewood Cliffs NJ, 1992.

[45] McNEARY, S.S., *Introduction to Computational Methods for Students of Calculus*, Prentice-Hall, Englewood Cliffs. NJ, 1973.

[46] MILLER, W., *The Engineering of Numerical Software*, Prentice Hall, Englewood Cliffs, NJ, 1984.

[47] MILLER, W., *A Software Tools Sampler*, Prentice-Hall, Englewood Cliffs, NJ, 1987.

[48] MOOR, R.V., *Interval Analysis*, Prentice-Hall, Englewood Cliffs, NJ, 1966.

[49] MORRIS, J.L., *Computational Methods in Elementary Theory and Application of Numerical Analysis*, John Wiley & Sons, New York, 1983.

[50] ORTEGA, J.M., and W.G. POOLE, Jr., *An Introduction to Numerical Methods for Differential Equations*, Pitman Press, Marshfield, MA, 1981.

[51] POLKING, J.C., *Ordinary Differential Equations Using MATLAB*, Prentice-Hall, Englewood Cliffs, NJ, 1995.

[52] RAMIREZ, R.W., *The FFT, Fundamentals and Concepts*, Prentice-Hall, Englewood Cliffs, NJ, 1985.

[53] RATSCHEK, H., *Uber Einige Intervallarithmetische Grundbegriffe*, Computing 4, 43, 1969.

[54] RICE, J.R., *Numerical Methods, Software, and Analysis*, IMSL Reference Edition, McGraw-Hill, New York, 1983.

[55] SCHIAVONE P., C. COUTANDA, and A. MIODUCHAWSKI, *Integral Methods in Science and Engineering*, Birkhauser, Boston, 2002.

[56] SCHWARTZ, H.R., *Numerical Andlysis: A Comprehensive Introduction*, Wiley, New York, 1989.

[57] SHAMPINE, L.F., R.C. ALLEN, and S. PRUESS Jr., *Fundamentals of Numerical Computing*, John Wiley & Sons, New York, 1997.

[58] SHAMPINE, L., and M.W. REICHELT, *The MATLAB ODE suite*, SIAM Journal on Scientific Computing 18(1), pp. 1-22, Jan 1997.

[59] SHINGAREVA, I., and C. LIZARRAGA-CELAYA, *Solving Nonlinear Partial Differential Equations with Maple and Mathematica*, Springer, Wien, New York, 2011.

[60] STOER, J., and R. BULIRSCH, *Introduction to Numerical Analysis*, Springer-Verlag, New York, 1993.

[61] The MATHWORKS, Inc., *Using MATLAB*, The Mathworks, Inc., Natick, MA, 1996.

[62] The MATHWORKS, Inc., *Using MATLAB Graphics*, The Mathworks, Inc., Natick, MA, 1996.

[63] The MATHWORKS, Inc., *MATLAB Language Reference Manual*, The Mathworks, Inc., Natick, MA, 1996.

[64] TOURIN, A., *An Introduction to Finite Difference Methods for PDEs in Finance*, The Fields Institute, Toronto, 2010.

[65] TRICOMI, F.G., and C.H.H. BAKER, *Treatment of Inegral Equations by Numerical Methods*, Birkhauser, Boston, 2002.

[66] VARGA, R.S., *Matrix Iterative Analysis*, Prentice-Hall, Englewood Cliffs, NJ, 1962.

APPENDIX

A

미적분학 복습

우리는 독자들이 학부 미적분학에서 다루는 일반적인 주제들에 친숙하다고 가정한다. 참조의 목적으로서 본 부록은 극한, 연속, 미분, 적분의 주제에 대한 미적분학 결과의 요약을 제공 한다. 이 결과의 증명들은 거의 모든 미적분학 책에서 찾을 수 있다.

A.1 극한 및 연속성

정의 A.1 함수 f는 어떤 개구간에서 정의 되었고 L은 실수라고 하자.
임의의 양수 $\epsilon > 0$ 에 대해, 어떤 양수 $\delta > 0$ 가 존재해서

$$\textit{if} \quad 0 < |x - a| < \delta, \qquad \textit{then} \quad 0 < |f(x) - L| < \epsilon.$$

을 만족 할 때, 우리는

$$\lim_{x \to a} f(x) = L$$

라고 쓴다.

정의 A.2 만약 함수 f가 다음의 세 가지 조건을 만족한다면 함수 f는 연속이다.

(a) f는 $x=0$에서 정의된다.

(b) $\lim_{x \to a} f(x)$가 존재한다.

(c) $\lim_{x \to a} f(x) = f(a)$

정리 A.1

다항식 함수 f는 실선의 모든 점에서 연속이다.

정리 A.2

함수 f는 구간 $[a, b]$에서 연속이라고 하자. 그러면 $f(x)$는 $[a, b]$에서 함수의 최대값과 최소

값을 가진다고 가정한다; 즉 모든 $x \in [a, b]$에 대해서

$$f(x_1) \le f(x) \le f(x_2)$$

를 만족하는 x_1 ,$x_2 \in [a, b]$가 존재한다.

A.2 미분

정의 A.3 함수f의 도함수는, 다음 식에서 극한이 존재할 때 정의되는 함수 f'이다.

$$f'(x) = \lim_{h \to 0} \frac{f(x+h) - f(x)}{h}$$

예를 들어, $f(x) = \sqrt{x}$라고 하자. 만약 $x > 0$ 이면,

$$\begin{aligned} f'(x) &= \lim_{h \to 0} \frac{\sqrt{x+h} - \sqrt{x}}{h} \\ &= \lim_{h \to 0} \frac{\sqrt{x+h} - \sqrt{x}}{h} \cdot \frac{\sqrt{x+h} + \sqrt{x}}{\sqrt{x+h} + \sqrt{x}} \\ &= \lim_{h \to 0} \frac{1}{\sqrt{x+h} + \sqrt{x}} = \frac{1}{2\sqrt{x}}. \end{aligned}$$

정리 A.3

다항식 함수 f는 실선의 모든 점에서 미분가능하다.

정리 A.4

만약 함수 f가 x=a에서 미분가능하다면, f는 a에서 연속이다.

A.3 적분

정리 A.5 (미적분의 기본 이론)

f가 폐구간 $[a, b]$에서 연속이라고 가정하자.

1부: 함수 F가 $[a, b]$에서

$$F(x) = \int_a^x f(t)\, dt,$$

같이 정의 되었다면, f는 $[a, b]$에서 모든 x에 대해 f의 역도함수이다.

2부: 함수 G가 $[a,\ b]$에서 f의 어떤 역도함수라면,

$$\int_a^b f(x)\,dx = G(b) - G(a)$$

이다.

예를 들어

$$\int_1^4 \sqrt{x}\,dx = \left[\frac{2}{3}\,x^{3/2}\right]_1^4 = \frac{2}{3}\,(4)^{3/2} - \frac{2}{3}\,(1)^{3/2} = \frac{14}{3}$$

정리 A.6 (적분에 대한 첫 번째 평균값 정리)

만약 함수 f가 $[a,\ b]$에서 연속이라면, 개구간 $(a,\ b)$에서 적어도 한 개의 수 xi 에 대해

$$\int_a^b f(x)\,dx = f(\xi)(b-a)$$

예를 들어

$$\int_0^3 x^2\,dx = 9 = f(\xi)(3-0) = 3\,\xi^2.$$

이것은 $\xi = \sqrt{3} \in (0,3)$ 가 정리의 결론을 만족한다는 것을 의미한다.

정리 A.7 (적분에 대해 두 번째 평균값 정리)

만약 함수 f가 $[a,b]$에서 연속이고 함수 $g\ (x)$가 구간 $[a,b]$에서 일정한 부호를 가진다면, 개구간 (a,b)에서 적어도 한 개의 수 xi 에 대해

$$\int_a^b f(x)\,g(x)\,dx = f(\xi)\int_a^b g(x)\,dx$$

정리 A.8

f가 $[a,b]$에서 연속이고 $a \le c \le b$라고 하자. 그러면, $[a,b]$에 있는 모든 x에 대해

$$\frac{d}{dx}\int_c^x f(t)\,dt = f(x)$$

정리 A.8 (부분 적분)

$u(x)$와 $v(x)$를 연속적인 도함수를 가지는 실수값 함수라고 하자. 그러면

$$\int u'(x)\,v(x)\,dx = u(x)v(x) - \int u(x)\,v'(x)\,dx.$$

예를 들어

$$\int xe^x\,dx = xe^x - \int e^x\,dx = xe^x - e^x + C.$$

아래의 목록은 주제별로 묶은 MATLAB 내장함수들의 일부분 이다.

MATLAB 내장함수

특수 행렬

diag	대각(diagonal)
eye	동일(identity)
hadamard	하다마르(Hadamard)
hankel	한켈(Hankel)
hilb	힐버트(Hilbert)
invhilb	역 힐버트(inverse Hilbert)
linspace	선형 등간격 벡터(linearly spaced vectors)
logspace	대수적 등간격 벡터(logarithmically spaced vectors)
magic	마방진(magic square)
meshdom	메시점들에 대한 영역(domain for mesh points)
ones	상수 (행렬, constant)
pascal	파스칼(Pascal)
rand	무작위 성분(random elements)
toeplitz	테플리츠(Toeplitz)
vander	반데몬드(Vandermonde)
zeros	영(zero)

함수의 근

fzero	함수의 영(zeros of a function)
roots	다항식의 근(roots of a polynomial)

보간

spline	삼차 스플라인(cubic spline)
table1	1차원 표 순람(1-D table look-up)
table2	2차원 표 순람(2-D table look-up)
interp1	1차원 보간(interpolation 1-D)

수치적분

quad	수치 함수 적분(numerical function integration)
quad1	수치 함수 적분(numerical function integration)

미분방정식 해

ode23	2차 3차 룬게-쿠타 법(2nd and 3rd order Runge-Kutta method)
ode45	4차 5차 룬게-쿠타 펠버그 법(4th and 5th order Runge-Kutta-Fehlberg method)
ode15s	ODE의 수치 함수(Numerical function of ODE)
ode113	ODE의 수치 함수(Numerical function of ODE)
ode23s	ODE의 수치 함수(Numerical function of ODE)
ode23t	ODE의 수치 함수(Numerical function of ODE)

그래프 문서

plot	선형 X−Y 그리기(linear X-Y plot)
loglog	대수대수 X−Y 그리기(loglog X-Y plot)
semilogx	반대수 X−Y 그리기(semi-log X-Y plot)
semilogy	반대수 X−Y 그리기(semi-log X-Y plot)
polar	극좌표 그리기(polar plot)
mesh	3차원 메시 면(3-dimensional mesh surface)
contour	등고선 그리기(contour plot)
meshdom	메시 그리기에 대한 영역(domain for mesh plots)
bar	막대 도표(bar charts)
stairs	계단형 그래프(stairstep graph)
errorbar	오차 막대 더하기(add error bars)

기본 수학 함수

abs	절대값 혹은 복소수 크기(absolute value or complex magnitude)
angle	위상 각(phase angle)
sqrt	제곱 근(square root)
real	실수 부(real part)
image	허수 부(imaginary part)
conj	켤레 복소수(complex conjugate)
round	가장 가까운 정수로 만들기(round to nearest integer)
fix	영을 향하여 정수로 만들기(round toward zero)
floor	음의 무한대를 향하여 정수로 만들기(round toward $-\infty$)
ceil	양의 무한대를 향하여 정수로 만들기(round toward ∞)
sign	부호 함수(signum function)
rem	나머지(remainder)
exp	지수 밑 e(exponential base e)
log	자연 대수(natural logarithm)
log10	대수 밑 10(log base 10)

문자와 문자열

abs	문자열을 아스키값으로 변환(convert string to ASCII values)
eval	문자 매크로를 계산(evaluate text macro)
num2str	수를 문자열로 변환(convert number to string)
int2str	정수를 문자열로 변환(convert integer to string)
setstr	문자배열로 변환(set flag indicating matrix is a string)
sprintf	수를 문자열로 변환(convert number to string)
isstr	문자열 변수를 감지(detect string variables)
strcomp	문자열 변수를 비교(compare string variables)
hex2num	16진수 문자열을 숫자로 변환(convert hex string to number)

제어 흐름

if	조건 수행문(conditionally execute statements)
elseif	if 와 함께 사용됨(used with if)
else	if 와 함께 사용됨(used with if)
end	if, for, while을 종료(terminate if, for, while)
for	선언문을 여러 회 반복(repeat statements a number of times)
while	while을 수행(do while)
switch	표현을 교환(switch expression)
break	for와 while 순환을 벗어남(break out of for and while loops)
return	함수로부터 돌아옴(return from functions)
pause	키 입력 까지 잠시 멈춤(pause until key pressed)

프로그램과 M파일

input	자판으로부터 숫자를 받음(get numbers from keyboard)
keyboard	M파일로서 자판을 소환(call keyboard as M-file)
error	오차 메시지를 보임(display error message)
function	함수를 정의(define function)
eval	변수에서 문자를 해석(interpret text in variables)
feval	문자열로 주어진 함수를 계산(evaluate function given by string)
echo	명령문이 보이도록 함(enable command echoing)
exist	변수가 존재하는지 점검(check if variables exist)
casesen	케이스 민감도 설정(set case sensitivity)
global	포괄적인 변수 정의(define global variables)
startup	M파일 시작(startup M-file)
getenv	환경 문자열 받음(get environment string)
menu	메뉴로부터 항목 선택(select item from menu)
etime	경과 시간(elapsed time)

분해와 인수분해

backsub	후방 대입(back substitution)
chol	콜레스키 인수분해(Cholesky factorization)
eig	고유값과 고유벡터(eigenvalues and eigenvectors)
inv	역(inverse)
lu	가우스소거로부터의 인자들(factors from Gaussian elimination)
nnls	음이아닌 최소 제곱(nonnegative least squares)
orth	직교화(orthogonalization)
qr	직교 삼각 분해(orthogonal-triangular decomposition)
rref	열 사다리꼴 형태로 환원(reduced row echelon form)
svd	특이값 분해(singular value decomposition)

MATLAB 함수

본 부록에서는 본문에서주어진 모든 MATLAB 함수들을 나열한다. 이 함수들은 책 표지에 붙은 CD 롬에 포함되어 있다.

MATLAB함수	정의	절
abash	차수 2,3,4의 애덤스 배쉬포드	12.6
amoulton	애덤스2멀턴 법	12.8
bisect	이분법	3.1
derive	미분	9.2
euler	오일러 법	12.1
explsqr	지수함수 최소자승 접합	7.3.1
falsep	가위치법	3.2
fibonacci	피보나치 검색법	8.2.3
finitediff	유한차 법	13.1
fixed	고정점 반복	3.6
fredholmTrapez	적분방정식	11.2
fredholmGN45	적분방정식	11.2b
gaussel	크기조정 피봇 가우스 소거	4.3
gauss_quad	가우스 구적법	10.4
golden	황금 분할 검색	8.2.2
heat	포물선 D.E., 양해법	15.1.1
heat_crank	포물선 D.E., 음해법	15.1.215.2
hyperbolic	쌍곡선 미분 방정식	7.3.2
hyplsqr	쌍곡선형 최소자승 접합	4.5.1
jacobi	야코비 반복	5.4
lagrange	라그랑주 보간 다항식	15.3
laplace	라플라스 방정식	7.1
linlsqr	최소자승 접합, 선형	13.2
lshoot	선형 발사 함수	4.4
lufact	LU 분해	12.4
midpoint	중간점 방법	3.4
newton	뉴턴법	3.8

MATLAB함수	정의	절
newton_sys	시스템에 대한 뉴턴법	3.7
newton2	다중근에 대한 뉴턴법	5.2
newtondd	보간, 뉴턴 차분	5.2
ngaussel	단순 가우스소거법	4.2
parabint	연속 포물선형 보간	8.2.4
polylsqr	다항식 최소자승 접합	7.2
rk2_4	2차 , 4차 룬게-쿠타법	12.4
romberg	롬베르그 적분	10.3
secant	할선법	3.5
seidel	가우스-자이델 반복	4.5.2
simpson	심프슨 규칙	10.2
spl1	선형 스플라인	6.1
spl2	2차 스플라인	6.2
spl3	3차 스플라인	6.3
sys_rk4	미분방정식 시스템	12.11
trapez	사다리꼴 식	10.1
VolterraEuler	적분 방정식	11.5a
VolterraHeun	적분 방정식	11.5b

APPENDIX

D

MATLAB GUI

본 부록에서 우리는 MATLAB 그래픽 기능 사용자 인터페이스(GUI)의 사용을 보이기 위해 책의 몇 가지 MATLAB 함수를 작동시킬 것이다. 구이를 소개하는 주된 이유는 학생들이 더 쉽게 MATLAB 함수를 작동시키게 하는 것이다. 책에서 제공하는 CD의 "NMETH" 디렉토리에 있는 "SUN Package readme"파일을 통해서, MATLAB CUI를 사용하여 책에 있는 M함수를 사용하는데 대한 더욱 자세한 설명을 얻을 수 있다.

D.1 방정식의 근

예제 D.1 함수 $f(x) = x^3 - x^2 - 1$은 [1, 2]에서 정확히 한 개의 영 값을 가진다. 이분법 알고리즘을 사용하여 10^{-4}내에서 f의 영값을 근사하여라.

다음의 예제를 푸는 것으로 시작 한다:

MATLAB을 열고 현재 디렉토리가 NMETH (책에서 제공된 CD에 있음)임을 확인하라. 명령창에서 다음을 입력하여서

```
>> sun
```

그림 D.1(a)에 있는 창을 가져오라. 그림 D.1(b)에 있는 결과를 얻기 위해, 다음의 단계를 따르라.

* 윈도우 메뉴에서 tool을 선택하라.

* 각 장의 목록에서

Root Finding

Linear Equations

Interpolation

Integration

Ordinary Differential Equations (IVP)

Ordinary Differential Equations (BVP)

Partial Differential Equations (PDE)

Least-Squares Method

Differentiation

Root Finding를 선택하라.

* Algorithm 옆의 팝업 메뉴로부터 bisection을 선택하라.
* Name 옆에 있는 문자 박스에 어떠한 이름, 예를 들어 bis1, 을 입력하라.
* 데이터를 입력하라. 함수 x^3−x^2−1, 영역 1 to 2, 그리고 허용오차 10^(−4).

마지막으로 Add Set 버튼을 한번 클릭하고 Data Set 팝업 메뉴로부터 bis1을 선택하여서 그림 D.1(b)와 같은 결과와 MATLAB의 주창에서 MATLAB 함수 bisect.m의 출력을 얻는다.

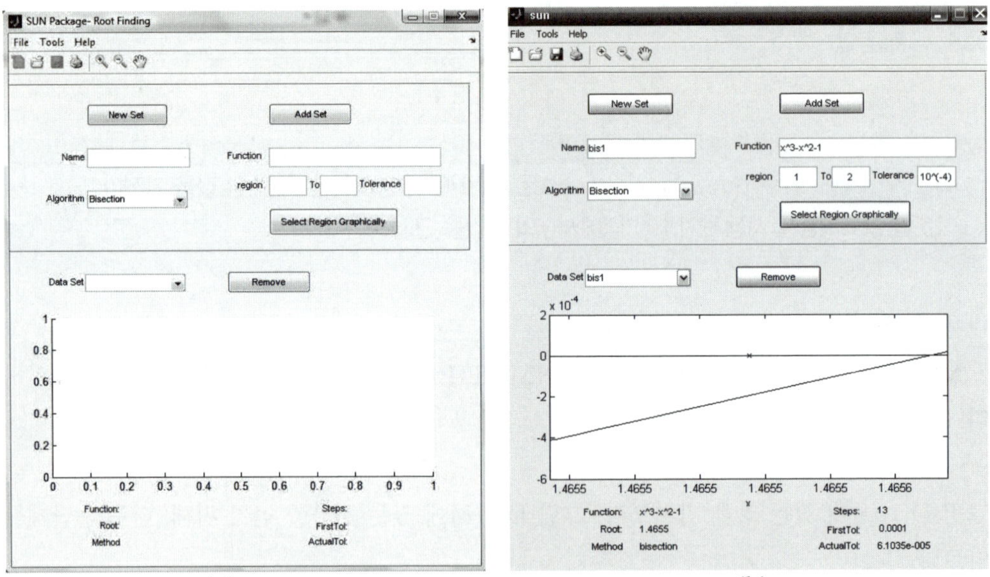

(a) (b)

그림 D.1 MATLAB GUI: 이분법.

D.2 선형방정식 시스템

예제 D.2 단순 가우스소거법과 가우스자이델법을 사용하여 방정식의 시스템을 풀어라.

$$\begin{bmatrix} 4 & 1 & 1 & 1 \\ 2 & 8 & 1 & 5 \\ -1 & 1 & -5 & 3 \\ 3 & 1 & 2 & -7 \end{bmatrix} \begin{bmatrix} x_1 \\ x_2 \\ x_3 \\ x_4 \end{bmatrix} = \begin{bmatrix} 4 \\ 3 \\ -2 \\ 1 \end{bmatrix}.$$

GUI를 사용하여 얻은 결과가 그림 D.2와 같다.

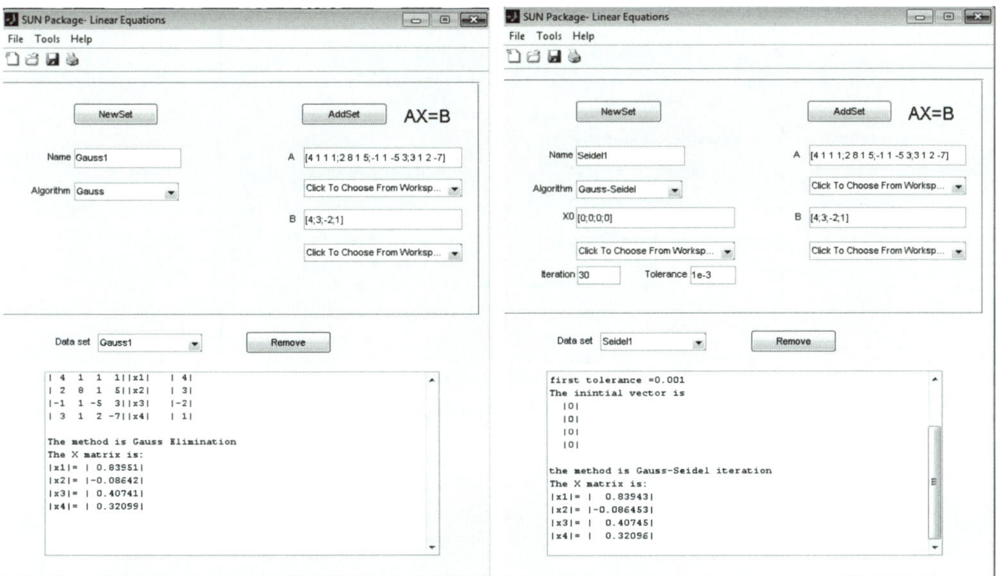

(a) (b)

그림 D.2 (a) 단순가우스소거법; (b) 가우스자이델법

D.3 보간법

예제 D.3 다음 데이터에 대해서 뉴턴의 보간다항식을 구하라.

x	1	2	3	4	5	6	7	8	9	10
y	3	10	21	36	55	78	105	136	171	210

GUI를 사용하여 얻은 결과는 그림 D.3과 같다.

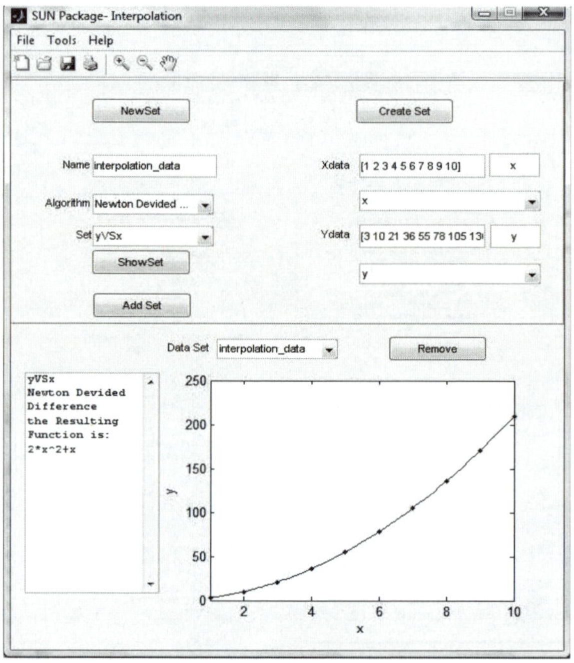

그림 D.3 뉴턴 차분

D.4 최소자승법

예제 D.4 다음표의 값을 접합하는 2차 최소자승 다항식을 구하라.

x	1	2	3	4	5	6	7	8	9	10
y	6	9	14	21	30	41	54	69	86	105

GUI를 사용하여 얻은 결과는 그림 D.4와 같다.

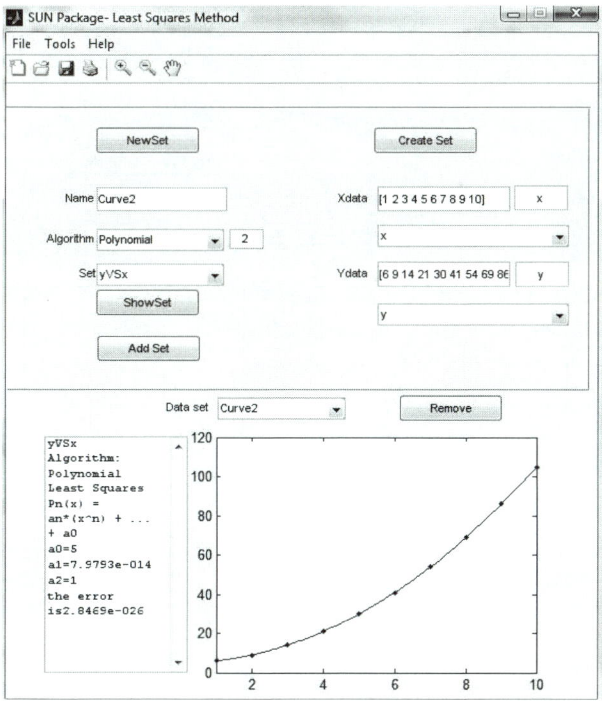

그림 D.4 최소자승법

D.5 적분

예제 D.5 심프슨 방법을 사용하여 $\int_0^1 \sin x^2 dx$ 의 근삿값을 구하라.

GUI를 사용하여 얻은 결과는 그림 D.5와 같다.

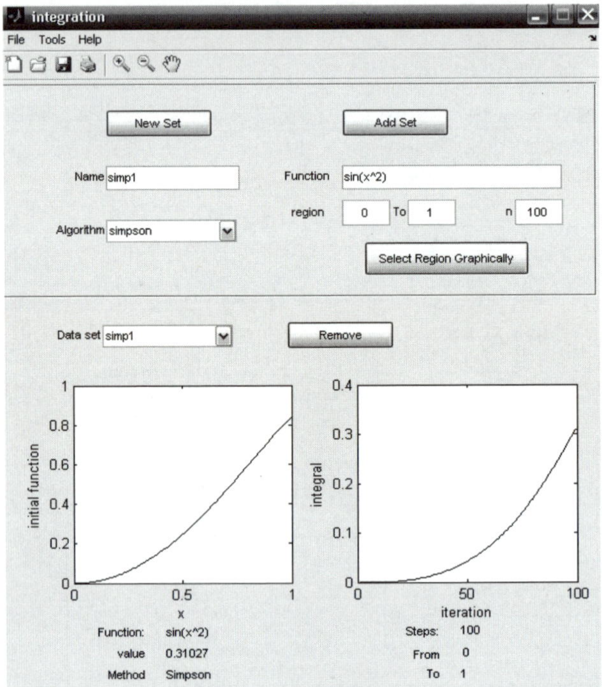

그림 D.5 심프슨 방법

D.6 미분

예제 D.6 주어진 $f(x)=ex$과 $h=$ 0.25에 대해, D6,6을 계산하여 $f'(1)$ 을 근삿값을 구하라.

GUI를 사용하여 얻은 결과는 그림 D.6와 같다.

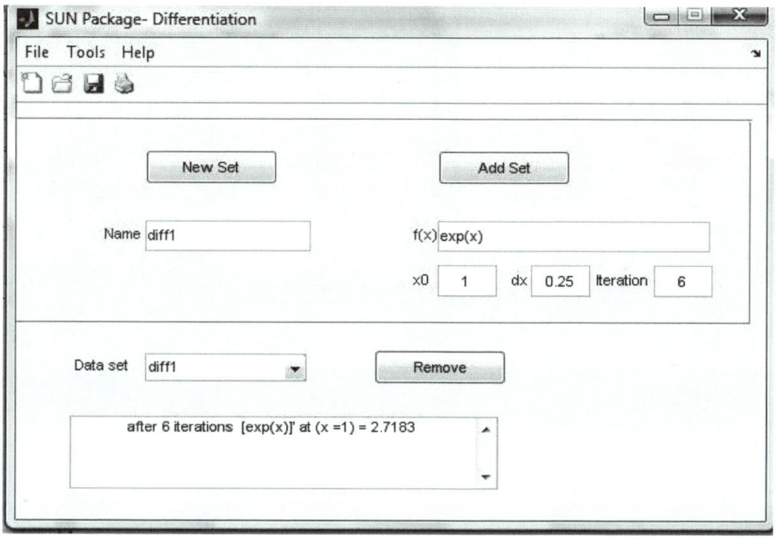

그림 D.6 롬버그 방법

D.7 미분방정식 수치 계산법

예제 D.7 초기값 문제를 풀어라.

$$\frac{dy}{dt} = 2t - y, \quad y(0) = -1$$

$N=$ 10을 사용하여 $t=$ 1에서 y값을 근사하기 위해서 중간점 방법을 사용하라.

GUI를 사용하여 얻은 결과는 그림 D.7(a)와 같다.

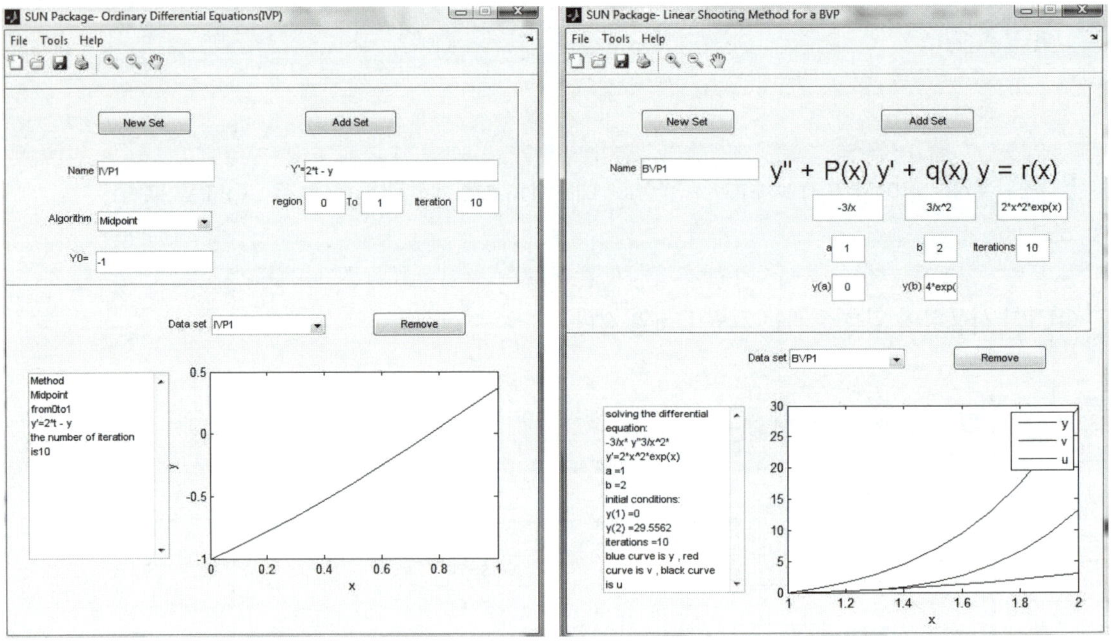

(a) (b)

그림 D.7 (a) 중간점 방법;(b) 유한차 방법

D.8 경계값 문제

예제 D.8 다음의 경계값 문제를 풀어라.

$$y'' - \frac{3}{x}y' + \frac{3}{x^2}y = 2x^2\exp(x)$$

$$y(0) = 0 \quad \text{그리고} \quad y(1) = 4\exp(2)$$

$h = 0.1$로 하여 유한차분 방법을 사용하라.

GUI를 사용하여 얻은 결과는 그림 D.7(b)과 같다.

D.9 편미분 방정식 수치계산법

예제 D.9 다음의 열 방정식(heat equation)을 풀어라.

$$\frac{\partial^2 u}{\partial x^2} = \frac{\partial u}{\partial t}, \quad 0 < x < 1, \quad 0 < t < 0.5$$

초기조건 및 경계 조건은 다음과 같다.

$$u(x,0) = \sin \pi x, \quad 0 \le x \le 1$$
$$u(0,t) = u(1,t) = 0, \quad 0 \le t \le 0.5$$

크랭크-니컬슨 방법을 사용하라.

GUI를 사용하여 얻은 결과는 그림 D.8(a)와 같다.

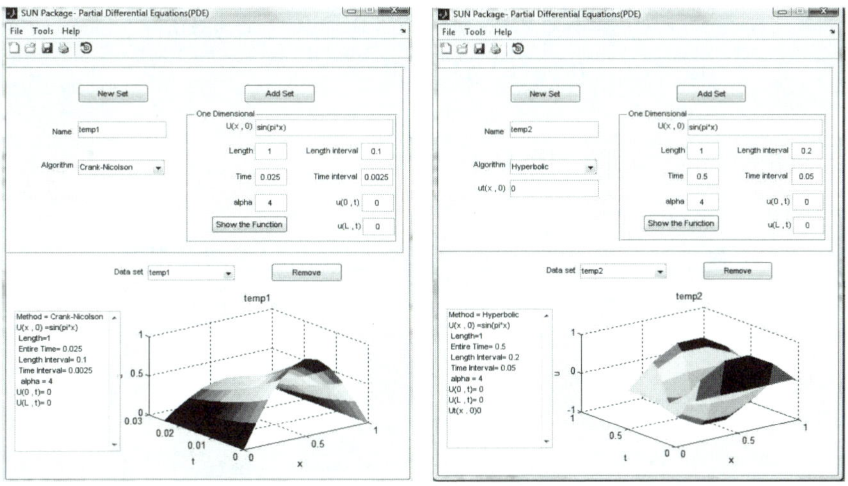

(a) (b)

그림 D.8 (a) 크랭크 니컬슨 방법;(b) 양해 3준위 차분 방법(explicit three-level difference method)

예제 D.10 다음의 파동 방정식의 해를 근사하라.

$$16u_{xx} = u_{tt}, \quad 0 < x < 1, \quad t > 0,$$

조건은 다음과 같다.

$$\begin{aligned} u(0,t) = u(1,t) = 0, &\quad t > 0, \\ u(x,0) = \sin \pi x, &\quad 0 \le x \le 1, \\ u_t(x,0) = 0, &\quad 0 \le x \le 1. \end{aligned}$$

양해법을 사용하라.

GUI를 사용하여 얻은 결과는 그림 D.8(b)와 같다.

예제 D.11 MATLAB함수 laplace를 $n = 9$와 함께 사용하여서 사각영역 $0 < x < \pi <$ $0 < y < \pi$에서 라플라스방정식의 해를 근사하라.
경계 조건은 다음과 같다.

$$\begin{aligned} u(x,0) = 100,\ u(x,10) = 50, &\quad 0 \le x \le 10, \\ u(0,y) = 0,\ u(10,y) = 10 \sin x, &\quad 0 \le y \le 10 \end{aligned}$$

CUI를 사용하여 얻은 결과는 그림 D.9와 같다.

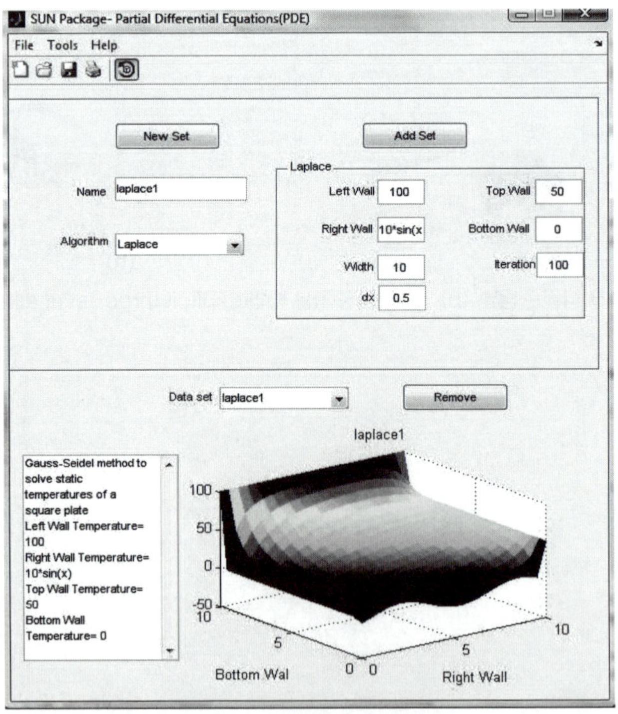

그림 D.9 타원형 편미분 방정식

연습문제 정답

CHAPTER 1

Section 1.3

2. (a) No (b) $c = 2/(3\sqrt{3})$ (c) No.
3. $\{\sqrt{3}\}$.
4. No.
5. $f(-0.88) \approx 2.381$.
7. $f(0.2) \approx 0.2426667$ for $n = 3$.
10. $\sqrt{e} \approx 1.6483475$.
14. $n = 7$, $n = 14$.
19. $\sin^2 x = x^2 - x^4/3 + 2x^6/45 - x^8/315 + O(x^{10})$.
20. (a) 0.946082766440
    (b) 0.239814814815
    (c) 1.317901815240
    (d) 3.059116423148

CHAPTER 2

Section 2.1

1. (a) $(0.110111) \times 2^2$ (b) $(0.1100111) \times 2^4$.
5. (a) -848 (b) 34.5 (c) -13824.
6. (a) $2^{-1022} \approx 2.2 \times 10^{-308}$,
    (b) $-(2 - 2^{-52})2^{1023} \approx -1.8 \times 10^{308}$,
    (c) $2 \cdot 2046 \cdot 2^{52} + 1 \approx 1.8 \times 10^{19}$.

Section 2.2

1. (a) (i) 2.083 (ii) 2.083,
   (b) (i) −0.1617 (ii) −0.1618,
   (c) (i) 1.143 (ii) 1.142.

3. (a) $7.571450291E-5$ (b) $1.051116167E-5$.

5. 10.51921875, 8.60.

8. (a) $149.85 < p < 150.15$,
   (b) $1498.5 < p < 1501.5$.

11. $a_2 = 50,000 + a_0$ and for all values of a_0 the result will always be $a_2 = 50,000$. The final value is independent of a_0 because of the large multiplier on a_1 compared to the precision of the computation.

Section 2.3

1. $e^x = 1 + x + \frac{x^2}{2!} + \frac{x^3}{3!} + \cdots$
   $e^{0.5} \approx 1.625$, error $= 0.0237213$.

2. −0.666667.

Section 2.4

2. (a) $[1, 4]$

3.

case	condition	result
1	$a > 0, c > 0$	$[ac, bd]$
2	$a > 0, d < 0$	$[bc, ad]$
3	$b < 0, c > 0$	$[ad, bc]$
4	$b < 0, d < 0$	$[bd, ac]$
5	$a < 0 < b, c > 0$	$[ad, bd]$
6	$a < 0 < b, d < 0$	$[bc, ac]$
7	$a > 0, c < 0 < d$	$[bc, bd]$
8	$b < 0, c < 0 < d$	$[ad, ac]$
9	$a < 0 < b, c < 0 < d$	$[ad, bc, ac, bd]$

4. (a) $[(1)(3), (2)(4)] = [3, 8]$,
   (b) $[(2)(-4), (-1)(-4)] = [-8, 4]$.

5. (c) $[-20, 35]$,
   (d) $[-4.4, 8.8]$,
   (e) $[-2, 2]$,
   (f) $[-6, 12]$,
   (g) $[-1, 0] + [-10, 15] = [-11, 15]$.

CHAPTER 3

Section 3.1

1. $x = 1.037055,\ n = 17.$
2. $x = 1.000012$ with $TOL = 10^{-4}$, iter. $= 13.$
4. $x = 1.388130.$
5. $x = 0.223632$ in $[0, 0.5]$ with $TOL = 10^{-3}$.
11. 50 or more.
12. Smallest integer $> \ln[(b-a)/\epsilon]/\ln 2.$

Section 3.2

1. $x = 1.037013$, iter. $= 4.$
2. $x = 0.999994668$ with $TOL = 10^{-4}$, iter. $= 7.$
3. $x = 0.2234256.$

Section 3.3

2. (a) $x = 3.000001$ (b) $x = -0.99999$ (c) no convergence.
3. (a) $x = 4.669565$ (c) $x = -2.7183971.$
4. (a) $g(x) = x^5 - 0.25,\ x = -0.25099,$
   (b) $g(x) = 2\sin x,\ x = 1.895490,$
   (c) $g(x) = \sqrt{3x+1},\ x = 3.30277,$
   (d) $g(x) = (2 - e^x + x^2)/3,\ x = 0.257531.$
9. (a) Diverge,
   (b) Converge.
14. For $p_0 = 1.5$ the sequence diverge, $p_0 = 2.5$ is slowly convergent to the unique fixed point 2. The Theorem does not hold because $g'(2) = 1.$

Section 3.4

1. $x = 0.11378.$
2. (a) $x = 0.260805$ (b) $x = 0.934929$ with $TOL = 10^{-6}$.
4. x_2 does not exist because $f(x_1) - f(x_2) = 0.$
5. $x = 3.999999.$
9. (a) $x_2 = 3.32258064516129032,\ x_3 = 3.30160226201696513,$

(b) $x_2 = 1.32791327913279133,\ x_3 = 1.324643265171403,$

(c) $x_2 = 0.614678899082568808,\ x_3 = 0.61738958600928762.$

Section 3.5

4. $x = 0.655318.$

5. $x = 0.444130$ with $x_0 = 0.5.$

6. $x = 3.715365$ with $x_0 = 4$ and $x = 2.630872$ with $x_0 = 3.$

9. $x = 0.73908511$ for the secant method and $x = 0.73908513$ for Newton's method.

11. $x = 0.2.$

14. $f(x) = 1/a$

20. Yes.

21. No, $f(x)$ oscillates with many points x_0 where $f'(x_0) = 0.$

Section 3.6

1. $x = 1.380278,$
   $0.269723, 1.014931$ for $n = 2,$
   $0.073836, 1.339098$ for $n = 3,$
   $0.007300, 1.508588$ for $n = 4.$

2. $x = 1.465571,$
   $0.215571, 0.772065$ for $n = 2,$
   $0.088947, 1.211811$ for $n = 3,$
   $0.023235, 1.010581$ for $n = 4.$

7. $x_{n+1} = x_n - (x_n^3 - 36)/3x_n^2$ is quadratically convergent to $\alpha = x_2 = 743/225 = 3.3022.$

8. Yes since $x_{n+1} = x_n^2.$

9. For $x = 1$, converges to $x = 0$ but convergence is slow since it is a triple root. For $x = 2$ convergence is quadratic; 5 iterations to converge to $x = 2.327807.$

Section 3.7

1. No convergence. The tangent line to the graph of f at $x = 0$ is horizontal.

5. $x = 2.0.$

6. $x = 1.000000$ after 5 iterations, yes the quadratic convergence is recovered.

Section 3.8

5. (a) $x = 2.4997,\ y = 4.4990,$

   (b) $x = 2.2817,\ y = 1.6427.$

7. $(x_1, y_1) = (21/25, 22/25).$

8. Starting with $(1, 1)$ we get $(0.72591, 0.502947)$ after 5 iterations. Starting with $(-1, 0)$ we get $(1.670093, 0.345134)$ after 8 iterations.

CHAPTER 4

Section 4.1

2. (a) $AB = \begin{bmatrix} 29 & 9 & -7 & -30 \\ 6 & 12 & 32 & 11 \\ -15 & -1 & -5 & 15 \end{bmatrix}$, BA does not exist,

   (b) $A^2 = \begin{bmatrix} 23 & -18 & -18 \\ -24 & 41 & 24 \\ 1 & -3 & 10 \end{bmatrix}$, B^2 does not exist,

   (c) $B^T A = \begin{bmatrix} -1 & 12 & -18 \\ -1 & 14 & 14 \\ -17 & 34 & 14 \\ -5 & 6 & 34 \end{bmatrix}.$

Section 4.2

1. Naive Gaussian elimination algorithm fails.

3. (a) $x_1 \approx 0.3333333,\ x_2 \approx 0.6666667$ for $n = 4$.
   $x_1 \approx 0.3333333461,\ x_2 \approx 0.6666666667$ for $n = 8$.

   (b) $\bar{r} = \begin{bmatrix} 0 \\ -3.7E-14 \end{bmatrix},\ \bar{e} = \begin{bmatrix} 3.7E-14 \\ -7.4E-17 \end{bmatrix}$ with $n = 4$.

   $\bar{r} = \begin{bmatrix} 0 \\ 1.3E-08 \end{bmatrix},\ \bar{e} = \begin{bmatrix} -1.3E-08 \\ 1.5E-16 \end{bmatrix}$ with $n = 8$.

4. (a) $\begin{bmatrix} 1 & 1/2 & 1/3 & 1/4 & 1/5 \\ 1/2 & 1/3 & 1/4 & 1/5 & 1/6 \\ 1/3 & 1/4 & 1/5 & 1/6 & 1/7 \\ 1/4 & 1/5 & 1/6 & 1/7 & 1/8 \\ 1/5 & 1/6 & 1/7 & 1/8 & 1/9 \end{bmatrix}.$

5. (a) $x = 2,\ y = 0,\ z = 0,\ v = -1,\ w = 0.$

   (b) $x \approx -16.981,\ y \approx 11.231,\ z \approx 1.954,\ w \approx 13.306.$

   (c) $x = 1,\ y = 7,\ z = -2.$

Section 4.3

1. (a) $x \approx 0.3143$, $y \approx 1.1143$, $z \approx -2.2571$.
   (b) $x_1 \approx -1.889$, $x_2 = 1.0$, $x_3 \approx 3.370$, $x_4 \approx -1.074$.

3. Algorithm fails.

5. $x_1 \approx 2.886$, $x_2 = -1.348$, $x_3 = -2.625$, $x_4 \approx 0.603$, $x_5 \approx 0.989$.
   scale vector $= [4, 3, 3, 3, 2]^T$.
   index vectors at steps 1, 2, 3, and 4 are
   $$\begin{bmatrix}5\\2\\3\\4\\1\end{bmatrix}, \quad \begin{bmatrix}5\\2\\3\\4\\1\end{bmatrix}, \quad \begin{bmatrix}5\\2\\4\\3\\1\end{bmatrix}, \quad \begin{bmatrix}5\\2\\4\\3\\1\end{bmatrix}.$$

10. (a) $x = [9, -36, 30]'$,
    (b) $[9.671, -39.508, 33.284]'$.

Section 4.4

2. (a) $L = \begin{bmatrix}4 & & \\ 3 & 3.75 & \\ 3 & 3.75 & -6\end{bmatrix}$, $U = \begin{bmatrix}1 & -0.25 & 0.25\\ & 1.0 & 1.93\\ & & 1.0\end{bmatrix}$,

   (c) $L = \begin{bmatrix}2 & & & \\ 1 & 2 & & \\ 0 & -3 & 1 & \\ 2 & -2 & 1 & 1\end{bmatrix}$, $U = \begin{bmatrix}1 & 0 & 0 & 0\\ & 1 & 0 & 0\\ & & 1 & 0\\ & & & 1\end{bmatrix}$.

3. $x = [15, 14, 12, 9, 5]^T$.

5. (a) $x_1 \approx -5.5428$, $x_2 \approx -5.0571$, $x_3 \approx 3.5143$, $x_4 \approx -7.8571$,
   (b) $x = [2.4444, 3, 1.2222]^T$.

6. $A = \begin{bmatrix}1 & -3 & -3 & 4\\ -3 & 13 & 7 & -8\\ -3 & 7 & 19 & 4\\ 4 & -8 & 4 & 72\end{bmatrix}$.

Section 4.5

2. Both diverge with $\mathbf{x} = [0.1, 1.1]^T$. Gauss-Seidel diverges more rapidly.

5. When converging: $x_1 \approx 1.000005$, $x_2 \approx -4.00001$.

7. (a) The method diverges,
   (b) $x \approx 0.000393$, $y \approx 0.631038$, $z \approx 1.210084$,
   $TOL = 10^{-3}$.

8. $x = [-1.07688, 1.990028, 1.474477, -1.906078]'$ converge after 35 iterations with tol $= 0.0001$ and $x_0 = [1, 1, 1, 1]$.

CHAPTER 5

Section 5.1

1. $p(x) = 18.37 - 30.69x + 14.66x^2 - 1.13x^3$.

2. $p(x) = -1.04 + 0.35x + 0.5x^2$.

6. (a) At least 5 points should be used,
   (b) For $n = 5$ the coefficients are closest to correct, $n = 10$ coefficients looks a little bit different. This example demonstrates a poor performance of the Vandermonde approach.

Section 5.2

2. $p(x) = 2 - x + 2x^2$.

4. $p(x) = 14.5 + 5(x-1) + 3(x-1)(x-2) + (x-1)(x-2)(x-3)$.
   $p(4.5) = 71.275$.

5. $p(x) = -41 + 24(x+3) - 6(x+3)(x+2) + (x+3)(x+2)(x+1) -$
   $0.167(x+3)(x+2)(x+1)x$.

6.

x_i	$f[.]$	$f[.,.]$	$f[.,.,.]$	$f[.,.,.,.]$
1.1	2.45			
		0.609		
2.2	3.12		0.079	
		0.782		0.024
3.3	3.98		0.157	
		1.127		
4.4	5.22			

8. (a) $p(x) = 22 + (x-1) + \frac{1}{2}(x-1)(x-2) + \frac{1}{3}(x-1)(x-2)(x-3) -$
   $\frac{1}{2}(x-1)(x-2)(x-3)(x-4)$.
   (b) 23.47 pounds.

11. $p(x) = (x-1) - (1/6)(x-1)(x-2)$.

13. $p = 2 + 2(x-1) - 2(x-1)(x-2)$.

Section 5.3

7. $h = 0.04472135955$, $n = 12$.

8. (a) $f^{(n)}(x) = (-2)^n e^{-2x}$, Error $\le 2^n/n!$,
   (b) $h^{(n)}(x) = \frac{1+(-1)^n}{2} \sin x + \frac{1+(-1)^n}{2} \cos x$, Error $\le 1/n!$,
   (c) $g^{(n)}(x) = (-1)^n (n!)(x+1)^{-(n+1)}$, Error $\le n!/n! = 1$,

(d) $k^{(n)}(x) = \begin{cases} \frac{(-1)^n \Pi_{i=1}^{n}(2i-3)}{2^n}(x-1)^{-n+1/2}, & x > 1 \\ \frac{\Pi_{i=1}^{n}(2i-3)}{2^n}(1-x)^{-n+1/2}, & x < 1 \end{cases}$
Error $= \infty$, unbounded.

All are smooth except $k^{(n)}(x)$ does not exist at $x = 1$.
f and h will eventually converge. g will converge very slowly or unlikely. Convergence for k is unlikely.

9. Error $= \frac{f^{(3)}(c)}{6}(x-1)(x-2)(x-3)$. We choose the interval $[1, 3]$, thus the max of $f^{(3)} = 8e^6$. Then error $= \frac{8e^6}{6}(.5)(.5)(1.5) = e^6/2 \approx 202$.

10. $h = 0.02260678$.

Section 5.4

1. $p(x) = -\frac{1}{48}(x-2)(x-4)(x-6) - \frac{1}{16}x(x-4)(x-6) - \frac{3}{16}x(x-2)(x-6) + \frac{1}{12}x(x-2)(x-4)$.

2. $L_1(x) = \frac{1}{3}(x-0.5)(x-1)$,
$L_2(x) = -\frac{3}{4}(x+1)(x-1)$,
$L_3(x) = (x+1)(x-0.5)$.

6. $p_2(x) = \frac{(x-3)(x-6)}{(2-3)(2-6)}0.6932 + \frac{(x-2)(x-6)}{(3-2)(3-6)}1.0986 + \frac{(x-2)(x-3)}{(6-2)(6-3)}1.7918$.

8. $p = 3L_1 - L_3$, $L_1 = \frac{(x-2)(x-3)}{(1-2)(1-3)}$, $L_3 = \frac{(x-1)(x-2)}{(3-1)(3-2)}$.

CHAPTER 6

Section 6.1

1. (a) No, (b) Yes.

2. $S(2.3) = 3.7$.

3. $S(0.4) = 0.614658$, $e = S(0.4) - f(0.4) = 0.017929$.

5. $S_1(x) = 0.6711x + 1$, $S_2 = 0.6801x + 0.99982$.
$\int_0^{0.04} s(x)dx = 0.04053868$, $e = 5.7E-07$.

Section 6.2

2. $a = -0.5$, $b = 0.5$.

3. $a = 0$, $b = 2$, $c = 0$, $d = -2$.

4. No.

Section 6.3

1. $S(1.6) = 3.04$.

2. 1.876.

3. $a = 6,\ b = -18,\ c = -36,\ d = -24.$

6. No.

7. $S(2.05) = 1.6075,\ S(2.15) = 2.84,\ S(2.25) = 4.5325.$

CHAPTER 7

Section 7.1

1. $y = 1.97x + 0.08,\ E(a, b) = 1.059.$

3. $y = -1.77x + 80,\ E(a, b) = 1.86E + 3$, homework #13 = 57.

5. $y = 3.14x + 23,\ E(a, b) = 41.71.$

Section 7.2

2. (a) $p(x) = 26.72 - 52.34x + 29.92x^2,\ E = 67.97,$
   (b) $p(x) = 115.26 - 211.51x + 118.64x^2 - 15.51x^3,\ E = 31.73.$

3. The polynomial of degree two is
   $p(x) = 7 + 3x + x^2$, E $= 1.2E - 27.$

5. $p(x) = 12.59 - 9.99x + 1.95x^2,\ f(6.0) \approx 22.70.$

Section 7.3

1. $y = 1.99e^{.48x},\ E = 0.002677,\ y(5.0) \approx 14.67.$

2. $y = 2.57 + 1.21/x,\ y(3.0) \approx 2.97.$

8. $a = 210.882776,\ b = 0.098784,\ c = 69.621755.$

10. $a = 0.6853,\ b = 0.3058.$

12. $y = ax^b,\ a = 2.30,\ b = 1.39.$

CHAPTER 8

Section 8.1

1. (a) No relative extrema,
   (b) Relative minimum at $x = -1/\sqrt{27}$, relative maximum at $x = 1/\sqrt{27}$.

2. (a) Increasing: $[-1/\sqrt{2}, 0] \cup [1/\sqrt{2}, \infty)$
   Decreasing: $(-\infty, -1/\sqrt{2}] \cup [0, 1/\sqrt{2}]$,
   (c) Increasing: $(-\infty, 1]$, decreasing: $[1, \infty)$.

Section 8.2

2. One relative maximum located at $x = n$.

3. $(1, 0)$.

4. $(-\sqrt{2}, 1)$, $(\sqrt{2}, 1)$.

5. $(1, 2)$.

Section 8.3

1.

iteration	x_n	$f(x_n)$	$\|x_n - x_{n-1}\|$
1	-1	2.62091	
2	-2.03822	-0.35178	1.03822
3	-1.90688	0.01063	0.13135
4	-1.91063	0.00001	0.00375
5	-1.91063	0	0

2.

iteration	x_n	$f(x_n)$	$\|x_n - x_{n-1}\|$
1	-2	-0.24844	
2	-1	2.62091	1
3	-1.91342	-0.00787	0.91342
4	-1.91068	-0.00014	0.00273
5	-1.91063	0	0.00005
6	-1.91063	0	0

CHAPTER 9

Section 9.1

5. $f'(1) \approx 2.722814$.

10. It is a scheme for $f'(x)$, error$= (5h/2)f''(\xi)$.

11. Set $f''(x_0) = Af(x_0) + Bf(x_0 + h) + Cf(x_0 + 3h)$ to get $A = 2/(3h^2)$, $B = -1/h^2$, $C = 1/(3h^2)$; Error $= (4/3)hf'''(\xi)$.

Section 9.2

1. 1.003353 for $h = 0.1$; 1.00003 for $h = 0.01$.

2. $\ln 6 \approx 1.79175945$ for $n = 3$ and $h = 0.1$.

3. $\ln 3 \approx 1.09861195$ for $n = 2$ and $h = 0.1$.

9. (a) $g''(2) = [g(4) - 2g(2) + g(0)]/2^2 = 5/4$,
   (b) $g''(2) = [(4)(1) - 5/4]/3 = 11/12$.

13. $f'(x) = 0.70710678071652077$3 using 4 rows.

CHAPTER 10

Section 10.1

2. 3.1415965.

3. 0.5381721 for $h = 0.04$, $E = 17(0.2)(0.04)^2 e^{1.25}/12 \approx 0.001505$.

5. (a) -0.433155, (c) 0.292290.

7. 1.436004, $n = 5$,
   1.429270, $n = 7$,
   1.426503, $n = 9$.

8. $I = 1/2[f(2) + 2f(3) + 2f(4) + 2f(5) + f(6)] = 359/420$.

10. When $h = 0.000488281$, $T = 0.666664434$, error $= 0.000002233$. The error decreases by about a factor of 3. The error analysis does not apply.

Section 10.2

1. 1.5801713.

2. $h \approx 0.15331$.

3. 0.000002.

4. $0.940012 < 1 < 1.061267$.

12. $\int_0^\pi \sqrt{1 + \cos^2 x}dx = 3.820197789$ with $h = 0.09817477$.

14. $S = \frac{h}{3}[f(0) + 4f(3) + f(6)] = 0$ with $h = 3$. Error is of the order $O(h^4)$.

21. $I = 2.00421$, exact $= 2.0$, error $= 0.00421$.

22. (a) $n = 8$, (b) 1.111443.

23. Error ≈ 0.000115.

Section 10.3

2. 82/15.

3. 418.408987.

4. 0.8591451666.

6. 1.09863055, $E = 0.000018$.

7.

$I(h)$	1.570796	2.004560	1.999984	1.999999
$I(h/2)$	1.896119	2.000270	1.999999	
$I(/h/4)$	1.974232	2.000016		
$I(h/8)$	1.993570.			

8. 20271 only at integer points.

Section 10.4

1. 0.627393.

2. $-0.9059848,\ n = 5$.

4. 5.300966.

5. (a) -0.43989 (b) 1.238583 (c) 0.292893 (d) 1.656840.

7. $0.786885,\ n = 2,$
$0.785267,\ n = 3,$
$0.785402,\ n = 4.$

12. 20.0473.

13. $w_0 = -2/3,\ w_1 = -2/3,\ w_2 = 8/3.$

16. $4/3[f(\sqrt(0.4)) + f(-\sqrt(0.4))],\ I = 32/15 = 2.1333333333.$

CHAPTER 11

Section 11.1

1. $x + \int_0^x (t-x)\sin(t)dt = x + \sin x + x(\cos x - 1) - x\cos x = \sin x.$

2. $1 + \int_0^x e^t dt = 1 + e^x - 1 = e^x.$

3. $1 + x\int_0^1 t\left(1 + \frac{3t}{4}\right)dt = 1 + x\ \left[\frac{1}{4}t^2(t+2)\right|_0^1 = 1 + 3x/4.$

4. $x + \int_0^1 (1 + xt^2)(-3)dt = x - x - 3 = -3.$

5. $y(x) + \int_0^x k(x,t)y(t)dt = F(x)$, where
$k(x,t) = (x-t)[p(t) - q'(t)] + q(t)$ and
$F(x) = \int_0^x (x-t)y(t)dt + a + bx + a\,q(0)\,x$

6. $u(x) + \int_0^x (t-x)tu(t)dt = x + e^x.$

7. $u(x) + \int_0^1 k(x,t)t^2u(t)dt = -\int_0^x t(1-x)\sin t\,dt - x\int_x^1 (1-t)\sin t\,dt$
or $u(x) + \int_0^1 k(x,t)t^2u(t)dt = x\sin 1 - \sin x,$
where $k(x,t) = \begin{cases} t(1-x), & 0 \le t \le x \\ x(1-t), & x \le t \le 1 \end{cases}$

Section 11.2

1.

(a)

x_i	u_i	$u(x_i)$	Error
0	0	0	0
0.25	0.2516	0.25	0.0016
0.50	0.5031	0.50	0.0031
0.75	0.7547	0.75	0.0047
1.00	1.0063	1.00	0.0063

(b)

x_i	u_i	$u(x_i)$	Error
0	0	0	0
0.250	0.3067	0.3125	0.0058
0.500	0.7150	0.7500	0.0350
0.750	1.2247	1.3125	0.0878
1.000	1.8359	2.0000	0.1641

(c)

x_i	u_i	$u(x_i)$	Error
0	1.0591	1.0000	0.0591
0.250	1.0987	1.0396	0.0591
0.500	1.2307	1.1716	0.0591
0.750	1.5056	1.4465	0.0591
1.000	2.0591	2.0000	0.0591

(d)

x_i	u_i	$u(x_i)$	Error
0	2.0052	2.0000	0.0052
0.250	2.2892	2.2840	0.0052
0.500	2.6539	2.6487	0.0052
0.750	3.1222	3.1170	0.0052
1.000	3.7235	3.7183	0.0052

2.

(a)

x_i	u_i
0.33001	0.4590
0.06943	0.0744
0.66999	1.3093
0.93057	2.3599

(b)

x_i	u_i
0.25919	1.07028
0.05453	1.00295
0.52621	1.33734
0.73087	1.80365

(c)

x_i	u_i
0.33001	0.44889
0.06943	0.86596
0.66999	0.10891
0.93057	0.00482

(d)

x_i	u_i
2.07351	1.92497
0.43625	2.06690
4.20967	−2.88858
5.84693	−0.25422

(e)

x_i	u_i
0.51838	0.25684
0.10906	0.01187
1.05242	0.91416
1.46173	1.45305

(f)

x_i	u_i
0.33001	−0.30383
0.06943	−0.41901
0.66999	−0.22051
0.93057	−0.22501

(g)

x_i	u_i
0.33001	−0.39832
0.06943	−0.34317
0.66999	−0.26611
0.93057	−0.00828

(h)

x_i	u_i
2.07351	−157.67021
0.43625	69.16195
4.20967	40.60670
5.84693	169.15287

3.

(a) Trapezoidal rule

x_i	u_i	$u(x_i)$	Error
0	0	0	0
0.393	0.3846	0.3827	0.001906
0.785	0.7109	0.7071	0.003813
1.178	0.9296	0.9239	0.005719
1.571	1.0076	1.0000	0.007626

(b) Gauss-Nyström method

x_i	u_i	$u(x_i)$	Error
0.51838	0.4955	0.4955	0.000000
0.10906	0.1088	0.1088	0.000000
1.05242	0.8686	0.8686	0.000000
1.46173	0.9941	0.9941	0.000000

Section 11.3

1. $u(x) = x$
2. $u(x) = x^2 + x$
3. $u(x) = \frac{2}{e^2-1}e^x$
4. $u(x) = \sec^2 x$
5. $u(x) = e^x + 1$

Section 11.4

1. $u(x) \approx \cos x + \frac{2\pi}{\pi^2-4}\sin x - \frac{\pi^2}{\pi^2-4}\cos x$
2. $u(x) = -\frac{59}{560} - \frac{33}{280}x^2 + x^3$
3. $u(x) \approx \frac{27}{76} - \frac{15}{152}x^2$
4. $u(x) \approx -\frac{375}{2017}x^2 + \frac{558}{2017}x + \frac{1863}{4034}$
5. $\cos(xt) \approx 1 - \frac{1}{2}(xt)^2 + \frac{1}{24}(xt)^4$

   Solution using Schmidt's method: $u(x) = 0.12331x^4 - 1.3890x^2 + x + 0.45237$

   Schmidt and Trapezoidal rule with with $n = 10$

x_i	Schmidt	T(n=10)	Error
0.0	0.45237	0.0926	0.3598
0.62832	0.55155	0.4108	0.1408
1.25664	−0.17692	0.1174	0.2943
2.19911	−1.18190	−0.6544	0.5275
3.14159	1.89660	0.9567	0.9399

   Schmidt and Gauss-Nyström ($n = 5$) methods

x_i	Schmidt	G-N(n=5)	Error
0.72497	0.48137	0.41213	0.06924
0.14737	0.569 63	0.27519	0.29444
1.57080	−0.65334	−0.27026	0.38308
2.41662	−1. 03720	−0.70683	0.33037
2.99422	0.905 07	0.57740	0.32767

6. $\exp(xt) \approx 1 + xt + \frac{1}{2}(xt)^2$

Solution using Schmidt's method: $u(x) = \frac{3}{5}x$.

Gauss-Nyström ($n = 5$) and Schmidt methods

x_i	GN(n=5)	Schmidt
−0.5385	−0.322106	−0.323082
−0.9062	−0.522669	−0.543708
0.0000	0.000000	0.000000
0.5385	0.322106	0.323082
0.9062	0.522669	0.543708

Trapezoidal rule ($n = 10$) and Schmidt's method

x_i	T(n=10)	Schmidt
−1.0	−0.563530	−0.600000
−0.6	−0.354608	−0.360000
−0.2	−0.120853	−0.120000
0.2	0.120853	0.120000
0.6	0.354608	0.360000
1.0	0.563530	0.600000

Section 11.5

1.

Euler's method with $h = 0.2$

x_i	u_i	$u(x_i)$	Error
0.0	1.0	1.0	0.0
0.20	0.840000	0.856192	0.016192
0.40	0.792000	0.810960	0.018960
0.60	0.833600	0.846435	0.012835
0.80	0.946880	0.947987	0.001107
1.00	1.117504	1.103638	0.013866

Heun's method with $h = 0.2$

x_i	u_i	$u(x_i)$	Error
0.0	1.0	1.0	0.0
0.20	0.854545	0.856192	0.001647
0.40	0.808264	0.810960	0.002696
0.60	0.843125	0.846435	0.003309
0.80	0.944375	0.947987	0.003612
1.00	1.099943	1.103638	0.003695

Euler's method with $h = 0.1$

x_i	u_i	$u(x_i)$	Error
0.0	1.0	1.0	0.0
0.20	0.849000	0.856192	0.007192
0.40	0.802690	0.810960	0.008270
0.60	0.841179	0.846435	0.005256
0.80	0.948355	0.947987	0.000368
1.00	1.111167	1.103638	0.007529

Heun's method with $h = 0.1$

x_i	u_i	$u(x_i)$	Error
0.0	1.0	1.0	0.0
0.20	0.855782	0.856192	0.000410
0.40	0.810289	0.810960	0.000671
0.60	0.845611	0.846435	0.000824
0.80	0.947087	0.947987	0.000900
1.00	1.102718	1.103638	0.000921

2.

$u(x) = 1 + \frac{1}{12}x^4 + \int_0^x \frac{x-t}{1+t} u(t)dt$

Heun's method with $n = 10$

x_i	u_i
0.0	1.0
0.40	1.076138
0.80	1.306879
1.20	1.761592
1.60	2.580244
2.00	3.972943

3.

$u(x) = x + \int_0^x (t - x)u(t)dt$

Heun's method with $n = 10$

x_i	u_i	$u(x_i)$	Error
0.0	0.0	0.0	00.0
0.26	1.008587	0.951057	0.057530
2.51	0.581670	0.587785	0.006115
3.77	−0.673127	−0.587785	0.085342
5.03	−0.969875	−0.951057	0.018818
6.28	0.113783	−0.000000	0.113783

4.

Modified Heun's method with $n = 5$

x_i	u_i
0.0	0.0
0.20	0.202591
0.40	0.404607
0.60	0.640514
0.80	0.900876
1.00	1.164941

CHAPTER 12

Section 12.1

2.

t_i	$y_i(h = 0.1)$
1.2	0.504545
1.4	0.524791
1.6	0.557778
1.8	0.602524
2.0	0.659112

$f(t) = 0.655812 - 0.31609t + 0.159036t^2$.

(i) $y(1.02) \approx f(1.02) = 0.49885892,\ E = 0.0012$,
(ii) $y(1.67) \approx f(1.67) = 0.57147362,\ E = 0.0136$,
(iii) $y(1.98) \approx f(1.98) = 0.65343451,\ E = 0.0194$.

4.

t_i	$y_i(h = 0.1)$	Error
0.2	0.01	0.00960
0.4	0.057824	0.01610
0.6	0.133878	0.01728
0.8	0.222919	0.01343
1.0	0.309146	0.00691

5.

(a)

t_i	$y_i(h = 0.1)$
0.2	1.98
0.4	1.882188
0.6	1.716555
0.8	1.500612
1.0	1.256313

(b)

t_i	$y_i(h=0.2)$
0.2	1.0
0.4	0.992053
0.6	0.961147
0.8	0.896023
1.0	0.793180

(c)

t_i	$y_i(h=0.2)$
1.2	1.2
1.4	1.4
1.6	1.6
1.8	1.8
2.0	2.0

(e)

t_i	$y_i(h=0.1)$
2.2	3.332497
2.4	3.662115
2.6	3.989580
2.8	4.315387
3.0	4.639891

(f)

t_i	$y_i(h=0.5)$
1.0	2.5641
2.0	7.0835
3.0	17.6232
4.0	44.1189
5.0	115.5593

6.

(a)

t_i	$y_i(h=0.1)$
0.2	2.401603
0.4	1.823684
0.6	1.295803
0.8	0.846296
1.0	0.496120

(b)

t_i	$y_i(h=0.1)$
1.9	-0.000290
2.0	0.000514

(c)

t_i	$y_i(h=0.1)$
0.2	2.56
0.4	1.6384
0.6	1.048576
0.8	0.671088
1.0	0.429496

(d)

t_i	$y_i(h=0.1)$
1.1	0.765902
1.2	0.731161

Section 12.2

1. $0.1(e-1)$.

4. $h = 0.0116$.

Section 12.3

4. $y(0.1) = 1.11583, \quad y(0.5) = 1.97916$.

5. (a) $y_{i+1} = y_i + y_i^2[h^2(4t_i^2 y_i - 1) - 2ht_i]$,
   (b) $y_{i+1} = y_i + 3h(t_i - 1)(t_i + h - 1)$.

7. $y(0.5) = 1.7974313$, Error $= 0.00001$.

Section 12.4

1.

t_i	$y_i(h=0.1)$
1.2	0.508918
1.4	0.532794
1.6	0.569412
1.8	0.618206
2.0	0.679570

$p(x) = 0.64 - 0.30t + 0.16t^2$.

(i) $y(1.02) \approx 4.99625,\ E = 4.7E-4$,
(ii) $y(1.67) \approx 0.58470,\ E = 4.0E-4$,
(iii) $y(1.98) \approx 0.67314,\ E = 3.0E-4$.

2.

t_i	$y_i(h=0.1)$	Error
1.2	1.764317	5.7E-3
1.4	2.551362	1.6E-2
1.6	4.079304	3.7E-2
1.8	7.177027	8.4E-2
2.0	13.850020	2.0E-1

3. (a) $y(1.25) \approx 2.07,\ E = 0.16,$

(b) $y(1.65) \approx 6.44,\ E = 1.8.$

4.

(a)

t_i	$y_i(h=0.1)$
0.2	2.40485
0.4	1.836221
0.6	1.321514
0.8	0.885249
1.0	0.543803

(c)

t_i	$y_i(h=0.1)$
0.2	2.6896
0.4	1.808487
0.6	1.216026
0.8	0.817656
1.0	0.549792

5.

(c)

t_i	$y_i(h=0.1)$
0.2	2.681297
0.4	1.797338
0.6	1.204800
0.8	0.807606
1.0	0.541358

(d)

t_i	$y_i(h=0.1)$
0.2	1.639642
0.4	1.354902
0.6	1.137127
0.8	0.976082
1.0	0.862152
1.2	0.787500

6.

(a)

t_i	$y_i(h=0.1)$
0.2	1.960397
0.4	1.846232
0.6	1.670540
0.8	1.452298
1.0	1.213061

(c)

t_i	$y_i(h=0.2)$
1.4	1.4
1.8	1.8
3.0	3.0

(e)

t_i	$y_i(h=0.5)$
1.0	3.17803
2.0	8.80537
3.0	22.07598
4.0	56.25298
5.0	149.13270

8. $y(0.5) \approx 1.648720,\ E = 6.3E-7,$
   $y(1.0) \approx 2.718281,\ E = 2.1E-6.$

Section 12.6

1.

(b)

t_i	$y_i(h=0.1)$
0.2	1.960397
0.4	1.846252
0.6	1.670616
0.8	1.452436
1.0	1.213246

(c)

t_i	$y_i(h=0.2)$
0.4	0.979225
0.8	0.850831
1.2	0.607661
1.6	0.353770
2.0	0.177025

(d)

t_i	$y_i(h=0.2)$
0.2	2.681600
0.4	1.797745
0.8	0.814563
1.2	0.372990
1.6	0.172457
2.0	0.082279

(f)

t_i	$y_i(h=0.2)$
0.2	2.404192
0.6	1.318572
1.2	0.297438
1.6	0.059185
2.0	0.021230

2.

t_i	$y_i(h=0.1)$	Error
0.4	0.268114	1.4E-5
0.6	0.329255	3.2E-5
0.8	0.359421	4.2E-5
1.0	0.367832	4.7E-5

Section 12.8

4.

t_i	$y_i(h=0.1)$	Error
1.4	0.532793	1.2E-6
1.6	0.569410	2.4E-6
1.8	0.618203	3.0E-6
2.0	0.679567	3.5E-6

5.

(a)

t_i	$y_i(h=0.1)$
0.4	1.834524
0.6	1.318481
0.8	0.880768
1.0	0.538093

(b)

t_i	$y_i(h=0.1)$
1.4	0.060102
1.6	0.011540
1.8	-0.003703
2.0	-0.088238

(c)

t_i	$y_i(h=0.1)$
0.4	1.797290
0.6	1.204704
0.8	0.807500
1.0	0.541258

(d)

t_i	$y_i(h=0.1)$
0.4	1.354907
0.6	1.137137
0.8	0.976094
1.0	0.862164
1.2	0.787512

Section 12.9

2. $a = 1$, $b = 1/3$. The scheme is weakly stable.

5. The method is strongly stable.

7. $|1 - h + h^2/2| \leq 1.$

8. The method is stable.

Section 12.10

1.

(a)

$t_i(h = 0.2)$	x_i	y_i
0.2	1.216733	0.270133
0.4	1.447219	0.728703
0.6	1.643529	1.466837
0.8	1.723895	2.605075
1.0	1.558194	4.297922

(c)

$t_i(h = 0.1)$	x_i	y_i
0.2	0.180796	0.873687
0.4	0.331208	0.872484
0.6	0.467719	0.969720
0.8	0.603843	1.146398
1.0	0.745363	1.388707

2.

(a)

t_i	$y_i(h = 0.1)$
0.2	1.001403
0.4	1.011876
0.6	1.042759
0.8	1.109481
1.0	1.235013

(c)

t_i	$y_i(h = 0.1)$
0.2	-0.761336
0.4	-0.450754
0.6	-0.076667
0.8	0.351802
1.0	0.824356

Section 12.11

1. (b)

$t_i(h=0.1)$	x_i	y_i	$\lvert x_i - x(t_i)\rvert$	$\lvert y_i - y(t_i)\rvert$
1.0	-34.08	-3.71	5.517	0.605

Section 12.12

1. $\frac{dx}{dt} = y, \quad \frac{dy}{dt} = \sin(x+y).$

2. $\frac{dx}{dt} = y, \quad \frac{dy}{dt} = -ty + x^2 \cos t.$

3. $\frac{dx}{dt} = y, \quad \frac{dy}{dt} = -y + \sin x.$

4. $\frac{dx}{dt} = y, \quad \frac{dy}{dt} = (1-x^2)y + x - x^3.$

6. $(0,0)$.

7. $(0,0)$, $(1,1)$.

8. $y = \frac{dx}{dt} = 0, \quad x = 0,\ x = 1,\ x = -1$ so the fixed points are $(0,0)$, $(0,1)$, and $(0,-1)$.

CHAPTER 13

Section 13.1

1.

(a)

x_i	$y_i(h=0.2)$
0.0	1.0
0.2	0.727356
0.4	0.498994
0.6	0.304895
0.8	0.139434
1.0	0.0

(b)

x_i	$y_i(h=\pi/6)$
0	1.0
$\pi/6$	0.59805
$\pi/3$	-1.27953
$\pi/2$	-1.1E-16
$2\pi/3$	1.27953
$5\pi/6$	-0.59805
π	-1.0

(c)

x_i	$y_i(h=\pi/4)$
0	0.0
$\pi/4$	26.92366
$\pi/2$	37.72392
$3\pi/4$	26.22312
π	0.0

(d)

x_i	$y_i(h=0.1)$
0.1	-0.05000
0.3	-0.11653
0.5	-0.13585
0.7	-0.10951
0.9	-0.04410
1.0	0.0

3.

x_i	$y_i(h=0.1)$	Exact	Error
0.1	0.401034	0.4001	.0009
0.3	1.210314	1.2081	.0022
0.5	2.065237	2.0625	.0027
0.7	3.042561	3.0401	.0025
0.9	4.257267	4.2561	.0012
1.0	5.0	5.0	.0

Section 13.2

1\. (b)

x_i	$y_i(h=0.2)$
1.1	-0.157272
1.3	-0.508495
1.5	-0.898971
1.7	-1.320660
1.9	-1.768007

(c)

x_i	$y_i(h=0.2)$
0.2	0.778899
0.4	0.543991
0.6	0.321652
0.8	0.134837

2.

x_i	$y_i(h=0.1)$	Error
1.2	0.4375723075	5.7E-07
1.4	0.9421229809	7.2E-07
1.6	1.5040122213	6.1E-07
1.8	2.1160323388	3.5E-07

5.

(a)

x_i	$y_i(h=0.2)$
0.2	-0.74220
0.4	-0.53524
0.6	-0.35616
0.8	-0.18486

(c)

x_i	$y_i(h=0.4)$
0.4	0.979910
0.8	1.113563
1.2	1.356478
1.6	1.661331

CHAPTER 14

Section 14.1

1. (a) $\lambda^2 - 4\lambda - 5$
   $\lambda_1 = -1;\ v^{(1)} = (-2, 1)^T$
   $\lambda_2 = 5;\ v^{(2)} = (4, 1)^T$.

   (c) $\lambda^2 - 3\lambda + 2$
   $\lambda_1 = 1;\ v^{(1)} = (3/2, 1)^T$
   $\lambda_2 = 2;\ v^{(2)} = (1, 1)^T$.

2. (a) $\lambda^2 - 5\lambda + 6 - a^2 - a$.

5. (a) $\lambda^3 - 6\lambda^2 + 11\lambda - 6$
   $\lambda_1 = 2;\ v^{(1)} = (-2, 1, 4)^T$
   $\lambda_2 = 3;\ v^{(2)} = (-1, 1, 4)^T$
   $\lambda_3 = 1;\ v^{(3)} = (-1, 1, 2)^T$.

   (b) $\lambda^3 - 3\lambda^2 - 9\lambda + 27$
   $\lambda_1 = 3;\ v^{(1)} = (1, 0, 1)^T$
   $\lambda_2 = 3;\ v^{(2)} = (-1, 1, 0)^T$
   $\lambda_3 = -3;\ v^{(3)} = (-1, -1, 1)^T$.

Section 14.2

1. (a) $\lambda = 5,\ \mathbf{x} = [0.121826, 1, 0.121826]^T$,

   (b) $\lambda = 7.23117887,\ \mathbf{x} = [0.173101, 1, 0.035389, -0.058309]^T$,

   (c) $\lambda = 8.16062223,\ \mathbf{x} = [-0.234068, 0.524851, -0.106132, 1]^T$.

   (d) $\lambda = 7.00251001,\ \mathbf{x} = [1, 0.666726, 5.97 \times 10^{-5}]^T$,

Section 14.3

1. (b) $\lambda_1 = -1;\ v^{(1)} = (-2, 1, 1)^T$
   $\lambda_2 = 5;\ v^{(2)} = (1, 1, 1)^T$
   $\lambda_3 = -3;\ v^{(3)} = (0, -1, 1)^T$.

(c) $\lambda_1 = 5;\ v^{(1)} = (0,1,0)^T$
$\lambda_2 = 5;\ v^{(2)} = (1,0,2)^T$
$\lambda_3 = -10;\ v^{(3)} = (-2,0,1)^T.$

(d) $\lambda_1 = 3;\ v^{(1)} = (1,2,1)^T$
$\lambda_2 = 0;\ v^{(2)} = (-1,1,-1)^T$
$\lambda_3 = -3;\ v^{(3)} = (-1,0,1)^T.$

2. $X(t) = Ae^{5.10t}[1, 1.019, 1.032]^T + Be^{-2.85t}[-0.013, 1, -0.975]^T + Ce^{-0.95t}[-1.998, 0.949, 1]^T.$

3. $\lambda_1 = 3;\ v^{(1)} = (1,1,0,-1,-1)^T$
$\lambda_2 = 1.5359;\ v^{(2)} = (.5774, 1, 1.1547, 1, .5774)^T$
$\lambda_3 = 5;\ v^{(3)} = (-1,0,1,0,-1)^T$
$\lambda_4 = 8.4641;\ v^{(4)} = (-.5774, 1, -1.1547, 1, -.5774)^T$
$\lambda_5 = 7;\ v^{(5)} = (-1,1,0,-1,1)^T.$

5. $\lambda = 3.$

Section 14.4

1. $k_1 = \pm 1.5883, k_2 = \pm 2.8284, k_3 = \pm 3.6711.$

Section 14.5

1. (c) $x(r + x^2) = 0$ so $x = 0$ is the only fixed point. There is no bifurcation.
   (d) $x(x^2 + 2x + r) = 0$ so, $x = 0$ and $x = -1 \pm \sqrt{(1 + r)}$.

2. For small values of ω, $(0, 0)$ is stable while for larger it is unstable.

CHAPTER 15

Section 15.1

3.

(a)

$t\backslash x$	0.0	0.2	0.4	0.6	0.8	1.0
0.20	0.00	0.196328	0.262656	0.317734	0.162344	0.00

(b)

$t\backslash x$	0.0	20	40	60	80	100
0.05	0.00	2.35492	49.95245	49.95245	2.35492	0.00

(c)

$t\backslash x$	0.0	0.2	0.4	0.6	0.8	1.0
0.10	0.00	0.141066	0.219796	0.209357	0.124175	0.00

4.

(a)

$t\backslash x$	0.0	0.2	0.4	0.6	0.8	1.0
0.01	0.00	0.532286	0.861257	0.861257	0.532286	0.00
Error	0.00	0.0004	0.0007	0.0007	0.0004	0.00

5. $\frac{u_{i+1}^{k+1}-2u_{i+1}^{k}+u_{i+1}^{k-1}}{(\Delta x)^2} = u_i^k\left[\frac{u_{i+1}^{k}-u_i^k}{\Delta y}\right].$

Section 15.2

1.

(a)

$t\backslash x$	0.0	0.25	0.5	0.75	1.0
0.25	0.00	0.176777	0.250000	0.176777	0.00
1.00	0.000	1.000000	-0.000000	-1.000000	0.00

(b)

$t\backslash x$	0.0	0.2	0.4	0.6	0.8	1.0
0.05	0.00	0.202000	0.408000	0.618000	0.832000	0.00
0.50	0.00	0.252190	0.473242	-0.056159	-0.119455	0.00

(e)

$t\backslash x$	0.0	0.63	1.26	1.88	2.51	3.14
0.10	0.00	0.998943	1.501598	1.501598	0.998943	0.00
1.00	0.00	0.482248	0.880878	0.880878	0.482248	0.00

Section 15.3

1.

(a)

$y\backslash x$	0.0	0.25	0.50	0.75	1.00
0.79	0.5000	0.2633	0.1249	0.0491	0.0000
1.57	1.0000	0.4285	0.1874	0.0714	0.0000
2.36	0.5000	0.2634	0.1250	0.0491	0.0000
3.14	0.0000	0.0000	0.0000	0.0000	0.0000

(b)

$y\backslash x$	0.0	0.25	0.50	0.75	1.00
0.25	0.0000	0.0150	0.0390	0.0865	0.1875
0.50	0.0000	0.0211	0.0546	0.1194	0.2500
0.75	0.0000	0.0150	0.0390	0.0865	0.1875
1.00	0.0000	0.0000	0.0000	0.0000	0.0000

(c)

$y\backslash x$	0.0	0.50	1.00	1.50	2.00
0.50	0.0000	0.7142	1.8749	4.2857	10.0000
1.00	0.0000	0.9820	2.4999	5.2678	10.0000
1.50	0.0000	0.7142	1.8750	4.2857	10.0000
2.00	0.0000	0.0000	0.0000	0.0000	10.0000

(d)

$y\backslash x$	0.0	0.79	1.57	2.36	3.14
0.79	0.0000	0.0583	0.1508	0.3318	0.7071
1.57	0.0000	0.0825	0.2133	0.4692	1.0000
2.36	0.0000	0.0583	0.1509	0.3318	0.7071
3.14	0.0000	0.0000	0.0000	0.0000	0.0000

Section 15.4

1. $u(0.5, 0.05) = 0.0550,\ u(0.6, 0.05) = 0.0489,\ u(0.8, 0.05) = 0.0398.$

2. $u(2, 5) = 0.9431,\ u(4, 5) = 0.8053,\ u(6, 5) = 0.4828,\ u(8, 5) = 0.1581.$

Section 15.5.1

1.

x	0.25	0.5	0.75	1.0	1.25	1.5	1.75
y	-0.01981	-0.03379	0.02035	0.20491	0.58217	1. 21443	2. 16399

2.

x	0.25	0.5	0.75	1.0	1.25	1.5	1.75
y	0.00011	0.01383	0.075278	0.238921	0.576185	1.171017	2.114664

x	0.25	0.5	0.75	1.0	1.25	1.5	1.75
Err. Exer. 1	0.021	0.049	0.057	0.037	0.003	0.040	0.046
Err. Exer. 2	0.001	0.002	0.002	0.003	0.003	0.003	0.003

Section 15.5.2

2.

x	1.25	1.5	1.75
Finite E.	-0.0381	0.9174	1.9197
Shooting M.	-0.0375	0.9167	1.9196
Exact	-0.0375	0.9167	1.9196

찾아보기

한글찾아보기

ㄱ

ㅂ

ㅅ

ㅇ

ㅈ

영어찾아보기

A

B

C

D

E

F

G

R

S

T

U

V

W

Z

숫자찾아보기